# STM32嵌入式原理及应用

## 基于STM32F103微控制器的进阶式项目实战

杨居义　付琼芳　主编

谢治军　熊素　牛童　黄婷　副主编

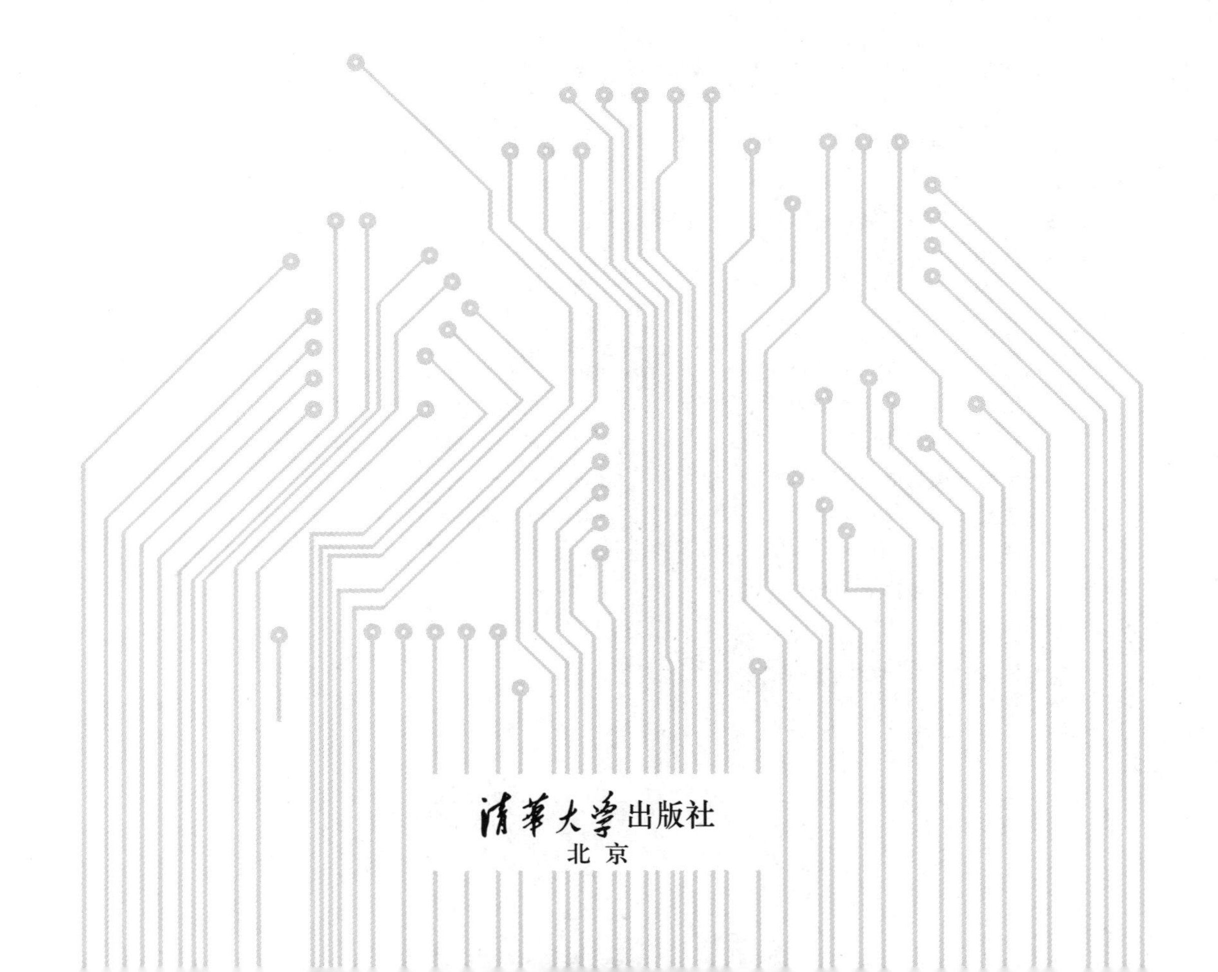

清华大学出版社
北京

## 内容简介

本书是根据教育部一流本科课程建设的指导思想，按照高等院校“嵌入式原理及应用”课程教学大纲编写而成。全书共11章，内容包括STM32微控制器、STM32硬件开发平台、开发环境搭建与工程模板创建、STM32 GPIO原理与项目实践、STM32中断系统原理与项目实践、STM32定时器原理与项目实践、STM32串口通信原理与项目实践、STM32 IIC原理与项目实践、STM32 DMA原理与项目实践、STM32 ADC原理与项目实践，以及综合应用。

本书适合作为高等院校计算机、自动化、电子信息、通信工程、物联网工程等专业高年级本科生或研究生“嵌入式原理与应用”课程的教材，也可供从事嵌入式开发的工程技术人员参考。



**图书在版编目(CIP)数据**

STM32嵌入式原理及应用：基于STM32F103微控制器的进阶式项目实战/杨居义，付琼芳主编. —北京：清华大学出版社，2023.9(2024.8重印)
(电子设计与嵌入式开发实践丛书)
ISBN 978-7-302-64110-0

Ⅰ.①S… Ⅱ.①杨… ②付… Ⅲ.①微控制器 Ⅳ.①TP368.1

中国国家版本馆CIP数据核字(2023)第128687号

责任编辑：刘向威
封面设计：文 静
责任校对：韩天竹
责任印制：丛怀宇

出版发行：清华大学出版社
网 址：https://www.tup.com.cn，https://www.wqxuetang.com
地 址：北京清华大学学研大厦A座 邮 编：100084
社 总 机：010-83470000 邮 购：010-62786544
投稿与读者服务：010-62776969，c-service@tup.tsinghua.edu.cn
质量反馈：010-62772015，zhiliang@tup.tsinghua.edu.cn
课件下载：https://www.tup.com.cn，010-83470236
印 装 者：北京嘉实印刷有限公司
经 销：全国新华书店
开 本：185mm×260mm 印 张：25.5 字 数：627千字
版 次：2023年10月第1版 印 次：2024年8月第2次印刷
印 数：1501～2500
定 价：79.00元

产品编号：097737-01

# 前言

要完成全面建成社会主义现代化强国、实现第二个百年奋斗目标，以中国式现代化全面推进中华民族伟大复兴的中心任务，高等院校需要培养更多的基础理论扎实和专业技能过硬的高素质人才。按照目标要求和学生的成长需求，编者精心设计课程内容，合理安排知识点和技能点，重视研习，以项目为载体，教研一体，突出实践能力，培养学生项目开发能力和解决综合工程问题能力。重点突出“榜样故事＋“三基”论述＋基本项目实践＋拓展项目实践＋项目考核”五位一体，实现“价值塑造、能力培养、知识传授”的融合达成，核心特色有以下五个方面。

**1. 榜样故事**

全面实施素质教育是贯彻党的教育方针的根本要求，工科专业需要把价值塑造、能力培养、知识传授作为教学目标。本书通过介绍榜样人物的先进事迹，结合书中的知识点和技能点，设计适当的教学设计与教学方法，将榜样故事有机融入课堂教学，激发学生树立新时代中国特色社会主义道路的自信和提振行业发展的信心，勉励青年学子“生逢盛世当不负盛世”，生逢中华民族发展的最好时期，拥有更充分的发展条件、更多人生出彩的机会、更全面的保障支持、更广阔的成长空间，正迎来建功立业的难得人生机遇，要主动学理论、学科学、学技能，勇于探索，勇于创新，不断提升思想素养、身体素质、精神品格，努力成长为堪当民族复兴重任的时代新人。

**2. “三基”论述**

为培养学生对接岗位和工作实务的能力，合理增加本书深度、难度和挑战度，及时将新技术、新成果、新经验、新变化引入，以项目化教学内容调整突显职业能力、工程能力、创新能力的培养。在编写过程中，编者认真总结多年的科研和教学经验，博采众长，汲取精华，围绕基本概念、基本原理、基本分析方法的“三基”论述，每章配有练习题和思维导图，帮助学生打好理论知识基础。

**3. 基本项目实践**

以基本项目为载体，知识与能力并重，设计多课程深度融合多元化的项目案例。尽量挑选源于实际应用的工程项目，使项目具有典型性和针对性，同时在内容上将知识点融入项目中，增强了操作性和可读性。在核心知识点引导下，夯实理论与实践基础，通过9个基本项目训练，从硬件结构、软件应用到硬软件相结合，提升到工程项目应用，层层递进，培养学生项目开发基本能力和团队合作能力。

Preface

采用“教(引导教学)、学(合作探究)、做(项目驱动)、思(能力提升)、考(过程考核)”的教学方法,既能帮助学生掌握好“三基”,又能启发学生思考,培养工程项目开发能力。

**4. 拓展项目实践**

拓展项目的综合性和交叉性很强,内容涉及学科的各个领域,也涉及技术前沿知识,并能够培养学生的学习兴趣和创新意识。经过基本项目训练,使学生掌握项目开发的基本能力,紧接着通过17个拓展项目和4个综合应用项目训练,软硬结合、具体实现,培养学生实践能力和解决工程应用问题的综合能力。通过拓展项目实践训练,学生的理论与实践水平进一步提升,创新能力、解决复杂工程问题能力进一步加强,让“零基础”的“生手”变成“熟手”再变成实战“高手”,为培养学生解决复杂工程问题的能力提供了新途径,为人才培养提供了新思路。

**5. 项目考核**

实施能力指标化考核,重点考核学生的学习能力和高级思维。从知识与能力、工作与事业准备、个人发展、项目完成与展示汇报和高级思维能力5个维度20个观察点全面评价学生的综合能力,进一步调动学生创新能力和高级思维能力。项目成绩=知识与能力×20%+工作与事业准备×20%+个人发展×10%+项目完成与展示汇报×50%+高级思维能力(加分项,满分10分),项目考核评价表如表0所示。

**表0 项目考核评价表**

<table>
<tr><th>内容</th><th>目　标</th><th>标准</th><th>方　式</th><th>权重/%</th><th>得分</th></tr>
<tr><td rowspan="4">知识与能力</td><td>基础知识掌握程度(5分)</td><td rowspan="16">100分</td><td rowspan="16">以100分为基础,按照这4项的权重值给分</td><td rowspan="4">20</td><td rowspan="4"></td></tr>
<tr><td>知识迁移情况(5分)</td></tr>
<tr><td>知识应变情况(5分)</td></tr>
<tr><td>使用工具情况(5分)</td></tr>
<tr><td rowspan="6">工作与事业准备</td><td>出勤、诚信情况(4分)</td><td rowspan="6">20</td><td rowspan="6"></td></tr>
<tr><td>小组团队合作情况(4分)</td></tr>
<tr><td>学习、工作的态度与能力(3分)</td></tr>
<tr><td>严谨、细致、敬业(4分)</td></tr>
<tr><td>质量、安全、工期与成本(3分)</td></tr>
<tr><td>关注工作影响(2分)</td></tr>
<tr><td rowspan="5">个人发展</td><td>时间管理情况(2分)</td><td rowspan="5">10</td><td rowspan="5"></td></tr>
<tr><td>提升自控力情况(2分)</td></tr>
<tr><td>书面表达情况(2分)</td></tr>
<tr><td>口头沟通情况(2分)</td></tr>
<tr><td>自学能力情况(2分)</td></tr>
<tr><td>项目完成与展示汇报</td><td>项目完成与展示汇报情况(50分)</td><td>50</td><td></td></tr>
</table>

续表

| 内容 | 目　标 | 标准 | 方　式 | 权重/% | 得分 |
|---|---|---|---|---|---|
| 高级思维能力 | 创造性思维 | 10分 | 教师以10分为上限，奖励工作中有突出表现和特色做法的学生 | 加分项 | |
| | 评判性思维 | | | | |
| | 逻辑性思维 | | | | |
| | 工程性思维 | | | | |
| 项目成绩＝知识与能力×20％＋工作与事业准备×20％＋个人发展×10％＋项目完成与展示汇报×50％＋高级思维能力(加分项) | | | | | |

本书由杨居义、付琼芳任主编，谢治军、熊素、牛童、黄婷任副主编。具体分工为：杨居义编写第1章、第3～5章、第9～11章和附录A、附录B；付琼芳编写第2章、第6～8章。全书由杨居义统稿。在编写过程中引用了网络文献和参考文献，在此谨向其作者表示感谢。

参与书中项目编写的有谢治军、熊素、牛童、黄婷；企业专家有杨尧高级工程师、刘和祥高级工程师、李晓颖高级工程师、王平刚高级工程师；参与项目调试的有赵钰婷、严昌鑫、颜邦迎、杨骑豪、熊雪龙、赵磊、付柏萍、张乐，在此一并表示感谢。

还要感谢清华大学出版社对本书出版的大力支持。

由于编者水平有限，书中难免有错误和不妥之处，恳请读者批评指正。

编　者

2023年3月

# 目录



Contents

# 第1章

# STM32微控制器

**本章导读**

本章以榜样故事——爱国物理学家杨振宁引入，介绍Cortex-M3的MCU、Cortex-M3主要性能和Cortex-M3系列，分析STM32系统架构、STM32命名规则及主要应用领域，并通过练习与拓展训练，实现素质、知识、能力目标的融合达成。本章素质、知识、能力结构图如图1-1所示。

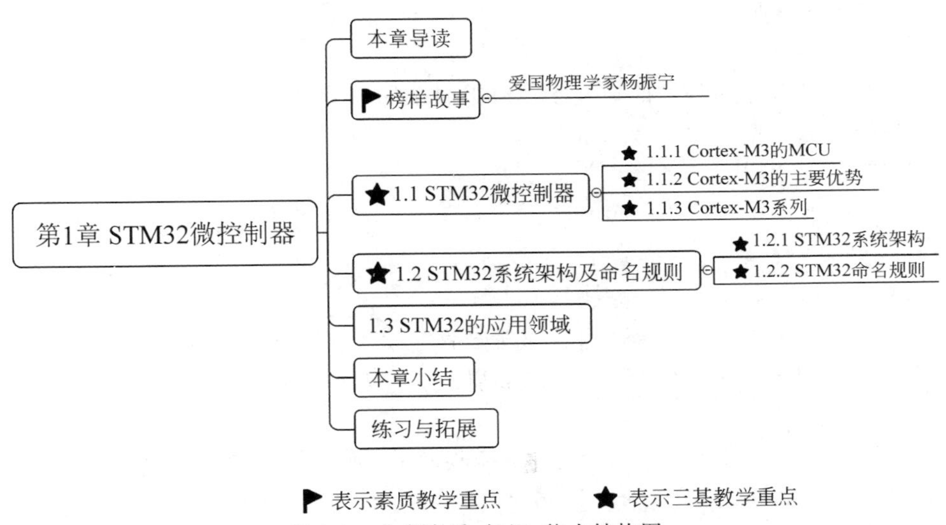


图1-1 本章素质、知识、能力结构图

**本章学习目标**

**素质目标**：学习榜样，以榜样为力量，培养学生崇尚科学、热爱祖国、刻苦钻研、明白自己现阶段历史责任，搭建坚实理论与实践基础，为实现民族复兴做出自己的贡献。

**知识目标**：掌握Cortex-M3主要性能和Cortex-M3系列，理解STM32系统架构和STM32命名规则，熟悉主要应用领域。

**能力目标**：具备根据主要性能指标选择Cortex-M3产品的能力，培养查阅资料和分析问题的能力。

**榜样故事**

爱国物理学家杨振宁(见图1-2)。

**出生**：1922年10月

**籍贯**：安徽合肥

**毕业院校**：国立西南联合大学、清华大学、芝加哥大学

**学位**：清华大学硕士学位、芝加哥大学哲学博士学位

**职业**：物理学家

**代表作品**：《杨振宁论文选集》《杨振宁文集》《曙光集》《晨曦集》《对弱相互作用中宇称守恒的质疑》《基本粒子发现简史》《读书教学四十年》《科学、教育和中国现代化》《科学的品格》。

图1-2 杨振宁院士

**主要成就**：1957年获诺贝尔物理学奖，1980年获拉姆福德奖，1986年获美国国家科学奖章，1993年获本杰明·富兰克林奖章，1994年获鲍尔奖，1996年获玻戈留玻夫奖，1999年获拉斯·昂萨格奖，2001年获费萨尔国王国际奖，2019年获求是终身成就奖，2022年被评为感动中国2021年度人物。

**学术成果**：

(1) 相变理论

(2) 玻色子多体问题

(3) 杨-Baxter方程

(4) 一维$\delta$函数排斥势中的玻色子在有限温度的严格解

(5) 超导体磁通量子化的理论解释

(6) 非对角长程序

(7) 弱相互作用中宇称不守恒

……

**人物影响**：

1997年5月25日，中国科学院和江苏省人民政府宣布，国际小行星中心根据中国科学院紫金山天文台提名申报，将该台于1975年11月26日发现，国际编号为3421号小行星正式命名为“杨振宁星”。

1999年5月，纽约州立大学石溪分校将理论物理研究所命名为“杨振宁理论物理研究所”。

2004年4月21日，清华大学设立“杨振宁讲座基金”，用于聘请国际知名教授及杰出年轻学者来清华大学高等研究中心潜心从事科学研究。

2008年11月29日，杨振宁当选“改革开放三十年中国最有影响的海外专家”。

2020年12月18日，入选2020中国品牌人物500强，排名49。

2021年5月14日，杨振宁先生捐赠清华大学暨“杨振宁资料室”揭牌仪式在清华大学图书馆北馆举行。

2021年9月22日至2022年1月28日，香港中文大学图书馆大学展览厅举办“杨振宁教授百龄华诞：物理巨擘 中大挚友”公众展览，介绍杨教授的人生里程和事迹，并展出杨教授的珍藏。

# 1.1 STM32 微控制器

STM32是意法半导体公司(ST Microelectronics)从2007年开始陆续推出的一系列基于32位Cortex-M构架的MCU产品。由于其成本低、性能高、技术资料全面、官方固件库易学易用,因此它的市场占有率非常高。STM32F103为STM32系列中的代表产品,其内核为ARM Cortex-M3,它属于增强型产品,目前被广泛使用。

## 1.1.1 Cortex-M3 的 MCU

有人可能会问STM32和ARM以及ARM7是什么关系。其实ARM公司(Advanced RISC Machines Ltd.)是一个做芯片标准的公司,它负责的是芯片内核的架构设计。基于Cortex-M3内核的MCU如图1-3所示。ARM公司主要负责Cortex-M3内核和调试系统设计,而TI和ST这样的芯片公司并不做标准,他们在得到ARM公司Cortex-M3内核的使用授权后,就可以将Cortex-M3内核用在自己的硅片设计中。所以任何一个Cortex-M3芯片的内核结构都是一样的,不同的是存储器容量、片上外设、I/O以及其他外设的区别等。你还会发现,不同公司设计的Cortex-M3芯片端口数量、串口数量、控制方法都是有区别的,他们可以根据自己的需求理念来设计。同一家公司设计的多种Cortex-M3内核芯片的片上外设也会有很大的区别,比如STM32F103RBT和STM32F103ZET的片上外设就有很大的区别。

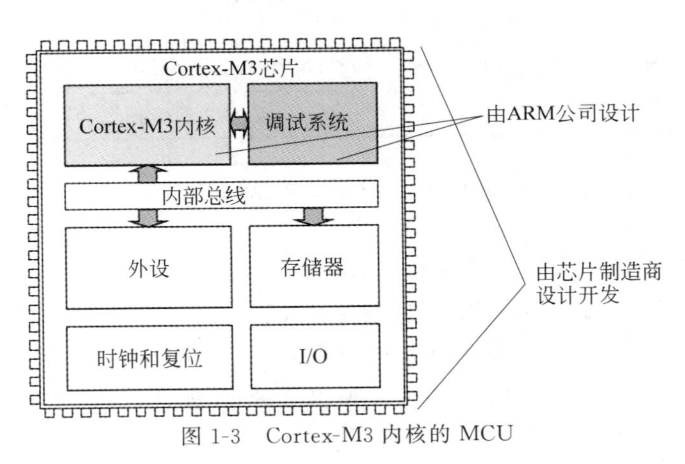


图1-3 Cortex-M3内核的MCU

## 1.1.2 Cortex-M3 的主要优势

Cortex-M3是ARM公司基于ARM7架构设计出来的一款ARM嵌入式内核。与ARM7相比较,Cortex-M3内核具有性能优势等,如表1-1所示。

**表1-1 Cortex-M3与ARM7性能比较**

| 比较项 | ARM7 | Cortex-M3 |
|---|---|---|
| 架构 | ARMv4T(冯·诺依曼)<br>指令和数据总线共用,会出现瓶颈 | ARMv7-M(哈佛)<br>指令和数据总线分开,无瓶颈 |

续表

| 比较项 | ARM7 | Cortex-M3 |
| --- | --- | --- |
| 指令集 | 32位ARM指令+16位Thumb指令<br>两套指令之间需要进行状态切换 | Thumb/Thumb-2指令集<br>16位和32位指令可直接混写,无须状态切换 |
| 流水线 | 3级流水线<br>若出现转移则需要刷新流水线,损失惨重 | 3级流水线+分支预测<br>出现转移时流水线无须刷新,几乎无损失 |
| 性能 | 0.95DMIPS/MHz(ARM模式) | 1.25DMIPS/MHz |
| 功耗 | 0.28mW/MHz | 0.19mW/MHz |
| 低功耗模式 | 无 | 内置睡眠模式 |
| 面积 | 0.62mm$^2$(仅内核) | 0.86mm$^2$(内核+外设) |
| 中断 | 普通中断IRQ和快速中断FIQ<br>太少,大量外设不得不复用中断 | 不可屏蔽中断NMI+1~240个物理中断<br>每个外设都可以独占一个中断,效率高 |
| 中断延迟 | 24~42个时钟周期,缓慢 | 12个时钟周期,最快只需6个 |
| 中断压栈 | 软件手工压栈,代码长且效率低 | 硬件自动压栈,无须代码且效率高 |
| 存储器保护 | 无 | 8段存储器保护单元(MPU) |
| 内核寄存器 | 寄存器分为多组,结构复杂,占核面积多 | 寄存器不分组(SP除外),结构简单 |
| 工作模式 | 7种工作模式,比较复杂 | 只有线程模式和处理模式两种,简单 |
| 乘除法指令 | 多周期乘法指令,无除法指令 | 单周期乘法指令,2~12周期除法指令 |
| 位操作 | 无<br>访问外设寄存器需分"读—改—写"3步走 | 先进的bit-band位操作技术<br>可直接访问外设寄存器的某个位 |
| 系统节拍定时 | 无 | 内置系统节拍定时器,有利于操作系统移植 |

从表1-1的16项对比,可以看出Cortex-M3性能比ARM7性能要高很多,价格还便宜很多,所以Cortex-M3市场占有率非常高。

Cortex-M3是一个32位处理器内核。内部的数据路径为32位,寄存器是32位的,存储器接口也是32位的。其采用哈佛结构(指令总线和数据总线都是独立的),所以可以同时进行取指令与数据访问,这样一来就极大提升了性能。Cortex-M3内部还提供了很多的调试组件,用以在硬件上支持调试操作,如指令断电、数据观察点。另外,为了支持更高级的调试,它还有其他可选组件,包括指令跟踪和多种调试接口。

### 1.1.3 Cortex-M3系列

STM32系列专门为要求高性能、低成本、低功耗的嵌入式应用设计ARM Cortex-M0、M0+、M3、M4和M7内核。按内核架构,STM32系列可以分为不同的产品:主流产品(STM32F0、STM32F1、STM32F3)、超低功耗产品(STM32L0、STM32L1、STM32L4、STM32L4+)、高性能产品(STM32F2、STM32F4、STM32F7、STM32H7)。

Cortex-M3是首款基于ARMv7-M架构的处理器、是专门为了在微控制器、汽车车身系统、工业控制系统和无线网络等对功耗和成本都有要求的嵌入式应用领域实现高系统性能而设计的。它极大简化了可编程的复杂性,使ARM架构成为各种应用方案(即使是最简单的方案)的理想选择。ARM Cortex-M3 系列提供了一个标准的体系结构来满足以上各种技术的不同性能要求,其包含的处理器基于 ARMv7 架构的分工明确——A、R、M 系列。

A 系列:面向性能密集型系统的应用处理器内核。在人机互动要求较高的场合,面向尖端的基于虚拟内存的操作系统和用户应用,比如 PDA、手机、平板计算机、GPS 等,可以支持 Linux 操作系统。

R 系列:部分针对实时系统的高性能内核。其主要应用在对实时性要求高的场合,如硬盘控制器、车载控制产品。

M 系列:面向实时应用的高性能内核。通用低端、工业、消费电子领域微控制器,只能支持操作系统 μC/OS-Ⅱ,偏向于控制方面应用。

其按性能又分成基本型、增强型和互联型。

基本型:STM32F101xx、STM32F102xx(USB),工作在时钟频率为 36MHz 下。

增强型:如 STM32F103,主频为 72MHz,性能较好,能实现高速运算,是同类产品中性能最高的产品。

互联型:STM32F105xx(互联网型)、STM32F107xx,主频为 72MHz;相较于增强型,增加了网络功能。

## 1.2 STM32 系统架构及命名规则

### 1.2.1 STM32 系统架构

STM32 的系统架构比 51 单片机的系统架构要强大很多。这里介绍的 STM32 系统架构主要针对 STM32F103 芯片。STM32 的系统架构如图 1-4 所示。STM32 主系统由 4 个驱动单元和 4 个被动单元构成。

4 个驱动单元:内核 DCode 总线、系统总线、通用 DMA1、通用 DMA2。

4 个被动单元:AHB 到 APB 的桥(连接所有的 APB 设备)、内部 Flash 闪存、内部 SRAM、FSMC。

各单元之间是通过下面的总线相连接的。

编号①ICode 指令总线:该总线将 M3 内核指令总线与闪存指令接口相连,指令的预取在该总线上面完成。

编号②DCode 数据总线:该总线将 M3 内核的 DCode 总线与闪存存储器的数据接口相连接,常量加载和调试访问在该总线上面完成。

编号③System 系统总线:该总线连接 M3 内核的系统总线到总线矩阵,总线矩阵协调内核和 DMA 间访问。

编号④DMA 总线:该总线将 DMA 的 AHB 主控接口与总线矩阵相连,总线矩阵协调 CPU 的 DCode 和 DMA 到 SRAM、Flash(闪存)和外设的访问。

编号⑤总线矩阵:总线矩阵协调内核系统总线和 DMA 主控总线之间的访问仲裁,仲裁利用轮换算法。

编号⑥AHB/APB 桥:这两个桥在 AHB 和两个 APB 总线间提供同步连接,APB1 操作频率限于 36MHz,APB2 操作频率全速。

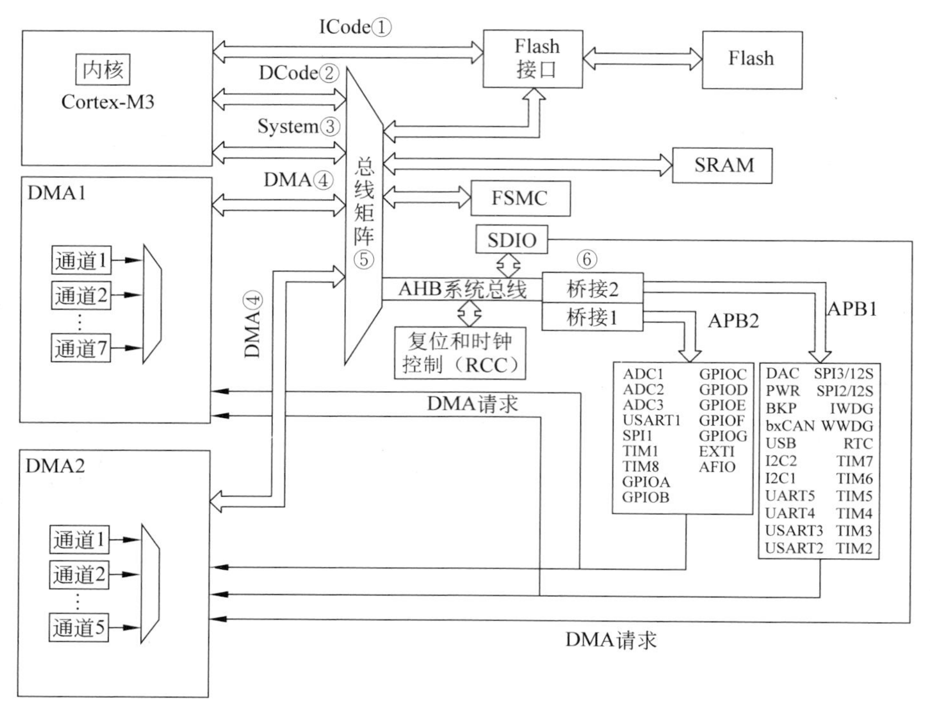


图 1-4　STM32 系统架构

### 1.2.2　STM32 命名规则

意法半导体公司在推出一系列 STM32 微控制器产品线的同时，也制定了命名规则。通过名称，用户能直观、迅速地熟悉某款具体型号的 STM32 微控制器产品。STM32 命名规则示例如图 1-5 所示，主要有以下几部分组成。

**1. 产品系列**

STM32 系列微控制器名称通常以 STM32 开头，表示产品系列，代表意法半导体公司基于 ARM Cortex-M 系列内核的 32 位 MCU。

**2. 产品类型**

产品类型通常有 F(Flash Memory，通用快速闪存)、W(无线系统芯片)、L(低功耗低电压，1.65～3.6V)等类型。

**3. 产品子系列**

常见的 STM32F 产品子系列有 050(ARM Cortex-M0 内核)、051(ARM Cortex-M0＋内核)、100(ARM Cortex-M3 内核，超值性)、101(ARM Cortex-M3 内核，基本型)、102(ARM Cortex-M3 内核，USB 基本型)、103(ARM Cortex-M3 内核，增强型)、105(ARM Cortex-M3 内核，USB 互联网型)、107(ARM Cortex-M3 内核，USB 互联网型、以太网型)、108(ARM Cortex-M3 内核，IEEE 802.15.4 标准)、151(ARM Cortex-M3 内核，不带 LCD)、152/162(ARM Cortex-M3 内核，带 LCD)、205/207(ARM Cortex-M3 内核，不加密模块。备注：150DMIPS，高达 1MB 闪存/128＋4KBRAM，USBOTGHS/FS，以太网，17 个 TIM，3 个 ADC，15 个通信外设接口和摄像头)、215/217(ARM Cortex-M3 内核，加密模块。备注：

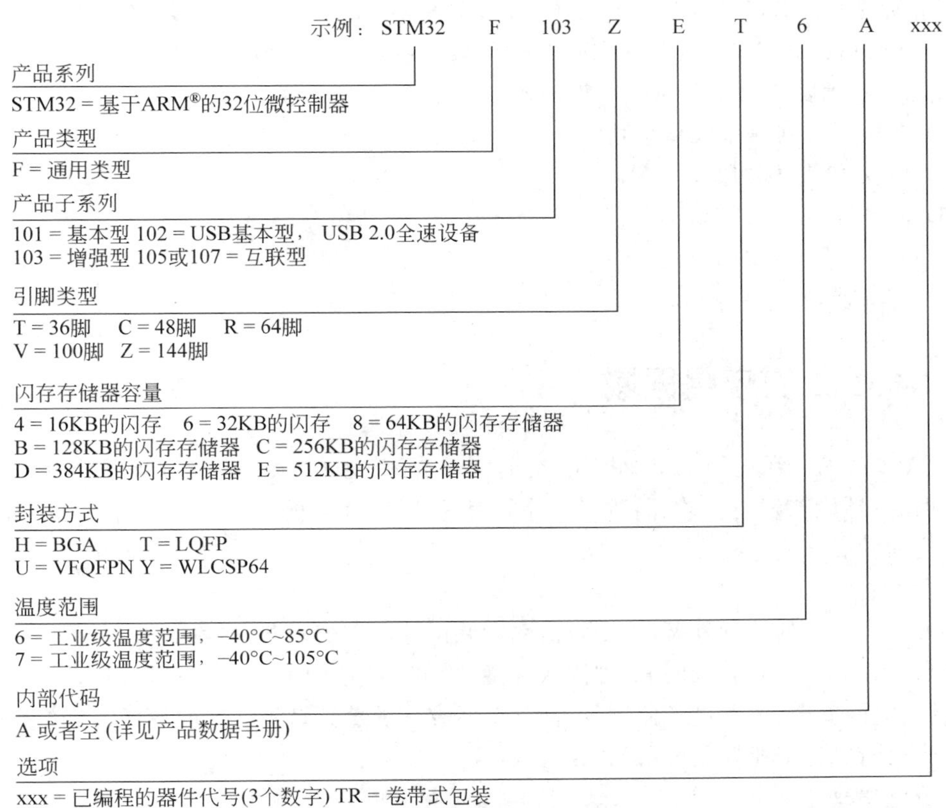


图 1-5　STM32 命名规则示例

MCU＋FPU，210DMIPS，高达 1MB 闪存/192＋4KBRAM，USBOTGHS/FS，以太网，17 个 TIM，3 个 ADC，15 个通信外设接口和摄像头）、415/417（ARM Cortex-M4 内核，加密模块。备注：MCU＋FPU，210DMIPS，高达 1MB 闪存/192＋4KBRAM，USBOTGHS/FS，以太网，17 个 TIM，3 个 ADC，15 个通信外设接口和摄像头）等。

**4. 引脚类型**

引脚类型通常有 F（20 脚）、G（28 脚）、K（32 脚）、T（36 脚）、H（40 脚）、C（48 脚）、U（63 脚）、R（64 脚）、O（90 脚）、V（100 脚）、Q（132 脚）、Z（144 脚）、I（176 脚）等。

**5. 闪存存储器容量**

闪存存储器容量通常有 4（16KB 闪存，小容量）、6（32KB 闪存，小容量）、8（64KB 闪存，中容量）、B（128KB 闪存，中容量）、C（256KB 闪存，大容量）、D（384KB 闪存，大容量）、E（512KB 闪存，大容量）、F（768KB 闪存，大容量）、G（1024MB 闪存，大容量）。

**6. 封装方式**

封装方式通常有 T（low-profile quad flat package，薄型四侧引脚扁平封装，LQFP）、H（ball grid array，球栅阵列封装，BGA）、U（very thin fine pitch quad flat pack no-lead package，超薄细间距四方扁平无铅封装，VFQFPN）、Y（wafer level chip scale packaging，晶圆片级芯片规模封装，WLCSP）4 种。

**7. 温度范围**

温度范围通常有 6（－40℃～85℃，工业级）和 7（－40℃～105℃，工业级）两种。

本书研究的是STM32F103ZET6A芯片，下面以该芯片为例介绍其命名规则。

(1) STM32：STM32代表ARM Cortex-M3内核的32位微控制器。

(2) F：F代表芯片子系列。

(3) 103：103代表增强型系列。

(4) Z：Z代表144脚。

(5) E：E代表512KB闪存。

(6) T：T代表LQFP封装方式。

(7) 6：6代表－40℃～85℃。

## 1.3 STM32的应用领域

STM32产品广泛应用于工业控制、交通管理、医疗电子、家庭智能管理系统、POS网络及电子商务、环境工程与自然、国防军事等应用领域，其优异的性能进一步推动了生活和产业智能化的发展。

**1. 工业控制**

随着工业技术的持续发展，人工智能和物联网等应用的兴起，市场对微控制器的要求进一步提高。目前已经有大量的32位嵌入式微控制器在应用中，如工业过程控制、数字机床、电力系统、电网安全、电网设备监测、石油化工系统。随着计算机技术的发展，32位、64位的处理器已逐渐成为工业控制设备的核心。

**2. 交通管理**

在车辆导航、流量控制、信息监测与汽车服务方面，嵌入式技术已经获得了广泛的应用，内嵌GPS模块、GSM模块的移动定位终端已经在各种运输行业获得了成功。目前，GPS设备已经从尖端的科技产品进入了普通百姓的家庭。

**3. 医疗电子**

在大部分医疗电子设备上都可以找到ST MCU产品，像监护设备、检测设备等。尤其在便携式医疗和个人医护产品中，例如红外体温器、血糖血氧仪、血压计、ECG等产品。在医疗健康设备中，MCU的低功耗和高性能、多连接性能是最关键的，所以我们的STM32L(超低功耗系列)、STM32F4以及STM32H7系列高性能产品是医疗电子产品的主流方案。以基于ARM Cortex M4内核的STM32F4系列为例，它是目前主流的红外体温器方案。主频可达180MHz，内部集成了2MB的闪存及256KB的RAM，同时集成了3个独立的12位ADC，支持2.4MHz采样频率，以及LCD-TFT控制器。

随着远程医疗、社区医院服务、云医疗的快速发展，对于STM32来说，高性能和可靠性是这类医疗电子产品能够提供有效数据的主要依靠。同时STM32低能耗能支持产品的可用性和易用性。

**4. 家庭智能管理系统**

水表、电表、煤气表的远程自动抄表系统，安全防火、防盗系统，嵌有专用控制芯片，这种专用控制芯片将代替传统的人工操作，完成检查功能，并实现更高、更准确和更安全的性能。目前在服务领域，如远程点菜器等已经体现了嵌入式系统的优势。

**5. POS网络及电子商务**

公共交通无接触智能卡(contactless smart card,CSC)发行系统、公共电话卡发行系统、自动售货机等智能ATM终端已全面走进人们的生活。在不远的将来,手持一张卡就可以行遍天下。

**6. 环境工程与自然**

在很多环境恶劣、地况复杂的地区需要进行水文资料实时监测、防洪体系及水土质量监测堤坝安全与地震监测、实时气象信息和空气污染监测等时,嵌入式系统将实现无人监测。

**7. 国防军事**

我国自主研发的新一代北斗卫星导航定位系统为全球用户提供了高精度、全天时、全天候的定位导航服务。卫星导航技术的快速发展对社会经济的发展和现代战争都发挥着不可替代的作用,北斗导航系统可应用于航天、陆地、海洋等多个领域,对我国导航领域技术的发展具有非常重要的意义。它对我国多个领域事业的发展起了很好的带动效果,我们要想利用好北斗系统,就必须有一套能够接收北斗系统的信号数据系统,并将数据实时显示在液晶显示屏上,在液晶显示屏上显示出定位的信息。

**本章小结**

本章首先介绍了爱国物理学家杨振宁的事迹,然后介绍Cortex-M3的MCU、Cortex-M3主要性能和Cortex-M3系列,详细分析STM32系统架构、STM32命名规则及主要应用领域,最后通过练习与拓展训练,实现素质、知识、能力目标的融合达成。

## 练习与拓展

**一、单选题**

1. 杨振宁是(　　)。
   A. 文学家　　B. 化学家　　C. 数学家　　D. 物理学家
2. Cortex-M3在性能上比ARM7提高大约(　　)。
   A. 10%　　B. 30%　　C. 80%　　D. 50%
3. STM32F103是(　　)。
   A. 基本型　　B. 互联型　　C. 增强型　　D. 混合型
4. STM32F103属于STM32系列中的代表产品,其内核为(　　)。
   A. ARM Cortex-M3　　B. ARM Cortex-M1
   C. ARM Cortex-M4　　D. ARM Cortex-M2
5. STM32是由(　　)公司开发的。
   A. 爱特梅尔　　B. 恩智浦　　C. 意法半导体　　D. 三星
6. 指令总线是(　　)。
   A. DMA　　B. System　　C. DCode　　D. ICode
7. 数据总线是(　　)。
   A. DMA　　B. System　　C. DCode　　D. ICode
8. APB1操作频率限于(　　)。
   A. 36MHz　　B. 72MHz　　C. 8MHz　　D. 16MHz

9. APB2 操作频率为(　　)。

A. 36MHz　　B. 72MHz　　C. 8MHz　　D. 16 MHz

10. STM32F103ZET6 是(　　)芯片。

A. 通用增强型 144 脚 Flash 256KB LQFP 封装－40℃～80℃

B. 通用增强型 64 脚 Flash 512KB LQFP 封装－40℃～80℃

C. 通用增强型 144 脚 Flash 512KB LQFP 封装－40℃～80℃

D. 通用增强型 144 脚 Flash 512KB BGA 封装－40℃～80℃

## 二、多选题

1. 杨振宁代表作品有(　　)。

A.《杨振宁论文选集》　　B.《杨振宁文集》

C.《曙光集》　　D.《晨曦集》

2. ARM 公司主要负责(　　)设计。

A. I/O　　B. 调试系统

C. 存储器　　D. Cortex-M3 内核

3. 不同芯片生产厂家得到 Cortex-M3 内核的使用授权后，在 Cortex-M3 内核硅片中加入(　　)就变成了不同型号的 MCU。

A. I/O　　B. 片上外设

C. 存储器容量　　D. 其他模块

4. Cortex-M3 系列属于 ARMv7 架构，ARMv7 架构定义了(　　)系列。

A. M　　B. A　　C. C　　D. R

5. 驱动单元是(　　)。

A. 内核 DCode 总线　　B. 系统总线

C. 通用 DMA1　　D. 通用 DMA2

6. 被动单元是(　　)。

A. AHB 到 APB 的桥　　B. 内部闪存

C. 内部 SRAM　　D. FSMC

## 三、判断题

1. A 系列代表面向性能密集型系统的应用处理器内核。(　　)

2. R 系列代表面向实时应用的高性能内核。(　　)

3. STM32 代表 ARM Cortex-M3 内核的 64 位微控制器。(　　)

## 四、拓展题

1. 用思维导图软件(XMind)画出本章的素质、知识、能力思维导图。

2. 从杨振宁身上你学习到了什么？

3. 根据 STM32 命名规则，说明 STM32F103RCT6 是一款什么产品。

4. 通过查阅资料，阐述 STM32 的应用领域。

# 第2章

# STM32 硬件开发平台

**本章导读**

本章以榜样故事——数控铣工刘湘宾的介绍开始，介绍STM32F103最小系统板中的MCU、滤波电路、电源模块、复位电路、外接晶振、备用电源、启动设置电路、LED、按键电路、USB串口及ADC电路；另外，为了学习能力的提升和后期项目的拓展，接下来介绍了8位LED模块、独立按键、矩阵按键、数码管、蜂鸣器、电位器6个具有代表性的I/O扩展模块。本章素质、知识、能力结构图如图2-1所示。

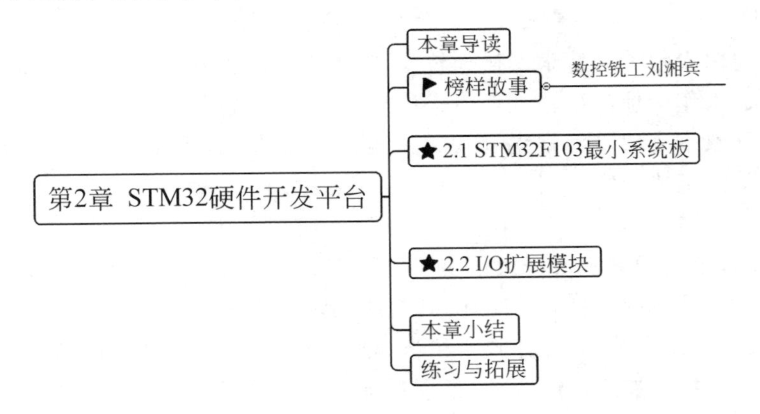


图2-1 本章素质、知识、能力结构图

**本章学习目标**

**素质目标**：刘湘宾是攻坚克难及从零基础的追赶者到遥遥领先、冲锋在前领跑者的榜样，培养学生“一切不怕从零开始，只怕从未开始”的信念，不怕万难、砥砺前行、努力学好专业技能。

**知识目标**：理解硬件开发平台中最小系统板主要模块的电路原理，熟悉常见的I/O扩展模块。

**能力目标**：具备电路原理图基础知识，能结合电路原理图分析常见问题，培养学生解决综合问题的能力和高级思维。

**榜样故事**

大国工匠刘湘宾(见图 2-2)。

**出生**:1963 年 6 月

**籍贯**:陕西宝鸡

**职业**:中国航天科技集团九院 7107 厂铣工、高级技师

**职称**:数控铣工

**政治面貌**:党员

**主要荣誉**:

刘湘宾,高级技师、全国技术能手、陕西省劳动模范、航天技术能手、航天贡献奖获奖者。

图 2-2 刘湘宾

2018 年,荣获陕西省"三秦工匠"。

2020 年,荣获"中国质量工匠"称号。

2022 年,荣获 2021 年"大国工匠年度人物"称号。

**人物简介**:

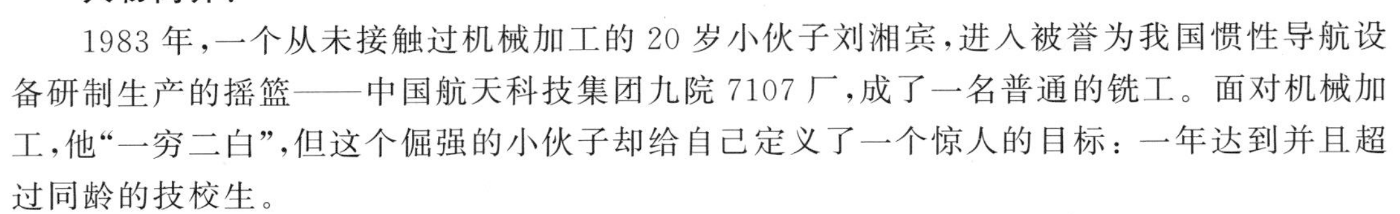

1983 年,一个从未接触过机械加工的 20 岁小伙子刘湘宾,进入被誉为我国惯性导航设备研制生产的摇篮——中国航天科技集团九院 7107 厂,成了一名普通的铣工。面对机械加工,他"一穷二白",但这个倔强的小伙子却给自己定义了一个惊人的目标:一年达到并且超过同龄的技校生。

从那以后,他白天跟着师傅学习操作技术,晚上学习理论知识,夜以继日地学习和钻研。他工作认真细致,工作中他从不轻视任何一项产品,从不放过任何一个细节;交给他的任务,他都能高质量、高效率完成。他常说一句话:"航天产品容不得半点儿马虎,既然工厂把任务交给了咱,咱就一定要把它干好。"

**人物事迹**:

刘湘宾通过自己的不懈拼搏努力很快便成了工厂机械加工的技术骨干,攻克了若干技术难题:铝基复合材料加工、加工精度难保证、加工效率提升等。

刘湘宾不仅工作作风踏实、操作技术精湛,他在加工刀具的改良和创新上造诣也很深。众所周知,铝基复合材料加工难度大,刀具损耗高。过去单位一直采用进口刀具策略,一把刀 2000 多元,加工一件产品要损耗十几把刀,仅刀具成本就有 2 万~3 万元。高昂的加工成本触动了刘湘宾,于是他投入了复合材料立铣刀的国产化研究,经过一年多时间,74 次反复试验,终于成功研制出了硬度更高、更耐磨的金刚刀具。与同类瑞典刀具的加工损耗比达到 1∶4,而且成本只有几百元,再次实现"高技术白菜价"。

2018 年,刘湘宾还带领团队经过 9 个月反复试验,首次在国内完成了对球型薄壁石英玻璃的加工,使得我国卫星火箭可装上世界上最先进的"指南针"。在这个过程中,他对加工刀具进行若干次改良,一举打破国外的技术封锁。

成为技术骨干的刘湘宾也不忘对后备力量的培养,他培养人才的方式也很具特性,通过师带徒、师徒结对子攻关等形式,先后带出 20 多个徒弟。其中 3 位高级技师、7 位技师、7 位高级工。这些科研生产骨干,在陕西省、九院和宝鸡市的技术比武中获得了"比武状元"的优异成绩。

在 2021 年的年度大国工匠颁奖仪式上，他说："铣床是我最好的朋友，他能帮助我实现梦想啊！虽然我不扛枪了，但我还能看到亲手打造的产品可以铸造卫国利器，保国家安全。"他是一名默默无闻的老工人，一名纯粹的铣工，一名有大国担当的工匠。

## 2.1 STM32F103 最小系统板

本书所有项目运行的 STM32 开发板是以 STM32F103ZET6 作为 MCU。本节将介绍 STM32F103 最小系统板。

最小系统板有的也叫核心板，它是将 MINI PC 核心功能打包封装而成的一块电子主板。大多数核心板集成了 CPU、存储设备和引脚，通过引脚与配套底板连接在一起可以实现某个领域的系统芯片功能。核心板集成了核心的通用功能，作为一块独立的模块分离出来，降低了开发的难度，增加了系统的稳定性和可维护性。而且它可以定制各种底板构成新的系统，这样极大提高了 MCU 的市场应用率。

经常说的最小系统又称最小应用系统，其一般是指用最少的元件组成可工作的系统。对于 STM32 开发板来说，最小系统除了内核，主要还包括电源电路、复位电路、晶振电路、启动设置电路、调试下载电路等。

下面对最小系统板主要的电路依次进行介绍。

**1. TM32F103ZET6 MCU**

本书所选开发板的 STM32F103ZET6 芯片是 STM32F103 里面配置比较强大的，其电路如图 2-3 所示。它拥有 72MHz 的 CPU、64KB SRAM、512KB 闪存、2 个基本定时器、4 个通用定时器、2 个高级定时器、2 个看门狗定时器（独立型和窗口型的）、2 个 DMA 控制器（共 12 个通道）、3 个 SPI、2 个 IIC、5 个串口、1 个 USB、1 个 CAN、3 个 12 位 ADC、1 个 12 位 DAC、1 个 SDIO 接口、1 个 FSMC 接口、串行单线调试（SWD）和 JTAG 接口以及 112 个通用 I/O 口。该芯片还带外部总线（FSMC）可以用来外扩 SRAM 和连接 LCD 等，通过 FSMC 驱动 LCD，可以显著提高 LCD 的刷屏速度，它是 STM32F1 家族常用型号里面配置较高的芯片。

**2. 滤波电路**

滤波电路作用是尽可能减小直流电压中的交流成分，保留其直流成分，使输出电压纹波系数降低，波形变得比较平滑。开发板的很多地方都需要滤波处理，比如电源是从 USB 口直接接入的，电压的不稳定会造成电路中有杂波的干扰，滤波模块的接入可以有效遏制这种干扰的发生。再比如 PWM 模块，PWM_DAC 连接在 MCU 的 $PA_8$，它是定时器 1 的通道 1 输出，后面跟一个二阶 RC 滤波电路，如图 2-4 所示，其截止频率为 33.8kHz。经过这个滤波电路，MCU 输出的方波就变为直流信号了。

**3. 电源模块**

整个电路的电源部分使用的是 AMS1117 作电源稳压部分，如图 2-5 所示。其输入电压范围很宽，同时输出的功率稳定，能够确保这个平台的正常工作，而且片内过热切断电路提供了过载和过热保护，以防环境温度造成过高的结温。开发板提供了 5V 电源和 3.3V 电源，这里还有 USB 供电部分没有列出来。

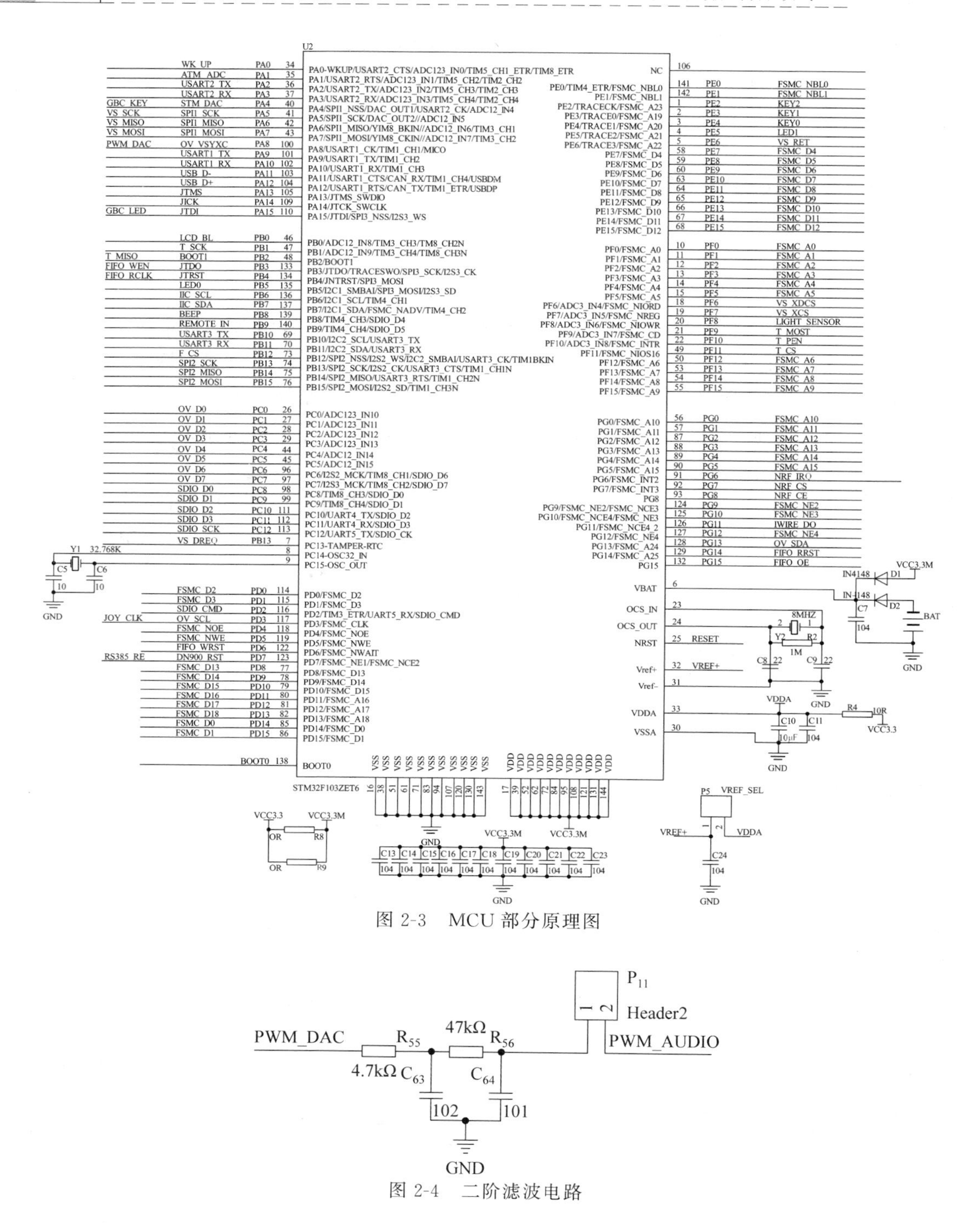


图 2-3 MCU部分原理图

图 2-4 二阶滤波电路

**4. 复位电路**

复位是指使MCU的状态处于初始化状态，让MCU的程序从头开始执行，运行时钟处于稳定状态，各种寄存器、端口处于初始化状态等。复位目的是使MCU能够稳定、正确地从头开始执行程序。STM32是在低电平实现复位的，复位电路如图2-6所示。刚开始上电

时 $C_{12}$ 导通，RESET 为低电平进入复位状态，电容充满电，电路断开，复位结束。另外，STM32 支持按键复位，当 RESET 键被按下电路导通时进入复位状态，按键松开结束复位。

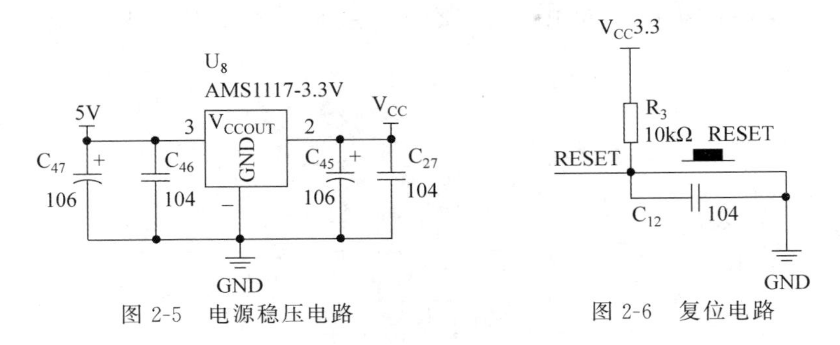


图 2-5　电源稳压电路　　　　图 2-6　复位电路

**5. 外接晶振**

开发板提供了两个外接晶振：一个是 8MHz 的外部高速晶振，如图 2-7 所示，经过倍频可达到 72MHz；另外有一个是 32.768kHz 的外部低速晶振，如图 2-8 所示，主要做 RTC 时钟源。

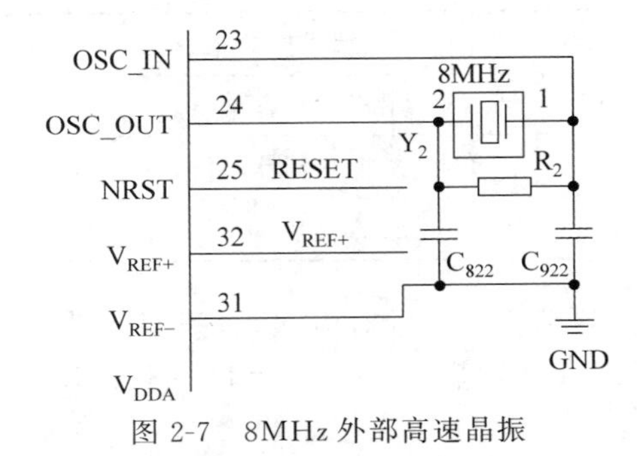


图 2-7　8MHz 外部高速晶振

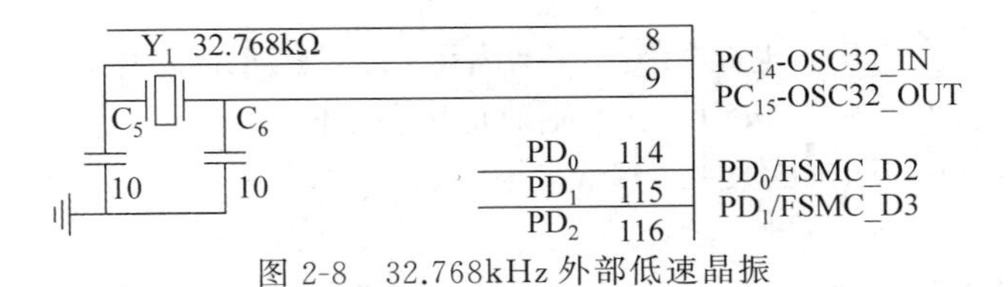


图 2-8　32.768kHz 外部低速晶振

**6. 备用电源**

备用电源电路如图 2-9 所示，该电路主要是给 RTC 后备供电的。原理图上预留了一个 CR1220 纽扣锂电池，当主电源供电存在的情况下，由系统中的 $V_{CC}3.3$ 给 $V_{BAT}$ 供电；当主电源断电后，由 CR1220 纽扣电池给 STM32 自带的 RTC 模块供电，从而能够保证实时时钟模块在主电源掉电的情况下还能够正常工作。

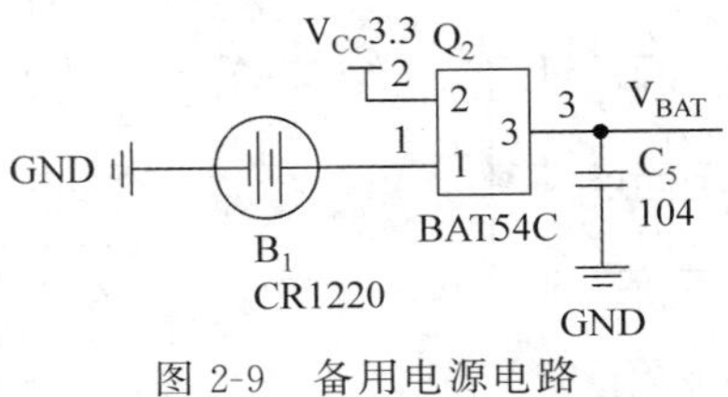


图 2-9　备用电源电路

**7. 启动设置电路**

启动是指芯片复位后从哪个地址开始执行代码。STM32 支持 3 种启动，我们可以通过图 2-10 所示电路中的 $BOOT_0$ 和 $BOOT_1$ 来设置 STM32 的启动方式，其对应启动模式如表 2-1 所示。

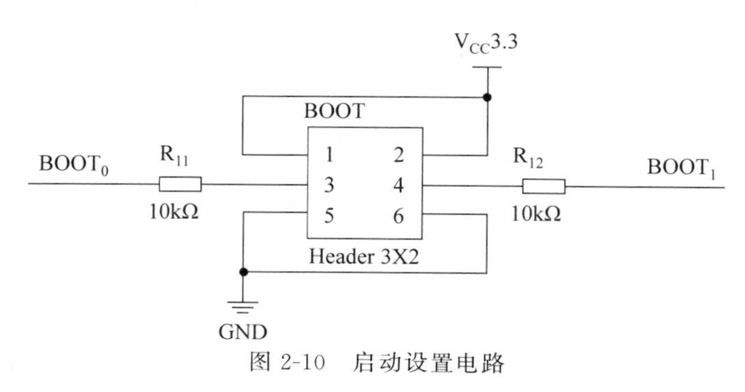


图 2-10　启动设置电路

**表 2-1　启动模式说明**

| $BOOT_0$ | $BOOT_1$ | 启动模式 | 说　明 |
|---|---|---|---|
| 0 | 无关 | 用户闪存存储器 | 闪存启动 |
| 1 | 0 | 系统存储器 | 串口下载 |
| 1 | 1 | SRAM 启动 | 用在 SRAM 中调试代码 |

首先要与日常开发中的启动应用场景对应起来，闪存启动是在一按复位键就从 0 地址开始运行代码时的启动；系统存储器启动是 ISP 串口下载；SRAM 启动是在调试模式时的启动。

**8. LED 电路**

开发板上自带 3 个 LED，电路如图 2-11 所示。$D_2$ 处 LED 是电源指示灯，上电时就是常亮的状态。$D_1$ 处 LED 和 $D_0$ 处 LED 分别对应的是 $PE_5$ 和 $PB_5$ 引脚，当 $PE_5$、$PB_5$ 输出低电平 LED 亮，输出高电平 LED 灭。

**9. 按键电路**

开发板上自带 3 个按键，电路如图 2-12 所示。WK_UP 键是待机唤醒键，主要是低功耗模式下用，对应 $PA_0$ 引脚，当按键按下时，微控制器会检测到 $PA_0$ 引脚电压为高电平，未按下为低电平。$KEY_0$ 和 $KEY_1$ 分别对应的是 $PE_4$ 和 $PE_3$ 引脚，当按键按下时，微控制器会检测到 $PE_4$、$PE_3$ 引脚电压为低电平，否则为高电平。

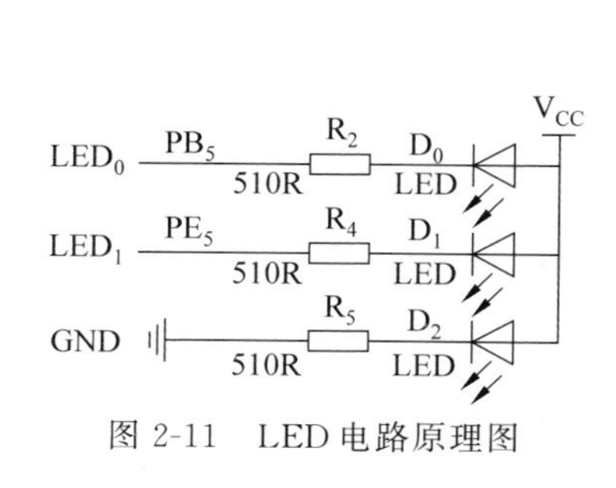


图 2-11　LED 电路原理图

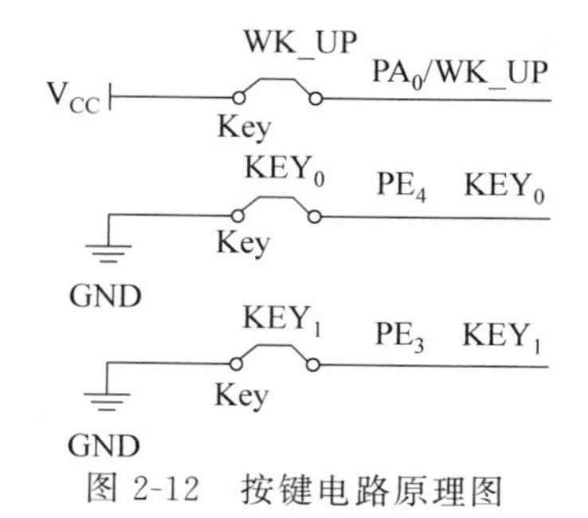


图 2-12　按键电路原理图

### 10. 串口

串口在嵌入开发中是使用频率非常高的外设接口，同时也是软件开发中重要的调试手段，几乎所有 MCU 都带有串口。STM32 的串口资源相当丰富，开发板使用的 STM32F103ZET6 最多可提供 5 路串口、3 路 USART、2 路 UART。这里重点介绍开发板带的 1 个 USB 串口。

USB 转串口选择的是 CH340G。USB_232 是一个 MiniUSB 头，提供 CH340G 和计算机通信的接口，同时可以给开发板供电。VUSB 就是来自计算机 USB 的电源，USB_232 是开发板的主要供电口。

开发板提供了一键下载功能，通过串口的 DTR 和 RTS 信号来自动配置 BOOT$_0$ 和 RST 信号，因此不需要用户来手动切换它们的状态；直接串口下载软件自动控制，可以非常方便地下载代码。如图 2-13 中 $Q_2$ 和 $Q_3$ 的组合构成了开发板的一键下载电路，只需要在 FlyMcu 软件设置 DTR 的低电平复位，RTS 高电平进 BootLoader，就可以一键下载代码了，不需要手动设置 $B_0$ 和按复位。其中，RESET 是开发板的复位信号，BOOT$_0$ 则是启动模式的 $B_0$ 信号。一键下载电路的具体实现过程：首先，FlyMcu 控制 DTR 输出低电平，则 DTR#输出高电平，然后 RTS 置高电平，则 RTS#输出低电平，这样 $Q_3$ 导通了，BOOT$_0$ 被拉高，即实现设置 BOOT$_0$ 为 1。同时 $Q_2$ 也会导通，STM32F1 的复位脚被拉低，实现复位。然后，延时 100ms 后，FlyMcu 控制 DTR 为高电平，则 DTR#输出低电平，RTS 维持高电平，则 RTS#继续为低电平，此时由于 $Q_2$ 不再导通，STM32F1 的复位引脚变为高电平，STM32F1 结束复位，但是 BOOT$_0$ 还是维持为 1，从而进入 ISP 模式，接着 FlyMcu 就可以开始连接开发板下载代码了，从而实现一键下载。

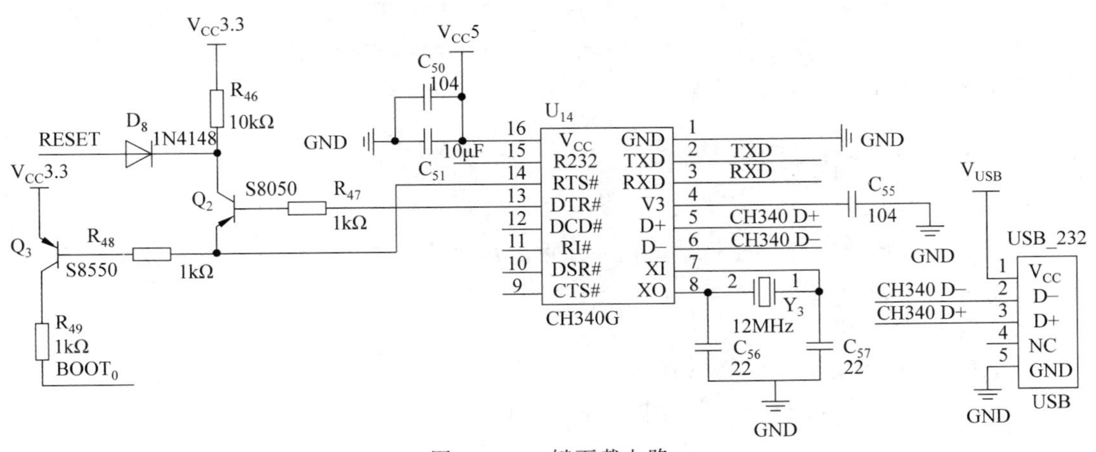


图 2-13　一键下载电路

### 11. ADC

STM32F103ZET6 包含了 3 个 12 位 ADC。模拟看门狗特性允许应用程序检测输入电压是否超出用户定义的高/低阈值。ADC 电路如图 2-14 所示，其中 TPAD 为电容触摸按键信号，连接在电容触摸按键上。STM_ADC 和 STM_DAC 则分别连接在 PA1 和 PA4 上，用于 ADC 采集或 DAC 输出。ADC

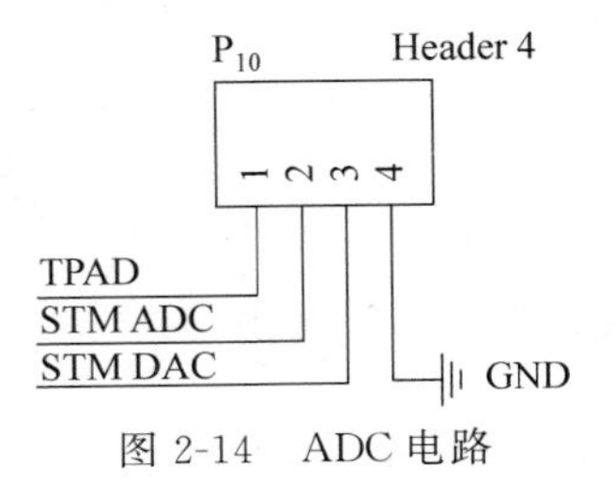


图 2-14　ADC 电路

的详细介绍见第10章。

**12. JTAG/SWD**

开发板提供了标准20针JTAG/SWD,接口电路如图2-15所示。虽然预留了JTAG的20针,但实际开发中,用得比较多的是SWD。SWD只需要两根线(SWCLK和SWDIO)就可以下载并调试代码,省端口且速度也快。STM32的SWD和JTAG是共用的,接上JTAG,如果选用的JTAG调试器支持SWD,就能直接使用。本书选用的是ST专用的ST-LINK下载器,也支持SWD调试。

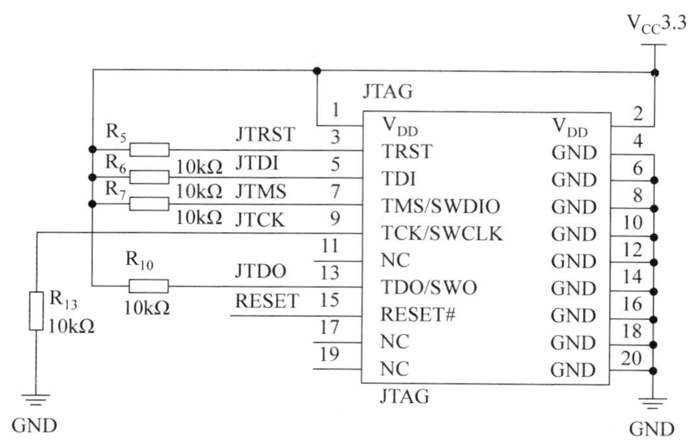


图2-15 JTAG/SWD接口电路

【学习方法点拨】 初学嵌入式要充分利用下载器进行单步调试,比如8位流水灯的实验可能没法一次成功。由于流水灯显示的速度很快,仅仅靠阅读代码和肉眼观察,初学者是很难快速发现问题的。如果用单步调试,我们就能快速知道哪行代码有问题,直观、高效,而且单步调试的操作也比较简单,希望大家能够充分利用起来。

## 2.2 I/O扩展模块

为了更好地培养实际动手能力,本项目除了最小系统板,还配了一些I/O扩展模块。下面分别介绍主要的模块。

**1. 8位LED模块**

板载的LED可用于编程的只有两个。为了更好地巩固所学内容,这里选择了图2-16所示带8位流水灯的扩展板,对应的电路如图2-17所示。

图2-16 流水灯和按键扩展板

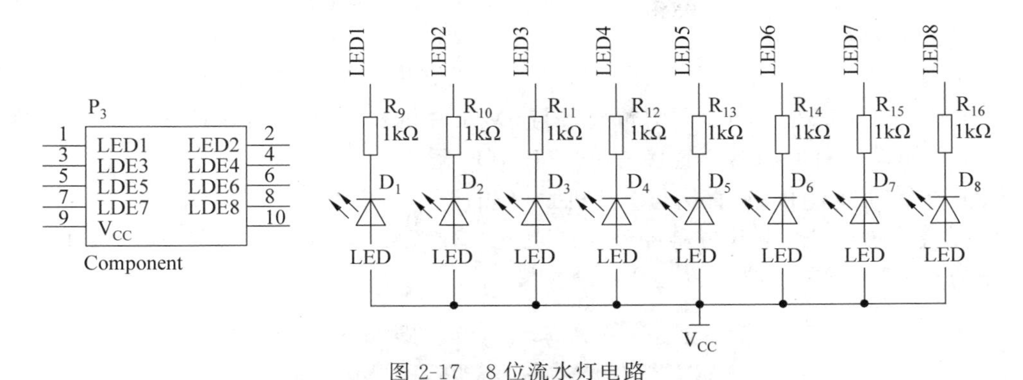


图 2-17　8 位流水灯电路

**2. 按键模块**

板载的按键可用于编程的只有 3 个。为了满足更多项目开发的需要，进一步巩固所学内容，这里选择了图 2-16 所示带 4 个独立按键和 4×4 矩阵按键的扩展板，对应的电路如图 2-18 和图 2-19 所示。

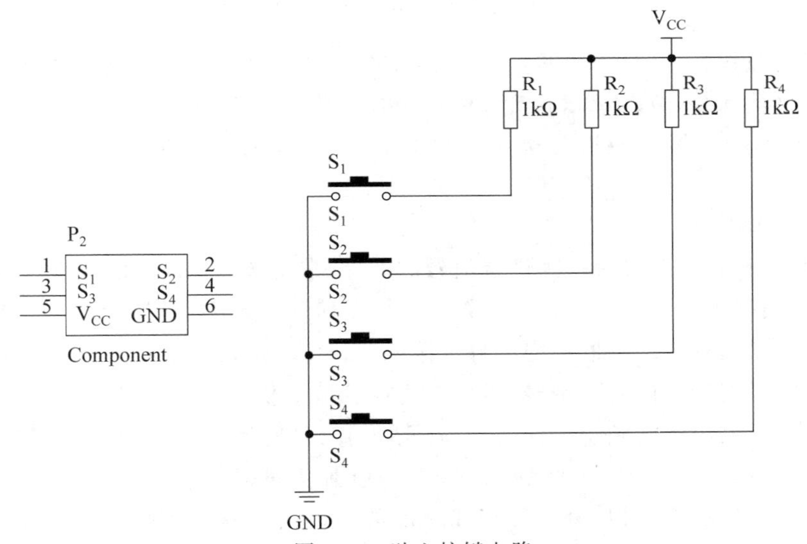


图 2-18　独立按键电路

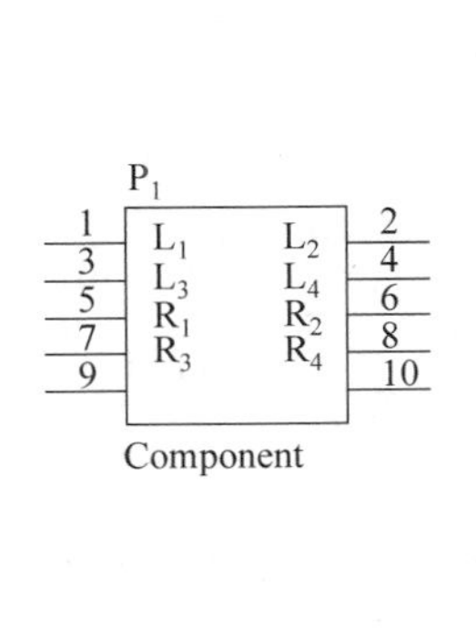


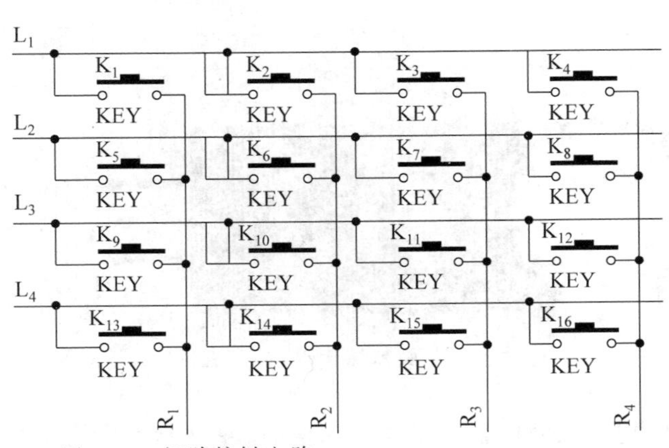


图 2-19　矩阵按键电路

**3. 数码管模块**

为了项目的开展，这里配置了图2-20所示的4位并行数码管模块，接口说明如下。

(1) $V_{CC}$外接3.3～5V电压(可以直接与5V单片机和3.3V单片机相连)。

(2) 段驱动ABCDEFGH直接与单片机I/O口相连。

(3) 位驱动$D_1D_2D_3D_4$直接与单片机I/O相连。

**【注意】** 模块可以直接与单片机I/O相连(需要12路I/O口)，来达到控制4位数码管显示的目的，不需要其他任何驱动和缓存器。

图2-20　4位并行数码管模块实物图

**【学习方法点拨】** 数码管的知识在单片机里学过，大家需自行回顾基本应用(一是共阴极、共阳极的电路连接，二是动态显示的电路连接)、段码和位码的区别及应用方法。另外，代码编写中需要注意消隐和视觉暂留时间控制，4个数码管总延时不能太长，一般建议为20ms。

**4. 蜂鸣器模块**

蜂鸣器是一种将电信号转换为声音信号的器件，常用来产生设备的按键音、数据超出阈值或一些特定情况下需要提醒用户的报警音等提示信号。蜂鸣器按驱动方式可分为有源蜂鸣器和无源蜂鸣器，有源蜂鸣器的内部自带振荡源，将正、负极接上直流电压即可持续发声，频率固定；无源蜂鸣器的内部不带振荡源，需要控制器提供振荡脉冲才可发声，调整提供振荡脉冲的频率，可发出不同频率的声音。本书所用的是有源蜂鸣器模块，其实物图如图2-21所示，电路如图2-22所示。STM32的单个I/O最大可以提供25mA电流，而蜂鸣器的驱动电流是30mA左右，所以一般不用STM32的I/O直接驱动蜂鸣器，而是通过三极管扩流后再驱动蜂鸣器。

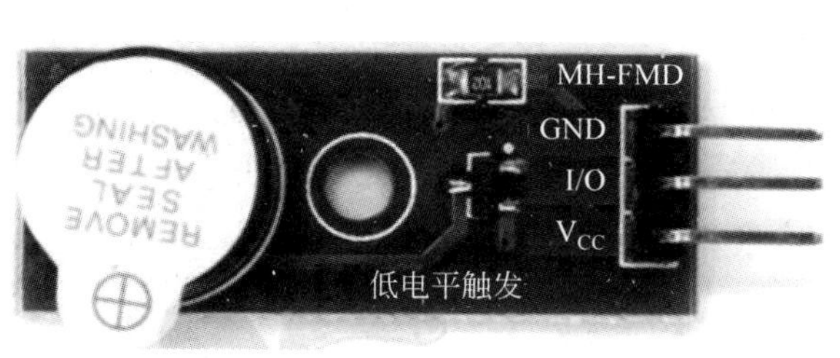


图2-21　蜂鸣器模块实物图

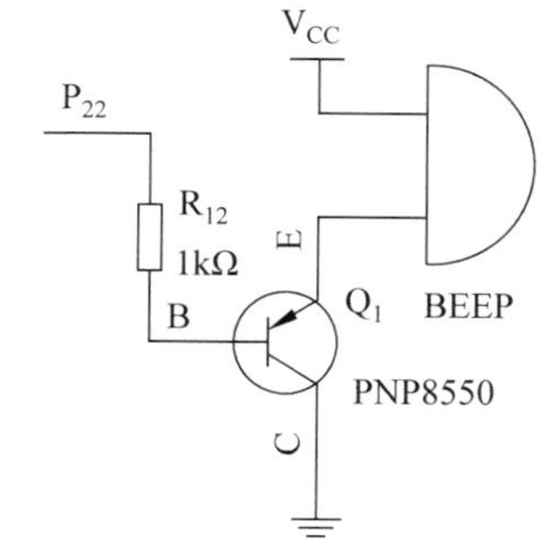


图2-22　蜂鸣器模块电路

**【注意】** 该蜂鸣器是低电平触发的，即I/O引脚电平为低时蜂鸣器发声。

**5. 电位器模块**

除了上述模块，还提供了图2-23所示的旋转电位器。它的功能是调节电压、限制电流，其参数信息如表2-2所示，常规应用如风扇调速、台灯的亮度、音响的声音调节、温度调节等。

图2-23 旋转电位器实物图

**表2-2 旋转电位器的参数**

| 参　　数 | 最小值 | 典型值 | 峰　　值 | 单　　位 |
|---|---|---|---|---|
| 工作电压 | 3 | 5 | 5.5 | VDC |
| 模块输出电压($V_{CC}$=5V) | 0 | — | 5 | V |
| 工作电流 | — | 260 | — | μA |
| 电阻范围 | 0 | — | 10 | kΩ |

**本章小结**

本章以榜样故事——数控铣工刘湘宾的介绍开始，然后介绍STM32F103最小系统板中主要模块的电路。另外，为了学习能力的提升和项目的拓展，接下来介绍了比较有代表性的5个I/O扩展模块，以此来实现素质、知识、能力目标的融合达成。

# 练习与拓展

**一、判断题**

1. 系统的时钟由一个72MHz的外部高速晶振提供。（　　）
2. STM32F103ZET6芯片有两个SPI接口和3个IIC接口。（　　）
3. STM32是低电平复位。（　　）
4. 当对应的I/O引脚输出低电平时，开发板上自带的LED点亮。（　　）

**二、单选题**

1. 以下对于STM32 ADC描述正确的是（　　）。
   A. STM32 ADC是一个12位连续近似模拟到数字的转换器
   B. STM32 ADC是一个8位连续近似模拟到数字的转换器
   C. STM32 ADC是一个12位连续近似数字到模拟的转换器
   D. STM32 ADC是一个8位连续近似数字到模拟的转换器
2. 以下对于STM32最小系统描述正确的是（　　）。

A. 蜂鸣器模块是STM32最小系统的核心模块。

B. 启动选择时,系统存储器启动模式是在调试模式时的启动

C. STM32F103ZET6芯片的512KB闪存是MCU的内部存储器

D. STM32开发板提供了5V电源和3.3V电源

3. 以下哪个不属于STM32F103最小系统?(　　)

A. 电源模块　　B. LED　　C. 复位电路　　D. 外接晶振

**三、思考题**

1. JTAG、STLINK、SWD三者的区别是什么?

2. 为什么FlyMcu软件设置DTR的低电平复位,RTS高电平进BootLoader,就可以一键下载代码了?

3. 思考共阳极4位数码管的$D_1$、$D_2$、$D_3$、$D_4$分别连$PE_0$、$PE_1$、$PE_6$、$PE_7$,选中对应数码管的位码分别是多少?

**四、拓展题**

1. 用思维导图软件(XMind)画出本章的素质、知识、能力思维导图。

2. 总结本章学习的收获和不足,针对疑问制订学习计划并落实。

# 第3章

# 开发环境搭建与工程模板创建

**本章导读**

本章以榜样故事——中国核潜艇之父彭士禄的介绍开始，然后描述 MDK 软件及支持包安装、CH340 驱动安装、分析两种常用的程序下载方法（ISP 串口程序下载、ST-LINK 程序下载）基本原理。通过基本项目实践，新建工程模板——基于库函数的训练，实现素质、知识、能力目标的融合达成。本章素质、知识、能力结构如图 3-1 所示。

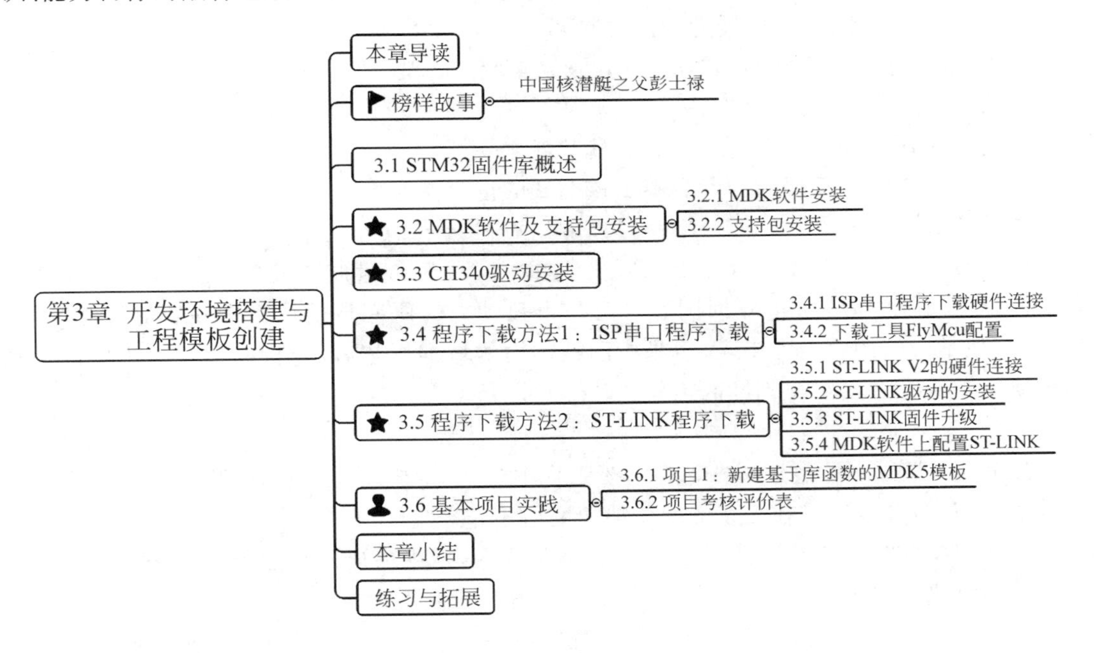


图 3-1 本章素质、知识、能力结构图

**本章学习目标**

**素质目标**：以榜样为力量，学习彭士禄在为祖国、为人民奉献的一生里，从不计较个人利益得失，从未向组织提出任何个人要求。他始终以国家的利益为先，勇挑重担，身先士卒，忘我工作，把毕生精力奉献给祖国的核动力事业。告诉学生珍惜时间，打好基础，每一代青年都有自己的际遇和机缘，都要在自己所处的时代条件下谋划人生、创造历史。

**知识目标：** 掌握MDK软件及支持包、CH340驱动安装方法，掌握两种常用的程序下载方法基本原理。

**能力目标：** 具备创建工程模板——基于库函数能力，培养学生的综合能力和创新思维。

**榜样故事**

中国潜艇之父彭士禄(见图3-2)。

图3-2　彭士禄

**出生：** 1925年11月

**逝世日期：** 2021年3月22日

**籍贯：** 广东汕尾

**毕业院校：** 莫斯科化工机械学院

**职业：** 教育科研工作者

**主要成就：**

1978年，被选为全国先进工作者，获全国科学大会奖。

1988年，获国防科工委表彰全军优秀总设计师颁发的“为国防科技事业做出突出贡献的荣誉奖”。

1996年，获何梁何利基金科学技术进步奖。

2021年5月26日，被追授为“时代楷模”。

2022年3月3日，被评为“感动中国2021年度人物”。

被誉为“中国核潜艇之父”。

被誉为中国核动力事业的开拓者和奠基者之一。

大亚湾核电站的重要参与者和秦山核电站的重要参与者。

**人物事迹：**

彭士禄是中国工程院首批及资深院士，被誉为“中国核潜艇之父”，1956年毕业于苏联莫斯科化工机械学院，1958年回国后一直从事核动力的研究与设计工作并被追授为“时代楷模”。他是中国的核动力专家，也是中国核动力领域的开拓者和奠基者之一，为中国核动力的研究与设计做出了开创性的工作。

**人物经历：**

1958年年底，中国组建了核动力潜艇工程项目，开始核动力装置预研。这一年，彭士禄刚好学成回国，并被安排在北京的原子能研究所工作。

1959年，苏联以技术复杂，中国不具备条件为由，拒绝为研制核潜艇提供援助。彭士禄和他的同事决心自力更生、艰苦奋斗，尽早将核潜艇研制出来。

1961年，彭士禄任原子能所核动力研究室副主任，并受郭沫若聘请兼任中国科学技术大学近代物理系副教授。

1961—1962年，由于当时中国核科学人才奇缺，核潜艇资料短缺，又恰逢3年经济困难，中央决定集中力量搞原子弹、导弹，核潜艇项目暂时下马，只保留一个50多人的核动力研究室。彭士禄作为核动力研究室副主任，负责全面工作。

1963年，彭士禄任七院十五所(核动力研究所)副总工程师。

1965年，彭士禄转并到核工业部二院二部任副总工程师。

1965年3月，搁置多时的核潜艇项目重新启动。彭士禄告别北京的妻子和儿女，只身入川，参与筹建中国第一座潜艇核动力装置陆上模式堆试验基地。

1967年6月—1971年6月，彭士禄任核潜艇陆上模式堆基地副总工程师。

1967年起，彭士禄组织建造了1∶1核潜艇陆上模式堆，并全程跟踪模式堆的安全运行、分析异常现象和事故苗头、排除故障。

1970年7月18日，核潜艇陆上模式堆启动试验开始，反应堆主机达到满功率指标，试验取得了圆满成功，为核动力装置一次性成功运用于潜艇起到决定性的借鉴作用。这一年，中国第一艘攻击型核潜艇下水了。

1971年6月—1973年5月，彭士禄任719所（核潜艇总体设计研究所）副所长兼总工程师。

1973年起，彭士禄任七院（中国舰船研究设计院）副院长，随后任六机部副部长兼总工程师，国防科委核潜艇第一位总设计师。

十年之后，彭士禄被任命为水电部副部长兼总工程师，兼任广东大亚湾核电站总指挥，还兼任国防科工委核潜艇技术顾问。

1986年4月，核电工作归核工业部管理后，彭士禄被调到核工业部任总工程师兼科技委第二主任、核电秦山二期联营公司董事长，并负责秦山二期的筹建。核工业部改为中国核工业总公司后，彭士禄任中国核工业总公司科技顾问。

他勇攀高峰、锐意攻关的奋斗精神，“重行动、不空谈、埋头苦干”的工作作风，甘做拓荒者、“为人民、为祖国奉献一切”的高尚情怀，激励着千千万万的中华儿女。

**人物评价：**

49岁时，彭士禄在一次核潜艇调试工作中突发急性胃穿孔，胃被切除了3/4。可是手术后不久，他又忘我地投入工作之中。彭士禄无论身处多高的位置，管理多少工程、项目与人员，都时刻牢记自己的使命，牢记要回报人民，回报祖国。

历经磨难，初心不改。在深山中倾听，于花甲年重启。两代人为理想澎湃，一辈子为国家深潜。你，如同你的作品，无声无息，但蕴含巨大的威力。（感动中国2021年度人物组委会评语）。

## 3.1 STM32 固件库概述

意法半导体公司为了方便用户开发程序，提供了一套丰富的STM32固件库。STM32固件库是一个固件函数包，它由程序、数据结构和宏组成，囊括了微控制器所有外设的性能特征。该函数库还包括每一个外设的驱动描述和应用实例，为开发者访问底层硬件提供了一个中间接口API(application programming interface)。通过使用该固件库，开发者无须深入掌握底层硬件细节，就可以轻松应用每一个外设。因此，使用该固件库可以极大减少用户的程序编写时间，进而降低开发成本。其实用一句话就可以概括：固件库就是函数的集合，固件库函数的作用是向下负责与寄存器直接打交道，向上提供用户函数调用的接口(API)。

**1. 库开发与寄存器开发的关系**

学习51单片机开发时，我们习惯了51单片机的寄存器开发方式，因为51单片机寄存器少，编程简单、直接。而对于STM32这种级别的MCU，数百个寄存器记起来又是谈何容易。于是，意法半导体公司推出了官方固件库，固件库将这些寄存器底层操作都封装起来，提供一整套接口（API）供开发者调用。大多数场合下，你不需要去知道操作的是哪个寄存器，只需要知道调用哪些函数即可。

**2. STM32官方库包介绍**

意法半导体公司提供的固件库完整包可以在官方网站下载，这里使用的是3.5.0版本的固件库。STM32F10x_StdPeriph_Lib_V3.5.0官方库包根目录如图3-3所示，官方库目录列表如图3-4所示。

STM32资料 › 软件 › STM32F1xx固件库 › STM32F10x_StdPeriph_Lib_V3.5.0 ›

| 名称 | 修改日期 | 类型 | 大小 |
|---|---|---|---|
| _htmresc | 2022/6/29 14:30 | 文件夹 | |
| Libraries | 2022/6/29 14:30 | 文件夹 | |
| Project | 2022/6/29 14:30 | 文件夹 | |
| Utilities | 2022/6/29 14:30 | 文件夹 | |
| Release_Notes | 2013/8/10 20:18 | 搜狗高速浏览器H... | 111 KB |
| stm32f10x_stdperiph_lib_um | 2013/8/10 20:18 | 编译的 HTML 帮... | 19,189 KB |

图3-3 官方库包根目录

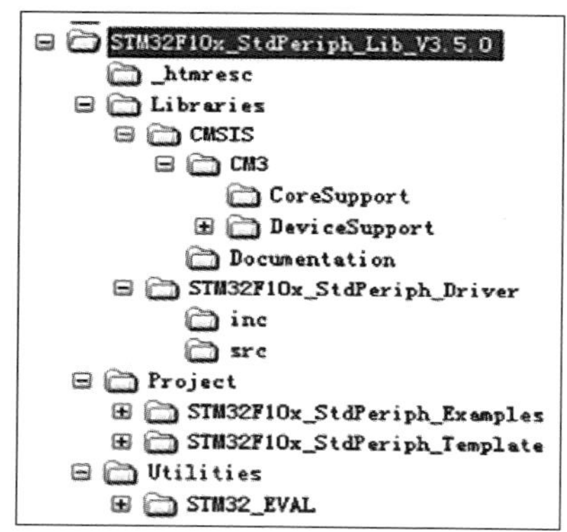


图3-4 官方库目录列表

下面对图3-4所示的官方库目录列表里面几个重要文件夹进行介绍。

**1. 文件夹介绍**

(1) Libraries文件夹下面有CMSIS和STM32F10x_StdPeriph_Driver两个目录，这两个目录包含固件库核心的所有子文件夹和文件。其中CMSIS目录下面是启动文件；而STM32F10x_StdPeriph_Driver目录下放的是STM32固件库源码文件。源码文件目录下面的inc目录存放的是stm32f10x_xxx.h头文件，无须改动，而src目录存放的是stm32f10x_xxx.c格式的固件库源码文件。每一个.c程序文件与一个相应的.h文件对应。这里的文件也是固件库的核心文件，每个外设对应一组文件。Libraries文件夹里面的文件在我们建立工程的时候都会被使用到。

(2) Project文件夹下面有两个文件夹：一个是STM32F10x_StdPeriph_Examples文件夹，其下面存放意法半导体公司官方提供的固件实例源码，用户在以后的开发过程中可以参考修改这个实例来快速驱动自己的外设,很多开发板的实例都参考了官方提供的例程源码,这些源码对以后的学习非常重要;另一个是 STM32F10x_StdPeriph_Template 文件夹,其下面存放的是工程模板。

(3) Utilities 文件夹下就是官方评估版的一些对应源码,这个文件夹可以忽略不看。

(4) 根目录中还有一个 stm32f10x_stdperiph_lib_um.chm 文件。直接打开后可以知道,这是一个固件库的帮助文档,这个文档非常有用。在开发过程中,这个文档会经常被使用到。

**2. 关键文件介绍**

下面着重介绍 Libraries 目录下的几个重要文件。

(1) core_cm3.c 和 core_cm3.h 文件位于\Libraries\CMSIS\CM3\CoreSupport 目录下,如图 3-5 所示。这两个文件就是 CMSIS 的核心文件,提供进入 CM3 内核接口。这些文件不需要修改。

STM32F10x_StdPeriph_Lib_V3.5.0 > Libraries > CMSIS > CM3 > CoreSupport

| 名称 | 修改日期 | 类型 | 大小 |
|---|---|---|---|
| core_cm3.c | 2013/8/10 20:18 | C 文件 | 17 KB |
| core_cm3.h | 2013/8/10 20:18 | H 文件 | 84 KB |

图 3-5 core_cm3.c 和 core_cm3.h 文件

(2) 与 CoreSupport 同一级的还有一个 DeviceSupport 文件夹,如图 3-6 所示。DeviceSupport\ST\STM32F10x 文件夹下面主要存放一些启动文件、比较基础的寄存器定义和中断向量定义的文件,如图 3-7 所示。

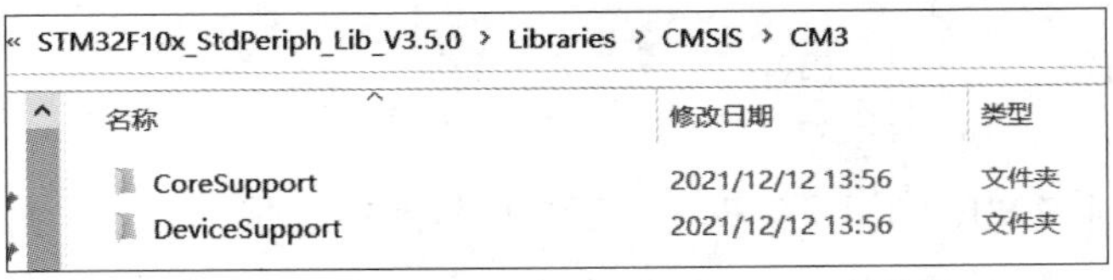

« STM32F10x_StdPeriph_Lib_V3.5.0 > Libraries > CMSIS > CM3

| 名称 | 修改日期 | 类型 |
|---|---|---|
| CoreSupport | 2021/12/12 13:56 | 文件夹 |
| DeviceSupport | 2021/12/12 13:56 | 文件夹 |

图 3-6 CoreSupport 与 DeviceSupport 文件夹

Libraries > CMSIS > CM3 > DeviceSupport > ST > STM32F10x

| 名称 | 修改日期 | 类型 | 大小 |
|---|---|---|---|
| startup | 2021/12/12 13:56 | 文件夹 | |
| Release_Notes | 2013/8/10 20:18 | Microsoft Edge ... | 26 KB |
| stm32f10x.h | 2013/8/10 20:18 | H 文件 | 620 KB |
| system_stm32f10x.c | 2013/8/10 20:18 | C 文件 | 36 KB |
| system_stm32f10x.h | 2013/8/10 20:18 | H 文件 | 3 KB |

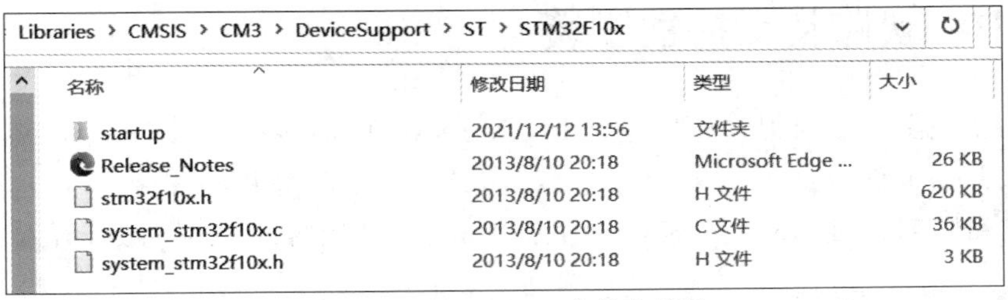

图 3-7 STM32F10x 文件夹目录

如图 3-7 所示,STM32F10x 文件夹有 3 个文件:system_stm32f10x.c、system_stm32f10x.h 和 stm32f10x.h。其中 system_stm32f10x.c 和对应的头文件 system_stm32f10x.h 的功能是设置系统以及总线时钟,这个里面有一个非常重要的 SystemInit()函数。这个函数在系统启动的时候都会被调用,用来设置系统的整个时钟系统。stm32f10x.h 这个文件很重要,只要用 STM32 来开发,就会时刻都要查看这个文件相关的定义。打开这个文件可以看到,里面有非常多的结构体以及宏定义。这个文件里面主要是系统寄存器定义声明以及包装内存操作;对于怎样声明以及怎样将内存操作封装起来,可以参考"STM32F1开发指南-库函数版本,4.6节:MDK中寄存器地址名称映射"。

startup文件夹下放的是启动文件。在\startup\arm目录下,可以看到8个以startup开头的.s文件,如图3-8所示。

Libraries > CMSIS > CM3 > DeviceSupport > ST > STM32F10x > startup > arm

| 名称 | 修改日期 | 类型 | 大小 |
| --- | --- | --- | --- |
| startup_stm32f10x_cl.s | 2013/8/10 20:18 | S文件 | 16 KB |
| startup_stm32f10x_hd.s | 2013/8/10 20:18 | S文件 | 16 KB |
| startup_stm32f10x_hd_vl.s | 2013/8/10 20:18 | S文件 | 16 KB |
| startup_stm32f10x_ld.s | 2013/8/10 20:18 | S文件 | 13 KB |
| startup_stm32f10x_ld_vl.s | 2013/8/10 20:18 | S文件 | 14 KB |
| startup_stm32f10x_md.s | 2013/8/10 20:18 | S文件 | 13 KB |
| startup_stm32f10x_md_vl.s | 2013/8/10 20:18 | S文件 | 14 KB |
| startup_stm32f10x_xl.s | 2013/8/10 20:18 | S文件 | 16 KB |

图3-8 8个以startup开头的.s文件

如图3-8所示,这里的8个启动文件是因为不同容量的芯片而不一样。对于STM32F103系列,主要是用下列启动文件:

startup_stm32f10x_ld.s:适用于小容量产品。

startup_stm32f10x_md.s:适用于中等容量产品。

startup_stm32f10x_hd.s:适用于大容量产品。

这里的容量是指Flash的大小,判断方法如下:

小容量:Flash≤32KB。

中容量:64KB≤Flash≤128KB。

大容量:Flash≥256KB。

本教材选用STM32F103ZET6芯片,其属于大容量产品,所以启动文件选择startup_stm32 f10x_hd.s。

## 3.2 MDK软件及支持包安装

MDK源自德国的KEIL公司,它是RealViewMDK的简称。在全球,MDK被超过10万的嵌入式开发工程师使用。本书使用MDK 5.14,该版本使用Keil μVision5 IDE(集成开发环境),它是目前针对ARM处理器,尤其是Cortex M内核处理器的最佳开发工具。

### 3.2.1 MDK软件安装

MDK软件安装步骤如下。

(1) 在D:(或C:)盘创建一个文件夹,命名为MDK5,如图3-9所示。

(2) 在官方网站下载软件,下载的mdk514.exe软件如图3-10所示。

(3) 双击mdk514.exe文件,如图3-11所示。

(4) 在打开的界面中单击Next按钮,如图3-12所示。

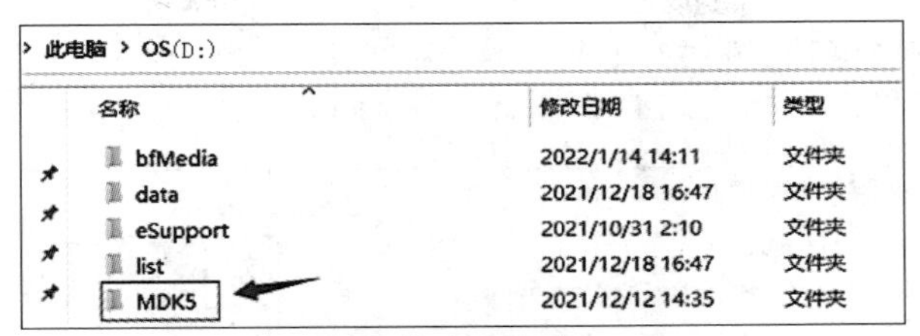


图 3-9 文件夹命名为 MDK5

图 3-10 下载的 mdk514.exe 软件

图 3-11 双击 mdk514.exe 文件

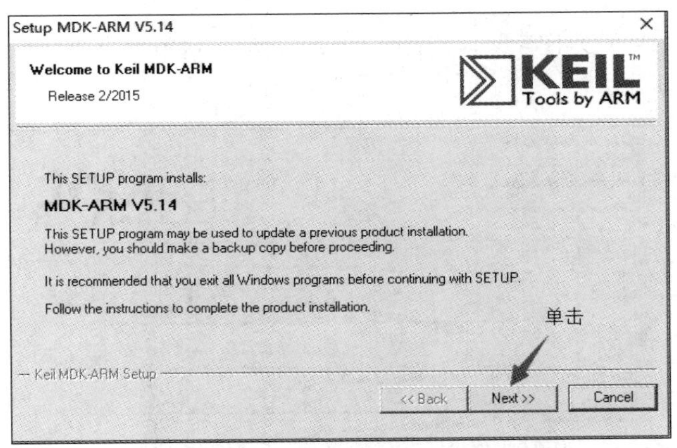


图 3-12 开始安装 MDK 5.14

（5）选择 I agree to all the terms of the preceding License Agreement，再单击 Next 按钮，如图 3-13 所示。

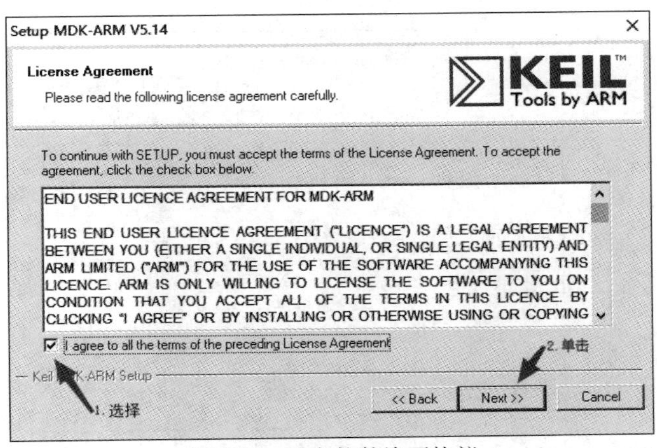


图 3-13 同意软件许可协议

(6) 选择存放路径(安装路径不能包含中文、最好不要有空格和特殊字符),将文件存放至 MDK5 文件夹下,单击 Next 按钮,如图 3-14 所示。

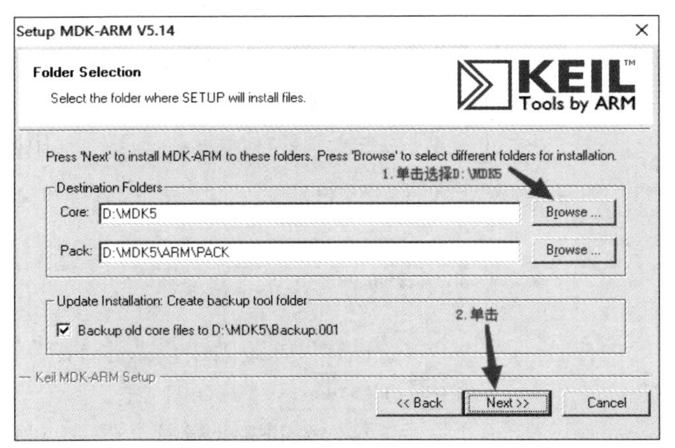

图 3-14　选择安装路径

(7) 填写用户信息(@不能少),如图 3-15 所示,单击 Next 按钮。等待安装,需要几分钟时间,如图 3-16 所示。

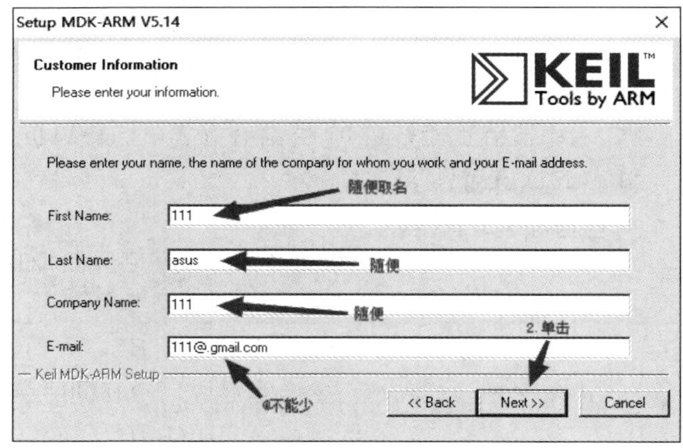

图 3-15　填写用户信息

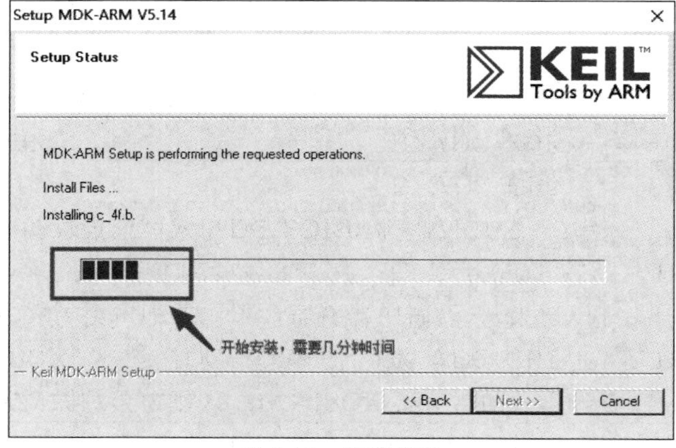

图 3-16　等待安装

(8) 单击“安装”按钮确认安装,如图 3-17 所示。安装完毕,单击 Finish 按钮,结束安装,如图 3-18 所示。

(9) 安装完毕,桌面生成 Keil μVision5 快捷图标,如图 3-19 所示。

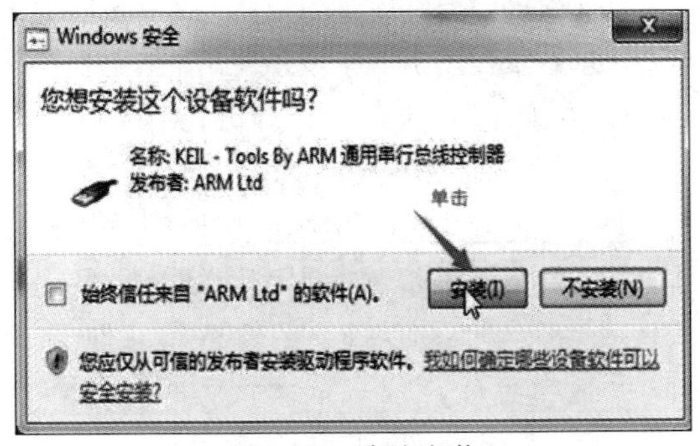


图 3-17 确认安装

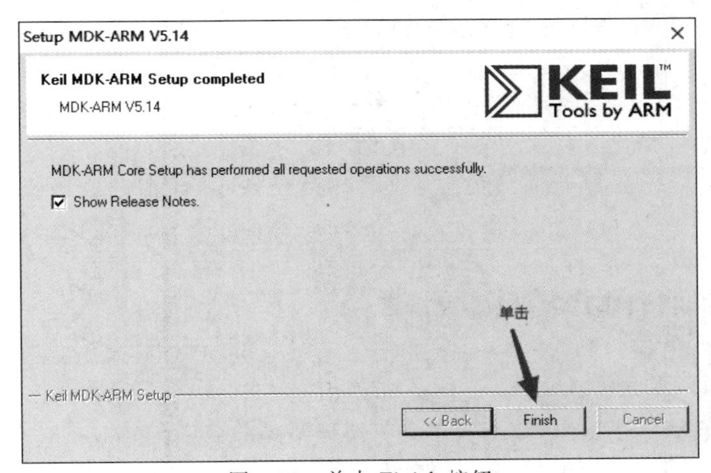


图 3-18 单击 Finish 按钮

图 3-19 桌面快捷图标

**【注意】** 安装完成后,如果弹出错误信息,直接关闭即可,因为安装后会自动去下载。

### 3.2.2 支持包安装

接下来还需要安装支持包才能使用,支持包安装步骤如下。

(1) 登录官网下载 Keil.STM32F1xx_DFP.1.0.5.pack 支持包,如图 3-20 所示。

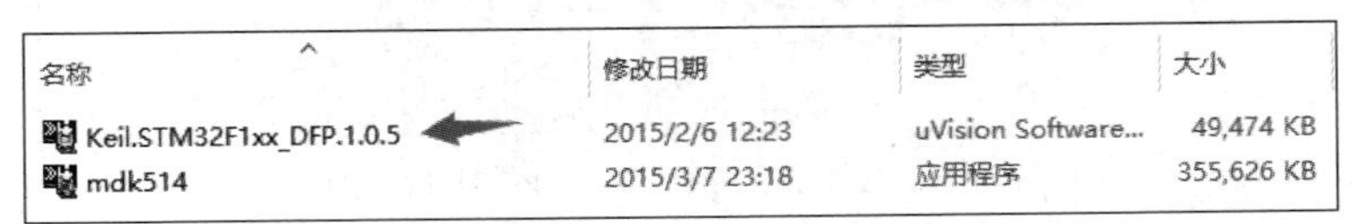

| 名称 | 修改日期 | 类型 | 大小 |
|---|---|---|---|
| Keil.STM32F1xx_DFP.1.0.5 | 2015/2/6 12:23 | uVision Software... | 49,474 KB |
| mdk514 | 2015/3/7 23:18 | 应用程序 | 355,626 KB |

图 3-20 Keil.STM32F1xx_DFP.1.0.5.pack 支持包

(2) 找到下载的 Keil.STM32F1xx_DFP.1.0.5.pack,双击安装。

(3) 单击 Next 按钮,如图 3-21 所示。安装进度如图 3-22 所示,等待安装完毕。

(4) 支持包安装完毕,单击 Finish 按钮,如图 3-23 所示。

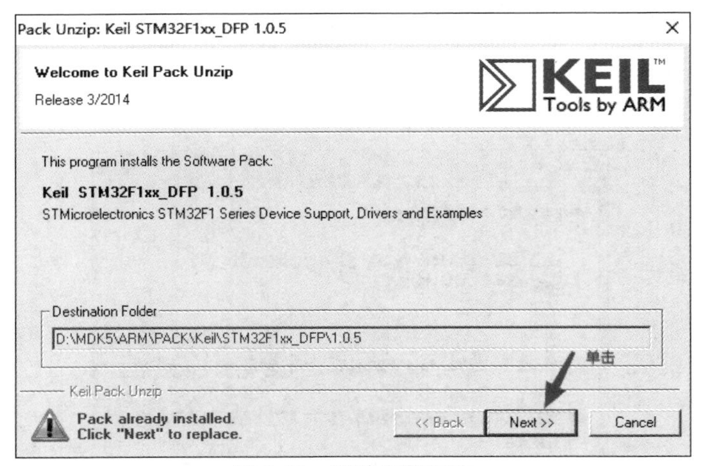


图 3-21 开始安装界面

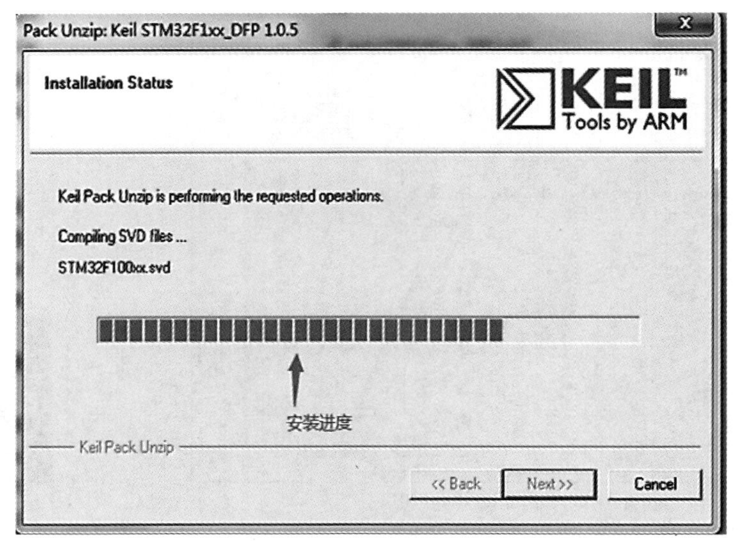


图 3-22 安装进度

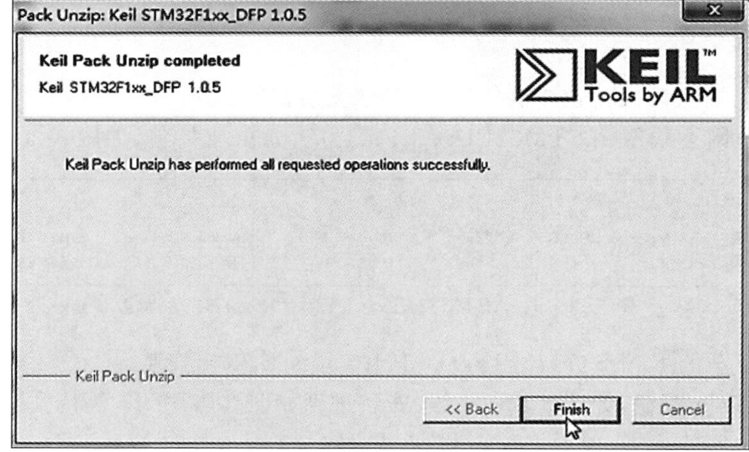


图 3-23 支持包安装完毕

到这里，MDK 才算安装完成了。打开一个工程项目，试试看 MDK 安装成功没有，编译没有错误表示 MDK 和支持包都安装成功了。

安装注意事项如下：

① 安装路径为英文路径（不要是中文路径）；

② 系统用户名不能为中文；

③ 不同版本的 MDK（Keil）不要安装在同一目录；

④ MDK5 需要加载芯片对应的支持包。

## 3.3　CH340 驱动安装

STM32 的程序下载一般都是通过串口 1 下载，这时需要安装 CH340 驱动。CH340 驱动安装步骤如下。

（1）打开“CH340 驱动（USB 串口驱动）_XP_WIN7 共用”文件夹，如图 3-24 所示。

（2）双击 SETUP.exe 文件开始安装，如图 3-25 所示。

STM32嵌入式原理及应用 › STM32资料 › 软件 ›

| 名称 | 修改日期 | 类型 |
|---|---|---|
| CH340驱动(USB串口驱动)_XP_WIN7共用 | 2022/6/29 14:30 | 文件夹 |
| MDK5 | 2022/7/13 8:40 | 文件夹 |
| ST LINK驱动及教程 | 2022/6/29 14:30 | 文件夹 |
| STM32 USB虚拟串口驱动 | 2022/6/29 14:30 | 文件夹 |
| STM32F1xx固件库 | 2022/6/29 14:30 | 文件夹 |
| STM32串口下载软件（FLYMCU） | 2022/6/29 14:30 | 文件夹 |
| 串口调试助手 | 2022/6/29 14:30 | 文件夹 |

图 3-24　CH340 驱动文件夹

图 3-25　双击 SETUP.exe 文件开始安装

（3）单击“安装”按钮，如图 3-26 所示，等待安装完毕。

（4）安装完毕，单击“确定”按钮，如图 3-27 所示。

在安装完成后，我们可以在计算机的设备管理器里面找到 USB 串口（如果找不到，则重启计算机），如图 3-28 所示。

在图 3-28 中可以看到，USB 串口被识别为 COM3。这里需要注意的是，不同计算机可能不一样，有可能是 COM4、COM5 等，但是 USB-SERIAL CH340 一定是一样的。如果没找到 USB 串口，则有可能是安装有误，或者系统不兼容。

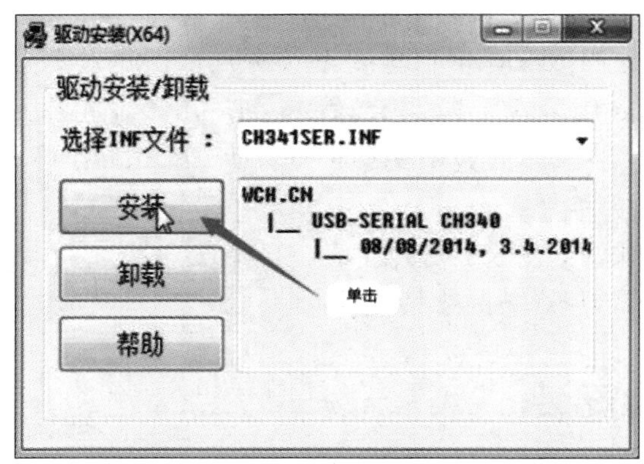


图 3-26 安装驱动

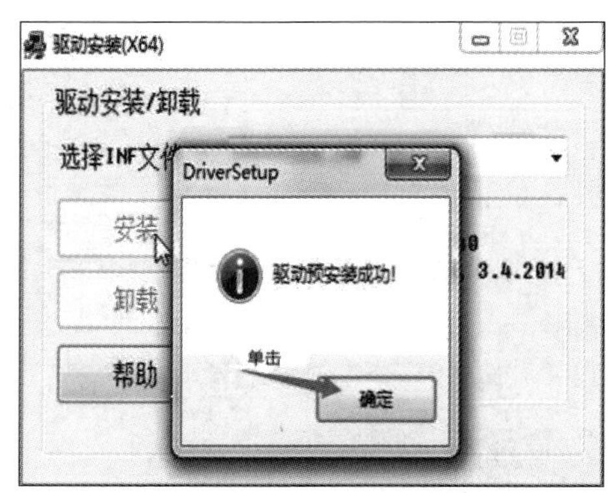


图 3-27 安装完毕

图 3-28 USB串口

**【注意】** 驱动预安装不成功,解决办法有两种:第一种解决办法是查看readme;第二种解决办法是把USB线一端连接STM32开发板,另一端连接计算机USB,打开开发板电源,可以看到计算机右下方提示正在安装设备驱动程序软件。

## 3.4 程序下载方法1:ISP串口程序下载

STM32的程序下载有USB、串口、SWD、JTAG等多种方法,但最常用的、最经济的就是通过串口给STM32下载程序。STM32的ISP下载只能使用串口1,也就是对应串口发送接收引脚$PA_9$、$PA_{10}$,不能使用其他串口(例如串口2:$PA_2$、$PA_3$不能用来做ISP下载)。

### 3.4.1 ISP串口程序下载硬件连接

ISP串口程序下载硬件连接框图如图3-29所示。计算机上要安装CH340驱动(虚拟一个COM口),还要有一个下载软件FlyMcu,用USB线将计算机与STM32开发板连接(STM32端USB插入位置如图3-30所示,即CH340芯片旁边的USB),通过CH340实现USB信号与串口信号转换。

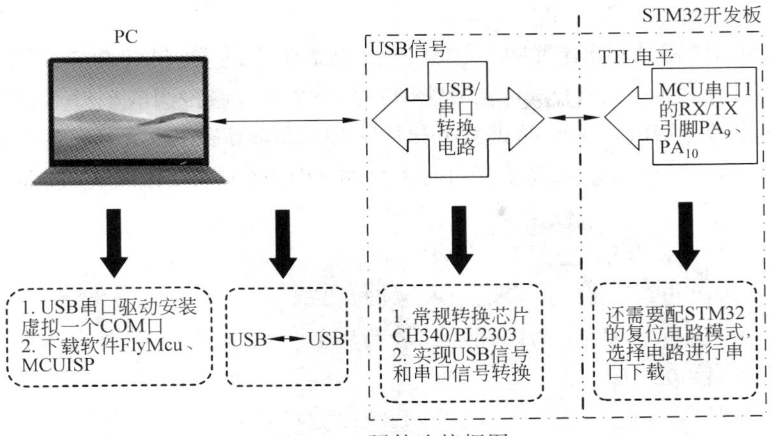


图 3-29　硬件连接框图

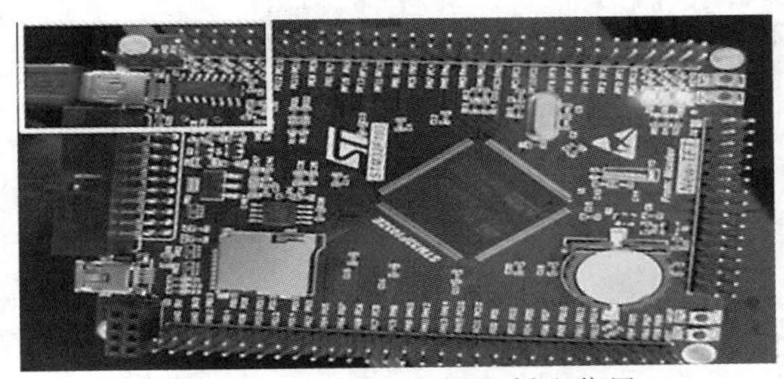

图 3-30　STM32 端 USB 插入位置

### 3.4.2　下载工具 FlyMcu 配置

在安装了 USB 串口驱动后，就可以开始用串口下载代码了。这里的串口下载软件选择的是 FlyMcu，该软件是 mcuisp 的升级版本（FlyMcu 新增了对 STM32F4 的支持）。FlyMcu 软件启动界面如图 3-31 所示。

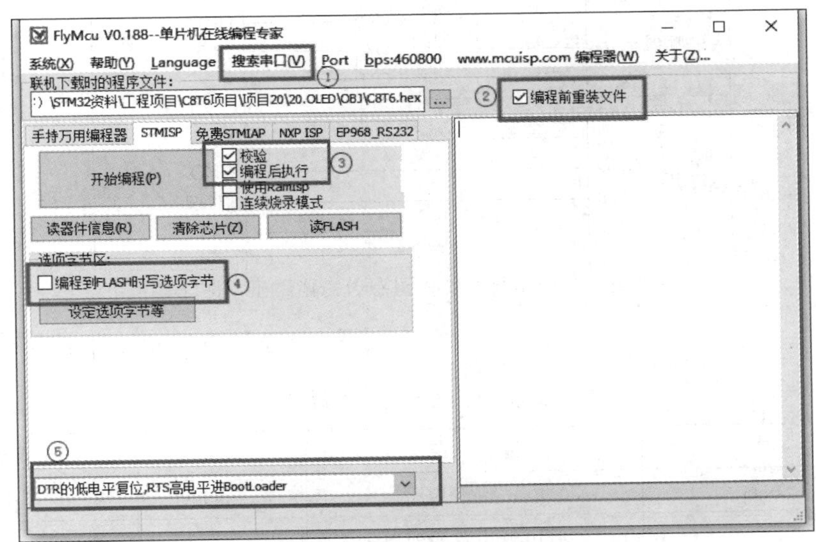


图 3-31　FlyMcu 软件启动界面

软件配置一共包括5个方面，具体如下。

① 搜索串口，选择虚拟出来的USB串口，COMx：空闲USB-SERIAL CH340。要下载代码还需要选择串口，这里FlyMcu有智能串口搜索功能。每次打开FlyMcu软件，软件会自动搜索当前计算机上可用的串口，然后选中一个作为默认的串口（一般是最后一次关闭时所选择的串口）；此外，也可以通过单击菜单栏的“搜索串口”来实现自动搜索当前可用串口。串口波特率则可以通过bps栏设置，对于STM32，该波特率最大为460800。然后，找到CH340虚拟的串口，COMx：空闲USB-SERIAL CH340。

② 选择“编程前重装文件”。当选中该选项后，FlyMcu会在每次编程之前将.hex文件重新装载一遍，这样在代码调试的时候是比较有用的。特别提醒，不要选择使用RamIsp，否则，可能没法正常下载。

③ 选择STMISP选项卡，选择“校验”以及“编程后执行”。“编程后执行”这个选项在无一键下载功能的条件下是很有用的。当选中该选项后，可以在下载完程序后自动运行代码，否则，还需要按复位键，才能开始运行刚刚下载的代码。

④ 注意“选项字节区”的“编程到FLASH时写选项字节”不要选中。

⑤ 在左下方选择第5项“DTR的低电平复位，RTS高电平进BootLoader”。这个选项选中后，FlyMcu就会通过DTR和RTS信号来控制板载的一键下载功能电路，以实现一键下载功能。如果不选择，则无法实现一键下载功能。这个选项是必要的选项（在$BOOT_0$接GND的条件下）。

软件配置完成后，以项目1新建的工程Template为例，先编译一下，没有问题后，用FlyMcu软件打开OBJ文件夹，找到Template.hex，如图3-32所示，就可以通过单击“开始编程”按钮，一键下载代码到STM32上，下载成功后如图3-33所示。在图3-33中，圈出了FlyMcu对一键下载电路的控制过程，其实就是控制DTR和RTS电平的变化，控制

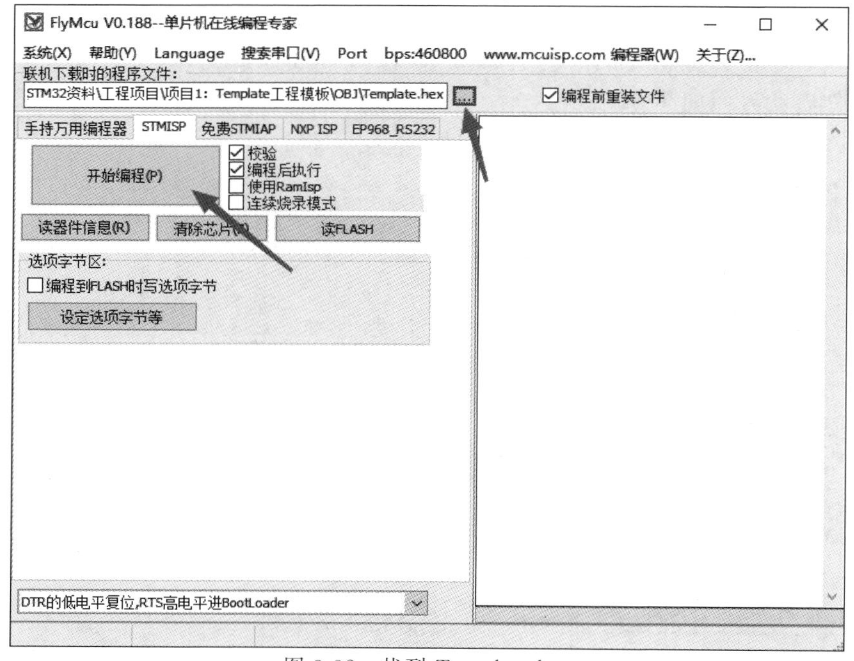


图3-32 找到Template.hex

$BOOT_0$和RESET，从而实现自动下载。另外，下载成功后，界面会有“共写入xxxxKB，耗时xxxx毫秒”的提示，工程项目1的执行效果如图3-34所示。至此，说明下载代码成功了，并且也从开发板上验证了代码的正确性。

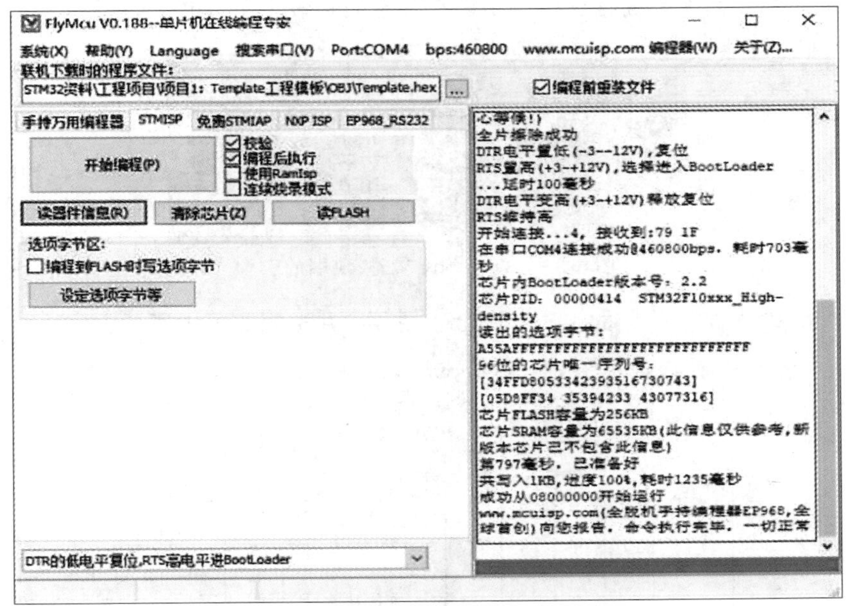


图3-33 完成下载代码

图3-34 工程项目1的执行效果

## 3.5 程序下载方法2：ST-LINK程序下载

由于德国J-LINK价格非常昂贵，因此下面介绍JTAG/SWD调试工具中另外一个主流仿真器ST-LINK的使用方法。如果你已经学会了J-LINK的使用方法，那么ST-LINK的使用方法就会非常简单，两者几乎99%的操作方法都是一模一样的。下面从JTAG/SWD仿真器的硬件连接、驱动的安装、固件升级和编程软件(MDK)配置4个方面进行介绍。

### 3.5.1 ST-LINK V2的硬件连接

ST-LINK V2是ST第二代的仿真器，适用于ST的8位单片机和ST的32位嵌入式单片机，ST-LINK V2模块上的各个引脚功能在其金属包装上可以看到，如图3-35所示。

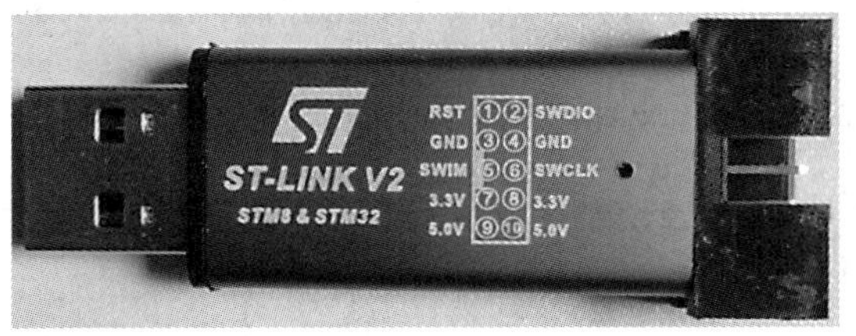


图3-35 ST-LINK V2模块端的引脚

对应STM32电路板一端的引脚如图3-36所示，并按照该图中所示方式连接。

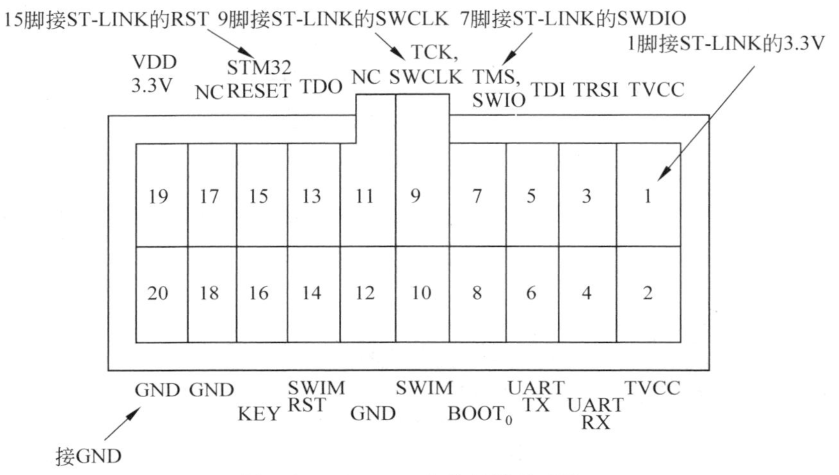


图3-36 STM32电路板端的引脚

具体连接说明如下。

ST-LINK V2模块端的引脚　　STM32电路板端的引脚

2.SWDIO ←——————→ 7.TMS.SWIO

4.GND ←——————→ 20.GND

6.SWCLK ←——————→ 9.TCK.SWCLK

8.3.3V ←——————→ 1.TVCC

### 3.5.2 ST-LINK驱动的安装

对于ST-LINK的使用，首先需要安装ST-LINK驱动，(可在官方网站下载)。在教材资料包\STM32嵌入式原理及应用\STM32资料\软件\ST-LINK驱动及教程\ST-LINK官方驱动里面提供了ST-LINK驱动包，资料包内容如图3-37所示。

从图3-37可以看到，ST-LINK官方驱动软件包里面包含以下两个可执行文件。

dpinst_x86.exe。

dpinst_amd64.exe。

这里，首先执行安装 dpinst_amd64.exe 文件，如果安装之后没有提示报错，那就说明驱动安装成功了；如果有报错，卸载后再安装 dpinst_x86.exe 文件即可。安装完成后安装界面如图 3-38 所示，需要注意图 3-38 中两个打钩选项表示驱动安装成功。驱动安装成功后，接下来把 ST-LINK 通过 USB 连接到计算机上，然后打开设备管理器，可以看到会多出一个设备，如图 3-39 所示。

图 3-37 ST-LINK 官方驱动软件包

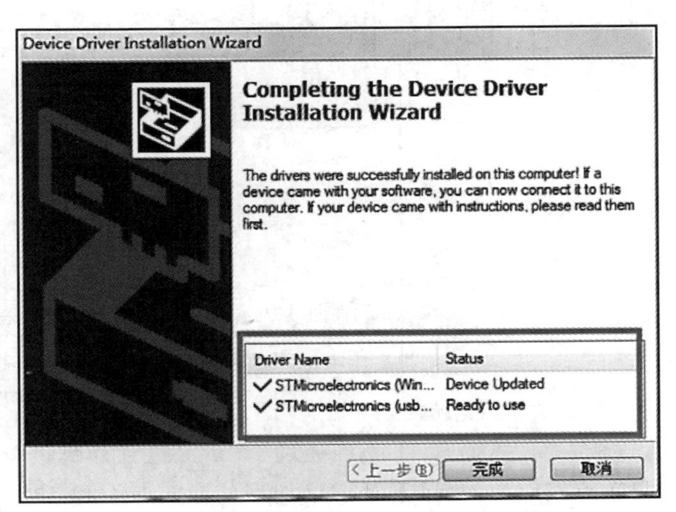


图 3-38 ST-LINK 驱动安装完成界面

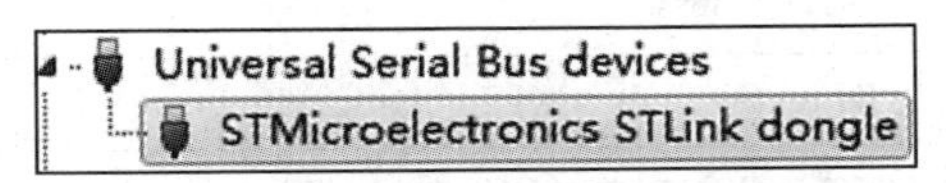


图 3-39 用设备管理器查看 ST-LINK Device

这里有以下两点需要说明。

(1) 各种 Windows 版本设备名称和所在设备管理器栏目可能不一样，例如 Windows 10 插上 STLINK 后显示的是 STM32STLINK。

(2) 如果设备名称旁边显示的是黄色的叹号，此时需要直接单击设备名称，然后在打开的界面里面单击更新设备驱动即可。

至此，ST-LINK 驱动已经安装完成。接下来，只需要在 MDK 工程里面配置 ST-LINK 就可以了。

### 3.5.3 ST-LINK 固件升级

ST-LINK 固件升级非常简单。需要说明一下，如果 ST-LINK 能正常使用，希望不要轻易升级。下面介绍 ST-LINK 固件升级步骤。

打开固件升级软件，里面有一个压缩包，解压之后可以看到 ST-LINK 固件升级软件，如图 3-40 所示。

对于 Windows 计算机，直接进入 Windows 文件夹，如图 3-41 所示。执行 ST-LinkUpgrade.exe 文件，打开后 ST-Link Upgrade 操作界面如图 3-42 所示。

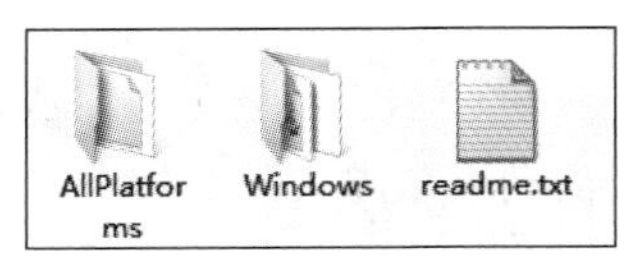

图 3-40　ST-LINK 固件升级软件

图 3-41　ST-Link Upgrade.exe

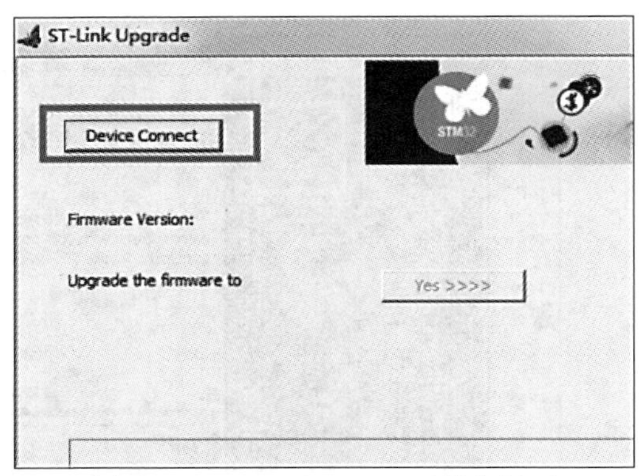

图 3-42　ST-Link Upgrade 操作界面

这个时候，要把 ST-LINK 通过 USB 连接到计算机，连接后再单击 Device Connect 按钮，如果连接成功，会出现图 3-43 所示的界面提示信息。如果单击 Device Connect 按钮后，提示没有找到 ST-LINK 或者图 3-44 所示的错误提示 Please restart it，这个时候需要拔掉计算机上 ST-LINK 的 USB 线，然后重新插到计算机，再重复上面的步骤，直到出现图 3-45 所示的界面提示信息。

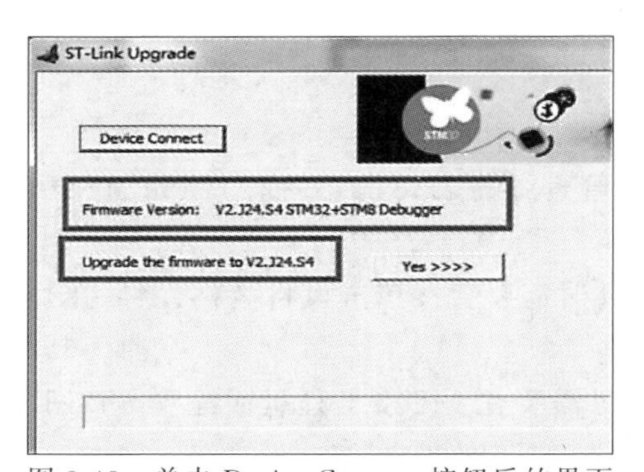

图 3-43　单击 Device Connect 按钮后的界面

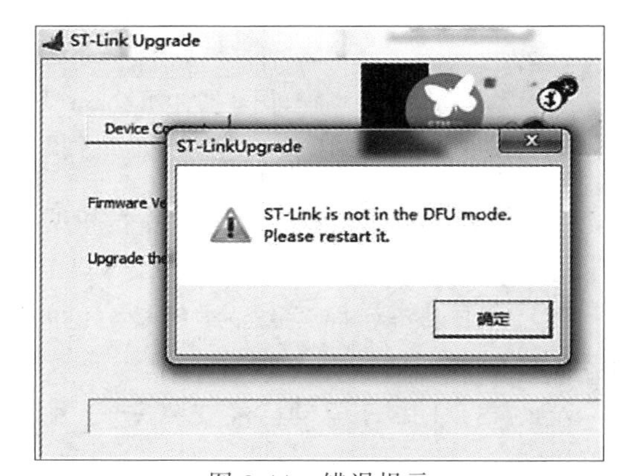

图 3-44　错误提示

正确连接 ST-LINK 后，只需要单击 Yes 按钮，等待固件升级，即可完成 ST-LINK 最新固件升级。ST-LINK 升级完成后，就可以与升级前一样正常使用。

**【注意】** 升级过程中不能断开 USB 线或者计算机的网络。

### 3.5.4　MDK 软件上配置 ST-LINK

打开 Project1，Template 工程模板，先编译一下，如图 3-46 所示，确保没有错误后，才可以下载。

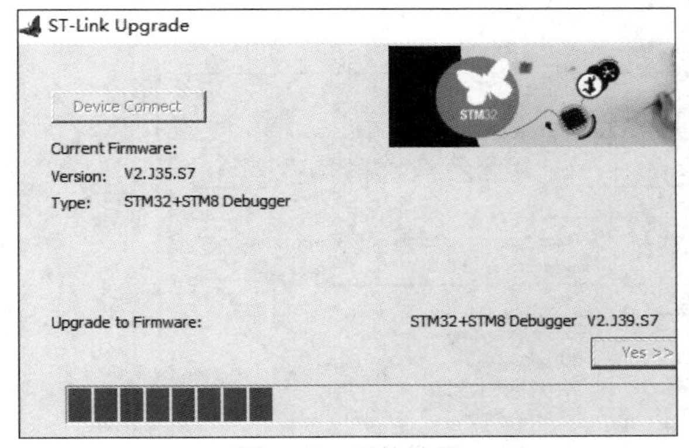


图 3-45　固件升级

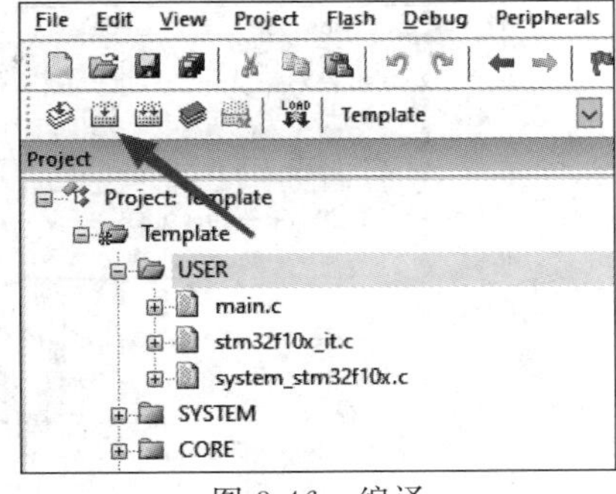


图 3-46　编译

单击魔术棒，如图 3-47 所示，进入 Options for Target 'Template'界面。单击 Debug 选项卡，确保选中 Use，单击其右侧的下拉列表，选择 ST-LINK Debugger 命令，如图 3-48 所示。

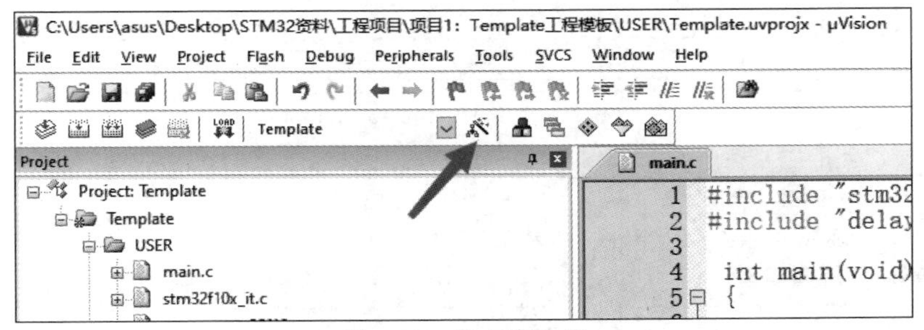


图 3-47　单击魔术棒

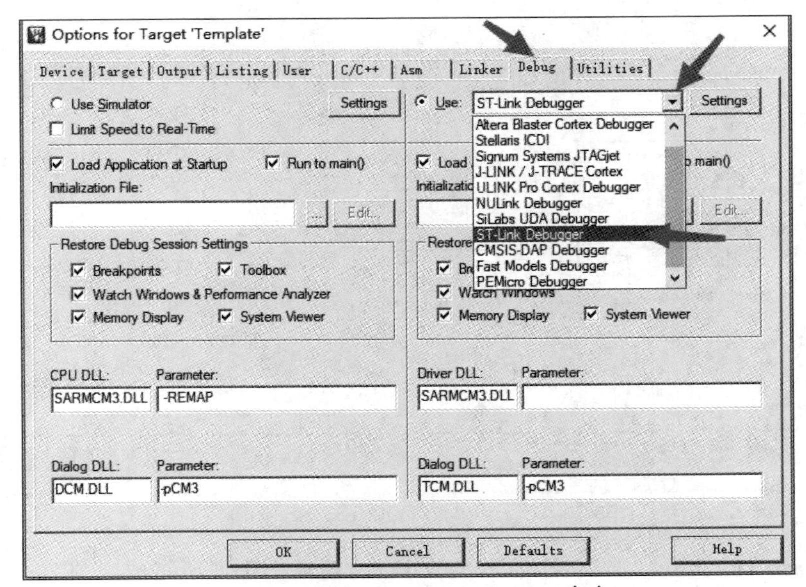


图 3-48　选择 ST-LINK Debugger 命令

确保选中 Run to main，如图 3-49 所示，单击 Settings 按钮，进入图 3-50 所示的 Cortex-M Target Driver Setup 界面。单击 Debug 选项卡，Port 选择 SW，Max 选择 1.8MHz 或

者4MHz。

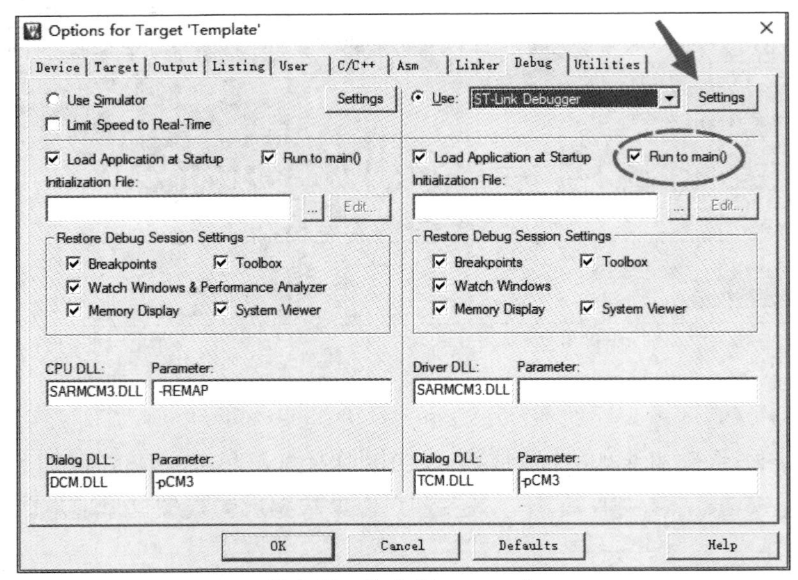


图3-49 选中Run to main

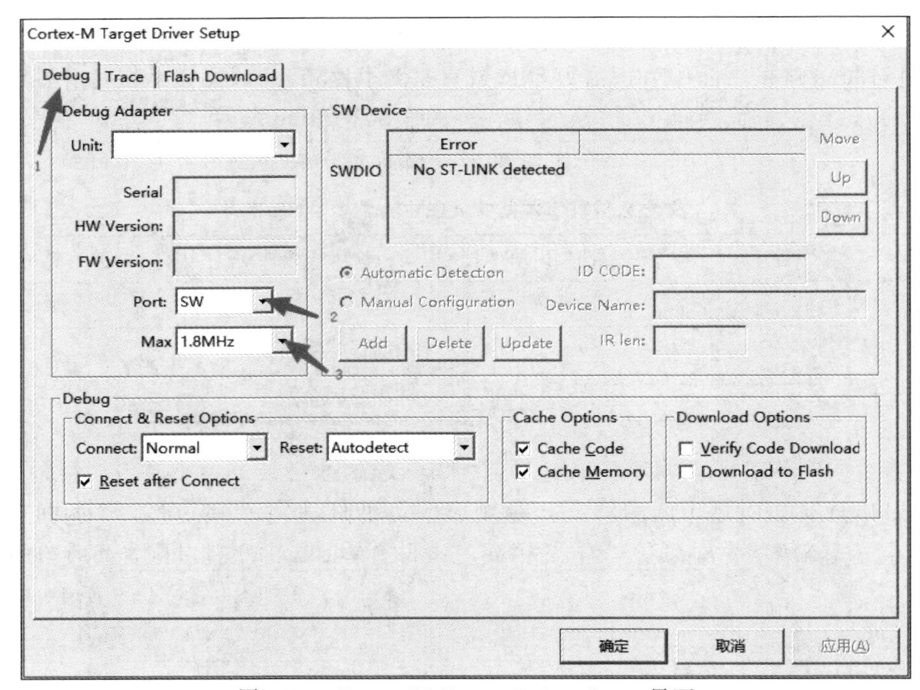


图3-50 Cortex-M Target Driver Setup界面

单击Flash Download选项卡，如图3-51所示，选择图中2所指的3项，单击Add按钮。

选择STM32F10x High-density Flash选项，如图3-52所示。不同级别的芯片，这里的配置有所不同，必须与芯片对应，且绝对不能选错。确定无误后单击Add按钮，添加成功后如图3-53所示，单击“确定”按钮。

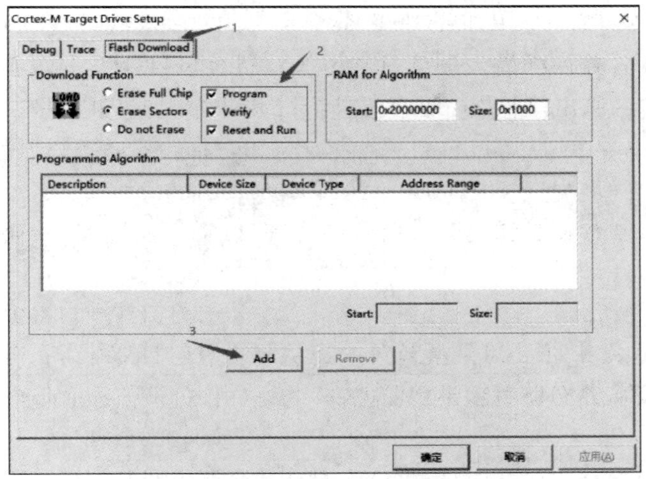


图 3-51 设置 Flash Download 选项卡

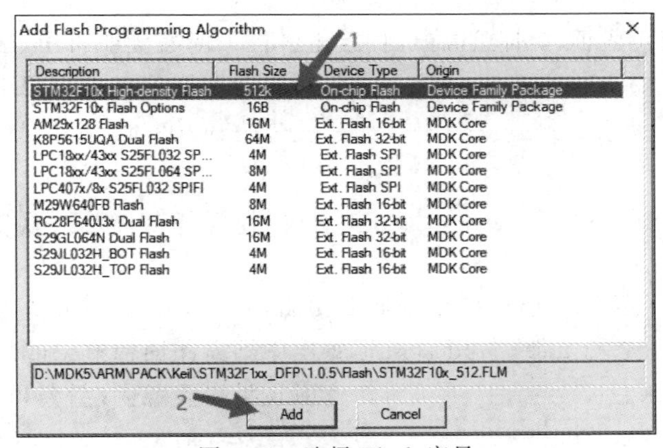


图 3-52 选择 Flash 容量

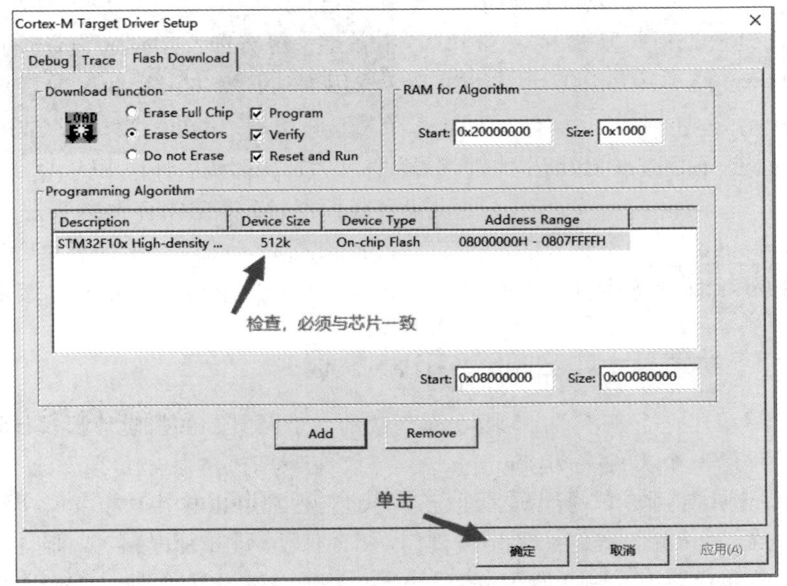


图 3-53 添加成功

单击 Utilities 选项卡，如图 3-54 所示，检查两处是否选上，无误后，单击 OK 按钮，到目前 STM32F1 系列开发板 MDK 软件上 ST-LINK 就配置完成了。

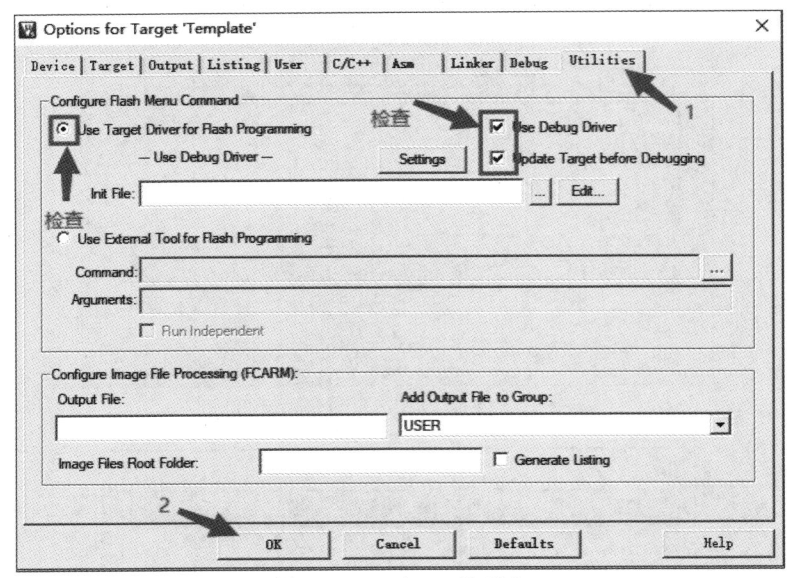


图 3-54　Utilities 选项卡

编译通过后，如图 3-55 所示单击 LOAD 下载，查看开发板效果，如图 3-56 所示。LED 闪烁表示下载成功。

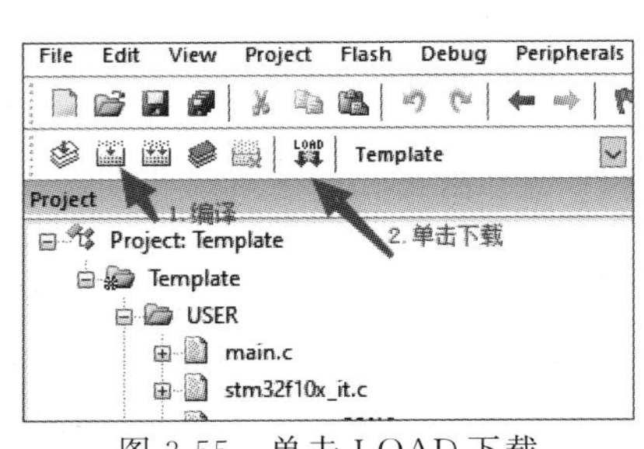


图 3-55　单击 LOAD 下载

图 3-56　LED 闪烁效果

# 3.6　基础项目实践

## 3.6.1　项目 1：新建基于库函数的 MDK5 模板

接下来介绍新建一个基于 V3.5 版本库函数的 STM32F1 工程模板。具体步骤如下。

第一步：新建一个文件夹为 Template。建议在计算机的某个目录下面建立一个文件夹(例如在桌面上)，如图 3-57 所示，后面所建立的工程都可以放在这个文件夹下面。

第二步：在 Template 根目录下面建立子文件夹 USER，然后选择 Project→New μVision Project 命令，如图 3-58 所示，将目录定位到刚才建立的文件夹 USER 下，工程文件就都保存到USER文件夹下面。这里工程命名为Template，单击“保存”按钮，如图3-59所示。

图3-57　桌面上新建的Template文件夹

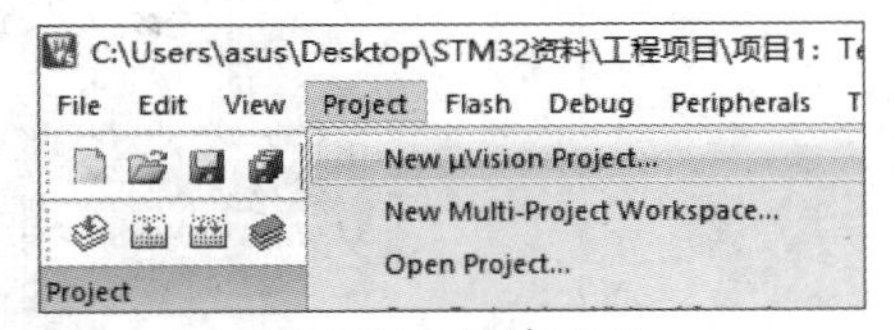

图3-58　新建工程

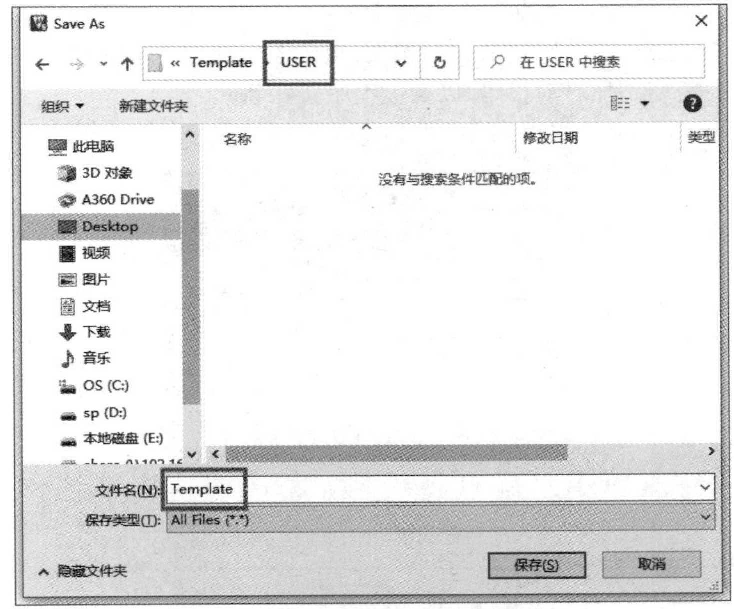

图3-59　工程命名为Template

接下来会出现一个选择CPU的界面，在此选择芯片型号，如图3-60所示。选择STMicroelectronics→STM32F1 Series→STM32F103→STM32F103ZE，如图3-61所示(如果使用的是其他系列的芯片，选择相应的型号就可以了。特别注意：一定要安装对应的器件pack才会显示这些内容；如果没得选择，请关闭MDK，然后安装STM32资料\软件\MDK5\Keil.STM32F1xx_DFP.1.0.5.pack安装包)。

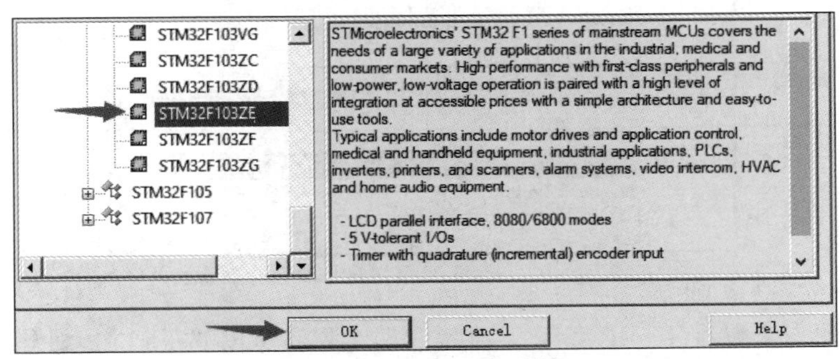

图3-60　选择芯片型号

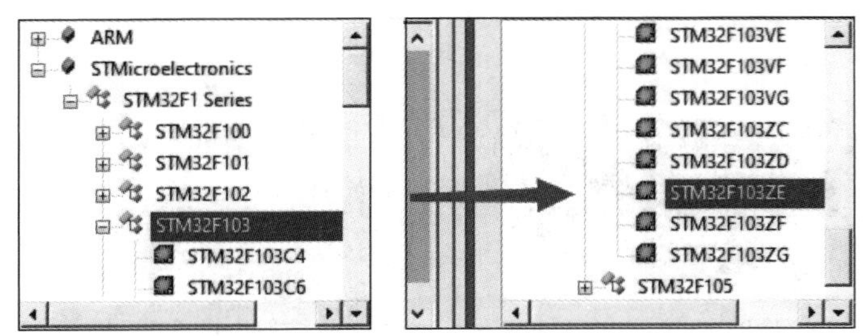


图 3-61 选择 STM32F103ZE

第三步：单击图 3-61 所示的 OK 按钮，MDK 会打开 Manage Run-Time Environment 对话框，如图 3-62 所示，直接单击 Cancel 按钮，得到图 3-63 所示的界面。到这里，工程初步框架就建好了，还需要添加启动代码，以及.c 程序文件等。

Manage Run-Time Environment

| Software Component | Sel. | Variant | Version | Description |
|---|---|---|---|---|
| Board Support | | MCBSTM32E | 1.0.0 | Keil Development Board MCBSTM32E |
| CMSIS | | | | Cortex Microcontroller Software Interface Components |
| CMSIS Driver | | | | Unified Device Drivers compliant to CMSIS-Driver Specifications |
| Device | | | | Startup, System Setup |
| Drivers | | | | Select packs 'ARM.CMSIS.3.20.x' and 'Keil.MDK-Middleware.5.1.x' for compatibility |
| File System | | MDK-Pro | 6.2.0 | File Access on various storage devices |
| Graphics | | MDK-Pro | 5.26.1 | User Interface on graphical LCD displays |
| Network | | MDK-Pro | 6.2.0 | IP Networking using Ethernet or Serial protocols |
| USB | | MDK-Pro | 6.2.0 | USB Communication with various device classes |

Validation Output　Description

Resolve　Select P...　Details　OK　Cancel　Help

图 3-62 Manage Run-Time Environment 界面

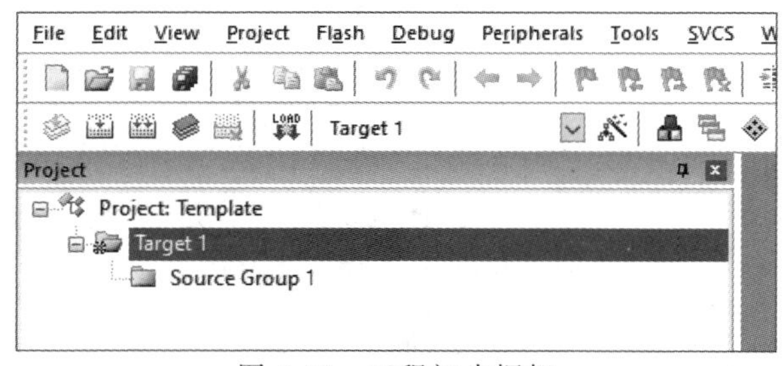


图 3-63 工程初步框架

第四步：现在来看看 USER 目录下面包含两个文件夹和两个文件，如图 3-64 所示（窗口缩小，回到桌面单击 Template→USER）。Template.uvprojx 是工程文件，非常关键，不能轻易删除；Listings 和 Objects 文件夹是 MDK 自动生成的文件夹，用于存放编译过程产生的中间文件。

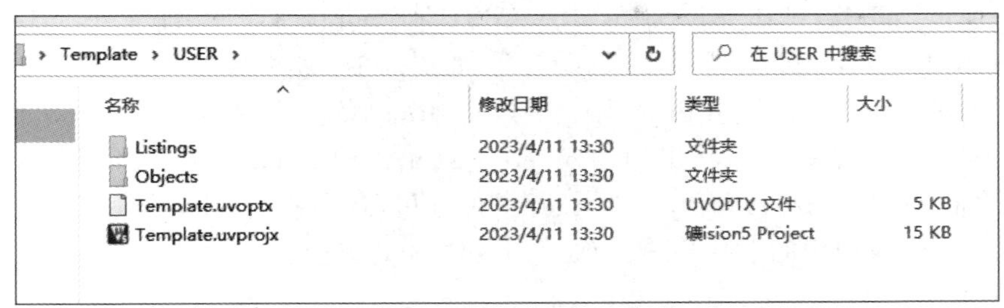


图 3-64　工程 USER 目录下的文件夹和文件

第五步：在 Template 工程目录下面，再新建 CORE、OBJ 以及 STM32F10x_FWLib 3 个文件夹，如图 3-65 所示。其中 CORE 用来存放核心文件和启动文件；OBJ 用来存放编译过程文件以及 hex 文件；STM32F10x_FWLib 用来存放 ST 官方提供的库函数源码文件；已有的 USER 目录除了用来存放工程文件外，还用来存放主函数文件 main.c，以及 system_stm32f10x.c 等。

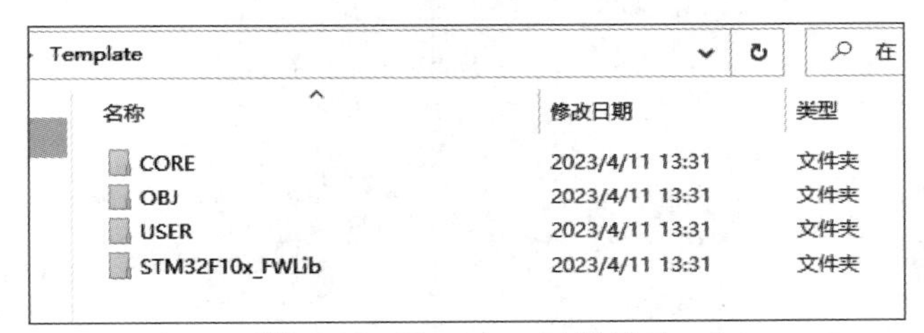


图 3-65　Template 工程目录

第六步：将官方固件库包里的源码文件复制到工程目录文件夹下面。打开官方固件库包 STM32 资料\软件\STM32F1xx 固件库\STM32F10x_StdPeriph_Lib_V3.5.0\Libraries\STM32F10x_StdPeriph_Driver，如图 3-66(a)所示，将该目录下的 src、inc 两个文件夹复制到刚才在 Template 下建立的 STM32F10x_FWLib 文件夹下面，如图 3-66(b)所示。src 存放的是固件库的.c 程序文件，inc 存放的是对应的.h 文件。

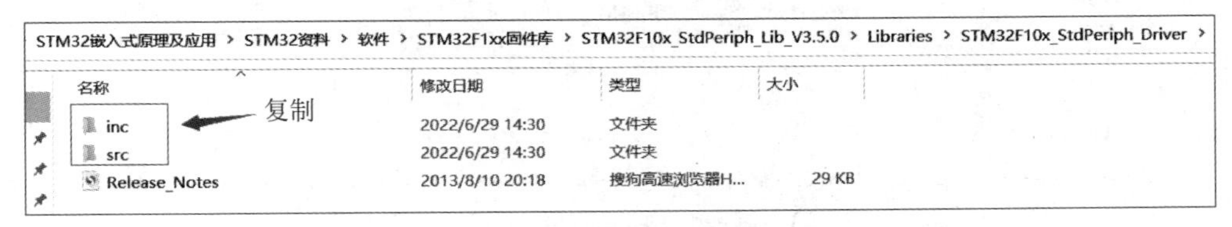


(a) 复制src和inc文件夹

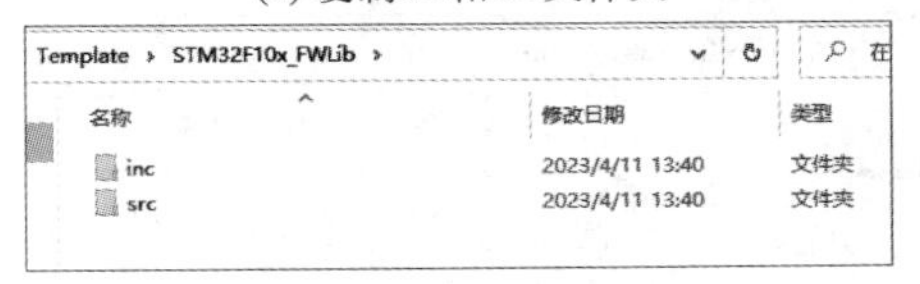


(b) 粘贴src和inc文件夹

图 3-66　src 和 inc 文件夹

第七步：继续复制，将固件库包里面相关的启动文件复制到工程目录 Template 下的 CORE 里面。打开官方固件库包 STM32 资料\软件\STM32F1xx 固件库\STM32F10x_Std Periph_Lib_V3.5.0\Libraries\CMSIS\CM3\CoreSupport，将文件 core_cm3.c 和文件 core_cm3.h 复制到 Template 下的 CORE 里面，如图 3-67(a)和图 3-67(b)所示。然后定位到目录 STM32F10x_StdPeriph_Lib_V3.5.0\Libraries\CMSIS\CM3\DeviceSupport\ST\STM32F10x\startup\arm 下，将里面的 startup_stm32f10x_hd.s 文件复制到 Template 下的 CORE 里面，如图 3-67(c)和图 3-67(d)所示。这里需要说明一下，不同容量的芯片使用不同的启动文件，我们用的芯片是 STM32F103ZET6 大容量芯片，所以选择这个启动文件。

(a) 复制文件core_cm3.c、core_cm3.h

(b) 粘贴文件core_cm3.c、core_cm3.h

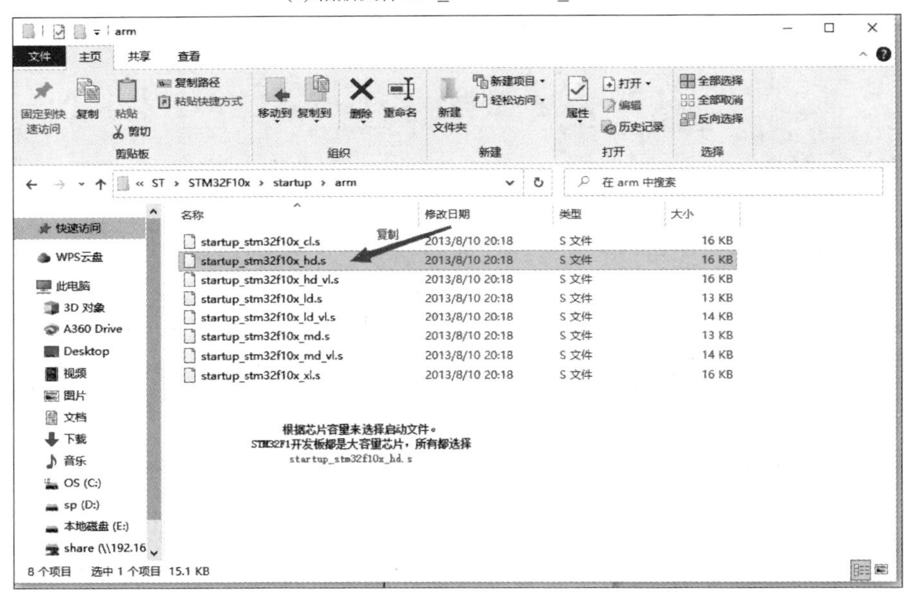


(c) 复制startup_stm32f10x_hd.s文件

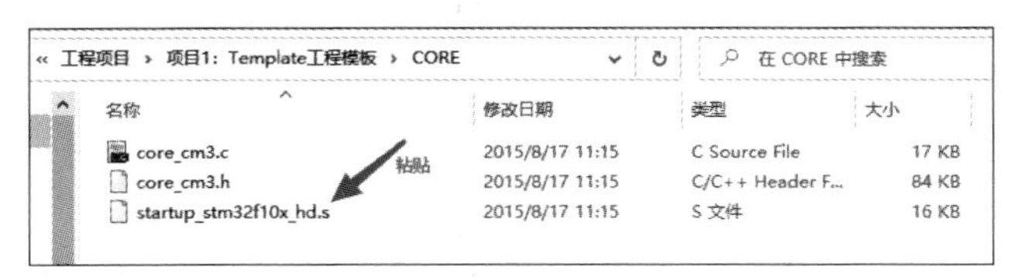


(d) 粘贴startup_stm32f10x_hd.s文件

图 3-67 CORE 文件夹下的启动文件

第八步：继续复制，定位到目录 STM32F10x_StdPeriph_Lib_V3.5.0\Libraries\CMSIS\CM3\DeviceSupport\ST\STM32F10x 里面的 3 个文件 stm32f10x.h、system_stm32f10x.c、system_stm32f10x.h，如图 3-68(a)所示，将它们复制到 Template 下的 USER 里面，如图 3-68(c)所示。继续复制，定位到目录 STM32F10x_StdPeriph_Lib_V3.5.0\Project\STM32F10x_StdPeriph_Template 下面的 4 个文件 main.c、stm32f10x_conf.h、stm32f10x_it.c、stm32f10x_it.h，如图 3-68(b)所示，将它们复制到 Template 下的 USER 里面，如图 3-68(c)所示。复制完成后 USER 里面的文件如图 3-68(c)所示。

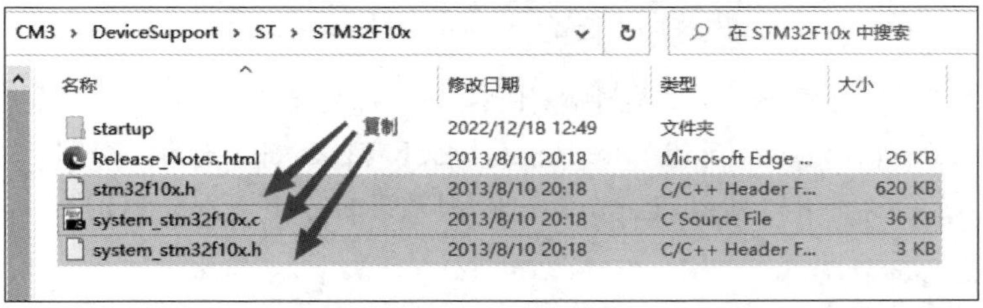

CM3 › DeviceSupport › ST › STM32F10x　　在 STM32F10x 中搜索

| 名称 | 修改日期 | 类型 | 大小 |
|---|---|---|---|
| startup | 2022/12/18 12:49 | 文件夹 | |
| Release_Notes.html | 2013/8/10 20:18 | Microsoft Edge ... | 26 KB |
| stm32f10x.h | 2013/8/10 20:18 | C/C++ Header F... | 620 KB |
| system_stm32f10x.c | 2013/8/10 20:18 | C Source File | 36 KB |
| system_stm32f10x.h | 2013/8/10 20:18 | C/C++ Header F... | 3 KB |

复制

(a) 复制STM32F10x里面的3个文件

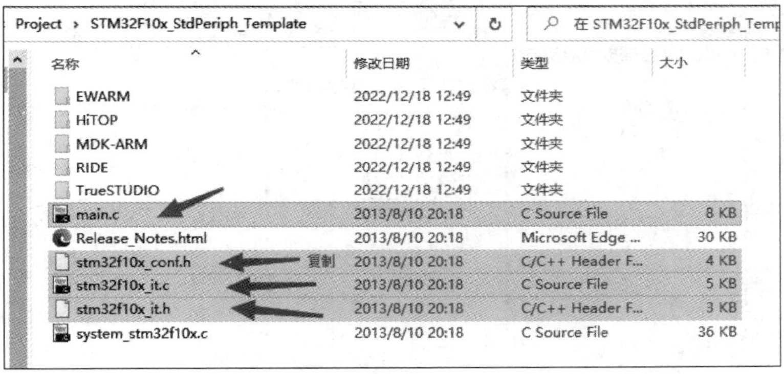

Project › STM32F10x_StdPeriph_Template　　在 STM32F10x_StdPeriph_Temp

| 名称 | 修改日期 | 类型 | 大小 |
|---|---|---|---|
| EWARM | 2022/12/18 12:49 | 文件夹 | |
| HiTOP | 2022/12/18 12:49 | 文件夹 | |
| MDK-ARM | 2022/12/18 12:49 | 文件夹 | |
| RIDE | 2022/12/18 12:49 | 文件夹 | |
| TrueSTUDIO | 2022/12/18 12:49 | 文件夹 | |
| main.c | 2013/8/10 20:18 | C Source File | 8 KB |
| Release_Notes.html | 2013/8/10 20:18 | Microsoft Edge ... | 30 KB |
| stm32f10x_conf.h | 2013/8/10 20:18 | C/C++ Header F... | 4 KB |
| stm32f10x_it.c | 2013/8/10 20:18 | C Source File | 5 KB |
| stm32f10x_it.h | 2013/8/10 20:18 | C/C++ Header F... | 3 KB |
| system_stm32f10x.c | 2013/8/10 20:18 | C Source File | 36 KB |

复制

(b) 复制STM32F10x_StdPeriph_Template下的4个文件

工程项目 › 项目1：Template工程模板 › USER ›　　在 USER 中搜索

| 名称 | 修改日期 | 类型 | 大小 |
|---|---|---|---|
| Listings | 2022/12/18 12:48 | 文件夹 | |
| Objects | 2021/10/1 10:10 | 文件夹 | |
| JLinkSettings.ini | 2015/8/17 11:15 | 配置设置 | 1 KB |
| main.c | 2023/3/18 10:35 | C Source File | 2 KB |
| stm32f10x.h | 2015/8/17 11:15 | C/C++ Header F... | 620 KB |
| stm32f10x_conf.h | 2015/8/17 11:15 | C/C++ Header F... | 4 KB |
| stm32f10x_it.c | 2015/8/17 11:15 | C Source File | 3 KB |
| stm32f10x_it.h | 2015/8/17 11:15 | C/C++ Header F... | 2 KB |
| system_stm32f10x.c | 2015/8/17 11:15 | C Source File | 36 KB |
| system_stm32f10x.h | 2015/8/17 11:15 | C/C++ Header F... | 3 KB |

请仔细核对USER目录是否有这7个.c和.h文件

(c) USER里面有7个.c和.h文件

图 3-68　USER 里面的文件

第九步：前面已经将需要的固件库相关文件复制到了工程目录下面，现需要将这些文件加入工程中。右击 Target1，在弹出的快捷菜单中选择 Manage Project Items，如图 3-69 所示。

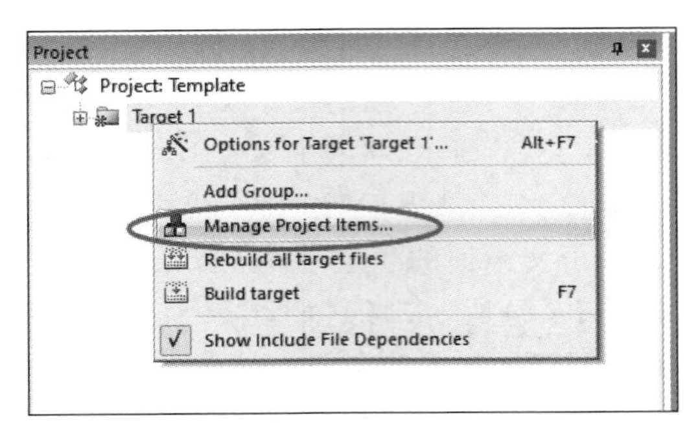

图 3-69　选择 Manage Project Items

第十步：在 Project Targets 一栏中将 Target 名称修改为 Template，然后在 Groups 一栏中删掉一个 SourceGroup1，新建 USER、CORE、FWLIB 3 个分组，如图 3-70 所示。单击 OK 按钮，在工程主界面可以看到 Template 名称下面的分组情况，如图 3-71 所示。

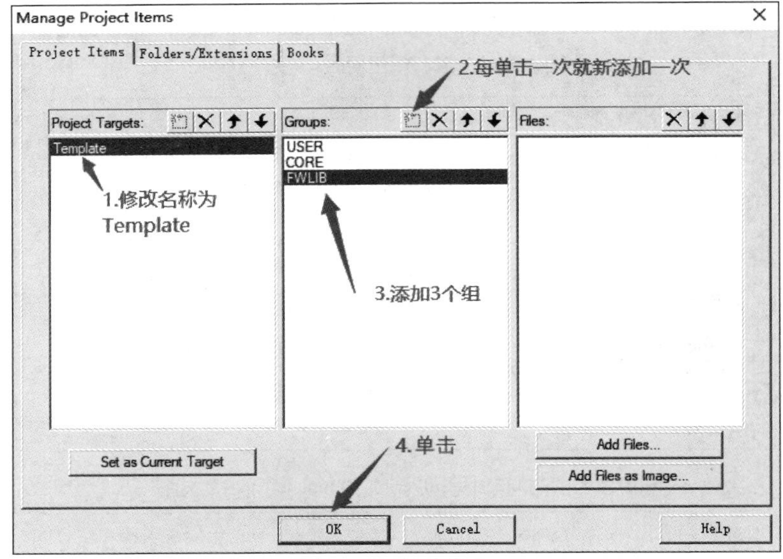

图 3-70　新建分组

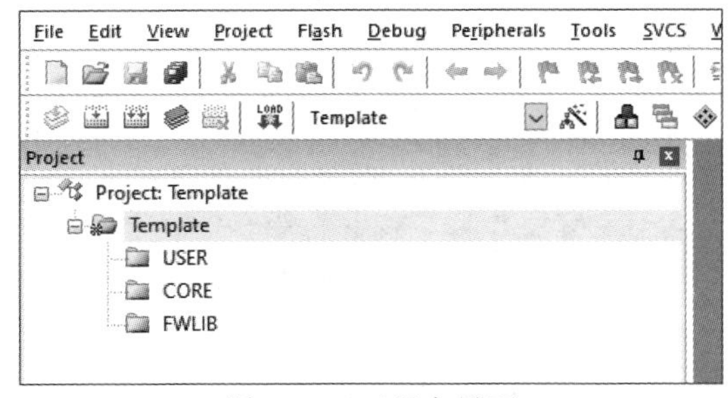

图 3-71　工程主界面

第十一步：接下来往组里面添加需要的文件。右击 Tempate，在弹出的快捷菜单中选择 Manage Project Items 命令，如图 3-72 所示，然后选择需要添加文件的组。这里第一个选择 FWLIB 组，然后单击 Add Files 按钮，如图 3-73 所示。

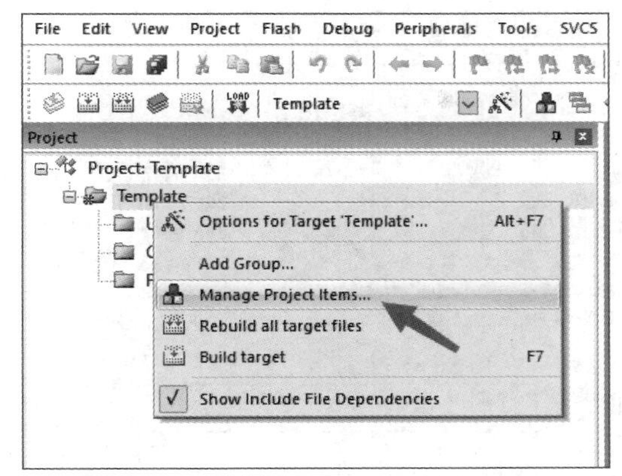


图 3-72　选择 Manage Project Items

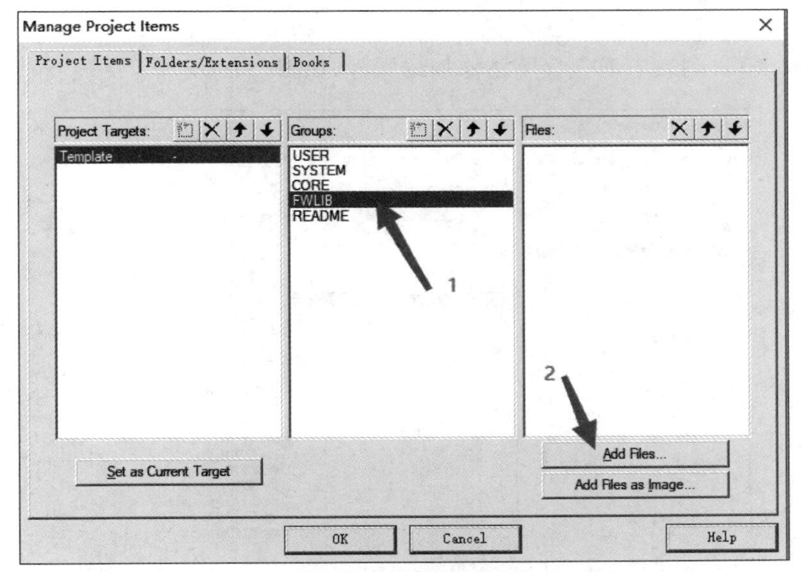


图 3-73　选择 FWLIB

接着，定位到刚才建立的目录 STM32F10x_FWLib/src 下，如图 3-74 所示，将里面所有的文件选中(按 Ctrl+A 快捷键)，单击 Add 按钮，然后单击 Close 按钮，如图 3-75 所示。

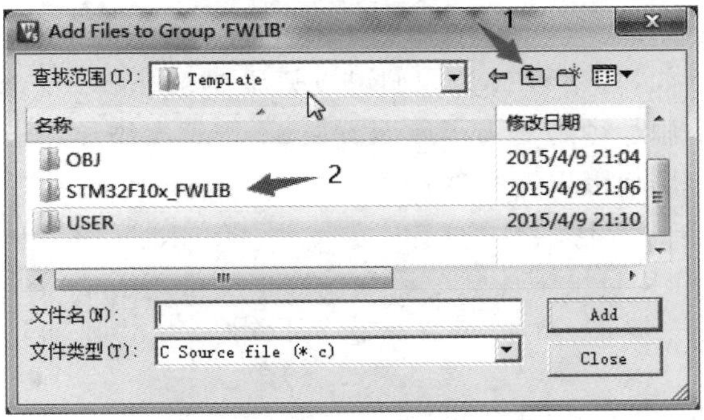

图 3-74　目录 STM32F10x_FWLib/src

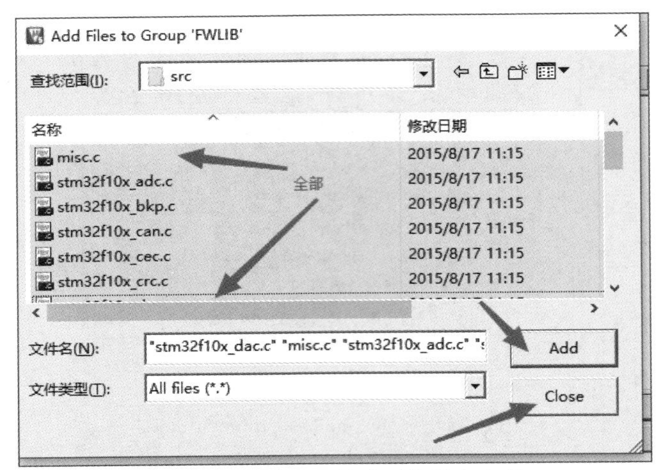


图 3-75　选中 src 目录下的所有文件

可以看到 Files 列表下面包含刚刚添加的文件，如图 3-76 所示。

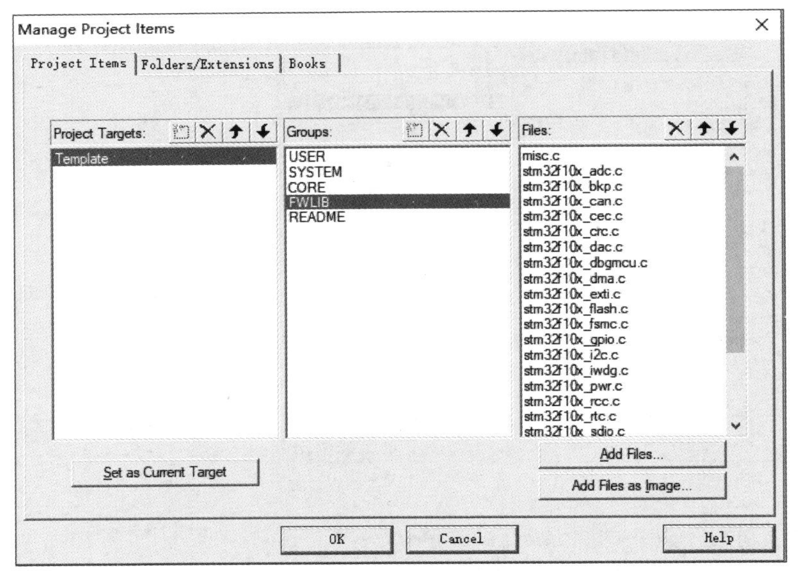


图 3-76　添加文件到 FWLIB 分组

需要说明一下，编写代码时，如果只用到了其中的某个外设，我们就可以不用添加没有用到的外设库文件。例如，只用 GPIO，我们可以只添加 stm32f10x_gpio.c，而其他的可以不用添加。这里选择全部添加进来是为了后面方便，不用每次添加。当然，这样的坏处是工程太大，编译起来速度慢，用户可以自行选择。

第十二步：用同样的方法，将 Groups 定位到 USER 下面，单击 Add Files 按钮，如图 3-77 所示。选中 USER 目录下面需要添加的 3 个文件为 main.c、stm32f10x_it.c、system_stm32f10x.c，如图 3-78 所示，单击 Add 按钮，再单击 Close 按钮。添加成功后如图 3-79 所示。

用同样的方法，将 Groups 定位到 CORE 下面，如图 3-80 所示，单击 Add Files 按钮。

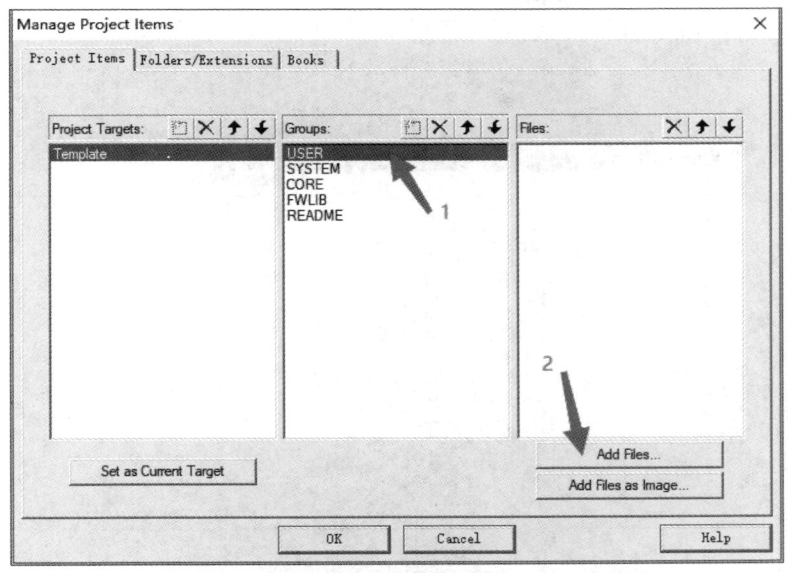


图 3-77 选择 USER

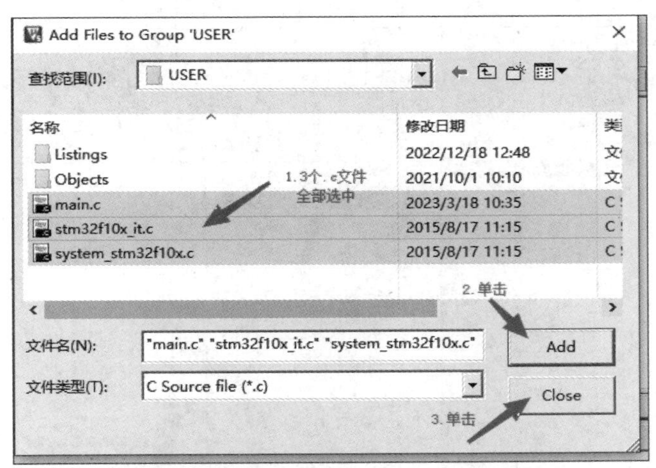


图 3-78 选择 USER 中的 3 个 C 文件

注意，默认添加的时候文件类型为.c，也就是添加 startup_stm32f10x_hd.s 启动文件的时候，你需要选择文件类型为 All files 才能看得到这个文件，如图 3-81 所示。CORE 下面需要添加的文件为 core_cm3.c、startup_stm32f10x_hd.s，如图 3-82 所示。添加成功后如图 3-83 所示。

这样需要添加的文件已经添加到工程中了，检查 USER、CORE、FWLB 包含文件无误，如图 3-84 所示。最后单击 OK 按钮，回到工程主界面，工程结构如图 3-85 所示。

第十三步：选择编译后中间文件，存放目录为 OBJ。单击魔术棒，如图 3-86(a)所示，然后选择 Output 选项卡，选择 Debug Infomation、Create HEX file、Browser Information 3 个选项，其中 Create HEX file 是编译生成的 hex 文件，Browser Information 可以查看变量和函数定义。接下来单击 Select Folder for Objects 按钮，再选择上面新建的 OBJ 目录并单击 OK 按钮，如图 3-86(b)所示，然后单击 OK 按钮，如图 3-86(c)所示。需要注意的是，如果这

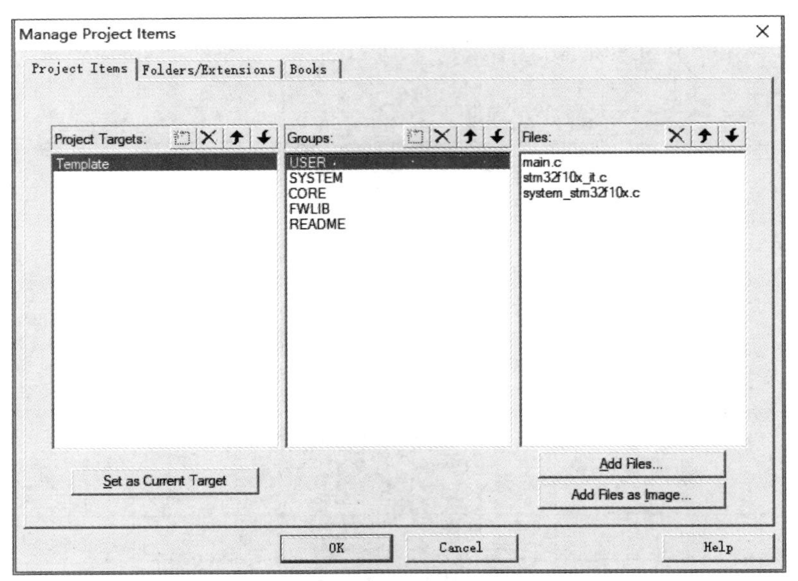


图 3-79 添加文件到 USER 分组

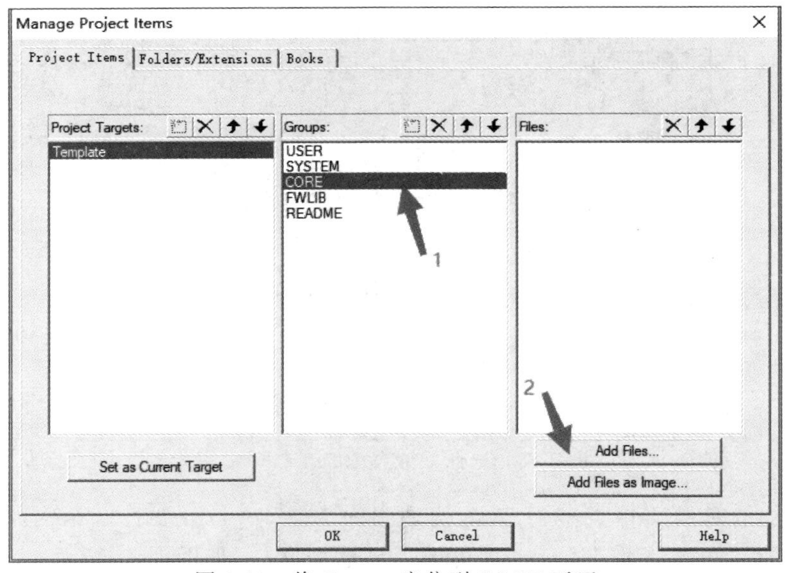


图 3-80 将 Groups 定位到 CORE 下面

里不设置 Output 路径，那么默认的编译中间文件存放目录就是 MDK 自动生成的 Objects 目录和 Listings 目录。

第十四步：单击“编译”按钮，编译工程，可以看到很多报错，如图 3-87 所示，没有找到头文件。因为编译.c 里面需要引用头文件，MDK 不知道在哪里找头文件，所以报错。

第十五步：接下来需要告诉 MDK 在哪些路径下搜索所需的头文件，也就是头文件目录。需要注意的是，对于任何一个工程，都需要把工程中引用到的所有头文件的路径都包含进来。回到工程主菜单，单击魔术棒，如图 3-88 所示，在打开的对话框（见图 3-89）中单击 C/C++ 选项卡，然后单击 Include Paths 右边的按钮。

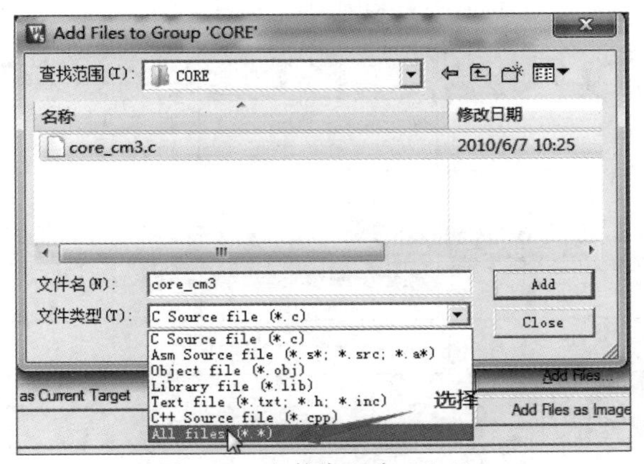


图 3-81　文件类型为 All files

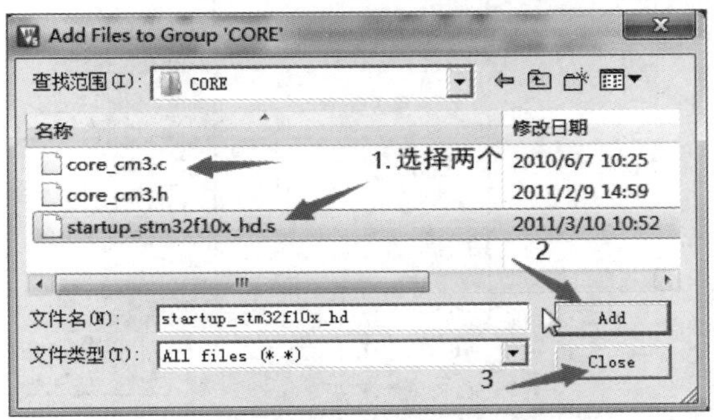


图 3-82　选择 core_cm3.c 和 startup_stm32f10x_hd.s

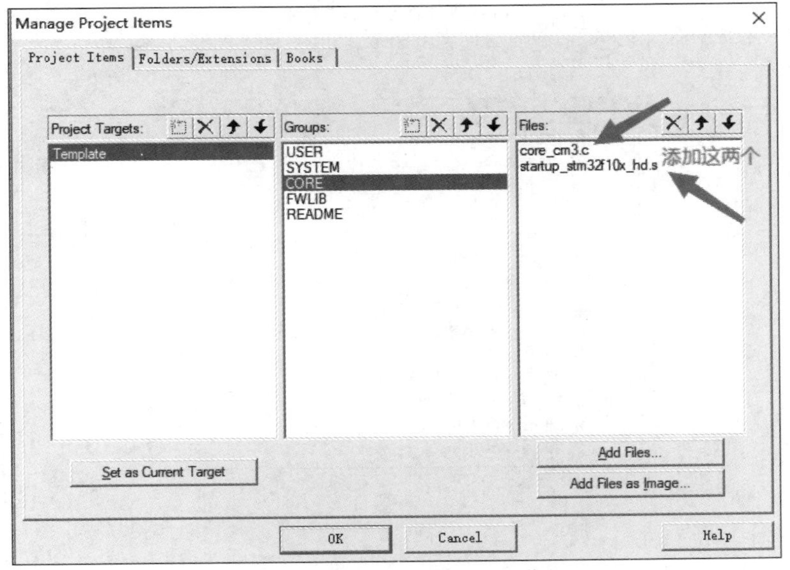


图 3-83　添加文件到 CORE 分组

(a) 添加文件到USER分组

(b) 添加文件到CORE分组

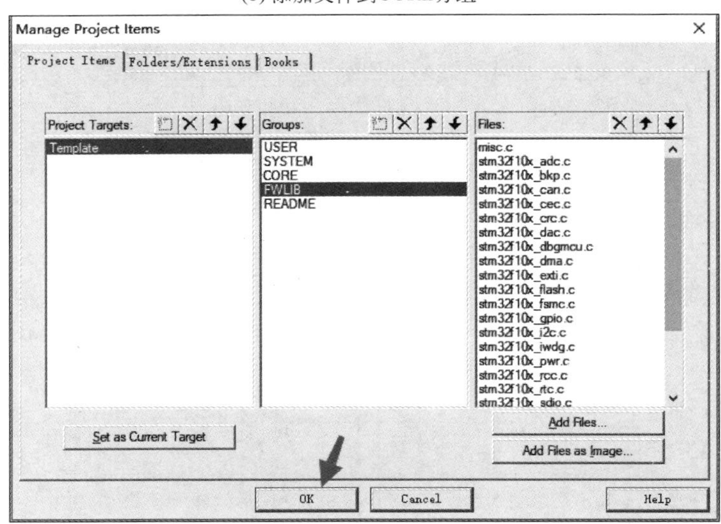


(c) 添加文件到FWLB分组

图 3-84　添加文件到 USER、CORE 和 FWLB 分组

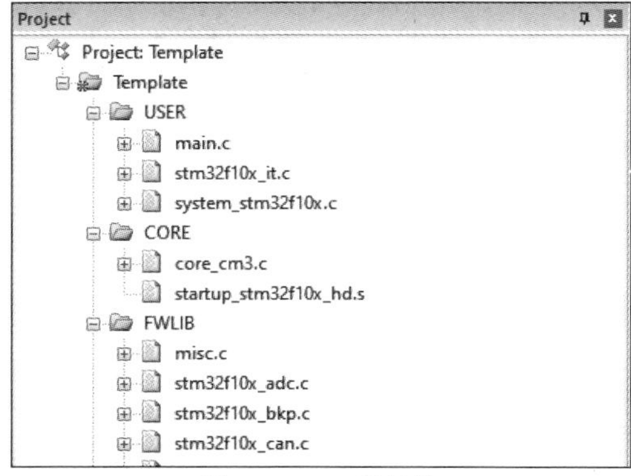


图 3-85　工程结构

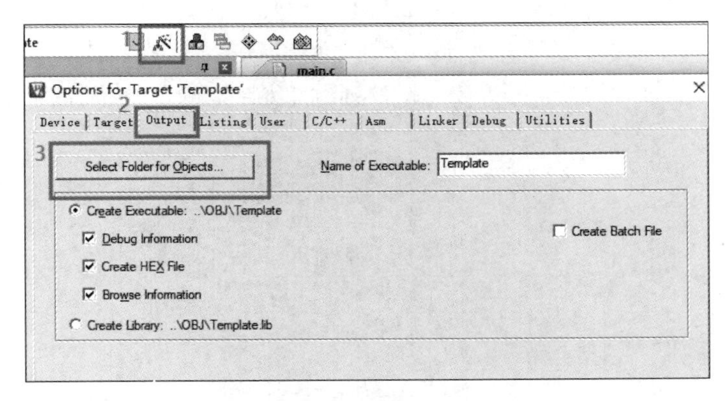


(a) 单击魔术棒

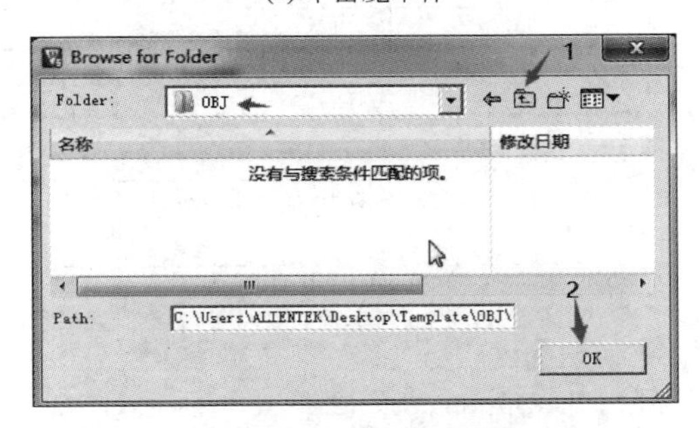


(b) 选择新建的OBJ目录

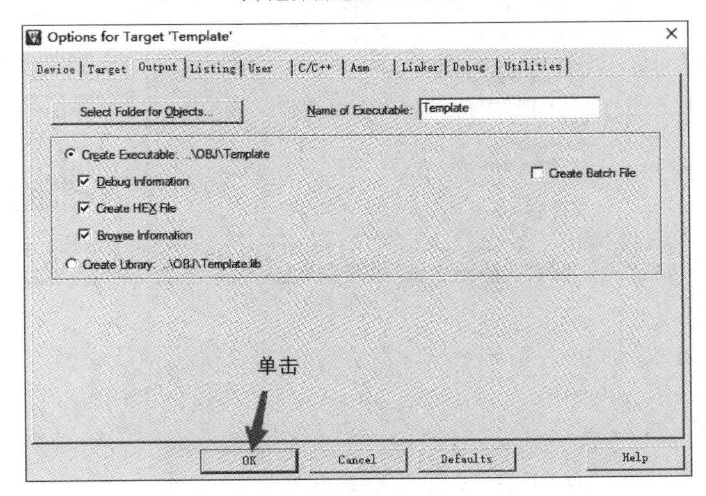


(c) 单击OK按钮

图 3-86　编译后中间文件的存放目录

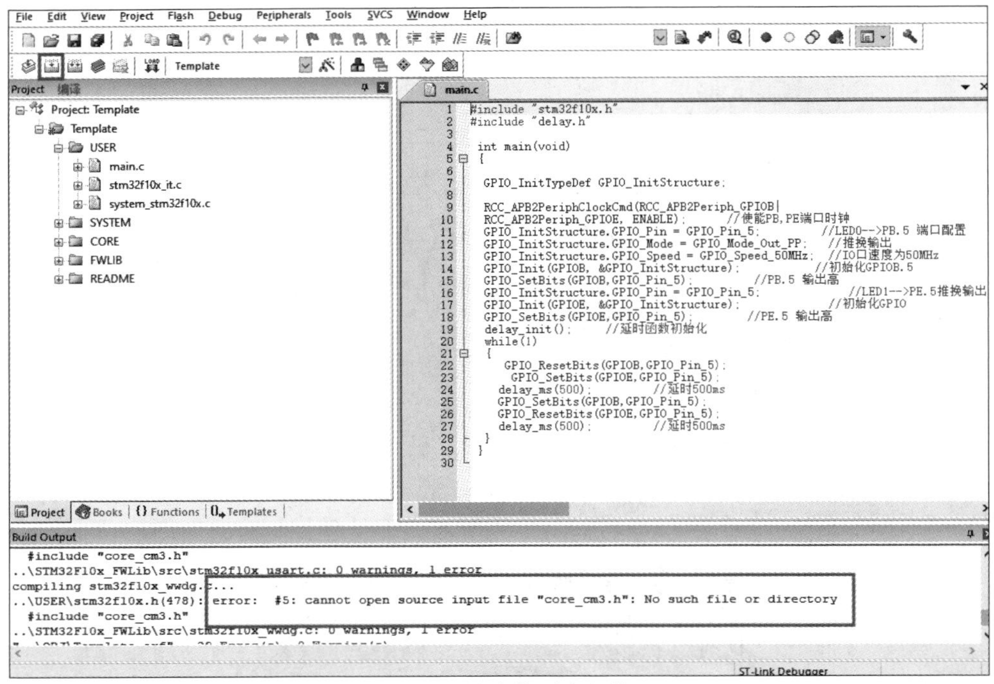


图 3-87 没有找到头文件

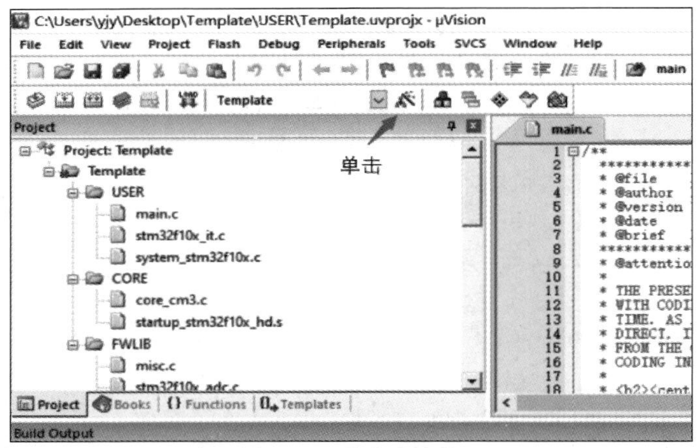


图 3-88 单击魔术棒

随后打开一个添加 path 的对话框，将 3 个目录添加进去，如图 3-90(a)所示，添加 CORE(里面有头文件)，如图 3-90(b)所示，单击“确定”按钮。记住，Keil 只会在一级目录查找，所以如果目录下面还有子目录，记得 path 一定要定位到最后一级子目录。

用同样的方法，添加 USER(里面有头文件)，如图 3-91 所示。

用同样的方法，添加 STM32F10x_FWLib\inc(里面有头文件)，如图 3-92 所示，然后单击 OK 按钮。

接下来，再来编译一下工程，可以看到又报出很多同样的错误，如图 3-93 所示。这是因为 3.5 版本的库函数在配置和选择外设的时候是通过宏定义来选择的，所以需要配置一个全局的宏定义变量。

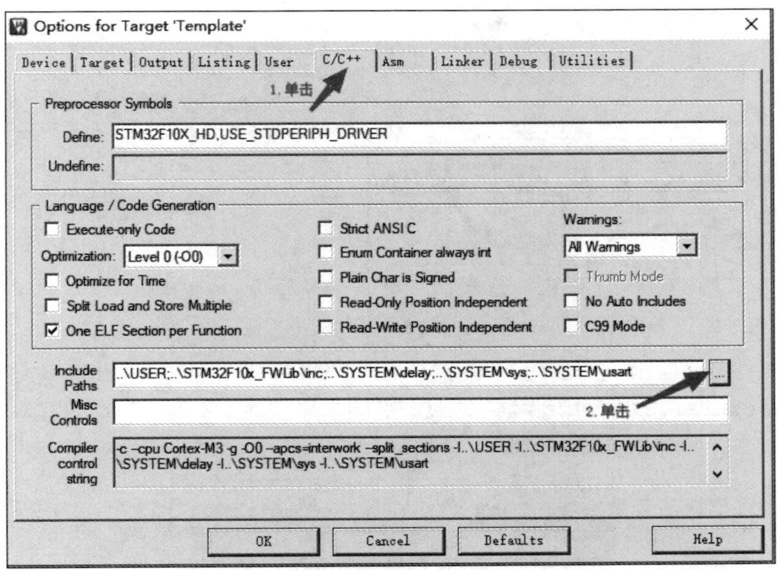


图 3-89　C/C++ 选项卡

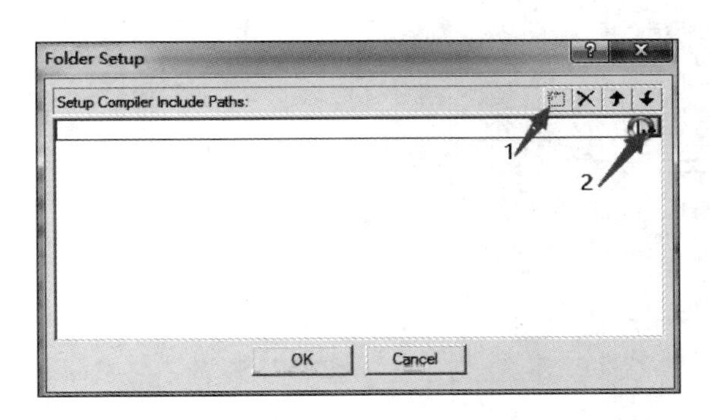


(a) 添加path的对话框

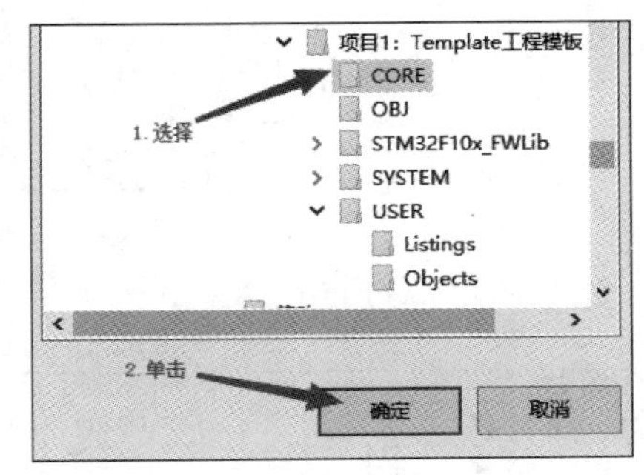


(b) 添加CORE

图 3-90　添加 CORE 的过程

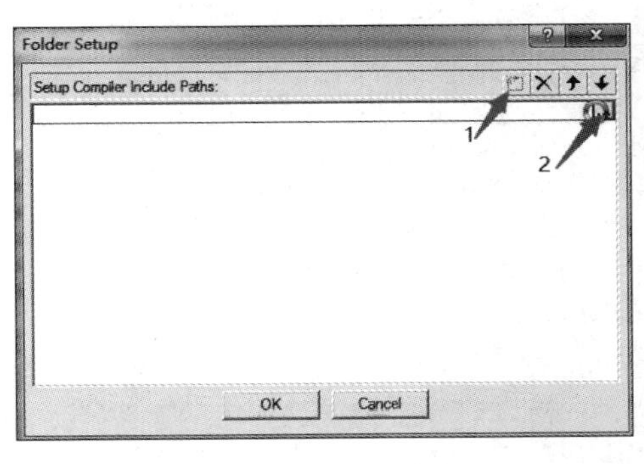


(a) 添加path的对话框

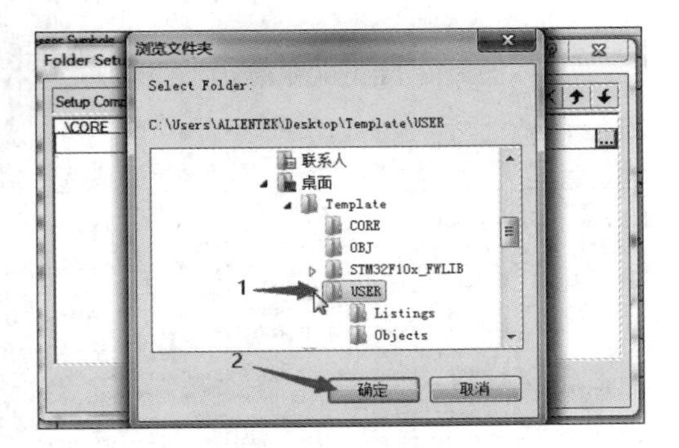


(b) 添加USER

图 3-91　添加 USER 的过程

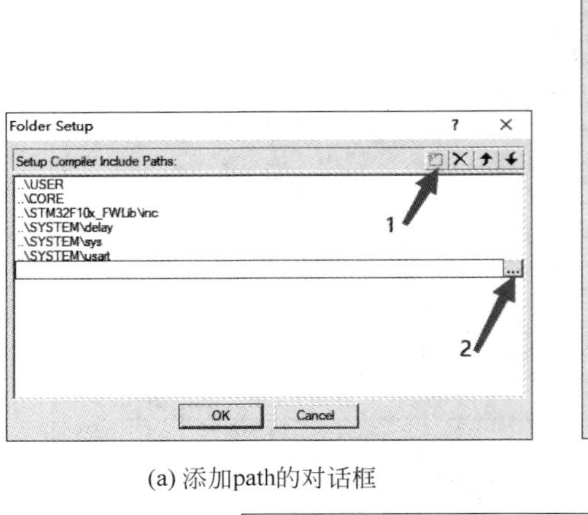


(a) 添加path的对话框

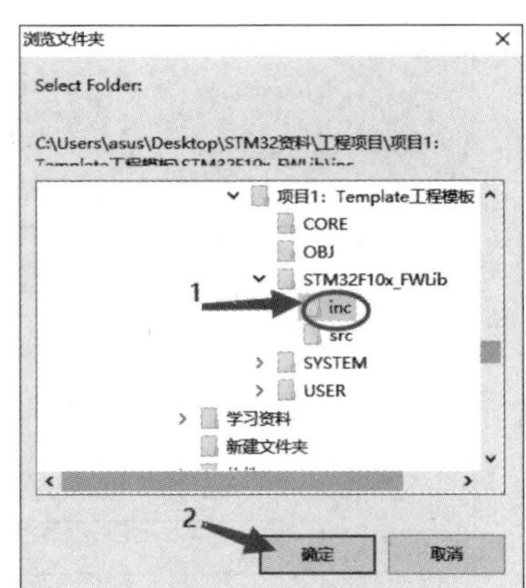


(b) 添加inc

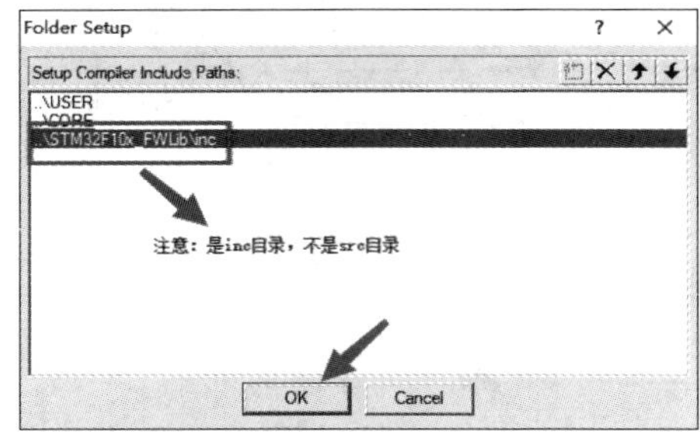


(c) inc添加成功

图 3-92　添加 inc 的过程

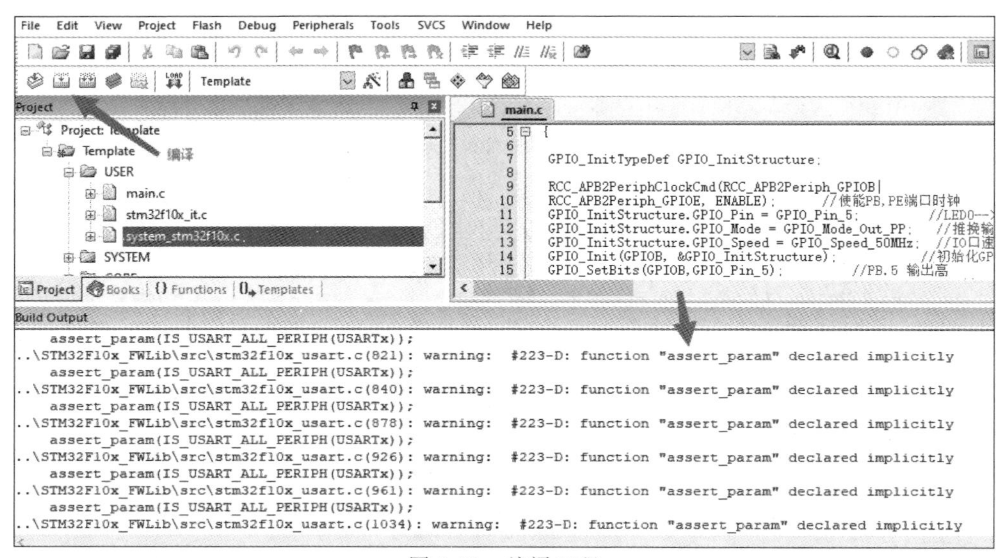


图 3-93　编译工程

第十六步：定位到C/C++界面，如图3-94(a)所示，然后输入STM32F10X_HD，USE_STDPERIPH_DRIVER到Define框里面(注意，两个标识符中间是逗号不是句号，也可以直接打开项目1：Template工程模板，然后复制过来这串字符，还可以在记事本录入，然后复制过来)，单击OK按钮。再编译工程，如图3-94(b)所示，还有一个错误"main.c(24)：error：#5：cannot open source input file "stm32_eval.h"：No such file or directory"，因为没有包含这个头文件，后面也没有用到，所以只要把main.c替换掉就可以了。

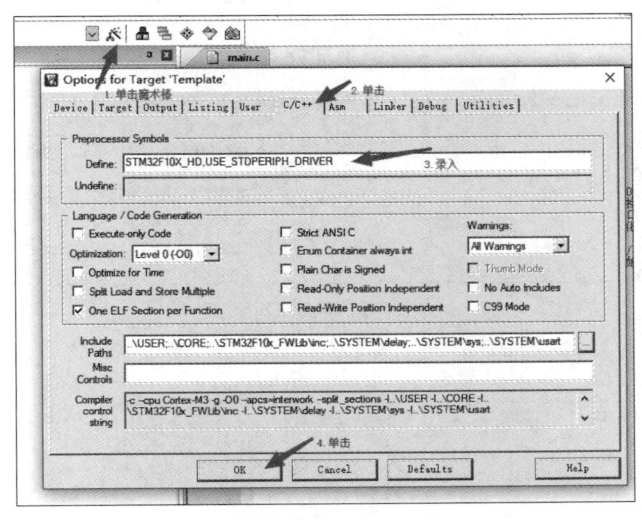


(a) 添加全局宏定义标识符

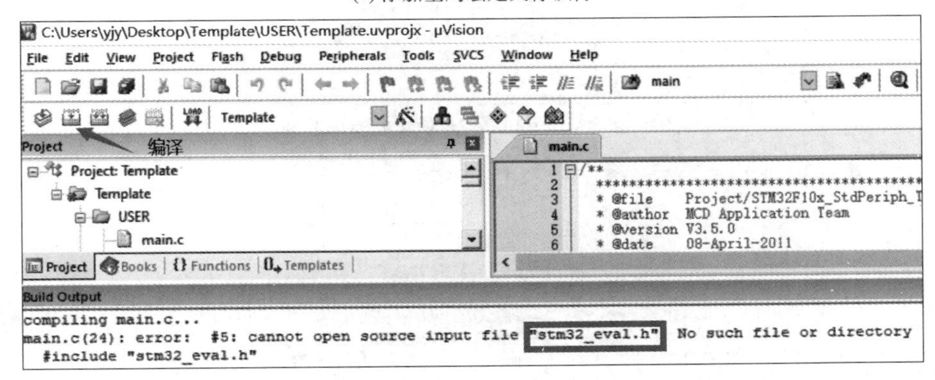


(b) 编译工程

图3-94 添加全局宏定义标识符并编译工程

第十七步：每个项目都有一个SYSTEM文件夹，下面有3个子目录，分别为sys、usart、delay，存放的是每个项目都要使用到的共用代码，这里引入到工程中。打开项目1的工程目录如图3-95所示，找到SYSTEM文件夹。

每个子文件夹下面都有相应的.c程序文件和.h头文件。接下来要将这3个目录下面的代码加入到工程中去。

复制图3-95(a)中的SYSTEM文件夹，复制到图3-96所示的Template文件夹下面。

接下来往SYSTEM里面添加需要的文件。右击Tempate，在弹出的快捷菜单中选择Manage Project Itmes命令，如图3-97所示，然后新建SYSTEM，单击Add Files按钮。将

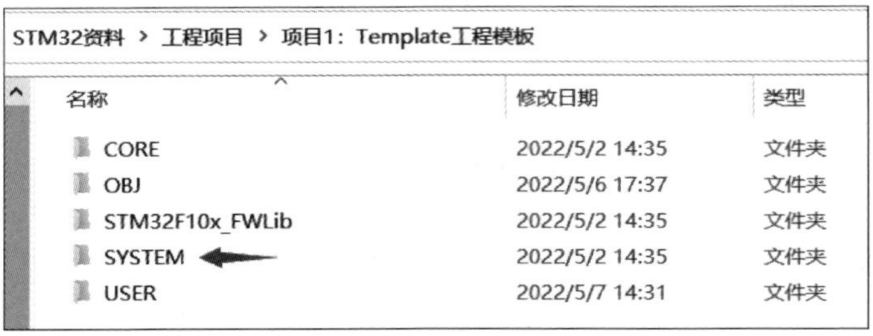

STM32资料 › 工程项目 › 项目1：Template工程模板
名称
修改日期
类型
CORE 2022/5/2 14:35 文件夹
OBJ 2022/5/6 17:37 文件夹
STM32F10x_FWLib 2022/5/2 14:35 文件夹
SYSTEM 2022/5/2 14:35 文件夹
USER 2022/5/7 14:31 文件夹

(a) SYSTEM文件夹

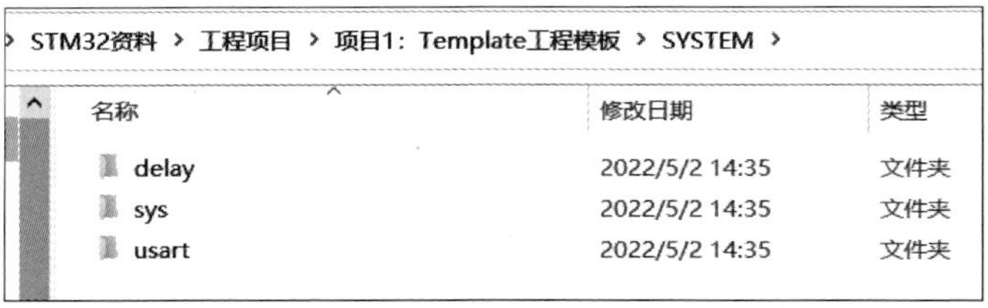

STM32资料 › 工程项目 › 项目1：Template工程模板 › SYSTEM ›
名称
修改日期
类型
delay 2022/5/2 14:35 文件夹
sys 2022/5/2 14:35 文件夹
usart 2022/5/2 14:35 文件夹

(b) SYSTEM下面的3个子目录

图 3-95　找到 SYSTEM 文件夹

STM32资料 › 工程项目 › 项目1：Template工程模板 ›
在 项目1：Templat
名称
修改日期
类型
大小
CORE 2022/12/18 12:48 文件夹
放到Template下面
OBJ 2023/3/20 10:43 文件夹
STM32F10x_FWLib 2022/12/18 12:48 文件夹
SYSTEM 2022/12/18 12:48 文件夹
USER 2023/4/7 17:26 文件夹
粘贴

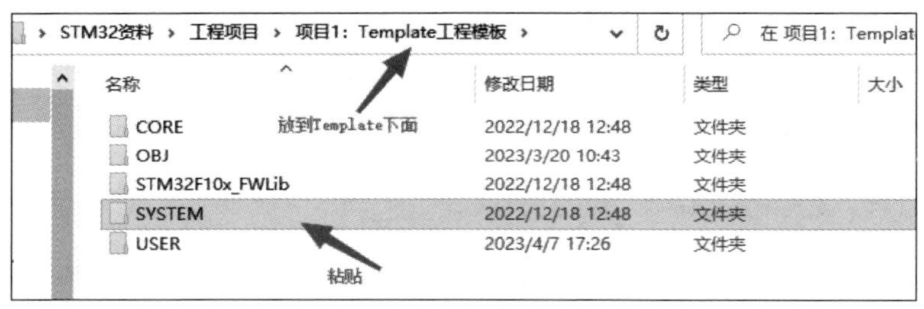

图 3-96　Template 文件夹下面的目录

delay.c 添加文件到 SYSTEM 分组下面，如图 3-98 所示。

Project: Template
Template
1.右击
Options for Target 'Template'... Alt+F7
Add Group...
2.选择
Manage Project Items...
Open Map File
Open Build Log
Rebuild all target files
Build target F7
Show Include File Dependencies
stm32f10x_adc.c
Manage Project Items
Project Items
Folders/Extensions
Books
1.新建
Project Targets:
Groups:
Files:
Template
USER
SYSTEM
CORE
FWLIB
README
2.输入SYSTEM
3.单击
Set as Current Target
Add Files...
Add Files as Image...
OK
Cancel
Help

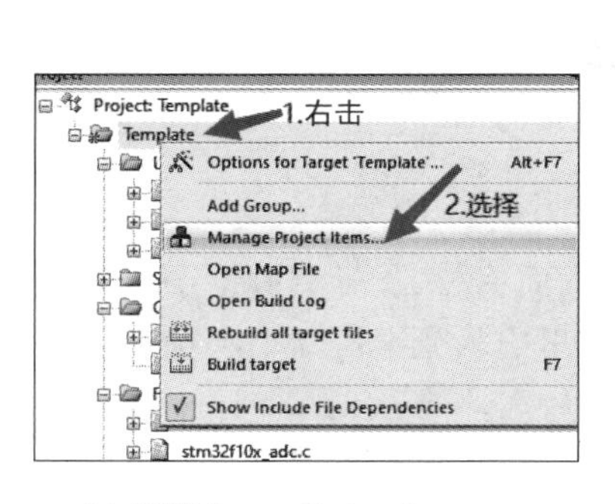

(a) 选择Manage Project Items...　　(b) 新建SYSTEM

图 3-97　新建 SYSTEM 的过程

用同样的方法将 sys.c、usart.c 文件添加到 SYSTEM 分组下面，如图 3-99 所示，单击 OK 按钮。

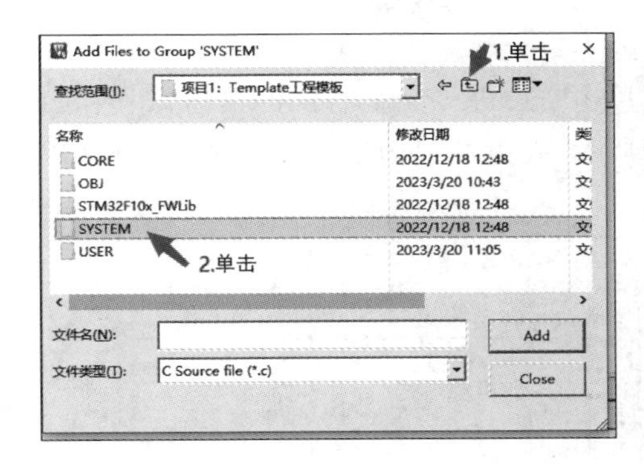


(a) 选择SYSTEM

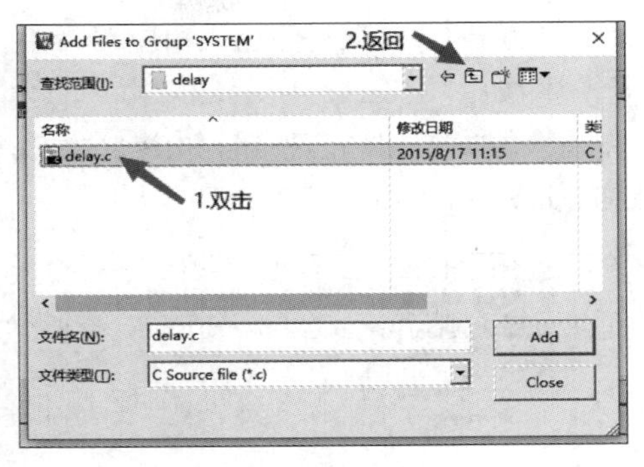


(b) 选择delay.c

图 3-98　向 SYSTEM 中添加 delay.c 文件

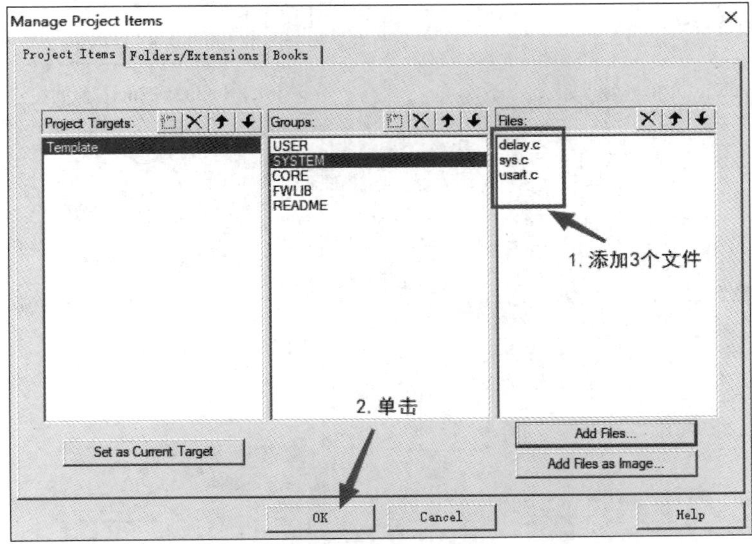


图 3-99　添加文件到 SYSTEM 分组

单击 OK 按钮后，可以看到工程中多了一个 SYSTEM 组，下面有 3 个.c 程序文件，如图 3-100 所示。

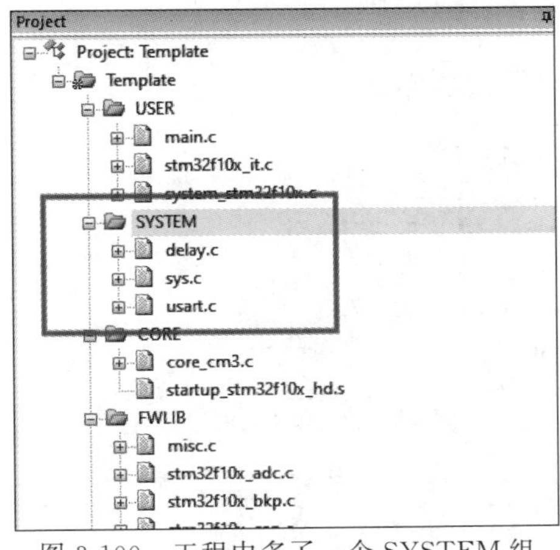


图 3-100　工程中多了一个 SYSTEM 组

接下来将 delay.c 头文件加入相应路径中，因为每个目录下面都有相应的.h 头文件，继续单击魔术棒，如图 3-101(a)所示，单击 C/C++，单击 Include Paths 右侧的按钮，如图 3-101(b)所示，单击“添加”按钮和□按钮，如图 3-101(c)所示，在打开界面中单击添加 delay 并单击“确定”按钮，如图 3-101(d)所示。

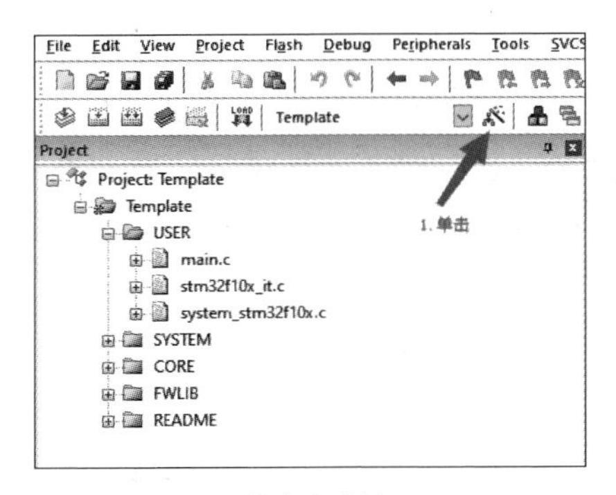


(a) 单击魔术棒

(b) 单击Include Paths右侧的按钮

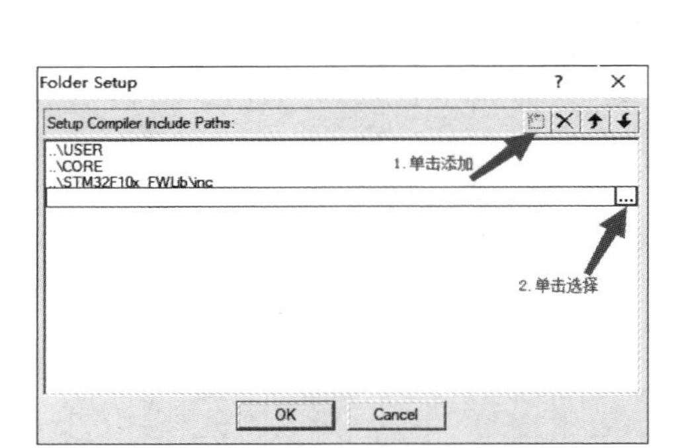


(c) 单击“添加”按钮等

(d) 单击添加delay

图 3-101　添加 delay 的过程

用同样的方法分别将 sys、usart 头文件加入相应路径中，添加成功后如图 3-102 所示。

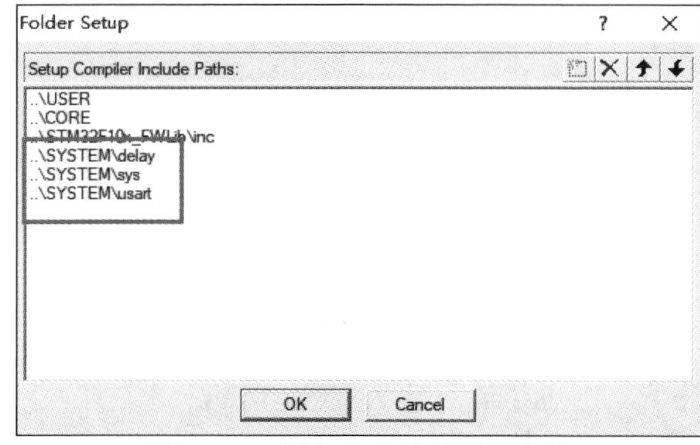


图 3-102　添加头文件到相应路径

第十八步：复制项目1的main.c代码到Template下覆盖已有代码，然后进行编译(记得在代码的最后面加上一个回车符，否则会有警告)，如图3-103所示。可以看到，这次编译没有错误和警告，已经成功了。

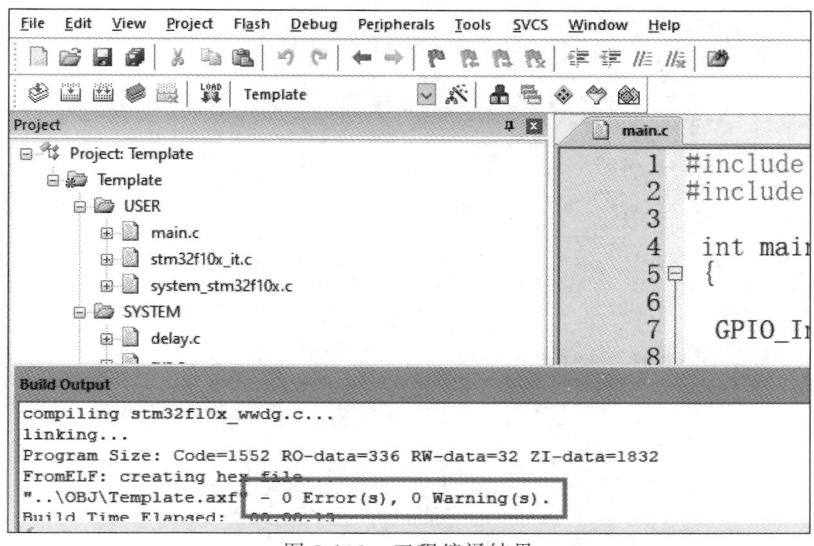


图3-103 工程编译结果

第十九步：用FlyMcu下载到开发板。通过编译后，可以看到生成了.hex文件在OBJ目录下面，还可以看到LED闪烁，如图3-104所示。到这里，一个基于库函数V3.5的工程模板就建立完成了。

图3-104 LED闪烁效果

## 3.6.2 项目考核评价表

项目考核评价表如表3-1所示。

表 3-1　项目考核评价表

| 内容 | 目　　标 | 标准 | 方　　式 | 权重/% | 得分 |
|---|---|---|---|---|---|
| 知识与能力 | 基础知识掌握程度(5分) | 100分 | 以100分为基础，按照这4项的权重值给分 | 20 | |
| | 知识迁移情况(5分) | | | | |
| | 知识应变情况(5分) | | | | |
| | 使用工具情况(5分) | | | | |
| 工作与事业准备 | 出勤、诚信情况(4分) | | | 20 | |
| | 小组团队合作情况(4分) | | | | |
| | 学习、工作的态度与能力(3分) | | | | |
| | 严谨、细致、敬业(4分) | | | | |
| | 质量、安全、工期与成本(3分) | | | | |
| | 关注工作影响(2分) | | | | |
| 个人发展 | 时间管理情况(2分) | | | 10 | |
| | 提升自控力情况(2分) | | | | |
| | 书面表达情况(2分) | | | | |
| | 口头沟通情况(2分) | | | | |
| | 自学能力情况(2分) | | | | |
| 项目完成与展示汇报 | 项目完成与展示汇报情况(50分) | | | 50 | |
| 高级思维能力 | 创造性思维 | 10分 | 教师以10分为上限，奖励工作中有突出表现和特色做法的学生 | 加分项 | |
| | 评判性思维 | | | | |
| | 逻辑性思维 | | | | |
| | 工程性思维 | | | | |
| 项目成绩＝知识与能力×20%＋工作与事业准备×20%＋个人发展×10%＋项目完成与展示汇报×50%＋高级思维能力(加分项) | | | | | |

**本章小结**

本章首先以榜样故事——中国核潜艇之父彭士禄开始介绍，然后描述MDK软件及支持包安装、CH340驱动安装、分析两种常用的程序下载方法(ISP串口程序下载、ST-LINK程序下载基本原理)，以及通过基本项目实践——新建基于库函数的MDK5模板训练，实现素质、知识、能力目标的融合达成。

## 练习与拓展

### 一、单选题

1. 彭士禄(　　)年回中国后一直从事核动力的研究设计工作，被追授为“时代楷模”。

　A. 1952　　B. 1959　　C. 1956　　D. 1958

2. 彭士禄被授予感动中国(　　)年度人物。

A. 2018　　B. 2021　　C. 2020　　D. 2019

3. STM32F1xx 需要安装(　　)支持包。

A. Keil.STM32F2xx_DFP.1.0.5.pack　　B. Keil.STM32F1xx_DFP.1.0.5.pack

C. Keil.STM32F3xx_DFP.1.0.5.pack　　D. Keil.STM32F4xx_DFP.1.0.8.pack

4. USB 串口驱动芯片型号为(　　)。

A. CH300　　B. CH340　　C. CH240　　D. CH140

5. 串口下载工具软件是(　　)。

A. FlyCPU　　B. FlyMw　　C. FlyMcu　　D. FlyMou

6. STM32F1 是通过串口 1(　　)下载。

A. $PA_{10}$(RXD)、$PA_{11}$(TXD)　　B. $PA_9$(TXD)、$PA_{10}$(RXD)

C. $PA_9$(RXD)、$PA_{10}$(TXD)　　D. $PA_{10}$(RXD)、$PA_9$(TXD)

7. STM32 的 ISP 下载只能使用(　　)。

A. 串口 1　　B. 串口 2　　C. 串口 3　　D. 串口 4

8. DTR 的低电平复位,RTS 高电平进(　　)。

A. CH340　　B. RTS　　C. BootLoader　　D. DTR

9. 利用 FlyMcu 把下面(　　)下载到开发板里。

A. LED.c　　B. LED.hex　　C. LED.asm　　D. LED.g

10. 新建固件库的 MDK5 模板会出现选择 CPU 的界面,我们可以选择芯片型号为(　　)。

A. STM32F103RCT6　　B. STM32F103VET6

C. STM32F103ZET6　　D. STM32F103VCT6

11. STM32F10x_FWLib 用来存放 ST 官方提供的(　　)。

A. 库函数源码文件　　B. 核心文件　　C. 启动文件　　D. .hex 文件

## 二、多选题

1. MDK5 安装注意事项(　　)。

A. 安装路径为英文路径(不要是中文路径)

B. 系统用户名不能为中文

C. 多个版本 MDK(Keil)不要安装在同一目录

D. MDK5 需要加载芯片对应的支持包

2. 能够在项目开发中践行工程师的(　　)职业精神。

A. 科学　　B. 严谨　　C. 细致　　D. 创新

3. 下载工具 FlyMcu 配置(　　)。

A. 选中"编程前重装文件"

B. 选择 STMISP 选项卡中的"校验"以及"编程后执行"

C. 选项字节区的"编程到 FLASH 时写选项字节"不要选中

D. 选择 DTR 的低电平复位,RTS 高电平进 BootLoader

4. 程序执行方法有(　　)。

A. flymcu/mcuisp 选择"编程后执行"

B. $Boot_0$ 接 3.3,$Boot_1$ 接 3.3,按一次复位

C. $Boot_0$ 接 GND,$Boot_1$ 接任意,按一次复位

D. $Boot_0$ 接 3.3,$Boot_1$ 接 GND,按一次复位

5. STM32 都是通过(　　)方式下载程序。

A. 内部总线　　B. 串口 1 下载　　C. ADC　　D. JTAG/SWD 下载

6. ST-LINK 与开发板硬件连接(　　)。

A. 2.SWDIO 与 7.TMS.SWIO　　B. 4.GND 与 20.GND

C. 6.SWCLK 与 9.TCK.SWCLK　　D. 8.3.3V 与 1.TVCC

7. ST-LINK 驱动安装完成后,我们需要选中下面的驱动名称为(　　)。

A. STMicroelectronics(Win…)　　B. JLINK

C. STMicroelectronics(USB…)　　D. ST-LINK

8. 关于 ST-LINK,我们学习了哪些知识?(　　)

A. ST-LINK 与开发板硬件连接　　B. JLINK 安装

C. ST-LINK 下载配置过程　　D. ST-LINK 驱动安装

9. CORE 用来存放(　　)。

A. 编译中间文件　　B. 核心文件　　C. 启动文件　　D. hex 文件

10. OBJ 用来存放(　　)。

A. 编译中间文件　　B. 核心文件

C. 启动文件　　D. hex 文件

11. USER 目录除了用来存放工程文件外,还用来存放(　　)。

A. 编译中间文件　　B. main.c

C. 启动文件　　D. system_stm32f10x.c

12. 中国核潜艇之父彭士禄的主要成就是(　　)。

A. 中国核潜艇之父　　B. 大亚湾核电站的重要参与者

C. 秦山核电站的重要参与者　　D. 时代楷模

E. 感动中国 2021 年度人物

**三、判断题**

1. STM32 的 ISP 下载,只能使用串口 1,不能使用其他串口用来做 ISP 下载。(　　)

2. 可以在库函数模板里面直接操作寄存器,因为与官方库相关头文件有寄存器定义。(　　)

3. 可以在寄存器模板调用库函数,因为没有引入库函数相关定义。(　　)

**四、拓展题**

1. 用思维导图软件(XMind)画出本章的素质、知识、能力思维导图。

2. 新建基于库函数的 MDK5 模板。

# 第4章

# STM32 GPIO 原理与项目实践

**本章导读**

本章以榜样故事——焊接专家孙红梅的介绍开始，然后介绍 GPIO 概述，分析 GPIO 工作模式与输出速度、STM32GPIO 相关配置寄存器、端口复用和重映射、位操作基本原理、GPIO 相关的库函数，最后通过基本项目实践、拓展项目实践的训练，实现素质、知识、能力目标的融合达成。本章素质、知识、能力结构图如图 4-1 所示。

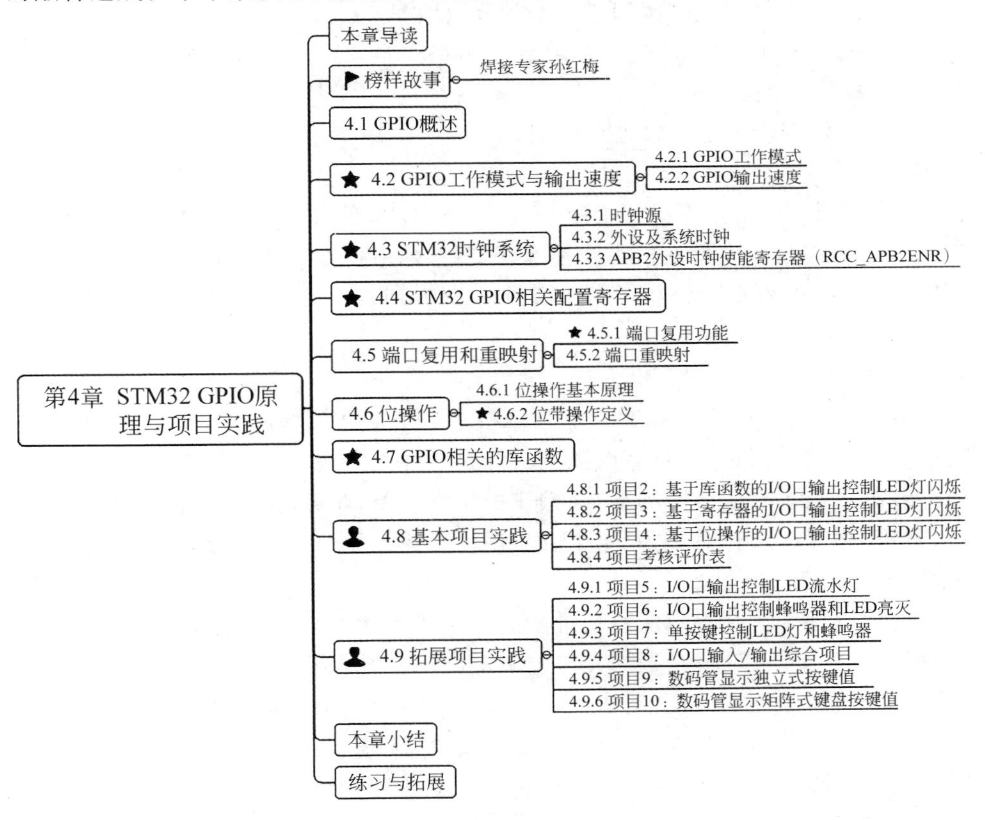


图 4-1　本章素质、知识、能力结构图

**本章学习目标**

**素质目标**：学习榜样，以榜样为力量，培养学生精益求精的大国工匠精神，激发学生科技报国的家国情怀和使命担当，培养学生刻苦钻研，不怕苦、不怕累、严谨认真、精诚合作的品质和创新能力。

**知识目标**：掌握GPIO工作模式与输出速度原理、STM32 GPIO相关配置寄存器、位操作基本原理和与GPIO相关的库函数。

**能力目标**：具备基本项目开发、创新拓展项目开发能力，培养学生的综合能力和高级思维。

**榜样故事**

焊接专家孙红梅(见图4-2)。

**出生**：1975年12月

**籍贯**：山东淄博

**毕业院校**：西安理工大学

**职称**：中国空军航空修理系统焊接专业首席专家

**政治面貌**：党员

图4-2　孙红梅

**主要荣誉**：

2018年11月29日，荣获“中国敬业奉献好人”称号。

2019年，被评为“大国工匠年度人物”。

2020年，被评为全国劳模。

2021年11月，获全国道德模范提名奖。

**人物简介**：

孙红梅是中国人民解放军第五七一三工厂一级技术专家。20多年如一日，她扎根鄂西北老“三线”工厂，专攻航空发动机焊修技术，先后维修航空发动机600多台，研发10余项核心修理技术，攻克60多项技术难题，获得6项发明专利，2020年被评为全国劳模。

**人物事迹**：

20多年来，孙红梅用一把焊枪将自己的青春岁月与航修事业紧密相连。只要认定的事情，就一定要做好。2007年5月，某新型教练机上一个复杂薄壁零件损坏，在这样的薄壁零件上焊接，特别容易变形，孙红梅仔细研判其焊接零件的结构、性能，果断决定了引进激光焊接技术。当时，该技术在国内刚起步，如操作中稍有偏差，就可能导致零件报废，但孙红梅不愿放弃，将“家”搬进了工作室，对几十个方案逐一验证。凭着一股韧劲，孙红梅团队奋战20多天，成功完成焊接任务。

多年来，孙红梅多次获得军队科技进步一、二、三等奖。她主持的某型发动机燃烧室机匣裂纹故障快速修复技术，成为国内领先的关键技术。孙红梅认为，个人的力量有限，集体的智慧无穷。于是，她主动传帮带，成立了“红梅工作室”。她时常会驱车40公里从城区到山区老厂传授研究经验，普及焊接新技术，带领成员探索解决装备修理瓶颈问题。孙红梅充分发挥团队优势，瞄准国际前沿技术，不仅提升了发动机的修理质量，还延长了零部件使用寿命，每年为国家节省1000万元的维修成本。截至目前，“红梅工作室”培养出厂级技术专家4名、高级技师3名，先后完成26项科研项目。“有的人操作技术进步很大，甚至在某些时候比我操作得还好些,大家在一起互相学习、共同提升。"说起学员,孙红梅感到很欣慰。

## 4.1 GPIO概述

GPIO(general-purpose input output,通用目的输入/输出口)简称通用输入/输出(I/O)口,它是STM32可控制的引脚。STM32芯片的GPIO引脚与外部设备连接起来,可实现与外部通信、控制外部硬件或者采集外部硬件数据的功能。通用I/O口具有如下特点。

◆ 端口号:端口号通常以大写字母命名,从A开始,依此类推,例如STM32F103ZE一共有7组I/O口,即GPIOA、GPIOB、GPIOC、…、GPIOG。

◆ 引脚号:每个端口有16个I/O引脚,分别命名为0~15。例如,GPIOA端口有16个引脚,分别为PA0、PA1、PA2、PA3……PA14和PA15,可以提供最多112(7×16)个多功能双向I/O引脚。

◆ 功能及模式:可以被软件设置成各种功能及模式。

◆ 引脚接电源问题:可以通过查阅附录A中的大容量STM32F103xx系列引脚定义表解决,I/O电平列中有FT标注表示可以接5V,没有FT标注只能接3.3V。例如,PE2可以接5V,而PC13只能接3.3V,不能搞错了,否则会烧坏芯片。

## 4.2 GPIO工作模式与输出速度

### 4.2.1 GPIO工作模式

STM32芯片GPIO共有8种工作模式,包括4种输入模式和4种输出模式。

4种输入模式包括:

◆ 输入浮空模式(GPIO_Mode_IN_FLOATING);

◆ 输入上拉模式(GPIO_Mode_IPU);

◆ 输入下拉模式(GPIO_Mode_IPD);

◆ 模拟输入模式(GPIO_Mode_AIN)。

4种输出模式包括:

◆ 开漏输出模式(GPIO_Mode_Out_OD);

◆ 开漏复用输出模式(GPIO_Mode_AF_OD);

◆ 推挽式输出模式(GPIO_Mode_Out_PP);

◆ 推挽式复用输出模式(GPIO_Mode_AF_PP)。

**1. 4种输入模式**

1) GPIO的输入工作模式1——输入浮空模式_IN_FLOATING

浮空:顾名思义就是浮在空中,上面用绳子一拉就上去了,下面用绳子一拉就沉下去了。输入浮空模式(上拉开关和下拉开关均打开)工作过程如图4-3所示。在输入浮空模式下,I/O端口(图中标注①)的电平信号通过TTL施密特触发器(图中标注②)直接进入输入数据寄存器IDR(图中标注③),然后用CPU进行读入(图中标注④)。这时I/O的电平状态是不确定的,完全由外部输入(浮空、高低电平)决定;如果在该引脚悬空(在无信号输入)

的情况下，读取该端口的电平是不确定的。可见CPU可以很容易读取I/O端口的状态，工作路线为图4-3中曲线线路。

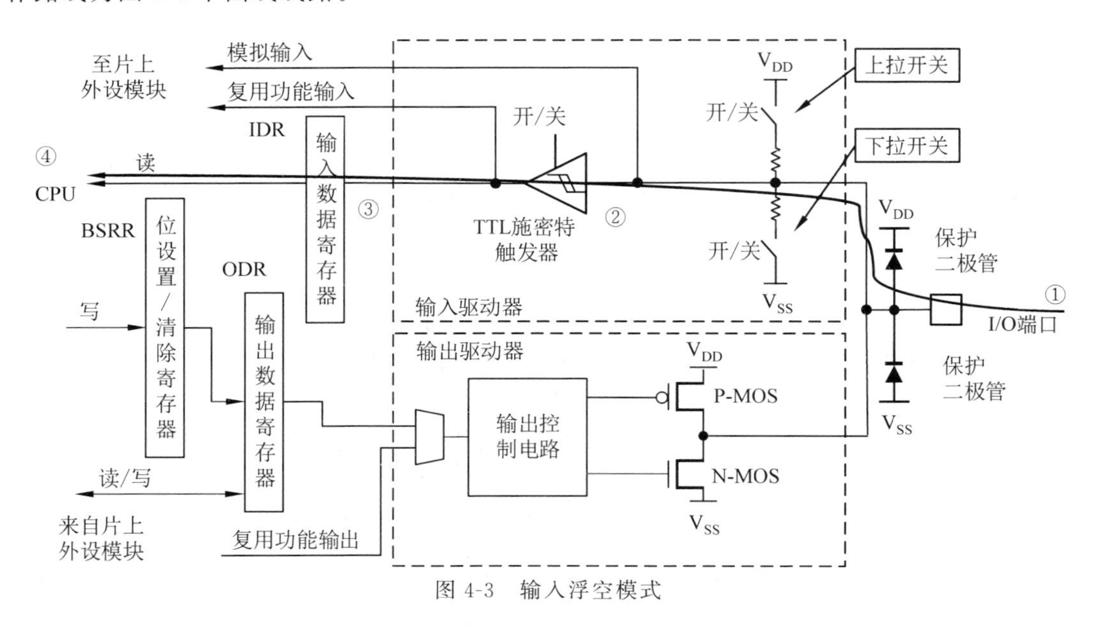


图 4-3　输入浮空模式

2) GPIO的输入工作模式2——输入上拉模式_IPU

输入上拉模式工作路线如图4-4所示曲线线路。在输入上拉（上拉开关闭合）模式下，I/O端口（图中标注①）的电平信号通过TTL施密特触发器（图中标注②）直接进入输入数据寄存器IDR（图中标注③），然后用CPU进行读入（图中标注④）。但是在I/O端口悬空（在无信号输入）的情况下，输入端的电平被上拉开关闭合拉到 $V_{DD}$（高电平）即保持在高电平，并且在I/O端口输入为低电平的时候，输入端的电平还是低电平。模式2与模式1的区别是上拉开关闭合。

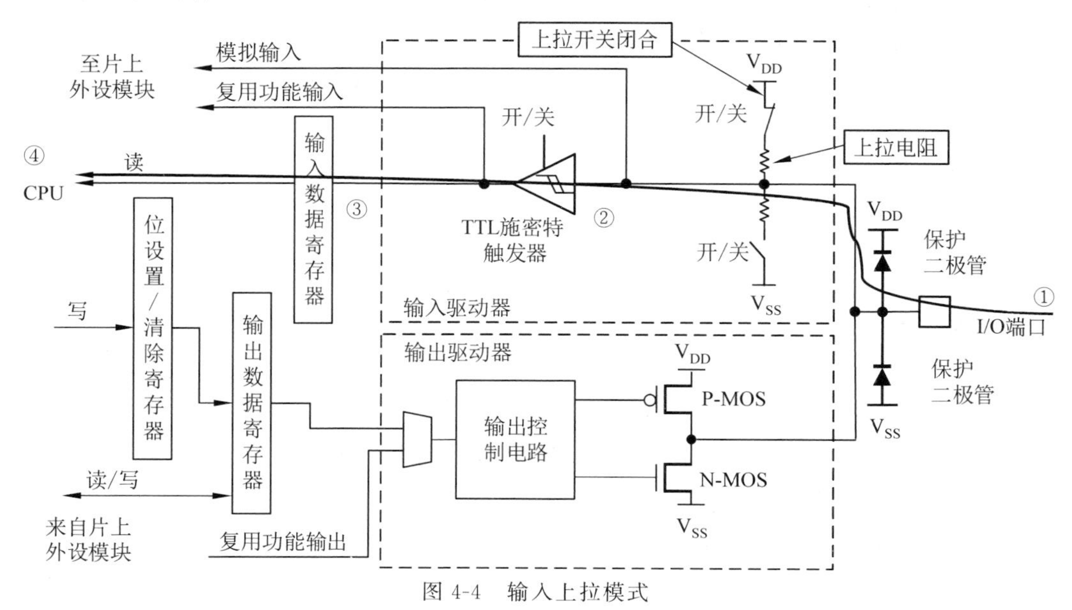


图 4-4　输入上拉模式

3) GPIO 的输入工作模式 3——输入下拉模式_IPD

输入下拉模式工作路线如图 4-5 所示曲线线路。在输入下拉(下拉开关闭合)模式下，I/O 端口(图中标注①)的电平信号通过 TTL 施密特触发器(图中标注②)直接进入输入数据寄存器 IDR(图中标注③)，然后用 CPU 进行读入(图中标注④)。但是在 I/O 端口悬空(在无信号输入)的情况下，输入端的电平被下拉开关闭合拉到 Vss(低电平)即保持在低电平，并且在 I/O 端口外部输入为高电平的时候，输入端的电平会变成高电平。

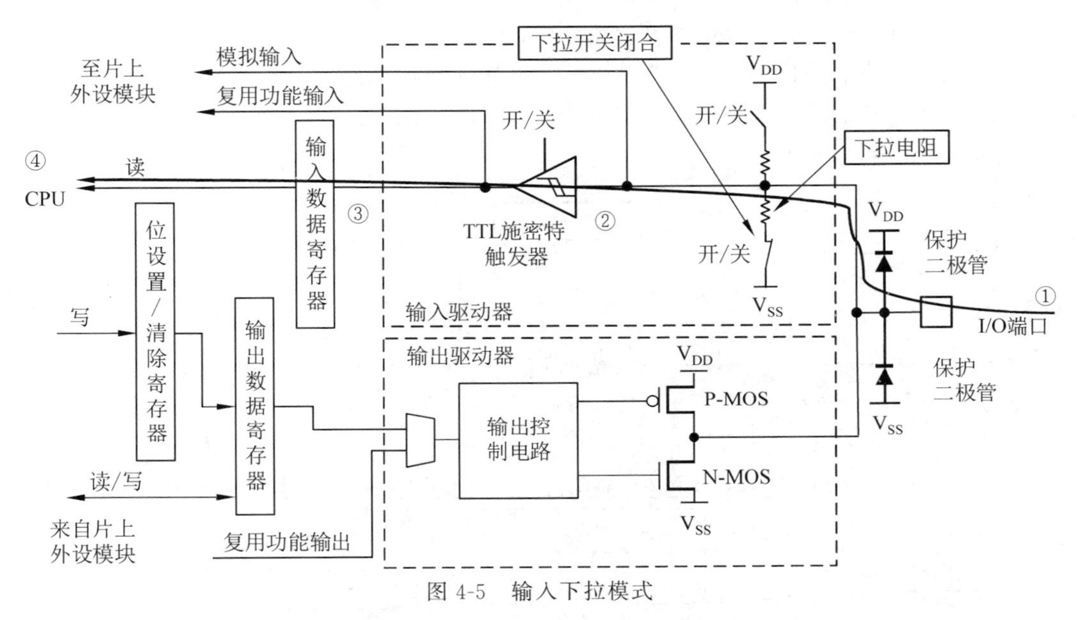


图 4-5 输入下拉模式

4) GPIO 的输入工作模式 4——模拟输入模式_AIN

模拟输入模式工作路线如图 4-6 所示曲线线路。在模拟输入模式下，I/O 端口(图中标注①)的模拟信号(电压信号，而非电平信号)直接模拟输入(图中标注②)到片上外设模块。

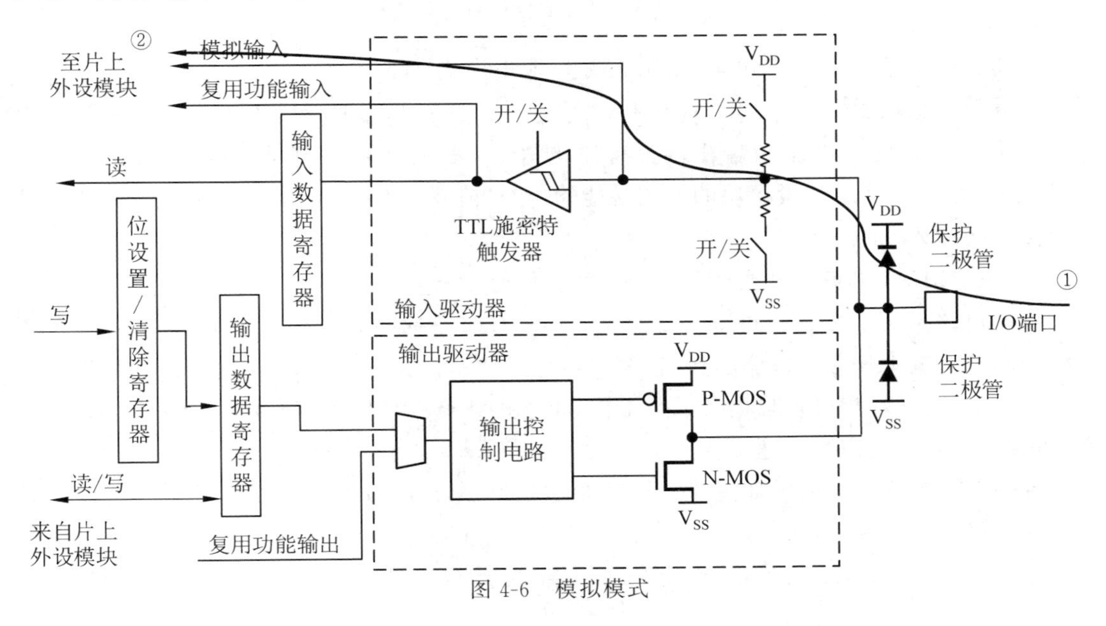


图 4-6 模拟模式

**2. 4种输出模式**

1）GPIO的输出工作模式1——开漏输出模式_Out_OD

在开漏输出模式下，通过设置位设置/清除寄存器BSRR或者输出数据寄存器ODR的值，途经N-MOS管，最终输出到I/O端口，开漏输出工作路线如图4-7所示曲线线路。这里要注意N-MOS管状态，当CPU写“1”时，ODR输出为“1”，输出控制电路下端口输出为“0”，N-MOS管处于断开状态，N-MOS管输出为开漏，此时I/O端口电平由外部上拉或者下拉电平决定，同时I/O端口电平可以由虚线读入CPU；当CPU写“0”时，ODR输出为“0”，输出控制电路下端口输出为“1”，N-MOS管处于导通状态，N-MOS管输出为“0”，此时I/O端口的电平就是低电平。同时I/O端口电平可以由虚线读入CPU，注意I/O端口的电平不一定是输出的电平。

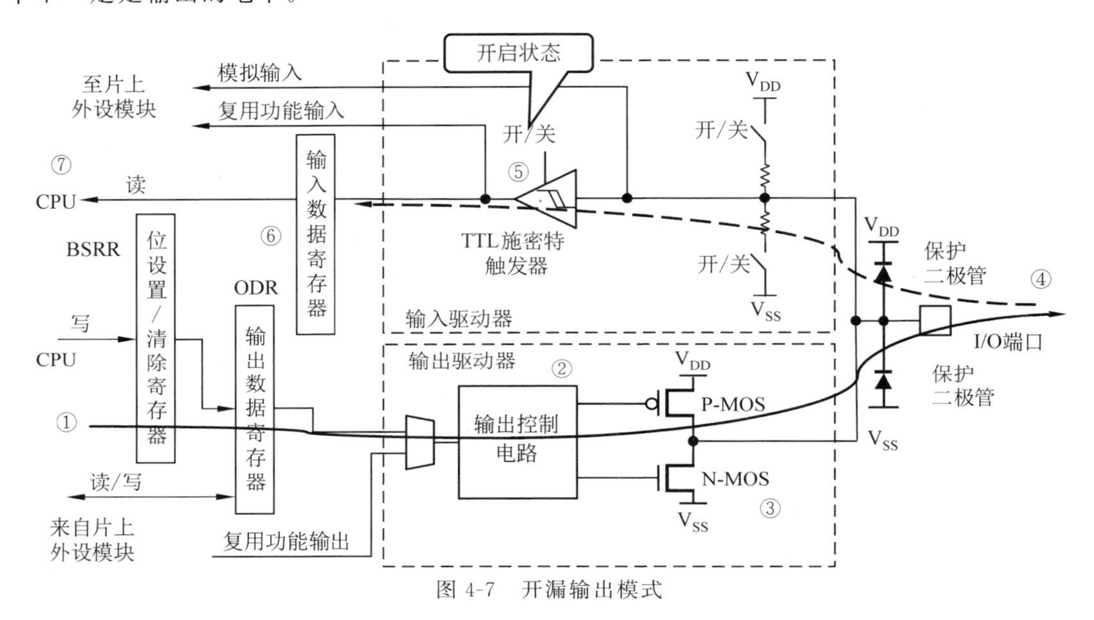


图4-7 开漏输出模式

2）GPIO的输出工作模式2——开漏复用输出模式_AF_OD

开漏复用输出模式工作路线如图4-8所示曲线线路，开漏复用输出模式与开漏输出模式很类似。其只是I/O端口输出高低电平的来源，不是由CPU直接写输出数据寄存器ODR，而是由来自片上外设模块的复用功能输出“1”或者“0”来决定的。同时I/O端口电平可以由虚线读入CPU。

3）GPIO的输出工作模式3——推挽输出模式_Out_PP

推挽电路是两个参数相同的三极管或MOSFET，以推挽方式存在于电路中，各负责正负半周的波形放大任务。电路工作时，两只对称的功率开关管每次只有一个导通，所以导通损耗小、效率高。输出既可以向负载灌电流，也可以从负载拉取电流。推拉式输出既提高电路的负载能力，又提高开关速度。

推挽输出模式工作路线如图4-9所示曲线线路，其中P-MOS、N-MOS构成推挽输出模式。当CPU写“0”时，ODR输出“0”，输出控制电路上端输出为“0”，下端输出为“1”，使得P-MOS管截止，N-MOS管导通，输出和地相连，为低电平；当CPU写“1”时，ODR输出“1”，

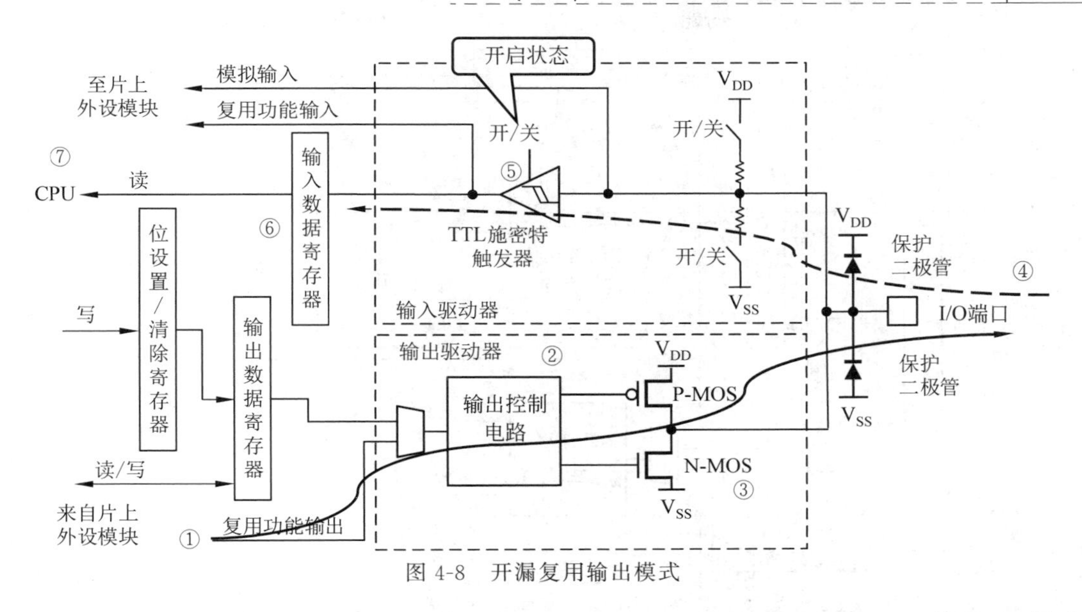


图 4-8 开漏复用输出模式

输出控制电路上端输出为“1”,下端输出为“0”,使得 P-MOS 管导通,N-MOS 管截止,输出和 $V_{DD}$ 相连,为高电平。同时 I/O 端口电平可以由虚线读入 CPU。

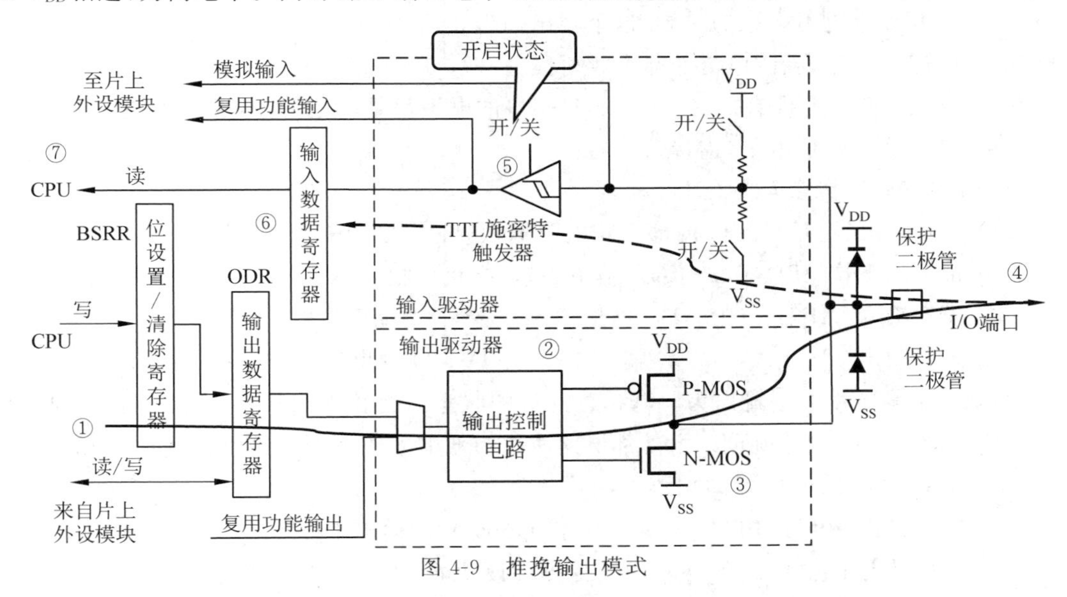


图 4-9 推挽输出模式

4) GPIO 的输出工作模式 4——推挽复用输出模式

推挽复用输出模式工作路线如图 4-10 所示曲线线路,推挽复用输出模式与推挽输出模式很类似。其只是 I/O 端口输出高低电平的来源,不是由 CPU 直接写输出数据寄存器 ODR,而是由来自片上外设模块的复用功能输出“1”或者“0”来决定的。同时 I/O 端口电平可以由虚线读入 CPU。

**3. 总结**

1) 开漏输出和推挽输出的区别

开漏输出:只可输出强低电平,高电平得靠外部电阻拉高,你可以外部接一个电阻到

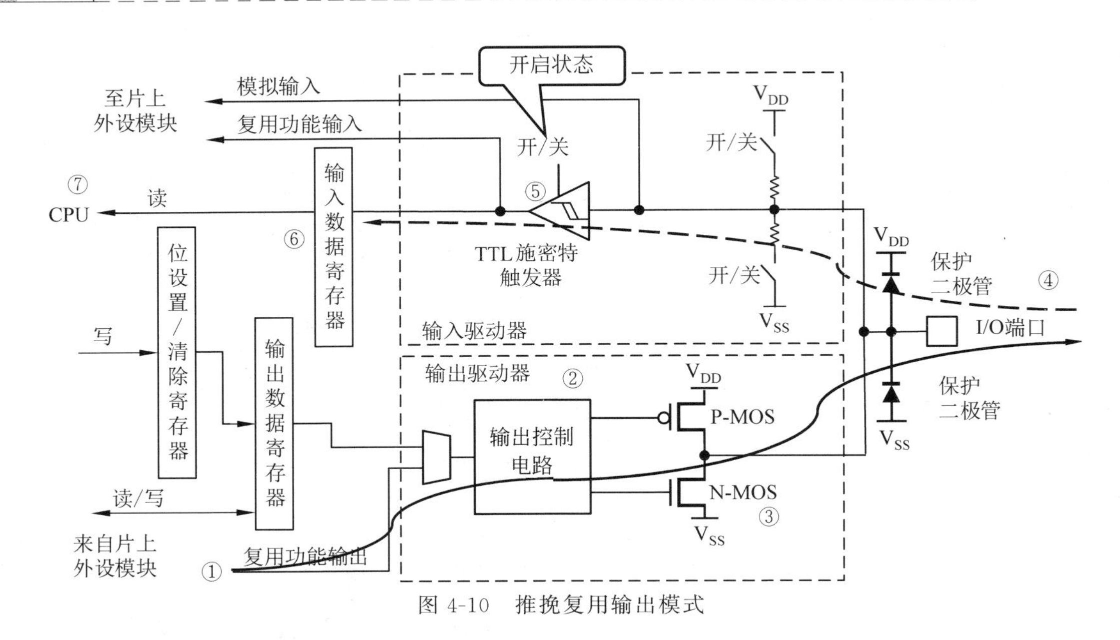

图 4-10 推挽复用输出模式

3.3V,也可以接一个电阻到5V,这样在输出"1"的时候,就可以是5V电压,也可以是3.3V电压了。但是不接电阻上拉的时候,这个输出高电平就不能实现了。其适合做电流型的驱动(如驱动蜂鸣器等),吸收电流的能力相对强(一般20mA以内)。

推挽输出：就是有推有拉,任何时候I/O口的电平都是确定的,不需要外接上拉或下拉电阻,可以输出强高、低电平,连接数字器件。

2) 在STM32中怎样选择I/O模式

(1) 带输入上拉_IPU：IO内部上拉电阻输入,可以接入KEY按键电路。

(2) 带输入下拉_IPD：IO内部下拉电阻输入,可以接入KEY_UP按键电路。

(3) 模拟输入_AIN：应用ADC模拟输入,或者低功耗下省电。

(4) 开漏输出_OUT_OD：I/O输出0接GND;I/O输出"1",悬空;需要外接上拉电阻,才能实现输出高电平。当输出为"1"时,I/O口的状态由上拉电阻拉高电平,但由于是开漏输出模式,这样I/O口也就可以由外部电路改变为低电平或不变。其可以读I/O输入电平变化,实现STM32的I/O双向功能。

(5) 推挽输出_OUT_PP：I/O输出0接GND,I/O输出1接$V_{CC}$,读输入值是未知的。

(6) 复用功能的推挽输出_AF_PP：片内外设功能(IIC的SCL、SDA)。

(7) 复用功能的开漏输出_AF_OD：片内外设功能(TX1、MOSI、MISO.SCK.SS)。

### 4.2.2 GPIO输出速度

当STM32的GPIO端口设置为输出模式时,还有3种速度需要选择：2MHz、10MHz和50MHz。这个输出速度不是输出信号的速度,而是I/O口驱动电路的响应速度,用来选择不同的输出驱动模块,以达到最佳信号的稳定性和低功耗的目的。

在开发中需要结合实际情况选择合适的速度,综合考虑信号的稳定性和低功耗两方面问题。通常,当设置为高速时,功耗高、噪声大、电磁干扰强;当设备为低速时,功耗低、噪声小、电磁干扰弱。在连接LED、数码管、蜂鸣器等外部设备时，建议可选择2MHz的输出速度；而复用为IIC、SPI、FSMC等外部设备时，建议使用10MHz或50MHz以提高响应速度。

## 4.3 STM32时钟系统

时钟系统是CPU的脉搏，就像人的心跳一样。51单片机就一个系统时钟很简单，而STM32外设非常多，时钟系统比较复杂。对于较为复杂的MCU，一般都是采取多时钟源的方法来解决这些问题。

### 4.3.1 时钟源

在STM32中一共有5个时钟源，分别是HSI、HSE、LSI、LSE、PLL，如图4-11所示（图中标有①②③④⑤，所有时钟来源这5个）。从时钟频率来分可以分为高速时钟源和低速时钟源，其中HSI、HSE和PLL是高速时钟，而LSI和LSE是低速时钟。从来源可分为外部时钟源和内部时钟源，外部时钟源就是从外部通过接晶振的方式获取时钟源，其中HSE和LSE是外部时钟源，其他的是内部时钟源。下面按图中圈标识的顺序进行介绍。

① HSI是高速内部时钟，RC振荡器，频率为8MHz，精度不高。

② HSE是高速外部时钟，可接石英/陶瓷谐振器，或者接外部时钟源，频率范围为4MHz～16MHz。STM32F103ZET6开发板接的是8MHz的晶振。

③ LSI是低速内部时钟，RC振荡器，频率为40kHz，提供低功耗时钟。独立看门狗的时钟源只能是LSI，同时LSI还可以作为RTC的时钟源。

④ LSE是低速外部时钟，接频率为32.768kHz的石英晶体振荡器。这个主要是RTC的时钟源。

⑤ PLL是锁相环倍频输出，其时钟输入源可选择为HSI/2、HSE或者HSE/2。倍频可选择为2～16倍，但是其输出频率最大不得超过72MHz(8MHz×9＝72MHz)。

### 4.3.2 外设及系统时钟

上面简单介绍了STM32的5个时钟源，这5个时钟源是如何给各个外设以及系统提供时钟的呢？下面结合图4-11所示的A～E标识进行介绍。

图中A标识：MCO是STM32的一个时钟输出IO(PA8)，它可以选择一个时钟信号输出，可以选择为PLL输出的2分频、HSI、HSE，或者系统时钟。这个时钟可以用来给外部其他系统提供时钟源。

图中B标识：这里是RTC时钟源。从图4-11中可以看出，RTC的时钟源可以选择LSI、LSE、以及HSE的128分频。

图中C标识：从图4-11中可以看出C处USB的时钟是来自PLL时钟源。STM32中有一个全速功能的USB模块，其串行接口引擎需要一个频率为48MHz的时钟源。该时钟源只能从PLL输出端获取，可以选择为1.5分频或者1分频，也就是，当需要使用USB模块时，PLL必须使能，并且时钟频率配置为48MHz或72MHz。

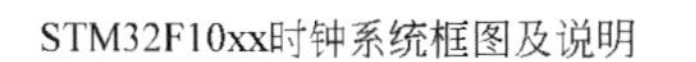
STM32F10xx时钟系统框图及说明

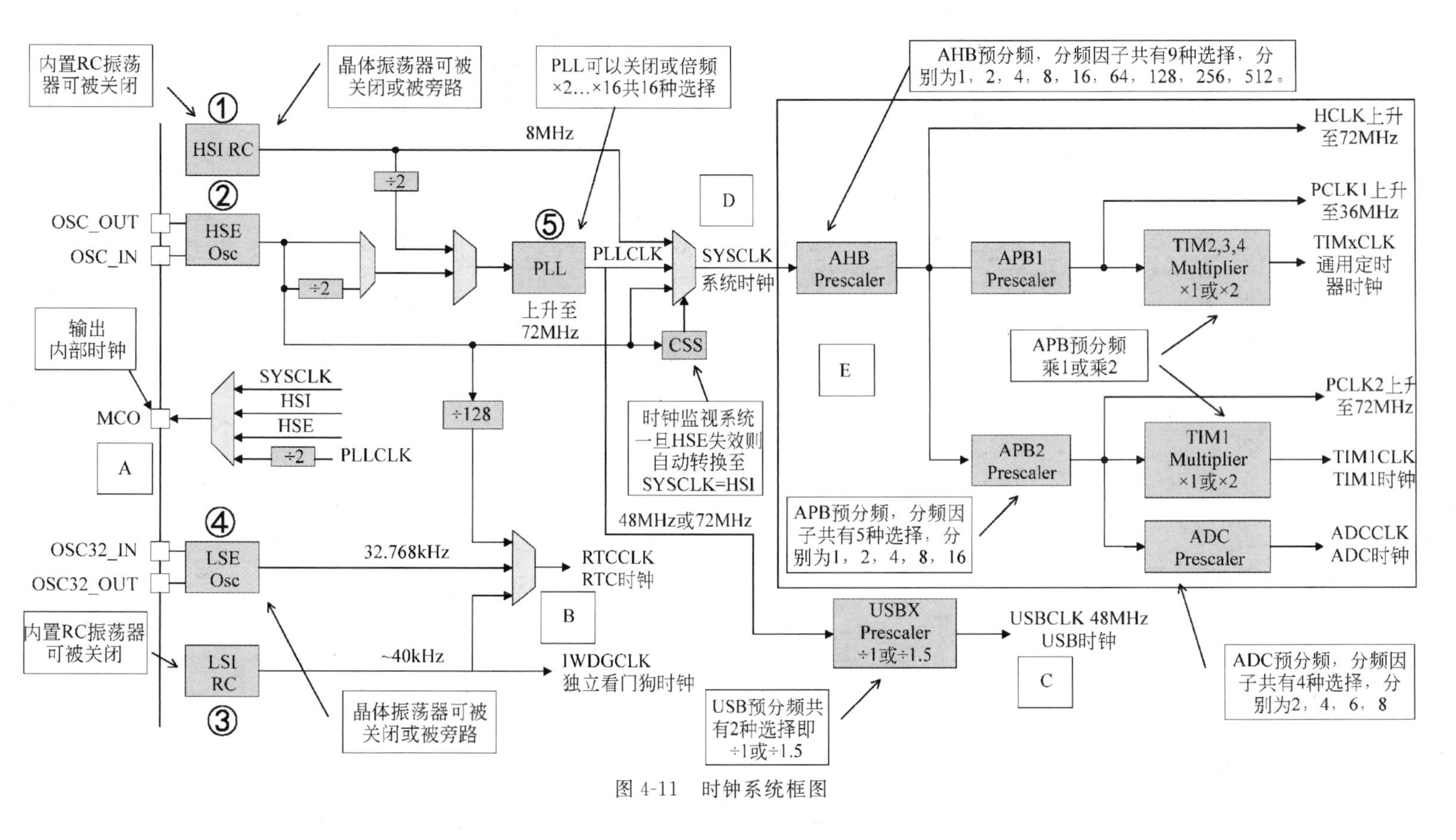
内置RC振荡器可被关闭
HSI RC
晶体振荡器可被关闭或旁路
8MHz
PLL可以关闭或倍频×2…×16共16种选择
PLL
上升至72MHz
PLLCLK
SYSCLK
系统时钟
CSS
时钟监视系统一旦HSE失效则自动转换至SYSCLK=HSI
48MHz或72MHz
HSE Osc
OSC_OUT
OSC_IN
÷2
输出内部时钟
MCO
SYSCLK
HSI
HSE
PLLCLK
A
D
AHB预分频，分频因子共有9种选择，分别为1，2，4，8，16，64，128，256，512。
AHB Prescaler
E
APB1 Prescaler
APB2 Prescaler
APB预分频，分频因子共有5种选择，分别为1，2，4，8，16
APB预分频乘1或乘2
TIM2,3,4 Multiplier ×1或×2
TIM1 Multiplier ×1或×2
ADC Prescaler
HCLK上升至72MHz
PCLK1上升至36MHz
TIMxCLK 通用定时器时钟
PCLK2上升至72MHz
TIM1CLK TIM1时钟
ADCCLK ADC时钟
ADC预分频，分频因子共有4种选择，分别为2，4，6，8
USBX Prescaler ÷1或÷1.5
USB预分频共有2种选择即÷1或÷1.5
USBCLK 48MHz USB时钟
C
÷128
RTCCLK RTC时钟
B
IWDGCLK 独立看门狗时钟
LSE Osc
32.768kHz
OSC32_IN
OSC32_OUT
LSI RC
~40kHz
晶体振荡器可被关闭或旁路
内置RC振荡器可被关闭

图 4-11　时钟系统框图

图中 D 标识：D 处就是 STM32 的系统时钟 SYSCLK，它是供 STM32 中绝大部分部件工作的时钟源。系统时钟可选择为 PLL 输出、HSI 或者 HSE。系统时钟最大频率为 72MHz。

图中 E 标识：E 处是指其他所有外设。从图 4-11 中可以看出，其他所有外设的时钟最终来源都是 SYSCLK。SYSCLK 通过 AHB 分频器分频后送给各模块使用。这些模块包括以下几个。

（1）AHB 总线、内核、内存和 DMA 使用的 HCLK 时钟。

（2）通过 8 分频后送给 Cortex 的系统定时器时钟，也就是 systick。

（3）直接送给 Cortex 的空闲运行时钟 FCLK。

（4）送给 APB1 分频器。APB1 分频器输出一路供 APB1 外设使用（$PCLK_1$，最大频率为 36MHz），另一路送给定时器（Timer）2、3、4 倍频器使用。

（5）送给 APB2 分频器。APB2 分频器分频输出一路供 APB2 外设使用（$PCLK_2$，最大频率为 72MHz），另一路送给定时器（Timer）1 倍频器使用。其中需要理解的是 APB1 和 APB2 的区别，APB1 上面连接的是低速外设，包括电源接口、备份接口、CAN、USB、IIC1、IIC2、UART2、UART3 等；APB2 上面连接的是高速外设，包括 UART1、SPI1、Timer1、ADC1、ADC2、所有普通 I/O 口（PA-PE）、第二功能 I/O 口等。在以上的时钟输出中，有很多是带使能控制的，例如 AHB 总线时钟、内核时钟、各种 APB1 外设、APB2 外设等。当需要使用某模块时，记得一定要先使能对应的时钟。后面项目实践的时候会介绍时钟使能的方法。

### 4.3.3　APB2 外设时钟使能寄存器（RCC_APB2ENR）

外设通常无访问等待周期。但在 APB2 总线上的外设被访问时，将插入等待状态，直到 $APB_2$ 的外设访问结束。RCC_APB2ENR 寄存器格式如图 4-12 所示。

偏移地址：0x18

复位值：0x0000 0000

访问：字、半字和字节访问

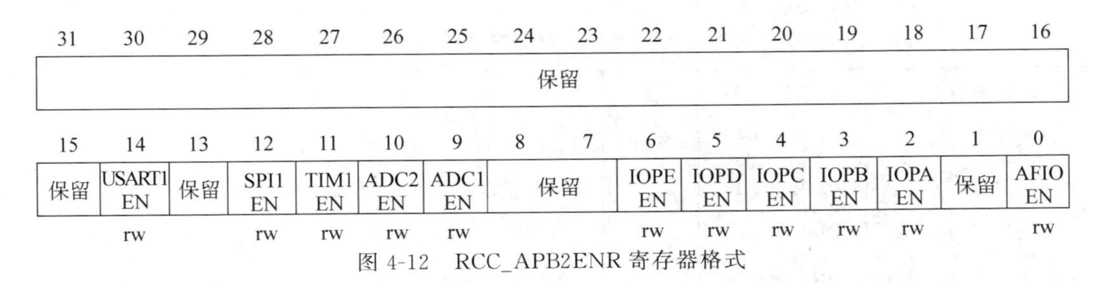


图 4-12　RCC_APB2ENR 寄存器格式

RCC_APB2ENR 寄存器各位定义如图 4-13 所示。

| 位 31：15 | 保留，始终读为 0 |
|---|---|
| 位 14 | **USART1EN**：USART1 时钟使能(USART1 clock enable)<br>由软件置‘1’或‘0’<br>0：USART1 时钟关闭；<br>1：USART1 时钟开启； |
| 位 13 | 保留，始终读位 0 |
| 位 12 | **SPI1EN**：SPI1 时钟使能(SPI1 clock enable)<br>由软件置‘1’或‘0’<br>0：SPI1 时钟关闭；<br>1：SPI1 时钟开启； |
| 位 11 | **TIME1EN**：TIM1 定时器时钟使能(TIM1 Timer clock enable)<br>由软件置‘1’或‘0’<br>0：TIM1 定时器时钟关闭；<br>1：TIM1 定时器时钟开启； |
| 位 10 | **ADC2EN**：ADC2 接口时钟使能(ADC2 interface clock enable)<br>由软件置‘1’或‘0’<br>0：ADC2 接口时钟关闭；<br>1：ADC2 接口时钟开启； |
| 位 9 | **ADC1EN**：ADC1 接口时钟使能(ADC1 interface clock enable)<br>由软件置‘1’或‘0’<br>0：ADC1 接口时钟关闭；<br>1：ADC1 接口时钟开启； |
| 位 8：7 | 保留，始终读为 0 |
| 位 6 | **IOPEEN**：I/O 端口 E 时钟使能(I/O port E clock enable)<br>由软件置‘1’或‘0’<br>0：I/O 端口 E 时钟关闭；<br>1：I/O 端口 E 时钟开启； |
| 位 5 | **IOPDEN**：I/O 端口 D 时钟使能(I/O port D clock enable)<br>由软件置‘1’或‘0’<br>0：I/O 端口 D 时钟关闭；<br>1：I/O 端口 D 时钟开启； |
| 位 4 | **IOPCEN**：I/O 端口 C 时钟使能(I/O port C clock enable)<br>由软件置‘1’或‘0’<br>0：I/O 端口 C 时钟关闭；<br>1：I/O 端口 C 时钟开启； |
| 位 3 | **IOPBEN**：I/O 端口 B 时钟使能(I/O port B clock enable)<br>由软件置‘1’或‘0’<br>0：I/O 端口 B 时钟关闭；<br>1：I/O 端口 B 时钟开启； |
| 位 2 | **IOPAEN**：I/O 端口 A 时钟使能(I/O port A clock enable)<br>由软件置‘1’或‘0’<br>0：I/O 端口 A 时钟关闭；<br>1：I/O 端口 A 时钟开启； |
| 位 1 | 保留，始终读为 0 |
| 位 0 | **AFIOEN**：辅助功能 I/O 时钟使能(Alternate function I/O clock enable)<br>由软件置‘1’或‘0’<br>0：辅助功能 I/O 时钟关闭；<br>1：辅助功能 I/O 时钟开启； |

图 4-13　RCC_APB2ENR 寄存器各位定义

## 4.4　STM32 GPIO 相关配置寄存器

STM32 的每组 GPIO 口包括 7 个寄存器。也就是说，每个寄存器可以控制一组 GPIO 的 16 个 GPIO 口。这 7 个寄存器及功能说明如表 4-1 所示。

**表 4-1　7 个寄存器及功能说明**

| 端口寄存器 | 寄存器组名 | 位 | 功 能 说 明 |
|---|---|---|---|
| 配置低位寄存器 | GPIOx_CRL | 32 位 | 用于配置端口(0～7)的低 8 位工作模式 |
| 配置高位寄存器 | GPIOx_CRH | 32 位 | 用于配置端口(8～15)的高 8 位工作模式 |
| 输入数据寄存器 | GPIOx_IDR | 32 位 | 如果该端口被配置为输入，可从该寄存器中读取数据 |
| 输出数据寄存器 | GPIOx_ODR | 32 位 | 如果该端口被配置为输出，可从该寄存器中读或写数据 |
| 位置位/复位寄存器 | GPIOx_BSRR | 32 位 | 该寄存器可以对端口数据输出寄存器每一位置“1”和清零 |
| 位复位寄存器 | GPIOx_BRR | 16 位 | 通过该寄存器可以对端口数据输出寄存器的每一位进行复位 |
| 锁定寄存器 | GPIOx_LCKR | 32 位 | 当执行了正确的写序列后，就可以锁定端口位的配置 |

表 4-1 中的寄存器可以分为以下 4 类。

(1) 配置寄存器：选定 GPIO 的特定功能，最基本的如选择是作为输入端口还是作为输出端口。

(2) 数据寄存器：保存了 GPIO 的输入电平。

(3) 位控制寄存器：设置某引脚的数据为 1 或 0，控制输出的高或低电平。

(4) 锁定寄存器：设置某锁定引脚后，就不能修改其配置。

在初始化 GPIO 端口时，还需要用到外设时钟使能寄存器(RCC_APB2ENR)。下面对 7 个寄存器进行介绍。

**1. 端口配置低寄存器**

偏移地址：0x00

复位值：0x4444 44

GPIOx_CRL 寄存器格式如图 4-14 所示。

| 31 | 30 | 29 | 28 | 27 | 26 | 25 | 24 | 23 | 22 | 21 | 20 | 19 | 18 | 17 | 16 |
|---|---|---|---|---|---|---|---|---|---|---|---|---|---|---|---|
| CNF7[1:0] | | MODE7[1:0] | | CNF6[1:0] | | MODE6[1:0] | | CNF5[1:0] | | MODE5[1:0] | | CNF4[1:0] | | MODE4[1:0] | |
| rw | rw | rw | rw | rw | rw | rw | rw | rw | rw | rw | rw | rw | rw | rw | rw |

| 15 | 14 | 13 | 12 | 11 | 10 | 9 | 8 | 7 | 6 | 5 | 4 | 3 | 2 | 1 | 0 |
|---|---|---|---|---|---|---|---|---|---|---|---|---|---|---|---|
| CNF3[1:0] | | MODE3[1:0] | | CNF2[1:0] | | MODE2[1:0] | | CNF1[1:0] | | MODE1[1:0] | | CNF0[1:0] | | MODE0[1:0] | |
| rw | rw | rw | rw | rw | rw | rw | rw | rw | rw | rw | rw | rw | rw | rw | rw |

图 4-14 GPIOx_CRL 寄存器格式

GPIOx_CRL 寄存器各位定义如图 4-15 所示。

| 位 | 定义 |
|---|---|
| 位31:30<br>27:26<br>23:22<br>19:18<br>15:14<br>11:10<br>7:6<br>3:2 | CNF*y*[1:0]: 端口x配置位（*y*=0,…,7）<br>软件通过这些位配置相应的I/O端口，请参考表4-2端口位配置表。<br>在输入模式（MODE[1:0]=00）时，<br>00: 模拟输入模式<br>01: 浮空输入模式（复位后的状态）<br>10: 上拉/下拉输入模式<br>11: 保留<br>在输出模式（MODE[1:0]>00）时，<br>00: 通用推挽输出模式<br>01: 通用开漏输出模式<br>10: 复用功能推挽输出模式<br>11: 复用功能开漏输出模式 |
| 位29:28<br>25:24<br>21:20<br>17:16<br>13:12<br>9:8, 5:4<br>1:0 | MOED*y*[1:0]: 端口x的模式位（*y*=0,…,7）<br>00: 输入模式（复位后的状态）<br>01: 输出模式，最大速度为10MHz<br>10: 输出模式，最大速度为2MHz<br>11: 输出模式，最大速度为50MHz |

图 4-15 GPIOx_CRL 寄存器各位定义

端口位配置如表 4-2 所示。

**表 4-2 端口位配置**

<table>
<tr><th colspan="2">配置模式</th><th>CNF1</th><th>CNF0</th><th>MODE1</th><th>MODEO</th><th>PxODR 寄存器</th></tr>
<tr><td rowspan="2">通用输出</td><td>推挽(Push-pull)</td><td rowspan="2">0</td><td>0</td><td colspan="2">01</td><td>0 或 1</td></tr>
<tr><td>开漏(Open-Drain)</td><td>1</td><td colspan="2">10</td><td>0 或 1</td></tr>
<tr><td rowspan="2">复用输出功能</td><td>推挽(Push-pull)</td><td rowspan="2">1</td><td>0</td><td colspan="2">11</td><td>不使用</td></tr>
<tr><td>开漏(Open-Drain)</td><td>1</td><td colspan="2">见表 4-3</td><td>不使用</td></tr>
<tr><td rowspan="4">输入</td><td>模拟输入</td><td rowspan="2">0</td><td>0</td><td colspan="2" rowspan="4">00</td><td>不使用</td></tr>
<tr><td>浮空输入</td><td>1</td><td>不使用</td></tr>
<tr><td>下拉输入</td><td rowspan="2">1</td><td rowspan="2">0</td><td>0</td></tr>
<tr><td>上拉输入</td><td>1</td></tr>
</table>

**表 4-3 输出模式位**

| MODE[1:0] | 意 义 |
|---|---|
| 00 | 保留 |
| 01 | 最大输出速度为 10MHz |
| 10 | 最大输出速度为 2MHz |
| 11 | 最大输出速度为 50MHz |

**【说明】**

(1) CRL 每 4 位控制一个 I/O 口,CRL 控制标号 0~7 的口。

(2) 先配置 MODE 是输入还是输出,然后配置 CNF 具体输入(输出)模式是什么。

(3) 是上拉还是下拉由 ODR 寄存器决定(参见本节 ODR 寄存器配置)。

例如:

① 配置 PA0 为浮空输入模式,即

```
MODE0=00
CNF0=01
```

② 配置 PA1 为通用推挽输出模式,速度为 50MHz,即

```
MODE1=11
CNF1=00
```

**【思考】**

(1) 配置 PA1 为上拉/下拉输入模式,即 MODE1=(　　),CNF1=(　　)。

(2) 配置 PA7 为通用开漏输出模式,速度为 2MHz,即 MODE7=(　　),CNF7=(　　)。

**2. 端口配置高寄存器**

偏移地址:0x04

复位值:0x4444 4444

GPIOx_CRH 寄存器格式如图 4-16 所示。

GPIOx_CRH 寄存器各位定义如图 4-17 所示。

| 31 | 30 | 29 | 28 | 27 | 26 | 25 | 24 | 23 | 22 | 21 | 20 | 19 | 18 | 17 | 16 |
|---|---|---|---|---|---|---|---|---|---|---|---|---|---|---|---|
| CNF15[1:0] | | MODE15[1:0] | | CNF14[1:0] | | MODE14[1:0] | | CNF13[1:0] | | MODE13[1:0] | | CNF12[1:0] | | MODE12[1:0] | |
| rw | rw | rw | rw | rw | rw | rw | rw | rw | rw | rw | rw | rw | rw | rw | rw |

| 15 | 14 | 13 | 12 | 11 | 10 | 9 | 8 | 7 | 6 | 5 | 4 | 3 | 2 | 1 | 0 |
|---|---|---|---|---|---|---|---|---|---|---|---|---|---|---|---|
| CNF11[1:0] | | MODE11[1:0] | | CNF10[1:0] | | MODE10[1:0] | | CNF9[1:0] | | MODE9[1:0] | | CNF8[1:0] | | MODE8[1:0] | |
| rw | rw | rw | rw | rw | rw | rw | rw | rw | rw | rw | rw | rw | rw | rw | rw |

图 4-16 GPIOx_CRH 寄存器格式

| | |
|---|---|
| 位31:30<br>27:26<br>23:22<br>19:18<br>15:14<br>11:10<br>7:6<br>3:2 | CNFy[1:0]: 端口x配置位（y=8,…,15）<br>软件通过这些位配置相应的I/O端口，请参考表4-2端口位配置表。<br>在输入模式（MODE[1:0]=00）时，<br>00: 模拟输入模式<br>01: 浮空输入模式（复位后的状态）<br>10: 上拉/下拉输入模式<br>11: 保留<br>在输出模式（MODE[1:0]>00）时，<br>00: 通用推挽输出模式<br>01: 通用开漏输出模式<br>10: 复用功能推挽输出模式<br>11: 复用功能开漏输出模式 |
| 位9:28<br>25:24<br>21:20<br>17:16<br>13:12<br>9:8, 5:4<br>1:0 | MOEDy[1:0]: 端口x的模式位（y=8,…,15）<br>00: 输入模式（复位后的状态）<br>01: 输出模式，最大速度为10MHz<br>10: 输出模式，最大速度为2MHz<br>11: 输出模式，最大速度为50MHz |

图 4-17 GPIOx_CRH 寄存器各位定义

例如：配置 PA8 为浮空输入模式，即

```
MODE8=00
CNF8=01
```

### 3. 端口配置输入数据寄存器

地址偏移：0x08

复位值：0x0000 XXXX

GPIOx_IDR 寄存器格式如图 4-18 所示。

| 31 | 30 | 29 | 28 | 27 | 26 | 25 | 24 | 23 | 22 | 21 | 20 | 19 | 18 | 17 | 16 |
|---|---|---|---|---|---|---|---|---|---|---|---|---|---|---|---|
| 保留 | | | | | | | | | | | | | | | |

| 15 | 14 | 13 | 12 | 11 | 10 | 9 | 8 | 7 | 6 | 5 | 4 | 3 | 2 | 1 | 0 |
|---|---|---|---|---|---|---|---|---|---|---|---|---|---|---|---|
| IDR15 | IDR14 | IDR13 | IDR12 | IDR11 | IDR10 | IDR9 | IDR8 | IDR7 | IDR6 | IDR5 | IDR4 | IDR3 | IDR2 | IDR1 | IDR0 |
| r | r | r | r | r | r | r | r | r | r | r | r | r | r | r | r |

图 4-18 GPIOx_IDR 寄存器格式

GPIOx_IDR 寄存器各位定义如图 4-19 所示。

说明：IDR 寄存器低 16 位，每个位控制该组 I/O 的一个 I/O 口，对应的是 I/O 口的输入电平。例如，PA 口的 PA0 对应 IDR0，PA15 对应 IDR15。

| 位31:16 | 保留，始终读为0 |
|---|---|
| 位15:0 | IDRy[15:0]:端口输入数据（y=0,…,15）<br>这些位为只读并只能以字（16位）的形式读出。读出的值为对应I/O口的状态 |

图 4-19 GPIOx_IDR 寄存器格式各位定义

**4. 端口配置输出数据寄存器**

地址偏移：0Ch

复位值：0x0000 0000

GPIOx_ODR 寄存器格式如图 4-20 所示。

| 31 | 30 | 29 | 28 | 27 | 26 | 25 | 24 | 23 | 22 | 21 | 20 | 19 | 18 | 17 | 16 |
|---|---|---|---|---|---|---|---|---|---|---|---|---|---|---|---|
| 保留 | | | | | | | | | | | | | | | |

| 15 | 14 | 13 | 12 | 11 | 10 | 9 | 8 | 7 | 6 | 5 | 4 | 3 | 2 | 1 | 0 |
|---|---|---|---|---|---|---|---|---|---|---|---|---|---|---|---|
| ODR15 | ODR14 | ODR13 | ODR12 | ODR11 | ODR10 | ODR9 | ODR8 | ODR7 | ODR6 | ODR5 | ODR4 | ODR3 | ODR2 | ODR1 | ODR0 |
| rw | rw | rw | rw | rw | rw | rw | rw | rw | rw | rw | rw | rw | rw | rw | rw |

图 4-20 GPIOx_ODR 寄存器格式

GPIOx_ODR 寄存器各位定义如图 4-21 所示。

| 位31:16 | 保留，始终读为0 |
|---|---|
| 位15:0 | ODRy[15:0]:端口输出数据（y=0,…,15）<br>这些位可读可写并只能以字（16位）的形式操作。<br>注：对GPIOx_BSRR(x=A,…,E),可以分别地对各个ODR位进行设置/清除 |

图 4-21 GPIOx_ODR 寄存器各位定义

**【说明】** ODR 的两个作用如下。

(1) ODR 寄存器跟 IDR 相反，是控制 I/O 口输出。低 16 位每个位控制一个 I/O 口的输出电平高或低，只能以 16 位的形式操作。

(2) 与 CLR 配合决定输入是上拉还是下拉。

**【思考】** 配置 PA0 为上拉输入模式，即 MODE[1,0]=(　　)、CNF[1,0]=(　　)、GPIOx_ODR=(　　)。

**5. 端口配置位置位/复位寄存器**

地址偏移：0x10

复位值：0x0000 0000

GPIOx_BSRR 寄存器格式如图 4-22 所示。

| 31 | 30 | 29 | 28 | 27 | 26 | 25 | 24 | 23 | 22 | 21 | 20 | 19 | 18 | 17 | 16 |
|---|---|---|---|---|---|---|---|---|---|---|---|---|---|---|---|
| BR15 | BR14 | BR13 | BR12 | BR11 | BR10 | BR9 | BR8 | BR7 | BR6 | BR5 | BR4 | BR3 | BR2 | BR1 | BR0 |
| w | w | w | w | w | w | w | w | w | w | w | w | w | w | w | w |

| 15 | 14 | 13 | 12 | 11 | 10 | 9 | 8 | 7 | 6 | 5 | 4 | 3 | 2 | 1 | 0 |
|---|---|---|---|---|---|---|---|---|---|---|---|---|---|---|---|
| BS15 | BS14 | BS13 | BS12 | BS11 | BS10 | BS9 | BS8 | BS7 | BS6 | BS5 | BS4 | BS3 | BS2 | BS1 | BS0 |
| w | w | w | w | w | w | w | w | w | w | w | w | w | w | w | w |

图 4-22 GPIOx_BSRR 寄存器格式

GPIOx_BSRR 寄存器各位定义如图 4-23 所示。

| 位31:16 | BRy: 清除端口x的位y（y=0,…,15）<br>这些位只能写入并只能以字（16位）的形式操作。<br>0：对对应的ODRy位不产生影响<br>1：清除对应的ODRy位为0<br>注：如果同时设置了BSy和BRy的对应位，BSy位起作用 |
|---|---|
| 位15:0 | BRy: 设置端口x的位y（y=0,…,15）<br>这些位只能写入并只能以字（16位）的形式操作。<br>0：对对应的ODRy位不产生影响<br>1：设置对应的ODRy位为1 |

图 4-23 GPIOx_BSRR 寄存器各位定义

【说明】 GPIOx_BSRR 的高 16 位称作复位寄存器，而 GPIOx_BSRR 的低 16 位称作置位寄存器。

**6. 端口配置位复位寄存器**

地址偏移：0x14

复位值：0x0000 0000

GPIOx_BRR 寄存器格式如图 4-24 所示。

| 31 | 30 | 29 | 28 | 27 | 26 | 25 | 24 | 23 | 22 | 21 | 20 | 19 | 18 | 17 | 16 |
|---|---|---|---|---|---|---|---|---|---|---|---|---|---|---|---|
| 保留 | | | | | | | | | | | | | | | |

| 15 | 14 | 13 | 12 | 11 | 10 | 9 | 8 | 7 | 6 | 5 | 4 | 3 | 2 | 1 | 0 |
|---|---|---|---|---|---|---|---|---|---|---|---|---|---|---|---|
| BR15 | BR14 | BR13 | BR12 | BR11 | BR10 | BR9 | BR8 | BR7 | BR6 | BR5 | BR4 | BR3 | BR2 | BR1 | BR0 |
| w | w | w | w | w | w | w | w | w | w | w | w | w | w | w | w |

图 4-24 GPIOx_BRR 寄存器格式

GPIOx_BRR 寄存器各位定义如图 4-25 所示。

| 位31:16 | 保留 |
|---|---|
| 位15:0 | BRy: 清除端口x的位y（y=0,…,15）<br>这些位只能写入并只能以字（16位）的形式操作。<br>0: 对对应的ODRy位不产生影响<br>1: 清除对应的ODRy位为0 |

图 4-25 GPIOx_BRR 寄存器各位定义

【说明】 GPIOx_BRR 低 16 位与 GPIOx_BSRR 高 16 位功能相同。平时我们是怎么用的呢？只用 GPIOx_BSRR 低 16 位，对某位设置 1；对某位清零，就用 GPIOx_BRR。

**7. 端口配置锁定寄存器**

当执行正确的写序列并设置了位 16(LCKK)时，该寄存器用来锁定端口位的配置。位[15:0]用于锁定 GPIO 端口的配置。在规定的写入操作期间，不能改变 LCK[15:0]。当对相应的端口位执行了 LOCK 序列后，在下次系统复位之前将不能再更改端口位的配置。

每个锁定位锁定控制寄存器(CRL、CRH)中相应的 4 个位。

地址偏移：0x18

复位值：0x0000 0000

GPIOx_LCKR 寄存器格式如图 4-26 所示。

| 31 | 30 | 29 | 28 | 27 | 26 | 25 | 24 | 23 | 22 | 21 | 20 | 19 | 18 | 17 | 16 |
|---|---|---|---|---|---|---|---|---|---|---|---|---|---|---|---|
| 保留 | | | | | | | | | | | | | | | LCKK |
| | | | | | | | | | | | | | | | rw |

| 15 | 14 | 13 | 12 | 11 | 10 | 9 | 8 | 7 | 6 | 5 | 4 | 3 | 2 | 1 | 0 |
|---|---|---|---|---|---|---|---|---|---|---|---|---|---|---|---|
| LCK15 | LCK14 | LCK13 | LCK12 | LCK11 | LCK10 | LCK9 | LCK8 | LCK7 | LCK6 | LCK5 | LCK4 | LCK3 | LCK2 | LCK1 | LCK0 |
| rw | rw | rw | rw | rw | rw | rw | rw | rw | rw | rw | rw | rw | rw | rw | rw |

图 4-26 GPIOx_LCKR 寄存器格式

GPIOx_LCKR 寄存器各位定义如图 4-27 所示。

| 位31:17 | 保留 |
|---|---|
| 位16 | LCKK: 锁键（lock key）<br>该位可随时读出，它只可通过锁键写入序列修改。<br>0：端口配置锁键位激活<br>1：端口配置锁键位被激活，下次系统复位前GPIOx_LCKR寄存器被锁住锁键的写入序列：<br>写1->写0->写1->读0->读1<br>最后一个读写省略，但可以用来确认锁键已被激活。<br>注：在操作锁键的写入序列时，不能改变LCK[15:0]的值。<br>操作锁键写入序列中的任何错误将导致不能激活锁键 |
| 位15:0 | LCK*y*:端口x的锁位*y*(*y*=0,…,15)<br>这些位可读可写但只能在LCKK位为0时写入。<br>0：不锁定端口的配置<br>1：锁定端口的配置 |

图 4-27 GPIOx_LCKR 寄存器各位定义

## 4.5 端口复用和重映射

### 4.5.1 端口复用功能

端口复用(Default)功能：STM32 有很多的内置外设，这些内置外设的外部引脚都是与 GPIO 复用的。也就是说，一个 GPIO 如果可以复用为内置外设的功能引脚，那么这个 GPIO 作为内置外设使用的时候就叫复用。如表 4-4 所示，$PA_9$、$PA_{10}$ 可以作为一般 I/O，还可以复用为 STM32 的串口 1(USART1_TX、USART1_RX)引脚。这样设置的作用是最大限度地利用端口资源。

表 4-4 PA9、PA10 端口复用

| 引脚号 | | | | | | 引脚名称 | 类型(1) | I/O 电平(2) | 主功能(复位后)(3) | 可选的复用功能 | |
|---|---|---|---|---|---|---|---|---|---|---|---|
| BGA144 | BGA100 | WLCSP64 | LQFP64 | LQFP100 | LQFP144 | | | | | 默认复用功能 | 重定义功能(重映射) |
| D12 | C9 | D2 | 42 | 68 | 101 | $PA_9$ | I/O | FT | $PA_9$ | USART1_TX[7]/TIM1_CH2[7] | |
| D11 | D10 | D3 | 43 | 69 | 102 | $PA_{10}$ | I/O | FT | $PA_{10}$ | USART1_RX[7]/TIM1_CH3[7] | |

复用端口初始化步骤如下(以 $PA_9$、$PA_{10}$ 配置为串口 1 为例)。

第一步：GPIO 端口时钟使能。要使用到端口复用，当然需要使能端口的时钟。

```
RCC_APB2PeriphClockCmd(RCC_APB2Periph_GPIOA,ENABLE);
```

第二步：复用的外设时钟使能。如要将端口 $PA_9$、$PA_{10}$ 复用为串口，所以这里需要使能串口时钟。

```
RCC_APB2PeriphClockCmd(RCC_APB2Periph_USART1,ENABLE);
```

第三步：端口模式配置，GPIO_Init()函数。在 I/O 复用位内置外设功能引脚的时候，必须设置 GPIO 端口的模式。

下面以串口 1(Usart1)为例介绍复用端口配置。串口复用 GPIO 配置如表 4-5 所示。要配置全双工的串口 1，那么 TX 引脚需要配置为推挽复用输出，RX 引脚配置为浮空输入或者带上拉输入。

表 4-5 串口复用 GPIO 配置

| USART 引脚 | 配　　置 | GPIO 配置 |
|---|---|---|
| USARTx_TX | 全双工模式 | 推挽复用输出 |
| | 半双工同步模式 | 推挽复用输出 |
| USARTx_RX | 全双工模式 | 浮空输入或带上拉输入 |
| | 半双工同步模式 | 未用，可作为通用 I/O |

```
//USART1_TX PA9 复用推挽输出
GPIO_InitStructure.GPIO_Pin=GPIO_Pin_9;                    //PA9
GPIO_InitStructure.GPIO_Speed=GPIO_Speed_50MHz;
GPIO_InitStructure.GPIO_Mode=GPIO_Mode_AF_PP;              //复用推挽输出
GPIO_Init(GPIOA,&GPIO_InitStructure);
//USART1_RX PA10 浮空输入
GPIO_InitStructure.GPIO_Pin=GPIO_Pin_10;                   //PA10
GPIO_InitStructure.GPIO_Mode=GPIO_Mode_IN_FLOATING;        //浮空输入
GPIO_Init(GPIOA,&GPIO_InitStructure);
```

以上代码的含义在后面项目实践中会介绍。在使用复用功能的时候，最少要使能两个时钟、初始化 GPIO 以及复用外设功能。

### 4.5.2 端口重映射

为了使不同器件封装的外设 I/O 功能数量达到最优，可以把一些复用功能重新映射到其他一些引脚上。STM32 中有很多内置外设的输入/输出引脚都具有重映射(remap)的功能。我们知道每个内置外设都有若干个输入/输出引脚，一般这些引脚的输出端口都是固定不变的。为了让设计工程师可以更好地安排引脚的走向和功能，STM32 中引入了外设引脚重映射的概念，即一个外设的引脚除了具有默认的端口外，还可以通过设置重映射寄存器的方式，把这个外设的引脚映射到其他的端口。这样是方便布线。如表 4-6 所示，串口 1 默认引脚是 $PA_9$、$PA_{10}$，可以通过配置重映射到 $PB_6$、$PB_7$。

表 4-6 端口重映射

| 复用功能 | USART1_REMAP=0 | USART1_REMAP=1 |
| --- | --- | --- |
| USART1_TX | $PA_9$ | $PB_6$ |
| USART1_RX | $PA_{10}$ | $PB_7$ |

把引脚的外设功能映射到另一个引脚，但不是可以随便映射的。重映射除了要使能复用功能时介绍两个时钟外，还要使能 AFIO 功能时钟，然后要调用重映射函数。下面同样以串口 1(Usart1)为例介绍映射端口配置。

第一步：使能 GPIOB 时钟。

```
RCC_APB2PeriphClockCmd(RCC_APB2Periph_GPIOB,ENABLE);
```

第二步：使能串口 1 时钟。

```
RCC_APB2PeriphClockCmd(RCC_APB2Periph_USART1,ENABLE);
```

第三步：使能 AFIO 时钟。

```
RCC_APB2PeriphClockCmd(RCC_APB2Periph_AFIO,ENABLE);
```

第四步：开启重映射。

```
GPIO_PinRemapConfig(GPIO_Remap_USART1,ENABLE);
```

这样就将串口的 TX 和 RX 重映射到引脚 $PB_6$ 和 $PB_7$ 上了。

## 4.6 位操作

### 4.6.1 位操作基本原理

BSRR 寄存器有 32 位，那么可以映射(也叫膨胀)到 32 个地址上，如图 4-28 所示，去访问(读—改—写)这 32 个地址就达到访问 32 位的目的，即寄存器的某一位映射为一个地址，向地址写“1”或者“0”，就能向寄存器某一位写“1”或者“0”，例如，向地址 Address0 写 1，就能实现向 bit0 写 1。

映射关系如下。

- 位带区：支持位带操作的地址区。
- 位带别名：对别名地址的访问最终作用到位带区的访问上(注意：这中间有一个地址映射过程)。

不是所有寄存器都能支持位操作，哪些区域支持位操作呢？

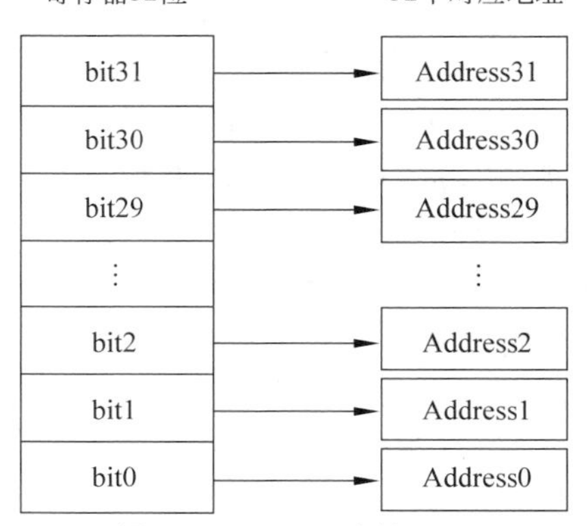

图 4-28 BSRR 映射地址

在 CM3 中，有两个区域可以实现位操作。其中

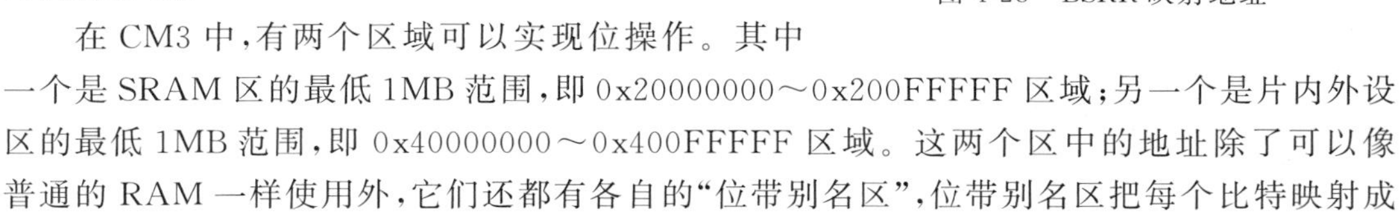
一个是 SRAM 区的最低 1MB 范围，即 0x20000000～0x200FFFFF 区域；另一个是片内外设区的最低 1MB 范围，即 0x40000000～0x400FFFFF 区域。这两个区中的地址除了可以像普通的 RAM 一样使用外，它们还都有各自的“位带别名区”，位带别名区把每个比特映射成

一个 32 位的字，如图 4-29 和图 4-30 所示。当通过位带别名区访问这些字时，就可以达到访问原始比特的目的，即向地址 0x20000000 写 1，就可实现向 bit0 写 1。

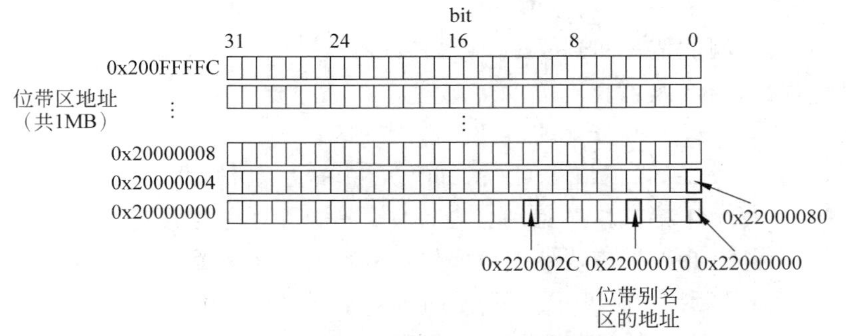


图 4-29　位带区与位带别名区映射关系

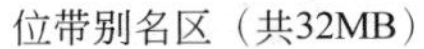


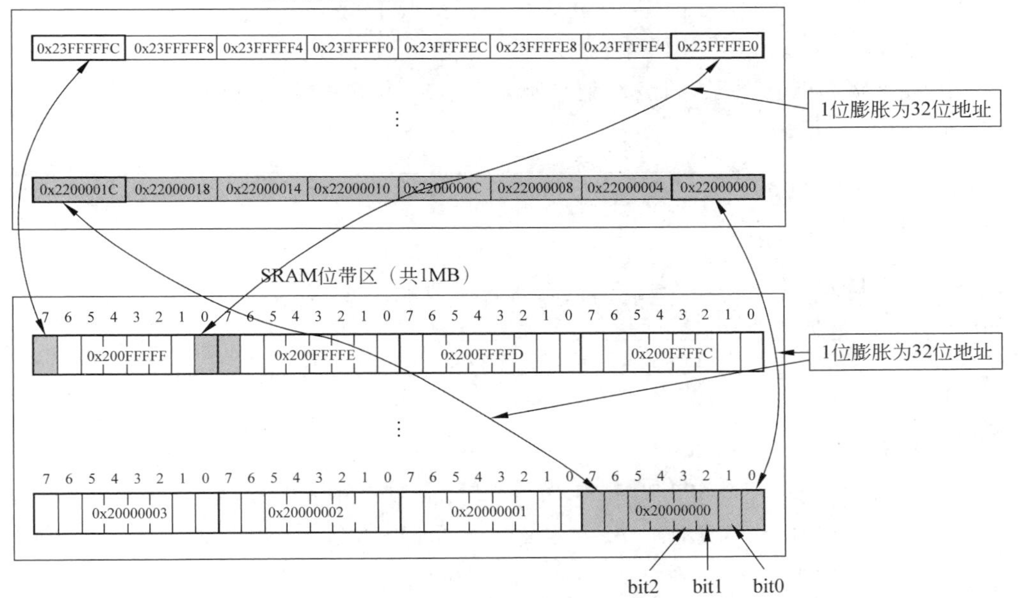


图 4-30　位带区与位带别名区映射对应关系

下面通过例子来说明位带操作过程。

例如，设置地址 0x2000_0000 中的 bit2，则使用位带操作的设置过程如图 4-31 所示。

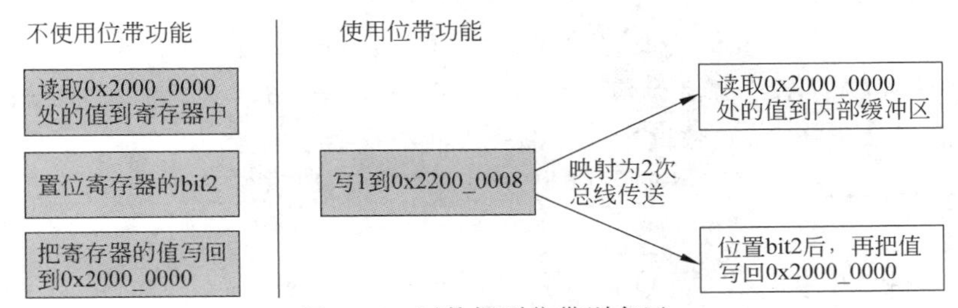


图 4-31　写数据到位带别名区

不使用位带操作：

第一步，读取0x2000_0000处的值到寄存器中；

第二步，掩蔽不需要的位，只保留bit2；

第三步，把寄存器的值写回到0x2000_0000中。

位带操作(映射为2次总线传送)：

第一步，读取0x2000_0000处的值到内部缓冲区；

第二步，位置bit2后，再把值写回0x2000_0000中。

在位带区中，每个比特都映射到别名地址区的一个字，这是只有LSB有效的字。当一个别名地址被访问时，会先把该地址变换成位带地址。对于读操作，读取位带地址中的一个字，再把需要的位右移到LSB，并把LSB返回。对于写操作，把需要写的位左移至对应的位序号处，然后执行一个原子的“读—改—写”过程。

支持位带操作的两个内存区的范围如下。

0x2000_0000～0x200F_FFFF(SRAM区中的最低1MB)。

0x4000_0000～0x400F_FFFF(片上外设区中的最低1MB)。

对于SRAM位带区的某个比特，记它所在字节地址为A，位序号为$n(0 \leqslant n \leqslant 7)$，则该比特在别名区的地址为：

| AliasAddr = 0x22000000 + ((A − 0x20000000) × 8 + $n$) × 4 = 0x22000000 + (A − 0x20000000)×32+$n$×4 |
|---|

对于片上外设位带区的某个比特，记它所在字节地址为A，位序号为$n(0 \leqslant n \leqslant 7)$，则该比特在别名区的地址为：

| AliasAddr = 0x42000000 + ((A − 0x40000000) × 8 + $n$) × 4 = 0x42000000 + (A − 0x40000000)×32+$n$×4 |
|---|

上式中，“×4”表示一个字为4字节，“×8”表示一字节中有8比特。

例如，SRAM位带区字节地址A=0x22000000，$n$=2，代入AliasAddr=0x22000000+(0x22000000−0x22000000)×32+2×4=0x22000000+8=0x22000008。

位带操作有如下优越性。

(1) 最容易想到的就是通过GPIO的引脚来单独控制每盏LED的亮与灭。另外，也对操作串行接口器件提供了很大的方便(典型如74HC165、CD4094)。总之，位带操作对于硬件I/O密集型的底层程序开发最有用处。

(2) 位带操作还能用来化简跳转的判断，使代码更简洁。

(3) 位带操作还有一个重要的好处是在多任务中，用于实现共享资源在任务间的“互锁”访问。多任务的共享资源必须满足一次只有一个任务访问它，即“原子操作”。以前的读—改—写需要3条指令，导致这中间留有两个能被中断的空当。

### 4.6.2 位带操作定义

SYSTEM\sys.h里面对GPIO输入/输出部分功能实现了位带操作：在这里面对I/O口地址进行映射，直接用就行。

```
#define BITBAND(addr,bitnum)((addr & 0xF0000000)+0x2000000+((addr&0xFFFFF)<<5)
+(bitnum<<2))//把"位带地址+位序号"转换成别名地址的宏
//把该地址转换成一个指针
#define MEM_ADDR(addr) *((volatile unsigned long *)(addr))
#define BIT_ADDR(addr,bitnum)   MEM_ADDR(BITBAND(addr,bitnum))
//I/O 口地址映射
#define GPIOA_ODR_Addr(GPIOA_BASE+12)                    //0x4001080C
#define GPIOB_ODR_Addr(GPIOB_BASE+12)                    //0x40010C0C
#define GPIOF_ODR_Addr(GPIOF_BASE+12)                    //0x40011A0C
#define GPIOG_ODR_Addr(GPIOG_BASE+12)                    //0x40011E0C
#define GPIOA_IDR_Addr(GPIOA_BASE+8)                     //0x40010808
#define GPIOB_IDR_Addr(GPIOB_BASE+8)                     //0x40010C08
#define GPIOG_IDR_Addr(GPIOG_BASE+8)                     //0x40011E08
//I/O 口操作,只对单一的 I/O 口
//确保 n 的值小于 16
#define PAout(n)     BIT_ADDR(GPIOA_ODR_Addr,n)          //输出
#define PAin(n)      BIT_ADDR(GPIOA_IDR_Addr,n)          //输入
#define PBout(n)     BIT_ADDR(GPIOB_ODR_Addr,n)          //输出
#define PBin(n)      BIT_ADDR(GPIOB_IDR_Addr,n)          //输入
...
#define PFout(n)     BIT_ADDR(GPIOF_ODR_Addr,n)          //输出
#define PFin(n)      BIT_ADDR(GPIOF_IDR_Addr,n)          //输入
#define PGout(n)     BIT_ADDR(GPIOG_ODR_Addr,n)          //输出
#define PGin(n)      BIT_ADDR(GPIOG_IDR_Addr,n)          //输入
```

例如:

```
PBout(5)=1;                                              //PB.5=1
PBout(5)=0;                                              //PB.5=0
```

## 4.7 GPIO 相关的库函数

意法半导体公司针对 STM32F10x 微控制器的全部外设提供了可以访问的库函数,用户直接用这些库函数访问片内外设时,不需要关心片内外设寄存器的地址和各位的含义,而是通过库函数定义的见名知义的常量和函数调用直接访问,并且 STM32 库函数手册方便查询和使用。库函数相关的文件如表 4-7 所示。

表 4-7 库函数相关的文件

| 序号 | 库函数文件 | 库函数头文件 | 功能描述及数量 |
|---|---|---|---|
| 1 | stm32f10x_adc.c | stm32f10x_adc.h | ADC 模块库函数 36 个 |
| 2 | stm32f10x_bkp.c | stm32f10x_bkp.h | 备份寄存器 BKP 模块库函数 12 个 |
| 3 | stm32f10x_can.c | stm32f10x_can.h | CAN 模块库函数 24 个 |
| 4 | stm32f10x_crc.c | stm32f10x_crc.h | CRC 模块库函数 6 个 |
| 5 | stm32f10x_dac.c | stm32f10x_dac.h | DAC 模块库函数 12 个 |
| 6 | stm32f10x_dma.c | stm32f10x_dma.h | DMA 模块库函数 11 个 |
| 7 | stm32f10x_exti.c | stm32f10x_exti.h | 外部中断模块库函数 8 个 |

续表

| 序号 | 库函数文件 | 库函数头文件 | 功能描述及数量 |
|---|---|---|---|
| 8 | stm32f10x_flash.c | stm32f10x_flash.h | Flash 模块库函数 28 个 |
| 9 | stm32f10x_fsmc.c | stm32f10x_fsmc.h | FSMC 模块库函数 19 个 |
| 10 | stm32f10x_gpio.c | stm32f10x_gpio.h | GPIO 模块库函数 18 个 |
| 11 | stm32f10x_i2c.c | stm32f10x_i2c.h | IIC 模块库函数 33 个 |
| 12 | stm32f10x_iwdg.c | stm32f10x_iwdg.h | 内部独立看门狗模块库函数 6 个 |
| 13 | stm32f10x_pwr.c | stm32f10x_pwr.h | 功耗控制 PWR 模块库函数 9 个 |
| 14 | stm32f10x_rcc.c | stm32f10x_rcc.h | 时钟 RCC 模块库函数 32 个 |
| 15 | stm32f10x_rtc.c | stm32f10x_rtc.h | RTC 模块库函数 14 个 |
| 16 | stm32f10x_sdio.c | stm32f10x_sdio.h | SDIO 模块库函数 30 个 |
| 17 | stm32f10x_spi.c | stm32f10x_spi.h | SPI 模块库函数 23 个 |
| 18 | stm32f10x_tim.c | stm32f10x_tim.h | TIM 模块库函数 87 个 |
| 19 | stm32f10x_usart.c | stm32f10x_usart.h | USART 模块库函数 29 个 |
| 20 | stm32f10x_wwdg.c | stm32f10x_wwdg.h | WWDG 模块库函数 8 个 |
| 21 | misc.c | misc.h | NVIC 和 SysTick 库函数 4 个+1 个 |
| 22 | | stm32f10x_conf.h | 包括了序号 1～21 的全部库函数头文件 |

下面对 GPIO 操作相关的库函数进行详细介绍，这些库函数在 stm32f10x_gpio.h 中进行了声明。

(1) 函数名：GPIO_DeInit

函数原型：void GPIO_DeInit(GPIO_TypeDef * GPIOx)；

功能描述：I/O 默认值初始化函数。

例如：void GPIO_DeInit()；

(2) 函数名：GPIO_AFIODeInit

函数原型：void GPIO_AFIODeInit(void)；

功能描述：初始化复用功能寄存器为初始化值。

例如：void GPIO_AFIODeInit(void)；

(3) 函数名：GPIO_Init

函数原型：void GPIO_Init(GPIO_TypeDef * GPIOx,GPIO_InitTypeDef * GPIO_InitStruct)；

功能描述：根据 GPIO_InitStruct 中的参数对 I/O 进行初始化。

该函数有以下两个入口参数。

GPIO_TypeDef * GPIOx 是第一个入口参数，它用来指定 GPIOx，取值范围为 GPIOA～GPIOG。

GPIO_InitTypeDef * GPIO_InitStruct 是第二个入口参数，为初始化参数结构体指针，结构体类型为 GPIO_InitTypeDef，结构体内容如下：

```
typedef struct
{
    u16 GPIO_Pin;                          //指定要初始化的 GPIO 引脚
    GPIOSpeed_TypeDef GPIO_Speed;          //设置 GPIO 引脚输出速度
    GPIOMode_TypeDef GPIO_Mode;            //设置工作模式,选择 8 种模式中的一种
}GPIO_InitTypeDef;
```

下面对 GPIO_InitTypeDef 结构体内容进行详细描述。

(1) 参数 u16 GPIO_Pin 用来设置 GPIO 引脚,具体定义如下:

```
GPIO_Pin_n;                                //n=0,1,2,…,15,选择 GPIO 引脚
GPIO_Pin_All;                              //选择 GPIO 全部引脚
```

(2) 参数 GPIOSpeed_TypeDef GPIO_Speed 用来设置 GPIO 引脚输出速度,具体定义如下:

```
GPIO_Speed_10MHz;                          //GPIO 引脚最高输出速度为 10MHz
GPIO_Speed_2MHz;                           //GPIO 引脚最高输出速度为 2MHz
GPIO_Speed_50MHz;                          //GPIO 引脚最高输出速度为 50MHz
```

(3) 参数 GPIOMode_TypeDef GPIO_Mode 用来设置 GPIO 引脚工作模式,具体定义如下:

```
GPIO_Mode_AIN;                             //模拟输入
GPIO_Mode_IN_FLOATING;                     //浮空输入
GPIO_Mode_IPD;                             //下拉输入
GPIO_Mode_IPU;                             //上拉输入
GPIO_Mode_Out_OD;                          //开漏输出
GPIO_Mode_Out_PP;                          //通用推挽输出
GPIO_Mode_AF_OD;                           //复用开漏输出
GPIO_Mode_AF_PP;                           //复用推挽输出
```

例如:GPIO_Init 函数初始化样例,对 GPIOA.3,输出速度为 2MHz,采用通用推挽输出。

```
GPIO_InitTypeDef GPIO_InitStructure;
GPIO_InitStructure.GPIO_Pin= GPIO_Pin_3;
GPIO_InitStructure.GPIO_Speed=GPIO_Speed_2MHz;
GPIO_InitStructure.GPIO_Mode=GPIO_Mode_Out_PP;
GPIO_Init(GPIOA,&GPIO_InitStructure);      //根据设定参数初始化 GPIOA.3
```

(4) 函数名:GPIO_StructInit

函数原型:void GPIO_StructInit(GPIO_InitTypeDef * GPIO_InitStruct);

功能描述:把 GPIO_InitStruct 中的每一个参数按默认值填入。

该函数有 1 个入口参数:GPIO_InitTypeDef * GPIO_InitStruct 是初始化参数结构体指针,结构体类型为 GPIO_InitTypeDef,结构体内容如下:

```
typedef struct
{
    uint16_t GPIO_Pin;
    GPIOSpeed_TypeDef GPIO_Speed;
    GPIOMode_TypeDef GPIO_Mode;
}GPIO_InitTypeDef;
```

例如:void GPIO_StructInit(GPIOA,&GPIO_InitStructure);

(5) 函数名：GPIO_ReadInputDataBit

函数原型：u8 GPIO_ReadInputDataBit(GPIO_TypeDef * GPIOx,u16 GPIO_Pin);

功能描述：读取指定 GPIO 端口引脚的输入。

例如：读取 PC0 的输入值。

```
u8 ReadValue;
ReadValue= GPIO_ReadInputDataBit(GPIOC,GPIO_Pin_0);
```

(6) 函数名：GPIO_ReadInputData

函数原型：u16 GPIO_ReadInputData(GPIO_TypeDef * GPIOx);

功能描述：读取指定 GPIO 端口的输入。

例如：读取 PC 口的输入值。

```
u16 ReadValue;
ReadValue= GPIO_ReadInputData(GPIOC);
```

(7) 函数名：GPIO_ReadOutputData

函数原型：u16 GPIO_ReadOutputData(GPIO_TypeDef * GPIOx);

功能描述：读取指定 GPIO 端口的输出。

例如：读取 PC 口的输出值。

```
u16 ReadValue;
ReadValue= GPIO_ GPIO_ReadOutputData(GPIOC);
```

(8) 函数名：GPIO_SetBits

函数原型：void GPIO_SetBits(GPIO_TypeDef * GPIOx,u16 GPIO_Pin);

功能描述：设置指定 GPIO 端口引脚的位。

例如：设置 PB5 和 PE5 为高电平。

```
GPIO_SetBits(GPIOB,GPIO_Pin_5);
GPIO_SetBits(GPIOE,GPIO_Pin_5);
```

(9) 函数名：GPIO_ResetBits

函数原型：void GPIO_ResetBits(GPIO_TypeDef * GPIOx,u16 GPIO_Pin);

功能描述：清除指定 GPIO 端口引脚的位。

例如：设置 PB5 和 PE5 为低电平。

```
GPIO_ResetBits(GPIOB,GPIO_Pin_5);
GPIO_ResetBits(GPIOE,GPIO_Pin_5);
```

(10) 函数名：GPIO_WriteBit

函数原型：void GPIO_WriteBit(GPIO_TypeDef * GPIOx,u16 GPIO_Pin,BitAction BitVal);

功能描述：设置或清除指定的数据端口位。

例如：设置 PB2 为高电平。

```
GPIO_WriteBit(GPIOB,GPIO_Pin_2,Bit_SET);
```

(11) 函数名：GPIO_Write

函数原型：void GPIO_Write(GPIO_TypeDef * GPIOx,u16 PortVal);

功能描述：向指定 GPIO 数据端口写入数据。

例如：设置PB为1010H。

```
GPIO_Write(GPIOB,0x1010);
```

(12) 函数名：GPIO_PinLockConfig

函数原型：void GPIO_PinLockConfig(GPIO_TypeDef * GPIOx,u16 GPIO_Pin)；

功能描述：锁定GPIO引脚设置寄存器。

例如：锁定PB1和PB2。

```
GPIO_PinLockConfig(GPIOB,GPIO_Pin_1| GPIO_Pin_2);
```

(13) 函数名：GPIO_EventOutputConfig

函数原型：void GPIO_EventOutputConfig(u8 GPIO_PortSource,u8 GPIO_PinSource)；

功能描述：选择GPIO引脚进行事件输出。

例如：设置PB3为事件输出引脚。

```
GPIO_EventOutputConfig(GPIO_PortSourceGPIOB,GPIO_PinSource3);
```

(14) 函数名：GPIO_EventOutputCmd

函数原型：void GPIO_EventOutputCmd(FunctionalState NewState)；

功能描述：使能或失能事件输出。

例如：使能PA3事件输出引脚。

```
GPIO_EventOutputConfig(GPIO_PortSourceGPIOA,GPIO_PinSource3);
GPIO_EventOutputCmd(ENABLE);
```

(15) 函数名：GPIO_PinRemapConfig

函数原型：void GPIO_PinRemapConfig(u32 GPIO_Remap,FunctionalState NewState)；

功能描述：改变指定引脚的映射。

例如：重映射IIC_SCL为PB8、IIC_SDA为PB9。

```
GPIO_PinRemapConfig(GPIO_Remap_IIC1,ENABLE);
```

(16) 函数名：GPIO_EXTILineConfig

函数原型：void GPIO_EXTILineConfig(u8 GPIO_PortSource,u8 GPIO_PinSource)；

功能描述：选择GPIO引脚用作外部中断线路。

例如：设置PA3为外部中断线路。

```
GPIO_EXTILineConfig(GPIO_PortSource_GPIOA,GPIO_PinSource3);
```

## 4.8 基本项目实践

### 4.8.1 项目2：基于库函数操作的I/O口输出控制LED闪烁

#### 1. 项目要求

(1) 掌握STM32 I/O口基础知识；

(2) 熟悉LED工作原理；

(3) 掌握STM32 I/O口输出基本操作及应用；

(4) 掌握开发板I/O口输出控制LED闪烁硬件连接;

(5) 掌握I/O口输出控制LED闪烁软件编程;

(6) 熟悉调试、下载程序。

**2. 项目描述**

(1) 用STM32F103ZET6开发板的PB0、PE1、PE2、PE3控制LED0、LED1、LED2、LED3闪烁,GPIO输出方式为推挽(或者开漏输出)输出,PB0、PE1、PE2、PE3输出低电平LED0、LED1、LED2、LED3亮,PB0、PE1、PE2、PE3输出高电平LED0、LED1、LED2、LED3灭,通过延时500ms来控制LED0、LED1、LED2、LED3闪烁。

(2) 主要设备及器材如下。

① 笔记本电脑或台式计算机(内存不低于4GB)。

② STM32F103ZET6最小系统板一块、杜邦线几根、miniUSB线一条、外扩8位LED模块一块。

**3. 项目实现**

1) 硬件连接

项目2硬件连接框图如图4-32所示。

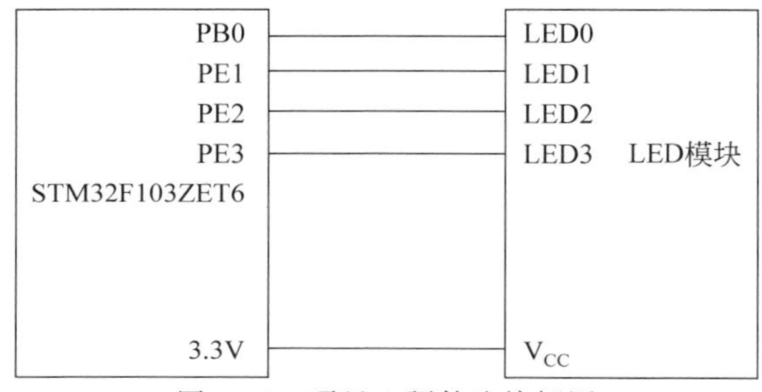


图4-32 项目2硬件连接框图

项目2 I/O定义如表4-8所示。

**表4-8 项目2 I/O定义**

| MCU控制引脚 | 定义 | 功　能 | 模　式 |
|---|---|---|---|
| PB0 | LED0 | 闪烁 | 推挽输出(或者开漏输出) |
| PE1 | LED1 | 闪烁 | 推挽输出(或者开漏输出) |
| PE2 | LED2 | 闪烁 | 推挽输出(或者开漏输出) |
| PE3 | LED3 | 闪烁 | 推挽输出(或者开漏输出) |
| 3.3V或5V | $V_{CC}$ | 电源电压 | — |

2) 项目实施

项目2实施步骤如下。

第一步:准备工作。

第二步:使能I/O口时钟。调用函数RCC_APB2PeriphClockCmd();。

第三步:初始化I/O口模式。调用函数GPIO_Init();。

第四步：操作 I/O 口，输出高低电平。

```
GPIO_SetBits();
GPIO_ResetBits();
```

第五步：硬件连接、下载、查看效果。

下面就项目 2 进行详细介绍。

第一步：准备工作。

(1) 复制到桌面。将 STM32 资料\工程项目\项目 1：Template 工程模板复制到桌面，如图 4-33 所示。

图 4-33　项目 1：Template 工程模板

(2) 打开刚刚复制到桌面的项目 1：Template 工程模板，找到文件夹 USER(见图 4-34)里面的 Template(见图 4-35)，然后双击打开。

(3) 新建一个分组，右击 Template，在弹出的菜单中选择 Manage Project Items 命令，如图 4-36 所示。

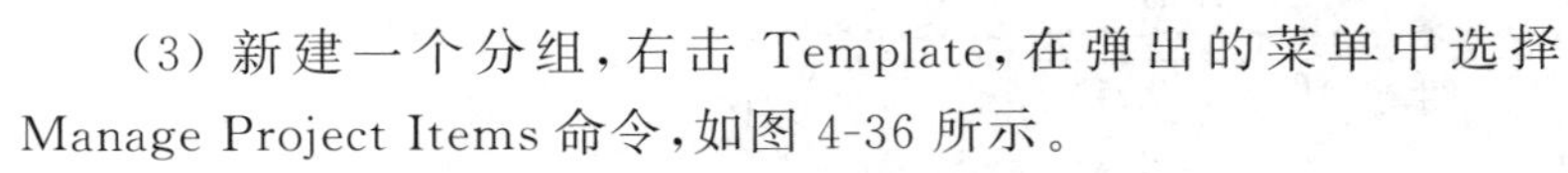

(4) 新建一个 HARDWARE，如图 4-37 所示，单击图中 1 位置，输入 HARDWARE，然后单击 OK 按钮。

› 项目1：Template工程模板

| 名称 | 修改日期 | 类型 |
|---|---|---|
| CORE | 2022/6/29 13:46 | 文件夹 |
| OBJ | 2022/6/29 13:46 | 文件夹 |
| STM32F10x_FWLib | 2022/6/29 13:46 | 文件夹 |
| SYSTEM | 2022/6/29 13:46 | 文件夹 |
| USER | 2022/6/29 13:46 | 文件夹 |

图 4-34　文件夹 USER

项目1：Template工程模板 › USER

| 名称 | 修改日期 |
|---|---|
| JLinkSettings | 2015/8/17 11:15 |
| main.c | 2022/5/2 15:13 |
| stm32f10x.h | 2015/8/17 11:15 |
| stm32f10x_conf.h | 2015/8/17 11:15 |
| stm32f10x_it.c | 2015/8/17 11:15 |
| stm32f10x_it.h | 2015/8/17 11:15 |
| system_stm32f10x.c | 2015/8/17 11:15 |
| system_stm32f10x.h | 2015/8/17 11:15 |
| Template.uvguix.admin | 2022/5/2 14:31 |
| Template.uvguix.Administrator | 2015/8/17 11:15 |
| Template.uvguix.yjy | 2022/5/2 15:15 |
| Template.uvoptx | 2022/5/2 15:15 |
| Template | 2022/5/6 17:50 |

图 4-35　打开 Template

(5) 在根目录下新建文件夹 HARDWARE，如图 4-38 所示，在 HARDWARE 文件夹下面新建文件夹 LED，如图 4-39 所示，用来存放与 LED 相关的代码，后面还有蜂鸣器、按键等项目，都可以放到 HARDWARE 分组下面。

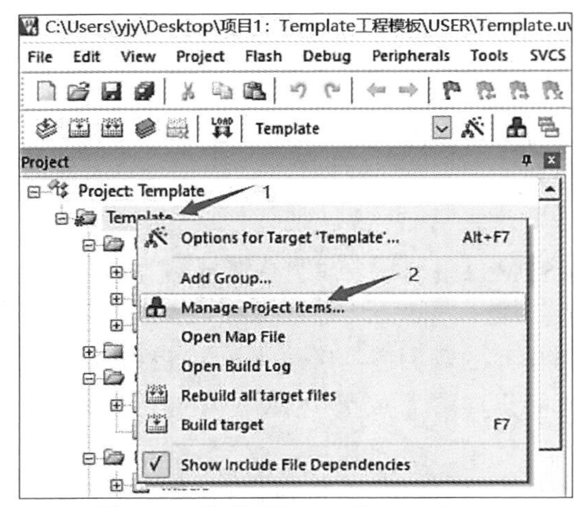


图 4-36　选择 Manage Project Items

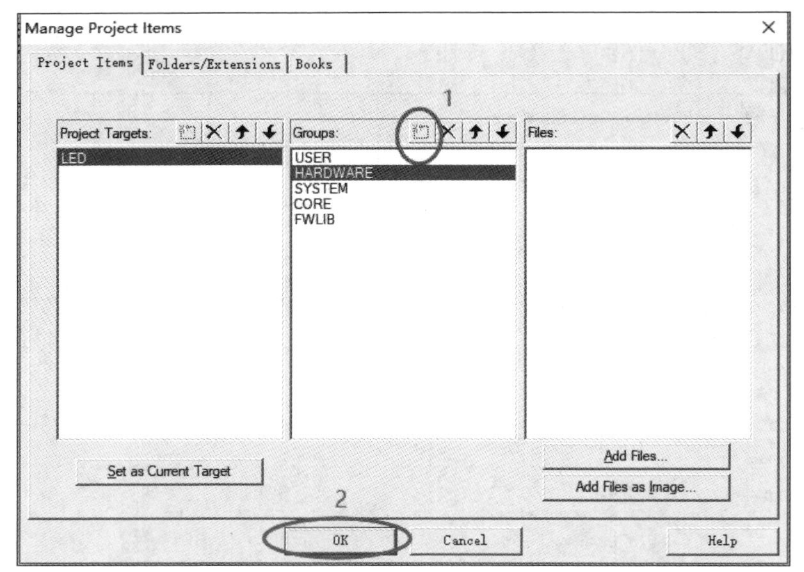


图 4-37　新建一个 HARDWARE

图 4-38　新建文件夹 HARDWARE

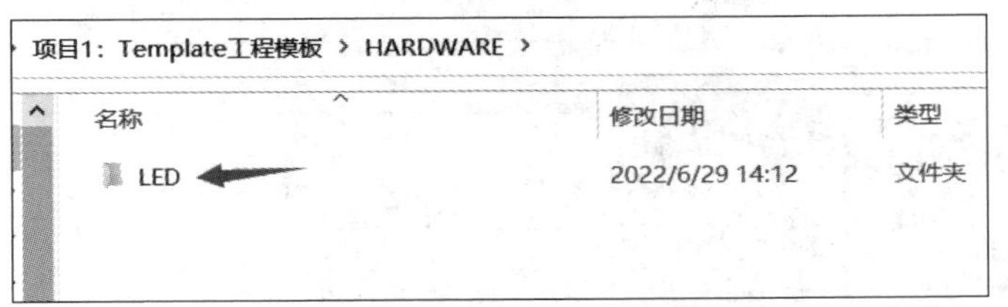


图 4-39　新建文件夹 LED

（6）新建文本文档并命名为 led.c，然后将这个文件保存到 HARDWARE\LED 下面，如图 4-40 和图 4-41 所示。

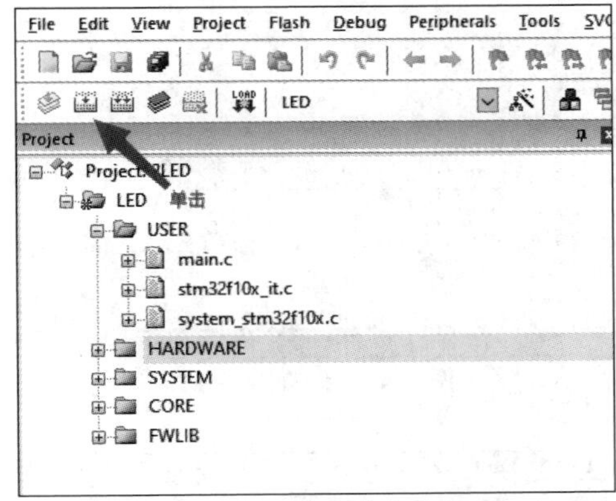


图 4-40　新建文本文档

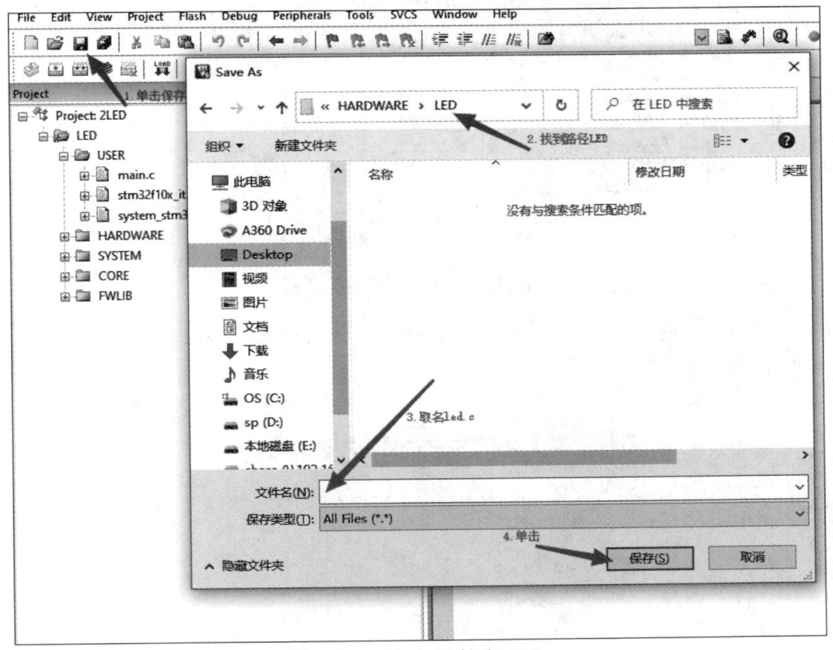


图 4-41　输入文件名 led.c

（7）新建文本文档并命名为 led.h，将这个文件保存到 HARDWARE\LED 下面，如图 4-42 所示。新建的 led.c、led.h 如图 4-43 所示。

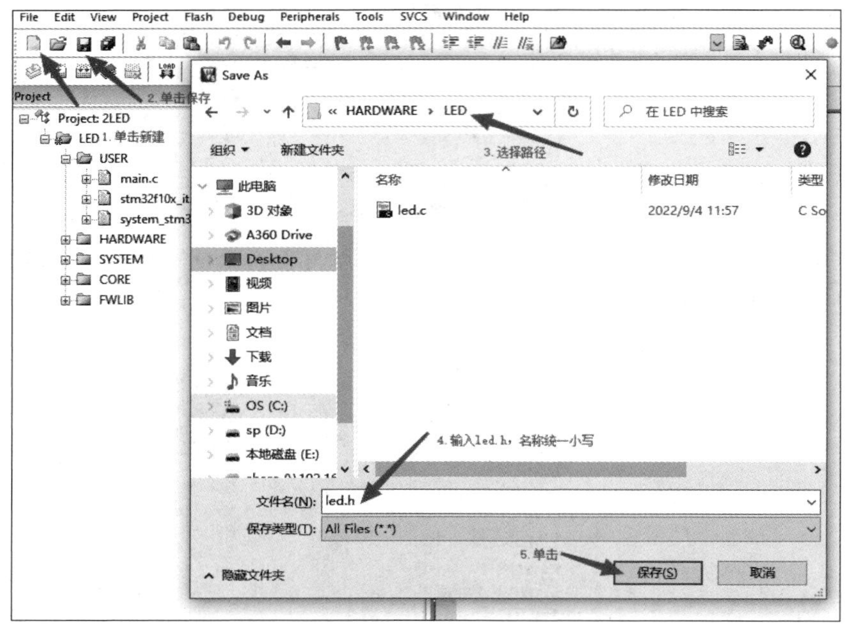


图 4-42　保存为 led.h

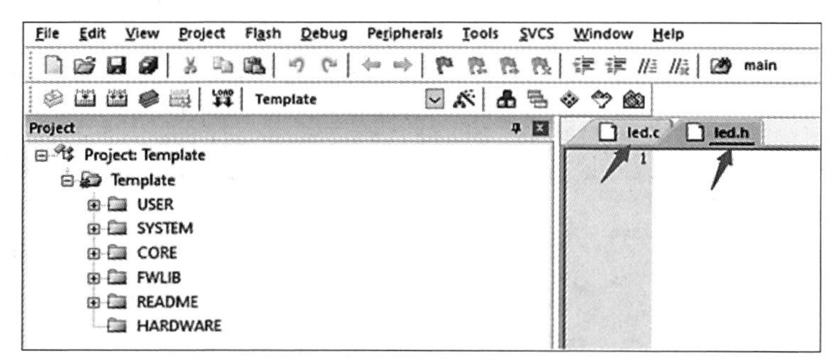


图 4-43　新建的 led.c、led.h

（8）在 led.c、led.h 这两个文件中添加初始化代码。

先来写 led.h，如图 4-44 所示。led.h 头文件里面一般包括宏定义和函数声明，具体会在原文件 led.c 里面进行定义。

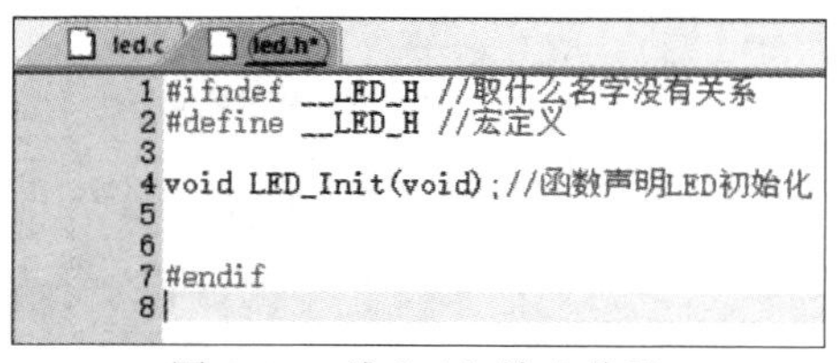


图 4-44　为 led.h 输入代码

#ifndef…#endif 说明：某个原文件（或者是头文件）要引用 led.h，就会去判断这个标志符定义没有。也就是说，第一次引用就会执行 #define __LED_H……#endif 进行一系列定义；第二次引用（重复调用），经过 #ifndef 判断，就不会再执行定义了，避免头文件内容重复定义。

然后在 led.c 中输入代码，如图 4-45 所示。

（9）把 led.c 文件添加到 HARDWARE 分组里面，如图 4-46～图 4-50 所示。

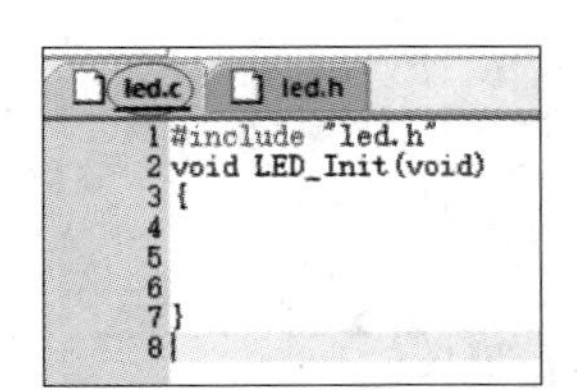


图 4-45　为 led.c 输入代码

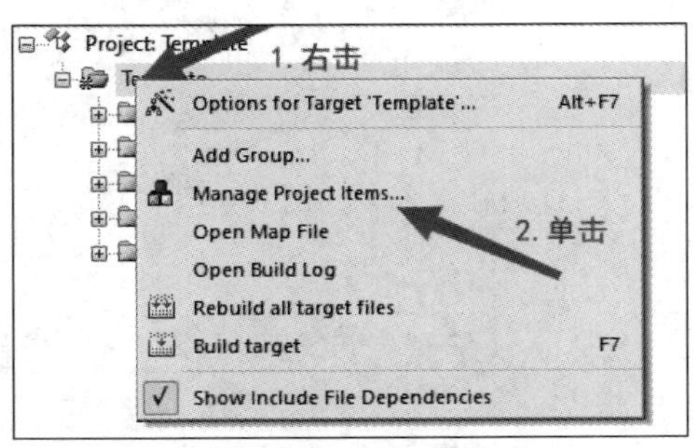


图 4-46　添加分组

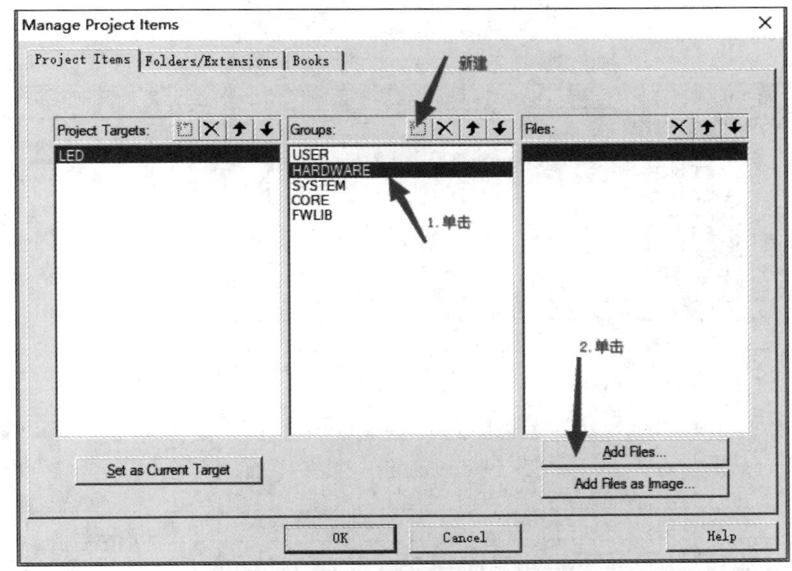


图 4-47　添加到 HARDWARE 分组里

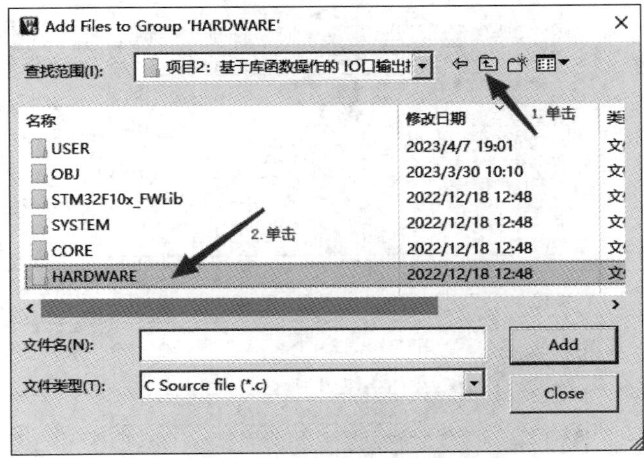


图 4-48　选择 HARDWARE

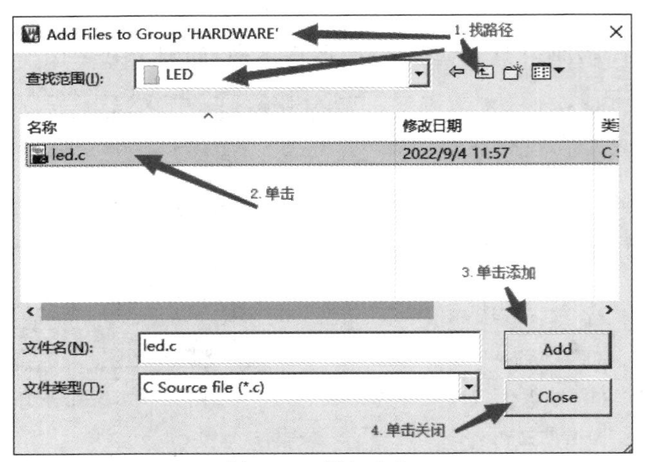


图 4-49 添加 led.c

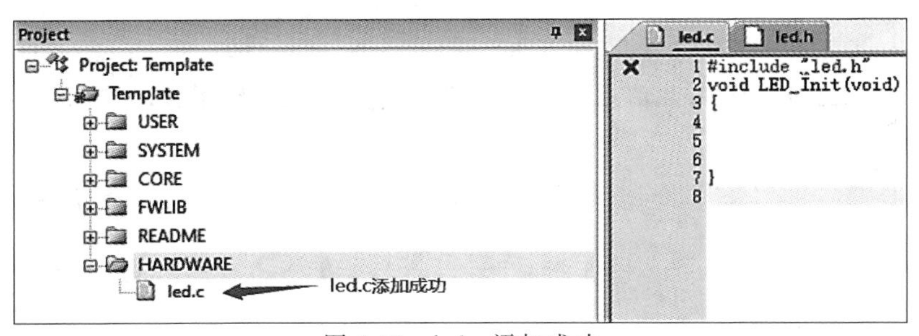


图 4-50 led.c 添加成功

（10）图 4-50 里面出现一个"×"，主要是没有把 led.h 的文件路径告诉 MDK。添加 led.h 路径，如图 4-51～图 4-55 所示。到图 4-55 所示这一步"×"没有了。

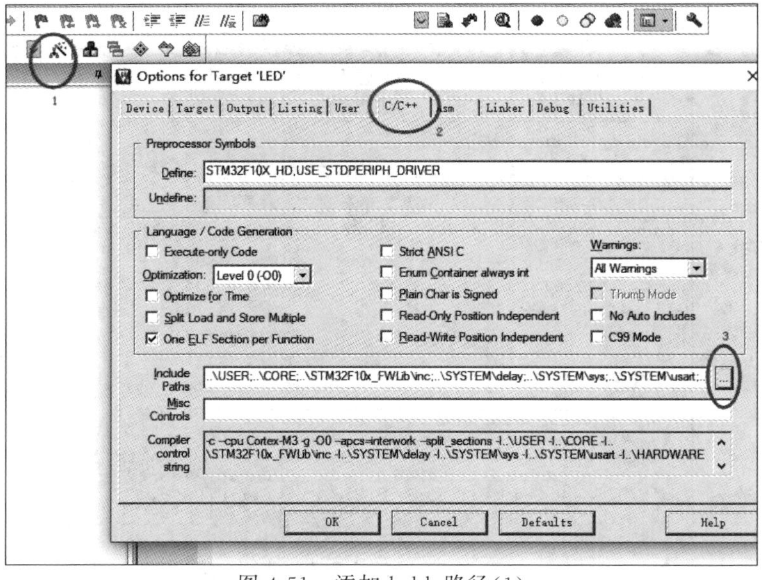


图 4-51 添加 led.h 路径(1)

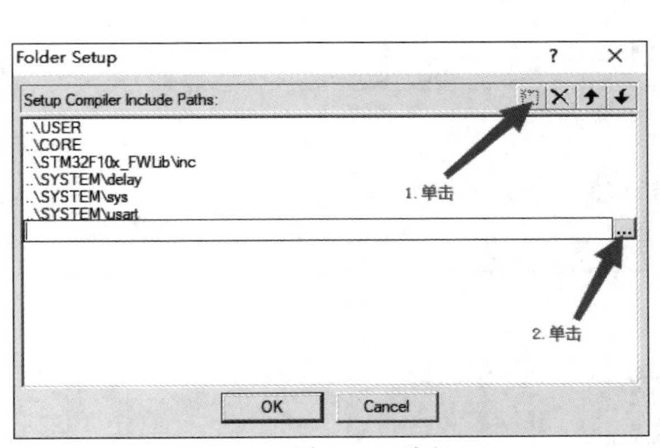


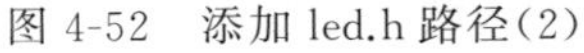
图 4-52　添加 led.h 路径(2)

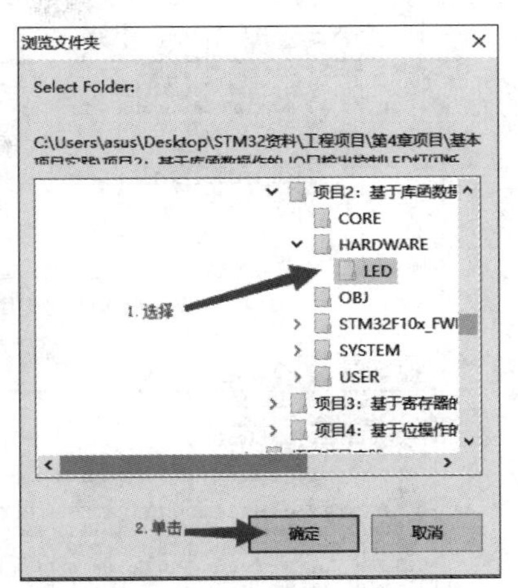


图 4-53　添加 led.h 路径(3)

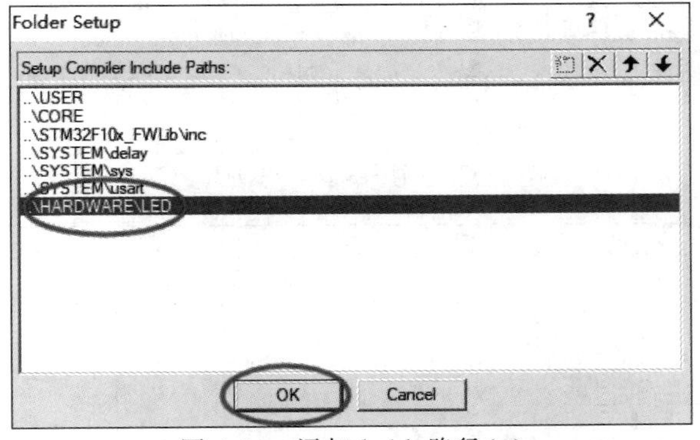


图 4-54　添加 led.h 路径(4)

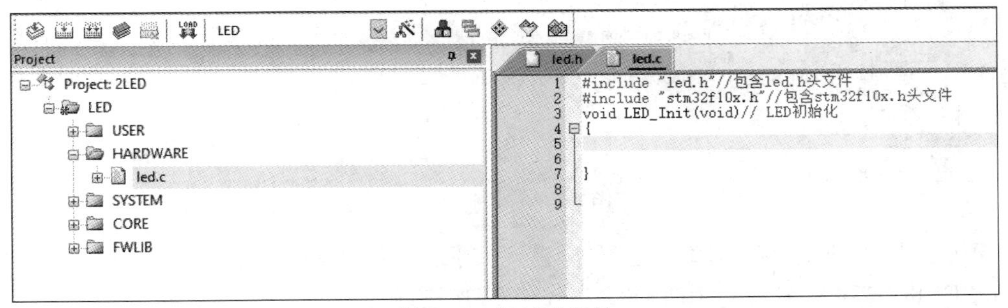


图 4-55　“×”已不见

**【注意】** 编译一下，出现了两个“警告”，这是 MDK 问题，必须是以回车结尾。到这里第一步准备工作就算完成了。

第二步：使能 I/O 口时钟。调用函数 RCC_APB2PeriphClockCmd();，如图 4-56 所示。需要注意的是，不同的 I/O 组，调用的时钟使能函数不一样。

第三步：初始化 I/O 口模式。调用函数 GPIO_Init();，如图 4-57 所示。

第四步：处理 main.c。操作 I/O 口，输出高低电平，如图 4-58 所示。

```
GPIO_SetBits();
GPIO_ResetBits();
```

```
main.c    led.c*    led.h
1 #include "led.h"
2 #include "stm32f10x.h"
3 void LED_Init(void)
4 {
5
6
7 RCC_APB2PeriphClockCmd(RCC_APB2Periph_GPIOB|RCC_APB2Periph_GPIOE,ENABLE);//GPIOB、GPIOE时钟使能
8
9
10 }
11
12
```

图 4-56　调用函数 RCC_APB2PeriphClockCmd()

```
main.c    led.c    led.h
1 #include "led.h"
2 #include "stm32f10x.h"
3 void LED_Init(void)
4 {
5 GPIO_InitTypeDef GPIO_InitStructure;
6
7 RCC_APB2PeriphClockCmd(RCC_APB2Periph_GPIOB|RCC_APB2Periph_GPIOE,ENABLE);//GPIOB、GPIOE时钟使能
8 GPIO_InitStructure.GPIO_Mode=GPIO_Mode_Out_PP;//推挽输出
9 GPIO_InitStructure.GPIO_Pin=GPIO_Pin_0;//GPIOB.0接LED0
10 GPIO_InitStructure.GPIO_Speed= GPIO_Speed_2MHz;//输出速度2MHz
11 GPIO_Init(GPIOB,&GPIO_InitStructure);//GPIOB.0初始化
12
13 GPIO_SetBits(GPIOB,GPIO_Pin_0);//GPIOB.0输出高电平
14
15 GPIO_InitStructure.GPIO_Mode=GPIO_Mode_Out_PP;//推挽输出
16 GPIO_InitStructure.GPIO_Pin=GPIO_Pin_1|GPIO_Pin_2|GPIO_Pin_3;//GPIOE.1、GPIOE.2、GPIOE.3分别接LED1、LED2、LED3
17 GPIO_InitStructure.GPIO_Speed= GPIO_Speed_2MHz;
18 GPIO_Init(GPIOE,&GPIO_InitStructure);//GPIOE.1、GPIOE.2、GPIOE.3初始化
19
20 GPIO_SetBits(GPIOE,GPIO_Pin_1|GPIO_Pin_2|GPIO_Pin_3);//GPIOE.1、GPIOE.2、GPIOE.3输出高电平
21
22 }
23
24
```

图 4-57　调用函数 GPIO_Init()

```
main.c*    led.c    led.h
1  #include "sys.h"
2  #include "stm32f10x.h"
3  #include "led.h"
4  #include "delay.h"
5
6  int main(void)
7  {
8  delay_init();//delay初始化
9  LED_Init();  //LED初始化
10 while(1)     //无限循环
11 {
12 GPIO_ResetBits(GPIOB,GPIO_Pin_0);//GPIOB.0输出低电平，LED0亮
13 GPIO_ResetBits(GPIOE,GPIO_Pin_1|GPIO_Pin_2|GPIO_Pin_3);//GPIOE.1、GPIOE.2、GPIOE.3输出低电平LED1、LED2、LED3亮
14 //GPIO_ResetBits(GPIOE,GPIO_Pin_2);
15 //GPIO_ResetBits(GPIOE,GPIO_Pin_3);
16 delay_ms(500);//延时500ms
17 GPIO_SetBits(GPIOB,GPIO_Pin_0);//GPIOB.0输出高电平，LED0灭
18 GPIO_SetBits(GPIOE,GPIO_Pin_1|GPIO_Pin_2|GPIO_Pin_3);//GPIOE.1、GPIOE.2、GPIOE.3输出高电平LED1、LED2、LED3灭
19 //GPIO_SetBits(GPIOE,GPIO_Pin_2);
20 //GPIO_SetBits(GPIOE,GPIO_Pin_3);
21 delay_ms(500);//延时500ms
22
23 }
24
25 }
26
27
```

图 4-58　处理 main.c

第五步：硬件连接、下载、查看效果。按照图 4-32 所示的硬件连接，用导线将 STM32F103ZET6 开发板与 LED 模块一一进行连接，确保无误。

打开 FlyMcu 下载软件如图 4-59 所示，图 4-60 所示为 FlyMcu 软件界面。4 只 LED 闪烁效果如图 4-61 所示。

图 4-59　FlyMcu 下载软件

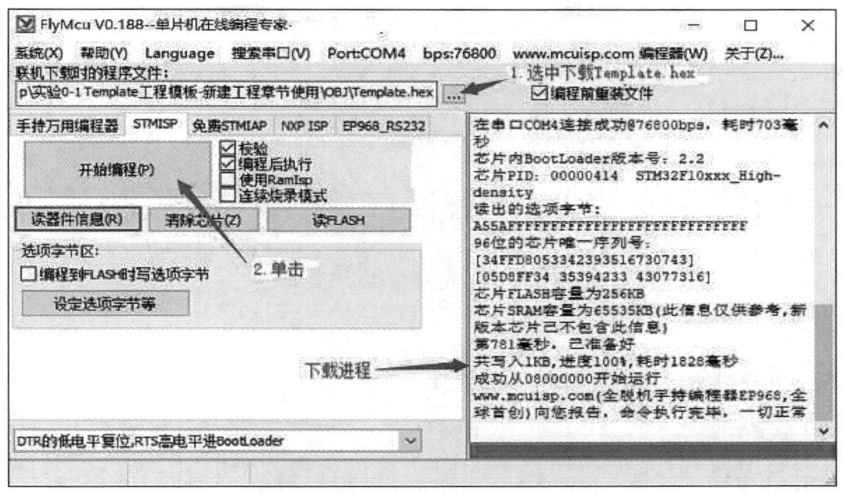


图 4-60　FlyMcu 软件界面

图 4-61　4 只 LED 闪烁效果

项目 2 代码清单如下。

在 led.h 文件中输入如下源程序。头文件里条件编译＃ifndef…＃endif 格式不变，里面只要包括 LED_H 宏定义和 LED_Init 函数声明就行。

```
#ifndef __LED_H                                  //取名 LED_H,取什么名称没有关系
#define __LED_H                                  //宏定义
void LED_Init(void);                             //函数声明 LED 初始化
#endif
```

在 led.c 文件中输入如下源程序。在程序里面首先包含头文件 led.h、stm32f10x.h，然后就是 void LED_Init(void)，详细介绍见每条代码注释。

```
#include "led.h"                                 //包含 led.h 头文件
#include "stm32f10x.h"                           //包含 stm32f10x.h 头文件
void LED_Init(void)                              //LED 初始化
{
  GPIO_InitTypeDef GPIO_InitStructure;           //声明一个结构体变量,用来初始化 GPIO
  //开启 GPIOB、GPIOE 时钟
  RCC_APB2PeriphColckCmd(RCC_APB2Periph_GPIOB|RCC_APB2Periph_GPIOE,ENABLE);
  GPIO_InitStructure.GPIO_Mode=GPIO_Mode_out_PP;          //推挽输出模式
  GPIO_InitStructure.GPIO_Pin=GPIO_Pin_0;                 //选择 GPIB.0
```

```
    GPIO_InitStructure.GPIO_Speed= GPIO_Speed_2MHz;        //设置传输速度 2MHz
    GPIO_Init(GPIOB,&GPIO_InitStructure);                  //初始化 GPIOB
        GPIO_SetBits(GPIOB,GPIO_Pin_0);                 //GPIB.0 输出高电平,使对应 LED 灭

    GPIO_InitStructure.GPIO_Mode=GPIO_Mode_out_PP;         //推挽输出模式
    //选择 GPIE.1、GPIE.2、GPIE.3
    GPIO_InitStructure.GPIO_Pin=GPIO_Pin_1| GPIO_Pin_2| GPIO_Pin_3;
    GPIO_InitStructure.GPIO_Speed= GPIO_Speed_2MHz;        //设置传输速度 2MHz
    GPIO_Init(GPIOE,&GPIO_InitStructure);                  //初始化 GPIOE
    //GPIE.1、GPIE.2、GPIE.3 输出高电平,使对应 LED 灭
        GPIO_SetBits(GPIOE,GPIO_Pin_1|GPIO_Pin_2|GPIO_Pin_3);
}
```

在main.c文件中输入如下源程序。程序框架包含头文件、主函数和无限循环3部分。头文件包含程序需要头文件stm32f10x.h、led.h、delay.h;主函数包含调用delay_init()、LED_Init()初始化函数;无限循环包含GPIO输出高电平,使LED灭,调延时500ms,而GPIO输出低电平,使LED亮,调延时500ms,详细介绍见每条代码注释。

```
#include "stm32f10x.h"                          //包含 stm32f10x.h 头文件
#include "led.h"                                //包含 led.h 头文件
#include "delay.h"                              //包含 delay.h 头文件
int main(void)                                  //主函数
{
  delay_init();                                 //调用 delay_init()函数,对延时初始化
  LED_Init();                                   //调用 LED 初始化 LED_Init()函数
  //无限循环
  while(1){
    GPIO_SetBits(GPIOB,GPIO_Pin_0);             //GPIB.0 输出高电平,使 LED0 灭
    //GPIE.1、GPIE.2、GPIE.3 输出高电平,使 LED1、LED2、LED3 灭
    GPIO_SetBits(GPIOE,GPIO_Pin_1|GPIO_Pin_2 GPIO_Pin_3);
    //GPIO_SetBits(GPIOE,GPIO_Pin_2);
    //GPIO_SetBits(GPIOE,GPIO_Pin_3);
    delay_ms(500);                              //调延时 500ms
    GPIO_ResetBits(GPIOB,GPIO_Pin_0);           //GPIB.0 输出低电平,使 LED0 亮
    //GPIE.1、GPIE.2、GPIE.3 输出低电平,使 LED1、LED2、LED3 亮
    GPIO_ResetBits(GPIOE,GPIO_Pin_1|GPIO_Pin_2|GPIO_Pin_3);
    //GPIO_ResetBits(GPIOE,GPIO_Pin_2);
    //GPIO_ResetBits(GPIOE,GPIO_Pin_3);
    delay_ms(500);                              //调延时 500ms
  }
}
```

### 4.8.2 项目3:基于寄存器的I/O口输出控制LED闪烁

**1. 项目要求**(见项目2)

**2. 项目描述**(见项目2)

**3. 项目实现**(见项目2)

1) 硬件连接(见项目2)

2) 项目实施

这里需要说明一下,用库函数的工程模板进行寄存器操作方式的项目开发也是可以的,当然不能用寄存器的工程模板进行库函数操作方式的项目开发。因为用库函数的工程模板

对应底层也是对寄存器进行操作，做了相应定义。

项目3实施步骤如下。

第一步：准备工作。

第二步：使能I/O口时钟。配置寄存器RCC_APB2ENR。

第三步：初始化I/O口模式。配置寄存器GPIOx_CRH/CRL。

第四步：操作I/O口，输出高低电平。配置寄存器GPIOX_ODR或者BSRR/BRR。

第五步：main.c程序设计。

下面就项目3进行详细介绍。

第一步：准备工作。参照项目2，这里就不再介绍。

第二步：使能I/O口时钟。配置寄存器RCC_APB2ENR。

配置时钟I/O端口B、E使能时钟。根据“4.3.3 APB2外设时钟使能寄存器(RCC_APB2ENR)”位3、6定义。位3是IOPBEN(PB使能)，位6是IOPEEN(PE使能)，如图4-62所示。

| 31 | 30 | 29 | 28 | 27 | 26 | 25 | 24 | 23 | 22 | 21 | 20 | 19 | 18 | 17 | 16 |
|---|---|---|---|---|---|---|---|---|---|---|---|---|---|---|---|
| 保留 | | | | | | | | | | | | | | | |

| 15 | 14 | 13 | 12 | 11 | 10 | 9 | 8 | 7 | 6 | 5 | 4 | 3 | 2 | 1 | 0 |
|---|---|---|---|---|---|---|---|---|---|---|---|---|---|---|---|
| 保留 | USART1 EN | 保留 | SPI1 EN | TIM1 EN | ADC2 EN | ADC1 EN | 保留 | | IOPE EN | IOPD EN | IOPC EN | IOPB EN | IOPA EN | 保留 | AFIO EN |
| | rw | | rw | rw | rw | rw | | | rw | rw | rw | rw | rw | | rw |

图4-62 RCC_APB2ENR寄存器格式

位3、6定义如图4-63所示。

| 位6 | IOPEEN：I/O端口E时钟使能<br>由软件置“1”或清零<br>0：I/O端口E时钟关闭；<br>1：I/O端口E时钟开启 |
|---|---|

| 位3 | IOPBEN：I/O端口B时钟使能<br>由软件置“1”或清零<br>0：I/O端口B时钟关闭；<br>1：I/O端口B时钟开启 |
|---|---|

图4-63 位3、6定义

在led.c里面PB、PE使能I/O口时钟代码，如图4-64所示。

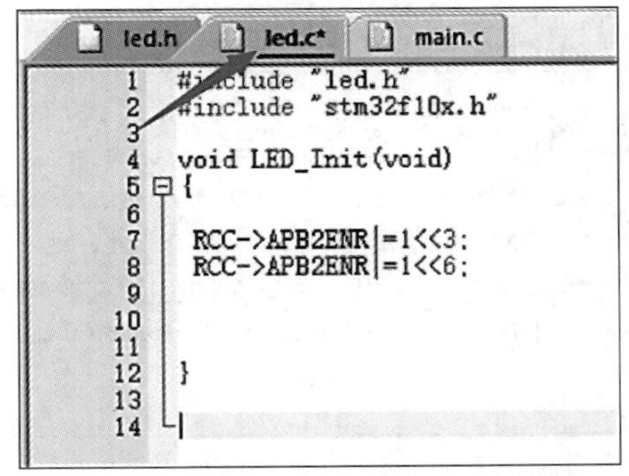


图4-64 PB、PE使能I/O口时钟代码

下面对图4-64所示的两条代码进行解释。

```
RCC->APB2ENR|=1<<3;              //1左移3位,使IOPBEN为1,开启I/O端口PB时钟
RCC->APB2ENR|=1<<6;              //1左移6位,使IOPEEN为1,开启I/O端口PE时钟
```

注：—>表示结构体指针。

**【思考】** 配置时钟I/O端口A、D使能时钟,上述代码怎么修改?

第三步:初始化I/O口模式。配置寄存器GPIOx_CRH/CRL。

在led.c里面配置PB.0、PE.1、PE.2、PE.3推挽输出模式及2MHz速度。

① GPIOB.0,MODE0=10b(输出模式,最大速度2MHz);CNF5=00b为推挽输出。通过如下两步编程来实现。

```
GPIOB->CRL&=0xFFFFFFF0;                  //先把GPIOB.0位清零
GPIOB->CRL|=0x00000002;                  //再赋值2,MODE0=10b,CNF0=00b
```

② GPIOE.1,MODE1=10b(输出模式,最大速度2MHz);CNF1=00b为推挽输出。通过如下两步编程来实现。

```
GPIOE->CRL&=0xFFFFFF0F;                  //先把GPIOE.1位清零
GPIOE->CRL|=0x00000020;                  //再赋值2,MODE1=10b,CNF1=00b
```

③ GPIOE.2,MODE2=10b(输出模式,最大速度2MHz);CNF2=00b为推挽输出。通过如下两步编程来实现。

```
GPIOE->CRL&=0xFFFFF0FF;                  //先把GPIOE.2位清零
GPIOE->CRL|=0x00000200;                  //再赋值2,MODE2=10b,CNF2=00b
```

④ GPIOE.3,MODE3=10b(输出模式,最大速度2MHz);CNF3=00b为推挽输出。通过如下两步编程来实现。

```
GPIOE->CRL&=0xFFFF0FFF;                  //先把GPIOE.3位清零
GPIOE->CRL|=0x00002000;                  //再赋值2,MODE3=10b,CNF3=00b
```

经过上面分析,led.c代码清单如图4-65所示。

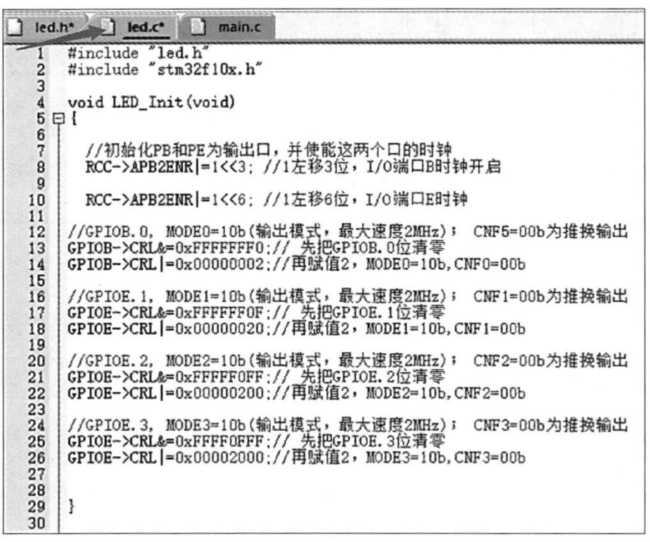


```
1   #include "led.h"
2   #include "stm32f10x.h"
3
4   void LED_Init(void)
5   {
6
7     //初始化PB和PE为输出口，并使能这两个口的时钟
8     RCC->APB2ENR|=1<<3; //1左移3位，I/O端口B时钟开启
9
10    RCC->APB2ENR|=1<<6; //1左移6位，I/O端口E时钟
11
12  //GPIOB.0, MODE0=10b(输出模式，最大速度2MHz); CNF5=00b为推挽输出
13  GPIOB->CRL&=0xFFFFFFF0;// 先把GPIOB.0位清零
14  GPIOB->CRL|=0x00000002;//再赋值2，MODE0=10b,CNF0=00b
15
16  //GPIOE.1, MODE1=10b(输出模式，最大速度2MHz); CNF1=00b为推挽输出
17  GPIOE->CRL&=0xFFFFFF0F;// 先把GPIOE.1位清零
18  GPIOE->CRL|=0x00000020;//再赋值2，MODE1=10b,CNF1=00b
19
20  //GPIOE.2, MODE2=10b(输出模式，最大速度2MHz); CNF2=00b为推挽输出
21  GPIOE->CRL&=0xFFFFF0FF;// 先把GPIOE.2位清零
22  GPIOE->CRL|=0x00000200;//再赋值2，MODE2=10b,CNF2=00b
23
24  //GPIOE.3, MODE3=10b(输出模式，最大速度2MHz); CNF3=00b为推挽输出
25  GPIOE->CRL&=0xFFFF0FFF;// 先把GPIOE.3位清零
26  GPIOE->CRL|=0x00002000;//再赋值2，MODE3=10b,CNF3=00b
27
28
29  }
30
```

图4-65　led.c代码清单

第四步：操作 I/O 口，输出高低电平。配置寄存器 GPIOX_ODR 或者 BSRR/BRR。

通过对端口输出数据寄存器(GPIOx_ODR)的分析，则 PB.0、PE.1、PE.2、PE.3 输出高低电平代码如下。

```
GPIOB->ODR|=1<<0;                    //GPIOB.0 输出为高电平 1
GPIOB->ODR&=~(1<<0);                 //GPIOB.0 输出低电平 0
GPIOE->ODR|=1<<1;                    //GPIOE.1 输出为高电平 1
GPIOE->ODR&=~(1<<1);                 //GPIOE.1 输出低电平 0
GPIOE->ODR|=1<<2;                    //GPIOE.2 输出为高电平 1
GPIOE->ODR&=~(1<<2);                 //GPIOE.2 输出低电平 0
GPIOE->ODR|=1<<3;                    //GPIOE.3 输出为高电平 1
GPIOE->ODR&=~(1<<3);                 //GPIOE.3 输出低电平 0
```

PB.0、PE.1、PE.2、PE.3 输出高电平的 led.c 代码清单如图 4-66 所示。

```
led.h   led.c*   main.c
1  #include "led.h"
2  #include "stm32f10x.h"
3
4  void LED_Init(void)
5  {
6
7    //初始化PB和PE为输出口，并使能这两个口的时钟
8    RCC->APB2ENR|=1<<3; //1左移3位，I/O端口B时钟开启
9
10   RCC->APB2ENR|=1<<6; //1左移6位，I/O端口E时钟
11
12 //GPIOB.0, MODE0=10b(输出模式，最大速度2MHz)； CNF5=00b为推挽输出
13 GPIOB->CRL&=0xFFFFFFF0;// 先把GPIOB.0位清零
14 GPIOB->CRL|=0x00000002;//再赋值2，MODE0=10b,CNF0=00b
15 GPIOB->ODR|=1<<0;// GPIOB.0输出为高电平1
16
17 //GPIOE.1, MODE1=10b(输出模式，最大速度2MHz)； CNF1=00b为推挽输出
18 GPIOE->CRL&=0xFFFFFF0F;// 先把GPIOE.1位清零
19 GPIOE->CRL|=0x00000020;//再赋值2，MODE1=10b,CNF1=00b
20 GPIOE->ODR|=1<<1;// GPIOE.1输出为高电平1
21
22 //GPIOE.2, MODE2=10b(输出模式，最大速度2MHz)； CNF2=00b为推挽输出
23 GPIOE->CRL&=0xFFFFF0FF;// 先把GPIOE.2位清零
24 GPIOE->CRL|=0x00000200;//再赋值2，MODE2=10b,CNF2=00b
25 GPIOE->ODR|=1<<2;// GPIOE.2输出为高电平1
26
27 //GPIOE.3, MODE3=10b(输出模式，最大速度2MHz)； CNF3=00b为推挽输出
28 GPIOE->CRL&=0xFFFF0FFF;// 先把GPIOE.3位清零
29 GPIOE->CRL|=0x00002000;//再赋值2，MODE3=10b,CNF3=00b
30 GPIOE->ODR|=1<<3;// GPIOE.3输出为高电平1
31
32
33 }
```

图 4-66 PB.0、PE.1、PE.2、PE.3 输出高电平的 led.c 代码清单

第五步：main.c 程序设计。main.c 程序如图 4-67 所示。

```
led.h   led.c   main.c
1  #include"stm32f10x.h"
2  #include"delay.h"
3  #include"led.h"
4  int main(void)
5  {
6  delay_init();
7  LED_Init();
8  while(1){
9  GPIOB->ODR|=1<<0;// GPIOB.0输出高电平1
10 GPIOE->ODR|=1<<1;// GPIOE.1输出高电平1
11 GPIOE->ODR|=1<<2;// GPIOE.2输出高电平1
12 GPIOE->ODR|=1<<3;// GPIOE.3输出高电平1
13 delay_ms(500);
14 GPIOB->ODR&=~(1<<0);// GPIOB.0输出低电平0
15 GPIOE->ODR&=~(1<<1);// GPIOE.1输出低电平0
16 GPIOE->ODR&=~(1<<2);// GPIOE.2输出低电平0
17 GPIOE->ODR&=~(1<<3);// GPIOE.3输出低电平0
18 delay_ms(500);//延时500ms
19
20
21 }
22 }
23
24
```

图 4-67 main.c 程序

编译没有错误后，用 FlyMcu 下载，效果如图 4-68 所示。

图 4-68 基于寄存器的 I/O 口输出控制 LED 闪烁效果图

项目 3 代码清单如下。

在 led.h 文件中输入如下源程序，头文件里条件编译 #ifndef… #endif 格式不变，里面只要包括 LED_H 宏定义和 LED_Init 函数声明就行。

```
#ifndef __LED_H                                   //取名 LED_H,取什么名称没有关系
#define __LED_H                                   //宏定义
void LED_Init(void);                              //函数声明 LED 初始化
#endif
```

在 led.c 文件中输入如下源程序。在程序里面首先包含头文件 led.h、stm32f10x.h，然后就是 LED_Init，详细介绍见每条代码注释。

```
#include "led.h"                                  //包含 led.h 头文件
#include "stm32f10x.h"                            //包含 stm32f10x.h 头文件
void LED_Init(void)                               //LED 初始化
{
  //初始化 PB 和 PE 为输出口,并使能这两个口的时钟
  RCC->APB2ENR|=1<<3;                             //1 左移 3 位,I/O 端口 B 时钟开启
  RCC->APB2ENR|=1<<6;                             //1 左移 6 位,I/O 端口 E 时钟开启
  //GPIOB.0,MODE0=10b(输出模式,最大速度 2MHz);CNF5=00b 为推挽输出
  GPIOB->CRL&=0xFFFFFFF0;                         //先把 GPIOB.0 位清零
  GPIOB->CRL|=0x00000002;                         //再赋值 2,MODE0=10b,CNF0=00b
  GPIOB->ODR|=1<<0;                               //GPIOB.0 输出为高电平 1
  //GPIOE.1,MODE1=10b(输出模式,最大速度 2MHz);CNF1=00b 为推挽输出
  GPIOE->CRL&=0xFFFFFF0F;                         //先把 GPIOE.1 位清零
  GPIOE->CRL|=0x00000020;                         //再赋值 2,MODE1=10b,CNF1=00b
  GPIOE->ODR|=1<<1;                               //GPIOE.1 输出为高电平 1
  //GPIOE.2,MODE2=10b(输出模式,最大速度 2MHz);CNF2=00b 为推挽输出
  GPIOE->CRL&=0xFFFFF0FF;                         //先把 GPIOE.2 位清零
  GPIOE->CRL|=0x00000200;                         //再赋值 2,MODE2=10b,CNF2=00b
  GPIOE->ODR|=1<<2;                               //GPIOE.2 输出为高电平 1
  //GPIOE.3,MODE3=10b(输出模式,最大速度 2MHz);CNF3=00b 为推挽输出
  GPIOE->CRL&=0xFFFF0FFF;                         //先把 GPIOE.3 位清零
  GPIOE->CRL|=0x00002000;                         //再赋值 2,MODE3=10b,CNF3=00b
  GPIOE->ODR|=1<<3;                               //GPIOE.3 输出为高电平 1
}
```

在 main.c 文件中输入如下源程序。程序框架包含头文件、主函数和无限循环 3 部分。头文件包含程序需要头文件 stm32f10x.h、led.h、delay.h；主函数包含调用 delay_init()、

LED_Init()初始化函数;无限循环包含 GPIO 输出高电平,使 LED 灭,调延时 500ms,而 GPIO 输出低电平,使 LED 亮,调延时 500ms,详细介绍见每条代码注释。

```
#include "stm32f10x.h"                    //包含 stm32f10x.h 头文件
#include "delay.h"                        //包含 delay.h 头文件
#include "led.h"                          //包含 led.h 头文件
int main(void)                            //主函数
{
    delay_init();                         //调用 delay_init()函数,对延时初始化
    LED_Init();                           //调用 LED 初始化 LED_Init()函数
    //无限循环
    while(1){
        GPIOB->ODR|=1<<0;                 //GPIOB.0 输出高电平 1
        GPIOE->ODR|=1<<1;                 //GPIOE.1 输出高电平 1
        GPIOE->ODR|=1<<2;                 //GPIOE.2 输出高电平 1
        GPIOE->ODR|=1<<3;                 //GPIOE.3 输出高电平 1
        delay_ms(500);
        GPIOB->ODR&=~(1<<0);              //GPIOB.0 输出低电平 0
        GPIOE->ODR&=~(1<<1);              //GPIOE.1 输出低电平 0
        GPIOE->ODR&=~(1<<2);              //GPIOE.2 输出低电平 0
        GPIOE->ODR&=~(1<<3);              //GPIOE.3 输出低电平 0
        delay_ms(500);                    //延时 500ms
    }
}
```

第二种方法:利用 BSRR、BRR 寄存器来实现。关于 BSRR、BRR 寄存器配置,这里就不进行分析,直接给出 while(1)里面的代码如下:

```
While(1)
{
    GPIOB->BSRR|=1<<0;                    //GPIOB.0=1,GPIOB.0 输出高电平
    GPIOE->BSRR|=1<<1;                    //GPIOE.1=1,GPIOE.1 输出高电平
    GPIOE->BSRR|=1<<2;                    //GPIOE.2=1,GPIOE.2 输出高电平
    GPIOE->BSRR|=1<<3;                    //GPIOE.3=1,GPIOE.3 输出高电平
    delay_ms(500);                        //延时 500ms
    GPIOB->BRR|=1<<0;                     //GPIOB.0=0,GPIOB.0 输出低电平
    GPIOE->BRR|=1<<1;                     //GPIOE.1=0,GPIOE.1 输出低电平
    GPIOE->BRR|=1<<2;                     //GPIOE.2=0,GPIOE.2 输出低电平
    GPIOE->BRR|=1<<3;                     //GPIOE.3=0,GPIOE.3 输出低电平
    delay_ms(500);                        //延时 500ms
}
```

第三种方法:只利用 BSRR 寄存器来实现。While(1)的具体代码如下:

```
While(1)
{
    GPIOB->BSRR|=1<<0;                    //GPIOB.0=1
    GPIOE->BSRR|=1<<1;                    //GPIOE.1=1
    GPIOE->BSRR|=1<<2;                    //GPIOE.2=1
    GPIOE->BSRR|=1<<3;                    //GPIOB.3=1
    delay_ms(500);
    GPIOB->BSRR|=1<<16;                   //GPIOB.0=0
    //或者 GPIOB->BSRR|=(1<<0)<<16;        //GPIOB.0=0
    //或者 GPIOB->ODR&=~(1<<0);            //GPIOB.0=0
    GPIOE->BSRR|=1<<17;                   //GPIOE.1=0
```

```
    GPIOE->BSRR|=1<<18;                    //GPIOE.2=0
    GPIOE->BSRR|=1<<19;                    //GPIOE.3=0
    delay_ms(500);
}
```

### 4.8.3 项目4：基于位操作的I/O口输出控制LED闪烁

**1. 项目要求**（见项目2）

**2. 项目描述**（见项目2）

**3. 项目实现**（见项目2）

1）硬件连接（见项目2）

2）项目实施

BSRR寄存器有32位，每一位映射为一个地址，向地址写“1”或者“0”，就能向寄存器每一位写“1”或者“0”。位操作在sys.h里面都进行定义，下面通过项目来学习怎么用。

项目4实施步骤如下。

第一步：准备工作。

第二步：使能I/O口时钟。调用函数RCC_APB2PeriphClockCmd()；。

第三步：初始化I/O口模式。调用函数GPIO_Init()；。

第四步：操作I/O口，使用位带操作输出高低电平。

第五步：main.c程序设计。

下面就项目4进行详细介绍。

第一步：准备工作。参照项目2：基于库函数的I/O口输出控制LED闪烁，步骤一模一样，只需要把led.h里面代码换成如下代码。

```
#ifndef __LED_H                            //取什么名称没有关系
#define __LED_H                            //宏定义
#define LED0 PBout(0)                      //PB0位定义
#define LED1 PEout(1)                      //PE1位定义
#define LED2 PEout(2)                      //PE2位定义
#define LED3 PEout(3)                      //PE3位定义
void LED_Init(void);                       //函数声明LED初始化
#endif
```

第二步：使能I/O口时钟。调用函数RCC_APB2PeriphClockCmd()；。

```
RCC_APB2PeriphClockCmd(RCC_APB2Periph_GPIOB|RCC_APB2Periph_GPIOE,ENABLE);
```

第三步：初始化I/O口模式。调用函数GPIO_Init()；。

```
GPIO_InitTypeDef GPIO_InitStructure;                //声明一个结构体,用来初始化GPIO
//开启GPIOB、GPIOE时钟
RCC_APB2PeriphClockCmd(RCC_APB2Periph_GPIOB|RCC_APB2Periph_GPIOE,ENABLE);
GPIO_InitStructure.GPIO_Mode=GPIO_Mode_Out_PP;      //GPIOB.0推挽输出
GPIO_InitStructure.GPIO_Pin=GPIO_Pin_0;             //选择GPIOB.0
GPIO_InitStructure.GPIO_Speed=GPIO_Speed_2MHz;      //GPIOB.0输出速度2MHz
GPIO_Init(GPIOB,&GPIO_InitStrcture);                //初始化GPIOB.0

GPIO_InitStructure.GPIO_Mode=GPIO_Mode_Out_PP;      //推挽输出
//选择GPIOE.1、GPIOE.2、GPIOE.3
GPIO_InitStructure.GPIO_Pin=GPIO_Pin_1|GPIO_Pin_2|GPIO_Pin_3;
```

```
GPIO_InitStructure.GPIO_Speed=GPIO_Speed_2MHz;
                                        //GPIOE.1、GPIOE.2、GPIOE.3 输出速度 2MHz
GPIO_Init(GPIOE,&GPIO_InitStrcture);                 //初始化 GPIOE
```

第四步：操作 I/O 口，使用位带操作输出高低电平。

```
LED0=1;                                              //GPIOB.0 输出高电平
LED1=1;                                              //GPIOE.1 输出高电平
LED2=1;                                              //GPIOE.2 输出高电平
LED3=1;                                              //GPIOE.3 输出高电平
```

第二步、第三步和第四步完整 led.c 代码如图 4-69 所示。

```
led.c*   led.h   main.c
1   #include "sys.h"
2   #include "led.h"
3   #include "stm32f10x.h"
4   void LED_Init(void)
5   {
6   GPIO_InitTypeDef GPIO_InitStructure;
7
8   RCC_APB2PeriphClockCmd(RCC_APB2Periph_GPIOB|RCC_APB2Periph_GPIOE,ENABLE);
9   GPIO_InitStructure.GPIO_Mode=GPIO_Mode_Out_PP;
10  GPIO_InitStructure.GPIO_Pin=GPIO_Pin_0;
11  GPIO_InitStructure.GPIO_Speed= GPIO_Speed_2MHz;
12  GPIO_Init(GPIOB,&GPIO_InitStructure);
13  LED0=1;
14
15  GPIO_InitStructure.GPIO_Mode=GPIO_Mode_Out_PP;
16  GPIO_InitStructure.GPIO_Pin=GPIO_Pin_1|GPIO_Pin_2|GPIO_Pin_3;
17  GPIO_InitStructure.GPIO_Speed= GPIO_Speed_2MHz;
18  GPIO_Init(GPIOE,&GPIO_InitStructure);
19
20  LED1=1;
21  LED2=1;
22  LED3=1;
23
24  }
25
```

图 4-69 led.c 代码

第五步：main.c 程序设计。main.c 代码如图 4-70 所示。

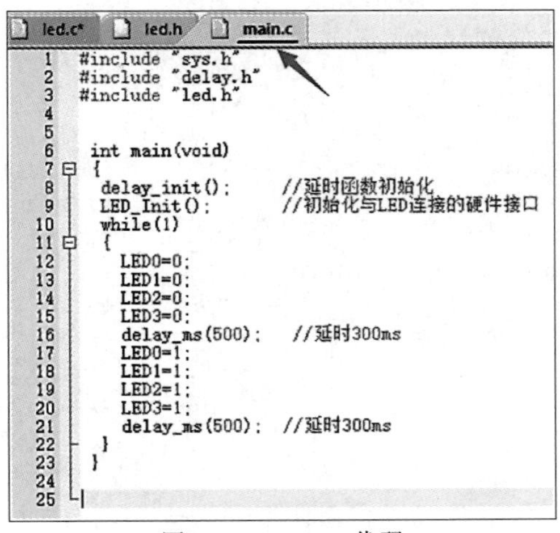


图 4-70 main.c 代码

编译没有错误后，用 FlyMcu 下载，效果如图 4-71 所示。

项目 4 代码清单如下。

在 led.h 文件中输入如下源程序。头文件里条件编译＃ifndef…＃endif 格式不变，里面只要包括 LED_H 宏定义和 LED_Init 函数声明，还有对 PB0、PE1、PE2、PE3 进行位定义。

图 4-71　基于位操作的 I/O 口输出控制 LED 闪烁效果图

```
#ifndef __LED_H
#define __LED_H                                          //宏定义
#define LED0 PBout(0)                                    //PB0 位定义
#define LED1 PEout(1)                                    //PE1 位定义
#define LED2 PEout(2)                                    //PE2 位定义
#define LED3 PEout(3)                                    //PE3 位定义
void LED_Init(void);                                     //函数声明 LED 初始化
#endif
```

在 led.c 文件中输入如下源程序。在程序里面首先包含头文件 led.h、stm32f10x.h，然后就是 LED_Init，详细介绍见每条代码注释。

```
#include "sys.h"
#include "led.h"
#include "stm32f10x.h"
void LED_Init(void)
{
    GPIO_InitTypeDef GPIO_InitStructure;
    RCC_APB2PeriphClockCmd(RCC_APB2Periph_GPIOB|RCC_APB2Periph_GPIOE,ENABLE);
    GPIO_InitStructure.GPIO_Mode=GPIO_Mode_Out_PP;
    GPIO_InitStructure.GPIO_Pin=GPIO_Pin_0;
    GPIO_InitStructure.GPIO_Speed= GPIO_Speed_2MHz;
    GPIO_Init(GPIOB,&GPIO_InitStructure);            //GPIOB 初始化
    LED0=1;                                          //GPIOB.0 输出高电平
    GPIO_InitStructure.GPIO_Mode=GPIO_Mode_Out_PP;
    GPIO_InitStructure.GPIO_Pin=GPIO_Pin_1|GPIO_Pin_2|GPIO_Pin_3;
    GPIO_InitStructure.GPIO_Speed= GPIO_Speed_2MHz;
    GPIO_Init(GPIOE,&GPIO_InitStructure);            //GPIOE 初始化
    LED1=1;                                          //GPIOE.1 输出高电平
    LED2=1;                                          //GPIOE.2 输出高电平
    LED3=1;                                          //GPIOE.3 输出高电平
}
```

在 main.c 文件中输入如下源程序。程序框架包含头文件、主函数和无限循环 3 部分。头文件包含程序需要头文件 sys.h、led.h、delay.h；主函数包含调用 delay_init()、LED_Init()初始化函数；无限循环包含 GPIO 输出高电平，使 LED 灭，调延时 500ms，而 GPIO 输出低电平，使 LED 亮，调延时 500ms，详细介绍见每条代码注释。

```
#include "sys.h"                                         //包含 sys.h 头文件
#include "delay.h"                                       //包含 delay.h 头文件
#include "led.h"                                         //包含 led.h 头文件
```

```
int main(void)                                  //主函数
{
    delay_init();                               //延时函数初始化
    LED_Init();                                 //初始化与 LED 连接的硬件接口
    while(1)
    {
        LED0=1;                                 //LED0 为高电平,LED0 灭
        LED1=1;                                 //LED1 为高电平,LED1 灭
        LED2=1;                                 //LED2 为高电平,LED2 灭
        LED3=1;                                 //LED3 为高电平,LED3 灭
        delay_ms(500);                          //延时 500ms
        LED0=0;                                 //LED0 为低电平,LED0 亮
        LED1=0;                                 //LED1 为低电平,LED1 亮
        LED2=0;                                 //LED2 为低电平,LED2 亮
        LED3=0;                                 //LED3 为低电平,LED3 亮
        delay_ms(500);                          //延时 500ms
    }
}
```

### 4.8.4 项目考核评价表

项目考核评价如表 4-9 所示。

表 4-9 项目考核评价表

| 内容 | 目标 | 标准 | 方式 | 权重/% | 得分 |
|---|---|---|---|---|---|
| 知识与能力 | 基础知识掌握程度(5 分) | 100 分 | 以 100 分为基础,按照这 4 项的权重值给分 | 20 | |
| | 知识迁移情况(5 分) | | | | |
| | 知识应变情况(5 分) | | | | |
| | 使用工具情况(5 分) | | | | |
| 工作与事业准备 | 出勤、诚信情况(4 分) | | | 20 | |
| | 小组团队合作情况(4 分) | | | | |
| | 学习、工作的态度与能力(3 分) | | | | |
| | 严谨、细致、敬业(4 分) | | | | |
| | 质量、安全、工期与成本(3 分) | | | | |
| | 关注工作影响(2 分) | | | | |
| 个人发展 | 时间管理情况(2 分) | | | 10 | |
| | 提升自控力情况(2 分) | | | | |
| | 书面表达情况(2 分) | | | | |
| | 口头沟通情况(2 分) | | | | |
| | 自学能力情况(2 分) | | | | |
| 项目完成与展示汇报 | 项目完成与展示汇报情况(50 分) | | | 50 | |

续表

| 内 容 | 目 标 | 标 准 | 方 式 | 权重/% | 得分 |
|---|---|---|---|---|---|
| 高级思维能力 | 创造性思维 | 10分 | 教师以10分为上限，奖励工作中有突出表现和特色做法的学生 | 加分项 | |
| | 评判性思维 | | | | |
| | 逻辑性思维 | | | | |
| | 工程性思维 | | | | |
| 项目成绩＝知识与能力×20%＋工作与事业准备×20%＋个人发展×10%＋项目完成与展示汇报×50%＋高级思维能力(加分项) | | | | | |

# 4.9 拓展项目实践

## 4.9.1 项目5：I/O口输出控制LED流水灯

**1. 项目要求**

(1) 掌握STM32 I/O口基础知识；

(2) 掌握STM32 I/O口输出基本操作及应用；

(3) 掌握开发板I/O口输出控制LED流水灯硬件连接；

(4) 掌握I/O口输出控制LED流水灯软件编程；

(5) 熟悉调试、下载程序。

**2. 项目描述**

(1) 用STM32F103ZET6开发板的PC0～PC7控制LED0～LED7实现流水灯，GPIO输出方式为推挽输出(或者开漏输出)，当PC输出低电平，LED亮，当PC输出高电平，LED灭，通过延时500ms来控制LED0～LED7亮灭，实现流水灯。

(2) 主要设备及器材如下。

① 笔记本电脑或台式计算机(内存不低于4GB)。

② STM32F103ZET6最小系统板一块、ISP串口程序下载器、杜邦线几根、miniUSB线一条、外扩8位LED模块一块。

③ 配置相关软件(MDK，串口驱动等)。

(3) 硬件连接与I/O定义。

项目5硬件连接框图如图4-72所示。

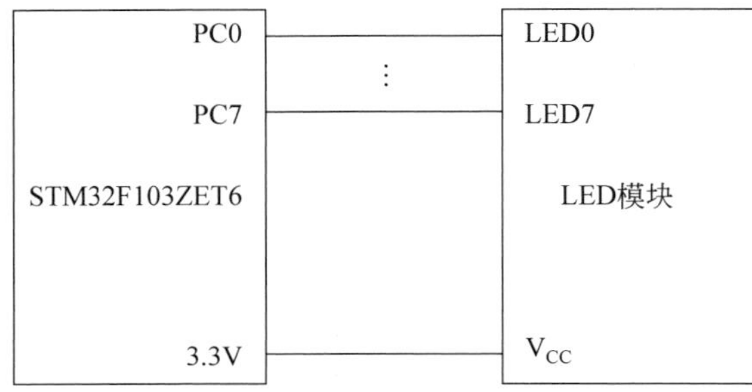


图4-72 项目5硬件连接框图

项目5 I/O定义如表4-10所示。

表4-10 项目5 I/O定义

| MCU控制引脚 | 定义 | 功 能 | 模 式 |
|---|---|---|---|
| PC0 | LED0 | 亮、灭 | 推挽输出(或者开漏输出) |
| PC1 | LED1 | 亮、灭 | 推挽输出(或者开漏输出) |
| PC2 | LED2 | 亮、灭 | 推挽输出(或者开漏输出) |
| PC3 | LED3 | 亮、灭 | 推挽输出(或者开漏输出) |
| PC4 | LED4 | 亮、灭 | 推挽输出(或者开漏输出) |
| PC5 | LED5 | 亮、灭 | 推挽输出(或者开漏输出) |
| PC6 | LED6 | 亮、灭 | 推挽输出(或者开漏输出) |
| PC7 | LED7 | 亮、灭 | 推挽输出(或者开漏输出) |
| 3.3V或5V | $V_{CC}$ | 电源电压 | — |

**3. 项目实施**

项目5-1：I/O口输出控制LED流水灯实施步骤如下。

第一步：硬件连接。按照图4-71所示硬件连接,用导线把STM32F103ZET6开发板与LED模块进行一一连接,确保无误。

第二步：建工程模板。将项目2创建工程模板文件夹复制到桌面上,并把文件夹USER下面Template改名为5-1LED,然后将工程模板编译一下,直到没有错误和警告为止。

第三步：新建两个文件,分别命名为led.h和led.c(项目2已经新建led.h和led.c两个文件,第三步可以省略)。将led.c、led.h保存到HARDWARE文件夹下的LED文件夹里面,并把led.c添加到HARDWARE分组里面,然后添加led.h路径。

第四步：在led.h文件中输入如下源程序。头文件里条件编译＃ifndef…＃endif格式不变,里面只要包括LED_H宏定义和LED_Init函数声明就行。

```
#ifndef __LED_H
#define __LED_H                                   //宏定义
void LED_Init(void);                              //函数声明 LED 初始化
#endif
```

第五步：在led.c文件中输入如下源程序。在程序里面首先包含头文件led.h、stm32f10x.h,然后就是LED_Init,详细介绍见每条代码注释。

```
#include "led.h"                                  //包含 led.h 头文件
#include "stm32f10x.h"                            //包含 stm32f10x.h 头文件
void LED_Init(void)                               //LED 初始化
{
    GPIO_InitTypeDef GPIO_InitStructure;          //声明一个结构体,用来初始化 GPIO
    //开启 GPIOC 时钟
    RCC_APB2PeriphClockCmd(RCC_APB2Periph_GPIOC,ENABLE);
    GPIO_InitStructure.GPIO_Mode=GPIO_Mode_Out_PP;        //推挽输出
    //选择 GPIO.0~GPIO.7
```

```
    GPIO_InitStructure.GPIO_Pin=GPIO_Pin_0|GPIO_Pin_1|GPIO_Pin_2|GPIO_Pin_3|
    GPIO_Pin_4|GPIO_Pin_5|GPIO_Pin_6|GPIO_Pin_7;
    GPIO_InitStructure.GPIO_Speed= GPIO_Speed_2MHz;        //输出速度 2MHz
    GPIO_Init(GPIOC,&GPIO_InitStructure);                  //GPIOC 初始化
    //GPIO.0~GPIO.7 输出高电平,使 LED0~PED7 灭
    GPIO_SetBits(GPIOC,GPIO_Pin_0|GPIO_Pin_1|GPIO_Pin_2|GPIO_Pin_3|
    GPIO_Pin_4|GPIO_Pin_5|GPIO_Pin_6|GPIO_Pin_7);
}
```

第六步：在 main.c 文件中输入如下源程序。程序框架包含头文件、主函数和无限循环3部分。头文件包含程序需要头文件 stm32f10x.h、led.h、delay.h；主函数包含调用 delay_init()、LED_Init()初始化函数；无限循环包含 GPIO 输出高电平，使 LED 灭，调延时500ms，而 GPIO 输出低电平，使 LED 亮，调延时 500ms，详细介绍见每条代码注释。

```
#include "sys.h"                                    //包含 sys.h 头文件
#include "stm32f10x.h"                              //包含 stm32f10x.h 头文件
#include "led.h"                                    //包含 led.h 头文件
#include "delay.h"                                  //包含 delay.h 头文件
int main(void)                                      //主函数
{
    delay_init();                                   //调用延时
    LED_Init();                                     //调用 LED 初始化
    //无限循环
    while(1)
    {
    GPIO_SetBits(GPIOC,GPIO_Pin_7);                 //GPIOC.7 输出高电平,LED7 灭
    GPIO_ResetBits(GPIOC,GPIO_Pin_0);               //GPIOC.0 输出低电平,LED0 亮
    delay_ms(500);
    GPIO_SetBits(GPIOC,GPIO_Pin_0);                 //GPIOC.0 输出高电平,LED0 灭
    GPIO_ResetBits(GPIOC,GPIO_Pin_1);               //GPIOC.1 输出低电平,LED1 亮
    delay_ms(500);
    GPIO_SetBits(GPIOC,GPIO_Pin_1);                 //GPIOC.1 输出高电平,LED1 灭
    GPIO_ResetBits(GPIOC,GPIO_Pin_2);               //GPIOC.2 输出低电平,LED2 亮
    delay_ms(500);
    GPIO_SetBits(GPIOC,GPIO_Pin_2);                 //GPIOC.2 输出高电平,LED2 灭
    GPIO_ResetBits(GPIOC,GPIO_Pin_3);               //GPIOC.3 输出低电平,LED3 亮
    delay_ms(500);
    GPIO_SetBits(GPIOC,GPIO_Pin_3);                 //GPIOC.3 输出高电平,LED3 灭
    GPIO_ResetBits(GPIOC,GPIO_Pin_4);               //GPIOC.4 输出低电平,LED4 亮
    delay_ms(500);
    GPIO_SetBits(GPIOC,GPIO_Pin_4);                 //GPIOC.4 输出高电平,LED4 灭
    GPIO_ResetBits(GPIOC,GPIO_Pin_5);               //GPIOC.5 输出低电平,LED5 亮
    delay_ms(500);
    GPIO_SetBits(GPIOC,GPIO_Pin_5);                 //GPIOC.5 输出高电平,LED5 灭
    GPIO_ResetBits(GPIOC,GPIO_Pin_6);               //GPIOC.6 输出低电平,LED6 亮
    delay_ms(500);
    GPIO_SetBits(GPIOC,GPIO_Pin_6);                 //GPIOC.6 输出高电平,LED6 灭
    GPIO_ResetBits(GPIOC,GPIO_Pin_7);               //GPIOC.7 输出低电平,LED7 亮
    delay_ms(500);
    }
}
```

第七步：编译工程，直到没有错误和警告，会在 OBJ 文件夹中生成.hex 文件。

第八步：下载运行程序。通过 ISP 软件下载.hex 文件到开发板，查看效果。

项目5-1：I/O口输出控制LED流水灯效果如图4-73所示。

图4-73 LED流水灯效果

项目5-2：I/O口输出控制LED流水灯(数组实现3种LED流水灯控制)实施步骤如下。

第一步：硬件连接。硬件连接与项目5-1一样，这一步可以省略。

第二步：建工程模板。将项目5-1创建的工程模板文件夹复制到桌面上，并把文件夹USER下的Template改名为5-2LED，然后将工程模板编译一下，直到没有错误和警告为止。

第三步、第四步、第五步：其操作方法与项目5-1的操作方法一样，只需要把文件夹改名为5-2LED，这里就不介绍了。

第六步：在main.c文件中输入如下源程序。程序框架包含头文件、主函数和无限循环3部分。头文件包含程序需要头文件stm32f10x.h、led.h、delay.h、数组char Pins[]；主函数包含调用delay_init()、LED_Init()初始化函数；无限循环包含正向流水灯、LED间隔流水灯、反向流水灯，详细介绍见每条代码注释。

```
#include "stm32f10x.h"
#include "led.h"
#include "delay.h"
//i 用于循环 Pins 数组
int i;
//存储引脚变量
char Pins[]={GPIO_Pin_0,GPIO_Pin_1,GPIO_Pin_2,GPIO_Pin_3,GPIO_Pin_4,
GPIO_Pin_5,GPIO_Pin_6,GPIO_Pin_7};
int main(void)
{
    LED_Init();                                    //初始化 LED
    delay_init();                                  //初始化延迟函数
    while(1)
    {
        //正向流水灯
        for(i=0;i<8;i++)
        {
            GPIO_ResetBits(GPIOC,Pins[i]);
            delay_ms(500);
            GPIO_SetBits(GPIOC,Pins[i]);
        }
        //LED 间隔流水灯
        for(i=0;i<8;i++)
        {
```

```
            GPIO_ResetBits(GPIOC,Pins[i]);
            delay_ms(500);
            GPIO_SetBits(GPIOC,Pins[i]);
            i++;                                    //LED间隔亮
        }
        //反向流水灯
        for(i=8;i>0;i--)
        {
            GPIO_ResetBits(GPIOC,Pins[i-1]);
            delay_ms(500);
            GPIO_SetBits(GPIOC,Pins[i-1]);
        }
    }
}
```

第七步：编译工程，直到没有错误和警告，会在OBJ文件夹中生成.hex文件。

第八步：下载运行程序。通过ISP软件下载.hex文件到开发板，查看效果。

项目5-2：I/O口输出控制LED流水灯(数组实现3种LED流水灯控制)效果如图4-74所示。

(a) 正向流水灯

(b) 间隔流水灯

(c) 反向流水灯

图4-74　3种LED流水灯

拓展提示：能否用switch…case实现3种LED流水灯。

### 4.9.2　项目6：I/O口输出控制蜂鸣器和LED亮灭

**1. 项目要求**

(1) 掌握STM32 I/O口基础知识；

(2) 掌握STM32 I/O口输出基本操作及应用；

(3) 掌握开发板I/O口输出控制蜂鸣器硬件连接；

(4) 掌握I/O口输出控制蜂鸣器软件编程；

(5) 熟悉调试、下载程序。

**2. 项目描述**

(1) 蜂鸣器控制电路图如图4-74所示(参考2.2 I/O扩展)。用STM32F103ZET6开发板的PB0控制蜂鸣器，PC0控制LED0闪烁，PB0输出方式为开漏输出，PC0输出方式为推挽输出。当PB0、PC0输出低电平蜂鸣器发声、LED0亮，当PB0、PC0输出高电平蜂鸣器不发声、LED灯灭，通过延时300ms来控制蜂鸣器，实现蜂鸣器报警。

(2) 主要设备及器材如下。

① 笔记本电脑或台式计算机(内存不低于4GB)。

② STM32F103ZET6 最小系统板一块、ISP 串口程序下载器、杜邦线几根、miniUSB 线一条、8 位 LED 模块一块、蜂鸣器模块一块。

③ 配置相关软件(MDK、串口驱动等)。

(3) 硬件连接与 I/O 定义。

项目 6 硬件连接框图如图 4-75 所示。

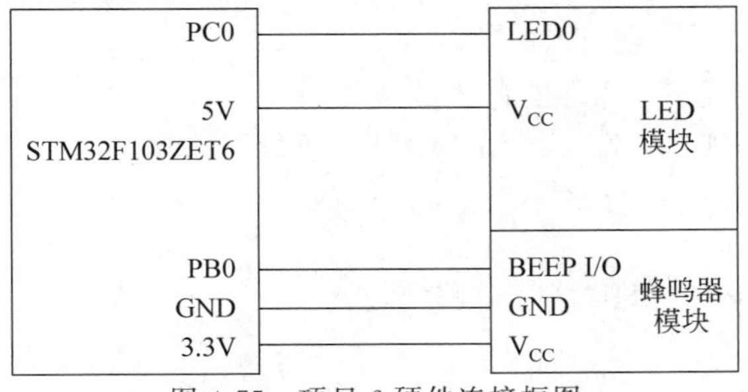


图 4-75 项目 6 硬件连接框图

项目 6 I/O 定义如表 4-11 所示。

表 4-11 项目 6 I/O 定义

| MCU 控制引脚 | 定义 | 功　能 | 模　式 |
|---|---|---|---|
| PB0 | BEEP | 蜂鸣器报警 | 开漏输出 |
| 3.3V | $V_{CC}$ | 蜂鸣器电源电压 | — |
| GND | GND | 蜂鸣器电源地线 | — |
| PC0 | LED0 | 亮、灭 | 推挽(或者开漏输出)输出 |
| 5V | $V_{CC}$ | LED 电源电压 | — |

**3. 项目实施**

项目 6 实施步骤如下。

第一步:硬件连接。按照上面硬件连接与 I/O 定义,用导线将开发板与 LED 模块、蜂鸣器模块一一进行连接,确保无误。

第二步:建工程模板。将项目 5-1 创建的工程模板文件夹复制到桌面上,在 HARDWARE 文件夹下面新建 BEEP 文件夹,并把文件夹 USER 下的 5-1LED 改名为 6BEEP,然后将工程模板编译一下,直到没有错误和警告为止。

第三步:新建两个文件,分别命名为 beep.h 和 beep.c。将 beep.c、beep.h 保存到 HARDWARE 文件夹下的 BEEP 文件夹里面,并把 beep.c 添加到 HARDWARE 分组里面,然后添加 led.h 路径(方法参考项目 2)。

第四步:在 beep.h、led.h 文件中输入如下源程序。头文件里条件编译 #ifndef… #endif 格式不变,里面只要包括 BEEP_H 宏定义和 BEEP_Init 函数声明就行。

**beep.h**

```
#ifndef __BEEP_H
#define __BEEP_H
#include "sys.h"
```

```
void BEEP_Init(void);                           //初始化
#endif
```

**led.h**

```
#ifndef __LED_H
#define __LED_H
#include "sys.h"
void LED_Init(void);                            //初始化
#endif
```

第五步：在beep.c、led.c文件中输入如下源程序。在程序里面首先包含头文件led.h、stm32f10x.h，然后就是LED_Init，详细介绍见每条代码注释。

**beep.c**

```
#include "beep.h"
//初始化 PB0 为输出口,并使能这个口的时钟
//蜂鸣器初始化
void BEEP_Init(void)
{
    GPIO_InitTypeDef GPIO_InitStructure;          //声明一个结构体,用来初始化 GPIO
    //使能 GPIOB 端口时钟
    RCC_APB2PeriphClockCmd(RCC_APB2Periph_GPIOB,ENABLE);
    GPIO_InitStructure.GPIO_Pin=GPIO_Pin_0;               //BEEP->PB.0 端口配置
    GPIO_InitStructure.GPIO_Mode=GPIO_Mode_Out_OD;        //开漏输出
    GPIO_InitStructure.GPIO_Speed=GPIO_Speed_10MHz;       //速度为 10MHz
    GPIO_Init(GPIOB,&GPIO_InitStructure);                 //根据参数初始化 GPIOB.0
    GPIO_SetBits(GPIOB,GPIO_Pin_0);                       //输出 1,关闭蜂鸣器输出
}
```

**led.c**

```
#include "led.h"
#include "stm32f10x.h"
//初始化 PC0 为输出口,并使能这个口的时钟
//LED I/O 初始化
void LED_Init(void)
{
    GPIO_InitTypeDef GPIO_InitStructure;          //声明一个结构体,用来初始化 GPIO
    //使能 PC 端口时钟
    RCC_APB2PeriphClockCmd(RCC_APB2Periph_GPIOC,ENABLE);
    GPIO_InitStructure.GPIO_Pin=GPIO_Pin_0;               //LED0->PC.0 端口配置
    GPIO_InitStructure.GPIO_Mode=GPIO_Mode_Out_PP;        //推挽输出
    GPIO_InitStructure.GPIO_Speed=GPIO_Speed_2MHz;        //I/O 口速度为 2MHz
    //根据设定参数初始化 GPIOC.0
    GPIO_Init(GPIOC,&GPIO_InitStructure);
    GPIO_SetBits(GPIOC,GPIO_Pin_0);                       //PC.0 输出高
}
```

第六步：在main.c文件中输入如下源程序。程序框架包含头文件、主函数和无限循环3部分。头文件包含程序需要头文件stm32f10x.h、led.h、delay.h、beep.h；主函数包含调用delay_init()、LED_Init()、BEEP_Init()初始化函数；无限循环包含GPIO输出高电平，使LED灭，调延时500ms，而GPIO输出低电平，使LED亮，调延时500ms，详细介绍见每条代码注释。

```
#include "sys.h"                                    //包含 sys.h 头文件
#include "delay.h"                                  //包含 delay.h 头文件
#include "led.h"                                    //包含 led.h 头文件
#include "beep.h"                                   //包含 beep.h 头文件
int main(void)
{
    delay_init();                                   //延时函数初始化
    LED_Init();                                     //初始化与 LED 连接的硬件接口
    BEEP_Init();                                    //初始化蜂鸣器端口
    while(1)
    {
        GPIO_ResetBits(GPIOC,GPIO_Pin_0);           //PC0 输出 0,LED0 亮
        GPIO_ResetBits(GPIOB,GPIO_Pin_0);           //PB0 输出 0,打开蜂鸣器输出
        delay_ms(300);                              //延时 300ms
        GPIO_SetBits(GPIOC,GPIO_Pin_0);             //PC0 输出 1,LED0 灭
        GPIO_SetBits(GPIOB,GPIO_Pin_0);             //PB0 输出 1,关闭蜂鸣器
        delay_ms(300);                              //延时 300ms
    }
}
```

第七步：编译工程，直到没有错误和警告，会在 OBJ 文件夹中生成.hex 文件。

第八步：下载运行程序。通过 ISP 软件下载.hex 文件到开发板，查看效果。

项目 6：I/O 口输出控制蜂鸣器和 LED0 亮灭效果如图 4-76 所示。

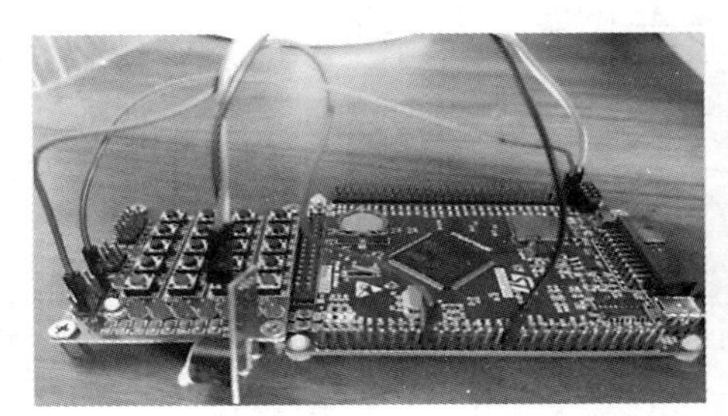

图 4-76 I/O 口输出控制蜂鸣器和 LED0 亮灭效果

### 4.9.3 项目 7：单按键控制 LED 和蜂鸣器

**1. 项目要求**

(1) 掌握 STM32 I/O 口基础知识；

(2) 掌握 STM32 I/O 口输入输出基本操作及应用；

(3) 掌握开发板单按键控制 LED 和蜂鸣器硬件连接；

(4) 掌握单按键控制 LED 和蜂鸣器软件编程；

(5) 熟悉调试、下载程序。

**2. 项目描述**

(1) 用跳线外接 1 个独立式按键 KEY0(连接到 PB0 上)，用跳线外接 1 个发光二极管 LED0(连接到 PC0 上)，用跳线外接 1 个蜂鸣器 BEEP(连接到 PE1 上)。通过按键 KEY0 去控制 LED0 和蜂鸣器。当按键 KEY0 按下时(PB0 口输入为低电平)，LED0 亮(PC0 口输出为低电平)、蜂鸣器报警(PE1 口输出为低电平)；当按键 KEY0 松开时(PB0 口输入为高电平)，LED0 灭(PC0 口输出为高电平)、蜂鸣器不报警(PE1 口输出为高电平)。KEY0 按

键为输入模式，没有按下时为高电平，应该设置为上拉输入，PC0为输出模式，输出方式为推挽(或者开漏)输出，PE1为输出模式，输出方式为开漏输出。

(2) 主要设备及器材如下。

① 笔记本电脑或台式计算机(内存不低于4GB)。

② STM32F103ZET6最小系统板一块、ISP串口程序下载器、杜邦线几根、miniUSB线一条、按键模块一块、8位LED模块一块、蜂鸣器模块一块。

③ 配置相关软件(MDK、串口驱动等)。

(3) 硬件连接与I/O定义。

项目7硬件连接框图如图4-77所示。

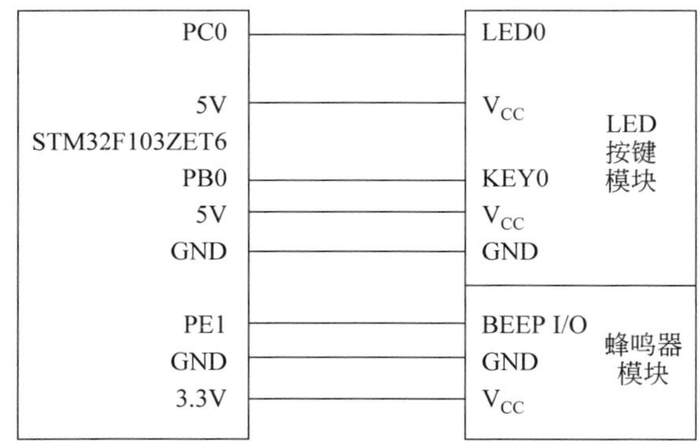


图4-77 项目7硬件连接框图

项目7 I/O定义如表4-12所示。

**表4-12 项目7 I/O定义**

| MCU控制引脚 | 定义 | 功　能 | 模　式 |
| --- | --- | --- | --- |
| PB0 | KEY0 | 独立式按键 | 输入上拉 |
| 5V或3.3V | $V_{CC}$ | 独立式按键电源电压 | — |
| GND | GND | 独立式按键电源地线 | — |
| PC0 | LED0 | 亮、灭 | 推挽(或者开漏)输出 |
| 5V | $V_{CC}$ | LED电源电压 | — |
| PE1 | BEEP | 蜂鸣器 | 开漏输出 |
| 3.3V或5V | $V_{CC}$ | 蜂鸣器电源电压 | — |
| GND | GND | 独立式按键电源地线 | — |

**3. 项目实施**

项目7实施步骤如下。

第一步：硬件连接。按照上面硬件连接与I/O定义，用导线将开发板与独立式按键模块、LED模块、蜂鸣器模块一一进行连接，确保无误。

第二步：建工程模板。将项目6创建的工程模板文件夹复制到桌面上，在HARDWARE文件夹下面新建KEY文件夹，并把文件夹USER下的6BEEP改名为

7KEYBEEPLED，然后将工程模板编译一下，直到没有错误和警告为止。

第三步：新建两个文件，分别命名为 key.h 和 key.c。将 key.c、key.h 保存到 HARDWARE 文件夹下的 KEY 文件夹里面，并把 key.c 添加到 HARDWARE 分组里面，然后添加 key.h 路径。

第四步：在 key.h、beep.h、led.h 文件中输入如下源程序。头文件里面一般包括宏定义和函数声明，具体会在原文件 led.c 里面进行定义。头文件里条件编译 #ifndef… #endif 格式不变，里面分别只要包括 KEY_H、BEEP_H、LED_H 宏定义和 KEY_Init、BEEP_Init、LED_Init 函数声明就行。代码如下：

```
key.h
#ifndef__KEY_H
#define__KEY_H
#include "sys.h"
#define KEY0 PBin(0)                                 //定义 KEY0→PB0
void KEY_Init(void);                                 //初始化
#endif
beep.h
#ifndef __BEEP_H
#define __BEEP_H
#include "sys.h"
#define BEEP PEout(1)                                //BEEP→PE1
void BEEP_Init(void);                                //初始化
#endif
led.h
#ifndef __LED_H
#define __LED_H
#include "sys.h"
#define LED0 PCout(0)                                //LED0→PC0
void LED_Init(void);                                 //初始化
#endif
```

第五步：在 key.c、beep.c、led.c 文件中输入如下源程序。在程序里面首先包含相应头文件，然后就是初始化，详细介绍见每条代码注释。

```
key.c
#include "stm32f10x.h"                               //包含 stm32f10x.h 头文件
#include "key.h"                                     //包含 key.h 头文件
//按键初始化函数
void KEY_Init(void)                                  //I/O 初始化
{
    GPIO_InitTypeDef GPIO_InitStructure;             //声明一个结构体,用来初始化 GPIO
    //使能 PB 时钟
    RCC_APB2PeriphClockCmd(RCC_APB2Periph_GPIOB,ENABLE);
    GPIO_InitStructure.GPIO_Pin  = GPIO_Pin_0;       //KEY0
    GPIO_InitStructure.GPIO_Mode = GPIO_Mode_IPU;    //设置成上拉输入
    GPIO_Init(GPIOB,&GPIO_InitStructure);            //初始化 PB0
}
beep.c
#include "beep.h"                                    //包含 beep.h 头文件
#include "stm32f10x.h"                               //包含 stm32f10x.h 头文件
void BEEP_Init(void)
{
```

```
    GPIO_InitTypeDef  GPIO_InitStructure;          //声明一个结构体,用来初始化 GPIO
    //使能 PE 端口时钟
    RCC_APB2PeriphClockCmd(RCC_APB2Periph_GPIOE,ENABLE);
    GPIO_InitStructure.GPIO_Pin=GPIO_Pin_1;                //选择 GPIOE.1
    GPIO_InitStructure.GPIO_Mode = GPIO_Mode_Out_OD;       //开漏输出
    GPIO_InitStructure.GPIO_Speed = GPIO_Speed_10MHz;      //I/O 口速度为 10MHz
    GPIO_Init(GPIOE,&GPIO_InitStructure);                  //根据设定参数初始化 PE1
    GPIO_SetBits(GPIOE,GPIO_Pin_1);                        //PE1 输出高
}
```

**led.c**

```
#include "led.h"
#include "stm32f10x.h"
void LED_Init(void)
{
    GPIO_InitTypeDef  GPIO_InitStructure;          //声明一个结构体,用来初始化 GPIO
    //使能 PC 端口时钟
    RCC_APB2PeriphClockCmd(RCC_APB2Periph_GPIOC,ENABLE);
    GPIO_InitStructure.GPIO_Pin=GPIO_Pin_0;
    GPIO_InitStructure.GPIO_Mode = GPIO_Mode_Out_PP;       //推挽输出
    GPIO_InitStructure.GPIO_Speed = GPIO_Speed_2MHz;       //I/O 口速度为 2MHz
    GPIO_Init(GPIOC,&GPIO_InitStructure);                  //根据设定参数初始化 PC0
    GPIO_SetBits(GPIOC,GPIO_Pin_0);                        //PC.0 输出高
}
```

第六步：在 main.c 文件中输入如下源程序。程序框架包含头文件、主函数和无限循环 3 部分。头文件包含程序需要头文件 sys.h、led.h、key.h、beep.h；主函数包含调用 LED_Init()、KEY_Init()、BEEP_Init()初始化函数；无限循环包含检测按键，如果按下则 LED0 亮、蜂鸣器报警，而按键松开，LED0 灭、蜂鸣器不报警，详细介绍见每条代码注释。

**main.c**

```
#include "sys.h"
#include "led.h"
#include "key.h"
#include "beep.h"
int main(void)
{
    LED_Init();                                       //初始化与 LED 连接的硬件接口
    KEY_Init();                                       //初始化与 KEY 连接的硬件接口
    BEEP_Init();                                      //初始化与 BEEP 连接的硬件接口
    while(1)
    {
        if(GPIO_ReadInputDataBit(GPIOB,GPIO_Pin_0)==0)   //检测按键
        {
            LED0=0;                                   //按键按下,LED0 亮
            BEEP=0;                                   //按键按下,BEEP 报警
        }
    LED0=1;                                           //按键没有按下,LED0 灭
    BEEP=1;                                           //按键没有按下,BEEP 不报警
    }
}
```

第七步：编译工程，直到没有错误和警告，会在 OBJ 文件夹中生成.hex 文件。

第八步：下载运行程序。通过 ISP 软件下载.hex 文件到开发板，查看效果。

单按键控制 LED 和蜂鸣器效果如图 4-78 所示。

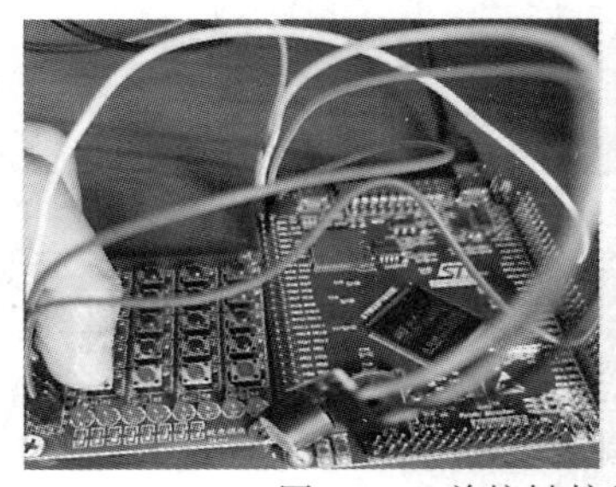

图 4-78　单按键控制 LED 和蜂鸣器效果

## 4.9.4　项目 8：I/O 口输入输出综合项目

**1. 项目要求**

（1）掌握 STM32 I/O 口基础知识；

（2）掌握 STM32 I/O 口输入输出基本操作及应用；

（3）掌握开发板 I/O 口输入（4 个按键 KEY1～KEY4）去控制蜂鸣器、LED0～LED7 硬件连接；

（4）掌握 I/O 口输入（4 个按键 KEY1～KEY4）去控制蜂鸣器、LED0～LED7 闪烁软件编程；

（5）熟悉调试、下载程序。

**2. 项目描述**

（1）独立按键 KEY1～KEY4 连接到 PA1～PA4，LED0～LED7 连接到 PC0～PC7，蜂鸣器连接到 PB6（开漏输出）。GPIO 输入方式为上拉输入，通过按键 KEY1～KEY4 来控制 LED0～LED7 和蜂鸣器报警。

（2）主要设备及器材如下。

① 笔记本电脑或台式计算机（内存不低于 4GB）。

② STM32F103ZET6 最小系统板一块、ISP 串口程序下载器、杜邦线几根、miniUSB 线一条、按键模块一块、8 位 LED 模块一块、蜂鸣器模块一块。

③ 配置相关软件（MDK、串口驱动等）。

（3）硬件连接与 I/O 定义。

项目 8 硬件连接框图如图 4-79 所示。

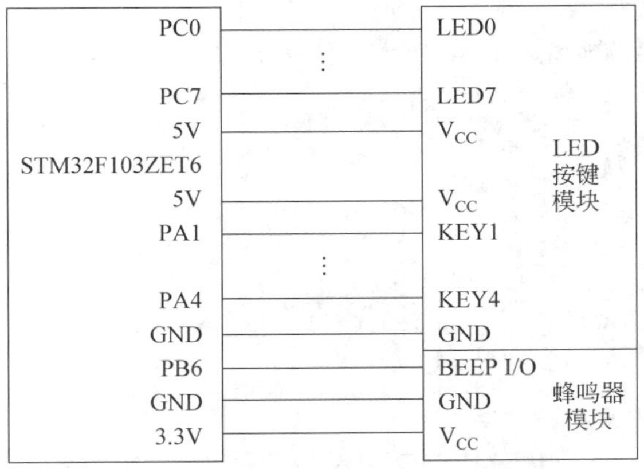


图 4-79　项目 8 硬件连接框图

项目8 I/O定义如表4-13所示。

**表4-13 项目8 I/O定义**

| MCU控制引脚 | 定 义 | 功 能 | 模 式 |
|---|---|---|---|
| PA1～PA4 | KEY1～KEY4 | 独立按键 | 输入上拉 |
| 5V | $V_{CC}$ | 独立按键电源电压 | — |
| GND | GND | 独立按键电源地线 | D |
| PC0～PC7 | LED0～LED7 | 亮、灭 | 推挽输出(或者开漏) |
| 5V | $V_{CC}$ | LED电源电压 | — |
| PB6 | BEEP | 蜂鸣器 | 开漏输出 |
| 3.3V | $V_{CC}$ | 蜂鸣器电源电压 | — |
| GND | GND | 蜂鸣器电源地线 | — |

### 3. 项目实施

项目8实施步骤如下。

第一步：硬件连接。按照上面硬件连接与I/O定义，用导线将开发板与独立式按键模块、LED模块、蜂鸣器模块一一进行连接，确保无误。

第二步：建工程模板。由于项目8用到按键、LED、蜂鸣器与项目7的类似，所以工程模板就用项目7的工程模板。将项目7的工程模板文件夹复制到桌面上，只需要把文件夹USER下的7KEYBEEPLED改名为8KEYBEEPLED，然后将工程模板编译一下，直到没有错误和警告为止。

第三步：由于项目8与项目7类似，直接用项目7工程模板，这一步就省略了。

第四步：在key.h、beep.h、led.h文件中输入如下源程序。头文件里条件编译#ifndef…#endif格式不变，里面分别只要包括KEY_H、BEEP_H、LED_H宏定义和KEY_Init、BEEP_Init、LED_Init函数声明就行。代码如下：

**key.h**

```
#ifndef __KEY_H
#define __KEY_H
#include "sys.h"
//KEY1~KEY4连接到PA1~PA4
//同样可以通过位操作实现,用位操作的好处是简洁
//#define KEY1 PAin(1)                              //PA1
//#define KEY2 PAin(2)                              //PA2
//#define KEY3 PAin(3)                              //PA3
//#define KEY4 PAin(4)                              //PA4
#define KEY_DN   0                                  //按键按下
#define KEY_UP   1                                  //按键松开
/*读按键KEY1状态*/
#define KEY1_STA  GPIO_ReadInputDataBit(GPIOA,GPIO_Pin_1)
/*读按键KEY2状态*/
#define KEY2_STA  GPIO_ReadInputDataBit(GPIOA,GPIO_Pin_2)
/*读按键KEY3状态*/
#define KEY3_STA  GPIO_ReadInputDataBit(GPIOA,GPIO_Pin_3)
```

```
/* 读按键 KEY4 状态 */
#define KEY4_STA  GPIO_ReadInputDataBit(GPIOA,GPIO_Pin_4)
void KEY_Init(void);                                    //I/O 初始化
#endif
beep.h
#ifndef __BEEP_H
#define __BEEP_H
#include "sys.h"
#define BEEP PBout(6)                                   //BEEP,蜂鸣器接口
void BEEP_Init(void);                                   //初始化
#endif
```

**led.h**

```
#ifndef __LED_H
#define __LED_H
#include "sys.h"
//控制 LED0~LED7(直接操作寄存器)
#define LED0_OFF   GPIOC->BSRR=GPIO_Pin_0              //PC0 输出高电平,LED0 关
#define LED0_ON    GPIOC->BRR=GPIO_Pin_0               //PC0 输出低电平,LED0 开
#define LED1_OFF   GPIOC->BSRR=GPIO_Pin_1              //PC1 输出高电平,LED1 关
#define LED1_ON    GPIOC->BRR=GPIO_Pin_1               //PC1 输出低电平,LED1 开
#define LED2_OFF   GPIOC->BSRR=GPIO_Pin_2              //PC2 输出高电平,LED2 关
#define LED2_ON    GPIOC->BRR=GPIO_Pin_2               //PC2 输出低电平,LED2 开
#define LED3_OFF   GPIOC->BSRR=GPIO_Pin_3              //PC3 输出高电平,LED3 关
#define LED3_ON    GPIOC->BRR=GPIO_Pin_3               //PC3 输出低电平,LED3 开
#define LED4_OFF   GPIOC->BSRR=GPIO_Pin_4              //PC4 输出高电平,LED4 关
#define LED4_ON    GPIOC->BRR=GPIO_Pin_4               //PC4 输出低电平,LED4 开
#define LED5_OFF   GPIOC->BSRR=GPIO_Pin_5              //PC5 输出高电平,LED5 关
#define LED5_ON    GPIOC->BRR=GPIO_Pin_5               //PC5 输出低电平,LED5 开
#define LED6_OFF   GPIOC->BSRR=GPIO_Pin_6              //PC6 输出高电平,LED6 关
#define LED6_ON    GPIOC->BRR=GPIO_Pin_6               //PC6 输出低电平,LED6 开
#define LED7_OFF   GPIOC->BSRR=GPIO_Pin_7              //PC7 输出高电平,LED7 关
#define LED7_ON    GPIOC->BRR=GPIO_Pin_7               //PC7 输出低电平,LED7 开
#define LED0 PCout(0)
#define LED1 PCout(1)
#define LED2 PCout(2)
#define LED3 PCout(3)
#define LED4 PCout(4)
#define LED5 PCout(5)
#define LED6 PCout(6)
#define LED7 PCout(7)
void LED_Init(void);                                    //初始化
#endif
```

第五步：在 key.c、beep.c、led.c 文件中输入如下源程序。在程序里面首先包含相应头文件 key.h、beep.h、led.h、stm32f10x.h，然后就是相应初始化函数 KEY_Init 或 BEEP_Init 或 LED_Init，详细介绍见每条代码注释。

**key.c**

```
#include "stm32f10x.h"
#include "key.h"
#include "sys.h"
#include "delay.h"
//按键 I/O:KEY1—PA1,KEY2—PA2,KEY3—PA3,KEY4—PA4
//按键初始化函数
```

```
void KEY_Init(void)                                          //IO初始化
{
    GPIO_InitTypeDef GPIO_InitStructure;
    RCC_APB2PeriphClockCmd(RCC_APB2Periph_GPIOA,ENABLE);  //使能GPIOA时钟
    GPIO_InitStructure.GPIO_Pin=GPIO_Pin_1|GPIO_Pin_2|GPIO_Pin_3|GPIO_Pin_4;
    //KEY1~KEY4
    GPIO_InitStructure.GPIO_Mode = GPIO_Mode_IPU;         //设置成上拉输入
    GPIO_Init(GPIOA,&GPIO_InitStructure);    //初始化GPIOA1、GPIOA2、GPIOA3、GPIOA4
}
```

**beep.c**

```
#include "beep.h"
#include "stm32f10x.h"
//初始化PB6为输出口,并使能这个口的时钟
//蜂鸣器初始化
void BEEP_Init(void)
{
    GPIO_InitTypeDef  GPIO_InitStructure;
    RCC_APB2PeriphClockCmd(RCC_APB2Periph_GPIOB,ENABLE);  //使能GPIOB端口时钟
    GPIO_InitStructure.GPIO_Pin = GPIO_Pin_6;             //BEEP->PB.6端口配置
    GPIO_InitStructure.GPIO_Mode = GPIO_Mode_Out_OD;      //开漏输出
    GPIO_InitStructure.GPIO_Speed = GPIO_Speed_50MHz;     //速度为50MHz
    GPIO_Init(GPIOB,&GPIO_InitStructure);                 //根据参数初始化GPIOB.6
    GPIO_SetBits(GPIOB,GPIO_Pin_6);                       //输出1,关闭蜂鸣器输出
}
```

**led.c**

```
#include "led.h"
//初始化PC0~PC7为输出口,并使能时钟
//LED I/O初始化
void LED_Init(void)
{
    GPIO_InitTypeDef GPIO_InitStructure;
    RCC_APB2PeriphClockCmd(RCC_APB2Periph_GPIOC,ENABLE);  //使能PB、PE端口时钟
    GPIO_InitStructure.GPIO_Pin=GPIO_Pin_0|GPIO_Pin_1|GPIO_Pin_2|GPIO_Pin_3|
GPIO_Pin_4|GPIO_Pin_5|GPIO_Pin_6|GPIO_Pin_7;                //LED0~LED7端口配置
    GPIO_InitStructure.GPIO_Mode = GPIO_Mode_Out_PP;      //推挽输出
    GPIO_InitStructure.GPIO_Speed = GPIO_Speed_50MHz;     //I/O口速度为50MHz
    GPIO_Init(GPIOC,&GPIO_InitStructure);        //根据设定参数初始化GPIOC0~GPIOC7
    //配置完成后关闭所有LED
    GPIO_SetBits(GPIOC,GPIO_Pin_0|GPIO_Pin_1|GPIO_Pin_2|GPIO_Pin_3|GPIO_Pin_4|
GPIO_Pin_5|GPIO_Pin_6|GPIO_Pin_7);
}
```

第六步:在main.c文件中输入如下源程序。程序框架包含头文件、主函数和无限循环3部分。头文件包含程序需要头文件stm32f10x.h、led.h、delay.h、key.h、beep.h等;主函数包含调用delay_init()、LED_Init()、KEY_Init()、BEEP_Init()初始化函数;无限循环包含按键判断,根据按键值去控制相应LED亮灭、蜂鸣器报警与关闭等操作,详细介绍见每条代码注释。

**main.c**

```
#include "stm32f10x.h"
#include "led.h"
#include "delay.h"
#include "key.h"
```

```
#include "sys.h"
#include "beep.h"
//KEY1~KEY4连接到PA1~PA4,LED连接到PC0~PC7,蜂鸣器连接到PB6
int main(void)
{
    delay_init();                               //延时函数初始化
    LED_Init();                                 //LED端口初始化
    KEY_Init();                                 //初始化与按键连接的硬件接口
    BEEP_Init();                                //初始化蜂鸣器端口
    while(1)
    {
        //按键KEY1和KEY3
        if (KEY1_STA == KEY_DN)                 //检测是否有按键按下
        {
            delay_ms(10);                       //延时消抖
            if (KEY1_STA == KEY_DN)             //确认按键KEY1是否按下
            {
              BEEP=0;
              LED1_ON;
              LED3_ON;
              LED5_ON;
              LED7_ON;
            while(KEY1_STA == KEY_DN);          //等待按键释放
            BEEP=1;
            LED1_OFF;
            LED3_OFF;
            LED5_OFF;
            LED7_OFF;
            }
        }
        if (KEY3_STA == KEY_DN)                 //检测是否有按键按下
        {
            delay_ms(10);                       //延时消抖
            if (KEY3_STA == KEY_DN)             //确认按键KEY3是否按下
            {
            BEEP=0;
            LED7_OFF;
            LED0_ON;
            delay_ms(200);
            LED0_OFF;
            LED1_ON;
            delay_ms(200);
            LED1_OFF;
            LED2_ON;
            delay_ms(200);
            LED2_OFF;
            LED3_ON;
            delay_ms(200);
            LED3_OFF;
            LED4_ON;
            delay_ms(200);
            LED4_OFF;
            LED5_ON;
            delay_ms(200);
```

```
        LED5_OFF;
        LED6_ON;
        delay_ms(200);
        LED6_OFF;
        LED7_ON;
        while(KEY3_STA == KEY_DN);                //等待按键释放
        BEEP=1;
        LED0_OFF;
        LED1_OFF;
        LED2_OFF;
        LED3_OFF;
        LED4_OFF;
        LED5_OFF;
        LED6_OFF;
        LED7_OFF;
        delay_ms(300);                            //延时 300ms
        }
    }
    /* 按键 KEY2 和 KEY4 */
    if (KEY2_STA == KEY_DN)                       //检测是否有按键按下
    {
        delay_ms(10);                             //延时消抖
        if (KEY2_STA == KEY_DN)                   //确认按键 KEY2 是否按下
        {
        BEEP=0;
        LED0_ON;
        LED2_ON;
        LED4_ON;
        LED6_ON;
        while(KEY2_STA == KEY_DN);                //等待按键释放
        BEEP=1;
        LED0_OFF;
        LED2_OFF;
        LED4_OFF;
        LED6_OFF;
        delay_ms(300);                            //延时 300ms
        }
    }
    if (KEY4_STA == KEY_DN)                       //检测是否有按键按下
    {
        delay_ms(10);                             //延时消抖
        if (KEY4_STA == KEY_DN)                   //确认按键 KEY4 是否按下
        {
          LED7_ON;
          LED0_OFF;
          delay_ms(200);
          LED7_OFF;
          LED6_ON;
          delay_ms(200);
          LED6_OFF;
          LED5_ON;
          delay_ms(200);
          LED5_OFF;
          LED4_ON;
```

```
                delay_ms(200);
                LED4_OFF;
                LED3_ON;
                delay_ms(200);
                LED3_OFF;
                LED2_ON;
                delay_ms(200);
                LED2_OFF;
                LED1_ON;
                delay_ms(200);
                LED1_OFF;
                LED0_ON;
                while(KEY4_STA == KEY_DN);
                LED0_OFF;
                LED1_OFF;
                LED2_OFF;
                LED3_OFF;
                LED4_OFF;
                LED5_OFF;
                LED6_OFF;
                LED7_OFF;
            }
        }
    }
}
        /*按键 KEY2 和 KEY4*/
        if (KEY2_STA == KEY_DN)                         //检测是否有按键按下
        {
            delay_ms(10);                               //延时消抖
            if (KEY2_STA == KEY_DN)                     //确认按键 KEY2 是否按下
            {
              LED0=!LED0;                               //LED0 翻转
              LED2=!LED2;                               //LED2 翻转
              LED4=!LED4;                               //LED4 翻转
              LED6=!LED6;                               //LED6 翻转
            }
        }
        if (KEY4_STA == KEY_DN)                         //检测是否有按键按下
        {
            delay_ms(10);                               //延时消抖
            if (KEY4_STA == KEY_DN)                     //确认按键 KEY4 是否按下
            {
            LED0=!LED0;
            delay_ms(150);
            LED1=!LED1;
            delay_ms(150);
            LED2=!LED2;
            delay_ms(150);
            LED3=!LED3;
            delay_ms(150);
            LED4=!LED4;
            delay_ms(150);
            LED5=!LED5;
            delay_ms(150);
```

```
                LED6=!LED6;
                delay_ms(150);
                LED7=!LED7;
                while(KEY4_STA == KEY_DN);
                BEEP=1;
                LED0=1;
                LED1=1;
                LED2=1;
                LED3=1;
                LED4=1;
                LED5=1;
                LED6=1;
                LED7=1;
                }
            }
        }
}
```

第七步：编译工程，直到没有错误和警告，会在OBJ文件夹中生成.hex文件。

第八步：下载运行程序。通过ISP软件下载.hex文件到开发板，查看效果。I/O口输入输出综合项目效果如图4-80所示。

(a) 按下KEY1，LED交叉亮、蜂鸣器报警

(b) 按下KEY2，LED交叉亮、蜂鸣器报警

(c) 按下KEY3，反向流水灯

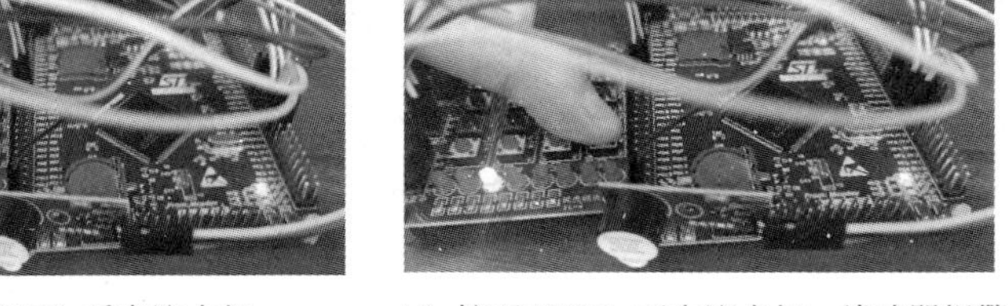

(d) 按下KEY4，正向流水灯、蜂鸣器报警

图4-80 I/O口输入输出综合项目效果

## 4.9.5 项目9：数码管显示独立式按键值

**1. 项目要求**

（1）掌握STM32 I/O口基础知识；

（2）掌握共阳极数码管显示工作原理；

（3）掌握独立式按键工作原理及编程方法；

（4）掌握开发板数码管显示4个独立式按键值硬件连接；

（5）掌握开发板数码管显示4个独立式按键值软件编程；

(6) 熟悉调试、下载程序。

**2. 项目描述**

(1) 数码管显示 4 个独立式按键值。

段码接口：

A—PE7　　B—PE8　　C—PE9　　D—PE10
E—PE11　　F—PE12　　G—PE13　　DP—PE14

位选接口：

D4—PE3
D3—PE2
D2—PE1
D1—PE0

独立按键接口：

KEY0—PB4
KEY1—PB5
KEY2—PB6
KEY3—PB7

(2) 主要设备及器材如下。

① 笔记本电脑或台式计算机(内存不低于 4GB)。

② STM32F103ZET6 最小系统板一块、ISP 串口程序下载器、杜邦线几根、miniUSB 线一条、独立按键模块一块、共阳极四位数码管模块一块。

③ 配置相关软件(MDK、串口驱动等)。

(3) 项目 9 硬件连接框图与 I/O 定义。

项目 9 硬件连接框图如图 4-81 所示。

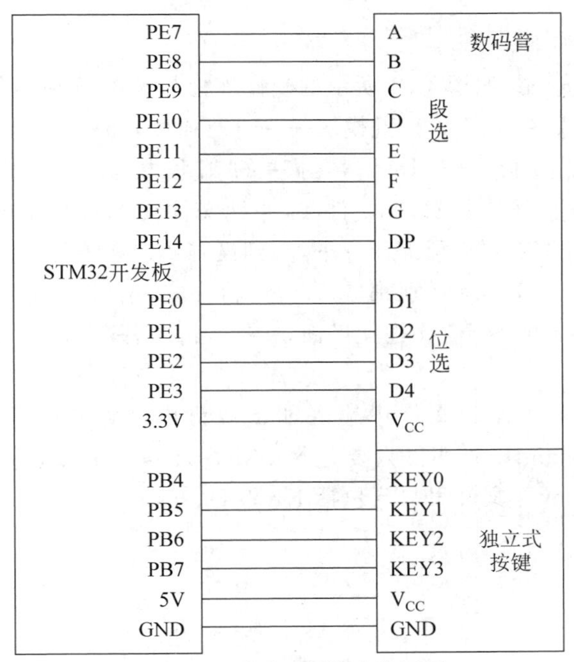


图 4-81　项目 9 硬件连接框图

项目9 I/O定义如表4-14所示。

表4-14　项目9 I/O定义(数码管显示独立式按键组的值)

| MCU控制引脚 | 定　义 | 功　能 | 模　式 |
|---|---|---|---|
| PE7～PE14 | A—PE7<br>B—PE8<br>C—PE9<br>D—PE10<br>E—PE11<br>F—PE12<br>G—PE13<br>DP—PE14 | 数码管段选<br>(需要跳线连接) | 推挽(或者开漏)输出 |
| PE0～PE3 | D4—PE3<br>D3—PE2<br>D2—PE1<br>D1—PE0 | 数码管位选<br>(需要跳线连接) | 推挽(或者开漏)输出 |
| 3.3V | $V_{CC}$ | 数码管电源电压 | — |
| PB4～PB7 | KEY0—PB4<br>KEY1—PB5<br>KEY2—PB6<br>KEY3—PB7 | 独立式按键 | 上拉输入 |
| 5V | $V_{CC}$ | 独立式按键电源电压 | — |
| GND | GND | 独立式按键电源地线 | — |

**3. 项目实施**

项目9实施步骤如下。

第一步：硬件连接。按照图4-81所示的硬件连接与表4-14所示的I/O定义,用导线将开发板与数码管显示模块、独立式按键模块一一进行连接,确保无误。

第二步：建工程模板。将项目8创建的工程模板文件夹复制到桌面上,在HARDWARE文件夹下面新建SMG文件夹,并把文件夹USER下的8KEYBEEPLED改名为9SMGKEY,然后将工程模板编译一下,直到没有错误和警告为止。

第三步：新建两个文件,分别命名为smg.h和smg.c。将smg.c、smg.h保存到HARDWARE文件夹下的SMG文件夹里面,并把smg.c添加到HARDWARE分组里面,然后添加smg.h路径。

第四步：在smg.h、key.h文件中输入如下源程序。头文件里条件编译#ifndef…#endif格式不变,在smg.h文件里只要包括SMG_H、sys.h宏定义和SMG_Init、SMG_display函数声明;在key.h文件里只要包括KEY_H、sys.h宏定义和KEY_Init、KEY_Scan函数声明。

**smg.h**

```
#ifndef __SMG_H
#define __SMG_H
#include "sys.h"
```

```
#define WEI1 PEout(0)                                          //PE0 第一个数码管位选
#define WEI2 PEout(1)                                          //PE1 第二个数码管位选
#define WEI3 PEout(2)                                          //PE2 第三个数码管位选
#define WEI4 PEout(3)                                          //PE3 第四个数码管位选
#define DA PEout(7)                                            //数码管 a 段选
#define DB PEout(8)                                            //数码管 b 段选
#define DC PEout(9)                                            //数码管 c 段选
#define DD PEout(10)                                           //数码管 d 段选
#define DE PEout(11)                                           //数码管 e 段选
#define DF PEout(12)                                           //数码管 f 段选
#define DG PEout(13)                                           //数码管 g 段选
#define DP PEout(14)                                           //数码管 dp 段选
void SMG_Init(void);                                           //初始化
void SMG_display(int n);

#endif
```

**key.h**

```
#ifndef __KEY_H
#define __KEY_H
#include "sys.h"
#define KEY0  GPIO_ReadInputDataBit(GPIOB,GPIO_Pin_4)  //读取按键 KEY0
#define KEY1  GPIO_ReadInputDataBit(GPIOB,GPIO_Pin_5)  //读取按键 KEY1
#define KEY2  GPIO_ReadInputDataBit(GPIOB,GPIO_Pin_6)  //读取按键 KEY2
#define KEY3  GPIO_ReadInputDataBit(GPIOB,GPIO_Pin_7)  //读取按键 KEY3
#define KEY0_PRES  1                                   //KEY0 按下
#define KEY1_PRES  2                                   //KEY1 按下
#define KEY2_PRES  3                                   //KEY2 按下
#define KEY3_PRES  4                                   //KEY3 按下
void KEY_Init(void);                                   //I/O 初始化
u8 KEY_Scan(void);                                     //按键扫描函数
#endif
```

第五步：在smg.c、key.c文件中输入如下源程序。在程序里面首先包含相应头文件smg.h、key.h、stm32f10x.h，然后就是相应初始化函数SMG_Init或KEY_Init，详细介绍见每条代码注释。

**smg.c**

```
#include "smg.h"
//数码管 PE I/O 初始化
void SMG_Init(void)
{
    GPIO_InitTypeDef GPIO_InitStructure;
    RCC_APB2PeriphClockCmd(RCC_APB2Periph_GPIOE,ENABLE);  //使能 PE 端口时钟
    GPIO_InitStructure.GPIO_Pin=GPIO_Pin_0|GPIO_Pin_1|GPIO_Pin_2|GPIO_Pin_3|
GPIO_Pin_7|GPIO_Pin_8|GPIO_Pin_9|GPIO_Pin_10|GPIO_Pin_11|GPIO_Pin_12|GPIO_Pin_
13|GPIO_Pin_14;
    GPIO_InitStructure.GPIO_Mode=GPIO_Mode_Out_PP;         //推挽输出
    GPIO_InitStructure.GPIO_Speed=GPIO_Speed_2MHz;         //I/O 口速度为 2MHz
    GPIO_Init(GPIOE,&GPIO_InitStructure);                  //根据设定参数初始化 GPIOE
    GPIO_SetBits(GPIOE,GPIO_Pin_0|GPIO_Pin_1|GPIO_Pin_2|GPIO_Pin_3|GPIO_Pin_7|
GPIO_Pin_8|GPIO_Pin_9|GPIO_Pin_10|GPIO_Pin_11|GPIO_Pin_12|GPIO_Pin_13|GPIO_Pin_
14);
}
```

```
void SMG_display(int n){
    switch(n){
        case 0:                                          //共阳极数码管显示0段码
            DA=0;DB=0;DC=0;DD=0;DE=0;DF=0;DG=1;DP=1;
            break;
        case 1:                                          //共阳极数码管显示1段码
            DA=1;DB=0;DC=0;DD=1;DE=1;DF=1;DG=1;DP=1;
            break;
        case 2:                                          //共阳极数码管显示2段码
            DA=0;DB=0;DC=1;DD=0;DE=0;DF=1;DG=0;DP=1;
            break;
        case 3:                                          //共阳极数码管显示3段码
            DA=0;DB=0;DC=0;DD=0;DE=1;DF=1;DG=0;DP=1;
            break;
        case 4:                                          //共阳极数码管显示4段码
            DA=1;DB=0;DC=0;DD=1;DE=1;DF=0;DG=0;DP=1;
            break;
    }
}
```

**key.c**

```
#include "stm32f10x.h"
#include "key.h"
#include "sys.h"
#include "delay.h"
//按键初始化函数
void KEY_Init(void)                                      //I/O初始化
{
    GPIO_InitTypeDef GPIO_InitStructure;
    RCC_APB2PeriphClockCmd(RCC_APB2Periph_GPIOB,ENABLE);  //使能PB端口时钟
    GPIO_InitStructure.GPIO_Pin= GPIO_Pin_4|GPIO_Pin_5|GPIO_Pin_6|GPIO_Pin_7;
    GPIO_InitStructure.GPIO_Mode = GPIO_Mode_IPU;        //设置成上拉输入
    GPIO_Init(GPIOB,&GPIO_InitStructure);    //初始化GPIOB4、GPIOB5、GPIOB6、GPIOB7
}
//按键处理函数
//返回按键值
u8 KEY_Scan()
{
    static u8 key_up=1;                                  //按键按松开标志
    if(key_up&&(KEY0==0||KEY1==0||KEY2==0||KEY3==0))
    {
        delay_ms(30);                                    //去抖动
        key_up=0;
        if(KEY0==0)return KEY0_PRES;
        else if(KEY1==0)return KEY1_PRES;
        else if(KEY2==0)return KEY2_PRES;
        else if(KEY3==0)return KEY3_PRES;
    }else if(KEY0==1&&KEY1==1&&KEY2==1&&KEY3==1)key_up=1;
    return 0;                                            //无按键按下
}
```

第六步：在main.c文件中输入如下源程序。程序框架包含头文件、主函数和无限循环3部分。头文件包含程序需要头文件smg.h、delay.h、key.h、sys.h；主函数包含调用delay_init()、SMG_Init()、KEY_Init()初始化函数；无限循环包含按键识别，根据按键值去分别控

制数码管显示值，详细介绍见每条代码注释。

**main.c**

```
#include "smg.h"
#include "delay.h"
#include "key.h"
#include "sys.h"
int main(void)
{
    vu8 key=0;
    delay_init();                               //延时函数初始化
    SMG_Init( );                                //数码管端口初始化
    KEY_Init();                                 //按键初始化
    WEI1=0;                                     //开启数码管第1位
    WEI2=1;                                     //关闭数码管第2位
    WEI3=1;                                     //关闭数码管第3位
    WEI4=1;                                     //关闭数码管第4位
    while(1)
    {
        key=KEY_Scan();                         //得到键值
        if(key)
        {
            switch(key)
            {
                case KEY3_PRES:                 //在数码管第4位显示数字4
                    WEI1=1;
                    WEI2=1;
                    WEI3=1;
                    WEI4=0;                     //开启数码管第4位
                    SMG_display(4);             //显示数字4
                    break;
                case KEY2_PRES:                 //在数码管第3位显示数字3
                    WEI1=1;
                    WEI2=1;
                    WEI3=0;                     //开启数码管第3位
                    WEI4=1;
                    SMG_display(3);             //显示数字3
                    break;
                case KEY1_PRES:                 //在数码管第2位显示数字2
                    WEI1=1;
                    WEI2=0;                     //开启数码管第2位
                    WEI3=1;
                    WEI4=1;
                    SMG_display(2);             //显示数字2
                    break;
                case KEY0_PRES:                 //在数码管第1位显示数字1
                    WEI1=0;                     //开启数码管第1位
                    WEI2=1;
                    WEI3=1;
                    WEI4=1;
                    SMG_display(1);             //显示数字1
                    break;
            }
        }else delay_ms(30);
```

```
    }
}
```

第七步：编译工程，直到没有错误和警告，会在OBJ文件夹中生成.hex文件。

第八步：下载运行程序。通过ISP软件下载.hex文件到开发板，查看效果。数码管显示独立式按键值效果如图4-82所示。

图4-82 数码管显示独立式按键值效果

### 4.9.6 项目10：数码管显示矩阵式键盘按键值

**1. 项目要求**

(1) 掌握STM32 I/O口基础知识；

(2) 掌握共阳极数码管显示工作原理；

(3) 掌握矩阵式键盘工作原理及编程方法；

(4) 掌握开发板数码管显示矩阵式键盘按键值硬件连接；

(5) 掌握开发板数码管显示矩阵式键盘按键值软件编程；

(6) 熟悉调试、下载程序。

**2. 项目描述**

(1) 数码管显示矩阵式键盘按键值。

段码I/O接口：

```
A—PD0     B—PD1     C—PD2     D—PD3
E—PD4     F—PD5     G—PD6     DP—PD7
```

位选I/O接口：

```
D4—PA4          D3—PA3
D2—PA2          D1—PA1
```

位选I/O编码：

```
0xFFE1—4位全选(A4A3A2A1)
0xFFFD—选第1位(右A1)
0xFFFB—选第2位(A2)
0xFFF7—选第3位(A3)
0xFFEF—选第4位(A4)
```

矩阵键盘I/O：

```
L1—PE0     L2—PE1     L3—PE2     L4—PE3
R1—PE4     R2—PE5     R3—PE6     R4—PE7
```

(2) 主要设备及器材如下。

① 笔记本电脑或台式计算机(内存不低于4GB)。

② STM32F103ZET6最小系统板一块、ISP串口程序下载器、杜邦线几根、miniUSB线一条、共阳极四位数码管模块一块、独立式键盘模块一块。

③ 配置相关软件(MDK、串口驱动等)。

(3) 硬件连接与I/O定义。

项目10硬件连接框图如图4-83所示。

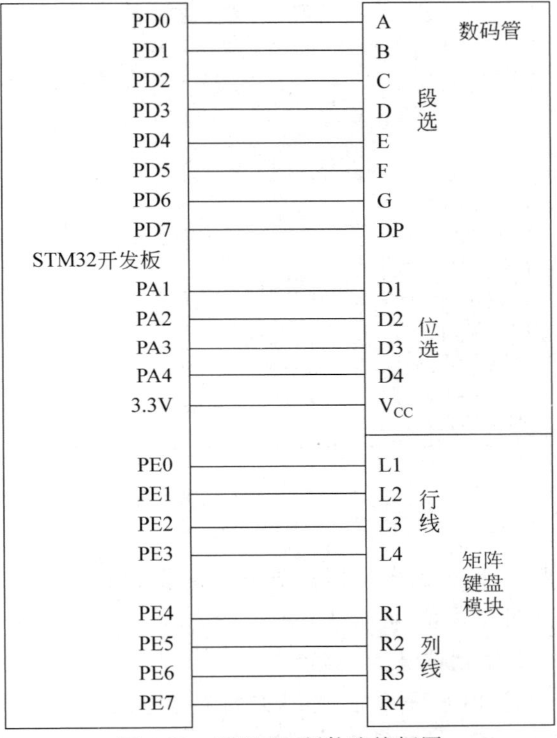


图4-83 项目10硬件连接框图

项目10 I/O定义如表4-15所示。

**表4-15 项目10 I/O定义(数码管显示矩阵式键盘按键值)**

| MCU控制引脚 | 定　义 | 功　能 | 模　式 |
|---|---|---|---|
| PD0～PD7 | A—PD0<br>B—PD1<br>C—PD2<br>D—PD3<br>E—PD4<br>F—PD5<br>G—PD6<br>DP—PD7 | 数码管段码<br>(需要跳线连接) | 推挽(或者开漏)输出 |

续表

| MCU控制引脚 | 定　义 | 功　能 | 模　式 |
| --- | --- | --- | --- |
| PA1～PA4 | D4—PA4<br>D3—PA3<br>D2—PA2<br>D1—PA1 | 数码管位选<br>(需要跳线连接)<br>位选编码<br>0xFFE1—4位全选(A4A3A2A1)<br>0xFFFD—选第1位(右A1)<br>0xFFFB—选第2位(A2)<br>0xFFF7—选第3位(A3)<br>0xFFEF—选第4位(A4) | 推挽(或者开漏)输出 |
| Vcc | +3.3V | 数码管电源电压 | 接到开发板电源端 |
| PE0～PE7 | 行线:<br>L1—PE0<br>L2—PE1<br>L3—PE2<br>L4—PE3<br>列线:<br>R1—PE4<br>R2—PE5<br>R3—PE6<br>R4—PE7 | 矩阵键盘的行列线 | 输入上拉 |

**3. 项目实施**

项目10实施步骤如下。

第一步:硬件连接。按照上面硬件连接与I/O定义,用导线将开发板与数码管显示模块、矩阵式按键模块一一进行连接,确保无误。

第二步:由于项目10用到按键、数码管与项目9的类似,因此工程模板就用项目9的工程模板。将项目9创建的工程模板文件夹复制到桌面上,并把文件夹USER下的9SMGKEY改名为10SMGKEY,然后将工程模板编译一下,直到没有错误和警告为止。

第三步:由于项目10与项目9类似,因此直接用项目9工程模板,这一步就省略了。

第四步:在smg.h、key.h文件中输入如下源程序。头文件里条件编译#ifndef…#endif格式不变,在smg.h文件里只要包括SMG_H、stm32f10x.h宏定义和SMG_Init、SMG_Dpy函数声明;在key.h文件里只要包括KEY_H、stm32f10x.h、GPIOX、KEY_GPIO_CLK及行、列宏定义和KEY4X4_Init、KEY4X4_scan函数声明。

**smg.h**

```
#ifndef __SMG_H
#define __SMG_H
#include "stm32f10x.h"
void SMG_Init (void);
void SMG_Dpy(uint8_t u8_Bit,uint8_t u8_Num);
#endif
```

**key.h**

```
#include "stm32f10x.h"
#ifndef __KEY_H
```

```
#define __KEY_H
#define GPIOX GPIOE
#define KEY_GPIO_CLK RCC_APB2Periph_GPIOE
//行定义
#define KEY_GPIO_PIN0 GPIO_Pin_0
#define KEY_GPIO_PIN1 GPIO_Pin_1
#define KEY_GPIO_PIN2 GPIO_Pin_2
#define KEY_GPIO_PIN3 GPIO_Pin_3
//列定义
#define KEY_GPIO_PIN4 GPIO_Pin_4
#define KEY_GPIO_PIN5 GPIO_Pin_5
#define KEY_GPIO_PIN6 GPIO_Pin_6
#define KEY_GPIO_PIN7 GPIO_Pin_7
void KEY4X4_Init(void);
uint16_t KEY4X4_scan(uint16_t key_val);
#endif
```

第五步：在smg.c、key.c文件中输入如下源程序。在程序里面首先包含相应头文件smg.h、key.h、stm32f10x.h，然后就是相应初始化函数SMG_Init或KEY_Init，详细介绍见每条代码注释。

**smg.c**

```
#include "smg.h"
#include "stm32f10x.h"
//该数组为共阳极数码管0~9段码
static uint16_t su16_DpyNum[] = {0x00C0,0x00F9,0x00A4,0x00B0,0x0099,
                                 0x0092,0x0082,0x00F8,0x0080,0x0090};
                                                             //位选编码
static uint16_t su16_DpyBit[] = {0xFFE1,0xFFFD,0xFFFB,0xFFF7,0xFFEF};
void SMG_Init(void)
{
    GPIO_InitTypeDef GPIO_InitStructure;
    RCC_APB2PeriphClockCmd(RCC_APB2Periph_GPIOD|RCC_APB2Periph_GPIOA,ENABLE);
                                                             //开启PD、PA时钟
    /*段码接口I/O配置*/
    GPIO_InitStructure.GPIO_Pin=GPIO_Pin_0|GPIO_Pin_1|GPIO_Pin_2|GPIO_Pin_3 |
GPIO_Pin_4|GPIO_Pin_5|GPIO_Pin_6|GPIO_Pin_7;
    GPIO_InitStructure.GPIO_Mode=GPIO_Mode_Out_PP;
    GPIO_InitStructure.GPIO_Speed=GPIO_Speed_2MHz;
    GPIO_Init(GPIOD,&GPIO_InitStructure);
    GPIO_SetBits(GPIOD,GPIO_Pin_0|GPIO_Pin_1|GPIO_Pin_2|GPIO_Pin_3 |GPIO_Pin_4 |
GPIO_Pin_5 | GPIO_Pin_6 | GPIO_Pin_7);
    /*位选接口I/O配置*/
    GPIO_InitStructure.GPIO_Pin=GPIO_Pin_1|GPIO_Pin_2|GPIO_Pin_3 |GPIO_Pin_4
    GPIO_Init(GPIOA,&GPIO_InitStructure);
}
//数码管显示(显示的位、需要显示的数字)
void SMG_Dpy(uint8_t u8_Bit,uint8_t u8_Num)
{
    GPIO_Write(GPIOA,su16_DpyBit[u8_Bit]);
    GPIO_Write(GPIOD,su16_DpyNum[u8_Num]);
}
```

**key.c**

```
#include "stm32f10x.h"
```

```
#include "delay.h"
#include "key.h"
uint8_t Send_F=0;
void KEY4X4_Init(void)
{
    GPIO_InitTypeDef  GPIO_InitStruct;
    RCC_APB2PeriphClockCmd(KEY_GPIO_CLK,ENABLE);        //开启 GPIE 时钟
    //行
    GPIO_InitStruct.GPIO_Pin=KEY_GPIO_PIN0|KEY_GPIO_PIN1|KEY_GPIO_PIN2|KEY_
GPIO_PIN3;
    GPIO_InitStruct.GPIO_Mode=GPIO_Mode_Out_PP;
    GPIO_InitStruct.GPIO_Speed=GPIO_Speed_50MHz;
    GPIO_Init(GPIOX,&GPIO_InitStruct);
    //列
    GPIO_InitStruct.GPIO_Pin=KEY_GPIO_PIN4|KEY_GPIO_PIN5|KEY_GPIO_PIN6|KEY_
GPIO_PIN7;
    GPIO_InitStruct.GPIO_Mode=GPIO_Mode_IPU;
    GPIO_InitStruct.GPIO_Speed=GPIO_Speed_50MHz;
    GPIO_Init(GPIOX,&GPIO_InitStruct);
}
uint16_t KEY4X4_scan(uint16_t key_val)
{
    uint16_t temp=0;
    /*第一行*/
    GPIOX->ODR=0X00;
    GPIOX->ODR=0XFE;
    if((GPIOX->IDR&0XF0)!=0XF0)
    {
        delay_ms(50);
        if((GPIOX->IDR & 0XF0)!=0XF0)
        {
            temp=(GPIOX->IDR&0XFE);
            switch(temp)
            {
                case 0xEE: key_val=1;  break;
                case 0xDE: key_val=2;  break;
                case 0xBE: key_val=3;  break;
                case 0x7E: key_val=4;  break;
                default: key_val=0;   break;
            }
        }
    }
    /*第二行*/
    GPIOX->ODR=0X00;
    GPIOX->ODR=0XFD;
    if((GPIOX->IDR&0XF0)!=0XF0)
    {
        delay_ms(50);
        if((GPIOX->IDR & 0XF0)!=0XF0)
        {
            temp=(GPIOX->IDR&0XFD);
            switch(temp)
            {
                case 0xED: key_val=5; break;
```

```
                case 0xDD: key_val=6; break;
                case 0xBD: key_val=7; break;
                case 0x7D: key_val=8; break;
                default: key_val=0; break;
            }
        }
    }
    /*第三行*/
    GPIOX->ODR=0X00;
    GPIOX->ODR=0XFB;
    if((GPIOX->IDR&0XF0)!=0XF0)
    {
        delay_ms(50);
        if((GPIOX->IDR & 0XF0)!=0XF0)
        {
            temp=(GPIOX->IDR&0XFB);
            switch(temp)
            {
                case 0xEB: key_val=9; break;
                case 0xDB: key_val=10; break;
                case 0xBB: key_val=11; break;
                case 0x7B: key_val=12; break;
                default: key_val=0; break;
            }
        }
    }
    /*第四行*/
    GPIOX->ODR=0X00;
    GPIOX->ODR=0XF7;
    if((GPIOX->IDR&0XF0)!=0XF0)
    {
        delay_ms(50);
        if((GPIOX->IDR & 0XF0)!=0XF0)
        {
            temp=(GPIOX->IDR&0XF7);
            switch(temp)
            {
                case 0xE7: key_val=13; break;
                case 0xD7: key_val=14; break;
                case 0xB7: key_val=15; break;
                case 0x77: key_val=16; break;
                default: key_val=0; break;
            }
        }
    }
    return key_val;
}
```

第六步：在main.c文件中输入如下源程序。程序框架包含头文件、主函数和无限循环3部分。头文件包含程序需要头文件smg.h、delay.h、key.h、sys.h；主函数包含调用delay_init()、SMG_Init()、KEY4×4_Init()初始化函数；无限循环包含按键识别，根据矩阵键盘按键值去控制数码管显示该按键值，详细介绍见每条代码注释。

**main.c**

```
#include "smg.h"
#include "delay.h"
#include "sys.h"
#include "key.h"
int main(void)
{
    vu8 key=0;
    SMG_Init();
    KEY4X4_Init();
    delay_init();
    /* 按键 KEY 显示数字:1~16 */
    while(1)
        {
            key= KEY4X4_scan(key);
            if(key == 0) continue;
            else if(key<10){
                SMG_Dpy(4,key);delay_ms(10);
            }else{
                SMG_Dpy(4,key%10);delay_ms(10);          //个位数
                SMG_Dpy(3,key/10);delay_ms(10);          //十位数
            }
        }
}
```

数码管显示矩阵式键盘按键值效果如图4-84所示。

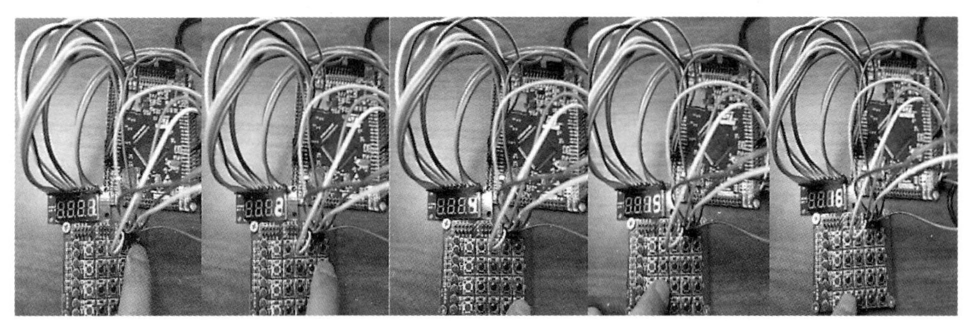

图4-84　数码管显示矩阵式键盘按键值效果

**本章小结**

本章首先介绍了焊接专家孙红梅的事迹,然后介绍了GPIO概述、GPIO工作模式与输出速度,详细分析了STM32 GPIO相关配置寄存器、端口复用和重映射、GPIO相关的库函数、位操作,紧随其后通过基本项目实践详细分析了库函数操作、寄存器操作、位操作3种方式控制LED闪烁工程实施方法及步骤,最后通过6个拓展项目实践,详细分析了GPIO工程项目应用,希望能够达到举一反三的效果。

# 练习与拓展

一、单选题

1. 19 年来,孙红梅先后维修了(　　)余台航空发动机,用一把焊枪将自己的青春岁月与航修事业紧密相连。

A. 100　　B. 300　　C. 400　　D. 600

2. STM32F103ZE 有(　　)个多功能双向 I/O 引脚。

A. 64　　B. 144　　C. 112　　D. 56

3. STM32F103ZE 一共有(　　)组 I/O 口。

A. 9　　B. 7　　C. 8　　D. 6

4. STM32F103 GPIO 有(　　)种输入工作模式。

A. 2　　B. 3　　C. 4　　D. 5

5. STM32F103 GPIO 输出速度有(　　)种。

A. 2　　B. 3　　C. 4　　D. 5

6. (　　)只可以输出强低电平,高电平得靠外部电阻拉高。

A. 开漏输出　　B. 推挽式输出

C. 推挽式复用功能　　D. 模拟输入

7. (　　)就是有推有拉,任何时候 I/O 口的电平都是确定的,不需要外接上拉或者下拉电阻。

A. 开漏输出　　B. 推挽式输出

C. 浮空输入　　D. 模拟输入

8. STM32F103 GPIO 端口输出寄存器是(　　)种。

A. GPIOx_IDR　　B. GPIOx_CRL

C. GPIOx_ODR　　D. GPIOx_BSRR

9. STM32F103 GPIO 端口配置 PA0 为浮空输入模式,MODE0=(　　),CNF0=(　　)。

A. 00　10　　B. 00　01　　C. 10　00　　D. 01　01

10. STM32F103 GPIO 端口配置 PB0 为通用推挽输出模式,速度为 50MHz,MODE0=(　　),CNF0=(　　)。

A. 11　10　　B. 11　01　　C. 10　11　　D. 11　00

11. GPIOx_CRL 控制标号(　　)口。

A. 0~7　　B. 8~15　　C. 7~14　　D. 6~13

12. GPIOx_CRH 控制标号(　　)口。

A. 0~7　　B. 8~15　　C. 7~14　　D. 6~13

13. 配置 PA1 为上拉/下拉输入模式,GPIOx_CRL 的 MODE1=(　　),CNF1=(　　)。

A. 11　10　　B. 11　01　　C. 00　10　　D. 11　00

14. 配置 PA7 为通用开漏输出模式,速度为 2MHz,GPIOx_CRL 的 MODE7=(　　),CNF7=(　　)。

A. 11　10　　B. 10　01　　C. 00　10　　D. 11　00

15. PA9、PA10 可以作为一般 I/O，还可以复用为 STM32 的(　　)引脚。

A. 串口 2　　B. 串口 3　　C. 串口 1　　D. 串口 4

16. GPIO_ReadInputDataBit(GPIOA,GPIO_Pin_5);的功能是(　　)。

A. 读取 GPIOA.5 的输出电平　　B. 读取 GPIOB.5 的输出电平

C. 读取 GPIOB.5 的输入电平　　D. 读取 GPIOA.5 的输入电平

17. GPIO_ReadInputData(GPIOA);的功能是(　　)。

A. 读取 GPIOA 组中所有 I/O 口输入电平

B. 读取 GPIOB.5 的输出电平

C. 读取 GPIOB 组中所有 I/O 口输入电平

D. 读取 GPIOA 组中所有 I/O 口输出电平

18. 读取 GPIOB.6 的输入电平代码是(　　)。

A. GPIO_ReadInputDataBit(GPIOB,GPIO_Pin_5);

B. GPIO_ReadOutputDataBit(GPIOB,GPIO_Pin_6);

C. GPIO_ReadInputDataBit(GPIOB,GPIO_Pin_6);

D. GPIO_ReadInputDataBit(GPIOB,GPIO_Pin_5);

19. GPIO_ReadOutputDataBit(GPIOA,GPIO_Pin_3);的功能是(　　)。

A. 读取 GPIOA.3 的输出电平　　B. 读取 GPIOB.3 的输出电平

C. 读取 GPIOB.3 的输入电平　　D. 读取 GPIOA.3 的输入电平

20. GPIO_SetBits 的功能是(　　)。

A. 对 BSRR 寄存器低 8 位的某一位进行置 1 操作

B. 对 BSRR 寄存器低 16 位的某一位进行清零操作

C. 对 BSRR 寄存器低 16 位的某一位进行置 1 操作

D. 对 BSRR 寄存器低 8 位的某一位进行清零操作

21. 操作 I/O 口之前，必须使能对应的(　　)。

A. GPIO　　B. 时钟位　　C. 复位　　D. 串口 4

22. 位操作就是寄存器的某一位映射为一个地址，向地址写 1，就能向寄存器某一位写(　　)。

A. 1　　B. 0　　C. 复位　　D. 地址

23. A=0x2000_0000 中的 bit1($n=1$)映射地址为(　　)。

A. 0x22000002　　B. 0x22000008　　C. 0x22000000　　D. 0x22000004

24. 如图 4-85 所示，BEEP 引脚输出(　　)，三极管导通，蜂鸣器发声；反之，输出(　　)，三极管截止，蜂鸣器关闭。

A. 高电平　高电平

B. 低电平　高电平

C. 低电平　低电平

D. 高电平　低电平

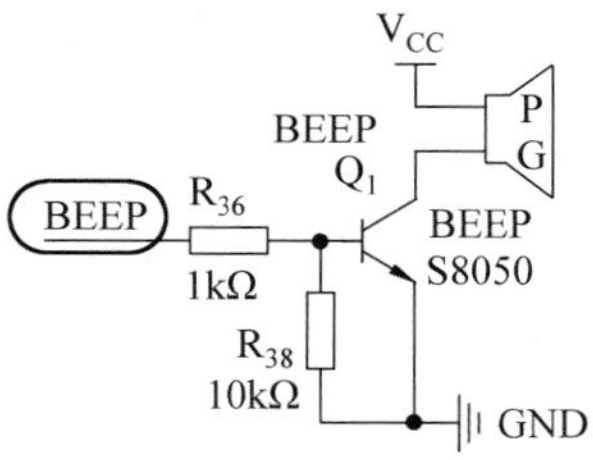

图 4-85　BEEP 引脚输出

25. GPIOA.8，输出模式，最大速度为 50MHz 的代码为(　　)。

A. GPIOA->CRH&=0xFFFFFFF0;GPIOB->CRH|=0x00000003;

B. GPIOA->CRL&=0xFFFFFFF0;GPIOB->CRL|=0x00000003;

C. GPIOA->CRL&=0xFFFFFF0F;GPIOB->CRL|=0x00000030;

D. GPIOA->CRH&=0xFFFFFF0F;GPIOB->CRH|=0x00000030;

## 二、多选题

1. STM32F103 GPIO 的输入工作模式包括以下哪个？（　　）

A. GPIO_Mode_IPU　　B. GPIO_Mode_IN_FLOATING

C. GPIO_Mode_IPD　　D. GPIO_Mode_AIN

2. STM32F103 GPIO 的输出工作模式包括以下哪个？（　　）

A. GPIO_Mode_Out_OD　　B. GPIO_Mode_AF_OD

C. GPIO_Mode_Out_PP　　D. GPIO_Mode_AF_PP

3. STM32F103 GPIO 输出速度有（　　）。

A. 2MHz　　B. 10MHz　　C. 20MHz　　D. 50MHz

4. 跑马灯 GPIO 输出方式为（　　）。

A. 下拉　　B. 推挽输出　　C. 上拉　　D. 开漏输出

5. 要对 GPIO 进行操作，文件夹 FWLIB 里面的（　　）文件不能少。

A. misc.c　　B. stm32f10x_gpio.c

C. stm32f10x_usart.c　　D. stm32f10x_rcc.c

6. 以下代码中包含的代码是（　　）。

```
typedef struct
{

}GPIO_InitTypeDef;
```

A. uint16_t GPIO_Pin;　　B. GPIOSpeed_TypeDef GPIO_Speed;

C. GPIOMode_TypeDef GPIO_Mode;　　D. stm32f10x_rcc.c

7. 将 PC.9 输出高电平代码是（　　）。

A. GPIO_ResetBits(GPIOC,GPIO_Pin_9);

B. GPIO_SetBits(GPIOC,GPIO_Pin_9);

C. GPIO_WriteBit(GPIOC,GPIO_Pin_9,Bit_RESET);

D. GPIO_WriteBit(GPIOC,GPIO_Pin_9,Bit_SET);

8. 将 PC.9 输出低电平代码是（　　）。

A. GPIO_ResetBits(GPIOC,GPIO_Pin_9);

B. GPIO_SetBits(GPIOC,GPIO_Pin_9);

C. GPIO_WriteBit(GPIOC,GPIO_Pin_9,Bit_RESET);

D. GPIO_WriteBit(GPIOC,GPIO_Pin_9,Bit_SET);

9. GPIOB.5 输出高电平 1 的代码是（　　）。

A. GPIOB->ODR|=1<<5;　　B. PBout(5)=1;

C. GPIOE->ODR|=1<<5;　　D. GPIOB->BSRR|=1<<5;

10. GPIOB.5 输出低电平 0 的代码是（　　）。

A. GPIOB->BSRR|=1<<21;

B. GPIOB->ODR &=~(1<<5);

C. GPIOB－＞BSRR|＝(1＜＜5)＜＜16；

D. PBout(5)＝0；

11. 下列哪些区域支持位操作？(　　)

A. 0x10000000～0x100FFFFF　　　B. 0x20000000～0x200FFFFF

C. 0x50000000～0x500FFFFF　　　D. 0x40000000～0x400FFFFF

12. 下列(　　)可用来读取I/O口电平操作。

A. 读取I/O口输入电平操作寄存器

B. 读取I/O口输入电平调用库函数

C. GPIO_WriteBit(GPIOC,GPIO_Pin_9,Bit_RESET)；

D. 使用位带操作读取I/O口输入电平

**三、判断题**

1. 输入是上拉还是下拉由ODR寄存器来决定。　(　　)

2. 如果同时设置了BSy和BRy的对应位,BRy位起作用。　(　　)

3. STM32的大部分端口都具有复用功能。　(　　)

4. 串口1默认引脚是PA9、PA10,可以通过配置重映射来映射到PB6、PB7。　(　　)

**四、拓展题**

1. 用思维导图软件画出本章的素质、知识、能力思维导图。

2. 通过硬件连接,编程实现STM32的I/O口输出控制LED正反流水灯。

3. 通过硬件连接,编程实现STM32的单按键控制LED闪烁和蜂鸣器报警。

4. 通过硬件连接,编程实现STM32的数码管显示两个独立式按键值和两个独立式按键分别控制LED闪烁和蜂鸣器报警。

# 第5章

# STM32中断系统原理与项目实践

**本章导读**

本章以榜样故事——焊接顾问艾爱国的介绍开始，然后介绍中断概述，分析了NVIC嵌套向量中断控制器、外部中断/事件控制器(EXTI)、中断相关库函数基本原理，还介绍了外部中断的一般配置步骤，最后通过基本项目实践、拓展项目实践的训练，实现素质、知识、能力目标的融合达成。本章素质、知识、能力结构图如图5-1所示。

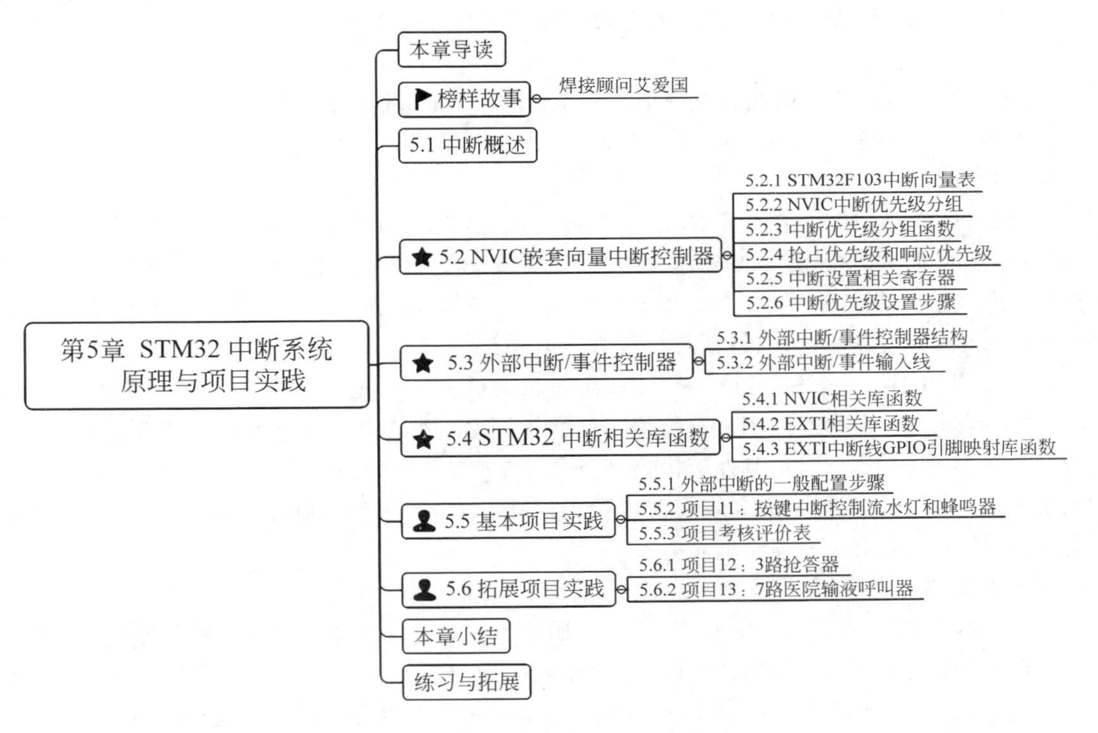


图5-1 本章素质、知识、能力结构图

**本章学习目标**

**素质目标**：艾爱国是爱岗敬业的榜样。学习榜样，培养学生“做事情要做到极致、做人要做到最好”的信念，刻苦学习专业，勤学苦练，掌握扎实的专业理论知识，练就过硬的本领，报效祖国。

**知识目标**：掌握NVIC嵌套向量中断控制器的基本原理，掌握外部中断/事件控制器(EXTI)和中断相关库函数。

**能力目标**：具备基本项目开发、创新拓展项目开发能力，培养学生解决综合问题能力和高级思维。

**榜样故事**

焊接顾问艾爱国(见图5-2)。

图5-2 艾爱国

**出生**：1950年3月

**籍贯**：湖南攸县

**职业**：湖南华菱湘潭钢铁有限公司焊接顾问

**政治面貌**：党员

**主要荣誉**：

1987年，被首钢人称为“钢铁缝纫师”。

2021年6月，荣获“七一勋章”。

2021年11月，荣获第八届湖南省道德模范称号(敬业奉献类)。

2021年11月，荣获第八届全国道德模范(全国敬业奉献模范)称号。

2022年3月，被评选为2021年“大国工匠年度人物”。

**人物简介**：

艾爱国，汉族，1950年3月生，1985年6月入党，是我国焊接领域的领军人物、工匠精神的杰出代表，始终秉持“做事情要做到极致、做人要做到最好”的信念。他从学徒做起，起早贪黑、不怕吃亏、刻苦钻研，攻克焊接技术难关400多个，改进工艺100多项，尤其是在焊接难度最大的紫铜、铝镁合金、铸铁焊接等方面有精深造诣。

1968年9月，艾爱国来到湘钢工作，在焊工岗位上一干就是半个多世纪。艾爱国十分注重技术传承，他主持的湘钢板材焊接实验室被湖南省列为焊接工艺技术重点实验室，并被全国总工会命名为“全国示范性劳模创新工作室”。多年来，他带过的徒弟有几百名。他还无偿地向200多名下岗工人和农村青年传授焊接技术，其中有100余名进入南方电力机车集团、湖南三一重工集团等大型企业。

**人物事迹**：

艾爱国是我们爱岗敬业的榜样，几十年如一日，以“当工人就要当好工人”作为座右铭，在普通的岗位上勤奋学习、刻苦专研，为党和人民做出了重要贡献。他从进厂那天起，白天认真学艺，晚上刻苦学习专业书籍，长期勤学苦练，系统地阅读了《焊接工艺学》《现代焊接新技术》等(100多本)科技书籍，对专业理论知识掌握较扎实，练就了一手过硬的绝活。1982年，艾爱国在湘潭市锅炉合格焊接考核中，以优异成绩取得气焊、电焊双合格证书，成为全市第一个获得焊接双合格证书者。此后，他更是带头进行生产技术攻关，克服一个又一个难关，创造了一个又一个奇迹。

1983年，艾爱国参加了冶金部为延长高炉风口的使用寿命，组织全国各大钢铁厂研制一种新型风口的攻关。这种新型风口是纯紫铜锥型体，重100多千克，由铸件和锻件组成。紫铜焊件散热快，温度不易掌握，是最难焊的一种金属，加之焊件大，铸件、锻件的材质结构不同，因此，铸件和锻件的焊接成了攻关的最大难题。他大胆提出采取氢弧焊接法进行焊接攻关，并担任主焊手。经过几个月的反复焊接，该新型风口在1984年3月研制成功，安装到高炉上，使用寿命比原风口的使用寿命延长半年；该技术每年节能增效100万元，并获得国家科技进步二等奖。他认真总结这次焊接成功的经验，写成论文《鸽极手工氢弧紫铜风口的焊接工艺》，以后又在深入钻研基础上写出《紫铜氢弧焊接操作法》，比较全面地介绍了各种情况下紫铜焊接的方法。1985年又攻克了氢弧铝合金的难关，撰写了论文《鸽极手工氢弧焊铝及铝合金单面焊双面成型工艺》，还带领17名焊工成功焊接了从德国引进的一台制氧机所有管道的多道焊缝，受到德国专家极力称赞。

如今，艾爱国依然奋战在焊接工艺研究和操作技术开发第一线，为加快我国重点工程建设进度、确保钢结构焊接质量安全做出重要贡献。

## 5.1 中断概述

### 5.1.1 中断的概念

中断是一个过程，如在CPU正常执行程序的过程中，遇到外部/内部的紧急事件需要处理，暂时中止当前程序的执行，转而去处理紧急的事件，待处理完后再返回被打断的程序处继续往下执行。中断可以分为“中断响应”“中断处理”“中断返回”3个阶段。中断在计算机多任务处理中能提高CPU的效率，同时能对突发事件做出实时处理。实现程序的并行运行，实现嵌入式系统进程之间的切换。

### 5.1.2 NVIC介绍

NVIC(nested vectored interrupt controller)是嵌套向量中断控制器，它属于M3内核的一个外设，控制着芯片的中断相关功能。NVIC可支持256个中断，其中包含了16个内核中断和240个外部中断，并且具有256级的可编程中断设置。

内核异常中断指由Cortex-M3内核产生的复位、硬件错误、SysTick定时器中断等中断，而外设中断则是由引脚电平变化、UART或DMA等外设变化引起的中断。

## 5.2 NVIC嵌套向量中断控制器

### 5.2.1 STM32F103中断向量表

CM3内核支持256个中断，其中包含了16个内核中断和240个外部中断，并且具有256级的可编程中断设置。STM32并没有使用CM3内核的全部，而是只用了它的一部分。STM32有84个中断，包括16个内核中断和68个可屏蔽中断，具有16级可编程的中断优先级，其是通过IP bit[7:4]的4位($2^4=16$)进行分配的。而STM32F103系列只有60个可屏蔽中断(STM32F107系列具有68个可屏蔽中断)，STM32F103系列中断向量表如表5-1

所示，把优先级从−3～6的中断向量定义为系统异常，编号为负的(−3、−2、−1)3个内核异常不能被设置优先级，如Reset(复位)、NMI(不可屏蔽中断)和硬件失效。优先级从7开始，60个可屏蔽中断为连接到NVIC的中断输入信号线，这些中断的优先级可以通过软件进行设置。

**表5-1　STM32F103中断向量表**

| 位置 | 优先级 | 优先级类型 | 名　　称 | 说　　明 | 地址 |
|---|---|---|---|---|---|
| | — | — | — | 保留 | 0x0000_0000 |
| | −3 | 固定 | Reset | 复位 | 0x0000_0004 |
| | −2 | 固定 | NMI | 不可屏蔽中断<br>RCC时钟安全系统(CSS)连接到NMI向量 | 0x0000_0008 |
| | −1 | 固定 | 硬件失效(HardFault) | 所有类型的失效 | 0x0000_000C |
| | 0 | 可设置 | 存储管理(MemManage) | 存储器管理 | 0x0000_0010 |
| | 1 | 可设置 | 总线错误(BusFault) | 预取指失败，存储器访问失败 | 0x0000_0014 |
| | 2 | 可设置 | 错误应用(UsageFault) | 未定义的指令或非法状态 | 0x0000_0018 |
| | — | — | — | 保留 | 0x0000_001C～0x0000_002B |
| | 3 | 可设置 | SVCall | 通过SWI指令的系统服务调用 | 0x0000_002C |
| | 4 | 可设置 | 调试监控(DebugMonitor) | 调试监控器 | 0x0000_0030 |
| | — | — | — | 保留 | 0x0000_0034 |
| | 5 | 可设置 | PendSV | 可挂起的系统服务 | 0x0000_0038 |
| | 6 | 可设置 | SysTick | 系统嘀嗒定时器 | 0x0000_003C |
| 0 | 7 | 可设置 | WWDG | 窗口定时器中断 | 0x0000_0040 |
| 1 | 8 | 可设置 | PVD | 连到EXTI的电源电压检测(PVD)中断 | 0x0000_0044 |
| 2 | 9 | 可设置 | TAMPER | 侵入检测中断 | 0x0000_0048 |
| 3 | 10 | 可设置 | RTC | 实时时钟(RTC)全局中断 | 0x0000_004C |
| 4 | 11 | 可设置 | FLASH | 闪存全局中断 | 0x0000_0050 |
| 5 | 12 | 可设置 | RCC | 复位和时钟控制(RCC)中断 | 0x0000_0054 |
| 6 | 13 | 可设置 | EXTI0 | EXTI线0中断 | 0x0000_0058 |
| 7 | 14 | 可设置 | EXTI1 | EXTI线1中断 | 0x0000_005C |
| 8 | 15 | 可设置 | EXTI2 | EXTI线2中断 | 0x0000_0060 |
| 9 | 16 | 可设置 | EXTI3 | EXTI线3中断 | 0x0000_0064 |
| 10 | 17 | 可设置 | EXTI4 | EXTI线4中断 | 0x0000_0068 |

续表

| 位置 | 优先级 | 优先级类型 | 名称 | 说明 | 地址 |
| --- | --- | --- | --- | --- | --- |
| 11 | 18 | 可设置 | DMA1 通道 1 | DMA1 通道 1 全局中断 | 0x0000_006C |
| 12 | 19 | 可设置 | DMA1 通道 2 | DMA1 通道 2 全局中断 | 0x0000_0070 |
| 13 | 20 | 可设置 | DMA1 通道 3 | DMA1 通道 3 全局中断 | 0x0000_0074 |
| 14 | 21 | 可设置 | DMA1 通道 4 | DMA1 通道 4 全局中断 | 0x0000_0078 |
| 15 | 22 | 可设置 | DMA1 通道 5 | DMA1 通道 5 全局中断 | 0x0000_007C |
| 16 | 23 | 可设置 | DMA1 通道 6 | DMA1 通道 6 全局中断 | 0x0000_0080 |
| 17 | 24 | 可设置 | DMA1 通道 7 | DMA1 通道 7 全局中断 | 0x0000_0084 |
| 18 | 25 | 可设置 | ADC1_2 | ADC1 和 ADC2 全局中断 | 0x0000_0088 |
| 19 | 26 | 可设置 | CAN1_TX | CAN1 发送中断 | 0x0000_008C |
| 20 | 27 | 可设置 | CAN1_RXO | CAN1 接收 0 中断 | 0x0000_0090 |
| 21 | 28 | 可设置 | CAN1_RX1 | CAN1 接收 1 中断 | 0x0000_0094 |
| 22 | 29 | 可设置 | CAN_SCE | CAN1SCE 中断 | 0x0000_0098 |
| 23 | 30 | 可设置 | EXTI9_5 | EXTI 线[9:5]中断 | 0x0000_009C |
| 24 | 31 | 可设置 | TIM1_BRK | TIM1 刹车中断 | 0x0000_00A0 |
| 25 | 32 | 可设置 | TIM1_UP | TIM1 更新中断 | 0x0000_00A4 |
| 26 | 33 | 可设置 | TIM1_TRG_COM | TIM1 触发和通信中断 | 0x0000_00A8 |
| 27 | 34 | 可设置 | TIM1_Cc | TIM1 捕获比较中断 | 0x0000_00AC |
| 28 | 35 | 可设置 | TIM2 | TIM2 全局中断 | 0x0000_00B0 |
| 29 | 36 | 可设置 | TIM3 | TIM3 全局中断 | 0x0000_00B4 |
| 30 | 37 | 可设置 | TIM4 | TIM4 全局中断 | 0x0000_00B8 |
| 31 | 38 | 可设置 | IIC1_EV | IIC1 事件中断 | 0x0000_00BC |
| 32 | 39 | 可设置 | IIC1_ER | IIC1 错误中断 | 0x0000_00C0 |
| 33 | 40 | 可设置 | 12C2_EV | IIC2 事件中断 | 0x0000_00C4 |
| 34 | 41 | 可设置 | IIC2_ER | IIC2 错误中断 | 0x0000_00C8 |
| 35 | 42 | 可设置 | SPI1 | SPI1 全局中断 | 0x0000_00CC |
| 36 | 43 | 可设置 | SPI2 | SPI2 全局中断 | 0x0000_00D0 |
| 37 | 44 | 可设置 | USART1 | USART1 全局中断 | 0x0000_00D4 |
| 38 | 45 | 可设置 | USART2 | USART2 全局中断 | 0x0000_00D8 |
| 39 | 46 | 可设置 | USART3 | USART3 全局中断 | 0x0000_00DC |
| 40 | 47 | 可设置 | EXTI15_10 | EXTI 线[15:10]中断 | 0x0000_00E0 |
| 41 | 48 | 可设置 | RTCAlarm | 连到 EXTI 的 RTC 闹钟中断 | 0x0000_00E4 |

续表

| 位置 | 优先级 | 优先级类型 | 名　　称 | 说　　明 | 地址 |
| --- | --- | --- | --- | --- | --- |
| 42 | 49 | 可设置 | USB唤醒 | 连到EXTI的从USB特机唤醒中断 | 0x0000_00E8 |
| 43 | 50 | 可设置 | TIM8_BRK | TIM8刹车中断 | 0x0000_00EC |
| 44 | 51 | 可设置 | TIM8_UP | TIM8更新中断 | 0x0000_00F0 |
| 45 | 52 | 可设置 | TIM8_TRG_COM | TIM8触发和通信中断 | 0x0000_00F4 |
| 46 | 53 | 可设置 | TIM8_CC | TIM8捕获比较中断 | 0x0000_00F8 |
| 47 | 54 | 可设置 | ADC3 | ADC3全局中断 | 0x0000_00FC |
| 48 | 55 | 可设置 | FSMC | FSMC全局中断 | 0x0000_0100 |
| 49 | 56 | 可设置 | SDIO | SDIO全局中新 | 0x0000_0104 |
| 50 | 57 | 可设置 | TIM5 | TIM5全局中断 | 0x0000_0108 |
| 51 | 58 | 可设置 | SPI3 | SPI3全局中断 | 0x0000_010C |
| 52 | 59 | 可设置 | UART4 | UART4全局中断 | 0x0000_0110 |
| 53 | 60 | 可设置 | UART5 | UART5全局中断 | 0x0000_0114 |
| 54 | 61 | 可设置 | TIM6 | TIM6全局中断 | 0x0000_0118 |
| 55 | 62 | 可设置 | TIM7 | TIM7全局中断 | 0x0000_011C |
| 56 | 63 | 可设置 | DMA2通道1 | DMA2通道1全局中断 | 0x0000_0120 |
| 57 | 64 | 可设置 | DMA2通道2 | DMA2通道2全局中断 | 0×0000_0124 |
| 58 | 65 | 可设置 | DMA2通道3 | DMA2通道3全局中断 | 0x0000_0128 |
| 59 | 66 | 可设置 | DMA2通道4 | DMA2通道4全局中断 | 0x0000_012C |

### 5.2.2 NVIC中断优先级分组

NVIC嵌套向量中断控制器负责STM32的中断管理工作，包括中断优先级分组、中断优先级的配置、读中断请求标志、清除中断请求标志、使能中断、清除中断等，控制着STM32中断向量表中中断号为0～59的60个中断。因为我们选择的开发板是STM32F103系列，所以就只针对STM32F103系列这60个可屏蔽中断进行介绍。这60个中断是怎么管理的呢？这就涉及STM32的中断分组。

对STM32中断进行分组，组号为0～4。同时，对每个中断设置一个抢占优先级和一个响应优先级值。分组配置是在寄存器SCB－>AIRCR中[10:8](3位)来配置，即111为0组、110为1组、101为2组、100为3组、011为4组。AIRCR中断分组设置表如表5-2所示。

表 5-2 AIRCR 中断分组设置表

| 组 | AIRCR[10:8]（3位） | IP bit[7:4]分配情况（4位） | 分配结果 | NVIC_PriorityGroupConfig |
|---|---|---|---|---|
| 0 | 111 | 0:4 | 0位抢占优先级，4位响应优先级 | NVIC_PriorityGroupConfig_0 |
| 1 | 110 | 1:3 | 1位抢占优先级，3位响应优先级 | NVIC_PriorityGroupConfig_1 |
| 2 | 101 | 2:2 | 2位抢占优先级，2位响应优先级 | NVIC_PriorityGroupConfig_2 |
| 3 | 100 | 3:1 | 3位抢占优先级，1位响应优先级 | NVIC_PriorityGroupConfig_3 |
| 4 | 011 | 4:0 | 4位抢占优先级，0位响应优先级 | NVIC_PriorityGroupConfig_4 |

从表 5-2 可以看出，AIRCR 寄存器的 AIRCR[10:8]（3 位）确定是哪种分组，IP 寄存器 IP bit[7:4]（4 位）是相对应于那种分组抢占优先级和响应优先级的分配比例。例如，组设置成 2，那么此时所有的 60 个中断优先 IP 寄存器高 4 位中的最高 2 位是抢占优先级，低 2 位为响应优先级。CM3 中定义了 8 个 bit 用于设置中断源的优先级，而 STM32 只选用其中的 4 个 bit。这 4 位优先级分配如下。

**0 组**：IP bit[7:4]为 0:4。0 位抢占优先级（没有抢占优先级），4 位响应优先级，即 NVIC 配置的 $2^4=16$ 种中断向量都是响应优先级，没有抢占优先级。

**1 组**：IP bit[7:4]为 1:3。1 位抢占优先级，3 位响应优先级。这里表示有 $2^1=2$ 种级别的抢占优先级（0 级、1 级）；有 $2^3=8$ 种响应优先级，即 NVIC 配置的 16 种中断向量中有 8 种中断的抢占优先级都是 0 级，而它们的响应优先级分别是 0～7，其余 8 种中断的抢占优先级都为 1 级，响应优先级分别是 0～7。

**2 组**：IP bit[7:4]为 2:2。2 位抢占优先级，2 位响应优先级。这里表示有 $2^2=4$ 种级别的抢占优先级（0 级、1 级、2 级、3 级），有 $2^2=4$ 种级别的响应优先级（0 级、1 级、2 级、3 级）。

**3 组**：IP bit[7:4]为 3:1。3 位抢占优先级，1 位响应优先级。这里表示有 $2^3=8$ 种级别的抢占优先级是 0～7，有 $2^1=2$ 种级别的响应优先级（0 级、1 级）。

**4 组**：IP bit[7:4]为 4:0。4 位抢占优先级，0 位响应优先级。这里表示有 $2^4=16$ 种中断具有不相同的抢占优先级，没有响应优先级。

### 5.2.3 中断优先级分组函数

通过调用 STM32 固件库中的函数 void NVIC_PriorityGroupConfig(uint32_t NVIC_PriorityGroup)，选择使用哪种优先级分组。这个函数的参数有如下 5 种。

```
NVIC_PriorityGroupConfig_0;              //选择 0 组:0 位抢占优先级,4 位响应优先级
NVIC_PriorityGroupConfig_1;              //选择 1 组:1 位抢占优先级,3 位响应优先级
NVIC_PriorityGroupConfig_2;              //选择 2 组:2 位抢占优先级,2 位响应优先级
NVIC_PriorityGroupConfig_3;              //选择 3 组:3 位抢占优先级,1 位响应优先级
NVIC_PriorityGroupConfig_4;              //选择 4 组:4 位抢占优先级,0 位响应优先级
```

例如：

```
NVIC_PriorityGroupConfig(NVIC_PriorityGroup_2);     //分组 2
```

### 5.2.4 抢占优先级和响应优先级

STM32的中断源有两种优先级，一种为抢占优先级，另一种为响应优先级，编号数字越小，优先级别越高(0表示最高、4表示最低)。

(1) 高优先级的抢占优先级可以打断正在进行的低抢占优先级中断。

例如：分组设置为2，抢占为0～3，设置A为0，设置B为1，B正在中断，A可以打断B中断，获得中断权。

(2) 抢占优先级相同的中断，高响应优先级不可以打断低响应优先级的中断。

(3) 抢占优先级相同的中断，当两个中断同时发生的情况下，哪个响应优先级高，哪个先执行。

(4) 如果两个中断的抢占优先级和响应优先级都一样，则看哪个中断先发生就先执行。

例如：设置中断优先级组为2，然后设置如下。

中断3(RTC中断)的抢占优先级为2，响应优先级为1。

中断6(EXTI0外部中断0)的抢占优先级为3，响应优先级为0。

中断7(EXTI1外部中断1)的抢占优先级为2，响应优先级为0。

那么这3个中断的优先级顺序为：中断7＞中断3＞中断6。

**【注意】** 中断7与中断3不存在抢占，当两个中断同时发生的情况下，哪个响应优先级高，哪个先执行，因为中断7响应优先级0高于中断3响应优先级1，所以先执行中断7，中断6再中断，中断3(中断7)可以打断。

一般情况下，系统代码执行过程中，只设置一次中断优先级分组(可以通过寄存器SCB－＞AIRCR设置，也可以通过库函数设置)，比如分组2，设置好分组后一般不会再改变分组。随意改变分组会导致中断管理混乱，程序出现意想不到的执行结果。

### 5.2.5 中断设置相关寄存器

在CMSIS库头文件core_cm3.h中定义了NVIC中断的相关操作，这里介绍开放中断、关闭中断、设置中断请求标志、读中断请求标志、清除中断请求标志、设置中断优先级和获取中断优先级的函数。MDK为NVIC相关的寄存器定义了如下结构体。

```
typedef struct 偏移地址中断设置使能寄存器
{
  __IO uint32_t ISER[8];          //偏移地址:0x000(可读/可写)中断使能寄存器
  uint32_t RESERVED0[24];
  __IO uint32_t ICER[8];          //偏移地址:0x080(可读/可写)中断除能寄存器
  uint32_t RSERVED1[24];
  __IO uint32_t ISPR[8];          //偏移地址:0x100 (可读/可写)中断挂起控制寄存器 */
  uint32_t RESERVED2[24];
  __IO uint32_t ICPR[8];          //偏移地址:0x180 (可读/可写)中断解挂控制寄存器 */
  uint32_t RESERVED3[24];
  __IO uint32_t IABR[8];          //偏移地址:0x200(只读)中断激活标志位寄存器
  uint32_t RESERVED4[56];
  __IO uint8_t IP[240];           //偏移地址:0x300(可读/可写)中断优先级寄存器
  uint32_t RESERVED5[644];
  __O  uint32_t STIR;             //偏移地址:0xE00(只写)软件触发中断寄存器
} NVIC_Type;
```

NVIC 嵌套向量中断控制器中断管理主要包括开放中断、关闭中断、设置中断请求标志、读中断请求标志、清除中断请求标志和配置中断优先级等。NVIC 嵌套向量中断控制器的寄存器有 ISER0、ISER1、ICER0、ICER1、ISPR0、ISPR1、ICPR0、ICPR1、IABR0、IABR1、IPR0～IPR14 和 STIR，如表 5-3 所示。

**表 5-3　NVIC 寄存器**

| 循环 | 地　址 | 寄存器 | 名　称 | 功 能 描 述 |
|---|---|---|---|---|
| 1 | 0xE000E100 | ISER0 | 中断使能寄存器 | ISER0[0]～ISER0[31]、ISER1[0]～ISER1[27]依次对应中断号为 0～59 的中断，各位写 0 无效，写 1 开放中断 |
| | 0xE000E104 | ISER1 | | |
| 2 | 0xE000E180 | ICER0 | 中断除能寄存器 | ICER0[0]～ICER0[31]、ICER1[0]～ICER1[27]依次对应中断号为 0～59 的中断，各位写 0 无效，写 1 关闭中断 |
| | 0xE000E184 | ICER1 | | |
| 3 | 0xE000E200 | ISPR0 | 中断挂起控制寄存器 | ISPR0[0]～ISPR0[31]、ISPR1[0]～ISPR1[27]依次对应中断号为 0～59 的中断，各位写 0 无效，写 1 中断挂起 |
| | 0xE000E204 | ISPR1 | | |
| 4 | 0xE000E280 | ICPR0 | 中断解挂控制寄存器 | ICPR0[0]～ICPR0[31]、ICPR1[0]～ICPR1[27]依次对应中断号为 0～59 的中断，各位写 0 无效，写 1 可以将正在挂起的中断解挂 |
| | 0xE000E284 | ICPR1 | | |
| 5 | 0xE000E300 | IABR0 | 中断激活标志位寄存器(只读) | IABR0[0]～IABR0[31]、IABR1[0]～IABR1[27]依次对应中断号为 0～59 的中断，各位读出 1，相应中断激活 |
| | 0xE000E304 | IABR1 | | |
| 6 | 0xE000E400～0xE000E438 | IPR0～IPR14 | 中断优先级寄存器 | 共有 16 个优先级，优先级号为 0～15，优先级号 0 表示优先级最高，优先级号 15 表示优先级最低 |
| 7 | 0xE000EF00 | STIR | 软件触发中断寄存器 | 第[8:0]位域有效，写入 0～59 中的某一中断号，则触发相应的中断 |

下面重点介绍这几个寄存器。

先介绍几个寄存器组长度为 8，这些寄存器是 32 位寄存器。由于 STM32 只有 60 个可屏蔽中断，因此 8 个 32 位寄存器中只需要 2 个就有 64 位了，每 1 位控制一个中断。

ISER[8]：ISER(interrupt set-enable registers)中断使能寄存器组。CM3 内核支持 256 个中断，用 8 个 32 位($8\times32=256$)寄存器来控制，每一个位控制一个中断。而 STM32F103 系列只有 60 个可屏蔽中断，只使用到了 ISER[0]和 ISER[1]，ISER[0]的 bit0～bit31 分别对应中断 0～31，ISER[1]的 bit0～bit27 对应中断 32～59，这样总共 60 个可屏蔽中断就分别对应上了。要使能某个中断，就必须设置相应的 ISER 位为 1，使该中断被使能(这仅仅是使能，还要配合中断分组、屏蔽、I/O 口映射等设置才算完整的中断设置)。

ICER[8]：ICER(interrupt clear-enable registers)中断除能寄存器组。该寄存器的作用与 ISER 相反。这里专门设置一个 ICER 来清除中断位，要除能某个中断，就必须设置相应的 ICER 位为 1；使该中断被除能，写 0 无效。

ISPR[8]：ISPR(interrupt set-pending registers)中断挂起控制寄存器组。通过置 1 可以将正在进行的中断挂起，执行同级或者更高级别的中断，写 0 无效。

ICPR[8]：ICPR(interrupt clear-pending registers)中断解挂控制寄存器组。通过置1可以将正在挂起的中断解挂，写0无效。

IABR[8]：IABR(interrupt active-bit registers)中断激活标志位寄存器组。这是一个只读寄存器，通过它可以知道当前在执行的中断是哪一个(为1)，在中断执行完后硬件自动清零。

IP[240]：IP(interrupt priority registers)中断优先级寄存器组。这个用来控制每个中断优先级的。由于STM32只用到了前60个可屏蔽中断，IP[59]～IP[0]分别对应中断59～0。每个可屏蔽中断占用的8bit并没有全部使用，而只用了IP寄存器的高4位，这个IP寄存器的高4位[7:4]用来设置抢占和响应优先级，低4位没有用到，前面已经介绍了这部分内容。

### 5.2.6 中断优先级设置步骤

(1) 系统运行后先设置中断优先级分组。调用函数：

```
void NVIC_PriorityGroupConfig(uint32_t NVIC_PriorityGroup);
                                                /* 确定抢占、响应各几个 */
```

**【注意】** 整个系统执行过程中，只设置一次中断分组，通常设置分组2。

(2) 针对每个中断，设置对应的抢占优先级和响应优先级。调用函数：

```
void NVIC_Init(NVIC_InitTypeDef * NVIC_InitStruct);     /* 哪个通道、抢占、响应优先
级、使能通道 */
```

NVIC_InitTypeDef结构体有以下4个成员变量。

① NVIC_IRQChannel：定义初始化的是哪一个中断。可以在stm32f10x.h文件中查到每个中断对应的名称，如USART1_IRQn。

② NVIC_IRQChannelPreemptionPriority：定义此中断的抢占优先级别。

③ NVIC_IRQChannelSubPriority：定义此中断的响应优先级别。

④ NVIC_IRQChannelCmd：该中断是否使能。

(3) 如果需要挂起/解挂，查看中断当前激活状态，分别调用相关函数即可。

例如，使能串口1中断，抢占优先级为1，响应优先级为2，初始化的方法为：

```
NVIC_InitTypeDef NVIC_InitStructure;
NVIC_InitStructure.NVIC_IRQChannel=USART1_IRQn;          //串口1中断
NVIC_InitStructure.NVIC_IRQChannelPreemptionPriority=1;  //抢占优先级为1
NVIC_InitStructure.NVIC_IRQChannelSubPriority=2;         //响应优先级为2
NVIC_InitStructure.NVIC_IRQChannelCmd=ENABLE;            //IRQ通道使能
NVIC_Init(&NVIC_InitStructure);                //根据上面指定的参数初始化NVIC寄存器
```

## 5.3 外部中断/事件控制器

外部中断/事件控制器由19个产生事件/中断请求的边沿检测器组成，每个输入线可以独立地配置输入类型(脉冲或挂起)和对应的触发事件(上升沿、下降沿或者双边沿都触发)。每个输入线都可以独立地被屏蔽，挂起寄存器保持着状态线的中断请求。

### 5.3.1 外部中断/事件控制器结构

外部中断/事件控制器(EXTI)管理了控制器的 19 个中断/事件线。每个中断/事件线都对应有一个边沿检测器,可以实现输入信号的上升沿检测和下降沿的检测,如图 5-3 所示。EXTI 可以实现对每个中断/事件线进行单独配置,可以单独配置为中断或者事件,以及触发事件的属性。

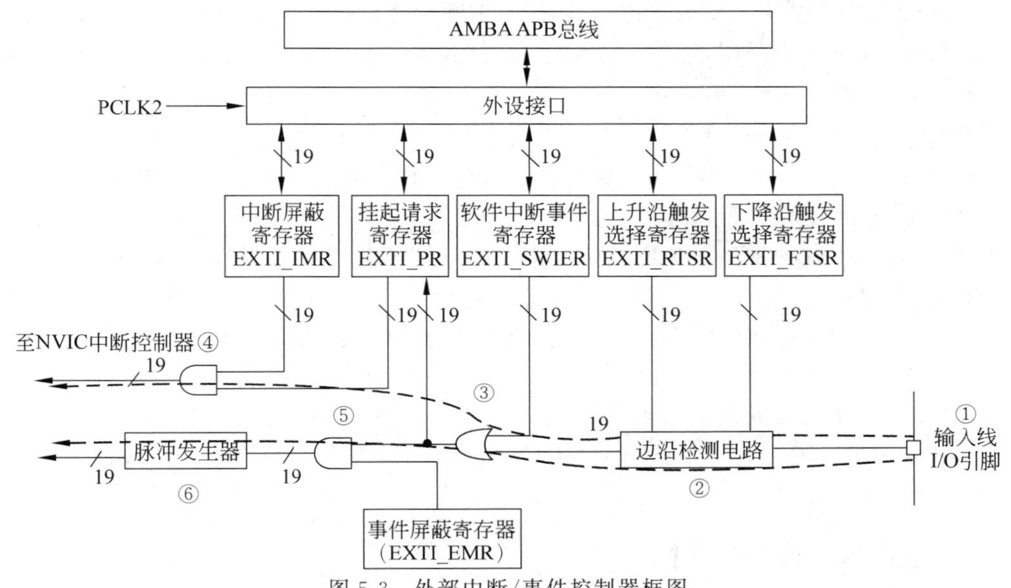


图 5-3 外部中断/事件控制器框图

EXTI 可分为两大部分功能:一个是产生中断(图中灰色虚线指示的路线);另一个是产生事件(图中黑色虚线指示的路线)。这两个功能的硬件是有所不同的。

首先,分析图 5-3 所示灰色虚线指示的路线。它是一个产生中断的线路,最终信号流入到 NVIC 中断控制器内。

编号①是输入线(I/O 引脚),EXTI 控制器有 19 个中断/事件输入线,这些输入线可以通过寄存器设置为任意一个 GPIO,也可以是一些外设的事件。

编号②是一个边沿检测电路,它会根据上升沿触发选择寄存器(EXTI_RTSR)和下降沿触发选择寄存器(EXTI_FTSR)对应位的设置来控制信号触发。边沿检测电路以输入线作为信号输入端,如果检测到有边沿跳变就输出有效信号高电平“1”给编号③电路,否则输出无效信号低电平“0”。而上升沿触发选择寄存器和下降沿触发选择寄存器这两个寄存器可以控制是上升沿触发、下降沿触发或者上升沿和下降沿都触发有效。

编号③电路是一个或门电路,它一个输入端信号来自编号②电路,另外一个输入端信号来自软件中断事件寄存器(EXTI_SWIER)。软件中断事件寄存器可以通过程序控制启动中断/事件线。或门的作用就是输入端有高电平“1”输出就为高电平“1”,所以这两个输入端随便有一个信号是“1”,输出“1”给编号④和编号⑤电路。

编号④电路是一个与门电路,它的一个输入信号是来自编号③电路,另外一个输入信号来自中断屏蔽寄存器(EXTI_IMR)。与门电路④要求输入端都为高电平“1”时,输出端才为高电平“1”。这里有两种情况：一种是中断屏蔽寄存器设置为0时，那么不管编号③电路的输出信号是“1”还是“0”，最终编号④电路输出信号为“0”；另外一种是中断屏蔽寄存器设置为“1”，最终编号④电路输出的信号由编号③电路的输出信号决定，这样就可以通过控制中断屏蔽寄存器来实现是否产生中断的目的。编号④电路输出的信号会被保存到挂起寄存器(EXTI_PR)内，如果确定编号④电路输出为“1”就会把挂起寄存器对应位置“1”。

接下来分析图5-3中黑色虚线指示的路线。它是一个产生事件的线路，最终输出一个脉冲信号。产生事件线路是在编号③电路之后，与中断线路有所不同，之前电路都是共用的。

编号⑤电路是一个与门，它的一个输入来自编号③电路，另外一个输入来自事件屏蔽寄存器(EXTI_EMR)。如果事件屏蔽寄存器设置为“0”时，那么不管编号③电路的输出信号是“1”还是“0”，最终编号⑤电路输出的信号都为“0”；如果事件屏蔽寄存器设置为1时，最终编号⑤电路输出的信号才由编号③电路的输出信号决定，这样可以通过控制事件屏蔽寄存器来实现是否产生事件的目的。

编号⑥是一个脉冲发生器电路，当它的输入端(即编号⑤电路的输出端)是一个有效信号“1”时就会产生一个脉冲；如果⑥输入端是“0”信号就不会输出脉冲。编号⑥就是产生事件线路的最终产物，这个脉冲信号可以给其他外设电路使用，比如定时器TIM、模拟数字转换器ADC等，这样的脉冲信号一般用来触发TIM或ADC开始转换。

产生中断线路的目的是把输入信号输入到NVIC，进而执行中断服务函数，实现相应功能，这是软件级的。而产生事件线路的目的就是传输一个脉冲信号给其他外设使用，并且是电路级别的信号传输，属于硬件级的。

### 5.3.2 外部中断/事件输入线

STM32的每个I/O都可以作为外部中断输入。STM32的中断控制器支持19个外部中断/事件请求。

EXTI0～EXTI15：对应外部I/O口的输入中断(16个)。

EXTI16：连接到PVD输出。

EXTI17：连接到RTC闹钟事件。

EXTI18：连接到USB唤醒事件。

每个外部中断线可以独立地配置触发方式(上升沿、下降沿或者双边沿触发)、触发/屏蔽、专用的状态位。

从上面可以看出，STM32供I/O使用的中断线EXTI0～EXTI15有16根，可以分别对应STM32F103的16个引脚Px0～Px15，其中x为A、B、C、D、E、F、G，EXTI中断线与Px0～Px15口对应关系如图5-4所示。端口0号引脚PA0、PB0、PC0、PD0、PE0、PF0、PG0映射到EXTI外部中断/事件输入线EXTI0上，端口1号引脚PA1、PB1、PC1、PD1、PE1、PF1、PG1映射到EXTI外部中断/事件输入线EXTI1上，依此类

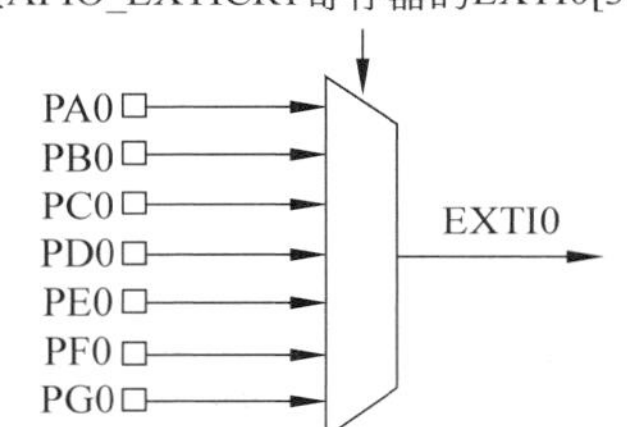


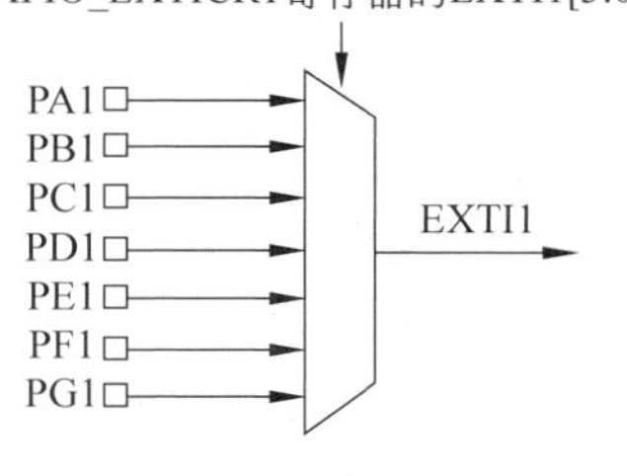


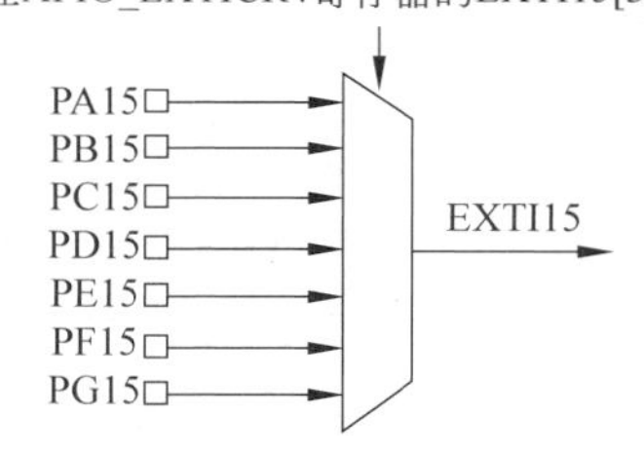


图5-4 外部中断/事件输入线映像图

推,端口15号引脚PA15、PB15、PC15、PD15、PE15、PF15、PG15映射到EXTI外部中断/事件输入线EXTI15上。

【注意】 如果将STM32F103的I/O引脚映射EXTI外部中断/事件输入线,必须将该引脚设置为输入模式。

EXTI0～EXTI15,每条EXTI同一时刻只能选择一个GPIO口作为中断源。

一个中断向量对应到一个中断服务程序。在STM32中,外部中断线只分配到了7个中断向量,而外部中断线有19根;所以有些中断线是共用同一个中断向量的,如表5-4所示。

**表5-4 7个中断向量**

| 位置 | 优先级 | 优先级类型 | 名称 | 说明 | 地址 |
|---|---|---|---|---|---|
| 6 | 13 | 可设置 | EXTI0 | EXTI线0中断 | 0x0000_0058 |
| 7 | 14 | 可设置 | EXTI1 | EXTI线1中断 | 0x0000_005C |
| 8 | 15 | 可设置 | EXTI2 | EXTI线2中断 | 0x0000_0060 |
| 9 | 16 | 可设置 | EXTI3 | EXTI线3中断 | 0x0000_0064 |
| 10 | 17 | 可设置 | EXTI4 | EXTI线4中断 | 0x0000_0068 |
| 23 | 30 | 可设置 | EXTI9_5 | EXTI线[9:5]中断 | 0x0000_009C |
| 40 | 47 | 可设置 | EXTI15_10 | EXTI线[15:10]中断 | 0x0000_00E0 |

从表5-4可以看出,外部中断线EXTI0～EXTI4分别分配一个中断向量,分别对应一个中断服务函数;外部中断线EXTI5～EXTI9分配一个中断向量,共用一个中断服务函数;外部中断线EXTI10～EXTI15分配一个中断向量,共用一个中断服务函数。7个中断服务函数如下。

```
EXTI0_IRQHandler
EXTI1_IRQHandler
EXTI2_IRQHandler
EXTI3_IRQHandler
EXTI4_IRQHandler
EXTI9_5_IRQHandler
EXTI15_10_IRQHandler
```

NVIC中的中断通道与外部中断的中断线、GPIO对应关系如表5-5所示。

**表5-5 NVIC中的中断通道与外部中断的中断线、GPIO对应关系**

| NVIC中的中断通道 | 外部中断的中断线 | GPIO |
|---|---|---|
| EXTI0_IRQn | EXTI_LINE0 | PX0(X为A、B、C、D、E、F、G) |
| EXTI1_IRQn | EXTI_LINE1 | PX1(X为A、B、C、D、E、F、G) |
| EXTI2_IRQn | EXTI_LINE2 | PX2(X为A、B、C、D、E、F、G) |
| EXTI3_IRQn | EXTI_LINE3 | PX3(X为A、B、C、D、E、F、G) |
| EXTI4_IRQn | EXTI_LINE4 | PX4(X为A、B、C、D、E、F、G) |

续表

| NVIC中的中断通道 | 外部中断的中断线 | GPIO |
|---|---|---|
| EXTI9_5_IRQn | EXTI_LINE5、EXTI_LINE6、EXTI_LINE7、EXTI_LINE8、EXTI_LINE9 | PX*n*(X为A、B、C、D、E、F、G，*n*为5、6、7、8、9) |
| EXTI15_10_IRQn | EXTI_LINE10、EXTI_LINE11、EXTI_LINE12、EXTI_LINE13、EXTI_LINE14、EXTI_LINE15 | PX*n*(X为A、B、C、D、E、F、G，*n*为10、11、12、13、14、15) |

从表5-5可以看出，外部中断线EXTI5～EXTI9共用一个中断服务函数，外部中断线EXTI10～EXTI15共用一个中断服务函数，如何针对每个LINE编写中断服务函数呢？可以使用ITStatus EXTI_GetITStatus(uint32_t EXTI_Line)来判断到底是哪条线唤起了中断服务函数，具体如何来编程可参考5.6.2项目13：7路医院输液呼叫器。

## 5.4 STM32中断相关库函数

STM32中断相关库函数包括NVIC相关库函数、EXTI相关库函数和EXTI中断线GPIO引脚映射库函数。

### 5.4.1 NVIC相关库函数

下面对NVIC相关库函数进行介绍。

(1) 函数名：NVIC_DeInit

函数原型：void NVIC_DeInit(void)；

功能描述：将外设NVIC寄存器重设为默认值。

例如：void NVIC_DeInit(void)；

(2) 函数名：NVIC_SCBDeInit

函数原型：void NVIC_SCBDeInit(void)；

功能描述：将外设SCB寄存器重设为默认值。

例如：void NVIC_SCBDeInit(void)；

(3) 函数名：NVIC_PriorityGroupConfig

函数原型：void NVIC_PriorityGroupConfig(u32NVIC_PriorityGroup)；

功能描述：设置优先级分组，包括抢占优先级和响应优先级。

例如：void NVIC_PriorityGroupConfig(NVIC_PriorityGroup_2)；/* 抢占优先级2位，响应优先级2位 */

(4) 函数名：NVIC_Init

函数原型：void NVIC_Init(NVIC_InitTypeDef * NVIC_InitStruct)；

功能描述：根据NVIC_InitStruct中指定的参数初始化外设NVIC寄存器。

说明：入口参数NVIC_InitStruct为指向结构NVIC_InitTypeDef的指针，包括外设GPIO的配置信息。NVIC_InitTypeDef定义于头文件stm32f10x_nvic.h中，其结构如下：

```
typedef struct
{
```

```
    u8 NVIC_IRQChannel;                                    //中断通道
    u8 NVIC_IRQChannelPreemptionPriority;                  //抢占优先级
    u8 NVIC_IRQChannelSubPriority;                         //响应优先级
    FunctionalState NVIC_IRQChannelCmd;                    //使能/失能
}NVIC_InitTypeDef;
```

其中 NVIC_IRQChannel 用来使能指定的 IRQ 通道,其取值如表 5-6 所示。

**表 5-6 NVIC_IRQChannel 值**

| 序号 | NVIC_IRQChannel | 功能描述 |
|---|---|---|
| 1 | WWDG_IRQn | 窗口看门狗中断 |
| 2 | PVD_IRQn | PVD 通道 EXTI 探测中断 |
| 3 | TAMPER_IRQn | 篡改中断 |
| 4 | RTC_IRQn | RTC 全局中断 |
| 5 | FlashItf_IRQn | FLASH 全局中断 |
| 6 | RCC_IRQn | RCC 全局中断 |
| 7 | EXTI0_IRQn | 外部中断线 0 中断 |
| 8 | EXTI2_IRQn | 外部中断线 1 中断 |
| 9 | EXTI3_IRQn | 外部中断线 2 中断 |
| 10 | EXTI4_IRQn | 外部中断线 3 中断 |
| 11 | DMAChannel1_IRQn | DMA 通道 1 中断 |
| 12 | DMAChannel2_IRQn | DMA 通道 2 中断 |
| 13 | DMAChannel3_IRQn | DMA 通道 3 中断 |
| 14 | DMAChannel4_IRQn | DMA 通道 4 中断 |
| 15 | DMAChannel5_IRQn | DMA 通道 5 中断 |
| 16 | DMAChannel6_IRQn | DMA 通道 6 中断 |
| 17 | DMAChannel7_IRQn | DMA 通道 7 中断 |
| 18 | ADC_IRQn | ADC 全局中断 |
| 19 | USB_HP_CANTX_IRQn | USB 高优先级或者 CAN 发送中断 |
| 20 | USB_LP_CANRX0_IRQn | USB 低优先级或者 CAN 接收 0 中断 |
| 21 | CAN_RX1_IRQn | CAN 接收 1 中断 |
| 22 | CAN_SCE_IRQn | CAN SCE 中断 |
| 23 | EXTI9_5_IRQn | 外部中断线 9～5 中断 |
| 24 | TIM1_BRK_IRQn | TIM1 暂停中断 |
| 25 | TIM1_UP_IRQn | TIM1 刷新中断 |
| 26 | TIM1_TRG_COM_IRQn | TIM1 触发和通信中断 |
| 27 | TIM1_CC_IRQn | TIM1 捕获比较中断 |

续表

| 序号 | NVIC_IRQChannel | 功 能 描 述 |
|---|---|---|
| 28 | TIM2_IRQn | TIM2 全局中断 |
| 29 | TIM3_IRQn | TIM3 全局中断 |
| 30 | TIM4_IRQn | TIM4 全局中断 |
| 31 | IIC1_EV_IRQn | IIC1 事件中断 |
| 32 | IIC1_ER_IRQn | IIC1 错误中断 |
| 33 | IIC2_EV_IRQn | IIC2 事件中断 |
| 34 | IIC2_ER_IRQn | IIC2 错误中断 |
| 35 | SPI1_IRQn | SPI1 全局中断 |
| 36 | SPI2_IRQn | SPI2 全局中断 |
| 37 | USART1_IRQn | USART1 全局中断 |
| 38 | USART2_IRQn | USART2 全局中断 |
| 39 | USART3_IRQn | USART3 全局中断 |
| 40 | EXTI15_10_IRQn | 外部中断线 15～10 中断 |
| 41 | RTCAlarm_IRQn | RTC 闹钟通过 EXTI 线中断 |
| 42 | USBWakeUP_IRQn | USB 通过 EXTI 线从悬挂唤醒中断 |

例如：

```
NVIC_InitTypeDef NVIC_InitStructure;
void NVIC_PriorityGroupConfig(NVIC_PriorityGroup_2);
                                                  /* 抢占优先级 2 位,响应优先级 2 位 */
//使能 USART1 全局中断,抢占优先级 0 位,响应优先级 3 位
NVIC_InitStructure.NVIC_IRQChannel=USART1_IRQChannel;           //中断通道
NVIC_InitStructure.NVIC_IRQChannelPreemptionPriority=0;         //抢占优先级为 0
NVIC_InitStructure.NVIC_IRQChannelSubPriority=3;                //响应优先级为 3
NVIC_InitStructure.NVIC_IRQChannelCmd=ENABLE;                   //使能
NVIC_Init(&NVIC_InitStructure);
//使能 TIM2 全局中断,抢占优先级 1 位,响应优先级 2 位
NVIC_InitStructure.NVIC_IRQChannel=TIM2_IRQChannel;
NVIC_InitStructure.NVIC_IRQChannelPreemptionPriority=1;
NVIC_InitStructure.NVIC_IRQChannelSubPriority=2;
NVIC_InitStructure.NVIC_IRQChannelCmd=ENABLE;
NVIC_Init(&NVIC_InitStructure);
//使能 EXTI1 全局中断,抢占优先级 2 位,响应优先级 4 位
NVIC_InitStructure.NVIC_IRQChannel=EXTI1_IRQChannel;
NVIC_InitStructure.NVIC_IRQChannelPreemptionPriority=1;
NVIC_InitStructure.NVIC_IRQChannelSubPriority=4;
NVIC_InitStructure.NVIC_IRQChannelCmd=ENABLE;
NVIC_Init(&NVIC_InitStructure);
```

**【注意】**

① 优先级不能超过设定组的范围，否则会有意想不到的错误；

② NVIC_IRQChannelSubPriority 和 NVIC_IRQChannelPreemptionPriority 的数字越小，优先级越高。

(5) 函数名：NVIC_StructInit

函数原型：void NVIC_StructInit(NVIC_InitTypeDef * NVIC_InitStruct);

功能描述：把 NVIC_InitStruct 中的每一个参数按默认值填入。

例如：

NVIC_InitTypeDef NVIC_InitStructure;

NVIC_StructInit(&NVIC_InitStructure);

(6) 函数名：NVIC_SetVectorTable

函数原型：void NVIC_SetVectorTable(u32NVIC_VectTab,u32Offset);

功能描述：设置向量表的位置和偏移。

例如：void NVIC_SetVectorTable(NVIC_VectTab_FLASH,0x0);/ * 设置 Flash 中间向量表基地址为 0x0 * /

(7) 函数名：NVIC_GenerateSystemReset

函数原型：void NVIC_GenerateSystemReset(void);

功能描述：产生一个系统复位。

例如：void NVIC_GenerateSystemReset(void);//产生一个系统复位

(8) 函数名：NVIC_GenerateCoreReset

函数原型：void NVIC_GenerateCoreReset(void);

功能描述：产生一个系统内核(内核+NVIC)复位。

例如：void NVIC_GenerateCoreReset(void);//产生一个内核(内核+ NVIC)复位

(9) 函数名：NVIC_SystemLPConfig

函数原型：void NVIC_SystemLPConfig(u8 LowPowerMode,FunctionalState NewState);

功能描述：选择系统进入低功耗模式的条件。

LowPowerMode：系统进入低功耗模式的新模式，主要包括以下 3 种模式。

① NVIC_LP_SEVONPEND：根据待处理请求唤醒。

② NVIC_LP_SLEEPDEEP：深度睡眠使能。

③ NVIC_LP_SLEEPONEXIT：退出 ISR 后睡眠。

例如：void NVIC_SystemLPConfig(NVIC_LP_SLEEPDEEP,ENABLE);//深度睡眠使能

(10) 函数名：NVIC_GetCPUID

函数原型：u32 NVIC_GetCPUID(void);

功能描述：返回 ID 号码、Cortex-M3 内核的版本号码和实现细节。

(11) 函数名：NVIC_SETPRIMASK

函数原型：NVIC_SETPRIMASK;

功能描述：使能 PRIMASK 优先级，提升执行优先级至 0。

(12) 函数名：NVIC_RESETPRIMASK

函数原型：NVIC_RESETPRIMASK;

功能描述：失能 PRIMASK 优先级。

(13) 函数名：NVIC_SETFAULTMASK

函数原型：NVIC_SETFAULTMASK;

功能描述：使能 FAULTMASK 优先级，提升执行优先级至−1。

(14) 函数名：NVIC_RESETFAULTMASK

函数原型：NVIC_RESETFAULTMASK;

功能描述：失能 FAULTMASK 优先级。

(15) 函数名：NVIC_BASEPRICONFIG

函数原型：NVIC_BASEPRICONFIG;

功能描述：改变执行优先级从 $N$(最低可设置优先级)提升至 1。

(16) 函数名：NVIC_GetBASEPRI(void)

函数原型：u32 NVIC_GetBASEPRI(void);

功能描述：返回 BASEPRI 屏蔽值。

(17) 函数名：NVIC_GetCurrentPendingIRQChannel

函数原型：u32 NVIC_GetCurrentPendingIRQChannel(void);

功能描述：返回当前待处理 IRQ 标识符。

(18) 函数名：NVIC_GetIRQChannelPendingBitStatus

函数原型：ITStatus NVIC_GetIRQChannelPendingBitStatus(u8 NVIC_IRQChannel);

功能描述：检查指定的 IRQ 通道待处理位设置与否。

(19) 函数名：NVIC_SetIRQChannelPendingBit

函数原型：void NVIC_SetIRQChannelPendingBit(u8 NVIC_IRQChannel);

功能描述：设置指定的 IRQ 通道待处理位。

(20) 函数名：NVIC_ClearIRQChannelPendingBit

函数原型：void NVIC_ClearIRQChannelPendingBit(u8 NVIC_IRQChannel);

功能描述：清除指定的 IRQ 通道待处理位。

(21) 函数名：NVIC_GetCurrentActiveHandler

函数原型：u16 NVIC_GetCurrentActiveHandler(void);

功能描述：返回当前活动的 Handler(IRQ 通道和系统 Handler)的标识符。

(22) 函数名：NVIC_GetIRQChannelActiveBitStatus

函数原型：ITStatus NVIC_GetIRQChannelActiveBitStatus(u8 NVIC_IRQChannel);

功能描述：检查指定的 IRQ 通道活动位设置与否。

(23) 函数名：NVIC_SystemHandlerConfig

函数原型：void NVIC_SystemHandlerConfig (u32 SystemHandler,FunctionalSt ate NewState);

功能描述：使能或失能指定的系统 Handler。

(24) 函数名：NVIC_SystemHandlerPriorityConfig

函数原型：void NVIC_SystemHandlerPriorityConfig(u32 SystemHandler, u8 SystemHandlerPreemptionPriority,u8 SystemHandlerSubPriority);

功能描述：设置指定的系统 Handler 优先级。

(25) 函数名：NVIC_GetSystemHandlerPendingBitStatus

函数原型：ITStatus NVIC_GetSystemHandlerPendingBitStatus(u32 SystemHandler)；

功能描述：检查指定的系统 Handler 待处理位设置与否。

(26) 函数名：NVIC_SetSystemHandlerPendingBit

函数原型：void NVIC_SetSystemHandlerPendingBit(u32 SystemHandler)；

功能描述：设置系统 Handler 待处理位。

(27) 函数名：NVIC_ClearSystemHandlerPendingBit

函数原型：void NVIC_ClearSystemHandlerPendingBit(u32 SystemHandler)；

功能描述：清除系统 Handler 待处理位。

(28) 函数名：NVIC_GetSystemHandlerActiveBitStatus

函数原型：ITStatus NVIC_GetSystemHandlerActiveBitStatus(u32 SystemHandler)；

功能描述：检查系统 Handler 活动位设置与否。

(29) 函数名：NVIC_GetFaultHandlerSources

函数原型：u32 NVIC_GetFaultHandlerSources(u32 SystemHandler)；

功能描述：返回表示出错的系统 Handler 源。

例如：

```
//得到总线硬异常源
u32 BusFaultHandlerSource;
BusFaultHandlerSource=NVIC_GetFaultHandlerSources(SystemHandler_BusFault);
```

(30) 函数名：NVIC_GetFaultAddress

函数原型：u32 NVIC_GetFaultAddress(u32 SystemHandler)；

功能描述：返回产生表示出错的系统 Handler 所在位置的地址。

例如：

```
//得到总线硬异常源地址
u32 BusFaultHandlerAddress;
BusFaultHandlerAddress=NVIC_GetFaultHandlerAddress(SystemHandler_BusFault);
```

### 5.4.2 EXTI 相关库函数

下面对 EXTI 相关库函数进行介绍。

(1) 函数名：EXTI_DeInit

函数原型：void EXTI_DeInit(void)；

功能描述：初始化外部中断寄存器，并设置到默认设置值。

例如：void EXTI_DeInit(void)；//设置 EXTI 寄存器为初始值

(2) 函数名：EXTI_Init

函数原型：void EXTI_Init(EXTI_InitTypeDef * EXTI_InitStruct)；

功能描述：根据 EXTI_InitStruct 的设置配置并初始化外部中断寄存器。

说明：入口参数 EXTI_InitStruct 为指向结构 EXTI_InitTypeDef 的指针，包括外设 EXTI 的配置信息。EXTI_InitTypeDef 定义于头文件 stm32f10x_exti.h 中，其结构如下：

```
typedef struct
```

```
{
u32 EXTI_Line;                              //选择了待使能或者失能的外部线路,取值见表 5-4
EXTIMode_TypeDef EXTI_Mode;                 //设置了被使能线路的模式,取值见表 5-5
EXTIrigger_TypeDef EXTI_Trigger;            //设置了被使能线路的触发边缘,取值见表 5-6
FunctionalState EXTI_LineCmd;               //用来定义选中线路的新状态
}EXTI_InitTypeDef;
```

① **EXTI_Line**。EXTI_Line 选择了待使能或者失能的外部线路,取值如表 5-7 所示。

**表 5-7　EXTI_Line 值**

| EXTI_Line | 功能描述 | EXTI_Line | 功能描述 |
| --- | --- | --- | --- |
| EXTI_Line0 | 外部中断线 0 | EXTI_Line10 | 外部中断线 10 |
| EXTI_Line1 | 外部中断线 1 | EXTI_Line11 | 外部中断线 11 |
| EXTI_Line2 | 外部中断线 2 | EXTI_Line12 | 外部中断线 12 |
| EXTI_Line3 | 外部中断线 3 | EXTI_Line13 | 外部中断线 13 |
| EXTI_Line4 | 外部中断线 4 | EXTI_Line14 | 外部中断线 14 |
| EXTI_Line5 | 外部中断线 5 | EXTI_Line15 | 外部中断线 15 |
| EXTI_Line6 | 外部中断线 6 | EXTI_Line16 | 外部中断线 16 |
| EXTI_Line7 | 外部中断线 7 | EXTI_Line17 | 外部中断线 17 |
| EXTI_Line8 | 外部中断线 8 | EXTI_Line18 | 外部中断线 18 |
| EXTI_Line9 | 外部中断线 9 | | |

② **EXTI_Mode**。EXTI_Mode 设置了被使能线路的模式,取值如表 5-8 所示。

**表 5-8　EXTI_Mode 值**

| EXTI_Mode | 功能描述 |
| --- | --- |
| EXTI_Mode_Event | 设置 EXTI 线路为事件请求 |
| EXTI_Mode_Interrupt | 设置 EXTI 线路为中断请求 |

③ **EXTI_Trigger**。EXTI_Trigger 设置了被使能线路的触发边缘,取值如表 5-9 所示。

**表 5-9　EXTI_Trigger 值**

| EXTI_Mode | 功能描述 |
| --- | --- |
| EXTI_Trigger_Falling | 设置输入线路下降沿为中断请求 |
| EXTI_Triggert_Rising | 设置输入线路上升沿为中断请求 |
| EXTI_Triggert_Rising_Falling | 设置输入线路上升沿和下降沿为中断请求 |

④ **EXTI_LineCmd**。EXTI_LineCmd 用来定义选中线路的新状态,它可以被设置为 ENABLE 或者 DISABLE。

例如:

```
//使能外部中断线路 12 和 14,下降沿触发
```

```
EXTI_InitTypeDef EXTI_InitStructure;
EXTI_InitStructure.EXTI_Line=EXTI_Line12|EXTI_Line14;
EXTI_InitStructure.EXTI_Mode=EXTI_Mode_Interrupt;
EXTI_InitStructure.EXTI_Trigger=EXTI_Trigger_Falling;
EXTI_InitStructure.EXTI_LineCmd=ENABLE;
EXTI_Init(&EXTI_InitStructure);
```

(3) 函数名：EXTI_StructInit

函数原型：void EXTI_StructInit(EXTI_InitTypeDef * EXTI_InitStruct)；

功能描述：设置外部中断 EXTI_StructInit 的具体参数。

例如：

```
EXTI_StructInit(&EXTI_InitStructure);
```

(4) 函数名：EXTI_GenerateSWInterrupt

函数原型：void EXTI_GenerateSWInterrupt(u32 EXTI_Line)；

功能描述：产生一个软中断。

例如：

```
void EXTI_GenerateSWInterrupt(EXTI_Line5);//外部中断线路5产生一个软件中断请求
```

(5) 函数名：EXTI_GetFlagStatus

函数原型：FlagStatus EXTI_GetFlagStatus(u32 EXTI_Line)；

功能描述：检测 EXTI 中断线的置位状态。

例如：

```
//得到外部中断线路6的标志位状态
FlagStatus EXTIStatus;
EXTIStatus= EXTI_GetFlagStatus(EXTI_Line6);
```

(6) 函数名：EXTI_ClearFlag

函数原型：void EXTI_ClearFlag(u32 EXTI_Line)；

功能描述：清除中断线的置位状态。

例如：

```
//清除 EXTI_Line3 标志位状态
EXTI_ClearFlag(u32 EXTI_Line3);
```

(7) 函数名：EXTI_GetITStatus

函数原型：ITStatus EXTI_GetITStatus(u32 EXTI_Line)；

功能描述：检查指定的中断线是否产生 EXTI 事件。

例如：

```
//得到外部中断线路6的触发请求状态
ITStatus EXTIStatus;
EXTIStatus=EXTI_GetITStatus(EXTI_Line6);
```

(8) 函数名：EXTI_ClearITPendingBit

函数原型：void EXTI_ClearITPendingBit(u32 EXTI_Line)；

功能描述：清除指定中断线的置位信息。

例如：

```
//清除 EXTI_Line3 线路中断挂起位
void EXTI_ClearITPendingBit(EXTI_Line3);
```

### 5.4.3 EXTI 中断线 GPIO 引脚映射库函数

```
void GPIO_EXTILineConfig(u8 GPIO_PortSource,u8 GPIO_PinSource);
//设置 I/O 口与中断线的映射关系
```

例如：

```
GPIO_EXTILineConfig(GPIO_PortSourceGPIOE,GPIO_PinSource2);
```

## 5.5 基本项目实践

### 5.5.1 外部中断的一般配置步骤

(1) 初始化 I/O 口为输入。

```
GPIO_Init();
```

(2) 开启 I/O 口复用时钟。

```
RCC_APB2PeriphClockCmd(RCC_APB2Periph_AFIO,ENABLE);
```

(3) 设置 I/O 口与中断线的映射关系。

```
void GPIO_EXTILineConfig();
```

(4) 初始化线上中断、设置触发条件等。

```
EXTI_Init();
```

(5) 配置中断分组(NVIC)，并使能中断。

```
NVIC_Init();
```

(6) 编写中断服务函数。

```
EXTIx_IRQHandler();
```

(7) 清除中断标志位。

```
EXTI_ClearITPendingBit();
```

### 5.5.2 项目11：按键中断控制流水灯和蜂鸣器

**1. 项目要求**

(1) 掌握 STM32 NVIC 嵌套向量中断控制器的工作原理；
(2) 掌握 STM32 EXTI 外部中断操作及应用；
(3) 掌握按键中断控制流水灯和蜂鸣器硬件连接；
(4) 掌握按键中断控制流水灯和蜂鸣器软件编程；
(5) 熟悉调试、下载程序。

**2. 项目描述**

(1) 用 STM32F103ZET6 开发板的 PB8 控制蜂鸣器，输出方式为开漏输出；PE0～PE7 控制 LED0～LED7，输出方式为推挽(或者开漏输出)输出；独立式按键 KEY0～KEY3 接

PA0～PA3，输入方式为上拉。主程序里面实现 LED0～LED7 闪烁，当按键 KEY0 按下执行中断服务程序控制蜂鸣器报警，按键 KEY1 按下执行中断服务程序控制正向流水灯，按键 KEY2 按下执行中断服务程序控制反向流水灯，按键 KEY3 按下执行中断服务程序控制 LED0～LED7 灭、蜂鸣器不报警。

(2) 主要设备及器材如下。

① 笔记本电脑或台式计算机(内存不低于 4GB)。

② STM32F103ZET6 最小系统板一块、ISP 串口程序下载器、杜邦线几根、miniUSB 线一条、8 位 LED 模块一块、蜂鸣器模块一块、独立式按键模块一块。

③ 配置相关软件(MDK、串口驱动等)。

(3) 硬件连接与 I/O 定义。

项目 11 硬件连接框图如图 5-5 所示。

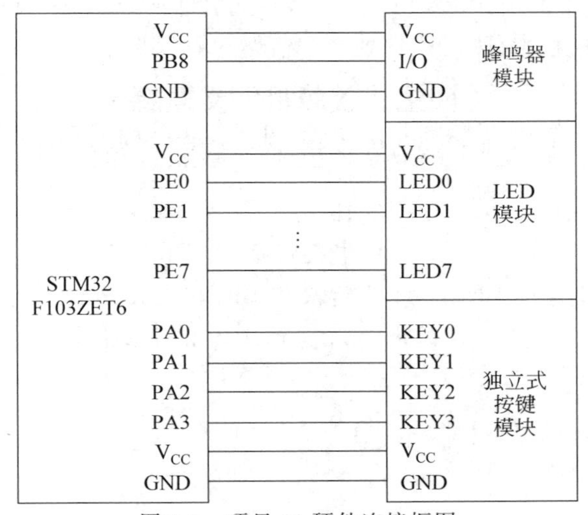


图 5-5 项目 11 硬件连接框图

项目 11 I/O 定义如表 5-10 所示。

**表 5-10 项目 11 I/O 定义**

| MCU 控制引脚 | 定 义 | 功 能 | 模 式 |
|---|---|---|---|
| PB8 | BEEP | 蜂鸣器报警 | 开漏输出 |
| 3.3V 或 5V | $V_{CC}$ | 蜂鸣器电源电压 | — |
| GND | GND | 蜂鸣器电源地线 | — |
| PE0～PE7 | LED0～LED7 | 亮、灭 | 推挽(或者开漏)输出 |
| 3.3V 或 5V | $V_{CC}$ | LED 模块电源电压 | |
| PA0～PA3 | KEY0～KEY3 | 独立式按键 | 输入上拉<br>KEY0—控制蜂鸣器关开<br>KEY1—正向流水灯<br>KEY2—反向流水灯<br>KEY3—LED 全灭、蜂鸣器不报警 |

续表

| MCU 控制引脚 | 定 义 | 功 能 | 模 式 |
|---|---|---|---|
| 3.3V 或 5V | $V_{CC}$ | 独立式按键电源电压 | — |
| GND | GND | 独立式按键电源地线 | — |

**3. 项目实施**

项目 11 实施步骤如下。

第一步：硬件连接。按照图 5-5 所示的硬件连接与表 5-10 所示的 I/O 定义，用导线将开发板与 LED 模块、蜂鸣器模块和独立式按键模块一一进行连接，确保无误。

第二步：建工程模板。将项目 10 创建的工程模板文件夹复制到桌面上，在 HARDWARE 文件夹下面新建 EXTI 文件夹，并把文件夹 USER 下的 10SMGKEY 改名为 11EXTI，然后将工程模板编译一下，直到没有错误和警告为止。

第三步：新建两个文件，分别命名为 exti.h 和 exti.c。将 exti.c、exti.h 保存到 HARDWARE 文件夹下的 EXTI 文件夹里面，并把 exti.c 添加到 HARDWARE 分组里面，然后添加 exti.h 路径。

第四步：在 exti.h、beep.h、led.h、key.h 文件中输入如下源程序。头文件里条件编译 #ifndef… #endif 格式不变，在 exti.h 文件里要包括 EXTI_H 宏定义和 EXTI×_Init 函数声明；在 beep.h 文件里要包括 BEEP_H 宏定义和 BEEP_Init 函数声明；在 led.h 文件里要包括 LED_H 宏定义和 LED_Init 函数声明；在 key.h 文件里要包括 KEY_H 宏定义和 KEY_Init 函数声明。

```
exti.h
#ifndef __EXTI_H
#define __EXTI_H
#include "sys.h"
void EXTIX_Init(void);                                          //外部中断初始化
#endif
beep.h
#ifndef __BEEP_H
#define __BEEP_H
#include "sys.h"
#define BEEP PBout(8)                                           //PB8→BEEP 位定义
void BEEP_Init(void);                                           //BEEP 初始化
#endif
led.h
#ifndef __LED_H
#define __LED_H
#include "sys.h"
void LED_Init(void);                                            //LED 初始化
#endif
key.h
#ifndef __KEY_H
#define __KEY_H
#include "sys.h"
#define KEY0 GPIO_ReadInputDataBit(GPIOA,GPIO_Pin_0)    //定义按键 KEY0→PA0
#define KEY1 GPIO_ReadInputDataBit(GPIOA,GPIO_Pin_1)    //定义按键 KEY0→PA1
```

```
#define KEY2 GPIO_ReadInputDataBit(GPIOA,GPIO_Pin_2)    //定义按键 KEY0→PA2
#define KEY3 GPIO_ReadInputDataBit(GPIOA,GPIO_Pin_3)    //定义按键 KEY0→PA3
#define KEY0_PRES 1                                     //按键返回值
#define KEY1_PRES 2
#define KEY2_PRES 3
#define KEY3_PRES 4
void KEY_Init(void);                                    //KEY 初始化
#endif
```

第五步：在 exti.c、beep.c、led.c、key.c 文件中输入如下源程序。在程序里面首先分别包含相应头文件 exti.h、beep.h、led.h、key.h、stm32f10x.h，然后在 exti.c 里要包含初始化函数 EXTI×_Init，在 beep.c 里要包含初始化函数 BEEP_Init，在 led.c 里要包含初始化函数 LED_Init，在 key.c 里要包含初始化函数 KEY_Init，详细介绍见每条代码注释。

**exti.c**

```
//包含所用头文件
#include "exti.h"
#include "led.h"
#include "key.h"
#include "delay.h"
#include "beep.h"
void EXTIX_Init(void)                                   //外部中断初始化
{
    EXTI_InitTypeDef EXTI_InitStructure;
    NVIC_InitTypeDef NVIC_InitStructure;
    KEY_Init();                                //①KEY_Init()按键端口初始化
    RCC_APB2PeriphClockCmd(RCC_APB2Periph_AFIO,ENABLE);
                                               /*②开启 I/O 口复用功能时钟使能*/
    GPIO_EXTILineConfig(GPIO_PortSourceGPIOA,GPIO_PinSource2);
                          /*③设置 I/O 口与中断线的映射关系:GPIOA.2(KEY2)—EXTI2*/
    /*④初始化线上中断、设置触发条件等,如中断线 2(EXTI2)以及中断初始化配置、下降沿触发*/
    EXTI_InitStructure.EXTI_Line=EXTI_Line2;  //中断线 2(EXTI2),KEY2
    EXTI_InitStructure.EXTI_Mode = EXTI_Mode_Interrupt;       //中断
    EXTI_InitStructure.EXTI_Trigger = EXTI_Trigger_Falling;   //下降沿触发
    EXTI_InitStructure.EXTI_LineCmd = ENABLE;                 //使能
    EXTI_Init(&EXTI_InitStructure);
                   /*根据 EXTI_InitStructure 中指定的参数初始化外设 EXTI 寄存器*/
    GPIO_EXTILineConfig(GPIO_PortSourceGPIOA,GPIO_PinSource3);
                          /*设置 I/O 口与中断线的映射关系:GPIOA.3(KEY3)—EXTI3*/
    EXTI_InitStructure.EXTI_Line=EXTI_Line3;            //中断线 3(EXTI3),KEY3
    EXTI_InitStructure.EXTI_Mode = EXTI_Mode_Interrupt;
    EXTI_InitStructure.EXTI_Trigger = EXTI_Trigger_Falling;   //下降沿触发
    EXTI_InitStructure.EXTI_LineCmd = ENABLE;                 //使能
    EXTI_Init(&EXTI_InitStructure);
                     /*根据 EXTI_InitStruct 中指定的参数初始化外设 EXTI 寄存器*/
    GPIO_EXTILineConfig(GPIO_PortSourceGPIOA,GPIO_PinSource1);
                          /*设置 I/O 口与中断线的映射关系:GPIOA.1(KEY1)—EXTI1*/
    EXTI_InitStructure.EXTI_Line=EXTI_Line1;            //中断线 1(EXTI1),KEY1
    EXTI_InitStructure.EXTI_Mode = EXTI_Mode_Interrupt;
    EXTI_InitStructure.EXTI_Trigger = EXTI_Trigger_Falling;   //下降沿触发
    EXTI_InitStructure.EXTI_LineCmd = ENABLE;                 //使能
```

```
    EXTI_Init(&EXTI_InitStructure);
    GPIO_EXTILineConfig(GPIO_PortSourceGPIOA,GPIO_PinSource0);
                        /*设置I/O口与中断线的映射关系:GPIOA.0(KEY0)—EXTI0*/
    EXTI_InitStructure.EXTI_Line=EXTI_Line0;                //中断线0(EXTI0),KEY0
    EXTI_InitStructure.EXTI_Mode = EXTI_Mode_Interrupt;
    EXTI_InitStructure.EXTI_Trigger = EXTI_Trigger_Falling;  //下降沿触发
    EXTI_InitStructure.EXTI_LineCmd = ENABLE;               //使能
    EXTI_Init(&EXTI_InitStructure);
    //⑤配置中断分组(NVIC),并使能中断
    NVIC_InitStructure.NVIC_IRQChannel = EXTI0_IRQn;
                                        /*使能按键KEY0所在的外部中断通道*/
    NVIC_InitStructure.NVIC_IRQChannelPreemptionPriority = 0x01;
                                                    /*抢占优先级1*/
    NVIC_InitStructure.NVIC_IRQChannelSubPriority = 0x00;    //响应优先级0
    NVIC_InitStructure.NVIC_IRQChannelCmd = ENABLE;          //使能外部中断通道
    NVIC_Init(&NVIC_InitStructure);
    NVIC_InitStructure.NVIC_IRQChannel = EXTI1_IRQn;
                                        /*使能按键KEY1所在的外部中断通道*/
    NVIC_InitStructure.NVIC_IRQChannelPreemptionPriority = 0x02;
                                                    /*抢占优先级2*/
    NVIC_InitStructure.NVIC_IRQChannelSubPriority = 0x01;    //响应优先级1
    NVIC_InitStructure.NVIC_IRQChannelCmd = ENABLE;          //使能外部中断通道
    NVIC_Init(&NVIC_InitStructure);
    NVIC_InitStructure.NVIC_IRQChannel = EXTI2_IRQn;
                                        /*使能按键KEY2所在的外部中断通道*/
    NVIC_InitStructure.NVIC_IRQChannelPreemptionPriority = 0x02;
                                                    /*抢占优先级2*/
    NVIC_InitStructure.NVIC_IRQChannelSubPriority = 0x01;    //响应优先级1
    NVIC_InitStructure.NVIC_IRQChannelCmd = ENABLE;          //使能外部中断通道
    NVIC_Init(&NVIC_InitStructure);
    NVIC_InitStructure.NVIC_IRQChannel = EXTI3_IRQn;
                                        /*使能按键KEY3所在的外部中断通道*/
    NVIC_InitStructure.NVIC_IRQChannelPreemptionPriority = 0x00;
                                                    /*抢占优先级0*/
    NVIC_InitStructure.NVIC_IRQChannelSubPriority = 0x00;    //响应优先级0
    NVIC_InitStructure.NVIC_IRQChannelCmd = ENABLE;        /*使能外部中断通道*/
    NVIC_Init(&NVIC_InitStructure);
}
```

**beep.c**

```
#include "beep.h"//包含beep.h
#include "stm32f10x.h"
void BEEP_Init(void)//蜂鸣器初始化BEEP_Init
{
    GPIO_InitTypeDef GPIO_InitStructure;
    RCC_APB2PeriphClockCmd(RCC_APB2Periph_GPIOB,ENABLE);   //开启PB时钟
    GPIO_InitStructure.GPIO_Pin = GPIO_Pin_8;              //选择PB8
    GPIO_InitStructure.GPIO_Mode = GPIO_Mode_Out_PP;       //推挽输出
    GPIO_InitStructure.GPIO_Speed = GPIO_Speed_10MHz;      //速度10MHz
    GPIO_Init(GPIOB,&GPIO_InitStructure);             //根据设定参数初始化PB.8
    GPIO_SetBits(GPIOB,GPIO_Pin_8);                   //PB.8输出高电平,关闭蜂鸣器
}
```

**led.c**

```
#include "led.h"
#include "stm32f10x.h"
void LED_Init(void)                                          //初始化 LED_Init
{
    GPIO_InitTypeDef  GPIO_InitStructure;
    RCC_APB2PeriphClockCmd(RCC_APB2Periph_GPIOE,ENABLE); //开启 PE 时钟
GPIO_InitStructure.GPIO_Pin=GPIO_Pin_0|GPIO_Pin_1|GPIO_Pin_2|GPIO_Pin_3|GPIO_
Pin_4|GPIO_Pin_5|GPIO_Pin_6|GPIO_Pin_7;                      //选择 PE0~PE7
    GPIO_InitStructure.GPIO_Mode = GPIO_Mode_Out_PP;         //推挽输出
    GPIO_InitStructure.GPIO_Speed = GPIO_Speed_2MHz;         //速度 2MHz
    GPIO_Init(GPIOE,&GPIO_InitStructure);                    //根据设定参数初始化 PE
}
GPIO_SetBits(GPIOE,GPIO_Pin_0|GPIO_Pin_1|GPIO_Pin_2|GPIO_Pin_3|GPIO_Pin_4|GPIO_
Pin_5|GPIO_Pin_6|GPIO_Pin_7);                               //PE.0~PE.7 输出高电平关闭 LED
}
```

**key.c**

```
#include "stm32f10x.h"
#include "key.h"
#include "delay.h"
void KEY_Init(void) //按键初始化
{
    GPIO_InitTypeDef GPIO_InitStructure;
    RCC_APB2PeriphClockCmd(RCC_APB2Periph_GPIOA,ENABLE); //开启 PA 时钟
    //选择 PA0~PA3
    GPIO_InitStructure.GPIO_Pin=GPIO_Pin_0|GPIO_Pin_1|GPIO_Pin_2|GPIO_Pin_3;
    GPIO_InitStructure.GPIO_Mode = GPIO_Mode_IPU;            //输入上拉
    GPIO_InitStructure.GPIO_Speed = GPIO_Speed_2MHz;         //速度 2MHz
    GPIO_Init(GPIOA,&GPIO_InitStructure);
}
```

第六步：在 main.c 文件中输入如下源程序。程序框架包含头文件、主函数、无限循环和中断服务程序 4 部分。头文件包含程序需要头文件 led.h、delay.h、key.h、sys.h、exti.h、beep.h；主函数包含调用 delay_init()、设置 NVIC 中断分组 2(2 位抢占优先级，2 位响应优先级)、LED_Init()、BEEP_Init()、KEY_Init()、EXTIX_Init()初始化函数；无限循环包含 GPIO 输出高电平，使 8 个 LED 灭，调延时 500ms，而 GPIO 输出低电平，使 8 个 LED 亮，调延时 500ms；详细介绍见每条代码注释。

**main.c**

```
#include "led.h"
#include "delay.h"
#include "key.h"
#include "sys.h"
#include "exti.h"
#include "beep.h"
int i;
static char flag=1;                                     //关闭流水灯标志
int main(void)
{
  delay_init();
```

```
  NVIC_PriorityGroupConfig(NVIC_PriorityGroup_2);分组 2
  LED_Init();
  BEEP_Init();                                         //初始化蜂鸣器
  KEY_Init();                                          //初始化与按键连接的硬件接口
  EXTIX_Init();                                        //外部中断初始化
  while(1)
  {
      GPIO_SetBits(GPIOE,GPIO_Pin_0|GPIO_Pin_1|GPIO_Pin_2|GPIO_Pin_3|GPIO_Pin_4
|GPIO_Pin_5|GPIO_Pin_6|GPIO_Pin_7);                    /*8个LED灭*/
      delay_ms(500);                                   //延时
      GPIO_ResetBits(GPIOE,GPIO_Pin_0|GPIO_Pin_1|GPIO_Pin_2|GPIO_Pin_3|GPIO_Pin
_4|GPIO_Pin_5|GPIO_Pin_6|GPIO_Pin_7);                  /*8个LED亮*/
      delay_ms(500);                                   //延时
    }
}
//⑥中断服务程序
void EXTI0_IRQHandler(void)                            //外部中断0服务程序
{
  delay_ms(10);                                        //消抖
  if(KEY0==0)
  {
      BEEP=!BEEP;                                      //开关蜂鸣器
  }
  EXTI_ClearITPendingBit(EXTI_Line0);                  //⑦清除Line0线上的中断标志位
}
void EXTI1_IRQHandler(void)//外部中断1服务程序
{
  delay_ms(10);                                        //消抖
  if(KEY1==0)
  {
      i=0;                                             //LED指示位
      flag=0;                                          //开启流水灯
      while(flag==0)                                   //正向流水灯
      {
          PEout(i%8)=0;
          delay_ms(200);
          PEout(i%8)=1;
          i++;
          if(i==8)
            i=0;                                       //重置LED指示位
          EXTI_ClearITPendingBit(EXTI_Line1);          //清除Line1线上的中断标志位
      }
  }
}
void EXTI2_IRQHandler(void)                            //外部中断2服务程序
{
  delay_ms(10);                                        //消抖
  if(KEY2==0)
  {
      i=7;                                             //LED指示位
      flag=0;                                          //开启流水灯
```

```
      while(flag==0)                              //反向流水灯
      {
          PEout(i%8)=0;                           //LED 亮
          delay_ms(200);
          PEout(i%8)=1;                           //LED 灭
          i--;
          if(i==-1)
            i=7;                                  //重置 LED 指示位
          EXTI_ClearITPendingBit(EXTI_Line2);     //清除 Line2 线上的中断标志位
      }
  }
}
void EXTI3_IRQHandler(void)                       //外部中断 3 服务程序
{
  delay_ms(10);                                   //消抖
  if(KEY3==0)
  {
      flag=1;                                     //关闭流水灯
      GPIO_SetBits(GPIOE,GPIO_Pin_0|GPIO_Pin_1|GPIO_Pin_2|GPIO_Pin_3|GPIO_Pin_4
|GPIO_Pin_5|GPIO_Pin_6|GPIO_Pin_7);               //关闭所有 LED
      BEEP=1;                                     //关闭蜂鸣器
  }
  EXTI_ClearITPendingBit(EXTI_Line3);             //清除 Line3 线上的中断标志位
}
```

第七步：编译工程，直到没有错误和警告，会在 OBJ 文件夹中生成.hex 文件。

第八步：下载运行程序。通过 ISP 软件下载.hex 文件到开发板，查看效果。

按键中断控制流水灯和蜂鸣器效果如图 5-6 所示。

(a) 执行主程序，LED 闪烁

(b) KEY0—控制蜂鸣器关开

(c) KEY1—正向流水灯

(d) KEY2—反向流水灯

(e) KEY3—LED 全灭、蜂鸣器不报警

图 5-6 按键中断控制流水灯和蜂鸣器效果

### 5.5.3 项目考核评价表

项目考核评价表如表5-11所示。

表5-11 项目考核评价表

<table>
<tr><th>内容</th><th>目　标</th><th>标准</th><th>方　式</th><th>权重/%</th><th>得分</th></tr>
<tr><td rowspan="4">知识与能力</td><td>基础知识掌握程度(5分)</td><td rowspan="16">100分</td><td rowspan="16">以100分为基础,按照这四项的权重值给分</td><td rowspan="4">20</td><td rowspan="4"></td></tr>
<tr><td>知识迁移情况(5分)</td></tr>
<tr><td>知识应变情况(5分)</td></tr>
<tr><td>使用工具情况(5分)</td></tr>
<tr><td rowspan="6">工作与事业准备</td><td>出勤、诚信情况(4分)</td><td rowspan="6">20</td><td rowspan="6"></td></tr>
<tr><td>小组团队合作情况(4分)</td></tr>
<tr><td>学习、工作的态度与能力(3分)</td></tr>
<tr><td>严谨、细致、敬业(4分)</td></tr>
<tr><td>质量、安全、工期与成本(3分)</td></tr>
<tr><td>关注工作影响(2分)</td></tr>
<tr><td rowspan="5">个人发展</td><td>时间管理情况(2分)</td><td rowspan="5">10</td><td rowspan="5"></td></tr>
<tr><td>提升自控力情况(2分)</td></tr>
<tr><td>书面表达情况(2分)</td></tr>
<tr><td>口头沟通情况(2分)</td></tr>
<tr><td>自学能力情况(2分)</td></tr>
<tr><td>项目完成与展示汇报</td><td>项目完成与展示汇报情况(50分)</td><td>50</td><td></td></tr>
<tr><td rowspan="4">高级思维能力</td><td>创造性思维</td><td rowspan="4">10分</td><td rowspan="4">教师以10分为上限,奖励工作中有突出表现和特色做法的学生</td><td rowspan="4">加分项</td><td rowspan="4"></td></tr>
<tr><td>评判性思维</td></tr>
<tr><td>逻辑性思维</td></tr>
<tr><td>工程性思维</td></tr>
<tr><td colspan="6">项目成绩=知识与能力×20%+工作与事业准备×20%+个人发展×10%+项目完成与展示汇报×50%+高级思维能力(加分项)</td></tr>
</table>

## 5.6 拓展项目实践

### 5.6.1 项目12:三路抢答器

**1. 项目要求**

(1) 掌握STM32 NVIC嵌套向量中断控制器工作原理;

(2) 掌握STM32 EXTI外部中断操作及应用;

(3) 掌握共阳极数码管工作原理及应用;

(4) 掌握抢答器硬件连接;

(5) 掌握抢答器软件编程;

(6) 熟悉调试、下载程序。

**2. 项目描述**

(1) 三路抢答器控制电路图如图 5-7 所示。用 STM32F103ZET6 开发板的 PD0～PD2、PD5 接收独立键盘的按键输入,方式为输入上拉;PE0～PE3 控制数码管位选、PE7～PE14 控制数码管段选,PE 输出方式为推挽输出。按键 KEY3 是主持人按键,按键 KEY0、KEY1、KEY2 为选手按键。当主持人按键 KEY3 按下,把抢答器清零后(四位数码管全显示 0),发出开始抢答口令,选手才能抢答,否则视为犯规。选手谁抢答获胜,四位数码管上会显示该选手按键号,如四位数码管都显示 1,表示 1 号选手抢答获胜。每一次抢答后都需要主持人按键 KEY3,将抢答器清零,下次才能成功抢答,以此类推。

(2) 主要设备及器材如下。

① 笔记本电脑或台式计算机(内存不低于 4GB)。

② STM32F103ZET6 最小系统板一块、ISP 串口程序下载器、杜邦线几根、miniUSB 线一条、4 位共阳极数码管模块一块、4 位独立式按键模块一块。

③ 配置相关软件(MDK、串口驱动等)。

(3) 硬件连接与 I/O 定义。

项目 12 硬件连接框图如图 5-7 所示。

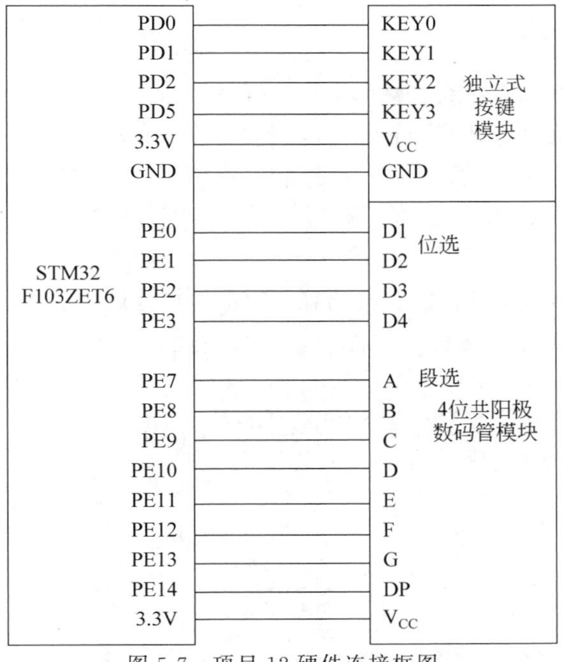

图 5-7 项目 12 硬件连接框图

项目 12 I/O 定义如表 5-12 所示。

表 5-12 项目 12 I/O 定义

| MCU 控制引脚 | 定 义 | 功 能 | 模 式 |
|---|---|---|---|
| PD0～PD2、PD5 | KEY0～KEY3 | 独立式按键 | 输入上拉<br>PD0—KEY0 读取键值<br>PD1—KEY1 读取键值<br>PD2—KEY2 读取键值<br>PD5—KEY3 读取键值 |
| 3.3V 或 5V | $V_{CC}$ | 独立式按键电源电压 | |
| GND | GND | 独立式按键电源地线 | |
| PE0～PE3 | 数码管位选 | 位显示 | 推挽输出<br>PE0—D1 数码管的第一位<br>PE1—D2 数码管的第二位<br>PE2—D3 数码管的第三位<br>PE3—D4 数码管的第四位 |
| PE7～PE14 | 数码管段选 | 段显示 | 推挽输出<br>PE7—A PE8—B<br>PE9—C PE10—D<br>PE11—E PE12—F<br>PE13—G PE14—DP |
| 3.3V | $V_{CC}$ | 数码管电源电压 | — |

**3. 项目实施**

项目 12 实施步骤如下。

第一步：硬件连接。按照图 5-7 所示的硬件连接和表 5-12 所示的 I/O 定义，用导线将开发板与数码管模块和独立式按键模块一一进行连接，确保无误。

第二步：建工程模板。将项目 11 创建的工程模板文件夹复制到桌面上，并把文件夹 USER 下的 11EXTI 改名为 12EXTI，然后将工程模板编译一下，直到没有错误和警告为止。

第三步：由于本项目用到按键和数码管，项目 11 里面已经有，因此此步骤可以省略。

第四步：在 key.h、smg.h、exit.h 文件中输入如下源程序。头文件里条件编译 #ifndef…#endif 格式不变，在 key.h 文件里要包括 KEY_H 宏定义和 KEY_Init 函数声明；在 smg.h 文件里要包括 SMG_H 宏定义、数码管位、段定义和 SMG_Init 函数声明；在 exit.h 文件里要包括 EXIT_H 宏定义和 EXIT_Init 函数声明。

```
key.h  //详细代码见工程文件项目 12 key.h
smg.h
#ifndef __SMG_H
#define __SMG_H
#include "sys.h"
#define WEI1 PEout(0)                              //PE0—数码管 D1 位选
#define WEI2 PEout(1)                              //PE1—数码管 D2 位选
#define WEI3 PEout(2)                              //PE2—数码管 D3 位选
#define WEI4 PEout(3)                              //PE3—数码管 D4 位选
#define DA PEout(7)                                //PE7—数码管 A 段选
```

```
#define DB PEout(8)                              //PE8—数码管 B 段选
#define DC PEout(9)                              //PE9—数码管 C 段选
#define DD PEout(10)                             //PE10—数码管 D 段选
#define DE PEout(11)                             //PE11—数码管 E 段选
#define DF PEout(12)                             //PE12—数码管 F 段选
#define DG PEout(13)                             //PE13—数码管 G 段选
#define DP PEout(14)                             //PE14—数码管 DP 段选
void SMG_Init(void);                             //初始化
void SMG_display(int n);                         //数码管显示
#endif
```

**exit.h**

```
#ifndef __EXIT_H
#define __EXIT_H
#include "sys.h"
void EXTIX_Init(void);                           //I/O 初始化
void NVIC_Disable(void);
#endif
```

第五步：在 key.c、smg.c、exit.c 文件中输入如下源程序。在程序里面首先分别包含相应头文件 key.h、smg.h、exit.h、stm32f10x.h，然后在 key.c 里要包含初始化函数 KEY_Init，在 smg.c 里要包含初始化函数 SMG_Init，在 exit.c 里要包含初始化函数 EXTI_Init，详细介绍见每条代码注释。

**key.c** //详细代码见工程文件项目 12 **key.c**

**smg.c**

```
#include "smg.h"
//初始化 PBE
//SMG I/O 初始化
void SMG_Init(void)
{
    GPIO_InitTypeDef GPIO_InitStructure;
    RCC_APB2PeriphClockCmd(RCC_APB2Periph_GPIOE,ENABLE);
                                                     //使能 PE 端口时钟
    GPIO_InitStructure.GPIO_Pin=GPIO_Pin_All;
                                        /*选择所有 PE 端口,也可以选择用到端口*/.
    GPIO_InitStructure.GPIO_Mode=GPIO_Mode_Out_PP;   //推挽输出
    GPIO_InitStructure.GPIO_Speed=GPIO_Speed_50MHz;  //I/O 口速度为 50MHz
    GPIO_Init(GPIOE,&GPIO_InitStructure);            //根据设定参数初始化 GPIOE
    GPIO_SetBits(GPIOE,GPIO_Pin_All);                //关闭数码管
}
//数码管显示
void SMG_display(int n){
    switch(n){
        case 0:                                      //数码管显示 0
            DA=0;DB=0;DC=0;DD=0;DE=0;DF=0;DG=1;DP=1;
            break;
        case 1:                                      //数码管显示 1
            DA=1;DB=0;DC=0;DD=1;DE=1;DF=1;DG=1;DP=1;
            break;
        case 2:                                      //数码管显示 2
            DA=0;DB=0;DC=1;DD=0;DE=0;DF=1;DG=0;DP=1;
            break;
        case 3:                                      //数码管显示 3
```

```
            DA=0;DB=0;DC=0;DD=0;DE=1;DF=1;DG=0;DP=1;
            break;
        case 4:                                         //数码管显示 4
            DA=1;DB=0;DC=0;DD=1;DE=1;DF=0;DG=0;DP=1;
            break;
    }
}
```

**exit.c**

```
#include "key.h"
#include "delay.h"
#include "exit.h"
#include "stm32f10x.h"
//外部中断初始化函数
void EXTIX_Init(void)
{
    EXTI_InitTypeDef EXTI_InitStructure;
    NVIC_InitTypeDef NVIC_InitStructure;
    RCC_APB2PeriphClockCmd(RCC_APB2Periph_AFIO,ENABLE);
                                        /*外部中断需要使能 AFIO 时钟*/
    Key_Init();                                   //初始化按键对应 I/O 模式
    //GPIOD.0 中断线以及中断初始化配置
    GPIO_EXTILineConfig(GPIO_PortSourceGPIOD,GPIO_PinSource0);
    EXTI_InitStructure.EXTI_Line=EXTI_Line0;
    EXTI_InitStructure.EXTI_Mode = EXTI_Mode_Interrupt;
    EXTI_InitStructure.EXTI_Trigger = EXTI_Trigger_Falling;
    EXTI_InitStructure.EXTI_LineCmd = ENABLE;
    EXTI_Init(&EXTI_InitStructure);
                    /*根据 EXTI_InitStructure 中指定的参数初始化外设 EXTI 寄存器*/
    //GPIOD.1 中断线以及中断初始化配置
    GPIO_EXTILineConfig(GPIO_PortSourceGPIOD,GPIO_PinSource1);
    EXTI_InitStructure.EXTI_Line=EXTI_Line1;
    EXTI_InitStructure.EXTI_Mode = EXTI_Mode_Interrupt;
    EXTI_InitStructure.EXTI_Trigger = EXTI_Trigger_Falling;
    EXTI_InitStructure.EXTI_LineCmd = ENABLE;
    EXTI_Init(&EXTI_InitStructure);
                    /*根据 EXTI_InitStructure 中指定的参数初始化外设 EXTI 寄存器*/
    //GPIOD.2 中断线以及中断初始化配置
    GPIO_EXTILineConfig(GPIO_PortSourceGPIOD,GPIO_PinSource2);
    EXTI_InitStructure.EXTI_Line=EXTI_Line2;
    EXTI_InitStructure.EXTI_Mode = EXTI_Mode_Interrupt;
    EXTI_InitStructure.EXTI_Trigger = EXTI_Trigger_Falling;
    EXTI_InitStructure.EXTI_LineCmd = ENABLE;
    EXTI_Init(&EXTI_InitStructure);
                    /*根据 EXTI_InitStructure 中指定的参数初始化外设 EXTI 寄存器*/
    //GPIOD.5 中断线以及中断初始化配置
    GPIO_EXTILineConfig(GPIO_PortSourceGPIOD,GPIO_PinSource5);
    EXTI_InitStructure.EXTI_Line=EXTI_Line5;
    EXTI_InitStructure.EXTI_Mode = EXTI_Mode_Interrupt;
    EXTI_InitStructure.EXTI_Trigger = EXTI_Trigger_Falling;
    EXTI_InitStructure.EXTI_LineCmd = ENABLE;
    EXTI_Init(&EXTI_InitStructure);
                    /*根据 EXTI_InitStructure 中指定的参数初始化外设 EXTI 寄存器*/
```

```
    NVIC_InitStructure.NVIC_IRQChannel = EXTI0_IRQn;
                                                    /*使能按键所在的外部中断通道*/
    NVIC_InitStructure.NVIC_IRQChannelPreemptionPriority = 0x01;//抢占优先级1
    NVIC_InitStructure.NVIC_IRQChannelSubPriority = 0x01;       //响应优先级1
    NVIC_InitStructure.NVIC_IRQChannelCmd = ENABLE;
    //使能外部中断通道
    NVIC_Init(&NVIC_InitStructure);
    NVIC_InitStructure.NVIC_IRQChannel = EXTI1_IRQn;
                                                    /*使能按键所在的外部中断通道*/
    NVIC_InitStructure.NVIC_IRQChannelPreemptionPriority = 0x01;//抢占优先级1
    NVIC_InitStructure.NVIC_IRQChannelSubPriority = 0x01;       //响应优先级1
    NVIC_InitStructure.NVIC_IRQChannelCmd = ENABLE;            //使能外部中断通道
    NVIC_Init(&NVIC_InitStructure);
    NVIC_InitStructure.NVIC_IRQChannel = EXTI2_IRQn;
                                                    /*使能按键所在的外部中断通道*/
    NVIC_InitStructure.NVIC_IRQChannelPreemptionPriority = 0x01;//抢占优先级1
    NVIC_InitStructure.NVIC_IRQChannelSubPriority = 0x01;       //响应优先级1
    NVIC_InitStructure.NVIC_IRQChannelCmd = ENABLE;            //使能外部中断通道
    NVIC_Init(&NVIC_InitStructure);
}
void NVIC_Disable(void){
    __set_PRIMASK(1);
}
void EXTI0_IRQHandler(void)
{
    delay_ms(10);                                   //消抖
    if(KEY0_STA==0)    {
        SMG_display(1);
        NVIC_Disable();
    }
    EXTI_ClearITPendingBit(EXTI_Line0);             //清除Line0上的中断标志位
}
void EXTI1_IRQHandler(void)
{
    delay_ms(10);                                   //消抖
    if(KEY1_STA==0){
        SMG_display(2);
        NVIC_Disable();
    }
    EXTI_ClearITPendingBit(EXTI_Line1);             //清除Line1上的中断标志位
}
void EXTI2_IRQHandler(void)
{
    delay_ms(10);                                   //消抖
    if(KEY2_STA==0){
      SMG_display(3);
      NVIC_Disable();
    }
    EXTI_ClearITPendingBit(EXTI_Line2);             //清除Line2上的中断标志位
}
```

第六步：在main.c文件中输入如下源程序。程序框架包含头文件、主函数和无限循环

3部分。头文件包含程序需要头文件 smg.h、delay.h、sys.h、key.h、exit.h；主函数包含调用 delay_init()、NVIC_PriorityGroupConfig()、EXTIX_Init()、SMG_Init()初始化函数；无限循环主持人按键 KEY3 清零，调延显示，详细介绍见每条代码注释。

```
#include "smg.h"
#include "delay.h"
#include "sys.h"
#include "key.h"
#include "exti.h"
int main(void)
{
    delay_init();                                          //延时函数初始化
    NVIC_PriorityGroupConfig(NVIC_PriorityGroup_2);
                                    /* 设置 NVIC 中断分组 2:2 位抢占优先级,2 位响应优先级 */
    EXTIX_Init();                                          //外部中断初始化
    SMG_Init();                                            //初始化数码管
    while(1)
    {
        WEI1=0;                                            //数码管 D1 位点亮
        WEI2=0;                                            //数码管 D2 位点亮
        WEI3=0;                                            //数码管 D3 位点亮
        WEI4=0;                                            //数码管 D4 位点亮
        delay_ms(10);                                      //消抖
        //主持人按键清零
        if(KEY3_STA==0){
            __set_PRIMASK(0);
            SMG_display(0);
        }
    }
}
```

第七步：编译工程，直到没有错误和警告，会在 OBJ 文件夹中生成.hex 文件。

第八步：下载运行程序。通过 ISP 软件下载.hex 文件到开发板，查看效果。

三路抢答器效果如图 5-8 所示。

(a) 按下 KEY3 清零

(b) 按下 KEY0 显示 1111

(c) 按下 KEY1 显示 2222

(d) 按下 KEY2 显示 3333

图 5-8　三路抢答器效果

### 5.6.2　项目 13：七路医院输液呼叫器

#### 1. 项目要求

(1) 掌握 STM32 NVIC 嵌套向量中断控制器的工作原理；

(2) 掌握 STM32 EXTI 外部中断操作及应用；

(3) 掌握七路独立式按键的工作原理及应用；

(4) 掌握七路医院输液呼叫器硬件连接；

(5) 掌握七路医院输液呼叫器软件编程；

(6) 熟悉调试、下载程序。

**2. 项目描述**

(1) 七路医院输液呼叫器硬件连接如图5-9所示。用STM32F103ZET6开发板的PE0～PE7连接独立式按键KEY0～CLSKEY(可以用4路独立式按键模块两块，地线需要连接在一起)，8个按键方式为输入上拉，KEY0～KEY6为七路医院输液呼叫器按键，每一个按键按下，代表病人输液完成或者换输液瓶，数码管显示对应按键输液位置，值班护士及时处理完成所有按键位置的输液问题后，按下CLSKEY按键把数码管显示全部清零，依此类推。此项目要掌握外部中断线EXTI5～EXTI9，共用一个中断服务函数，到底是哪条线唤起了中断服务函数，下面通过项目具体介绍是如何处理的。

(2) 主要设备及器材如下。

① 笔记本电脑或台式计算机(内存不低于4GB)。

② STM32F103ZET6最小系统板一块、ISP串口程序下载器、杜邦线几根、miniUSB线一条、4位共阳极数码管模块一块、4位独立式按键模块两块。

③ 配置相关软件(MDK、串口驱动等)。

(3) 硬件连接与I/O定义。

项目13硬件连接框图如图5-9所示。

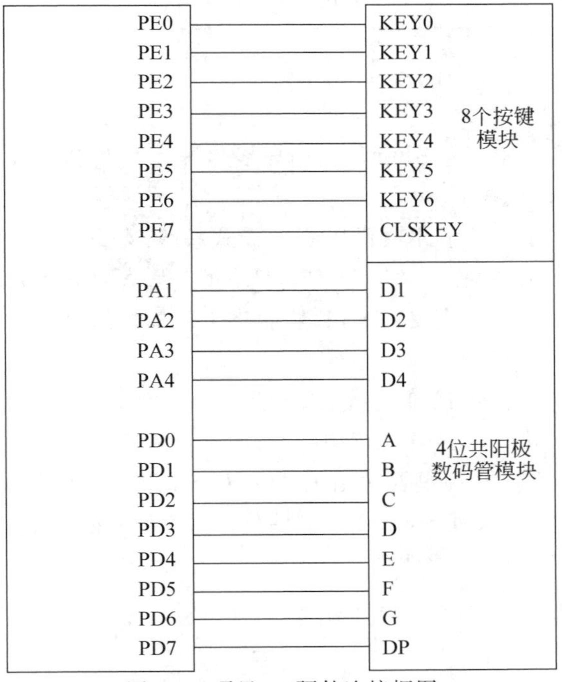


图5-9 项目13硬件连接框图

【注意】 如图5-9所示，没有画出按键模块、数码管模块电源和地线，但在硬件连接时需要连接每一个模块的电源、地线。

项目13 I/O定义如表5-13所示。

**表5-13 项目13 I/O定义**

| MCU控制引脚 | 定义 | 功 能 | 模 式 |
|---|---|---|---|
| PE0～PE6<br>PE7 | KEY0～KEY6<br>CLSKEY | 独立式按键 | 输入上拉<br>KEY0按键对应0号输液位置<br>KEY6按键对应6号输液位置<br>CLSKEY按键是数码管清零 |
| 3.3V或5V | $V_{CC}$ | 独立式按键电源电压 | — |
| GND | GND | 独立式按键电源地线 | — |
| PA1～PA4 | 数码管位选 | 位显示 | 推挽输出<br>PA1—D1数码管的第一位<br>PA2—D2数码管的第二位<br>PA3—D3数码管的第三位<br>PA4—D4数码管的第四位 |
| PD0～PD7 | 数码管段选 | 段显示 | 推挽输出<br>PD0—A PD1—B<br>PD2—C PD3—D<br>PD4—E PD5—F<br>PD6—G PD7—DP |
| 3.3V | $V_{CC}$ | 数码管电源电压 | — |

**3. 项目实施**

项目13实施步骤如下。

第一步：硬件连接。按照图5-9所示，用导线将开发板与独立式按键模块、数码管显示模块一一进行连接，确保无误。

第二步：建工程模板。由于此项目用到独立式按键、数码管与项目12的一样，因此工程模板就用项目12的工程模板。将项目12创建的工程模板文件夹复制到桌面上，并把文件夹USER下的12EXTI改名为13EXTI，然后将工程模板编译一下，直到没有错误和警告为止。

第三步：由于直接用项目12工程模板，因此这一步就省略了。

第四步：在key.h、smg.h、exti.h文件中输入如下源程序。头文件里条件编译#ifndef…#endif格式不变，在key.h文件里要包括KEY_H宏定义和KEY_Init函数声明；在smg.h文件里要包括SMG_H宏定义和SMG_Init初始化函数声明；在exti.h文件里要包括EXTI_H宏定义和EXTI_Init初始化函数声明。

```
key.h //详细代码见工程文件项目12 key.h
smg.h
#ifndef __SMG_H
#define __SMG_H
#include "stm32f10x.h"
void SMG_Init(void);                          //数码管初始化
void SMG_Dpy(uint8_t u8_Bit,int u8_Num);      //数码管显示的位、显示的数字
```

```
#endif
```

**exti.h**

```
#ifndef __EXTI_H
#define __EXTI_H
#include "sys.h"
void EXTIX_Init(void);                                    //外部中断初始化
#endif
```

第五步：在 key.c、smg.c、exti.c 文件中输入如下源程序。在程序里面首先分别包含相应头文件 key.h、exti.c、smg.c、stm32f10x.h，然后在 key.c 里要包含初始化函数 KEY_Init，在 smg.c 里要包含初始化函数 SMG_Init，在 exti.c 里要包含初始化函数 EXTI_Init，详细介绍见每条代码注释。

**key.c** //详细代码见工程文件项目 12 **key.c**

**smg.c**

```
#include "smg.h"
#include "delay.h"
//该数组为共阳极数码管 0~9 段码
static uint16_t su16_DpyNum[]={0x00C0,0x00F9,0x00A4,0x00B0,0x0099,
                                0x0092,0x0082,0x00F8,0x0080,0x0090};
//位选编码
static uint16_t su16_DpyBit[]={0xFFE1,0xFFFD,0xFFFB,0xFFF7,0xFFEF};
void SMG_Init(void)
{
    GPIO_InitTypeDef GPIO_InitStructure;
    //开启 PD、PA 时钟
    RCC_APB2PeriphClockCmd(RCC_APB2Periph_GPIOD|RCC_APB2Periph_GPIOA,ENABLE);
    /*段码接口 I/O 配置*/
    GPIO_InitStructure.GPIO_Pin=GPIO_Pin_0|GPIO_Pin_1|GPIO_Pin_2|GPIO_Pin_3 |
GPIO_Pin_4 | GPIO_Pin_5 | GPIO_Pin_6 | GPIO_Pin_7;
    GPIO_InitStructure.GPIO_Mode= GPIO_Mode_Out_PP;     //推挽输出
    GPIO_InitStructure.GPIO_Speed = GPIO_Speed_2MHz;    //速度 2 MHz
    GPIO_Init(GPIOD,&GPIO_InitStructure);
    GPIO_SetBits(GPIOD,GPIO_Pin_0 | GPIO_Pin_1 | GPIO_Pin_2 | GPIO_Pin_3 | GPIO_Pin
_4 | GPIO_Pin_5 | GPIO_Pin_6 | GPIO_Pin_7);
    /*位选接口 I/O 配置*/
    GPIO_InitStructure.GPIO_Pin=GPIO_Pin_1|GPIO_Pin_2|GPIO_Pin_3|GPIO_Pin_4;
    GPIO_Init(GPIOA,&GPIO_InitStructure);
}
//数码管显示(显示的位、需要显示的数字)
void SMG_Dpy(uint8_t u8_Bit,int u8_Num)
{
    GPIO_Write(GPIOA,su16_DpyBit[u8_Bit]);
    GPIO_Write(GPIOD,su16_DpyNum[u8_Num]);
}
```

**exti.c**

```
#include "exti.h"
#include "key.h"
void EXTIX_Init(void)
{
    EXTI_InitTypeDef EXTI_InitStructure;
    NVIC_InitTypeDef NVIC_InitStructure;
    KEY_Init();
    NVIC_PriorityGroupConfig(NVIC_PriorityGroup_2);
```

```
RCC_APB2PeriphClockCmd(RCC_APB2Periph_AFIO,ENABLE);
//中断线初始化PE0
GPIO_EXTILineConfig(GPIO_PortSourceGPIOE,GPIO_PinSource0);
EXTI_InitStructure.EXTI_Line=EXTI_Line0;
EXTI_InitStructure.EXTI_Mode = EXTI_Mode_Interrupt;
EXTI_InitStructure.EXTI_Trigger = EXTI_Trigger_Falling;
EXTI_InitStructure.EXTI_LineCmd = ENABLE;
EXTI_Init(&EXTI_InitStructure);
//中断线初始化PE1
GPIO_EXTILineConfig(GPIO_PortSourceGPIOE,GPIO_PinSource1);
EXTI_InitStructure.EXTI_Line=EXTI_Line1;
EXTI_InitStructure.EXTI_Mode = EXTI_Mode_Interrupt;
EXTI_InitStructure.EXTI_Trigger = EXTI_Trigger_Falling;
EXTI_InitStructure.EXTI_LineCmd = ENABLE;
EXTI_Init(&EXTI_InitStructure);
//中断线初始化PE2
GPIO_EXTILineConfig(GPIO_PortSourceGPIOE,GPIO_PinSource2);
EXTI_InitStructure.EXTI_Line=EXTI_Line2;
EXTI_InitStructure.EXTI_Mode = EXTI_Mode_Interrupt;
EXTI_InitStructure.EXTI_Trigger = EXTI_Trigger_Falling;
EXTI_InitStructure.EXTI_LineCmd = ENABLE;
EXTI_Init(&EXTI_InitStructure);
//中断线初始化PE3
GPIO_EXTILineConfig(GPIO_PortSourceGPIOE,GPIO_PinSource3);
EXTI_InitStructure.EXTI_Line=EXTI_Line3;
EXTI_InitStructure.EXTI_Mode = EXTI_Mode_Interrupt;
EXTI_InitStructure.EXTI_Trigger = EXTI_Trigger_Falling;
EXTI_InitStructure.EXTI_LineCmd = ENABLE;
EXTI_Init(&EXTI_InitStructure);
//中断线初始化PE4
GPIO_EXTILineConfig(GPIO_PortSourceGPIOE,GPIO_PinSource4);
EXTI_InitStructure.EXTI_Line=EXTI_Line4;
EXTI_InitStructure.EXTI_Mode = EXTI_Mode_Interrupt;
EXTI_InitStructure.EXTI_Trigger = EXTI_Trigger_Falling;
EXTI_InitStructure.EXTI_LineCmd = ENABLE;
EXTI_Init(&EXTI_InitStructure);
//中断线初始化PE5
GPIO_EXTILineConfig(GPIO_PortSourceGPIOE,GPIO_PinSource5);
EXTI_InitStructure.EXTI_Line=EXTI_Line5;
EXTI_InitStructure.EXTI_Mode = EXTI_Mode_Interrupt;
EXTI_InitStructure.EXTI_Trigger = EXTI_Trigger_Falling;
EXTI_InitStructure.EXTI_LineCmd = ENABLE;
EXTI_Init(&EXTI_InitStructure);
//中断线初始化PE6
GPIO_EXTILineConfig(GPIO_PortSourceGPIOE,GPIO_PinSource6);
EXTI_InitStructure.EXTI_Line=EXTI_Line6;
EXTI_InitStructure.EXTI_Mode = EXTI_Mode_Interrupt;
EXTI_InitStructure.EXTI_Trigger = EXTI_Trigger_Falling;
EXTI_InitStructure.EXTI_LineCmd = ENABLE;
EXTI_Init(&EXTI_InitStructure);
//中断线初始化PE7
GPIO_EXTILineConfig(GPIO_PortSourceGPIOE,GPIO_PinSource7);
EXTI_InitStructure.EXTI_Line=EXTI_Line7;
EXTI_InitStructure.EXTI_Mode = EXTI_Mode_Interrupt;
```

```
    EXTI_InitStructure.EXTI_Trigger = EXTI_Trigger_Falling;
    EXTI_InitStructure.EXTI_LineCmd = ENABLE;
    EXTI_Init(&EXTI_InitStructure);
    //中断优先级设置
    NVIC_InitStructure.NVIC_IRQChannel = EXTI0_IRQn;
    NVIC_InitStructure.NVIC_IRQChannelPreemptionPriority = 0x00;
    NVIC_InitStructure.NVIC_IRQChannelSubPriority = 0x00;
    NVIC_InitStructure.NVIC_IRQChannelCmd = ENABLE;

    NVIC_Init(&NVIC_InitStructure);
    NVIC_InitStructure.NVIC_IRQChannel = EXTI1_IRQn;
    NVIC_InitStructure.NVIC_IRQChannelPreemptionPriority = 0x00;
    NVIC_InitStructure.NVIC_IRQChannelSubPriority = 0x00;
    NVIC_InitStructure.NVIC_IRQChannelCmd = ENABLE;

    NVIC_Init(&NVIC_InitStructure);
    NVIC_InitStructure.NVIC_IRQChannel = EXTI2_IRQn;
    NVIC_InitStructure.NVIC_IRQChannelPreemptionPriority = 0x00;
    NVIC_InitStructure.NVIC_IRQChannelSubPriority = 0x00;
    NVIC_InitStructure.NVIC_IRQChannelCmd = ENABLE;

    NVIC_Init(&NVIC_InitStructure);
    NVIC_InitStructure.NVIC_IRQChannel = EXTI3_IRQn;
    NVIC_InitStructure.NVIC_IRQChannelPreemptionPriority = 0x00;
    NVIC_InitStructure.NVIC_IRQChannelSubPriority = 0x00;
    NVIC_InitStructure.NVIC_IRQChannelCmd = ENABLE;

    NVIC_Init(&NVIC_InitStructure);
    NVIC_InitStructure.NVIC_IRQChannel = EXTI4_IRQn;
    NVIC_InitStructure.NVIC_IRQChannelPreemptionPriority = 0x00;
    NVIC_InitStructure.NVIC_IRQChannelSubPriority = 0x00;
    NVIC_InitStructure.NVIC_IRQChannelCmd = ENABLE;

    NVIC_Init(&NVIC_InitStructure);
    NVIC_InitStructure.NVIC_IRQChannel = EXTI9_5_IRQn;
    NVIC_InitStructure.NVIC_IRQChannelPreemptionPriority = 0x00;
    NVIC_InitStructure.NVIC_IRQChannelSubPriority = 0x00;
    NVIC_InitStructure.NVIC_IRQChannelCmd = ENABLE;

    NVIC_Init(&NVIC_InitStructure);
}
```

第六步：在 main.c 文件中输入如下源程序。程序框架包含头文件、主函数和无限循环 3 部分，详细介绍见每条代码注释。

```
#include "stm32f10x.h"                              //头文件
#include "smg.h"
#include "delay.h"
#include "sys.h"
#include "key.h"
#include "exti.h"
static u8 i=0,j=0,flag=1;
static char numsf[7],nums[7];
int main(void)                                      //主函数
```

```
{
    SMG_Init();
    KEY_Init();
    delay_init();
    EXTIX_Init();
    while(1)                                        //无限循环
    {   i=0;
        j=0;
        for(i=0;i<7;i++){                           //将输液位标志位转换为对应编号
            if(nums[i]==1){
                numsf[j]=i+1;
                j++;
            }else{
                continue;
            }
        }
        if(flag==0){
            for(i=0;i<7;i++){
                if(numsf[i]!=0){
                    SMG_Dpy(1,numsf[i]);            //显示输液位
                    delay_ms(800);
                }
            }
        }else{
            SMG_Dpy(1,0);                           //显示数字 0
        }
    }
}
//EXTI0 中断服务程序
void EXTI0_IRQHandler(void)
{   delay_ms(10);
    if(KEY0==0){
        nums[0]=1;                                  //输液 1 号位置
        flag=0;
    }
    EXTI_ClearITPendingBit(EXTI_Line0);             //清除 LINE0 上的中断标志位
}
//EXTI1 中断服务程序
void EXTI1_IRQHandler(void)
{   delay_ms(10);
    if(KEY1==0){
        nums[1]=1;                                  //输液 2 号位置
        flag=0;
    }
EXTI_ClearITPendingBit(EXTI_Line1);                 //清除 LINE1 上的中断标志位
}
//EXTI2 中断服务程序
void EXTI2_IRQHandler(void)
{   delay_ms(10);
    if(KEY2==0){
        nums[2]=1;                                  //输液 3 号位置
```

```
        flag=0;
    }
    EXTI_ClearITPendingBit(EXTI_Line2);          //清除 LINE2 上的中断标志位
}
//EXTI3 中断服务程序
void EXTI3_IRQHandler(void)
{   delay_ms(10);
    if(KEY3==0){
        nums[3]=1;                               //输液 4 号位置
        flag=0;
    }
EXTI_ClearITPendingBit(EXTI_Line3);              //清除 LINE3 上的中断标志位
}
//EXTI4 中断服务程序
void EXTI4_IRQHandler(void)
{   delay_ms(10);
    if(KEY4==0){
        nums[4]=1;                               //输液 5 号位置
        flag=0;
    }
    EXTI_ClearITPendingBit(EXTI_Line4);          //清除 LINE4 上的中断标志位
}
//EXTI9_5 中断服务程序
void EXTI9_5_IRQHandler(void)
{
    delay_ms(20);
    if(KEY5==0){
        nums[5]=1;                               //输液 6 号位置
        flag=0;
    }
    EXTI_ClearITPendingBit(EXTI_Line5);          //清除 LINE5 上的中断标志位
    if(KEY6==0){
        nums[6]=1;                               //输液 7 号位置
        flag=0;
    }
    EXTI_ClearITPendingBit(EXTI_Line6);          //清除 LINE6 上的中断标志位
    if(CLSKEY==0){
        flag=1;                                  //关闭数码管床位显示程序
        GPIO_Write(GPIOA,0xff);                  //关闭数码管
        for(i=0;i<7;i++){//清空输液位标志位
            nums[i]=0;
        }
        for(i=0;i<7;i++){//清空输液位编号数组
            numsf[i]=0;
        }
    }
    EXTI_ClearITPendingBit(EXTI_Line7);          //清除 LINE7 上的中断标志位
}
```

第七步：编译工程，直到没有错误和警告，会在 OBJ 文件夹中生成.hex 文件。

第八步：下载运行程序。通过 ISP 软件下载.hex 文件到开发板，查看效果。

七路医院输液呼叫器效果如图5-10所示。

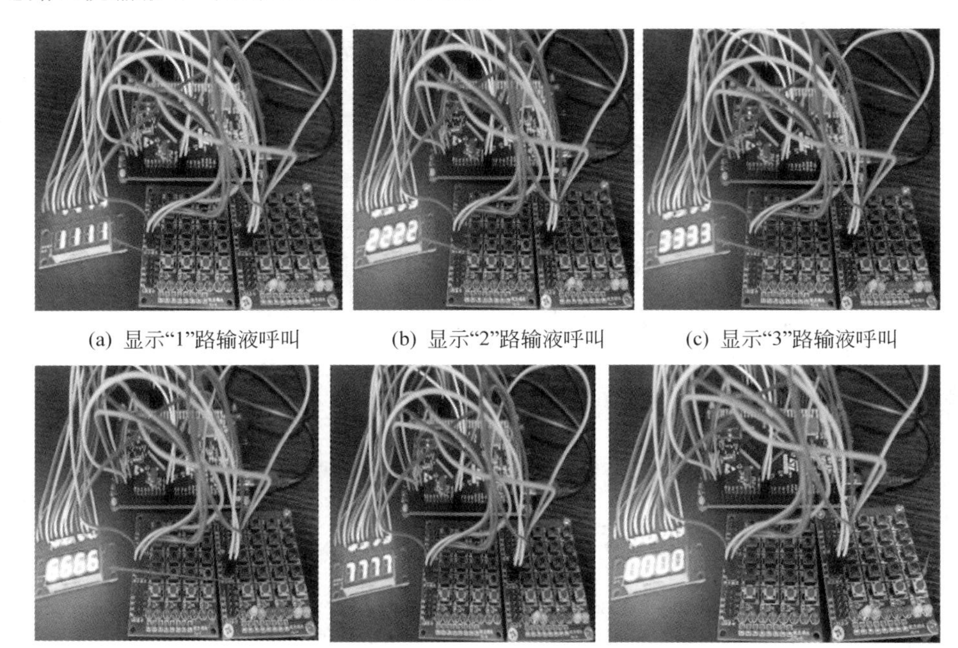

(a) 显示"1"路输液呼叫　(b) 显示"2"路输液呼叫　(c) 显示"3"路输液呼叫

(d) 显示"6"路输液呼叫　(e) 显示"7"路输液呼叫　(f) 显示"0"数码管清零

图5-10　七路医院输液呼叫器效果

**本章小结**

本章以榜样故事——焊接顾问艾爱国的介绍开始，然后介绍中断概述，分析了NVIC嵌套向量中断控制器、外部中断/事件控制器(EXTI)、中断相关库函数基本原理，紧接着介绍了外部中断的一般配置步骤，最后通过基本项目实践、拓展项目实践的训练，实现素质、知识、能力目标。

# 练习与拓展

**一、单选题**

1. STM32F103系列，只有(　　)个可屏蔽中断。

A. 50　　B. 68　　C. 256　　D. 60

2. 对STM32中断进行分组，组号为(　　)。

A. 1～5　　B. 1～2　　C. 0～4　　D. 1～4

3. 分组配置是在寄存器SCB→AIRCR中[10:8]的(　　)位来配置的。

A. 2　　B. 3　　C. 4　　D. 5

4. 高优先级的抢占优先级是可以(　　)正在进行的低抢占优先级中断的。

A. 打断　　B. 不可以打断

C. 相同　　D. 低抢占优先级

5. 抢占优先级相同的中断，高响应优先级(　　)低响应优先级的中断。

A. 打断　　B. 不可以打断　　C. 相同　　D. 低抢占优先级

6. 抢占优先级相同的中断，当两个中断同时发生的情况下，哪个响应优先级(　　)，哪个先执行。

A. 打断　　B. 不可以打断　　C. 低　　D. 高

7. 设置中断优先级组为2，然后设置：

中断3(RTC中断)的抢占优先级为2，响应优先级为1。

中断6(EXTI0外部中断0)的抢占优先级为3，响应优先级为0。

中断7(EXTI1外部中断1)的抢占优先级为2，响应优先级为0。

那么这3个中断的优先级顺序为(　　)。

A. 中断6>中断3>中断7　　B. 中断3>中断7>中断6

C. 中断7>中断3>中断6　　D. 中断7>中断6>中断3

8. 设置中断优先级组为2，设置中断3(RTC中断)的抢占为1，响应为1。中断6(EXTI0外部中断0)的抢占为2，响应为0。中断7(EXTI1外部中断1)的抢占为2，响应为1，那么这3个中断的优先级顺序为(　　)。

A. 中断6>中断3>中断7　　B. 中断3>中断6>中断7

C. 中断7>中断3>中断6　　D. 中断7>中断6>中断3

9. 中断优先级分组函数(　　)。

A. void NVIC_IRQChannel(uint32_t NVIC_PriorityGroup);

B. void NVIC_IRQChannelPreemptionPriority(uint32_t NVIC_PriorityGroup);

C. void NVIC_IRQChannelSubPriority(uint32_t NVIC_PriorityGroup);

D. void NVIC_PriorityGroupConfig(uint32_t NVIC_PriorityGroup);

10. 在库函数中是通过(　　)函数来设置抢占和响应优先级的。

A. void NVIC_IRQChannel(uint32_t NVIC_PriorityGroup);

B. void NVIC_Init(NVIC_InitTypeDef * NVIC_InitStruct);

C. void NVIC_IRQChannelSubPriority(uint32_t NVIC_PriorityGroup);

D. void NVIC_PriorityGroupConfig(uint32_t NVIC_PriorityGroup);

11. 下列代码的正确选项是(　　)。

```
void NVIC_PriorityGroupConfig(      );          //分组 2
```

A. NVIC_PriorityGroup_3　　B. NVIC_PriorityGroup_1

C. NVIC_PriorityGroup_2　　D. NVIC_PriorityGroup_0

12. 外部中断线EXTI0～EXTI4分别分配(　　)个中断向量、对应(　　)个服务函数。

A. 一　一　　B. 二　二　　C. 三　三　　D. 四　四

13. 外部中断线(　　)分配一个中断向量，共用一个中断服务函数。

A. EXTI3～EXTI7　　B. EXTI4～EXTI9

C. EXTI2～EXTI8　　D. EXTI5～EXTI9

## 二、多选题

1. 下列代码包含哪些语句？(　　)

```
typedef struct
{
```

```
} NVIC_InitTypeDef;
```

A. uint8_t NVIC_IRQChannel;

B. uint8_t NVIC_IRQChannelPreemptionPriority;

C. uint8_t NVIC_IRQChannelSubPriority;

D. FunctionalState NVIC_IRQChannelCmd;

2. NVIC 中断优先级设置步骤为(　　)。

A. 系统运行后先设置中断优先级分组

B. 针对每个中断,设置对应的抢占优先级和响应优先级

C. 如果需要挂起/解挂,查看中断当前激活状态,分别调用相关函数即可

D. FunctionalState NVIC_IRQChannelCmd;

3. 每个外部中断线可以独立地配置(　　)触发方式。

A. 上升沿　　　　B. 下降沿

C. 激活状态　　　　D. 双边沿触发

**三、判断题**

1. 一般情况下,系统代码执行过程中只设置一次中断优先级分组,比如分组 2,设置好分组之后一般不会再改变分组。(　　)

2. STM32 供 I/O 使用的中断线 EXTI0～EXTI15 有 17 根,可以分别对应 STM32F103 的 16 个引脚 Px0～Px15。(　　)

3. EXTI16:连接到 PVD 输出。(　　)

4. EXTI17:连接到 RTC 闹钟事件。(　　)

5. EXTI18:连接到 USB 唤醒事件。(　　)

6. STM32F103 外部中断/事件控制器由 22 个产生事件/中断请求的边沿检测器组成。(　　)

**四、拓展题**

1. 用思维导图软件(XMind)画出本章的素质、知识、能力思维导图。

2. 设计实现五路抢答器。

3. 学习了焊接顾问艾爱国事迹后,对你的学习和工作有什么启发?

# 第6章

# STM32定时器原理与项目实践

**本章导读**

本章以榜样故事——航天特级技师徐立平的介绍开始，然后介绍定时器的基本原理，并结合STM32F103讲解定时器的工作机理和使用方法，最后通过基本项目实践、拓展项目实践的训练，实现素质、知识、能力目标的融合达成。本章素质、知识、能力结构图如图6-1所示。

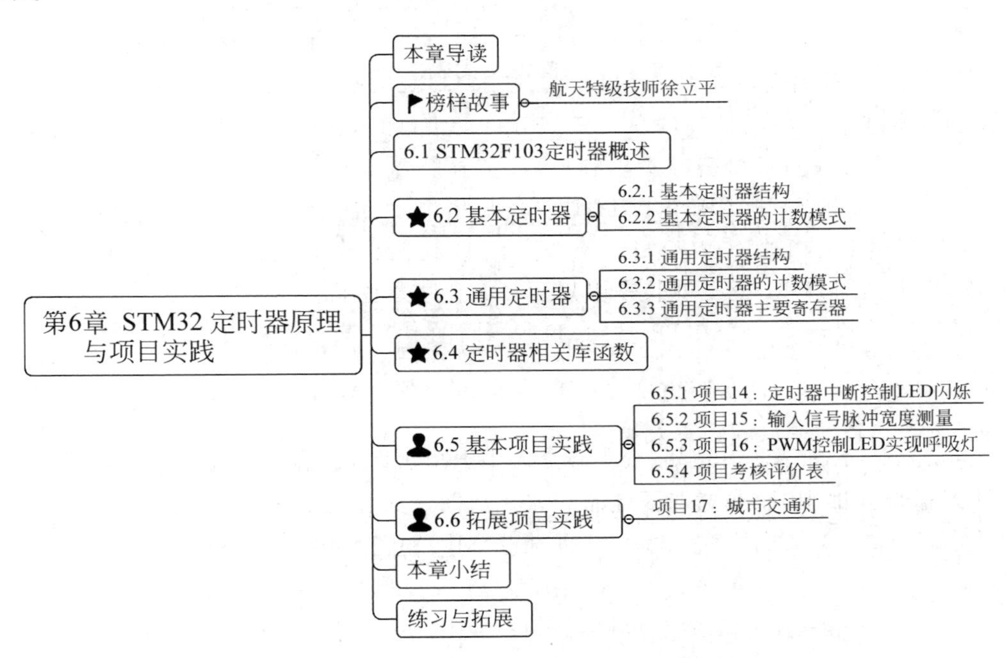


图6-1 本章素质、知识、能力结构图

**本章学习目标**

**素质目标**：徐立平是不怕挑战、不怕寂寞的榜样。学习榜样，培养学生“不怕调整，耐得住寂寞”的信念，刻苦钻研，执着坚守，勇于担当，掌握扎实的专业技能，练就过硬的本领，将来报效祖国。

**知识目标**：了解定时器的基本原理，结合 STM32F103 掌握其基本使用方法，掌握中断相关库函数。

**能力目标**：具备基本项目开发、创新拓展项目开发能力，培养学生解决综合问题能力和高级思维。

**榜样故事**

航天特级技师徐立平(见图 6-2)。

图 6-2 徐立平

**出生**：1968 年 10 月

**籍贯**：江苏溧阳

**职业**：中航四院固体火箭发动机总装厂 7416 厂固体火箭发动机燃料药面整形师

**职称**：国家高级技师、航天特级技师

**政治面貌**：党员

**主要荣誉**：

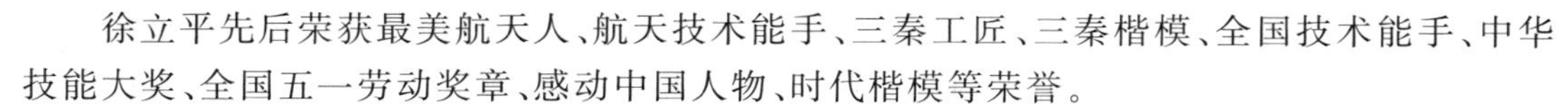

徐立平先后荣获最美航天人、航天技术能手、三秦工匠、三秦楷模、全国技术能手、中华技能大奖、全国五一劳动奖章、感动中国人物、时代楷模等荣誉。

2016 年，当选感动中国 2015 年度人物。

2017 年，被中央宣传部授予“时代楷模”荣誉称号。

2018 年，当选为第十三届全国人民代表大会代表。

2019 年，荣获“最美奋斗者”个人称号。

2022 年，荣获 2021 年“大国工匠年度人物”殊荣。

**人物简介**：

徐立平同志从 18 岁开始参加工作，30 余年一直从事固体火箭发动机燃料药面整形工作。该工序是固体火箭发动机生产过程中最危险的工序之一，被喻为“雕刻火药”。他不惧危险，执着坚守，勇于担当，干一行爱一行，将人生理想融入祖国航天事业发展之中，全身心投入工作，始终保持饱满的工作热情和进取精神，为祖国的航天事业积极贡献着自己的智慧和力量，满怀对航天事业的无限忠诚和热爱。他 30 多年始终如一、无怨无悔，成为我国航天固体推进剂整形技术领域的领军人物。

2016 年感动中国颁奖词这样写道：“每一次落刀，都能听到自己的心跳。你在火药上微雕，不能有毫发之差。这是千钧所系的一发，战略导弹，载人航天，每一件大国利器都离不开你。就像手中的刀，二十六年锻造。你是一介工匠，你是大国工匠。”

**人物事迹**：

徐立平，中国航天科技集团公司第四研究院 7416 厂高级技师。技校毕业后，他毅然跟随母亲踏上航天固体火箭发动机燃料药面整形岗位。1987 年入厂以来，他一直从事导弹固体燃料发动机的火药微整形工作。

固体燃料发动机是战略战术导弹装备的“心脏”，也是发射载人飞船火箭的关键部件。它的制造有上千道工序，要求最高的工序之一就是发动机固体燃料的微整形。雕刻固体燃料(也就是火药)极其危险，稍有不慎蹭出火花，就会引起燃烧，甚至爆炸。

火药整形在全世界都是一个难题，无法完全用机器代替。火药整形下刀的力道完全要靠工人自己判断,且火药整形不可逆。一旦多切或者留下刀痕,药面精度不达标,发动机点火之后,火药不能按照预定走向燃烧,发动机就很可能偏离轨道,甚至爆炸。0.5毫米是固体发动机药面精度允许的最大误差,而徐立平雕刻出的火药药面误差竟然不超过0.2毫米,堪称完美。

1989年,我国某重点型号发动机研制攻坚阶段中,一台即将试车的发动机火药出现裂纹,专家组决定探索不可逆的发动机装药探索补救方式,就地挖药,要求整形师钻进发动机狭小的药柱里,挖开填注好的火药,寻找问题部位。徐立平果断请缨加入挖药突击队,历经两个多月艰苦工作,发动机故障成功排除。由于长时间在密闭空间里接触火药,火药的毒性曾使徐立平的双腿失去知觉,其双腿经大强度的物理训练才逐渐恢复功能。

为了杜绝安全隐患,徐立平还自己发明设计了20多种药面整形刀具,其中两种获得国家专利,一种还被单位命名为"立平刀"。

长年固定姿势雕刻火药,加之火药中毒后遗症,徐立平的身体变得向一边倾斜,头发也掉了大半。30余年来,他甘于寂寞,冒着巨大的危险雕刻火药,被人们誉为"大国工匠"。

## 6.1 STM32F103 定时器概述

定时器/计数器在嵌入式系统中的应用十分重要。在正式介绍之前,我们先用日常生活实例给大家区分一下定时器和计数器的差异。

**例6-1**:一个杯子装满的容量为100滴水,采用每次滴入一滴的方式装满水需要滴100次,假如每滴一滴水需要1秒的时间,那么装满水用的时间100次×1秒=100秒就是定时的功能,100次就是计数,1秒就是计数的时钟周期。所以定时器的本质就是计数器,本文重点介绍定时器的功能。

STM32F103系列芯片内部集成了8个16位定时器:2个基本定时器、4个通用定时器、2个高级定时器。其中 $TIM_6$ 和 $TIM_7$ 为基本定时器,$TIM_2$ 到 $TIM_5$ 为通用定时器,$TIM_1$ 和 $TIM_7$ 为高级定时器。3种定时器的信息对比如表6-1所示。

**表6-1 3种定时器的信息对比**

| 定时器种类 | 计数器模式 | 产生DMA请求 | 捕获/比较通道 | 互补输出 | 特殊应用场景 |
|---|---|---|---|---|---|
| 高级定时器 $TIM_1$、$TIM_8$ | 向上、向下、向上/下 | 可以 | 4 | 有 | 带死区控制盒紧急刹车,可应用于PWM电机控制 |
| 通用定时器 $TIM_2$~$TIM_5$ | 向上、向下、向上/下 | 可以 | 4 | 无 | 通用定时计数,PWM输出,输入捕获,输出比较 |
| 基本定时器 $TIM_6$、$TIM_7$ | 向上、向下、向上/下 | 可以 | 0 | 无 | 主要应用于驱动DAC |

此外,还有一个系统嘀嗒定时器(SysTick)和两个看门狗定时器(独立看门狗定时器和窗口看门狗定时器)。

## 6.2 基本定时器

STM32F103 基本定时器 $TIM_6$ 和 $TIM_7$ 是互相独立的，不共享任何资源，各包含一个16位自动装载计数器，由各自的可编程预分频器驱动。它们在芯片内部直接连接到 DAC 并输出给 DAC 模块一个 TRGO 信号，通过触发输出直接驱动 DAC（数模转换器），可以为 DAC 提供时钟，也可以为通用定时器提供时间基准。

### 6.2.1 基本定时器结构

STM32F103 基本定时器结构框图如图 6-3 所示，主要包含①时基单元、②控制器、③时钟源 3 部分。

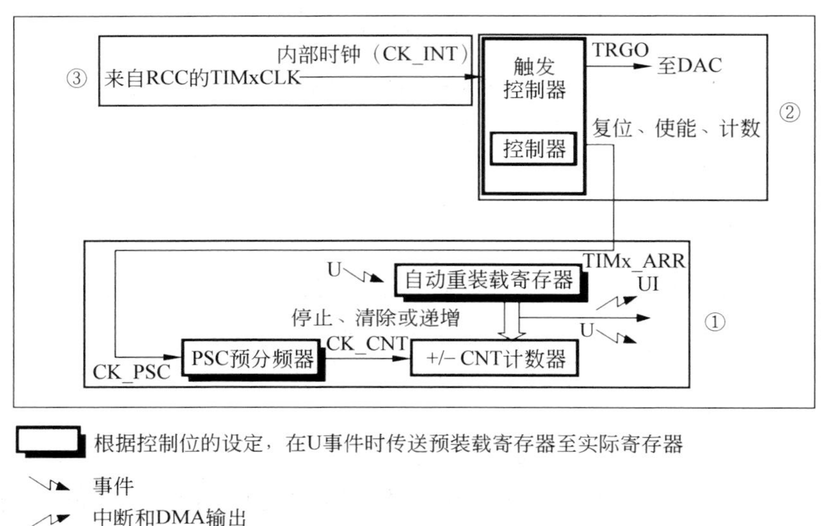


图 6-3 基本定时器结构框图

**1. 时基单元**

时基单元对应图 6-3 所示框图中编号为①的部分，主要提供 16 位的计数，计数范围为 0～65535，基本定时器计数过程主要涉及 3 个寄存器内容，分别是预分频器寄存器（TIMx_PSC）、计数器寄存器（TIMx_CNT）、自动重载寄存器（TIMx_ARR）。

（1）预分频器寄存器。

预分频器有一个输入时钟 CK_PSC 和一个输出时钟 CK_CNT，输入时钟 CK_PSC 来源于控制器部分，基本定时器只有内部时钟源，因此 CK_PSC＝CK_INT。输出频率 FCK_CNT＝FCK_PSC/（PSC＋1）。

**【注意】** 计时过程中更改 PSC 的值并不会马上更新 CK_CNT 的输出频率，而是等到更新事件发生时才把预分频器控制寄存器 TIMx_PSC 的值更新到预分频器缓冲器（又称为影子寄存器）中，这时才算真正生效。如图 6-4 所示，第 A 时刻，计数过程中将预分频系数 TIMx_PSC 的值从 0 变成 3 时，并没有马上生效，而是等到第 B 时刻，更新事件（UEV）到来才生效到预分频器缓冲器和预分频器计数器中。

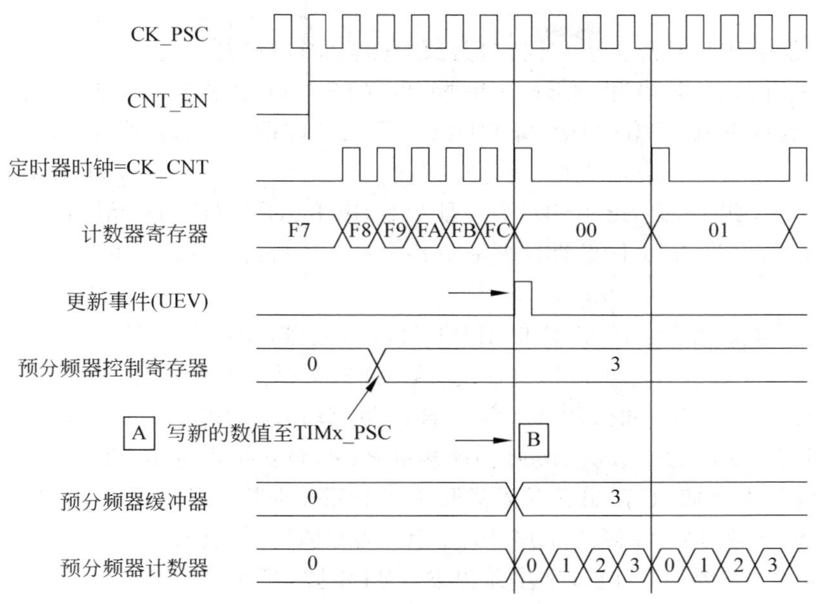


图 6-4 预分频系数从1变到2的计数器时序图

(2) 计数器。计数器的时钟通过预分频器输出,在定时器使能(CEN 置 1)时,计数器 COUNTER 根据 CK_CNT 频率向上计数,即每来一个 CK_CNT 脉冲,TIMx_CNT 值就加 1。当 TIMx_CNT 值与 TIMx_ARR 的设定值相等时就自动生成事件并将 TIMx_CNT 自动清零,然后自动从 0 开始重新计数,重复该过程。由此可见,设置 CK_PSC 和 TIMx_ARR 这两个寄存器的值可以控制事件生成的时间。当 TIMx_CNT 递增到和 TIMx_ARR 值相等,称为定时器上溢。

(3) 自动重装载寄存器。自动重装载寄存器用来预存计数的最大值,计数器的值和该值进行比较,如果两个数值相等就生成事件,将相关事件标志位置位,生成 DMA 和中断输出。与预分频器 PSC 类似,其也有影子寄存器。在计数过程中,如果要修改 TIMx_ARR 的值并不是一定马上更新,而是根据 TIMx_CR1 寄存器 ARPE 位的值来具体判断。

**例 6-2**:假设要设置 TIMx_ARR=0x36,当 ARPE 为不同值时,0x36 的值是何时生效的?

如果 ARPE 位置 1,影子寄存器有效(也称为有预装载功能),如图 6-5 所示,只有在事件更新时才把 TIMx_ARR 值赋予影子寄存器;如果 ARPE 位为 0,修改 TIMx_ARR 值马上有效(无影子寄存器,也称无预装载功能),如图 6-6 所示。

**【学习方法点拨】** 运行过程中临时改变某些寄存器的值,如何保持数据的一致性是很关键的。常规思路是设计影子寄存器来缓存值,我们以后学习类似功能的寄存器就带着这个思路去学习会触类旁通。当然,在设计类似功能的时候也要注意保持一致性。

**2. 控制器**

控制器对应图 6-3 所示框图中编号为②的部分,定时器的控制器主要控制定时器复位、使能、计数等基础功能,基本定时器还专门用于 DAC 转换触发。

**3. 时钟源**

时钟源对应图 6-3 所示框图中编号为③的部分,定时器实现计数功能必须有个时钟源,

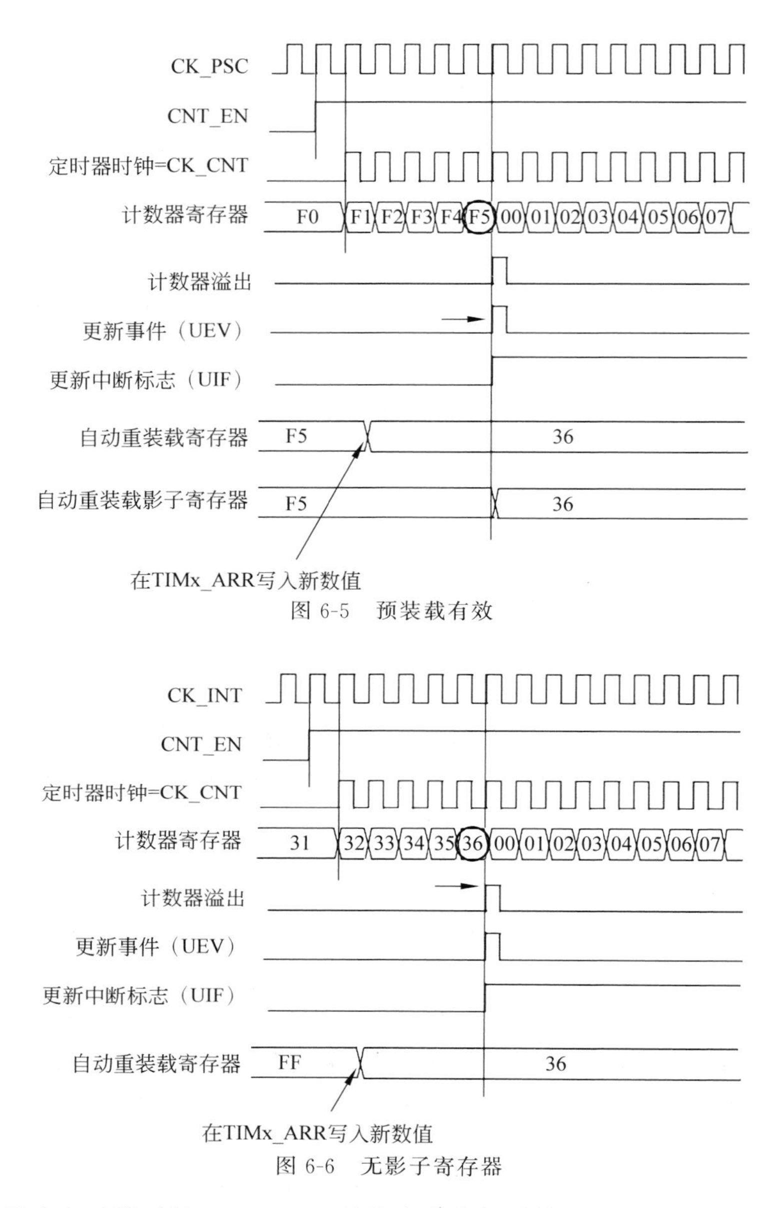


图 6-5　预装载有效

图 6-6　无影子寄存器

STM32F103 基本定时器时钟 TIMxCLK 只能来自内部时钟 CK_INT(经 APB1 预分频器分频后提供，若 APB1 预分频系数为 1，则频率不变，否则频率乘以 2，库函数中 APB1 预分频的系数是 2，PCLK1＝36MHz，则 TIMxCLK＝36×2＝72MHz)，高级定时器和通用定时器还可以选择外部时钟源或直接来自其他定时器等待模式。

我们可以通过 RCC 专用时钟配置寄存器(RCC_DCKCFGR)的 TIMPRE 位设置所有定时器的时钟频率，一般设置该位为默认值 0，即 TIMxCLK 为总线时钟的两倍，可选的最大定时器时钟为 84MHz，即基本定时器的内部时钟(CK_INT)频率为 84MHz。基本定时器只能使用内部时钟，当 TIM6 和 TIM7 控制寄存器 1(TIMx_CR1)的 CEN 位置 1 时，启动基本定时器，并且预分频器的时钟来源就是 CK_INT。

### 6.2.2　基本定时器的计数模式

STM32F103 基本定时器的计数模式只有一种，就是向上计数。如图 6-7 所示，在向上计数模式中，计数器从 0 累加计数到自动重装载值(TIMx_ARR 寄存器的值)，产生一个计数器溢出事件，可触发中断或 DMA 请求，并且重新从 0 开始计数。每次计数器溢出时，可以根据相关配置寄存器的设置值，产生更新事件，更新中断或 DMA 请求。

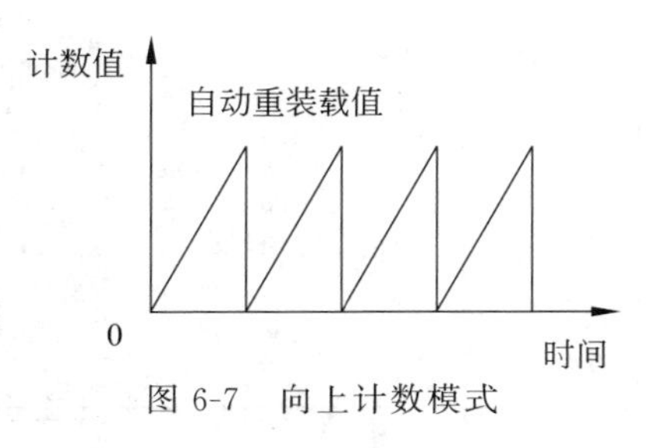

图 6-7　向上计数模式

## 6.3　通用定时器

STM32F103 的通用定时器($TIM_2$～$TIM_5$)由一个通过可编程预分频器驱动的 16 位自动装载计数器构成，适用于测量输入信号的脉冲长度(输入捕获)或者产生输出波形(输出比较和 PWM)等应用场景。4 个定时器各自独立，不共享资源，所以可以同时工作。使用定时器预分频器和 RCC 时钟控制器预分频器，脉冲长度和波形周期可以在几微秒到几毫秒调整。

### 6.3.1　通用定时器结构

通用定时器的内部结构如图 6-8 所示，主要包含①时基单元、②时钟发生器、③输入捕获、④输出比较 4 个部分。其结构与基本定时器的结构相比要复杂得多。

**【学习方法点拨】** *在看结构图时，一般思路是按功能分为几个区域，然后各区域顺着箭头的方向看。*

**1. 时基单元**

时基单元对应图 6-8 中编号为①的部分。此计数器可以采用递增、递减、递增/递减方式计数(后面会具体介绍)，时钟可以通过预分频器进行分频。计数器、预分频器、自动重载寄存器可以通过软件方式读写，即使在计数器运行时也可以进行读写操作。这部分的功能和基本定时器的功能相似，它对整个定时器的功能实现非常重要，详情参考 6.2.1 小节。

**2. 时钟发生器**

时钟发生器对应图 6-8 中编号为②的部分。这部分主要是时钟源的选择、主从模式设置和编码器接口，重点介绍时钟源的选择。

如图 6-9 所示，时钟源的选择有下列 4 种。

(1) 内部时钟：对应图 6-9 中的标注 A，定时器的时钟一般默认选择内部时钟，弄清楚内部时钟的来源及频率对输入捕获、定时/计数、输出比较的应用都会涉及 CK_CNT 的理解非常重要。内部时钟源需要查看时钟树，定时器内部时钟源截图如图 6-10 所示。通用定时器和基本定时器的时钟来自 $APB_1$，它是由系统时钟分频得到。系统时钟 72MHz，如果 $APB_1$ 是二分频得到，则定时器时钟频率需要乘以 2，为 72MHz；如果 $APB_1$ 是一分频得到，定时器时钟频率不变，仍然是 72MHz。高级定时器也类似，所以常规应为中定时器选的内部时钟频率都是 72MHz。

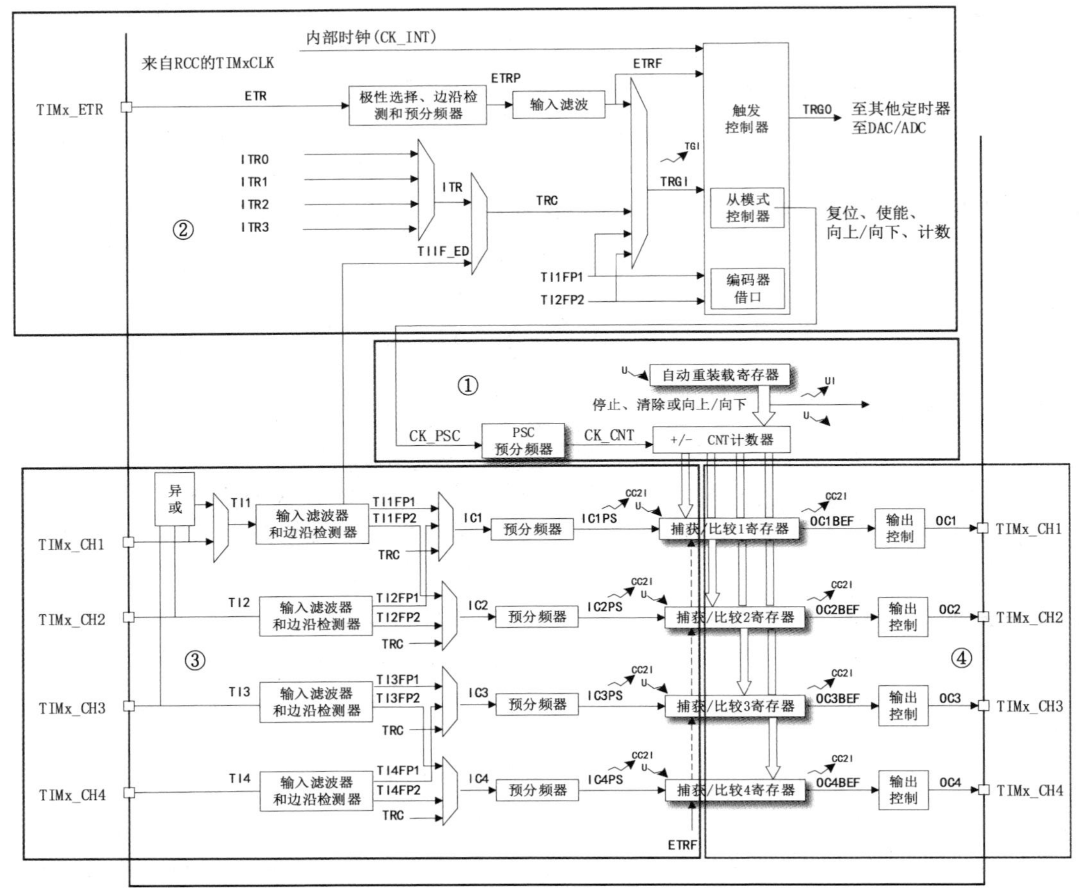

图 6-8 通用定时器的内部结构

(2) 外部时钟模式1：对应图6-9中的标注B，它是外部引脚输入时钟。

(3) 内部触发输入(ITRx)：对应图6-8中的标注C，它是来自其他定时器的TRGO输出时钟，如图6-9中标注的F。其主要用在定时器级联的时候，本定时器的TRGO也可以输出给其他定时器的ITRX。

(4) 外部时钟模式2：对应图6-9中的标注D，TI1F_ED、TI1FP1、TI1FP2都来自“输入滤波器和边沿检测器”，最初都来自外部输入引脚TI1，如图6-9中的标注E。

**3. 输入捕获**

输入捕获对应图6-8中标注为③的部分。其中最左边的TIMx_CH1、TIMx_CH2、TIMx_CH3、TIMx_CH4表示每个通用定时器对应有4个输入捕获通道。本模块的工作过程可以简单总结为：通过检测TIMx_CHx上的边沿信号，在边沿信号发生跳变(比如上升沿/下降沿)的时候，将当前定时器的值(TIMx_CNT)存放到对应的捕获/比较寄存器(TIMx_CCRx)里面，完成一次捕获。接下来以通道1为例进行详细讲解。

通道1的输入捕获过程如图6-11所示，从左往右依次可以分为4个部分。

第一部分：设置输入捕获滤波器，对应图6-11中的标注A，输入阶段采样对应输入TI1，滤波后的信号为TI1F。fDTS是滤波器的时钟频率，具体的值是根据TIMx_CR1的

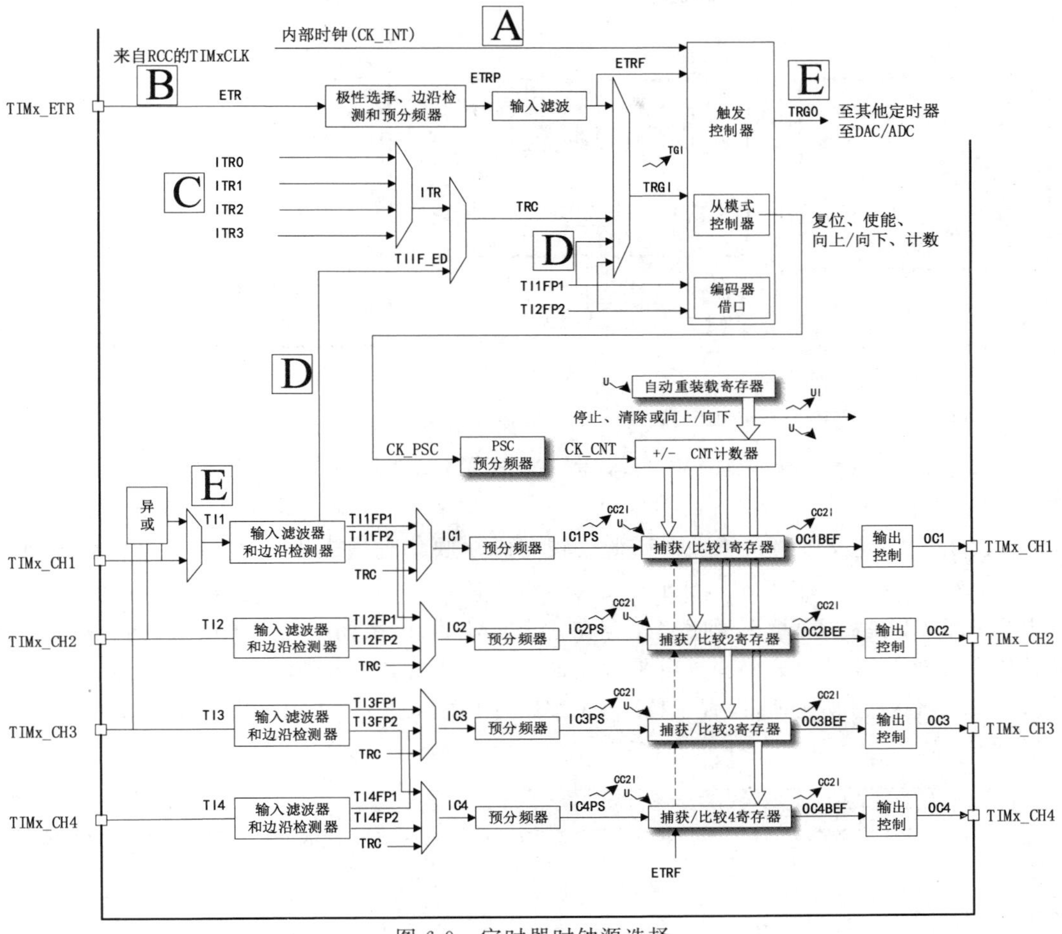


图 6-9　定时器时钟源选择

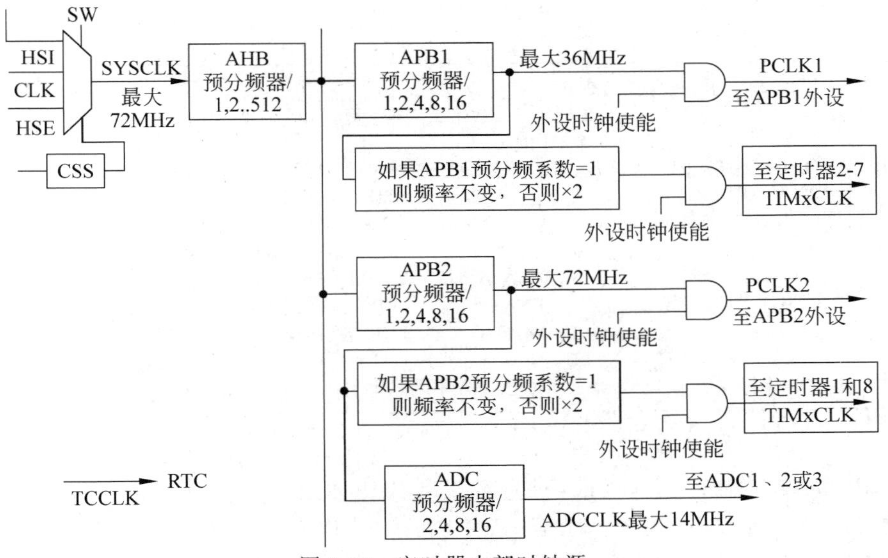


图 6-10　定时器内部时钟源

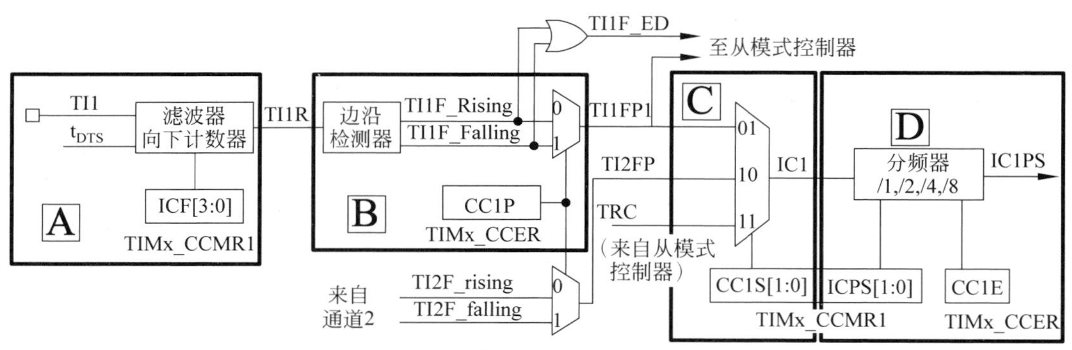


图 6-11　输入捕获内部结构图

CKD[0]的设置来确定的，如图 6-12 所示。如果 CKD[1:0]设置为 00，那么 fDTS＝fCK_INT，fCK_INT 是定时器的输入频率，如图 6-8 所示，默认选用的是内部时钟 CLK_INT，一般为 72MHz。TIMx_CCMR1 的 ICIF[3:0]用来设置输入采样频率和数字滤波器长度值为 N，IC1F[3:0]的定义如图 6-13 所示，假设设置 IC1 映射到通道 1 上，且为上升沿触发，ICF[3:0]＝0010，那么在捕获到上升沿的时候，再以 fCK_INT 的频率，连续采样到 4 次通道 1 的电平，如果都是高电平，则说明确实存在一个有效的触发；如果开启了中断，就会触发输入捕获中断。这样可以滤除那些高电平脉宽低于 4 个采样周期的脉冲信号，从而达到滤波的效果。如果不做滤波处理，设置 TIMx_CCMR1 的 ICF[3:0]＝0000，只要采集到上升沿，就触发捕获。

| 位9:8 | CKD[1:0]: 时钟分频因子<br>定义在定时器时钟（CK_INT）频率与数字滤波器（ETR,TIx）使用的采样频率之间的分频比例。<br>00: $t_{OTS}=t_{CK\_INT}$<br>01: $t_{OTS}=2\times t_{CK\_INT}$<br>10: $t_{OTS}=4\times t_{CK\_INT}$<br>11: 保留 |
|---|---|

图 6-12　TIMx_CR1 的 CKD 说明

| 位7:4 | IC1F[3:0]: 输入捕获1滤波器<br>这几位定义了TI1输入的采样频率及数字滤波器长度。数字滤波器由一个事件计数器组成，它记录到$N$个事件后会产生一个输出的跳变。<br>0000：无滤波器，以$f_{DTS}$采样　　1000：采样频率$f_{SAMPLING}=f_{DTS}/8, N=6$<br>0001：采样频率$f_{SAMPLING}=f_{CK_INT}, N=2$　　1001：采样频率$f_{SAMPLING}=f_{DTS}/8, N=8$<br>0010：采样频率$f_{SAMPLING}=f_{CK_INT}, N=4$　　1010：采样频率$f_{SAMPLING}=f_{DTS}/16, N=5$<br>0011：采样频率$f_{SAMPLING}=f_{CK_INT}, N=8$　　1011：采样频率$f_{SAMPLING}=f_{DTS}/16, N=6$<br>0100：采样频率$f_{SAMPLING}=f_{DTS}/2, N=6$　　1100：采样频率$f_{SAMPLING}=f_{DTS}/16, N=8$<br>0101：采样频率$f_{SAMPLING}=f_{DTS}/2, N=8$　　1101：采样频率$f_{SAMPLING}=f_{DTS}/32, N=5$<br>0110：采样频率$f_{SAMPLING}=f_{DTS}/4, N=6$　　1110：采样频率$f_{SAMPLING}=f_{DTS}/32, N=6$<br>0111：采样频率$f_{SAMPLING}=f_{DTS}/4, N=8$　　1111：采样频率$f_{SAMPLING}=f_{DTS}/32, N=8$<br>注：在现在的芯片版本中，当ICxF[3:0]=1、2或3时，公式中的$f_{DTS}$由CK_INT替代。 |
|---|---|

图 6-13　TIMx_CCMR1 的 IC1F 说明

第二部分：设置输入捕获极性，对应图 6-11 中的标注 B，简单来说就是设置上升沿捕获还是设置下降沿捕获，通过设置 TIMx_CCER 的 CC1P 位来控制。如图 6-14 所示，如果配置成输入模式，该位选择是 IC1 还是 IC1 的反相信号作为触发或捕获信号。0 代表不反相，捕获发生在 IC1 的上升沿(当用作外部触发器时,IC1 不反相)。1 代表反相,捕获发生在 IC1 的下降沿(当用作外部触发器时,IC1 反相)。

| 位1 | CC1P: 输入/捕获1输出极性<br>CC1通道配置为输出<br>0: OC1高电平有效;<br>1: OC1低电平有效。<br>CC1通道配置为输入<br>该位选择是IC1还是IC1的反相信号作为触发或捕获信号。<br>0: 不反相，捕获发生在IC1的上升沿：当用作外部触发器时，IC1不反相。<br>1: 反相，捕获发生在IC1的下降沿：当用作外产触发器时，IC1反相。 |
|---|---|

图 6-14 TIMx_CCER 的 CC1P 说明

第三部分:设置输入捕获映射通道,对应图 6-11 中的标注 C,通过 TIMx_CCMR1 的 CC1S[1:0]来设置。如图 6-15 所示,假设配置为 01,则 IC1 映射在 TI1 通道上;配置为 10,IC1 映射在 TI2 通道,一般的应用不会交叉,比如 IC1 映射在 TI1,IC2 映射在 TI2,保持编号一致。

| 位1:0 | CC1S[1:0]: 捕获/比较1选择<br>这2位定义通道的方向（输入/输出）及输入脚的选择。<br>00: CC1通道被配置为输出;<br>01: CC1通道被配置为输入，IC1映射在TI1上;<br>10: CC1通道被配置为输入，IC1映射在TI2上;<br>11: CC1通道被配置为输入，IC1映射在TRC上。此模式仅工作在内部触发器输入被选中时（由TIMx_SMCR寄存器的TS位选择）。<br>注：CC1S仅在通道关闭时（TIMx_CCER寄存器的CC1E='0'）才是可写的。 |
|---|---|

图 6-15 TIMx_CCMR1 的 CC1S 说明

第四部分:设置输入捕获分频器,对应图 6-11 中的标注 D,通过 TIMx_CCMR1 的 IC1PSC[1:0]来设置。如图 6-16 所示,假设设置为 01,上升沿捕获,则每检测到两个上升沿触发一次捕获。

| 位3:2 | IC1PSC[1:0]: 输入/捕获1预分频器<br>这2位定义了CC1输入（IC1）的预分频系数。<br>一旦CC1E='0'（TIMx_CCER寄存器中），则预分频器复位。<br>00: 无预分频器，捕获输入口上检测到的每一个边沿都触发一次捕获;<br>01: 每2个事件触发一次捕获;<br>10: 每4个事件触发一次捕获;<br>11: 每8个事件触发一次捕获。 |
|---|---|

图 6-16 TIMx_CCMR1 的 IC1PSC 说明

TIMx_CCER 的 CC1E 位,如图 6-17 所示,作为输出可以控制输出使能,作为输入捕获可以控制捕获的使能或禁止。

| 位0 | CC1E: 输入/捕获1输出使能<br>CC1通道配置为输出<br>0: 关闭，OC1禁止输出;<br>1: 开启，OC1信号输出到对应的输出引脚。<br>CC1通道配置为输入<br>该位决定了计数器的值是否能捕获入TIMx_CCR1寄存器。<br>0: 捕获禁止;<br>1: 捕获使能。 |
|---|---|

图 6-17 TIMx_CCER 的 CC1E 说明

最后，捕获到有效信号可以开启中断，通过配置DMA/中断使能寄存器（TIMx_DIER）来控制，使系统快速响应输入捕获信号。

输入捕获的具体应用见6.5.2小节的项目15。

**4. 输出比较**

输出比较，对应图6-8中的标注④，与输入捕获一样，每个定时器有4个通道。简单来说，输出比较包含了输出和比较两层意思，即输出高低电平，比较得有参照物（和谁比较）。在输出比较单元中设置的比较值预存在寄存器TIMx_CCR1/TIMx_CCR2/TIMx_CCR3/TIMx_CCR4中，这里简称为CCRx。如图6-18所示，在向上计数模式中，CNT计数器的值每增加一个，都会与CCRx的值做比较，如图6-18中的交叉点1、2、3、4往右CNT计数到自动重装值都比CCRx大，如果设置CNT的值比CCRX大则输出高电平，否则输出低电平，就会输出方波。当然也可以设置CNT的值比CCRx大输出低电平，这是通过设置寄存器TIMx_CCER的CC1P来控制的（CC1P的说明见图6-14）。更改CCRx的值就可以控制波形的高低电平的持续时间，如果想高电平持续时间变长，就将CCRx的值调小，否则调大。

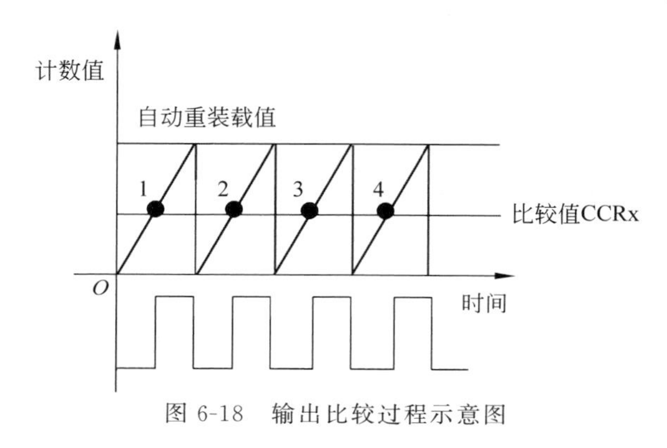


图6-18 输出比较过程示意图

下面以通道1为例介绍输出比较的内部结构。如图6-19所示，输出比较的内部结构可以分为两个部分。

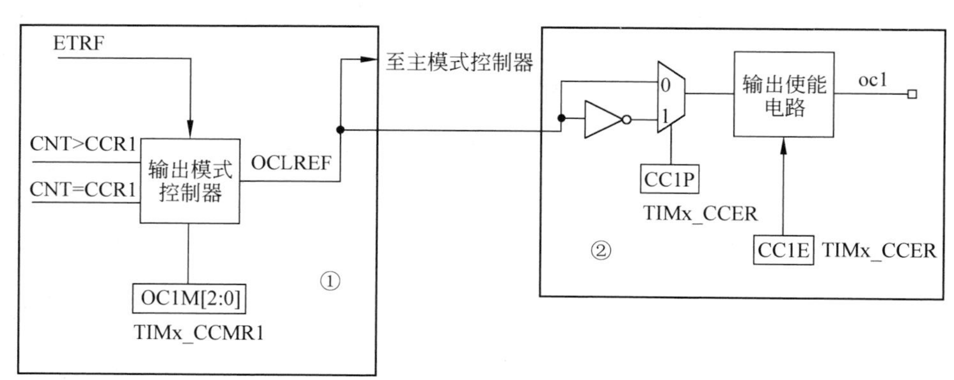


图6-19 输出比较内部的结构

第一部分：对应图6-19的标注A，由输出模式控制器来确定CNT和CCR1的比较是否有效，将有效的信号oc1ref输出到图6-19的标注②中。输出模式由寄存器TIMx_CCMR1的OC1M[2:0]来控制。如图6-20所示，当OC1M[2:0]设置为110时为PWM模式 1,该模式向上计数时,CNT 的值小于 CCR 时为有效电平(OC1REF=1),否则为无效电平(OC1REF=0);设置为 111 时为 PWM 模式 2,该模式向上计数时,CNT 的值小于 CCR 为无效电平(OC1REF=0),否则为有效电平(OC1REF=1)。

| | |
|---|---|
| 位6:4 | OC1M[2:0]:输出比较1模式<br>该3位定义了输出参考信号OC1REF的动作，而OC1REF决定了OC1的值。OC1REF是高电平有效，而OC1的有效电平取决于CC1P位。<br>000：冻结。输出比较寄存器TIMx_CCR1与计数器TIMx_CNT间的比较对OC1REF不起作用；<br>001：匹配时设置通道1为有效电平。当计数器TIMx_CNT的值与捕获/比较寄存器1（TIMx_CCR1）相同时，强制OC1REF为高。<br>010：匹配时设置通道1为无效电平。当计数器TIMx_CNT的值与捕获/比较寄存器1（TIMx_CCR1）相同时，强制OC1REF为低。<br>011：翻转。当TIMx_CCR1=TIMx_CNT时，翻转OC1REF的电平。<br>100：强制为无效电平。强制OC1REF为低。<br>101：强制为有效电平。强制OC1REF为高。<br>110: PWM模式1-在向上计数时，一旦TIMx_CNT<TIMx_CCR1时通道1为有效电平，否则为无效电平；在向下计数时，一旦TIMx_CNT>TIMx_CCR1时通道1为无效电平（OC1REF=0），否则为有效电平（OC1REF=1）。<br>111：PWM模式2-在向上计数时，一旦TIMx_CNT<TIMx_CCR1时通道1为无效电平，否则为有效电平；在向下计数时，一旦TIMx_CNT>TIMx_CCR1时通道1为有效电平，否则为无效电平。<br>注1：一旦LOCK级别设为3（TIMx_BDTR寄存器中的LOCK位）并且CC1S='00'（该通道配置成输出）则该位不能被修改。<br>注2：在PWM模式1或PWM模式2中，只有当比较结果改变了或在输出比较模式中从冻结模式切换到PWM模式时，OC1REF电平才改变。 |

图 6-20 TIMx_CCMR1 的 OC1M 说明

PWM(pulse width modulation,脉冲宽度调制)是利用微处理器的数字输出来对模拟电路进行控制的一种非常有效的技术。简单来说,就是在该模式下,可以产生一个由 TIMx_ARR 寄存器确定频率、由 TIMx_CCRx 寄存器确定占空比的信号,达到对脉冲宽度的控制。

占空比是在一个脉冲循环内,通电时间相对于总时间所占的比例。结合俗语"三天打鱼两天晒网"来理解:如果打鱼是"通电",那么占空比就是打鱼的三天除以总时间 5 天,结果为 60%。我们用得较多的是方波,占空比为 50%。STM32 的定时器除了 TIM6 和 TIM7,其他的定时器都可以用来产生 PWM 输出,通用定时器的 4 个通道就可以产生 4 路 PWM 输出。PWM 的应用见项目 16。

第二部分:对应图 6-19 的标注 B,由 TIMx_CCER 寄存器的 CC1P 位控制输出的电平值。如图 6-14 所示,CC1P 的值为 0 表示 OC1 高电平有效,为 1 表示 OC1 低电平有效。

### 6.3.2 通用定时器的计数模式

通用定时器的计数模式除了支持基本定时器的向上计数模式,还支持向下计数模式、中央对齐模式(向上/向下计数模式)。

**1. 向上计数模式**

向上计数模式和基本定时器的向上计数模式相同,计数器从 0 累加计数到自动重装载寄存器 TIMx_ARR 预设的值,产生一个计数器溢出事件,可触发中断或 DMA 请求,并且重新从 0 开始计数。每次计数器溢出时,可以根据相关配置寄存器的设置值,产生更新事件,更新中断或 DMA 请求。

**2. 向下计数模式**

如图 6-21 所示,在向下计数模式中,计数器从自动重装载值(TIMx_ARR 寄存器的值)

递减至0,并产生一个计数器溢出事件,可触发中断或DMA请求,并且重新从自动重装载值开始递减计数。每次计数器溢出时,可以根据相关配置寄存器的设置值,产生更新事件,更新中断或DMA请求。

**3. 中央对齐模式**

中央对齐模式又称为向上/向下计数模式。如图6-22所示,计数器从0累加计数到自动重装载寄存器TIMx_ARR预设的值−1,产生一个计数器上溢事件,然后向下递减计数到1,产生一个计数器下溢事件,再从0开始重新计数。每次计数器溢出时,可以根据相关配置寄存器设置的值,产生更新事件,更新中断或DMA请求。

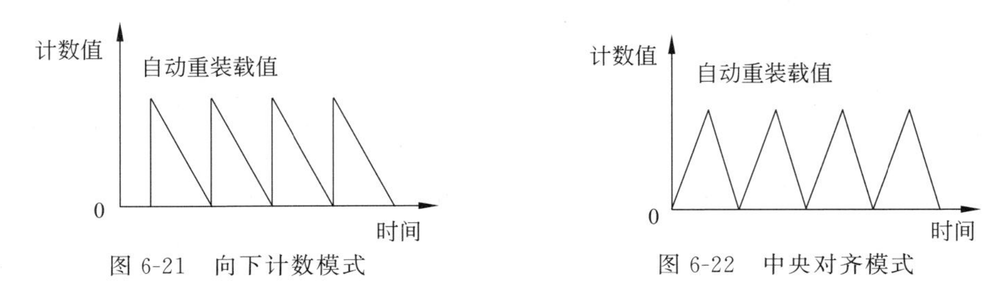


图6-21 向下计数模式　　图6-22 中央对齐模式

**【学习方法点拨】** 学习本节内容的时候与基本定时器对比学习,效果会比较好。

### 6.3.3 通用定时器主要寄存器

通用定时器(TIM$x$,$x$为2～5)的所有寄存器映射到一个16位可寻址(编址)空间,相关信息如表6-2所示。

**表6-2 通用定时器主要寄存器信息表**

| 序号 | 偏移地址 | 寄存器 | 名称 |
|---|---|---|---|
| 1 | 000h | TIMx_CR1 | 控制寄存器1 |
| 2 | 004h | TIMx_CR2 | 控制寄存器2 |
| 3 | 008h | TIMx_SMCR | 从模式控制寄存器 |
| 4 | 00Ch | TIMx_DIER | DMA/中断使能寄存器 |
| 5 | 010h | TIMx_SR | 状态寄存器 |
| 6 | 014h | TIMx_EGR | 事件产生寄存器 |
| 7 | 018h | TIMx_CCMR1 | 捕获/比较模式寄存器1 |
| 8 | 01Ch | TIMx_CCMR2 | 捕获/比较模式寄存器2 |
| 9 | 020h | TIMx_CCER | 捕获/比较使能寄存器 |
| 10 | 024h | TIMx_CNT | 计数器 |
| 11 | 028h | TIMx_PSC | 预分频器 |
| 12 | 02Ch | TIMx_ARR | 自动重装载寄存器 |
| 13 | 034h | TIMx_CCR1 | 捕获/比较寄存器1 |

续表

| 序号 | 偏移地址 | 寄存器 | 名称 |
|---|---|---|---|
| 14 | 038h | TIMx_CCR2 | 捕获/比较寄存器 2 |
| 15 | 03Ch | TIMx_CCR3 | 捕获/比较寄存器 3 |
| 16 | 040h | TIMx_CCR4 | 捕获/比较寄存器 4 |
| 17 | 048h | TIMx_DCR | DMA 控制寄存器 |
| 18 | 04Ch | TIMx_DMAR | 连续模式的 DMA 地址 |

下面一一介绍部分常用的寄存器，这对快速学习并掌握通用定时器的基本应用非常重要。

**1. 控制寄存器 1(TIMx_CR1)**

该寄存器主要是对定时器的控制，有效位为 10 位，具体定义如图 6-23 所示。

| 15 | 14 | 13 | 12 | 11 | 10 | 9 | 8 | 7 | 6 | 5 | 4 | 3 | 2 | 1 | 0 |
|---|---|---|---|---|---|---|---|---|---|---|---|---|---|---|---|
| 保留 | | | | | | CKD[1:0] | | ARPE | CMS[1:0] | | DIR | OPM | URS | UDIS | CEN |
| | | | | | | rw | rw | rw | rw | rw | rw | rw | rw | rw | rw |

图 6-23 寄存器 TIMx_CR1 的定义

以下简单介绍 bit 位的作用，具体的设置值需要查阅数据手册。

CEN：使能计数器，在软件设置了 CEN 位后，外部时钟、门控模式和编码器模式才能工作。触发模式可以自动地通过硬件设置 CEN 位。

UDIS：禁止更新(update disable)，软件通过该位允许/禁止 UEV 事件的产生。

URS：更新请求源(update request source)，软件通过该位选择 UEV 事件的源。

DIR：方向(direction)，指定计数器为向上计数模式或者向下计数模式。如果已经设置为中央对齐模式(向上/向下计数模式)，该位的值无意义。

CMS[1:0]：选择中央对齐模式，本书的项目实践不涉及该模式。

ARPE：自动重装载预装载允许位，该位的应用可以参考例 6-2。

**2. DMA/中断使能寄存器(TIMx_DIER)**

该寄存器主要是对 DMA/中断使能控制，具体定义如图 6-24 所示。

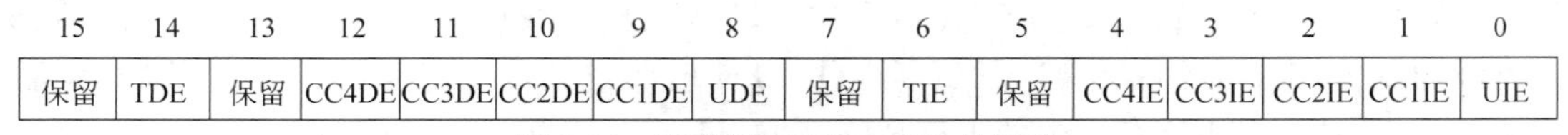


图 6-24 寄存器 TIMx_DIER 的定义

以下简单介绍 bit 位的作用，具体的设置值需要查阅数据手册。

UIE：允许更新中断。

CC1IE、CC2IE、CC3IE、CC4IE：依次对应 4 个通道捕获/比较的中断允许位。

CC1DE、CC2DE、CC3DE、CC4DE：依次对应 4 个通道捕获/比较 DMA 请求的允许位。后续涉及用 DMA 方式访问时才会用到。

TDE：允许触发 DMA 请求，后续涉及用 DMA 方式访问时才会用到。

**3. 状态寄存器(TIMx_SR)**

该寄存器提供定时器主要的状态信息,具体定义如图6-25所示。

| 15 | 14 | 13 | 12 | 11 | 10 | 9 | 8 | 7 | 6 | 5 | 4 | 3 | 2 | 1 | 0 |
|---|---|---|---|---|---|---|---|---|---|---|---|---|---|---|---|
| 保留 | | | CC40F | CC30F | CC20F | CC10F | 保留 | | TIF | 保留 | CC4IF | CC3IF | CC2IF | CC1IF | UIF |

图6-25 寄存器TIMx_SR的定义

以下简单介绍bit位的作用,具体的设置值需要查阅数据手册。

UIF:更新中断标记,当产生更新事件时该位由硬件置1,它由软件清零。

CC1IF、CC2IF、CC3IF、CC4IF:依次对应4个通道的捕获/比较中断标记,它由软件清零。

**4. 计数器(TIMx_CNT)**

如图6-26所示,该寄存器提供16位来表示计数器的值。

| 15 | 14 | 13 | 12 | 11 | 10 | 9 | 8 | 7 | 6 | 5 | 4 | 3 | 2 | 1 | 0 |
|---|---|---|---|---|---|---|---|---|---|---|---|---|---|---|---|
| CNT[15:0] | | | | | | | | | | | | | | | |
| rw | rw | rw | rw | rw | rw | rw | rw | rw | rw | rw | rw | rw | rw | rw | rw |

图6-26 寄存器TIMx_CNT的定义

**5. 预分频器(TIMx_PSC)**

如图6-27所示,该寄存器提供16位来表示预分频器的值,计数器的时钟频率CK_CNT等于$f_{CK_PSC}$/(PSC[15:0]+1)。PSC包含了当更新事件产生时装入当前预分频器寄存器的值。

| 15 | 14 | 13 | 12 | 11 | 10 | 9 | 8 | 7 | 6 | 5 | 4 | 3 | 2 | 1 | 0 |
|---|---|---|---|---|---|---|---|---|---|---|---|---|---|---|---|
| PSC[15:0] | | | | | | | | | | | | | | | |
| rw | rw | rw | rw | rw | rw | rw | rw | rw | rw | rw | rw | rw | rw | rw | rw |

图6-27 寄存器TIMx_PSC的定义

**【注意】** PSC分频系数的最大值是65536,但是取值为从0开始到65535,所以在分频的时候需要加1。

**6. 自动重装载寄存器(TIMx_ARR)**

如图6-28所示,该寄存器提供16位来表示自动重装载的值。自动重装载值是预存的计数最大值,根据在TIMx_CR1寄存器中的自动装载预装载使能位(ARPE)的设置,预装载寄存器的内容被立即或在每次的更新事件UEV时传送到影子寄存器。当计数器达到溢出条件且TIMx_CR1寄存器中的UDIS位等于0时产生更新事件,更新事件也可以由软件产生。

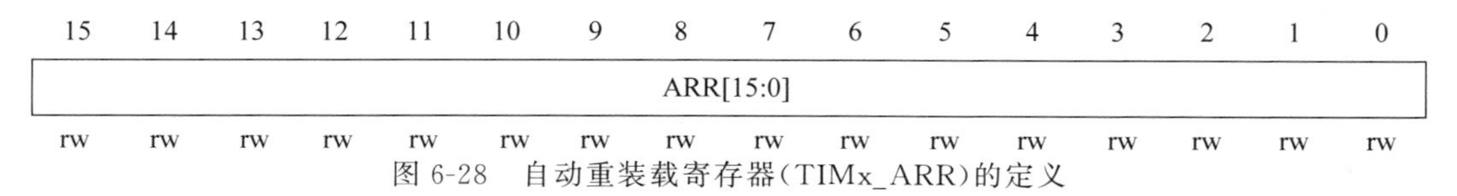


图6-28 自动重装载寄存器(TIMx_ARR)的定义

**7. 捕获/比较模式寄存器(TIMx_CCMR1/TIMx_CCMR2)**

如图6-29和图6-30所示,这两个寄存器以"0"开头的表示作为输出比较模式,以"I"开头的表示作为输入捕获模式,数字表示通道号。主要 bit 位的应用可以参考 6.3.1 小节的输入捕获部分。

| 15 | 14 | 13 | 12 | 11 | 10 | 9 | 8 | 7 | 6 | 5 | 4 | 3 | 2 | 1 | 0 |
|---|---|---|---|---|---|---|---|---|---|---|---|---|---|---|---|
| 0C2CE | 0C2M[2:0] | | | 0C2PE | 0C2FE | CC2S[1:0] | | 0C1CE | 0C1M[2:0] | | | 0C1PE | 0C1FE | CC1S[1:0] | |
| IC2F[3:0] | | | | IC2PSC[1:0] | | | | IC1F[3:0] | | | | IC1PSC[1:0] | | | |
| rw | rw | rw | rw | rw | rw | rw | rw | rw | rw | rw | rw | rw | rw | rw | rw |

图 6-29 寄存器 TIMx_CCMR1 的定义

| 15 | 14 | 13 | 12 | 11 | 10 | 9 | 8 | 7 | 6 | 5 | 4 | 3 | 2 | 1 | 0 |
|---|---|---|---|---|---|---|---|---|---|---|---|---|---|---|---|
| 0C4CE | 0C4M[2:0] | | | 0C4PE | 0C4FE | CC4S[1:0] | | 0C3CE | 0C3M[2:0] | | | 0C3PE | 0C3FE | CC3S[1:0] | |
| IC4F[3:0] | | | | IC4PSC[1:0] | | | | IC3F[3:0] | | | | IC3PSC[1:0] | | | |
| rw | rw | rw | rw | rw | rw | rw | rw | rw | rw | rw | rw | rw | rw | rw | rw |

图 6-30 寄存器 TIMx_CCMR2 的定义

**8. 捕获/比较使能寄存器(TIMx_CCER)**

如图 6-31 所示,该寄存器主要是 4 个输入捕获/输出比较通道的使能寄存器。

| 15 | 14 | 13 | 12 | 11 | 10 | 9 | 8 | 7 | 6 | 5 | 4 | 3 | 2 | 1 | 0 |
|---|---|---|---|---|---|---|---|---|---|---|---|---|---|---|---|
| 保留 | | CC4P | CC4E | 保留 | | CC3P | CC3E | 保留 | | CC2P | CC2E | 保留 | | CC1P | CC1E |
| | | rw | rw | | | rw | rw | | | rw | rw | | | rw | rw |

图 6-31 寄存器 TIMx_CCER 的定义

CCxE:输入/捕获通道 x 输出使能。

CCxP:输入/捕获通道 x 输出极性。

**9. 捕获/比较寄存器(TIMx_CCR1/TIMx_CCR2/TIMx_CCR3/TIMx_CCR4)**

如图 6-32 所示,捕获/比较寄存器的 16 个 bit 在输入时存捕获事件传输的计数器值,在输出时预存在做比较的值。另外 3 个通道的寄存器定义相似,在此就不一一解释了。

| 15 | 14 | 13 | 12 | 11 | 10 | 9 | 8 | 7 | 6 | 5 | 4 | 3 | 2 | 1 | 0 |
|---|---|---|---|---|---|---|---|---|---|---|---|---|---|---|---|
| CCR1[15:0] | | | | | | | | | | | | | | | |
| rw | rw | rw | rw | rw | rw | rw | rw | rw | rw | rw | rw | rw | rw | rw | rw |

图 6-32 寄存器 TIMx_CCER 的定义

CCR1[15:0]:捕获/比较 1 的值。

若 CC1 通道配置为输出:CCR1 包含了装入当前捕获/比较 1 寄存器的值(预装载值)。如果在 TIMx_CCMR1 寄存器(OC1PE 位)中未选择预装载特性,写入的数值会被立即传输至当前寄存器中,否则只有当更新事件发生时,此预装载值才传输至当前捕获/比较 1 寄存器中。当前捕获/比较寄存器参与同计数器 TIMx_CNT 的比较,并在 OC1 端口上产生输出信号。

若 CC1 通道配置为输入:CCR1 包含了由上一次输入捕获 1 事件(IC1)传输的计数器值。

## 6.4 定时器相关库函数

**1. 定时器初始化函数**

函数名：TIM_TimeBaseInit

函数原型：void TIM_TimeBaseInit(TIM_TypeDef * TIMx,TIM_TimeBaseInitTypeDef * TIM_TimeBaseInitStruct);

功能描述：定时器初始化，根据指定的参数初始化TIMx。

例如：

TIM_TimeBaseInitTypeDef TIM_TimeBaseStructure;

TIM_TimeBaseInit(TIM3,&TIM_TimeBaseStructure);

其中，TIM_TypeDef和TIM_TimeBaseInitTypeDef的定义在头文件stm32f10x.h中，具体如下。

```
typedef struct
{
    __IO uint16_t CR1;
    uint16_t RESERVED0;
    __IO uint16_t CR2;
    uint16_t RESERVED1;
    __IO uint16_t SMCR;
    uint16_t RESERVED2;
    __IO uint16_t DIER;
    uint16_t RESERVED3;
    __IO uint16_t SR;
    uint16_t RESERVED4;
    __IO uint16_t EGR;
    uint16_t RESERVED5;
    __IO uint16_t CCMR1;
    uint16_t RESERVED6;
    __IO uint16_t CCMR2;
    uint16_t RESERVED7;
    __IO uint16_t CCER;
    uint16_t RESERVED8;
    __IO uint16_t CNT;
    uint16_t RESERVED9;
    __IO uint16_t PSC;
    uint16_t RESERVED10;
    __IO uint16_t ARR;
    uint16_t RESERVED11;
    __IO uint16_t RCR;
    uint16_t RESERVED12;
    __IO uint16_t CCR1;
    uint16_t RESERVED13;
    __IO uint16_t CCR2;
    uint16_t RESERVED14;
    __IO uint16_t CCR3;
    uint16_t RESERVED15;
    __IO uint16_t CCR4;
    uint16_t RESERVED16;
```

```
    __IO uint16_t BDTR;
    uint16_t RESERVED17;
    __IO uint16_t DCR;
    uint16_t RESERVED18;
    __IO uint16_t DMAR;
    uint16_t RESERVED19;
} TIM_TypeDef;
typedef struct
{
    uint16_t TIM_Prescaler;                //预分频系数
    uint16_t TIM_CounterMode;              //计数模式(向上计数、向下计数、中央对齐)
    uint16_t TIM_Period;                   //自动重装值
    uint16_t TIM_ClockDivision;            //时钟分隔
    uint8_t TIM_RepetitionCounter;         //重复计数值,高级定时器才有
}TIM_TimeBaseInitTypeDef;
```

**2. 定时器使能函数**

函数名：TIM_Cmd

函数原型：void TIM_Cmd(TIM_TypeDef * TIMx,FunctionalState NewState);

功能描述：定时器使能。

例如：TIM_Cmd(TIM3,ENABLE);//使能 TIM3

**3. 定时器中断使能函数**

函数名：TIM_ITConfig

函数原型：void TIM_ITConfig(TIM_TypeDef * TIMx,uint16_t TIM_IT,FunctionalSt ate NewState);

功能描述：定时器中断使能。

例如：TIM_ITConfig(TIM3,TIM_IT_Update,ENABLE);//使能指定 TIM3 中断,允许更新中断

注意定时器中断使能和前一个定时器使能的区别。

**4. 状态标志位获取**

函数名：FlagStatus TIM_GetFlagStatus

函数原型：

FlagStatus TIM_GetFlagStatus(TIM_TypeDef * TIMx,uint16_t TIM_FLAG);

功能描述：获取定时器标志位的状态值。

例如：while(TIM_GetFlagStatus(TIM5,TIM_FLAG_CC2)==RESET){语句;}

**5. 状态标志位清除**

函数名：TIM_ClearFlag

函数原型：void TIM_ClearFlag(TIM_TypeDef * TIMx,uint16_t TIM_FLAG);

功能描述：清除相应的标志位。

例如：TIM_ClearFlag(TIM5,TIM_FLAG_CC2);

**6. 定时器中断标志位获取函数**

函数名：ITStatus TIM_GetITStatus

函数原型：ITStatus TIM_GetITStatus(TIM_TypeDef * TIMx,uint16_t TIM_IT);

功能描述：获取定时器相关中断标志位状态值。

例如：if(TIM_GetITStatus(TIM3,TIM_IT_Update)! =RESET){语句;}

**7. 定时器中断标志位清除函数**

函数名：TIM_ClearITPendingBit

函数原型：void TIM_ClearITPendingBit(TIM_TypeDef * TIMx,uint16_t TIM_IT);

功能描述：清除定时器中断标志位。

例如：TIM_ClearITPendingBit(TIM3,TIM_IT_Update);

**8. 输入捕获通道初始化函数**

函数名：TIM_ICInit

函数原型：void TIM_ICInit(TIM_TypeDef * TIMx,TIM_ICInitTypeDef * TIM_ICInitStruct);

功能描述：输入捕获通道初始化。

例如：

```
TIM_ICInitTypeDef  TIM5_ICInitStructure;
TIM5_ICInitStructure.TIM_Channel = TIM_Channel_1;
TIM5_ICInitStructure.TIM_ICPolarity = TIM_ICPolarity_Rising;
TIM5_ICInitSt ructure.TIM_ICSelection =TIM_ICSelection_DirectTI;
TIM5_ICInitStructure.TIM_ICPrescaler = TIM_ICPSC_DIV1;
T5_ICInitStructure.TIM_ICFilter = 0x00;
TIM_ICInit(TIM5,&TIM5_ICInitStructure);
```

其中TIM_ICInitTypeDef的定义如下。

```
typedef struct
{   uint16_t TIM_Channel;                                    //捕获通道 1~4
    uint16_t TIM_ICPolarity;                                 //捕获极性
    uint16_t TIM_ICSelection;                                //映射关系
    uint16_t TIM_ICPrescaler;                                //分频系数
    uint16_t TIM_ICFilter;                                   //滤波器
}TIM_ICInitTypeDef;
```

**9. 通道极性设置独立函数**

函数名：TIM_OCxPolarityConfig

函数原型：void TIM_OCxPolarityConfig(TIM_TypeDef * TIMx,uint16_t TIM_OCPolarity);

功能描述：通道极性设置。

例如：TIM_OC1PolarityConfig(TIM5,TIM_ICPolarity_Rising);//上升沿捕获

**10. 获取通道捕获值**

函数名：TIM_GetCapture1

函数原型：uint32_t TIM_GetCapture1(TIM_TypeDef * TIMx);

功能描述：获取通道捕获值。

例如：

```
u16 TIM5CH1_CAPTURE_VAL;                                     //输入捕获值
TIM5CH1_CAPTURE_VAL=TIM_GetCapture1(TIM5);
```

**11. PWM输出库函数**

函数名：TIM_OCxInit

函数原型：void TIM_OCxInit(TIM_TypeDef * TIMx,TIM_OCInitTypeDef * TIM_OCInit Struct)

功能描述：定时器输出比较通道参数初始化。

例如：

```
TIM_OCInitStructure.TIM_OCMode = TIM_OCMode_PWM2;        //PWM 模式 2
TIM_OCInitStructure.TIM_OutputState = TIM_OutputState_Enable;  //比较输出使能
TIM_OCInitStructure. TIM_Pulse=100;
TIM_OCInitStructure.TIM_OCPolarity = TIM_OCPolarity_High;
TIM_OC2Init(TIM3,&TIM_OCInitStructure);
```

TIM_OCInitTypeDef 的定义如下。

```
typedef struct
{
  uint16_t TIM_OCMode;                              //PWM 模式 1 或者模式 2
  uint16_t TIM_OutputState;                         //输出使能或失能
  uint16_t TIM_OutputNState;
  uint16_t TIM_Pulse;                               //比较值,写 CCRx
  uint16_t TIM_OCPolarity;                          //比较输出极性
  uint16_t TIM_OCNPolarity;
  uint16_t TIM_OCIdleState;
  uint16_t TIM_OCNIdleState;
} TIM_OCInitTypeDef;
```

**12. 设置比较值函数**

函数名：IM_SetCompareX

函数原型：void TIM_SetCompareX(TIM_TypeDef * TIMx,uint16_t Compare2);

功能描述：设置输出比较值,控制占空比。

例如：TIM_SetCompare2(TIM3,led0pwmval);

**13. 使能输出比较预装载**

函数名：TIM_OC2PreloadConfig

函数原型：

void TIM_OC2PreloadConfig(TIM_TypeDef * TIMx,uint16_t TIM_OCPreload);

功能描述：使能输出比较预装载,控制输出频率。

例如：TIM_OC2PreloadConfig(TIM3,TIM_OCPreload_Enable);

**14. 使能自动重装载的预装载寄存器允许位**

函数名：TIM_ARRPreloadConfig

函数原型：

void TIM_ARRPreloadConfig(TIM_TypeDef * TIMx,FunctionalState NewState);

功能描述：使能自动重装载的预装载寄存器允许位。

例如：TIM_ARRPreloadConfig(TIM3,ENABLE);

# 6.5 基本项目实践

## 6.5.1 项目14：定时器中断控制LED闪烁

**1. 项目要求**

（1）掌握STM32 NVIC中断控制器的工作原理；

（2）掌握STM32 EXTI外部中断操作及应用；

（3）掌握STM32定时器的工作原理；

（4）掌握定时器中断的实现步骤；

（5）熟悉调试、下载程序。

**2. 项目描述**

（1）项目任务：采用定时器加中断方式控制LED1实现每500ms状态取反一次的闪烁效果。

（2）项目所需主要设备及器材如下。

① 笔记本电脑或台式计算机(内存不低于4GB)。

② STM32F103ZET6最小系统板一块、STLinkV2下载器或miniUSB线一条、杜邦线几根。

③ 配置相关软件(MDK、串口驱动等)。

（3）硬件连接与I/O定义。

本项目直接用开发板上自带的LED1，电路原理图如图6-33所示。

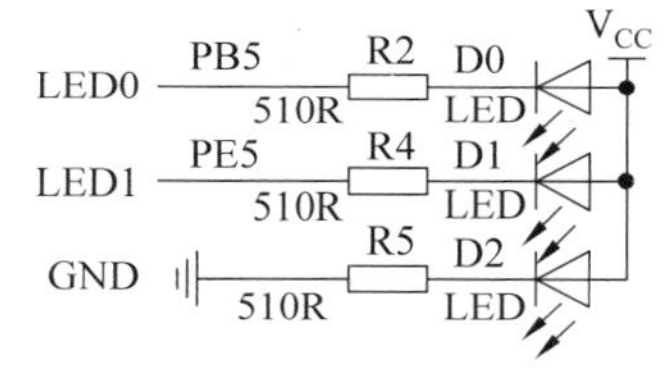


图6-33 LED电路原理图

**3. 项目开发思路**

如果要用到定时器且定时器定时为500ms，这时就需要计算并设置自动重装值和预分频系数。时间到了产生中断，那就需要有中断相关的配置。中断产生后，要执行中断服务程序。分析发现，控制LED实现LED1状态取反(闪烁)的代码放在中断服务函数中比较合理。另外，使用定时器跟前面讲的GPIO一样，都需要先使能时钟。我们将思路进行整理，查阅相关的函数，可以得出本项目主要程序思路如下。

（1）使能定时器时钟。

调用函数：RCC_APB1PeriphClockCmd()；

（2）初始化定时器，配置ARR(自动重装载寄存器)、PSC(预分频器)。

调用函数：TIM_TimeBaseInit()；

（3）开启定时器中断，配置NVIC，在主函数设置优先级。

调用函数：void TIM_ITConfig()；

NVIC_Init()；

（4）使能定时器。

调用函数：TIM_Cmd()；

（5）编写中断服务函数。

调用函数：TIMx_IRQHandler()；//向上(下)溢出，事件发生中断

**4. 项目实施步骤**

第一步：硬件连接。本项目采用的是开发板自带的LED1，仅需将开发板和计算机用miniUSB或STLink下载器进行连接（初学者建议充分利用STLink进行调试）。

第二步：建工程模板。将第4章项目6创建的工程模板文件夹复制到桌面上，在HARDWARE文件夹下新建TIMER文件夹，并把文件夹USER下的5-1LED改名为14timer，然后将工程模板编译一下，直到没有错误和警告为止。

第三步：新建两个文件，分别命名为timer.c、timer.h（由于项目6已经新建led.h和led.c两个文件，这里可以直接用）。将timer.c、timer.h保存到HARDWARE文件夹下的TIMER文件夹里面，并把timer.c文件添加到HARDWARE分组里面，然后添加timer.h路径。

第四步：在timer.h、led.h文件中输入如下源程序。头文件里条件编译#ifndef…#endif格式不变，在timer.h文件里要包括TIMER_H宏定义和TIM3_Int_Init函数声明；在led.h文件里要包括LED_H宏定义和LED_Init函数声明。具体实现代码如下。

```
timer.h
#ifndef __TIMER_H
#define __TIMER_H
#include "sys.h"
void TIM3_Int_Init(u16 arr,u16 psc);
#endif
led.h //详细代码见工程文件项目6led.h
```

第五步：在timer.c、led.c文件中输入如下源程序。在程序里面首先分别包含相应头文件timer.h、led.h、stm32f10x.h。这里timer.c主要实现定时器3的初始化函数和对应的中断服务程序，详细介绍见代码中的注释，完整代码如下。

```
timer.c
#include "timer.h"
#include "led.h"
/************************************************************
Function:TIM3_Int_Init                                  //函数名称
Description:定时器3初始化                               //函数功能、性能等的描述
Input:u16 arr-自动重装值,u16 psc-分频系数               //对输入参数的说明
Output:无                                               //对输出参数的说明
Return:无                                               //函数返回值的说明
************************************************************/
void TIM3_Int_Init(u16 arr,u16 psc)
{
    TIM_TimeBaseInitTypeDef TIM_TimeBaseStructure;
    NVIC_InitTypeDef NVIC_InitStructure;
    RCC_APB1PeriphClockCmd(RCC_APB1Periph_TIM3,ENABLE);  //时钟使能
    TIM_TimeBaseStructure.TIM_Period = arr;
      /*设置在下一个更新事件装入活动的自动重装载寄存器周期的值计数到5000为500ms*/
    TIM_TimeBaseStructure.TIM_Prescaler =psc;
                          /*设置用来作为TIMx时钟频率除数的预分频值10kHz的计数频率*/
    TIM_TimeBaseStructure.TIM_ClockDivision = TIM_CKD_DIV1;
                                              /*设置时钟分隔:TDTS = Tck_tim*/
    TIM_TimeBaseStructure.TIM_CounterMode = TIM_CounterMode_Up;  //向上计数
    TIM_TimeBaseInit(TIM3,&TIM_TimeBaseStructure);
                                       /*根据指定的参数初始化TIMx的时间基数单位*/
```

```
    TIM_ITConfig(TIM3,TIM_IT_Update,ENABLE);
                                          /* 使能指定的 TIM3 中断,允许更新中断 */
    NVIC_InitStructure.NVIC_IRQChannel = TIM3_IRQn;          //TIM3 中断
    NVIC_InitStructure.NVIC_IRQChannelPreemptionPriority = 0;    //抢占优先级为 0
    NVIC_InitStructure.NVIC_IRQChannelSubPriority = 3;       //响应优先级为 3
    NVIC_InitStructure.NVIC_IRQChannelCmd = ENABLE;          //IRQ 通道被使能
    NVIC_Init(&NVIC_InitStructure);
                    /* 根据 NVIC_InitStructure 中指定的参数初始化外设 NVIC 寄存器 */
    TIM_Cmd(TIM3,ENABLE);                                    //使能 TIMx 外设
}
/*******************************************************************
Function:TIM3_IRQHandler                                     //函数名称
Description:定时器 3 中断服务程序                            //函数功能、性能等的描述
Input:无                                                     //对输入参数的说明
Output:无                                                    //对输出参数的说明
Return:无                                                    //函数返回值的说明
*******************************************************************/
void TIM3_IRQHandler(void)                                   //TIM3 中断
{
    if(TIM_GetITStatus(TIM3,TIM_IT_Update) != RESET)
                                               /* 检查 TIM3 更新中断发生与否 */
    {
    TIM_ClearITPendingBit(TIM3,TIM_IT_Update);              //清除 TIMx 更新中断标志
    LED1=!LED1;
    }
}
led.c                   //详细代码见工程文件项目 6led.c
```

**【注意】**

① STM32的中断服务程序和之前51单片机的不一样,函数名是不能随意改动的。如果实在想改,需要修改启动文件。

② 中断服务程序中如果产生中断,此时需要用软件来清除中断标志位。

③ 中断服务程序中不要有引起阻塞的代码。

④ 养成良好的编程习惯,代码要加注释。

第六步:主程序main.c的代码编写。除了头文件的引用,main函数中主要包含延时函数的初始化、LED初始化、定时器初始化调用及中断分组设置,具体代码如下。

```
main.c
#include "led.h"
#include "delay.h"
#include "sys.h"
#include "timer.h"
int main(void)
{
    delay_init();                     //延时函数初始化
    NVIC_PriorityGroupConfig(NVIC_PriorityGroup_2);
                                      //设置 NVIC 中断分组 2:2 位抢占优先级,2 位响应优先级
    LED_Init();                       //LED 端口初始化
    TIM3_Int_Init(4999,7199);     //10kHz 的计数频率,计数到 5000 为 500ms
    while(1)
    {
        LED0=!LED0;
```

```
        delay_ms(200);
    }
}
```

**【注意】** TIM3_Int_Init 中参数 ARR 和 PSC 的值计算如下：

$T_{out}$（溢出时间）=（ARR+1）（PSC+1）/$T_{clk}$

$T_{out}$=((4999+1)×(7199+1))/72MHz=500000μs=500ms

第七步：编译工程，直到没有错误和警告，会在 OBJ 文件夹中生成.hex 文件。

第八步：下载运行程序。通过 ISP 软件下载.hex 文件到开发板，查看效果。

**【学习方法点拨】** 在开发的过程中，要学会不断总结，找出规律，比如 GPIO 应用前要使能时钟；应用定时器前也要有意识地提醒自己，先要使能时钟，在使能时钟的时候要查阅 4.3 节中的系统结构图确认硬件是挂在哪个总线的，$TIM_3$ 是挂在 $APB_1$ 总线的，所以使能时钟要调用 APB1PeriphClockCmd()；其他器件的应用也类似。

## 6.5.2 项目 15：输入信号脉冲宽度测量

**1. 项目要求**

（1）掌握 STM32 NVIC 中断控制器工作原理；

（2）掌握 STM32 EXTI 外部中断操作及应用；

（3）掌握 STM32 定时器的工作原理；

（4）掌握输入捕获的实现步骤；

（5）熟悉调试、下载程序。

**2. 项目描述**

（1）项目任务：手动按压 WAKEUP 键，系统测量 WAKEUP 键输入的脉冲宽度值，并显示到串口。

（2）项目所需主要设备及器材如下。

① 笔记本电脑或台式计算机（内存不低于 4GB）。

② STM32F103ZET6 最小系统板、STLinkV2 下载器、杜邦线、miniUSB 线。

③ 配置相关软件（MDK、串口驱动等）。

（3）硬件连接与 I/O 定义。

本项目直接用开发板上带的 WAKEUP 键。

**3. 项目开发思路**

既然需要测量 WAKEUP 键的输入脉冲宽度，我们要首先弄清楚该键对应的 I/O 引脚，查看原理图可以知道对应的引脚为 PA0，如图 6-34 所示。而且当按键按下的时候，PA0 引脚应该是高电平，也就是需要检测 PA0 输入的高电平持续时间。接下来需要弄清楚 PA0 对应的是哪个输入捕获通道。查阅附录 A：大容量 STM32F103xx 产品系列引脚定义表，发现对应通道为 TIM5_CH1，定时器 5 的通道 1，如图 6-35 所示。结合前面的经验，本项目需要用到按键、定时器；使用之前仍然是先使能对应的时钟、做相关的初始化、输入捕获相关配置等。将思路进行整理，查阅相关的函数，可以得出本项

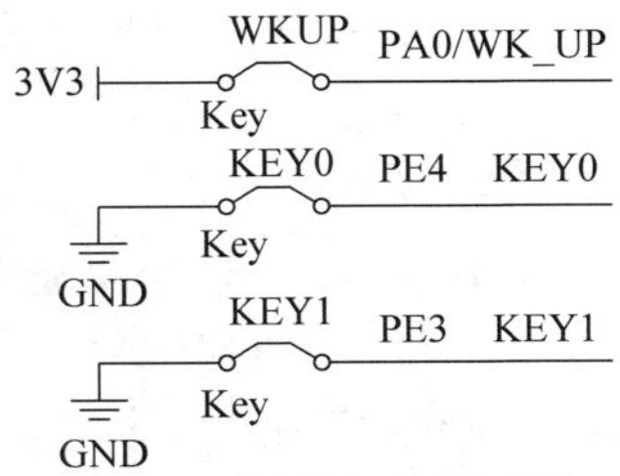

图 6-34 按键电路原理图

目主要程序思路如下。

| 引脚号 | | | 引脚名称 | 类型(1) | I/O电平(2) | 主功能(复位后)(3) | 可选的复用功能 | |
|---|---|---|---|---|---|---|---|---|
| | | | | | | | 默认复用功能 | 重定义功能(重映射) |
| 14 | 23 | 34 | PA0-WKUP | I/O | - | PA0 | WKUP/USART2_CTSADC123_INOTIM2_CH1_ETR TIM5_CH1/TIM8_ETR | - |
| 15 | 24 | 35 | PA1 | I/O | - | PA1 | USART2_RTSADC123_IN1/TIM5_CH2/TIM2_CH2 | - |
| 16 | 25 | 36 | PA2 | I/O | - | PA2 | USART2_TX/TIM5_CH3ADC123_IN2/TIM2_CH3 | - |
| 17 | 26 | 37 | PA3 | I/O | - | PA3 | USART2_RX/TIM5_CH4ADC123_IN3/TIM2_CH4 | - |

图 6-35 引脚通道定义

(1) 初始化定时器和通道对应I/O的时钟。

(2) 初始化I/O口,模式为输入。调用函数:

```
GPIO_Init();
GPIO_InitStructure.GPIO_Mode = GPIO_Mode_IPD;    //PA0 输入
```

(3) 初始化定时器ARR、PSC。调用函数:

```
TIM_TimeBaseInit();
```

(4) 初始化输入捕获通道。调用函数:

```
TIM_ICInit();
```

(5) 开启捕获中断。调用函数:

```
TIM_ITConfig();
NVIC_Init();
```

(6) 使能定时器。调用函数:

```
TIM_Cmd();
```

(7) 编写中断服务函数。调用函数:

```
TIMx_IRQHandler();
```

另外需要注意的是,系统测量按键WAKEUP输入的脉冲宽度值需要显示到串口。虽然目前没有学习串口相关的知识,但是这部分内容的应用比较成熟,网上资料也较多,读者可以自行查阅如何调用接口以实现基本的应用;后面讲到串口的知识再去把原理弄清楚即可。

**【学习方法点拨】** 本门课程涉及知识面较广,读者学习时要改变思想,不要等到什么都会了再来动手,要大胆探索,边用边研究。

**4. 项目实施步骤**

第一步:硬件连接。本项目采用的是开发板自带的按键,仅需将开发板和计算机用miniUSB或STLink下载器进行连接(初学者建议充分利用STLink进行调试)。

第二步:建工程模板。将项目14创建的工程模板文件夹复制到桌面上,并把文件夹USER下的14timer改名为15timer,然后将工程模板编译一下,直到没有错误和警告为止。

第三步：由于项目15要用到TIMER文件夹，该文件夹与项目14的TIMER文件夹一样，因此这一步可以省略。

第四步：timer.h文件中输入如下源程序。头文件里条件编译#ifndef…#endif格式不变，本项目采用通用定时器5的通道1，修改头文件timer.h，声明TIM5_Cap_Init函数，具体实现代码如下。

**timer.h**

```
#ifndef __TIMER_H
#define __TIMER_H
#include "sys.h"
void TIM5_Cap_Init(u16 arr,u16 psc);
#endif
```

第五步：在timer.c文件中输入如下源程序。在程序里面首先分别包含相应头文件timer.h、stm32f10x.h，在timer.c源文件中主要实现定时器5的初始化函数和对应的中断服务程序，详细介绍见代码中的注释。

**timer.c** //详细代码见工程文件项目14 timer.c

**【注意】** 定时器5的初始化可以与前一个项目中定时器3的初始化对比来看，其最大的区别就是增加了输入捕获参数的初始化及相关配置，对应6.3.1节输入捕获的过程。

第六步：在main.c文件中输入如下源程序。程序框架包含头文件、主函数和无限循环3部分。除了头文件的引用，main函数中主要包含延时函数的初始化、LED初始化、定时器初始化、串口初始化及中断分组设置，具体代码如下。

**main.c**

```
#include "led.h"
#include "delay.h"
#include "key.h"
#include "sys.h"
#include "usart.h"
#include "timer.h"
extern u8 TIM5CH1_CAPTURE_STA;                    //输入捕获状态
extern u16 TIM5CH1_CAPTURE_VAL;                   //输入捕获值
int main(void)
{
    u32 temp=0;
    delay_init();                                 //延时函数初始化
    NVIC_PriorityGroupConfig(NVIC_PriorityGroup_2);
                           /* 设置NVIC中断分组2：2位抢占优先级，2位响应优先级 */
    uart_init(115200);                            //串口初始化为115200
    TIM5_Cap_Init(0XFFFF,72-1);                   //以1MHz的频率计数
    while(1)
    {
        delay_ms(10);
        if(TIM5CH1_CAPTURE_STA&0X80)              //成功捕获到了一次上升沿
        {
            temp=TIM5CH1_CAPTURE_STA&0X3F;
            temp*=65536;                          //溢出时间总和
            temp+=TIM5CH1_CAPTURE_VAL;            //得到总的高电平时间
            printf("HIGH:%d us\r\n",temp);        //输出总的高电平持续时间
```

```
                TIM5CH1_CAPTURE_STA=0;            //开启下一次捕获
            }
        }
    }
```

**【注意】** 捕获过程分析非常关键,如图6-36所示,一开始是低电平,如果设置了上升沿捕获,那就一直等待上升沿的到来;在时刻②上升沿到来的时候,捕获到当前的计数值X,马上设置为下降沿捕获;如果高电平持续时间较短,在③完成捕获,当前计数值为Y,则高电平持续的时间等于(Y−X)×(计数的周期),但是如果高电平持续的时间特别长,有可能计数值已经从0计数到最大值ARR并溢出了多次,这样我们就需要记录溢出的次数,才能准确计算时间。

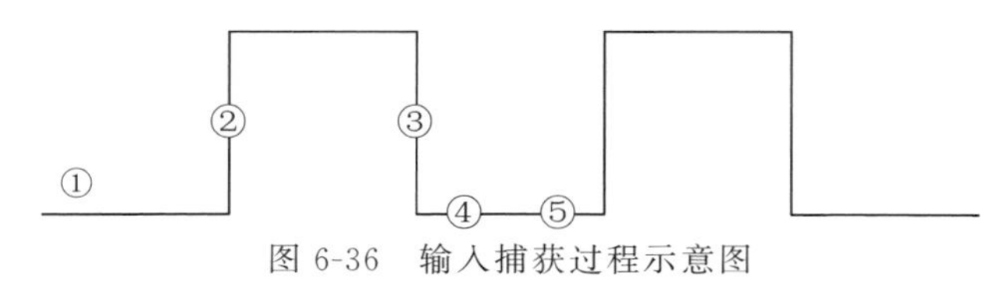


图6-36 输入捕获过程示意图

这里定义了8位的变量TIM5CH1_CAPTURE_STA用来记录输入捕获的几个关键状态值,如图6-37所示。最低6个bit用来表示捕获高电平定时器溢出的次数,bit6用来记录捕获到高电平标志,bit7为捕获完成标志。

| TIM5CH1_CAPTURE_STA | | |
|---|---|---|
| bit7 | bit6 | bit5~0 |
| 捕获完成标志 | 捕获到高电平标志 | 捕获高电平后定时器溢出的次数 |

图6-37 TIM5CH1_CAPTURE_STA的定义

TIM5_Cap_Init函数中完成相关设置后等待上升沿中断到来,当捕获到上升沿中断,此时如果TIM5CH1_CAPTURE_STA的第6位为0,则表示还没有捕获到新的上升沿,就先把TIM5CH1_CAPTURE_STA、TIM5CH1_CAPTURE_VAL和TIMS−>CNT等清零,然后设置TIM5CH1_CAPTURE_STA的第6位为1,标记捕获到高电平,最后设置为下降沿捕获,等待下降沿到来。如果等待下降沿到来期间定时器发生了溢出,就在TIM5CH1_CAPTURE_STA里面对溢出次数进行计数。当最大溢出次数来到的时候,就强制标记捕获完成(虽然此时还没有捕获到下降沿)。当下降沿到来的时候,先设置TIM5CH1_CAPTURE_STA的第7位为1,标记成功捕获一次高电平,然后读取此时的定时器值到TIM5CH1_CAPTURE_VAL里面,最后设置为上升沿捕获,回到初始状态。这样,就完成一次高电平捕获了。只要TIM5CH1_CAPTURE_STA的第7位一直为1,那么就不会进行第二次捕获。在main函数处理完捕获数据后,将TIM5CH1_CAPTURE_STA清零,就可以开启第二次捕获。

第七步:编译工程,直到没有错误和警告,会在OBJ文件夹中生成.hex文件。

第八步:下载运行程序。通过ISP软件下载.hex文件到开发板,查看效果。测试方法:用手按压WAKEUP键,按键松开时串口会显示WAKEUP键按下的时间,运行效果如图6-38所示。

图 6-38　脉冲宽度测量运行效果

### 6.5.3　项目 16：PWM 控制 LED 实现呼吸灯

**1. 项目要求**

(1) 掌握 STM32 NVIC 中断控制器工作原理；

(2) 掌握 STM32 EXTI 外部中断操作及应用；

(3) 掌握 STM32 定时器的工作原理；

(4) 掌握输出比较的实现步骤；

(5) 熟悉调试、下载程序。

**2. 项目描述**

(1) 项目任务：PWM 控制 LED0 实现呼吸灯。

(2) 项目所需主要设备及器材如下。

① 笔记本电脑或台式计算机(内存不低于 4GB)。

② STM32F103ZET6 最小系统板一块、STLinkV2 下载器、杜邦线几根、miniUSB 线一根。

③ 配置相关软件(MDK、串口驱动等)。

(3) 硬件连接与 I/O 定义。

本项目直接用开发板上自带的 LED0，电路原理图如图 6-33 所示。

**3. 项目开发思路**

首先要弄清楚什么是呼吸灯。呼吸灯是指灯光在微计算机的控制下完成由亮到暗的逐渐变化，感觉好像是人在呼吸。PWM 可以输出占空比可变的 PWM 波，用来驱动 LED，以达到 LED0 亮度由暗变亮，又从亮变暗的效果。然后要弄清楚 LED 对应的引脚及 PWM 的通道。查阅原理图可以知道 LED0 对应的引脚为 PB5，如图 6-33 所示。查阅附录 A：大容量 STM32F103xx 产品系列引脚定义表，发现对应通道为 TIM3_CH2，定时器 3 的通道为 2，如图 6-39 所示。结合前面的经验，我们需要用到 LED、定时器；使用之前仍然是先使能对应的时钟(GPIOB 挂在 $APB_2$ 总线上使能 APB2 时钟，通用定时器挂在 APB1 总线上使能 APB1 时钟)、做相关的初始化、输出比较相关配置等。我们将思路进行整理，查阅相关的函数,可以得出本项目主要程序思路如下。

(1) 使能定时器3和相关I/O口时钟。

使能定时器3时钟：RCC_APB1PeriphClockCmd();

使能GPIOB时钟：RCC_APB2PeriphClockCmd();

(2) 初始化I/O口为复用功能输出。调用函数：

```
GPIO_Init();
GPIO_InitStructure.GPIO_Mode=GPIO_Mode_AF_PP;
```

这里是要把PB5用作定时器的PWM输出引脚,要重映射配置,所以需要开启AFIO时钟。

```
RCC_APB2PeriphClockCmd(RCC_APB2Periph_AFIO,ENABLE);
GPIO_PinRemapConfig(GPIO_PartialRemap_TIM3,ENABLE);
```

(3) 初始化定时器(ARR、PSC等)：TIM_TimeBaseInit();

(4) 初始化输出比较参数：TIM_OC2Init();

(5) 使能预装载寄存器：TIM_OC2PreloadConfig(TIM3,TIM_OCPreload_Enable);

(6) 使能定时器：TIM_Cmd();

(7) 不断改变比较值CCRx,达到不同的占空比效果：TIM_SetCompare2();

| 引脚号 | | | 引脚名称 | 类型(1) | I/O电平(2) | 主功能(复位后)(3) | 可选的复用功能 | |
|---|---|---|---|---|---|---|---|---|
| | | | | | | | 默认复用功能 | 重定义功能(重映射) |
| 57 | 91 | 135 | PB5 | I/O | - | PB5 | I2C1_SMBA/SPI3_MOS I/I2S3_SD | TIM3_CH2/SPI1_MOSI |
| 58 | 92 | 136 | PB6 | I/O | FT | PB6 | | USART1_TX |
| 59 | 93 | 137 | PB7 | I/O | FT | PB7 | 12C1_SDA/FSMC_NADV/TIM4_CH2 | USART1_RX |

图6-39 引脚通道定义

**4. 项目实施步骤**

第一步：硬件连接。本项目采用的是开发板自带的LED,仅需将开发板和计算机用miniUSB或STLink下载器进行连接。

第二步：建工程模板。将项目14创建的工程模板文件夹复制到桌面上,并把文件夹USER下的14timer改名为16timer,然后将工程模板编译一下,直到没有错误和警告为止。

第三步：由于项目16要用到LED、TIMER两个文件夹,它们与项目14的一样,因此这一步可以省略。

第四步：在led.h、timer.h文件中输入如下源程序。头文件里条件编译#ifndef…#endif格式不变,在led.h文件里要包括LED_H宏定义和LED_Init函数声明。

**led.h** //详细代码见工程文件项目14 **led.h**

本项目采用通用定时器3的通道2,需要定义定时器3的初始化函数和PWM初始化函数,修改头文件timer.h,具体实现代码如下。

**timer.h**

```
#ifndef __TIMER_H
#define __TIMER_H
```

```
#include "sys.h"
void TIM3_Int_Init(u16 arr,u16 psc);
void TIM3_PWM_Init(u16 arr,u16 psc);
#endif
```

第五步：在 led.c、timer.c 文件中输入如下源程序。在程序里面首先分别包含相应头文件 led.h、timer.h、stm32f10x.h，然后在 led.c 里要包含初始化函数 LED_Init。

**led.c** //详细代码见工程文件项目 14 **led.c**

在 timer.c 该源文件中主要实现定时器 3 的初始化函数和对应的中断服务程序及 PWM 部分的初始化，详细介绍见代码中的注释，完整代码如下。

**timer.c**

```
#include "timer.h"
#include "led.h"
/**************************************************************
Function:TIM3_Int_Init                              //函数名称
Description:定时器 3 初始化                          //函数功能、性能等的描述
Input:u16 arr-自动重装值,u16 psc-分频系数            //对输入参数的说明
Output:无                                           //对输出参数的说明
Return:无                                           //函数返回值的说明
**************************************************************/
void TIM3_Int_Init(u16 arr,u16 psc)
{
    TIM_TimeBaseInitTypeDef  TIM_TimeBaseStructure;
    NVIC_InitTypeDef NVIC_InitStructure;
    RCC_APB1PeriphClockCmd(RCC_APB1Periph_TIM3,ENABLE);  //时钟使能
    TIM_TimeBaseStructure.TIM_Period = arr;
      /*设置在下一个更新事件装入活动的自动重装载寄存器周期的值计数到 5000 为 500ms */
    TIM_TimeBaseStructure.TIM_Prescaler =psc;
                        /*设置用来作为 TIMx 时钟频率除数的预分频值 10kHz 的计数频率 */
    TIM_TimeBaseStructure.TIM_ClockDivision = TIM_CKD_DIV1;
                                                /*设置时钟分隔:TDTS = Tck_tim */
    TIM_TimeBaseStructure.TIM_CounterMode = TIM_CounterMode_Up;  //向上计数
    TIM_TimeBaseInit(TIM3,&TIM_TimeBaseStructure);
                                    /*根据指定的参数初始化 TIMx 的时间基数单位 */
    TIM_ITConfig(TIM3,TIM_IT_Update,ENABLE);
                                         /*使能指定的 TIM3 中断,允许更新中断 */
    NVIC_InitStructure.NVIC_IRQChannel = TIM3_IRQn;        //TIM3 中断
    NVIC_InitStructure.NVIC_IRQChannelPreemptionPriority = 0;
                                                        //抢占优先级为 0
    NVIC_InitStructure.NVIC_IRQChannelSubPriority = 3;    //响应优先级为 3
    NVIC_InitStructure.NVIC_IRQChannelCmd = ENABLE;        //IRQ 通道被使能
    NVIC_Init(&NVIC_InitStructure);
                       /*根据 NVIC_InitStructure 中指定的参数初始化外设 NVIC 寄存器 */
    TIM_Cmd(TIM3,ENABLE);                                 //使能 TIMx 外设
}
```

```
/*************************************************************
Function:TIM3_IRQHandler                                 //函数名称
Description:定时器 3 中断服务程序                        //函数功能、性能等的描述
Input:无                                                 //对输入参数的说明
Output:无                                                //对输出参数的说明
Return:无                                                //函数返回值的说明
*************************************************************/
void TIM3_IRQHandler(void)                               //TIM3 中断
{
    if(TIM_GetITStatus(TIM3,TIM_IT_Update)!=RESET)
                                           /* 检查 TIM3 更新中断发生与否 */
    {
        TIM_ClearITPendingBit(TIM3,TIM_IT_Update);       //清除 TIMx 更新中断标志
        LED1=!LED1;
    }
}
/*************************************************************
Function:TIM3_PWM_Init                                   //函数名称
Description:定时器 3PWM 初始化                           //函数功能、性能等的描述
Input:u16 arr-自动重装值,u16 psc-分频系数                //对输入参数的说明
Output:无                                                //对输出参数的说明
Return:无                                                //函数返回值的说明
*************************************************************/
void TIM3_PWM_Init(u16 arr,u16 psc)
{
    GPIO_InitTypeDef GPIO_InitStructure;
    TIM_TimeBaseInitTypeDef TIM_TimeBaseStructure;
    TIM_OCInitTypeDef TIM_OCInitStructure;
    RCC_APB1PeriphClockCmd(RCC_APB1Periph_TIM3,ENABLE);  //使能定时器 3 时钟
    RCC_APB2PeriphClockCmd(RCC_APB2Periph_GPIOB|RCC_APB2Periph_AFIO,
    ENABLE);                              //使能 GPIO 外设和 AFIO 复用功能模块时钟
    GPIO_PinRemapConfig(GPIO_PartialRemap_TIM3,ENABLE);
                                      /* Timer3 部分重映射 TIM3_CH2->PB5 */
    //设置该引脚为复用输出功能,输出 TIM3 CH2 的 PWM 脉冲波形 GPIOB.5
    GPIO_InitStructure.GPIO_Pin = GPIO_Pin_5;            //TIM_CH2
    GPIO_InitStructure.GPIO_Mode = GPIO_Mode_AF_PP;      //复用推挽输出
    GPIO_InitStructure.GPIO_Speed = GPIO_Speed_50MHz;
    GPIO_Init(GPIOB,&GPIO_InitStructure);                //初始化 GPIO
    //初始化 TIM3
    TIM_TimeBaseStructure.TIM_Period = arr;
                        /* 设置在下一个更新事件装入活动的自动重装载寄存器周期的值 */
    TIM_TimeBaseStructure.TIM_Prescaler =psc;
                                /* 设置用来作为 TIMx 时钟频率除数的预分频值 */
    TIM_TimeBaseStructure.TIM_ClockDivision = 0;
                                /* 设置时钟分隔:TDTS = Tck_tim */
```

```
    TIM_TimeBaseStructure.TIM_CounterMode = TIM_CounterMode_Up;
                                            /* TIM 向上计数模式 */
    TIM_TimeBaseInit(TIM3,&TIM_TimeBaseStructure);
                                            /* 根据参数初始化 TIMx 的时间基数单位 */
    //初始化 TIM3 Channel2 PWM 模式
    TIM_OCInitStructure.TIM_OCMode = TIM_OCMode_PWM2;
                                            /* 选择定时器模式:TIM 脉冲宽度调制模式 2 */
    TIM_OCInitStructure.TIM_OutputState=TIM_OutputState_Enable;
                                            /* 比较输出使能 */
    TIM_OCInitStructure.TIM_OCPolarity=TIM_OCPolarity_High;
                                            /* 输出极性:TIM 输出比较极性高 */
    TIM_OC2Init(TIM3,&TIM_OCInitStructure);
                                            /* 根据 T 指定的参数初始化外设 TIM3 OC2 */
    TIM_OC2PreloadConfig(TIM3,TIM_OCPreload_Enable);
                                            /* 使能 TIM3 在 CCR2 上的预装载寄存器 */
    TIM_Cmd(TIM3,ENABLE);                   //使能 TIM3
}
```

第六步：在 main.c 文件中输入如下源程序。程序框架包含头文件、主函数和无限循环3部分。main 函数中主要包含延时函数的初始化、LED 初始化、定时器初始化、串口初始化调用及中断分组设置，具体代码如下。

**main.c**

```
#include "led.h"
#include "delay.h"
#include "sys.h"
#include "timer.h"
#include "stm32f10x_tim.h"
int main(void)
{   u16 led0pwmval=0;
    u8 dir=1;
    delay_init();                           //延时函数初始化
    NVIC_PriorityGroupConfig(NVIC_PriorityGroup_2);
                                /* 设置 NVIC 中断分组 2:2 位抢占优先级,2 位响应优先级 */
    LED_Init();                             //LED 端口初始化
    TIM3_PWM_Init(899,0);                   //不分频。PWM 频率=72000000/900=80kHz
    while(1)
    {   delay_ms(10);
        if(dir)led0pwmval++;
        else led0pwmval--;
        if(led0pwmval>300)dir=0;
        if(led0pwmval==0)dir=1;
        TIM_SetCompare2(TIM3,led0pwmval);  //修改占空比,控制 LED0 的明暗
    }
}
```

第七步：编译工程，直到没有错误和警告，会在 OBJ 文件夹中生成.hex 文件。

第八步：下载运行程序。通过 ISP 软件下载.hex 文件到开发板，查看效果。

### 6.5.4 项目考核评价表

项目考核评价如表 6-3 所示。

**表 6-3　项目考核评价表**

<table>
<tr><th>内容</th><th>目　标</th><th>标准</th><th>方　式</th><th>权重/%</th><th>得分</th></tr>
<tr><td rowspan="4">知识与能力</td><td>基础知识掌握程度(5 分)</td><td rowspan="16">100 分</td><td rowspan="16">以 100 分为基础，按照这 4 项的权重值给分</td><td rowspan="4">20</td><td rowspan="4"></td></tr>
<tr><td>知识迁移情况(5 分)</td></tr>
<tr><td>知识应变情况(5 分)</td></tr>
<tr><td>使用工具情况(5 分)</td></tr>
<tr><td rowspan="6">工作与事业准备</td><td>出勤、诚信情况(4 分)</td><td rowspan="6">20</td><td rowspan="6"></td></tr>
<tr><td>小组团队合作情况(4 分)</td></tr>
<tr><td>学习、工作的态度与能力(3 分)</td></tr>
<tr><td>严谨、细致、敬业(4 分)</td></tr>
<tr><td>质量、安全、工期与成本(3 分)</td></tr>
<tr><td>关注工作影响(2 分)</td></tr>
<tr><td rowspan="5">个人发展</td><td>时间管理情况(2 分)</td><td rowspan="5">10</td><td rowspan="5"></td></tr>
<tr><td>提升自控力情况(2 分)</td></tr>
<tr><td>书面表达情况(2 分)</td></tr>
<tr><td>口头沟通情况(2 分)</td></tr>
<tr><td>自学能力情况(2 分)</td></tr>
<tr><td>项目完成与展示汇报</td><td>项目完成与展示汇报情况(50 分)</td><td>50</td><td></td></tr>
<tr><td rowspan="4">高级思维能力</td><td>创造性思维</td><td rowspan="4">10 分</td><td rowspan="4">教师以 10 分为上限，奖励工作中有突出表现和特色做法的学生</td><td rowspan="4">加分项</td><td rowspan="4"></td></tr>
<tr><td>评判性思维</td></tr>
<tr><td>逻辑性思维</td></tr>
<tr><td>工程性思维</td></tr>
<tr><td colspan="6">项目成绩＝知识与能力×20%＋工作与事业准备×20%＋个人发展×10%＋项目完成与展示汇报×50%＋高级思维能力(加分项)</td></tr>
</table>

## 6.6 拓展项目实践

### 项目 17：城市交通灯

#### 1. 项目要求

(1) 掌握 STM32 NVIC 中断控制器工作原理；

(2) 掌握 STM32 EXTI 外部中断操作及应用;

(3) 掌握 STM32 定时器的工作原理及应用;

(4) 掌握 LED、独立式按键、数码管的原理及应用;

(5) 熟悉调试、下载程序。

**2. 项目描述**

(1) 项目任务:由 A、B 两道组成交叉十字路口,每道由红灯、黄灯、绿灯组成城市交通灯,采用定时器加中断的方式控制城市交通灯 A、B 两道 LED 状态转换,用 6 只 LED 模拟城市交通灯,分别是红灯 2 个(A、B 道)、黄灯 2 个(A、B 道)、绿灯 2 个(A、B 道),用 4 只独立式按键调整时间和控制城市交通灯,具体是 $KEY_0$ 强制按键(紧急情况使 A、B 道都亮红灯),$KEY_1$ 调整数码管显示时间且数字倒计时加,$KEY_2$ 调整数码管显示时间且数字倒计时减,$KEY_3$ 交通灯道路绿灯切换,避免绿灯亮没有车通行等待状态,使交通更畅通,如果换成摄像头,实现智能交通灯控制系统,并将倒计时时间通过数码管显示,具体描述如下。

```
LED:
PF0—D1   RED1          灯组 1—红灯
PF1—D2   YELLOW1       灯组 1—黄灯
PF2—D3   GREEN1        灯组 1—绿灯
PB6—D6   RED2          灯组 2—红灯
PB7—D7   YELLOW2       灯组 2—黄灯
PB8—D8   GREEN2        灯组 2—绿灯
KEY:
PD0—KEY0 强制按键(紧急情况使 A、B 道都亮红灯)
PD1—KEY1 调整数码管显示时间,数字倒计时加
PD2—KEY2 调整数码管显示时间,数字倒计时减
PD5—KEY3 交通灯道路绿灯切换,避免绿灯亮没有车通行等待状态,使交通更畅通,如果换成摄像
头,实现智能交通灯控制系统
SMG:
PA1—D1   第一位数码管    PE8—A   数码管段 A
PA2—D2   第二位数码管    PE9—B   数码管段 B
                         PE10—C  数码管段 C
                         PE11—D  数码管段 D
                         PE12—E  数码管段 E
                         PE13—F  数码管段 F
                         PE14—G  数码管段 G
                         PE15—DP 数码管段 DP
```

**【注意】** 首先要弄清楚现实环境中交通灯的工作流程,A 道路红灯亮,B 道路绿灯亮;B 道路绿灯亮,A 道路红灯亮,容易混淆的是黄灯的状态,只有绿灯切换到红灯的过程中有黄灯闪烁 3 秒的状态。本项目的开发涉及硬件连线较多,开发者需要认真、仔细、严谨的工作作风。

(2) 项目所需主要设备及器材如下。

① 笔记本电脑或台式计算机(内存不低于 4GB)。

② STM32F103ZET6 最小系统板一块、STLinkV2 下载器、杜邦线若干根、数码管模块、红绿黄 LED 模块、按键模块、miniUSB 线一条。

③ 配置相关软件(MDK、串口驱动等)。

(3) 硬件连接与 I/O 定义。

项目 17 硬件连接框图如图 6-40 所示,I/O 定义如表 6-4 所示。

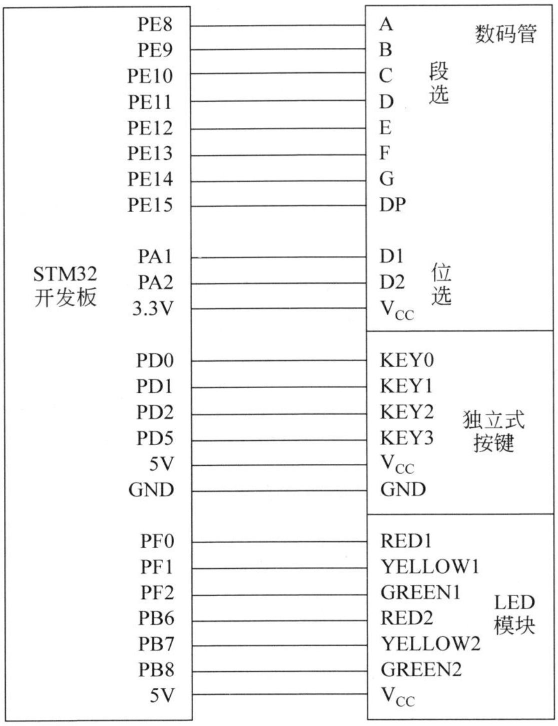

| STM32开发板 | | 模块 |
|---|---|---|
| PE8 | A | 数码管 段选 |
| PE9 | B | |
| PE10 | C | |
| PE11 | D | |
| PE12 | E | |
| PE13 | F | |
| PE14 | G | |
| PE15 | DP | |
| PA1 | D1 | 位选 |
| PA2 | D2 | |
| 3.3V | $V_{CC}$ | |
| PD0 | KEY0 | 独立式按键 |
| PD1 | KEY1 | |
| PD2 | KEY2 | |
| PD5 | KEY3 | |
| 5V | $V_{CC}$ | |
| GND | GND | |
| PF0 | RED1 | LED模块 |
| PF1 | YELLOW1 | |
| PF2 | GREEN1 | |
| PB6 | RED2 | |
| PB7 | YELLOW2 | |
| PB8 | GREEN2 | |
| 5V | $V_{CC}$ | |

图 6-40 项目 17 硬件连接框图

**表 6-4 项目 17 I/O 定义**

| MCU 控制引脚 | 定　义 | 功　能 | 模　式 |
|---|---|---|---|
| PF0 | RED1 | A 道红灯 | 推挽(或者开漏)输出 |
| PF1 | YELLOW1 | A 道黄灯 | 推挽(或者开漏)输出 |
| PF2 | GREEN1 | A 道绿灯 | 推挽(或者开漏)输出 |
| PB6 | RED2 | B 道红灯 | 推挽(或者开漏)输出 |
| PB7 | YELLOW2 | B 道黄灯 | 推挽(或者开漏)输出 |
| PB8 | GREEN2 | B 道绿灯 | 推挽(或者开漏)输出 |
| PE8～ PE15 | A—PE8<br>B—PE9<br>C—PE10<br>D—PE11<br>E—PE12<br>F—PE13<br>G—PE14<br>DP—PE15 | 数码管段码 | 推挽(或者开漏)输出 |
| PA1<br>PA2 | D1—PA1<br>D2—PA2 | 数码管位选 | 推挽(或者开漏)输出 |

**3. 项目实施**

项目17：城市交通灯实施步骤如下。

第一步：硬件连接。按照图6-40所示的硬件连接框图，用导线将开发板与数码管模块、独立式按键模块、LED模块一一进行连接，确保无误。

第二步：建工程模板。将项目16创建的工程模板文件夹复制到桌面上，由于HARDWARE文件夹下已有LED、KEY、TIMER文件夹，只需要新建SMG文件夹，并把文件夹USER下的16timer改名为17JTD，然后将工程模板编译一下，直到没有错误和警告为止。

第三步：新建两个文件，分别命名为smg.h、exti.h和smg.c、exti.c。将smg.c、smg.h保存到HARDWARE文件夹下的SMG文件夹里面，将exti.c、exti.h保存到HARDWARE文件夹下的EXTI文件夹里面，并把smg.c、exti.c添加到HARDWARE分组里面，然后添加smg.h、exti.h路径。

第四步：在key.h、smg.h、led.h、exti.h、time.h文件中输入如下源程序。头文件里面包括一般宏定义和函数声明，具体会在原文件xxx.c里面进行定义。头文件里条件编译#ifndef…#endif格式不变，里面分别只要包括KEY_H、SMG_H、LED_H、EXTI_H、TIME_H宏定义和KEY_Init、SMG_Init、LED_Init、EXTI_Init、TIME_Init函数声明就行，详细见代码。

```
key.h                                          //详细代码见工程文件项目 16 key.h
smg.h                                          //详细代码见工程文件项目 16 smg.h
led.h                                          //详细代码见工程文件项目 16 led.h
exti.h                                         //详细代码见工程文件项目 16 exti.h
time.h                                         //详细代码见工程文件项目 16 time.h
```

第五步：在key.c、smg.c、led.c、exti.c、time.c文件中输入如下源程序。在程序里面首先包含相应头文件key.h、smg.h、led.h、exti.h、time.h、stm32f10x.h，然后就是相应初始化函数KEY_Init、SMG_Init、LED_Init、EXTI_Init、TIME_Init，详细介绍见每条代码注释。

```
key.c                                          //详细代码见工程文件项目 16 key.c
smg.c                                          //详细代码见工程文件项目 16 smg.c
led.c                                          //详细代码见工程文件项目 16 led.c
exti.c                                         //详细代码见工程文件项目 16 exti.c
time.c                                         //详细代码见工程文件项目 16 time.c
```

第六步：在main.c文件中输入如下源程序。程序框架包含头文件、主函数和无限循环3部分。头文件包含程序需要头文件key.h、smg.h、led.h、exti.h、time.h、delay.h、sys.h；主函数包含调用KEY_Init()、SMG_Init()、LED_Init()、EXTI_Init()、TIME_Init()、delay_init()初始化函数；无限循环里面详细介绍见每条代码注释。

```
main.c
#include "smg.h"
#include "delay.h"
#include "led.h"
#include "sys.h"
#include "key.h"
#include "exti.h"
#include "time.h"
static int wait_t,yl,gr,rewait;
char flag;
char stop,swi_road,swi_yl=1;
static int keyup;
```

```
static int tmp,count,deco=0;
int i =0;
int main(void)
{   flag=1;stop=0;keyup=0;count=0;
    delay_init();                           //延时函数初始化
    SMG_Init();                             //初始化 SMG
    LED_Init();                             //交通灯初始化
    KEY_Init ();                            //按键初始化
    EXTIX_Init();                           //中断初始化
    TIM3_Int_Init(4999,7199);               //初始化定时器(500ms)
    wait_t=10;                              //红灯时间调整
    rewait=10;                              //红灯时间重装(时间调整辅助位)
    yl=3;                                   //黄灯时间
    gr=10;                                  //绿灯时间调整
    WEI1=1;                                 //一号数码管
    WEI2=1;                                 //二号数码管
    swi_road=0;                             //切换 A、B 道操作控制位
    while(1)
    {   tmp=rewait;
        if(KEY1_STA==0&&keyup==0){
            delay_ms(10);                   //消抖
            count=0;                        //清除按键等待
            keyup=1;                        //使按键连按失效
            flag=0;                         //进入倒计时调整
            wait_t = rewait;                //暂存等待时间
            rewait =wait_t+1;               //等待时间加 1
        }
        if(KEY2_STA==0&&keyup==0)     {
            delay_ms(10);                   //消抖
            count=0;
            flag=0;keyup=1;
            wait_t = rewait;
            rewait = wait_t-1;              //等待时间减 1
        }
        if(KEY3_STA==0&&keyup==0){
            if(swi_road==0){                //跳过 A 道红灯等待
                delay_ms(10);               //消抖
                wait_t=0;                   //跳过 B 道等待
                yl=0;                       //跳过黄灯
            }
            if(swi_road==1){                //跳过 A 道红灯等待
                delay_ms(10);               //消抖
                yl=0;                       //跳过黄灯
                gr=0;                       //跳过 B 道等待
            }
        }
        if(keyup==0){                       //按键等待
            delay_ms(10);
            count++;                        //按键等待计数加 1
            if(count==70&&tmp-rewait==0&&stop==0){
                                /* 达到一定时间且无计时加减操作、不在强制状态中 */
                count=0;                    //计时清零
                flag=1;                     //开启红绿灯功能
            }
```

```
        }
        if(KEY1_STA==1&&KEY2_STA==1&&KEY3_STA==1&&keyup==1)    keyup=0;
                                                  /* 使按键松开之后才能再次按下 */
        if(flag){
            if(wait_t>0){
                GREEN=1;
                YELLOW=1;
                RED=0;
                GREEN2=0;
                YELLOW2=1;
                RED2=1;
                if(wait_t!=rewait)
                swi_road=!swi_road;               //切换道路
                SMG_display(wait_t);              //显示红灯倒计时
            }else if(yl>0){
                RED=1;
                GREEN=1;
                YELLOW=0;
                GREEN2=1;
                YELLOW2=0;
                RED2=1;
                SMG_display(yl);                  //显示黄灯倒计时
            }else if(gr>0){
                YELLOW=1;
                RED=1;
                GREEN=0;
                GREEN2=1;
                YELLOW2=1;
                RED2=0;
                if(gr!=rewait)
                swi_road=!swi_road;               //切换道路
                SMG_display(gr);                  //显示绿灯倒计时
            }else if(swi_yl){
                yl=3;                             //黄灯倒计时重装
                swi_yl=!swi_yl;
            }else{
                wait_t=rewait;                    //红灯倒计时重装
                yl=3;                             //黄灯倒计时重装
                gr=rewait;                        //绿灯倒计时重装
                swi_yl=!swi_yl;
            }
        }else{
            if(stop){                             //强制状态
                SMG_second(0);                    //显示 0
            }else
                SMG_second(rewait);               //显示调整的时间
        }
    }
}
void EXTI0_IRQHandler(void)
{       delay_ms(10);                             //消抖
        if(KEY0_STA==0&&keyup==0){
            keyup=1;                              //使键盘失效
            flag=!flag;                           //进去或退出正常状态
```

```
            stop=!stop;                             //进去或退出强制状态
            RED=0;
            GREEN=1;
            YELLOW=1;
            GREEN2=1;
            YELLOW2=1;
            RED2=0;
        }
        EXTI_ClearITPendingBit(EXTI_Line0);  //清除 LINE 上的中断标志位
}

//定时器 3 中断服务程序
void TIM3_IRQHandler(void)                          //TIM3 中断
{
    if (TIM_GetITStatus(TIM3,TIM_IT_Update) != RESET)
                                                    /* 检查 TIM3 更新中断发生与否 */
    {
        deco+=1;
        TIM_ClearITPendingBit(TIM3,TIM_IT_Update);
                                                    /* 清除 TIMx 更新中断标志 */
        if(deco==2){                                //1 秒定时
            deco=0;
        if(wait_t>0){
                wait_t--;
            }else if(yl>0){
                yl-;
            }else if(gr>0){
                gr--;
            }
        }
    }
}
```

第七步：编译工程，直到没有错误和警告，会在 OBJ 文件夹中生成.hex 文件。

第八步：下载运行程序。通过 ST-LINK 下载.hex 文件到开发板，查看效果，如图 6-41 所示。

图 6-41　交通灯运行效果

【注意】 单个STM32定时器的最长定时是可以接近1min的，所以项目中的秒值倒计时定时器是可以直接定时为1s的。项目示例代码中给定的是500ms，通过计数两次实现1s的定时效果，目的是针对超出定时器单次定时最大范围值的情况下如何处理给大家提供一点思路，因为这样的应用场景比较多，实际应用的过程中开发要不断优化，尽量简洁、高效。另外，本项目中红灯、绿灯全都倒计时到0，然后启动黄灯倒计时3s，这样是为了让大家明确感知计数过程；实际应用场景中，红灯不会切换到黄灯，只有绿灯才会有切换到黄灯的状态，而且绿灯倒计时数码管显示到3就显示为黄灯，代码留待大家来优化。

本项目结合了定时器、中断、数码管等知识，综合性较强，掌握设计思路、方法、原理是学习的重点。另外，大家需要思考如何在当前项目的基础上进行改进、创新，比如在设计人性化、智能化方面，对由于事故率较高的闯红灯现象是否可以增加红外检测和语音提醒？对堵车严重的路口是否可以根据车流量和人流量临时改变红绿灯的时间？另外，对项目的实用性和可推广性方面也要增加思考，实际应用过程中会存在哪些问题，以及需要如何改进等。

**本章小结**

本章以榜样故事——航天特级技师徐立平的介绍开始，然后介绍定时器概述、基本定时器、通用定时器的结构及基本原理，最后通过基本项目实践、拓展项目实践的训练，实现素质、知识、能力目标的融合达成。

# 练习与拓展

**一、单选题**

1. 边沿对齐模式、中心对齐模式可以设置(　　)模式。

A. WPM　　B. PMW　　C. PWM　　D. MPW

2. 以下哪个说法是不正确的？(　　)

A. 基本定时器支持向上计数、向下计数、中央对齐模式

B. 只有通用定时器和高级定时器才有输入捕获功能

C. 如果ARPE位为1，影子寄存器有效，只有在事件更新时才把TIMx_ARR值赋予影子寄存器；如果ARPE位为0，修改TIMx_ARR值马上有效

D. 输出比较是自动重装值ARR和CCRx的值比较

3. 以下(　　)不是通用定时器的计数模式。

A. 中央对齐模式　　B. 向上　　C. 向下　　D. 输入比较

**二、多选题**

1. STM32F10x系列总共最多有8个定时器，分别是(　　)。

A. 4个通用定时器　　B. 2个特殊定时器

C. 2个高级定时器　　D. 2个基本定时器

2. 通用定时器TIMx的特殊工作模式包括(　　)。

A. 输入捕获模式　　B. PWM输入模式

C. 输出模式　　D. 单脉冲模式(OPM)

3. STM32的可编程通用定时器的时基单元包含(　　)。

A. 计数器寄存器(TIMx_CNT)　　B. 预分频器寄存器(TIMx_PSC)

C. 自动装载寄存器(TIMx_ARR)　　　　D. 输入捕获

**三、思考题**

1. 如果在计数过程中的某一时刻,把预分频器寄存器值从0变为1,为什么不会立即生效?

2. 为什么定时器的应用代码中没有时钟源的选择?

3. TIM3_Int_Init中参数ARR和PSC的值是不是只能ARR为4999、PSC为7199?

**四、拓展题**

1. 用思维导图软件(XMind)画出本章的素质、知识、能力思维导图。

2. 总结4个项目完成过程中的经验和不足,以及如何改进。

# 第7章

# STM32串口通信原理与项目实践

**本章导读**

本章以榜样故事——石油维护专家刘丽的介绍开始，然后介绍串口通信概述、USART的工作原理，并结合STM32F103讲解USART的寄存器及库函数的应用方法，最后通过基本项目实践、拓展项目实践的训练，实现素质、知识、能力目标的融合达成。本章素质、知识、能力结构图如图7-1所示。

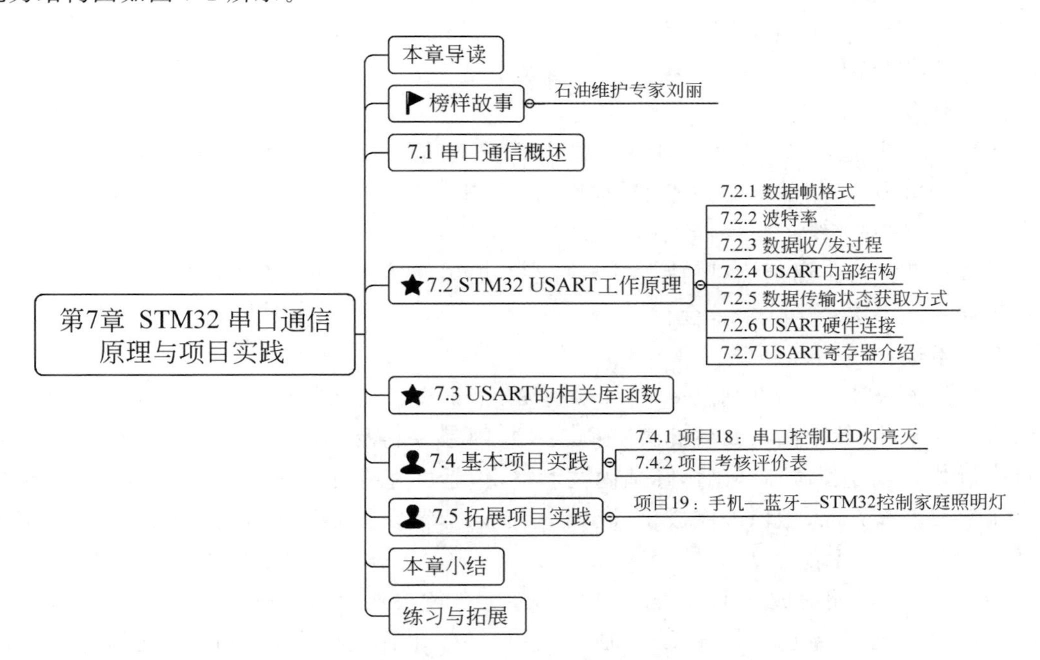

图7-1 本章素质、知识、能力结构图

**本章学习目标**

**素质目标**：刘丽身上体现出的那种执着和专注、忠诚和奉献精神是大家学习的榜样，可培养学生精益求精、追求卓越、敬业乐业、专注专一的品质，树立正确的价值观和职业态度。

**知识目标**：理解串口通信的相关概念，掌握USART的基本原理，掌握串口常用的寄存器和库函数的使用。

**能力目标**：具备基本项目开发、创新拓展项目开发能力，培养学生解决综合问题能力和高级思维。

**榜样故事**

石油维护专家刘丽(见图7-2)。

图7-2 刘丽

**出生**：1974年3月

**籍贯**：黑龙江

**职业**：大庆油田有限责任公司第二采油厂第六作业区采油48队采油工班长、高级技师

**职称**：油田维护专家

**政治面貌**：党员

**主要荣誉**：

刘丽曾获全国五一劳动奖章、全国技术能手、中国质量工匠等殊荣。

2020年，入选黑龙江省全国劳动模范和先进工作者推荐人选。

2020年，被评为"全国劳动模范"。

2020年，入选2020年"最美职工"名单。

2020年，被中国石油集团授予"特等劳动模范"。

2022年，被评为2021年"大国工匠年度人物"。

**人物简介**：

1993年，刘丽从技校毕业来到大庆油田成为一名石油工人。她工作认真，上进心极强，通过一年的努力，次年就被选为矿上的"排头兵"，1995成为一名年轻女井长。她带领团队负责40多口油井的维护与保养工作。

经过长期坚持不懈努力，坚持发扬不怕苦不怕累的精神，刘丽在2022年5月被选为中国共产党第二十次全国代表大会代表。

**人物事迹**：

刘丽扎根采油一线，勤勤恳恳，一干就是30个年头。在这期间，刘丽共实现油田维护技术创新200余项，其中国家及省部级奖项33项、国家专利及知识产权软著41项，在螺杆泵井新型封井器装置领域填补了国际国内技术空白，通过这些技术创新累计多产油6万余吨。

在学员培养方面，她惊人完成1.5万人次员工培养，其中技能专家6人，高级技师、技师65人，厂级以上技术能手135人。

2011年8月，刘丽成立了"刘丽工作室"，致力于解决油田技术难题、服务油田生产。在刘丽的带领下，工作室创造性地采用"研、产、用"一体化管理模式涵盖采油、集输等(35个)工种。通过不断发展壮大，工作室发展到531名成员。刘丽在人才培养、难题攻关、技术革新、成果转化等领域多维度进行拓展创新，截至目前研制革新成果达1048项，推广2344件，累计创造经济价值8600余万元。

截至2022年3月，经评估，发现刘丽工作期间累计超千项创新成果已创造经济效益达1.5亿元，为我国油气事业做出很大贡献。

## 7.1 串口通信概述

计算机和外部交换信息又称为通信，按数据传送方式可分为并行通信和串行通信两种基本方式。并行通信就是把传送数据的 $n$ 位数用 $n$ 条传输线同时传送，如图 7-3 所示。并行通信的特点是：控制简单，传送速率快，但由于传输占用引脚多，数据线较多，长距离传送时成本较高，因此更适用于短距离传输。串行通信是指将数据字节分成一位一位的形式在一条传输线上逐个地传送，如图 7-4 所示。串行通信的特点是：传送速率慢，但传输占用引脚少，数据线少，长距离传送时成本较低，因此，串行通信适用于长距离传送。下面主要介绍串行通信。

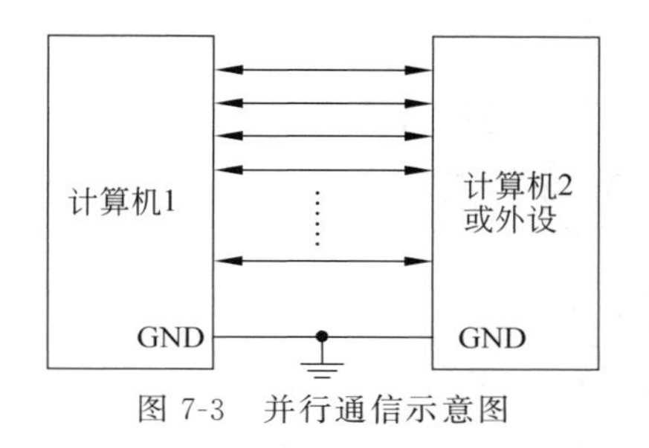

图 7-3 并行通信示意图

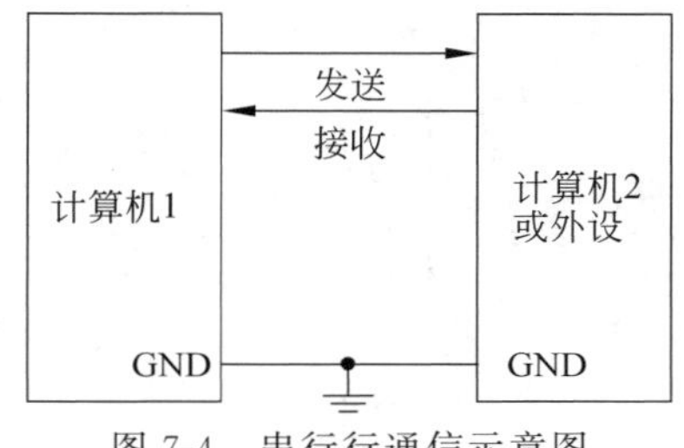

图 7-4 串行行通信示意图

串行通信根据数据传送的方向又分为单工、半双工和全双工，如图 7-5 所示。单工是单向传送数据，如图 7-5(a)所示，可以简单理解为独木桥；半双工是同一时刻只有一个方向的数据传输，如图 7-5(b)所示，对讲机就是典型的应用；全双工是双向传输数据，如图 7-5(c)所示。本章所讲的串口通信就是用的全双工方式。

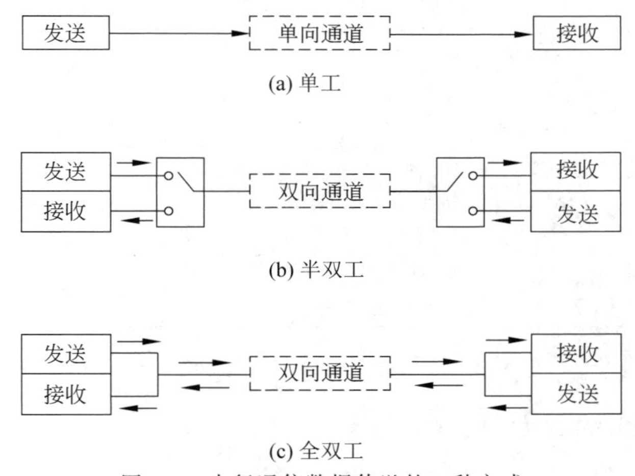

图 7-5 串行通信数据传送的 3 种方式

串行通信根据有无同步时钟信号又可以分为同步通信和异步通信。同步通信带时钟同步信号传输如图 7-6 所示，总线上的所有设备按统一的时序、统一的传输周期进行信息传输。异步通信不带时钟同步信号，如图 7-7 所示没有公共时钟，没有固定的传输周期，采用应答方式通信。简单地说，“同步”就是发送方发出数据后，等接收方发回响应以后才发下一个数据包的通信方式。“异步”就是发送方发出数据后，不等接收方发回响应，接着发送下一个数据包的通信方式。异步通信发送方式下，在每一个字符的开始和结束分别加上开始位和停止位，以便使接收端能够正确地接收每一个字符。

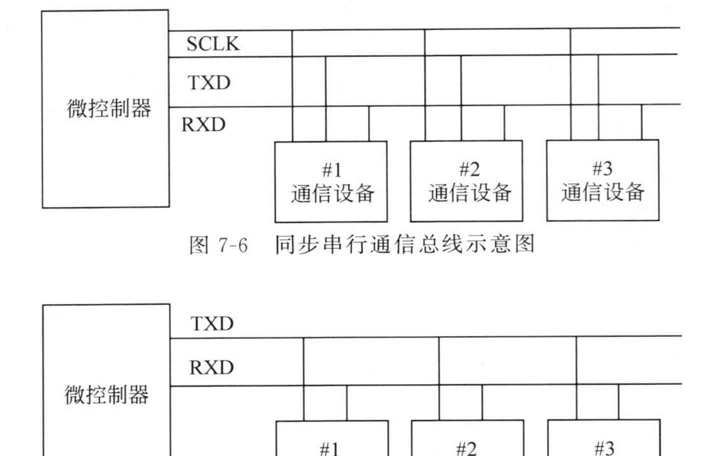


图 7-6　同步串行通信总线示意图

图 7-7　异步串行通信总线示意图

串口(serial interface)是串行接口的简称，也称串行通信接口或串行通信接口。常见的串行通信接口如表 7-1 所示，其中 SPI 和 IIC 是同步通信接口，UART(universal asynchronous receiver/transmitter，通用异步收发器)和 1-wire(单总线)是异步通信。

**表 7-1　常见串行通信接口信息表**

| 通信标准 | 引脚说明 | 通信方式 | 通信方向 |
|---|---|---|---|
| UART | TXD：发送端<br>RXD：接收端 | 异步通信 | 全双工 |
| 1-wire | DQ：发送/接收端 | 异步通信 | 半双工 |
| SPI | SCK：同步时钟<br>MISO：主机输入，从机输出<br>MOSI：主机输出，从机输入 | 同步通信 | 全双工 |
| IIC | SCL：同步时钟<br>SDA：数据输入/输出端 | 同步通信 | 半双工 |

## 7.2　STM32 USART 工作原理

本书选用的 STM32F103ZET6 开发板和其他大容量 STM32F103 系列芯片一样，包含 3 个 USART(universal synchronous/asynchronous receiver/transmitter，通用同步/异步收发器)和两个 UART。

**【注意】** USART 和 UART 的最大区别就是 USART 有同步时钟信号。本章应用的主要是 UART 功能，USART 提供了同步时钟信号，是可以不用的，所以虽然开发板只有两个UART,但是实际开发中另外3个USART可以当成UART来用。后面的结构图等都是以USART来介绍,因为它是UART的增强版。本章重点关注其作为UART的应用功能,大家不要混淆了。

### 7.2.1 数据帧格式

串口异步通信的字符帧也叫数据帧,其由起始位、数据位、奇偶校验位、停止位组成。当无数据帧发送时,发送多位bit高电平空闲位,UART数据帧格式如图7-8所示。

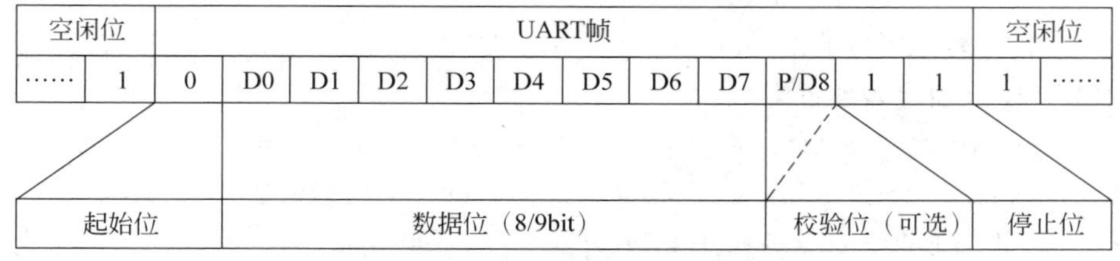


图7-8 UART数据帧格式

起始位:1bit低电平,表示开始传输。UART侦测到由空闲位到1bit低电平则认为新的一帧传输开始。

数据位:8/9bit数据。数据按照小端传输方式发送,数据帧只有D0～D7位,无校验位(P/D8)时有效数据为8bit,有校验位(P/D8)时有效数据为9bit。

奇偶校验位:根据需要可配置为5种模式,具体如表7-2所示。

表7-2 奇偶校验位说明

| 奇偶校验位 | 说 明 |
| --- | --- |
| 无校验(no parity) | 无校验,数据结束紧跟停止位 |
| 奇校验(odd parity) | 8位数据中1的个数为偶数,则校验位为1,否则为0 |
| 偶校验(even parity) | 8位数据中1的个数为奇数,则校验位为1,否则为0 |
| 标记校验(mark parity) | 校验位固定为1 |
| 空校验(space parity) | 校验位固定为0 |

停止位:帧结束标识,位宽可配置为1bit、1.5bit、2bit。

### 7.2.2 波特率

不管是接收还是发送的串行数据都需要按照一定的电气格式发送,否则对方设备无法还原数据。在UART数据传输中,我们可以通过波特率来实现该使命。收/发双方在进行数据传输前,均需要设置相同的波特率。波特率为每秒钟传送二进制数码的位数,也叫比特数,单位为bit/s或b/s(bits per second),即位/秒。波特率越高,数据传输速率越快。常用的波特率有:1200b/s、2400b/s、4800b/s、9600b/s、19200b/s、38400b/s、57600b/s、115200b/s等。

比特宽度=1/波特率

以波特率9600b/s为例,比特宽度为1/9600≈104.17μs,即发送或者接收1bit均需要按照104.17μs时间精确控制，这一操作是通过图7-9所示的波特率控制模块来实现的。

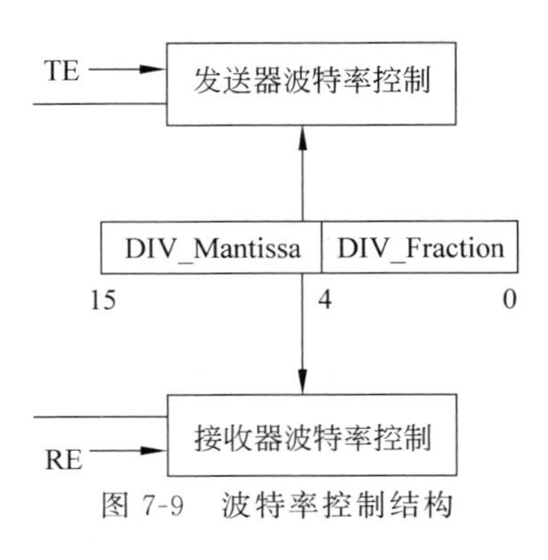

图7-9 波特率控制结构

波特率是由外设的时钟 $f_{CK}$ 作为时钟源，支持可编程，用户可根据需要设置不同波特率，通过设置USARTDIV的整数和小数寄存器（USART_BRR）达成，计算公式如下：

$$\text{波特率 TX/RX} = \frac{f_{CK}}{(16 \times \text{USARTDIV})}$$

**例7-1**：目标波特率为115200，$f_{CK}$时钟频率为72MHz，计算USART_BRR寄存器配置值。

根据上面的公式，USARTDIV = 72000000/(16 × 115200) = 39.0625，整数部分为39(0x27)，小数部分为0.625(0x01)。波特率寄存器(USART_BRR)分为DIV_Mantissa整数部分[15,4]共12bit和DIV_Fraction小数部分[3,0]共4bit。USART_BRR寄存器配置值为0x271。

### 7.2.3 数据收/发过程

如图7-10所示，USART的发送是由发送控制器进行控制，发送方向TX对CPU或其他设备传输过来的并行数据进行并/串转换后进行数据发送；接收由接收控制器进行控制，接收方向RX对接收到的串行数据进行串/并转换后存储。通信双方只要采用相同的帧格式和波特率，在未共享时钟信号的情况下，仅用两根信号线(RX和TX)就可以完成通信过程。

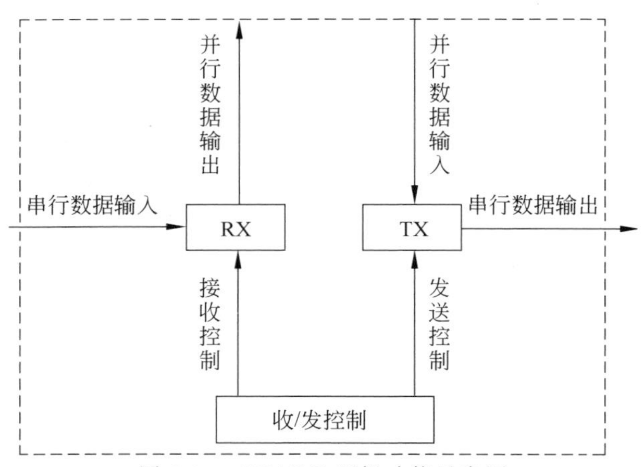

图7-10 USART逻辑功能示意图

数据的接收和发送过程如图7-11所示。接收过程：外部设备的串行数据通过接收端的RXD，直接到达串行输入移位寄存器，移位寄存器将串行的所有bit数据接收完毕，一次性存入输入数据缓冲器，通知MCU读数据。发送过程：CPU将待发送的数据放入输出数据缓冲器，输出数据缓冲器将数据放入串行输出移位寄存器，按bit从低位到高位依次输出到外部设备。

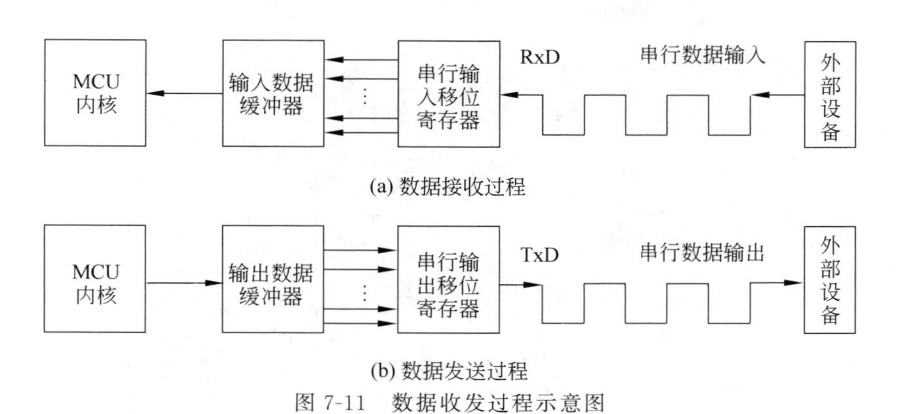


图 7-11　数据收发过程示意图

## 7.2.4　USART 内部结构

USART 内部结构如图 7-12 所示。USART 上部署了发送数据寄存器(TDR)、发送移位寄存器、接收数据寄存器(RDR)、接收移位寄存器。

当发送数据时，CPU/DMA 将待发送数据写入发送数据寄存器，发送数据寄存器将数据一次性发送给发送移位寄存器(置 TXE 为 1，就可以向发送数据寄存器写入新的数据)，发送器控制发送移位寄存器，根据波特率将数据一位一位地移出，并传输给左侧编码模块的 TX 发送出去。

当接收数据时，输入信号经过编解码模块的 RX，然后直接进入接收移位寄存器，接收移位寄存器一位一位地接收数据，并将接收到的数据一次性写到接收数据寄存器(置 RXNE 为 1)，CPU/DMA 将接收到的数据从接收数据寄存器中取走。

## 7.2.5　数据传输状态获取方式

由于 UART 按照以 1bit 为单位的串行方式传输，因此 CPU/DMA 无法预期一个完整的数据(如字节)什么时候才完成传输。UART 提供了 3 种数据传输状态获取方式：轮询、中断和 DMA。

**1. 轮询**

要求 CPU 周期询问 UART 数据是否发送/接收完成，如果完成，则进行下一步处理，否则继续询问，这种方式对 CPU 算力浪耗极大，一般不推荐。

**2. 中断**

通过设置 USART_CR1 寄存器上的 TXEIE/RXNEIE 位，当 USART 一帧数据发送/接收完成时，中断通知 CPU，这样可极大节省 CPU 的开销。

**3. DMA**

为了进一步释放 CPU，彻底让它从 USART 的数据搬移中解放出来，可以通过 DMA 方式对 UART 的 RX/TX 数据进行读写。通过设置 USART_CR3 寄存器上的 DMAT 位激活，当 TXE 位被置为 1 时，DMA 就从指定的 SRAM 区传送数据到 USART_DR 寄存器；通过设置 USART_CR3 寄存器的 DMAR 位激活使用 DMA 进行接收，每次接收到一字节，DMA 控制器就把数据从 USART_DR 寄存器传送到指定的 SRAM 区。

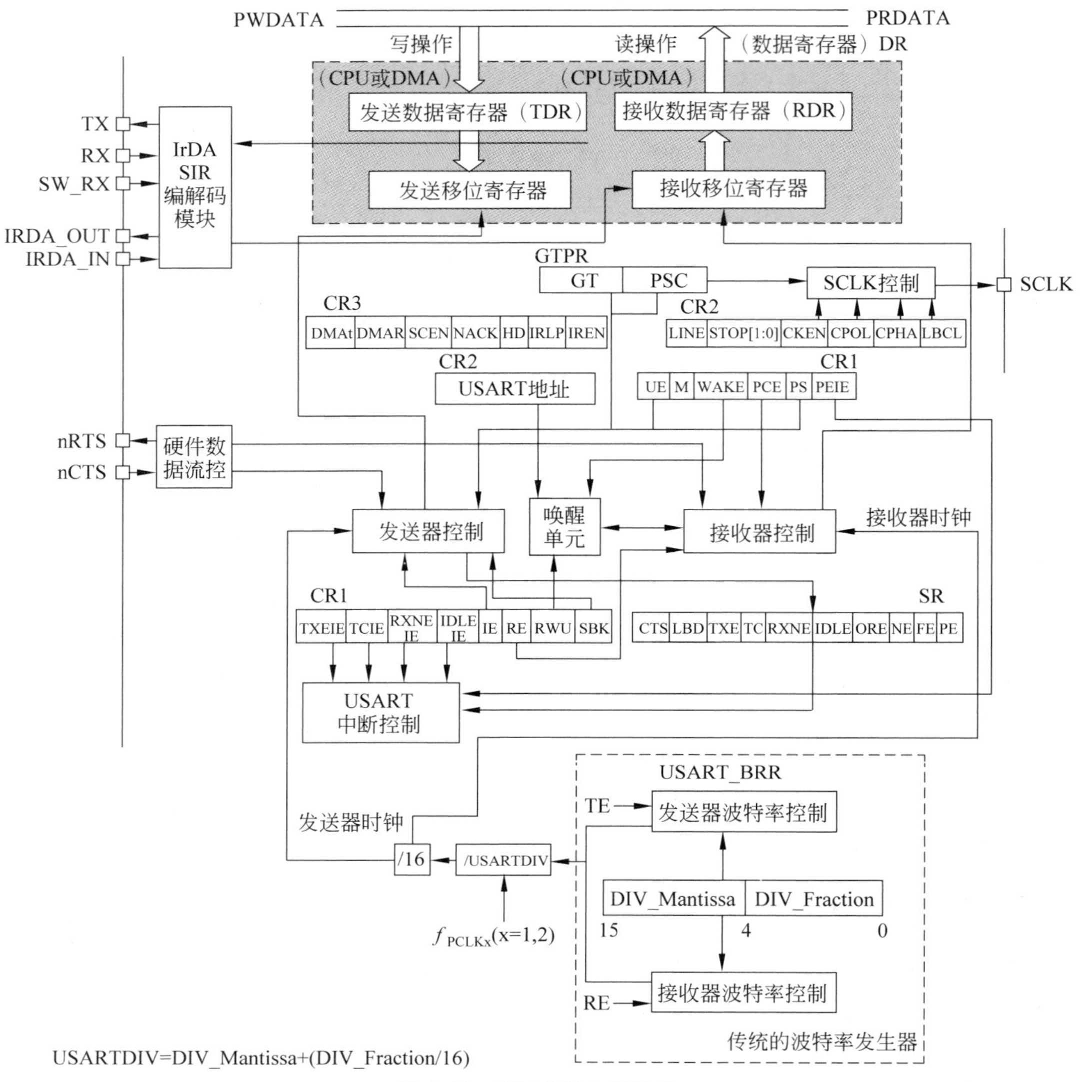

图 7-12　USART 内部结构

### 7.2.6　USART 硬件连接

USART 在作为 UART 应用时，最常见的是两块芯片之间的通信，(连接见图 7-13)及芯片和 PC 之间的通信(连接见图 7-14)。

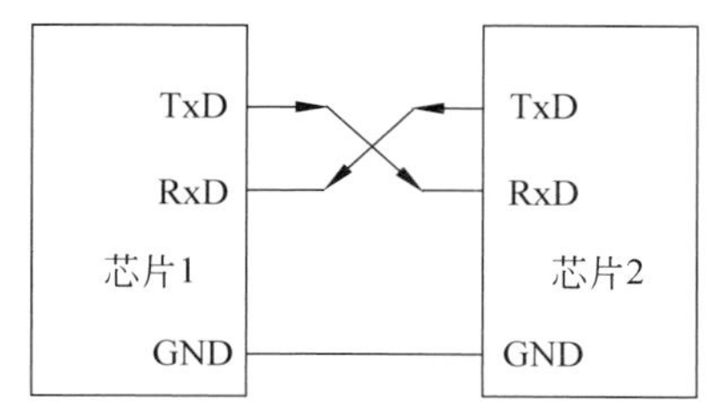

图 7-13　芯片与芯片间的串口连接示意图

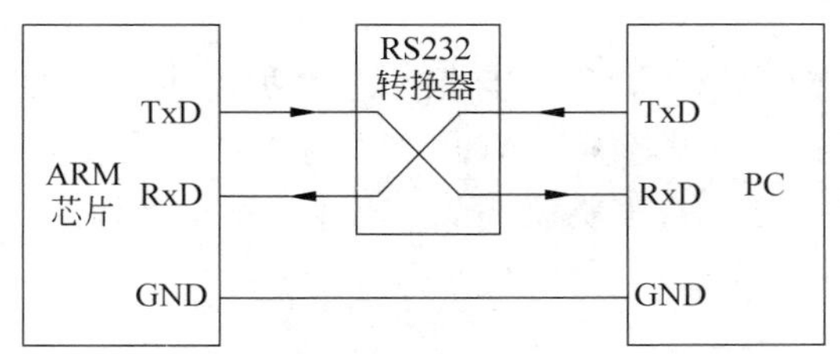

图 7-14 芯片与 PC 间的串口连接示意图

两块芯片之间的串口连接较容易理解,即芯片 1 的发送 TxD 接芯片 2 的接收 RxD,芯片 1 的接收 RxD 接芯片 2 的发送 TxD。

芯片和 PC 之间是不能直接交叉连接的。PC 的串口 DB9 是 RS-232 电平,ARM 芯片的是 TTL 电平,直接连会烧坏 ARM 芯片,所以需要一个 MAX232 转换器。

RS-232 标准接口是由美国电子工业协会(Electronic Industry Association,EIA)联合贝尔系统公司、调制解调器厂家及计算机终端厂家于 1970 年共同制定的。该标准规定逻辑 1 的电平为−5~−15V,逻辑 0 的电平为+5~+15V。而 TTL 是处理器控制的设备内部各部分之间通信标准技术,该标准的逻辑 1 等价于+5V,逻辑 0 等价于 0V。RS-232 和 TTL 间电气特性并不兼容,这就是需要增加一个 MAX232 转换器的原因。

### 7.2.7 USART 寄存器介绍

本小节依次介绍 USART 的主要寄存器。

**1. 状态寄存器(USART_SR)**

地址偏移:0x00

复位值:0x00C0

作用:该寄存器可以获取 USART 的状态标志,各 bit 定义如图 7-15 所示。

使用较多的 bit 如下。

TEX(bit7):发送数据寄存器空,它主要是表现 UART 的发送缓存发送数据寄存器中的数据是否被硬件转移到移位寄存器,若转移,该位被硬件置位。

TC(bit6):发送完成,它主要是表现 UART 含有移位寄存器里数据的一帧发送完成后,并且 TXE=1 时,由硬件将该位置“1”。

RXNE(bit5):读数据寄存器非空。当移位寄存器中的数据被转移到 USART_DR 寄存器中,该位被硬件置位。如果 USART_CR1 寄存器中的 RXNEIE 为 1,则产生中断。

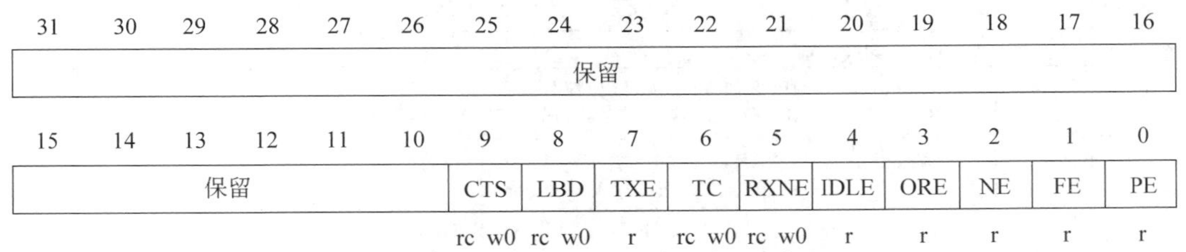

图 7-15 USART 状态寄存器各 bit 定义

**2. 数据寄存器(USART_DR)**

地址偏移:0x04

复位值：不确定

作用：该寄存器只有低9位有效，并且第9位数据是否有效要取决于USART控制寄存器1(USART_CR1)的M位设置。当M位为0时表示8位数据字长；当M位为1表示9位数据字长，一般使用8位数据字长。数据寄存器各bit定义如图7-16所示，寄存器第9位的详细说明如图7-17所示。

| 31 | 30 | 29 | 28 | 27 | 26 | 25 | 24 | 23 | 22 | 21 | 20 | 19 | 18 | 17 | 16 |
|---|---|---|---|---|---|---|---|---|---|---|---|---|---|---|---|
| 保留 | | | | | | | | | | | | | | | |
| **15** | **14** | **13** | **12** | **11** | **10** | **9** | **8** | **7** | **6** | **5** | **4** | **3** | **2** | **1** | **0** |
| 保留 | | | | | | | DR[8:0] | | | | | | | | |
| | | | | | | | rw | rw | rw | rw | rw | rw | rw | rw | rw |

图7-16 数据寄存器(USART_DR)各bit定义

| 位8:0 | DR[8:0]: 数据值<br>其包含了发送或接收的数据。由于它是由两个寄存器组成的，一个给发送用（TDR），另一个给接收用（RDR），该寄存器兼具读和写的功能。寄存器TDR提供了内部总线和输出移位寄存器之间的并行接口。寄存器RDR提供了输入移位寄存器和内部总线之间的并行接口。<br>当使能校验位（USART_CR1中PCE位被置位）进行发送时，写到MSB的值（根据数据的长度不同，MSB是第7位或者第8位）会被后来的校验位取代。<br>当使能校验位进行接收时，读到的MSB位是接收到的校验位。 |
|---|---|

图7-17 数据寄存器(USART_DR)低9位说明

**3. 波特率寄存器(USART_BRR)**

地址偏移：0x08

复位值：0x0000

作用：设置波特率的值，具体计算方法参考例7-1。波特率寄存器各bit定义如图7-18所示，寄存器的详细说明如图7-19所示。

| 31 | 30 | 29 | 28 | 27 | 26 | 25 | 24 | 23 | 22 | 21 | 20 | 19 | 18 | 17 | 16 |
|---|---|---|---|---|---|---|---|---|---|---|---|---|---|---|---|
| 保留 | | | | | | | | | | | | | | | |
| **15** | **14** | **13** | **12** | **11** | **10** | **9** | **8** | **7** | **6** | **5** | **4** | **3** | **2** | **1** | **0** |
| DIV_Mantissa[11:0] | | | | | | | | | | | | DIV_Fraction[3:0] | | | |
| rw | rw | rw | rw | rw | rw | rw | rw | rw | rw | rw | rw | rw | rw | rw | rw |

图7-18 波特率寄存器各bit定义

| 位31:16 | 保留位，硬件强制为0。 |
|---|---|
| 位15:4 | DIV_Mantissa[11:0]:USARTDIV的整数部分<br>这12位定义了USART分频器除法因子（USARTDIV）的整数部分。 |
| 位3:0 | DIV_Fraction[3:0]:USARTDIV的小数部分<br>这4位定义了USART分频器除法因子的小数部分。 |

图7-19 波特率寄存器(USART_BRR)说明

**4. 控制寄存器1(USART_CR1)**

地址偏移：0x0C

复位值：0x0000

作用：该寄存器可以控制发送的发送器、控制接收的接收器，以及唤醒单元、中断控制等。控制寄存器1各bit定义如图7-20所示。

使用较多的bit如下。

UE(bit13)：USART使能(USART enable)。当该位被清零，在当前字节传输完成后USART的分频器和输出停止工作，以减少功耗。该位由软件设置和清零。

M(bit12)：字长(word length)。该位定义了数据字的长度，在数据传输过程中(发送或者接收时)不能修改。

PCE(bit10)：检验控制使能(parity control enable)，用该位选择是否进行硬件校验控制。当使能了该位，数据发送方的最高位插入校验位，数据接收方检查该校验位。

PS(bit9)：校验选择(parity selection)。若传输选择了校验，通过配置该位指示校验方式(是偶校验还是奇校验)。

TE(bit3)：发送使能。该位使能发送器，由软件设置或清除。

RE(bit2)：接收使能。该位由软件设置或清除。

| 31 | 30 | 29 | 28 | 27 | 26 | 25 | 24 | 23 | 22 | 21 | 20 | 19 | 18 | 17 | 16 |
|---|---|---|---|---|---|---|---|---|---|---|---|---|---|---|---|
| 保留 | | | | | | | | | | | | | | | |

| 15 | 14 | 13 | 12 | 11 | 10 | 9 | 8 | 7 | 6 | 5 | 4 | 3 | 2 | 1 | 0 |
|---|---|---|---|---|---|---|---|---|---|---|---|---|---|---|---|
| 保留 | | UE | M | WAKE | PCE | PS | PEIE | TXEIE | TCIE | RXNEIE | IDLEIE | TE | RE | RWU | SBK |
| res | | rw | rw | rw | rw | rw | rw | rw | rw | rw | rw | rw | rw | rw | rw |

图7-20 控制寄存器1(USART_CR1)定义

**5. 控制寄存器2(USART_CR2)**

地址偏移：0x10

复位值：0x0000

作用：主要是同步通信时与时钟相关的控制。各bit定义如图7-21所示，寄存器的详细说明如图7-22和图7-23所示。

| 31 | 30 | 29 | 28 | 27 | 26 | 25 | 24 | 23 | 22 | 21 | 20 | 19 | 18 | 17 | 16 |
|---|---|---|---|---|---|---|---|---|---|---|---|---|---|---|---|
| 保留 | | | | | | | | | | | | | | | |

| 15 | 14 | 13 | 12 | 11 | 10 | 9 | 8 | 7 | 6 | 5 | 4 | 3 | 2 | 1 | 0 |
|---|---|---|---|---|---|---|---|---|---|---|---|---|---|---|---|
| 保留 | LINEN | STOP[1:0] | | CLKEN | CPOL | CPHA | LBCL | 保留 | LBDIE | LBDL | 保留 | ADD[3:0] | | | |
| | rw | rw | rw | rw | rw | rw | rw | | rw | rw | | rw | rw | rw | rw |

图7-21 控制寄存器2(USART_CR2)各bit定义

**6. 控制寄存器3(USART_CR3)**

地址偏移：0x14

复位值：0x0000

作用：主要是DMA方式相关的控制。控制寄存器3各bit定义如图7-24所示，寄存器的详细说明如图7-25和图7-26所示。

| | |
|---|---|
| 位31:15 | 保留位，硬件强制为0。 |
| 位14 | LINEN: LIN模式使能<br>该位由软件设置或清除。<br>0: 禁止LIN模式;<br>1: 使能LIN模式。<br>在LIN模式下，可以用USART_CR1寄存器中的SBK位发送LIN同步断开符(低13位)，以及检测 LIN同步断开符。 |
| 位13:12 | STOP: 停止位<br>这2位用来设置停止位的位数。<br>00: 1个停止位;<br>01: 0.5个停止位;<br>10: 2个停止位;<br>11: 1.5个停止位。<br>注: UART4和UART5不能用0.5停止位和1.5停止位。 |
| 位11 | CLKEN: 时钟使能<br>该位用来使能CK引脚。<br>0: 禁止CK引脚;<br>1: 使能CK引脚。<br>注: UART4和UART5上不存在这一位。 |
| 位10 | CPOL: 时钟极性<br>在同步模式下，可以用该位选择SLCK引脚上时钟输出的极性。与CPHA位一起配合来产生需要的时钟/数据的采样关系。<br>0: 总线空闲时CK引脚上保持低电平;<br>1: 总线空闲时CK引脚上保持高电平。<br>注: UART4和UART5上不存在这一位。 |
| 位9 | CPHA: 时钟相位<br>在同步模式下，可以用该位选择SLCK引脚上时钟输出的相位。与CPOL位一起配合来产生需要的时钟/数据的采样关系。<br>0:在时钟的第一个边沿进行数据捕获;<br>1: 在时钟的第二个边沿进行数据捕获。<br>注: UART4和UART5上不存在这一位。 |

图 7-22 控制寄存器 2(USART_CR2)说明 1

| | |
|---|---|
| 位8 | LBCL: 最后一位时钟脉冲<br>在同步模式下，使用该位来控制是否在CK引脚上输出最后发送的那个数据字节(MSB)对应的时钟脉冲。<br>0: 最后一位数据的时钟脉冲不从CK输出;<br>1: 最后一位数据的时钟脉冲会从CK输出。<br>注意:<br>1. 最后一个数据位就是第8个或者第9个发送的位(根据USART_CR1寄存器中的M位所定义的8或者9位数据帧格式)。<br>2. UART4和UART5上不存在这一位。 |
| 位7 | 保留位，硬件强制为0。 |
| 位6 | LBDIE: LIN断开符检测中断使能<br>断开符中断屏蔽(使用断开分隔符来检测断开符)。<br>0: 禁止中断:<br>1: 只要USART_SR寄存器中的LBD为“1”就产生中断。 |
| 位5 | LBDL: LIN断开符检测长度<br>该位用来选择是11位还是10位的断开符检测。<br>0: 10位的断开符检测;<br>1: 11位的断开符检测。 |
| 位4 | 保留位，硬件强制为0 |
| 位3:0 | ADD[3:0]: 本设备的USART节点地址<br>该位域给出本设备USART节点的地址。<br>这是在多处理器通信下的静默模式中使用的，使用地址标记来唤醒某个USART设备。 |

图 7-23 控制寄存器 2(USART_CR2)说明 2

| 31 | 30 | 29 | 28 | 27 | 26 | 25 | 24 | 23 | 22 | 21 | 20 | 19 | 18 | 17 | 16 |
|---|---|---|---|---|---|---|---|---|---|---|---|---|---|---|---|
| 保留 | | | | | | | | | | | | | | | |

| 15 | 14 | 13 | 12 | 11 | 10 | 9 | 8 | 7 | 6 | 5 | 4 | 3 | 2 | 1 | 0 |
|---|---|---|---|---|---|---|---|---|---|---|---|---|---|---|---|
| 保留 | | | | | CTSIE | CTSE | RTSE | DMAT | DMAR | SCEN | NACK | HDSEL | IRLP | IREN | EIE |
| | | | | | rw | rw | rw | rw | rw | rw | rw | rw | rw | rw | rw |

图 7-24 控制寄存器 3(USART_CR3)定义

| 位 | 说明 |
|---|---|
| 位31:11 | 保留位，硬件强制为0。 |
| 位10 | CTSIE: CTS中断使能<br>0: 禁止中断;<br>1: USART_SR寄存器中的CTS为“1”时产生中断。<br>注: UART4和UART5上不存在这一位。 |
| 位9 | CTSE: CTS使能<br>0: 禁止CTS硬件流控制:<br>1: CTS模式使能，只有nCTS输入信号有效（拉成低电平）时才能发送数据。如果在数据传输的过程中，nCTS信号变成无效，那么发完这个数据后，传输就停止下来。如果当nCTS为无效时，往数据寄存器里写数据，则要等到nCTS有效时才会发送这个数据。<br>注:UART4和UART5上不存在这一位。 |
| 位8 | RTSE: RTS使能<br>0: 禁止RTS硬件流控制;<br>1: RTS中断使能，只有接收缓冲区内有空余的空间时才请求下一个数据。当前数据发送完成后，发送操作就需要暂停下来。如果可以接收数据了，将nRTS输出置为有效（拉至低电平）。<br>注:UART4和UART5上不存在这一位。 |

图 7-25 控制寄存器 3(USART_CR3)说明 1

| 位 | 说明 |
|---|---|
| 位7 | DMAT: DMA使能发送<br>该位由软件设置或清除。<br>0: 禁止发送时的DMA模式；<br>1: 使能发送时的DMA模式。<br>注: UART4和UART5上不存在这一位。 |
| 位6 | DMAR: DMA使能接收<br>该位由软件设置或清除。<br>0: 禁止接收时的DMA模式；<br>1: 使能接收时的DMA模式。<br>注: UART4和UART5上不存在这一位。 |
| 位5 | SCEN: 智能卡模式使能<br>该位用来使能智能卡模式。<br>0: 禁止智能卡模式；<br>1: 使能智能卡模式。<br>注: UART4和UART5上不存在这一位。 |
| 位4 | NACK: 智能卡NACK使能<br>0: 校验错误出现时，不发送NACK；<br>1: 校验错误出现时，发送NACK。<br>注: UART4和UART5上不存在这一位。 |
| 位3 | HDSEL:半双工选择<br>选择单线半双工模式。<br>0: 不选择半双工模式；<br>1: 选择半双工模式。 |
| 位2 | IRLP: 红外低功耗<br>该位用来选择是普通模式还是低功耗红外模式。<br>0: 通常模式;<br>1: 低功耗模式。 |
| 位1 | IREN: 红外模式使能<br>该位由软件设置或清除。<br>0: 不使能红外模式;<br>1: 使能红外模式。 |
| 位0 | EIE:错误中断使能<br>在多缓冲区通信模式下，当有帧错误、过载或者噪声错误时(USART_SR中的FE=1，或者 ORE=1，或者NE=1)产生中断。<br>0: 禁止中断;<br>1: 只要USART_CR3中的DMAR=1，并且USART_SR中的FE=1，或者ORE=1，或者NE=1，则产生中断。 |

图 7-26 控制寄存器 3(USART_CR3)说明 2

## 7.3 USART的相关库函数

下面一一介绍USART的主要库函数。

**1. UART初始化函数**

函数名：USART_Init

函数原型：void USART_Init(USART_TypeDef * USARTx,USART_InitTypeDef * USART_InitStruct)；

功能描述：串口初始化包括波特率、数据字长、奇偶校验、硬件流控制以及收发使能等。

例如：

```
USART_InitTypeDef USART_InitStructure;
//USART 初始化设置
USART_InitStructure.USART_BaudRate = bound;                    //串口波特率
USART_InitStructure.USART_WordLength = USART_WordLength_8b;
                                                               //字长为 8 位数据格式
USART_InitStructure.USART_StopBits = USART_StopBits_1;         //一个停止位
USART_InitStructure.USART_Parity = USART_Parity_No;            //无奇偶校验位
USART_InitStructure.USART_HardwareFlowControl =
USART_HardwareFlowControl_None;                                //无硬件数据流控制
USART_InitStructure.USART_Mode = USART_Mode_Rx | USART_Mode_Tx;  //收发模式
USART_Init(USART1,&USART_InitStructure);                       //初始化串口 1
```

其中USART_InitTypeDef的定义如下。

```
typedef struct
{
  uint32_t USART_BaudRate;                                     //波特率
  uint16_t USART_WordLength;                                   //数据宽度
  uint16_t USART_StopBits;                                     //一个停止位
  uint16_t USART_Parity;                                       //无奇偶校验位
  uint16_t USART_Mode;                                         //无硬件数据流控制
  uint16_t USART_HardwareFlowControl;                          //收发模式
} USART_InitTypeDef;
```

**2. UART使能函数**

函数名：USART_Cmd

函数原型：void USART_Cmd(USART_TypeDef * USARTx,FunctionalState NewState)；

功能描述：使能串口。

例如：USART_Cmd(USART1,ENABLE)；

**3. UART中断使能函数**

函数名：USART_ITConfig

函数原型：void USART_ITConfig(USART_TypeDef * USARTx,uint16_t USART_IT,FunctionalState NewState)；

功能描述：使能相关中断。

例如：USART_ITConfig(USART1,USART_IT_RXNE,ENABLE)；

**4. UART 数据发送函数**

函数名：USART_SendData

函数原型：void USART_SendData(USART_TypeDef * USARTx,uint16_t Data);

功能描述：发送数据到串口 DR。

例如：USART_SendData(USART1,USART_RX_BUF[t]);

**5. UART 数据接收函数**

函数名：USART_ReceiveData

函数原型：uint16_t USART_ReceiveData(USART_TypeDef * USARTx)

功能描述：接收数据，从 DR 读取接收到的数据。

例如：Res =USART_ReceiveData(USART1);

**6. UART 状态查询函数**

函数名：FlagStatus USART_GetFlagStatus

函数原型：FlagStatus USART_GetFlagStatus(USART_TypeDef * USARTx,uint16_t USART_FLAG)

功能描述：获取状态标志位。

例如：while(USART_GetFlagStatus(USART1,USART_FLAG_TC) == RESET){语句}

**7. UART 状态清除函数**

函数名：USART_ClearFlag

函数原型：void USART_ClearFlag(USART1,USART_FLAG_TC);

功能描述：清除状态标志位。

例如：USART_ClearFlag();

**8. UART 中断状态查询函数**

函数名：ITStatus USART_GetITStatus

函数原型：ITStatus USART_GetITStatus();

功能描述：获取中断状态标志位。

例如：if(USART_GetITStatus(USART1,USART_IT_TXE)! =RESET){语句}

**9. UART 中断状态清除函数**

函数名：USART_ClearITPendingBit

函数原型：void USART_ClearITPendingBit();

功能描述：清除中断状态标志位。

例如：USART_ClearITPendingBit(UARTN,USART_IT_RXNE);

## 7.4 基本项目实践

### 7.4.1 项目 18：串口控制 LED 亮灭

**1. 项目要求**

(1) 掌握 STM32 NVIC 中断控制器的工作原理；

(2) 掌握 STM32 EXTI 外部中断操作及应用;

(3) 掌握 STM32 串口通信的工作原理;

(4) 掌握串口通信的常见应用步骤;

(5) 熟悉调试、下载程序。

**2. 项目描述**

(1) 项目任务: PC 端通过串口输入数据控制 LED0 和 LED1 的状态,输入 0—LED0 亮、LED1 灭;1—LED0 灭、LED1 亮;2—LED0 灭、LED1 灭;3—LED0 亮、LED1 亮。另外,将输入的信息显示到串口。

(2) 项目所需主要设备及器材如下。

① 笔记本电脑或台式计算机(内存不低于 4GB)。

② STM32F103ZET6 最小系统板一块、STLinkV2 下载器、杜邦线几根、miniUSB 线一根。

③ 配置相关软件(MDK、串口驱动等)。

(3) 硬件连接与 I/O 定义。

本项目直接用开发板上自带的 LED0、LED1,电路原理图如图 6-33 所示。串口的引脚连接如图 7-27 所示,UART1_TXD 连接的是 PA9,UART1_RXD 连接的是 PA10。

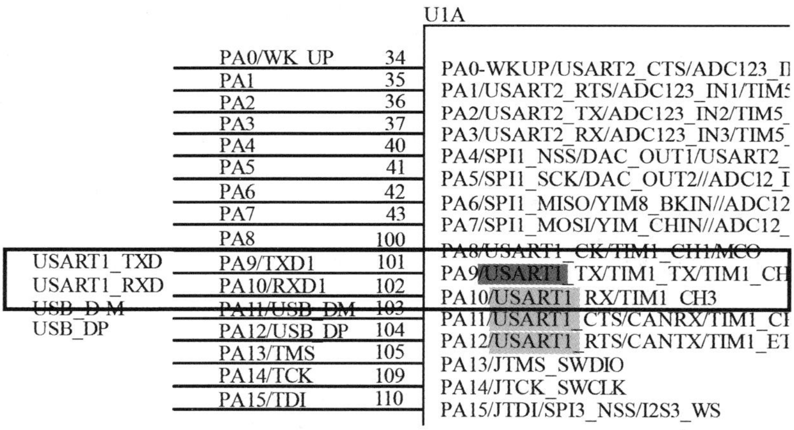

图 7-27 UART1 引脚连接

项目 18 I/O 定义如表 7-3 所示。

**表 7-3 项目 18 I/O 定义**

| MCU 控制引脚 | 定 义 | 功 能 | 模 式 |
| --- | --- | --- | --- |
| PA9 | UART1_TXD | 发送通道 | 复用推挽输出 |
| PA10 | UART1_RXD | 接收通道 | 浮空输入 |

**3. 项目开发思路**

首先还是要解读题目,本项目要在 PC 端通过串口输入数据控制 LED,需要选择一款 PC 端的串口助手配合调试。本项目可以分解为两个任务:一是实现 PC 的串口和开发板的串口之间的通信,串口发送数据,开发板接收数据,然后原样返回给串口进行显示;二是开发板需要解析 PC 端串口发送的数据内容,然后根据内容来控制 LED 的状态。串口连接的是 PA9、PA10 引脚,跟前面讲的 GPIO 一样都需要先使能时钟。将思路进行整理,查阅相关的函数,可以得出本项目的主要程序思路如下。

(1) 串口时钟使能,GPIO 时钟使能。

调用函数: RCC_APB2PeriphClockCmd();

(2) 串口复位。

调用函数: USART_DeInit(); //这一步不是必须的,可以不复位

(3) GPIO 端口模式设置。

调用函数: GPIO_Init(); //模式设置为 GPIO_Mode_AF_PP

(4) 串口参数初始化。

调用函数: USART_Init();

(5) 开启中断并初始化 NVIC(如果需要开启中断才需要这个步骤)。调用函数:

```
NVIC_Init();
USART_ITConfig();
```

(6) 使能串口。

调用函数: USART_Cmd();

(7) 编写中断处理函数。

调用函数: USARTx_IRQHandler();

(8) 串口数据收发。调用函数:

```
void USART_SendData();                        //发送数据到串口,DR
uint16_t USART_ReceiveData();                 //接收数据,从 DR 读取接收到的数据
```

(9) 串口传输状态获取。调用函数:

```
FlagStatus USART_GetFlagStatus(USART_TypeDef * USARTx,uint16_t USART_FLAG);
void USART_ClearITPendingBit(USART_TypeDef * USARTx,uint16_t USART_IT);
```

除了上述主要的步骤,还需要注意的是为了方便调试,可以重定义 fputc 函数,然后就可以使用大家熟悉的 printf()等函数将数据显示到串口。

**4. 项目实施步骤**

第一步: 硬件连接。本项目采用的是开发板自带的 LED,仅需将开发板和计算机用 miniUSB 进行连接。

第二步: 建工程模板。将项目 17 创建的工程模板文件夹复制到桌面上,在 HARDWARE 文件夹下面新建 USART 文件夹,并把文件夹 USER 下的 17JTD 改名为 18usart,然后将工程模板编译一下,直到没有错误和警告为止。

第三步: 新建两个文件,分别命名为 usart.h、usart.c。将 usart.h、usart.c 保存到 HARDWARE 文件夹下的 USART 文件夹里面,并把 usart.c 文件添加到 HARDWARE 分组里面,然后添加 usart.h 路径。

第四步: 在 led.h、usart.h 文件中输入如下源程序。头文件里条件编译 #ifndef… #endif 格式不变,在 led.h 文件里要包括 LED_H 宏定义和 LED_Init 函数声明。

```
led.h                                    //详细代码见工程文件项目 17 led.h
```

编写头文件 usart.h,头文件里条件编译 #ifndef… #endif 格式不变,在 usart.h 文件里

要包括__USART_H宏定义和uart_init函数及变量声明,具体实现代码如下。

```
usart.h
#ifndef __USART_H
#define __USART_H
#include "stdio.h"
#include "sys.h"
#define USART_REC_LEN 200                          //定义最大接收字节数为 200
#define EN_USART1_RX 1                             //使能(1)/禁止(0)串口 1 接收
extern u8 USART_RX_BUF[USART_REC_LEN];
                               /* 接收缓冲,最大 USART_REC_LEN 字节,末字节为换行符 */
extern u16 USART_RX_STA;                           //接收状态标记
void uart_init(u32 bound);
#endif
```

第五步:在led.c、usart.c文件中输入如下源程序。在程序里面首先分别包含相应头文件led.h、usart.h、stm32f10x.h,然后在led.c里要包含初始化函数LED_Init。

```
led.c                                              //详细代码见工程文件项目 17 led.c
```

编写usart.c,首先是相关头文件的引用,这里主要用到sys.h和usart.h,该源文件中主要实现串口的初始化函数和对应的中断服务程序,详细介绍见代码中的注释,完整代码如下。

```
usart.c
#include "sys.h"
#include "usart.h"
//加入以下代码,支持 printf 函数,而不需要选择 use MicroLIB
#if 1
#pragma import(__use_no_semihosting)
//标准库需要的支持函数
struct __FILE
{
    int handle;
};
FILE __stdout;
//定义_sys_exit()以避免使用半主机模式
_sys_exit(int x)
{
    x = x;
}
//重定义 fputc 函数
int fputc(int ch,FILE * f)
{
    while((USART1->SR&0X40)==0);                    //循环发送,直到发送完毕
    USART1->DR = (u8) ch;
    return ch;
}
#endif
#if EN_USART1_RX                                    //如果使能了接收
//串口 1 中断服务程序
//注意,读取 USARTx->SR 能避免莫名其妙的错误
```

```
u8 USART_RX_BUF[USART_REC_LEN];                    //接收缓冲,最大 USART_REC_LEN 字节
//接收状态
//bit15,接收完成标志
//bit14,接收到 0x0d
//bit13~0,接收到的有效字节数量
u16 USART_RX_STA=0;                                //接收状态标记
/**********************************************************
Function:uart_init                                 //函数名称
Description:串口初始化                              //函数功能、性能等的描述
Input:u32 bound-波特率                              //对输入参数的说明
Output:无                                          //对输出参数的说明
Return:无                                          //函数返回值的说明
**********************************************************/
void uart_init(u32 bound)
{
    //GPIO 端口设置
    GPIO_InitTypeDef GPIO_InitStructure;
    USART_InitTypeDef USART_InitStructure;
    NVIC_InitTypeDef NVIC_InitStructure;
    RCC_APB2PeriphClockCmd(RCC_APB2Periph_USART1|RCC_APB2Periph_GPIOA,ENABLE);
                                                   //使能 USART1、GPIOA 时钟
    //USART1_TX GPIOA.9
    GPIO_InitStructure.GPIO_Pin = GPIO_Pin_9;           //PA.9
    GPIO_InitStructure.GPIO_Speed = GPIO_Speed_50MHz;
    GPIO_InitStructure.GPIO_Mode = GPIO_Mode_AF_PP;     //复用推挽输出
    GPIO_Init(GPIOA,&GPIO_InitStructure);               //初始化 GPIOA.9
    //USART1_RX GPIOA.10 初始化
    GPIO_InitStructure.GPIO_Pin = GPIO_Pin_10;          //PA10
    GPIO_InitStructure.GPIO_Mode = GPIO_Mode_IN_FLOATING;  //浮空输入
    GPIO_Init(GPIOA,&GPIO_InitStructure);               //初始化 GPIOA.10
    //Usart1 NVIC 配置
    NVIC_InitStructure.NVIC_IRQChannel = USART1_IRQn;
    NVIC_InitStructure.NVIC_IRQChannelPreemptionPriority=3 ;   //抢占优先级 3
    NVIC_InitStructure.NVIC_IRQChannelSubPriority = 3;         //子优先级 3
    NVIC_InitStructure.NVIC_IRQChannelCmd = ENABLE;            //IRQ 通道使能
    NVIC_Init(&NVIC_InitStructure);                   //根据指定的参数初始化 VIC 寄存器
    //USART 初始化设置
    USART_InitStructure.USART_BaudRate = bound;                //串口波特率
    USART_InitStructure.USART_WordLength = USART_WordLength_8b;       //字长为 8 位
    USART_InitStructure.USART_StopBits = USART_StopBits_1;     //一个停止位
    USART_InitStructure.USART_Parity = USART_Parity_No;        //无奇偶校验位
    USART_InitStructure.USART_HardwareFlowControl=\
    USART_HardwareFlowControl_None;                            //无硬件数据流控制
    USART_InitStructure.USART_Mode = USART_Mode_Rx|USART_Mode_Tx;  //收发模式
    USART_Init(USART1,&USART_InitStructure);                   //初始化串口 1
    USART_ITConfig(USART1,USART_IT_RXNE,ENABLE);               //开启串口接收中断
    USART_Cmd(USART1,ENABLE);                                  //使能串口 1
}
/**********************************************************
Function:USART1_IRQHandler                              //函数名称
Description:串口中断处理函数                             //函数功能、性能等的描述
```

```
Input:无                                                    //对输入参数的说明
Output:无                                                   //对输出参数的说明
Return:无                                                   //函数返回值的说明
************************************************************/
void USART1_IRQHandler(void)                                //串口1中断服务程序
{
    u8 Res;
    if(USART_GetITStatus(USART1,USART_IT_RXNE) != RESET)
                                /*接收中断(接收到的数据必须是0x0d 0x0a结尾)*/
    {
        Res =USART_ReceiveData(USART1);                     //读取接收到的数据
        if((USART_RX_STA&0x8000)==0)                        //接收未完成
        {
            if(USART_RX_STA&0x4000)                         //接收到了0x0d
            {
                if(Res!=0x0a)USART_RX_STA=0;                //接收错误,重新开始
                else USART_RX_STA|=0x8000;                  //接收完成了
            }
            else //还没收到0X0D
            {
                if(Res==0x0d)USART_RX_STA|=0x4000;
                else
                {
                    USART_RX_BUF[USART_RX_STA&0X3FFF]=Res;
                    USART_RX_STA++;
                    if(USART_RX_STA>(USART_REC_LEN-1))USART_RX_STA=0;
                                                /*接收数据错误,重新开始接收*/
                }
            }
        }
    }
}
#endif
```

第六步：在main.c文件中输入如下源程序。除了头文件的引用，main函数中主要包含延时函数的初始化、LED初始化、定时器初始化调用及中断分组设置，具体代码如下。

**main.c**

```
#include "led.h"
#include "delay.h"
#include "sys.h"
#include "usart.h"
#include "string.h"
int main(void)
{
    u8 tmp=0;
    u16 t;
    u16 len;
    u16 times=0;
    delay_init();                                           //延时函数初始化
    NVIC_PriorityGroupConfig(NVIC_PriorityGroup_2);
```

```
                              /*设置 NVIC 中断分组 2:2 位抢占优先级,2 位响应优先级*/
uart_init(115200);                                      //串口初始化为 115200
LED_Init();                                             //LED 端口初始化
while(1)
{
    if(USART_RX_STA&0x8000)
    {
        len=USART_RX_STA&0x3fff;                        //得到此次接收到的数据长度
        printf("\r\n 您发送的消息为:\r\n\r\n");
        for(t=0;t<len;t++)
        {
            USART_SendData(USART1,USART_RX_BUF[t]); //向串口 1 发送数据
            while(USART_GetFlagStatus(USART1,USART_FLAG_TC)!=SET);
                                                        /*等待发送结束*/
        }
        printf("\r\n\r\n");                             //插入换行
        if(strlen((const char *)USART_RX_BUF)==1)      //长度为 1 才正确
        {
            tmp= USART_RX_BUF[0];
        }
        else
        {
            tmp= 4;                                     //错误数据,LED0 闪烁提示
        }
        USART_RX_STA=0;
    }else
    {
        if(times==0||times%2000==0)
        {
            printf("\r\nSTM32F103ZET6 串口项目 18\r\n\r\n");
            printf("请输入数据,以回车键结束\r\n");
            printf("0----LED0 亮、LED1 灭\r\n");
            printf("1----LED0 灭、LED1 亮\r\n");
            printf("2----LED0 灭、LED1 灭\r\n");
            printf("3----LED0 亮、LED1 亮\r\n");
        }
        times++;
        delay_ms(10);
    }
    switch(tmp)
    {
        case '0':
            LED0=0;                                     //LED0 亮、LED1 灭
            LED1=1;
            break;
        case '1':
            LED0=1;                                     //LED0 灭、LED1 亮
            LED1=0;
            break;
        case '2':
            LED0=1;                                     //LED0 灭、LED1 灭
```

```
                LED1=1;
                break;
            case '3':
                LED0=0;                                    //LED0亮、LED1亮
                LED1=0;
                break;
            default:
                LED0=!LED0;                                //提示系统正在运行
                delay_ms(200);
                break;
        }
    }
}
```

第七步：编译工程，直到没有错误和警告，会在OBJ文件夹中生成.hex文件。

第八步：下载运行程序。通过ST-LINK软件下载.hex文件到开发板，查看运行效果，如图7-28所示。

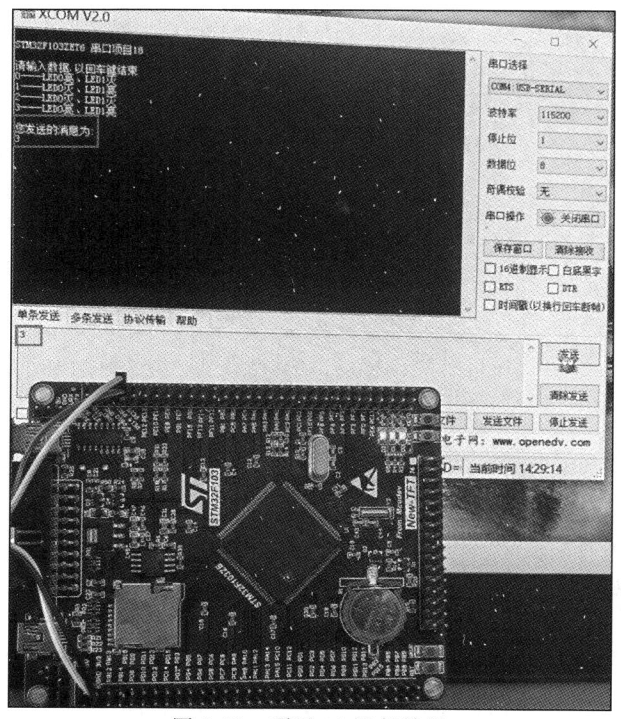


图7-28　项目18运行效果

**【学习方法点拨】** 在开发的过程中，要学会不断思考。本项目是在串口上控制LED亮灭，这个项目有什么实际的应用价值呢？如果只是在串口控制可能用处不大，仅仅是方便验证串口通信的理论。但是大家再想一想，串口助手在PC上，PC是联网的，如果能够远程通过网页控制LED，然后把LED换成其他设备，比如家里的电饭锅、洗衣机、空调等，那不就是现在热门的智能家居了。所以后面的学习中，我们就可以沿着这个思路往下探索。

### 7.4.2　项目考核评价表

项目考核评价表如表 7-4 所示。

表 7-4　项目考核评价表

| 内容 | 目　标 | 标准 | 方　式 | 权重/% | 得分 |
|---|---|---|---|---|---|
| 知识与能力 | 基础知识掌握程度(5 分) | 100 分 | 以 100 分为基础，按照这 4 项的权重值给分 | 20 | |
| | 知识迁移情况(5 分) | | | | |
| | 知识应变情况(5 分) | | | | |
| | 使用工具情况(5 分) | | | | |
| 工作与事业准备 | 出勤、诚信情况(4 分) | | | 20 | |
| | 小组团队合作情况(4 分) | | | | |
| | 学习、工作的态度与能力(3 分) | | | | |
| | 严谨、细致、敬业(4 分) | | | | |
| | 质量、安全、工期与成本(3 分) | | | | |
| | 关注工作影响(2 分) | | | | |
| 个人发展 | 时间管理情况(2 分) | | | 10 | |
| | 提升自控力情况(2 分) | | | | |
| | 书面表达情况(2 分) | | | | |
| | 口头沟通情况(2 分) | | | | |
| | 自学能力情况(2 分) | | | | |
| 项目完成与展示汇报 | 项目完成与展示汇报情况(50 分) | | | 50 | |
| 高级思维能力 | 创造性思维 | 10 分 | 教师以 10 分为上限，奖励工作中有突出表现和特色做法的学生 | 加分项 | |
| | 评判性思维 | | | | |
| | 逻辑性思维 | | | | |
| | 工程性思维 | | | | |
| 项目成绩＝知识与能力×20%＋工作与事业准备×20%＋个人发展×10%＋项目完成与展示汇报×50%＋高级思维能力(加分项) | | | | | |

## 7.5　拓展项目实践

### 项目 19：手机——蓝牙——STM32 控制家庭照明灯

**1. 项目要求**

(1) 掌握 STM32 串口通信的工作原理；

(2) 掌握 HC-06 蓝牙模块的工作原理；

(3) 掌握 STM32 串口的初始化步骤;

(4) 掌握 STM32 与蓝牙模块通信的软件编写;

(5) 掌握 STM32 与蓝牙模块通信的调试方法;

(6) 熟悉手机 SPP 蓝牙串口连接和设置方法;

(7) 熟悉调试、下载程序。

**2. 项目描述**

(1) 项目任务:在现实生活中,经常要用到手机控制窗帘、控制家用电器、手机控制共享单车等,用途非常广泛;本项目设计一个基于手机——蓝牙——STM32 控制家庭照明灯。用 LED 模拟房间照明灯,描述如下。

厨房:PB12(白灯)。

客厅:PB1、PB0(RGB(绿灯、蓝灯))、PA7(白灯)。

主卧:PA6、PA5、PA4(红灯、绿灯、蓝灯)、PC13(白灯)。

次卧:PB6、PB7(绿灯、蓝灯)。

在 Android 手机上网下载 SPP 蓝牙串口 App,然后在 SPP 上进行设置。打开 SPP,然后向右找到开关设置界面(图 7-29(a)),按住按钮不放进入按钮编辑器界面(图 7-29(b))。这个项目需要定义 10 个开关,分别是开关 1、开关 2、开关 3、开关 4。我们以开关 1 为例进行设置,按住按钮不放,打开按钮编辑器,然后选择十六进制,输入数字 2 代表开关 OFF,输入数字 1 代表开关 ON(其中数字 1、2 是自己定义的),依此类推,接下来可以把开关 2、开关 3、开关 4 进行设置。

HC06 蓝牙模块如图 7-30 所示。

(a) SPP开关定义 (b) 按钮编辑器

图 7-29 SPP 开关定义和按钮编辑器

图 7-30 HC06 蓝牙模块

产品特性如下。

① HC-06 模块,引脚为 VCC、GND、TXD、RXD,出厂时波特率设置为 9600b/s(一般情况下)。

② LED指示蓝牙连接状态，闪烁表示没有蓝牙连接，常亮表示蓝牙已连接并打开了端口。

③ 底板3.3V LDO，输入电压3.6～6V，未配对时电流约30mA，配对后约10mA，输入电压禁止超过7V。

④ 接口电平，可以直接连接STM32的5V、3.3V。

⑤ 空旷地有效距离10m，超过10m也是可能的。

⑥ 配对以后当全双工串口使用，无须了解任何蓝牙协议，但仅支持8位数据位、1位停止位、无奇偶校验的通信格式，这也是最常用的通信格式，不支持其他格式。

⑦ 在未建立蓝牙连接时支持通过AT指令设置波特率、名称、配对密码，设置的参数掉电保存。蓝牙连接以后自动切换到透传模式。

⑧ 该链接为从机，从机能与各种带蓝牙功能的计算机、蓝牙主机、大部分带蓝牙的手机、PDA、PSP等智能终端配对，从机之间不能配对。

(2) 项目所需主要设备及器材如下。

① 笔记本电脑或台式计算机(内存不低于4GB)。

② STM32F103ZET6最小系统板一块、STLinkV2下载器、杜邦线若干根、HC06蓝牙模块、LED模块、Android手机一部、miniUSB线一条。

③ 配置相关软件(MDK、串口驱动等)。

(3) 硬件连接与I/O定义。

项目19硬件连接框图如图7-31所示，I/O定义如表7-5所示。

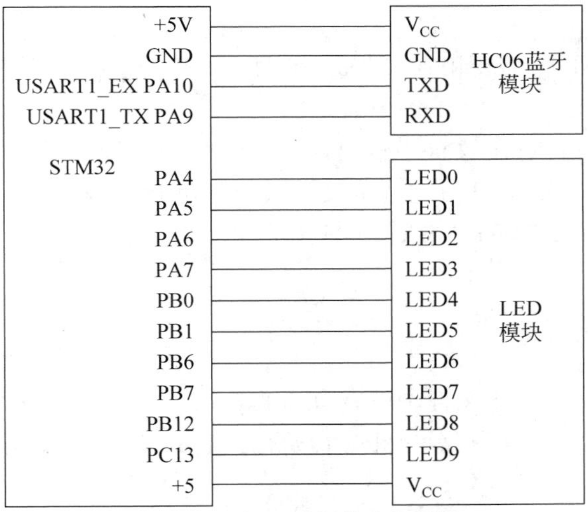

图7-31 项目19硬件连接框图

**表7-5 项目19 I/O定义**

| MCU控制引脚 | 定　　义 | 功　　能 | 模　　式 |
|---|---|---|---|
| PA9 | USART1_TX PA9 | 数据发送端 | 复用推挽输出 |
| PA10 | USART1_RX PA10 | 数据接收端 | 浮空输入 |
| PA4 | LED0 | 主卧：LED蓝灯代替 | 推挽(或者开漏)输出 |

续表

| MCU 控制引脚 | 定　义 | 功　能 | 模　式 |
| --- | --- | --- | --- |
| PA5 | LED1 | 主卧：LED 绿灯代替 | 推挽(或者开漏)输出 |
| PA6 | LED2 | 主卧：LED 红灯代替 | 推挽(或者开漏)输出 |
| PA7 | LED3 | 客厅：LED 白灯代替 | 推挽(或者开漏)输出 |
| PB0 | LED4 | 客厅：LED 蓝灯代替 | 推挽(或者开漏)输出 |
| PB1 | LED5 | 客厅：LED 绿灯代替 | 推挽(或者开漏)输出 |
| PB6 | LED6 | 次卧：LED 绿灯代替 | 推挽(或者开漏)输出 |
| PB7 | LED7 | 次卧：LED 蓝灯代替 | 推挽(或者开漏)输出 |
| PB12 | LED8 | 厨房：LED 白灯代替 | 推挽(或者开漏)输出 |
| PC13 | LED9 | 主卧：LED 白灯代替 | 推挽(或者开漏)输出 |

**3. 项目实施**

项目 19 实施步骤如下。

第一步：硬件连接。按照图 7-31 所示的硬件连接框图，用导线将开发板与 HC06 蓝牙模块、LED 模块一一进行连接，确保无误。

第二步：建工程模板。将项目 18 创建的工程模板文件夹复制到桌面上，并把文件夹 USER 下的 18usart 改名为 19HC06，然后将工程模板编译一下，直到没有错误和警告为止。

第三步：由于项目 19 需要用到 led、usart 两个文件，而项目 18 里面已经有了，这一步可以省略。

第四步：在 usart.h、led.h 文件中输入如下源程序。头文件里面包括一般宏定义和函数声明，具体会在原文件 xxx.c 里面进行定义。头文件里条件编译 #ifndef…#endif 格式不变，里面分别只要包括 LED_H、USART_H 宏定义和 LED_Init、uart_init 函数声明就行，详细见代码，代码如下。

```
led.h                                    //详细代码见工程文件项目 18 led.h
usart.h                                  //详细代码见工程文件项目 18 usart.h
```

第五步：在 usart.c、led.c 文件中输入如下源程序。在程序里面首先包含相应头文件 led.h、usart.h、stm32f10x.h，然后就是相应初始化函数 LED_Init 或 uart_init，详细介绍见每条代码注释。

```
led.c                                    //详细代码见工程文件项目 18 led.c

usart.c
#include "sys.h"
#include "usart.h"
#include "led.h"
/*******************************************
HC-05
RXD GPIOA.10
TXD GPIOA.9
```

```
***************************************/
//串口 1 中断服务程序
//注意,读取 USARTx→SR 能避免莫名其妙的错误
u8 USART_RX_BUF[USART_REC_LEN];                //接收缓冲,最大 USART_REC_LEN 字节
//接收状态
//bit15,接收完成标志
//bit14,接收到 0x0d
//bit13~0,接收到的有效字节数量
u16 USART_RX_STA=0;                            //接收状态标记
void uart_init(u32 bound)
{
    //结构体变量定义
    GPIO_InitTypeDef GPIO_InitStructure;
    USART_InitTypeDef USART_InitStructure;
    NVIC_InitTypeDef NVIC_InitStructure;
    //时钟开启(注意只有 USART1 挂在 APB2 上,其余都在 APB1 上)
    RCC_APB2PeriphClockCmd(RCC_APB2Periph_USART1|RCC_APB2Periph_GPIOA,ENABLE);
    //USART1_TX GPIOA.9 初始化
    GPIO_InitStructure.GPIO_Pin = GPIO_Pin_9;                   //PA.9
    GPIO_InitStructure.GPIO_Speed = GPIO_Speed_50MHz;
    GPIO_InitStructure.GPIO_Mode = GPIO_Mode_AF_PP;             //复用推挽输出
    GPIO_Init(GPIOA,&GPIO_InitStructure);
    //USART1_RX GPIOA.10 初始化
    GPIO_InitStructure.GPIO_Pin = GPIO_Pin_10;                  //PA10
    GPIO_InitStructure.GPIO_Mode = GPIO_Mode_IN_FLOATING;       //浮空输入
    GPIO_Init(GPIOA,&GPIO_InitStructure);
    //USART1 NVIC 配置
    NVIC_InitStructure.NVIC_IRQChannel = USART1_IRQn;
    NVIC_InitStructure.NVIC_IRQChannelPreemptionPriority=3 ;   //抢占优先级为 3
    NVIC_InitStructure.NVIC_IRQChannelSubPriority = 3;          //响应优先级为 3
    NVIC_InitStructure.NVIC_IRQChannelCmd = ENABLE;             //IRQ 通道使能
    NVIC_Init(&NVIC_InitStructure);                    //根据指定的参数初始化 VIC 寄存器
    //USART 初始化设置
    USART_InitStructure.USART_BaudRate = bound;                 //串口波特率
    USART_InitStructure.USART_WordLength = USART_WordLength_8b;
                                                            /* 字长为 8 位数据格式 */
    USART_InitStructure.USART_StopBits = USART_StopBits_1;      //一个停止位
    USART_InitStructure.USART_Parity = USART_Parity_No;         //无奇偶校验位
    USART_InitStructure.USART_HardwareFlowControl = USART_HardwareFlowControl_
None;                                                           //无硬件数据流控制
    USART_InitStructure.USART_Mode = USART_Mode_Rx | USART_Mode_Tx;
                                                                /* 收发模式 */
    USART_Init(USART1,&USART_InitStructure);                    //初始化串口 1
    USART_ITConfig(USART1,USART_IT_RXNE,ENABLE);                //开启串口接收中断
    USART_Cmd(USART1,ENABLE);                                   //使能串口 1
}
void USART1_IRQHandler(void)                            //串口 1 中断服务程序/函数
{
    int Res;
    if(USART_GetITStatus(USART1,USART_IT_RXNE) != RESET)
              /* 接收中断(RXNE 接收缓冲器非空,触发接收中断后置 1,if 判断成立) */
    {
        Res = USART_ReceiveData(USART1);                //读取接收到的数据,赋予 Res
        USART_SendData(USART1,Res);                     //发送函数
```

```
switch(Res)
{
case 0:                                    //厨房灯关
    kitchen=0;
    break;
case 1:                                    //厨房灯开
    kitchen=1;
    break;
case 2:                                    //客厅绿灯关
    parlor_greew=0;
    break;
case 3:                                    //客厅绿灯开
    parlor_greew=1;
    break;
case 4:                                    //客厅蓝灯关
    parlor_blue=0;
    break;
case 5:                                    //客厅蓝灯开
    parlor_blue=1;
    break;
case 6:                                    //客厅灯关
    parlor_white=0;
    break;
case 7:                                    //客厅灯开
    parlor_white=1;
    break;
case 8:                                    //卧室红灯关
    bedroom_red=0;
    break;
case 9:                                    //卧室红灯开
    bedroom_red=1;
    break;
case 10:                                   //卧室绿灯关
    bedroom_greew=0;
    break;
case 11:                                   //卧室绿灯开
    bedroom_greew=1;
    break;
case 12:                                   //卧室蓝灯关
    bedroom_blue=0;
    break;
case 13:                                   //卧室蓝灯开
    bedroom_blue=1;
    break;
case 14:                                   //卧室白灯关
    bedroom_white=0;
    break;
case 15:                                   //卧室白灯开
    bedroom_white=1;
    break;
case 16:                                   //次卧绿灯关
    bedroom1_greew=0;
    break;
case 17:                                   //次卧绿灯开
```

```
            bedroom1_greew=1;
            break;
        case 18:                                //次卧蓝灯关
            bedroom1_blue=0;
            break;
        case 19:                                //次卧蓝灯开
            bedroom1_blue=1;
            break;
        case 20:                                //离家模式,所有灯光关闭
            kitchen=0;
            parlor_greew=0;
            parlor_white=0;
            parlor_blue=0;
            bedroom_red=0;
            bedroom_greew=0;
            bedroom_blue=0;
            bedroom_white=0;
            bedroom1_greew=0;
            bedroom1_blue =0;
            break;
        case 21:                                //回家模式,打开厨房灯,客厅绿灯,客厅白灯
            kitchen=1;
            parlor_greew=1;
            parlor_white=1;
            break;
        case 22:                                //空调关
            kongtiao=0;
            break;
        case 23:                                //空调开
            kongtiao=1;
            break;
        }
    }
}
void usartSendByte(USART_TypeDef * USARTx,uint16_t Data)
{
    USART_SendData(USARTx,Data);
    while(USART_GetFlagStatus(USART1,USART_FLAG_TXE) == RESET);
}
void usartSendStr(USART_TypeDef * USARTx,char * str)
{
    uint16_t i = 0;
    do{
        usartSendByte(USARTx, * (str+i));
        i++;
    }while( * (str+i) != '\0');

    while(USART_GetFlagStatus(USART1,USART_FLAG_TC) == RESET);
}
```

第六步：在 main.c 文件中输入如下源程序。程序框架包含头文件、主函数和无限循环3部分。头文件包含程序需要头文件 led.h、usart.h、delay.h、sys.h；主函数包含调用 LED_Init()、usart_init()、delay_init()初始化函数。

**main.c**

```
#include "led.h"
#include "delay.h"
#include "sys.h"
#include "usart.h"
/*********************************************
led.h、led.c
厨房:PB12(白灯)
客厅:PB1、PB0(RGB(绿灯、蓝灯))、PA7(白灯)
主卧:PA6、PA5、PA4(红灯、绿灯、蓝灯)、PC13(白灯)
次卧:PB6、PB7(绿灯、蓝灯)
usart.h、usart.c
蓝牙
USART3_RX PB11
USART3_TX PB10
**********************************/
int main(void)
{
    delay_init();                              //延时函数初始化
    NVIC_PriorityGroupConfig(NVIC_PriorityGroup_2);
                              /* 设置 NVIC 中断分组 2:2 位抢占优先级,2 位响应优先级 */
    uart_init(9600);                           //串口初始化为 9600
    LED_Init();                                //LED 端口初始化
    while(1)
    {    }
}
```

第七步：编译工程，直到没有错误和警告，会在OBJ文件夹中生成.hex文件。

第八步：下载运行程序。通过ST-LINK下载.hex文件到开发板，查看效果，如图7-32所示。

图7-32　手机——蓝牙——STM32控制家庭照明灯效果

**本章小结**

本章以榜样故事——石油维护专家刘丽的介绍开始，然后介绍UART概述、通过剖析UART的内部结构来阐述其基本工作原理，最后通过基本项目实践、拓展项目实践的训练，实现素质、知识、能力目标的融合达成。

# 练习与拓展

**一、判断题**

1. STM32 的串口既可以工作在异步模式下，也可以工作在同步模式下。（ ）

2. 大容量 STM32F10x 系列包含 3 个 USART 和 2 个 UART，用做 UART 的最多可以有 5 个。（ ）

3. 如果是偶检验，数据为 0X79，则奇偶校验位的值为 1。（ ）

4. $DB_9$ 是 RS-232 电平，不能直接接单片机 TTL 电平，否则会烧坏单片机芯片，所以单片机也需要一个 MAX232 转换器。（ ）

**二、多选题**

1. 串行通信按照数据传送方向，分为（ ）。

A. 全半双工 B. 单工 C. 半双工 D. 全双工

2. 全双工通信接口有（ ）。

A. IIC B. UART C. 1-wire D. SPI

3. STM32 串口异步通信需要定义的参数为（ ）。

A. 数据位(8 位或者 9 位) B. 奇偶校验位(有或无)

C. 停止位(1、15、2 位) D. 波特率

**三、思考题**

1. 串行通信和并行通信的区别是什么？

2. 串口通信过程是什么？

3. 同步通信和异步通信的区别是什么？为什么通信双方 UART 不需要时钟同步也可以实现数据正确解析？

4. 串口通信时数据传输状态的轮询模式可以换成 DMA 方式吗？

5. 如何设置 STM32 串口的波特率？

**四、拓展题**

1. 用思维导图软件(XMind)画出本章的素质、知识、能力思维导图。

2. 总结两个项目完成过程中的经验和不足，以及如何改进。

3. 将项目 19 中的室内温度数据显示在 OLED 中。

4. 项目 19 中增加高温预警，温度超出范围通过蜂鸣器报警，另外思考如何用短信报警。

# 第8章

# STM32 IIC原理与项目实践

**本章导读**

本章以榜样故事——中国航天之父钱学森的介绍开始,然后介绍IIC概述,分析IIC基本原理、STM32的IIC特点及内部结构、STM32 IIC常用库函数、OLED显示屏,最后通过基本项目实践、拓展项目实践的训练,实现素质、知识、能力目标的融合达成。本章素质、知识、能力结构图如图8-1所示。

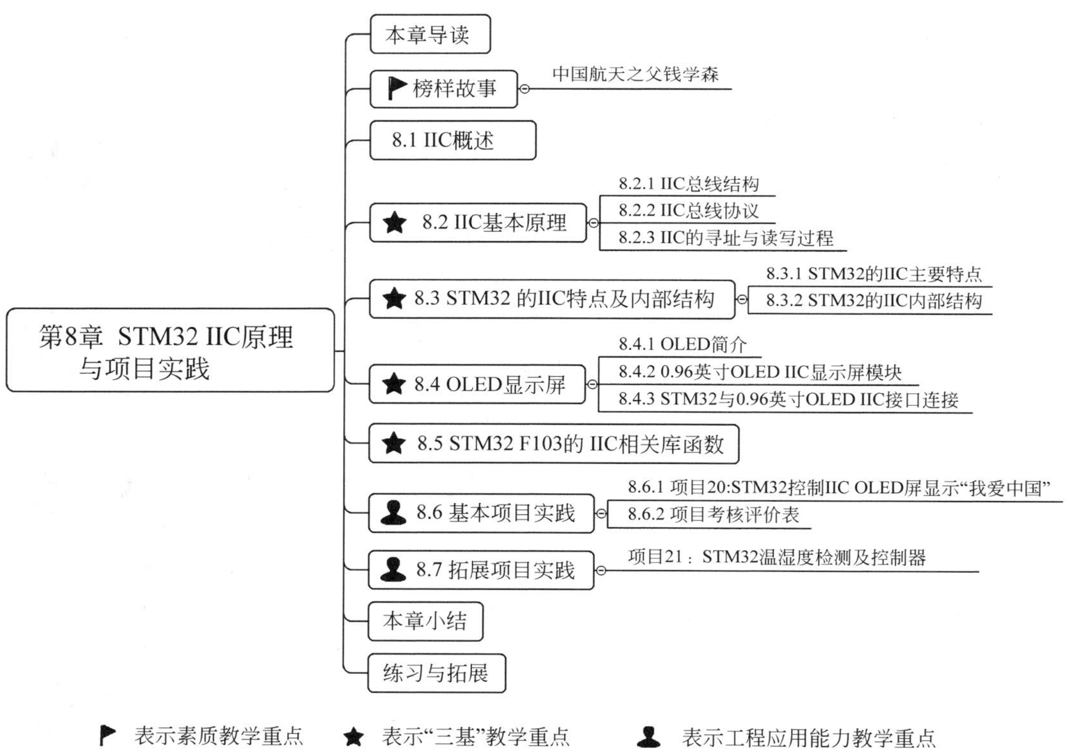


图8-1 本章素质、知识、能力结构

**本章学习目标**

**素质目标**：学习榜样，以榜样为力量，培养学生刻苦钻研，不怕苦、不怕累、严谨认真、精诚合作的品质和创新能力，牢记"新时代的中国青年要以实现中华民族伟大复兴为己任，增强做中国人的志气、骨气、底气，不负时代，不负韶华，不负党和人民的殷切期望！"时代造就青年，盛世成就青年。

**知识目标**：掌握 IIC 的基本原理、STM32 的 IIC 特点及内部结构、STM32 IIC 常用库函数、OLED 显示屏引脚及连接。

**能力目标**：具备基本项目开发、创新拓展项目开发能力，培养学生的综合工程能力和高级思维。

**榜样故事**

中国航天之父钱学森(见图 8-2)。

图 8-2 钱学森

**出生**：1911 年 12 月 11 日

**逝世**：2009 年 10 月 31 日

**籍贯**：杭州临安

**毕业院校**：交通大学、麻省理工学院(硕士)、加州理工学院(博士)

**职业**：教育科研工作者

**政治面貌**：党员

**代表作品**：《工程控制论》《物理力学讲义》《星际航行概论》《论系统工程》。

**主要成就**：

1957 年，获中国科学院自然科学一等奖。

1979 年，获美国加州理工学院杰出校友奖。

1985 年，获国家科技进步特等奖。

1989 年，获"小罗克韦尔奖章""世界级科技与工程名人"奖和国际理工研究所名誉成员称号。

1991 年 10 月，获国务院、中央军委授予的"国家杰出贡献科学家"荣誉称号和一级英雄模范奖章。

1995 年 1 月，获"1994 年度何梁何利基金优秀奖"。

1999 年，中共中央、国务院、中央军委决定，授予他"两弹一星功勋奖章"。

2006 年 10 月，获"中国航天事业 50 年最高荣誉奖"。

2007 年，荣获"感动中国 2007 年度人物"。

2009 年 11 月 13 日，第二届中国绿色发展高层论坛授予钱学森"中国绿色贡献终身成就奖"等。

**人物简介**：

钱学森，出生于上海，籍贯浙江省杭州市，1959 年加入中国共产党，世界知名科学家，空气动力学家、系统科学家，工程控制论创始人之一，中国科学院学部委员、中国工程院院士，两弹一星功勋奖章获得者。

钱学森于 1934 年从交通大学机械工程系毕业，曾任美国麻省理工学院和加州理工学院教授；1935 年由第七届庚子赔款公费赴美进修；1936 年从美国麻省理工学院以硕士研究生身份毕业，之后转入加州理工学院航空系，师从西奥多·冯·卡门；1939年获得美国加州理工学院航空、数学博士学位，之后留下任教；1945年被派赴德调查纳粹德国火箭科技；1955年在毛泽东主席和周恩来总理的争取下，以朝鲜战争空战中被俘的多名美军飞行员交换回中国；1956年出任中国科学院力学研究所第一任所长；1957年出任国防部第五研究院第一任院长，同年补选为中国科学院学部委员(院士)；1958年创建中国科学技术大学近代力学系并出任首届主任；1984年被增选为中国科学院主席团执行主席；1986年当选中国科学技术协会第三届全国委员会主席；1986—1998年担任中国人民政治协商会议第六、七、八届全国委员会副主席；1999年被授予两弹一星功勋奖章。

2009年10月31日北京时间上午8时6分，钱学森在北京逝世，享年98岁。2011年12月8日，纪念钱学森诞辰100周年座谈会在人民大会堂举行。

**科研成就：**

(1) 科研综述。钱学森对系统工程、人体科学、思维科学等方面也有一定的研究，做出了重大的贡献，造福于人类。

(2) 两弹一星。1956年年初，钱学森院士向中共中央、国务院提出《建立我国国防航空工业的意见书》。同时，钱学森院士组建中国第一个火箭、导弹研究所——国防部第五研究院并担任首任院长。他主持并完成了“喷气和火箭技术的建立”规划，参与了近程导弹、中近程导弹和中国第一颗人造地球卫星的研制，直接领导了用中近程导弹运载和原子弹“两弹结合”试验，参与制定了中国近程导弹运载原子弹“两弹结合”试验，同时还参与制定了中国第一个星际航空的发展规划，发展建立了工程控制论和系统学等。

在钱学森院士的努力带领下，1964年10月16日中国第一颗原子弹爆炸成功，1967年6月17日中国第一颗氢弹空爆试验成功，1970年4月24日中国第一颗人造卫星发射成功。

(3) 应用力学。钱学森院士在力学的许多领域都做过开创性工作。在空气动力学方面取得很多研究成果，最突出的是提出了跨声速流动相似律，并与卡门一起，最早提出高超声速流的概念，为飞机在早期克服热障、声障提供了理论依据，同时还为空气动力学的发展奠定了重要的理论基础。高亚声速飞机设计中采用的公式是以卡门和钱学森名字命名的卡门-钱学森公式。此外，钱学森和卡门在20世纪30年代末还共同提出了球壳和圆柱壳的新非线性失稳理论。钱学森院士在应用力学的空气动力学方面和固体力学方面都做过开拓性工作；与冯·卡门合作进行的可压缩边界层研究，揭示了这一领域的一些温度变化情况，创立了“卡门—钱近似”方程。与郭永怀合作最早在跨声速流动问题中引入上下临界马赫数的概念。

(4) 物理力学。钱学森院士在1946年将稀薄气体的物理、化学和力学特性结合起来的研究是先驱性的工作。1953年，他正式提出物理力学概念，极大节约了人力、物力，并开拓了高温高压的新研究领域。1961年，他编著的《物理力学讲义》正式出版。1984年，钱学森院士向苟清泉建议，把物理力学扩展到原子分子设计的工程技术上。

(5) 航天与喷气。从20世纪40年代到20世纪60年代初期，钱学森院士在火箭与航天领域提出了若干重要的概念：在20世纪40年代提出并实现了火箭助推起飞装置(JATO)，使飞机跑道距离缩短；在1949年提出了火箭旅客飞机概念和关于核火箭的设想；在1953年研究了跨星际飞行理论的可能性；在1962年出版的《星际航行概论》中，提出了用一架装有喷气发动机的大飞机作为第一级运载工具。

（6）工程控制论。工程控制论在其形成过程中，把设计稳定与制导系统这类工程技术实践作为主要研究对象。钱学森院士本人就是这类研究工作的先驱者，做出了巨大贡献。

（7）系统科学。钱学森院士为系统学和开放的复杂巨系统方法论的发展做出了重大贡献。

# 8.1 IIC 概述

IIC（inter-integrated circuit，集成电路总线），又称 $I^2C$，由恩智浦公司（原 Philips 公司）开发的两线式串行总线，用于连接微控制器及其外部设备，具有接口线少、控制简单、器件封装形式小、高速 IIC 总线一般可达 400kb/s 以上等优点。IIC 是半双工通信方式，可发送和接收数据，两线分别是串行数据线（serial data，SDA）与串行时钟线（serial clock，SCL）。每个连接到总线的器件都有唯一的地址，主控制器发出的控制信息分为地址码和控制量两个部分，地址码用来选择需要控制的 IIC 设备，控制量包含类别（如亮度、模式等）及该类别下的控制值。

# 8.2 IIC 基本原理

## 8.2.1 IIC 总线结构

IIC 总线结构如图 8-3 所示，SDA 和 SCL 都是双向 I/O 线，接口电路为开漏输出，需通过上拉电阻接电源 VCC，通常选用 5.1kΩ（5V）或 4.7kΩ（3.3V）。当总线空闲时，两根线都是高电平，连到总线上的任一器件输出的低电平，都将使总线的信号变低，即各器件的 SDA 及 SCL 都是线“与”关系。连接总线的外部器件都是 CMOS 器件，输出级也是开漏电路。所有挂在总线上器件的 IIC 引脚接口也应该是双向的；SDA 输出电路用于总线上发数据，而 SDA 输入电路用于接收总线上的数据。主机通过 SCL 输出电路发送时钟信号，同时其本身的接收电路需检测总线上 SCL 电平来决定下一步动作，从机的 SCL 输入电路接收总线时钟，并在 SCL 控制下向 SDA 发出或从 SDA 上接收数据，另外也可以通过拉低 SCL 输出来延长总线周期。

IIC 总线上允许连接多个器件，支持多主机通信，每个接到 IIC 器件都有唯一而独立的身份标识（ID-7 位或 11 位器件地址）。但需注意的是，为保证传输数据的可靠性，任意时刻总线只能有一台主机控制，其他设备均表现为从机。主机控制就是指由主机发出启动信号和时钟信号，控制传输过程结束时发出停止信号等。主机与从机之间的通信，可以是主机向从机发送数据，也可以是从机向主机发送数据。除此之外，发送数据方称为发送器，它可以是主机，也可以是从机；接收数据方称为接收器，它同样可以是主机，也可以是从机。在总线上主和从、发和收的关系不是恒定的，而取决于此时数据传送方向。而在 IIC 总线上一次完整的数据通信过程中，主从机的角色是固定的，SCL 时钟由主机发出，但发送器和接收器是不固定的。

## 8.2.2 IIC 总线协议

IIC 总线协议包括空闲状态、起始（开始）信号、终止（结束）信号、数据的有效性、数据传

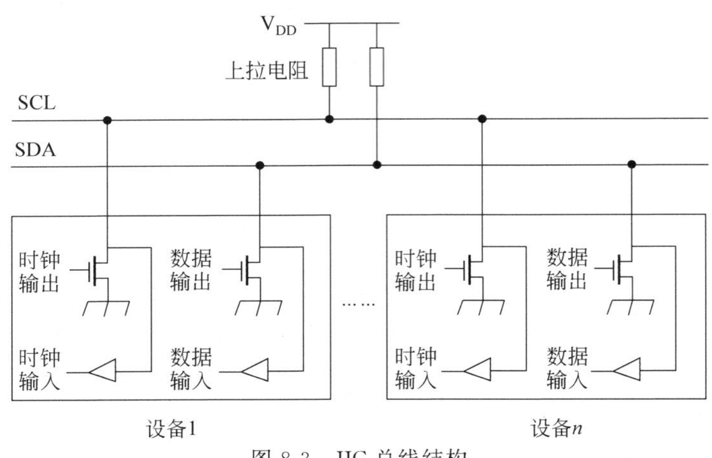

图 8-3 IIC 总线结构

输和应答信号。

**1. 空闲状态**

IIC 总线的 SDA 和 SCL 两条信号线同时处于高电平时，规定为总线的空闲状态。此时各个器件的输出级场效应管均处在截止状态，即释放总线，由两条信号线各自的上拉电阻把电平拉高。

**2. 起始和终止信号**

在数据传送过程中，必须确认数据传送的起始和终止状态。在 IIC 总线技术规范中，起始和终止信号(也称为开始和结束信号)的定义如图 8-4 所示。

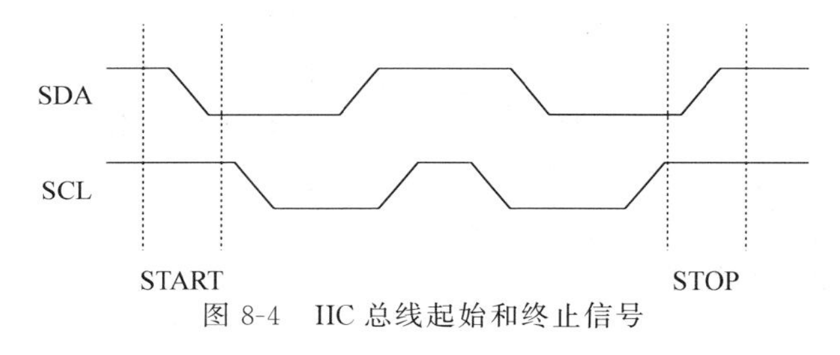

图 8-4 IIC 总线起始和终止信号

起始信号：SCL 为高电平时，SDA 由高电平向低电平跳变表示起始信号，开始传送数据。

终止信号：SCL 为高电平时，SDA 由低电平向高电平跳变表示终止信号，结束传送数据。

起始和终止信号都是一种电平跳变时序信号，而不是一个电平信号。起始和终止信号都是由主机发出的。在起始信号产生后，总线就处于被占用的状态；在终止信号产生后，总线就处于空闲状态。连接到 IIC 总线上的器件，若具有 IIC 总线的硬件接口，则很容易检测到起始和终止信号。

当发送器件传输完一个字节的数据后，后面必须紧跟一个校验位。这个校验位是接收端通过控制 SDA 来实现的，以提醒发送端数据，这边已经接收完成，数据传送可以继续进行。

**3. 数据有效性规定**

IIC 总线协议标准规定，IIC 总线进行数据传送时，时钟信号 SCL 为高电平期间，数据线上 SDA 的数据必须保持稳定，只有在时钟线上的信号为低电平期间，数据线上的高电平或低电平状态才允许变化，即数据在 SCL 的上升沿到来之前就需准备好，并在下降沿到来之前必须稳定，如图 8-5 所示。

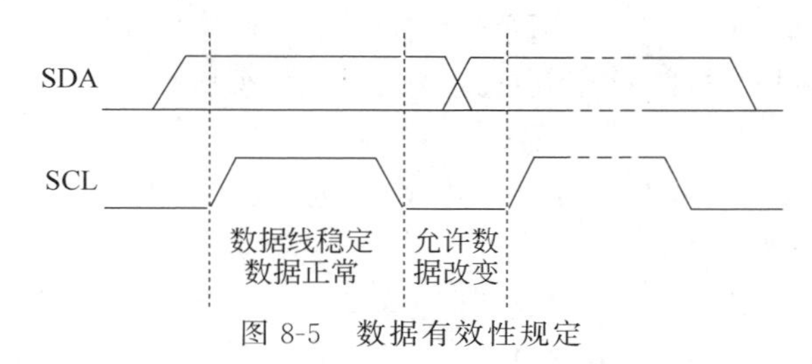


图 8-5　数据有效性规定

**4. 字节数据传送与应答**

在 IIC 总线上传送的每位数据都有一个时钟脉冲相对应（或同步控制），即在 SCL 串行时钟的配合下，在 SDA 上逐位地串行传送每位数据。数据位的传输是边沿触发。

发送到 SDA 线上的每个字节必须为 8 位，高位(MSB)在前，低位(LSB)在后，每次传输可以发送的字节数量不受限制。每个字节后必须跟一个响应位，响应信号宽度为 1 位，紧跟在 8 个数据位后面，所以发送一字节的数据需要 9 个 SCL 时钟脉冲。IIC 总线字节传送和应答如图 8-6 所示。

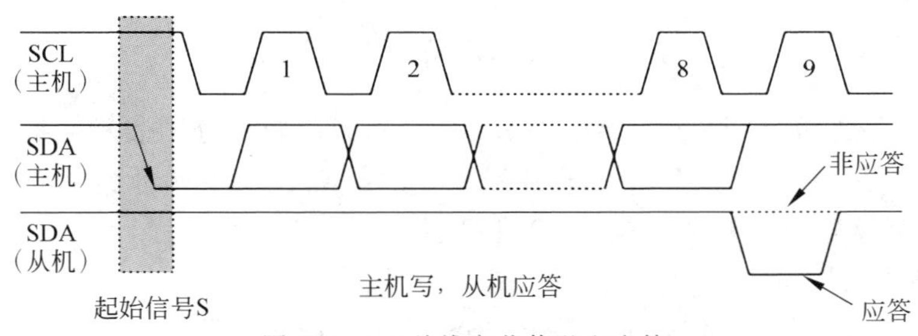


图 8-6　IIC 总线字节传送和应答

主机每发送完 8bit 数据后等待从机应答信号 ACK，即在第 9 个时钟脉冲，若从机发回 ACK，SDA 会被拉低，表示接收器已经成功地接收了该字节。若没有 ACK，SDA 会被置高，一般表示接收器接收该字节没有成功。如果接收器是主控器，则在它收到最后一字节后，发送一个 NACK 信号，以通知被控发送器结束数据发送，并释放 SDA 线，以便主控接收器发送一个停止信号 P。

## 8.2.3　IIC 的寻址与读写过程

**1. IIC 的寻址**

IIC 总线采用 7 位的寻址字节，寻址字节是起始信号后的第一个字节，IIC 总线寻址字节位定义如图 8-7 所示。

DA3～DA0(4 位器件地址)：是 IIC 总线器件固有的地址编码，器件出厂时就已给定，用户不能自行设置。

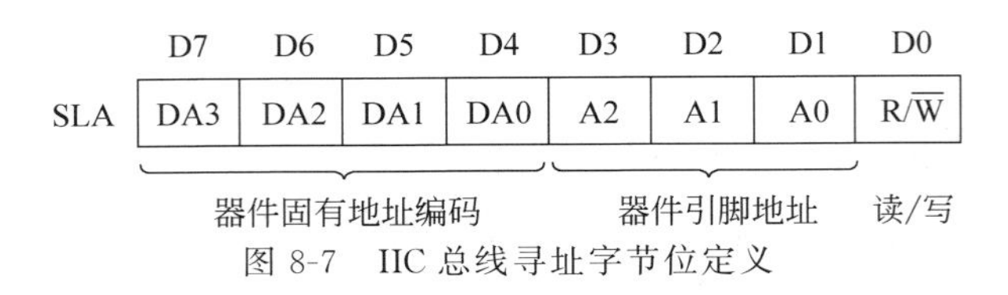

图 8-7 IIC总线寻址字节位定义

A2～A0(3位引脚地址)：用于相同地址器件的识别。若IIC总线上挂有相同地址的器件或同时挂有多片相同器件时，可用硬件连方式对3位引脚A2～A0接$V_{CC}$或接地，形成地址数据。

R/$\overline{W}$(1位)：用于确定数据传送方向。R/$\overline{W}$=1时，表示主机由从机接收(读)数据；R/$\overline{W}$=0，表示主机向从机发送(写)数据。

主机发送地址时，总线上的每个从机都将这7位地址码与自己的地址进行比较，如果相同，则认为自己正被主机寻址，根据R/$\overline{W}$位将自己确定为发送器或接收器。

**2. IIC基本读写过程**

IIC基本读写过程分为写数据、读数据、读和写数据3种情况。

(1) 写数据——主机向从机写数据。

主机向从机发送数据，数据传送方向在整个传送过程中不变，主机向从机写数据时在SDA线上的数据流如图8-8所示。

图 8-8 写数据时在SDA线上的数据流

图8-8中阴影部分表示数据由主机向从机发送，无阴影部分则表示数据由从机向主机发送。A表示应答，$\overline{A}$表示非应答(高电平)，S表示起始信号，P表示终止信号。如果主机要向从机写一个或多个字节数据，在SDA上需要经历以下几个过程。

① 主机产生起始信号S。

② 主机发送寻址字节SLAVE ADDRESS，其中的高7位表示数据传输目标的从机地址；最后一位是数据传输方向位，此时值为0，表示数据传输是从主机到从机方向。

③ 当某个从机检测到主机在IIC总线上广播的地址与它的地址相同时，该从机就被选中，并返回一个应答信号A。没有被选中的从机会忽略SDA上的数据。

④ 当主机收到来自从机的应答信号A后，开始发送数据DATA，这个数据包的大小为8位。主机每发送完一个字节数据都要等待从机的应答信号A，然后重复这个过程。主机可以向从机传输$n$个数据，这个$n$没有大小限制。如果在IIC的数据传输过程中，从机产生了非应答信号$\overline{A}$，则主机提前结束本次数据传输。

⑤ 当主机的数据发送完后，主机产生一个终止信号(P)结束数据传输，或者产生一个重复起始信号进入下一次数据传输。

(2) 读数据——主机由从机中读数据

主机在第一个字节后，立即由从机读数据，在SDA线上的数据流如图8-9所示。

图8-9中有阴影部分表示数据由主机传输到从机，无阴影部分则表示数据流由从机传

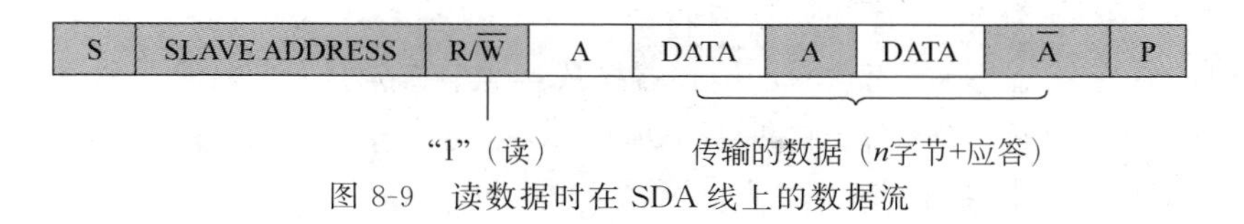

图 8-9 读数据时在 SDA 线上的数据流

输到主机。如果主机要由从机读取一个或多个字节数据，在 SDA 上需经历以下几个过程。

① 主机产生起始信号 S。

② 主机发送寻址字节 SLAVE ADDRESS，其中的高 7 位表示数据传输目标的从机地址；最后一位是数据传输方向位，此时其值为 1，表示数据传输方向由从机到主机。寻址字节 SLAVE ADDRESS 发送完后，主机释放 SDA（拉高 SDA）。

③ 当某个从机检测到主机在 IIC 总线上广播的地址与它的地址相同时，该从机就被选中，并返回一个应答信号 A。没有被选中的从机会忽略 SDA 上的数据。

④ 当主机收到应答信号后，从机开始发送数据 DATA，这个数据包的大小为 8 位。从机每发送完一个字节数据都要等待主机的应答信号 A，然后重复这个过程。从机可以向主机传输 $n$ 个数据，这个 $n$ 没有大小限制。当主机读取从机数据完毕或者主机想结束本次传输，可以向从机返回一个非应答信号 $\overline{A}$，从机即自动停止数据传输。

⑤ 当数据传输完后，主机产生一个停止信号（P）结束数据传输，或者产生一个重复起始信号，进入下一次数据传输。

（3）读和写数据——主机和从机双向数据传送

在传送过程中，当需要改变传送方向时，起始信号和从机地址都被重复产生一次，但两次读/写方向位正好反向，读和写数据时在 SDA 线上的数据流如图 8-10 所示。其数据传送过程是上面两个过程组合，故不再讲解。

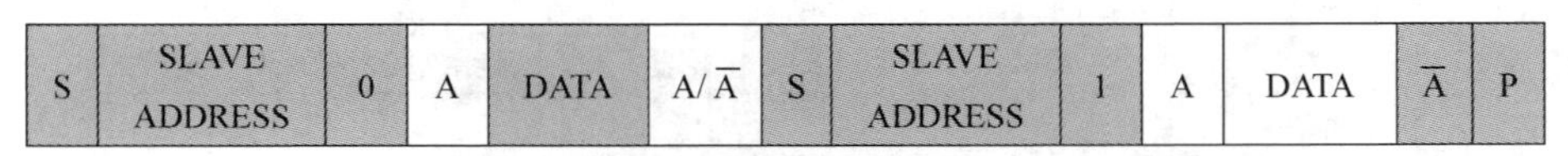

图 8-10 读和写数据时在 SDA 线上的数据流

**3. 传输速率**

IIC 传输位速率在标准模式下可达 100kb/s，快速模式下可达 400kb/s，高速模式下可达 3.4Mb/s；在这里也可以理解为时钟频率在标准模式下可达 100kHz，快速模式下可达 400kHz，高速模式下可达 3.4MHz，但目前大多数 IIC 设备尚不支持高速模式。

# 8.3 STM32 的 IIC 特点及内部结构

## 8.3.1 STM32 的 IIC 主要特点

STM32 的中等容量和大容量型号的芯片均有两个 IIC 总线接口，STM32 的 IIC 主要有以下特点。

（1）并行总线/IIC 总线协议转换器。

（2）能够工作于多主模式或从模式，分别为主接收器、主发送器、从接收器及从发送器。

（3）支持标准模式 100kb/s 和快速模式 400kb/s，不支持高速模式。

(4) 支持7位或10位寻址和广播呼叫。
(5) 具有3个状态标志：发送器/接收器模式标志、字节发送结束标志和总线忙标志。
(6) 具有两个中断向量：1个中断用于地址/数据通信成功，1个中断用于错误。
(7) 具单字节缓冲器的DMA。
(8) 兼容系统管理总线SMBus2.0版。

## 8.3.2 STM32的IIC内部结构

STM32的IIC内部结构如图8-11所示，其中主要包括数据控制、时钟控制和控制逻辑电路等部分，负责实现IIC的时钟产生、数据收发、总线仲裁和中断、DMA等功能。

**1. 通信引脚**

图8-11中左边通信引脚由SDA线和SCL线引出到不同的GPIO引脚上，使用时必须配置到这些指定的引脚，如表8-1所示。

**表8-1 STM32F10x的IIC引脚**

| 引　　脚 | IIC1 | IIC2 |
|---|---|---|
| SCL | PB5/PB8(重映射) | PB10 |
| SDA | PB6/PB9(重映射) | PB11 |

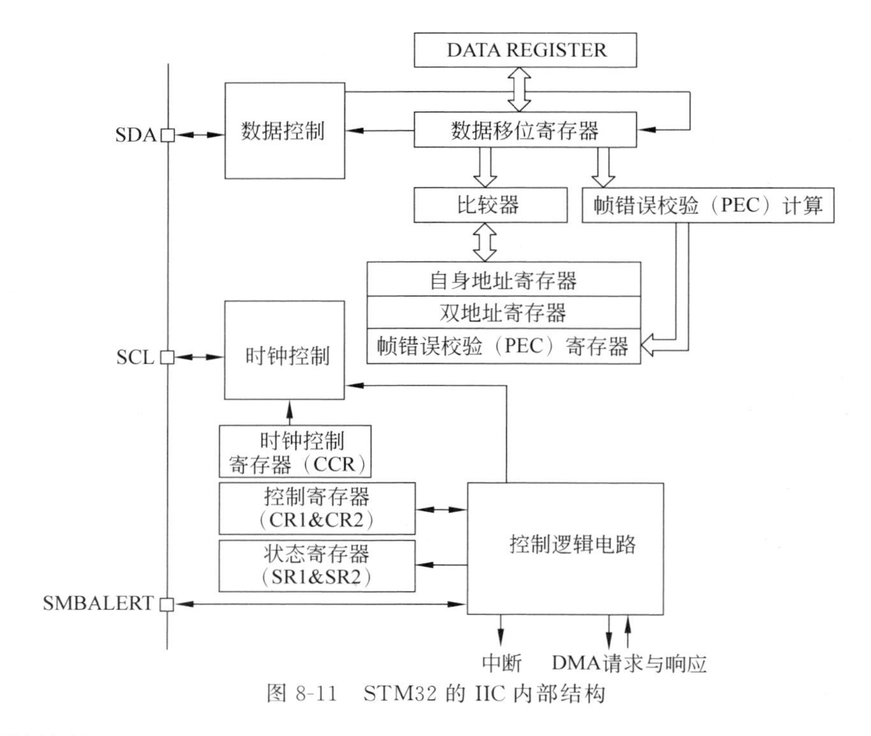


图8-11 STM32的IIC内部结构

**2. 时钟控制**

IIC的SCL信号主要经过线上的时钟信号，是由时钟控制模块通过时钟控制寄存器(CCR)、控制寄存器(CR1和CR2)中的配置产生IIC协议的时钟信号。若要产生一个时序，必须在控制寄存器(CR2)中设定IIC的输入时钟。当IIC工作在标准传输速率时,输入时钟的频率必须不小于2MHz;当IIC工作在快速传输速率时,输入时钟的频率必须不小于4MHz。

**3. 数据控制**

组成:IIC的SDA信号主要经过数据控制连接到数据移位寄存器,数据移位寄存器的数据来源及目标是数据寄存器、地址寄存器、PEC寄存器以及SDA数据线。

发送数据:当向外发送数据的时候,数据移位寄存器以"数据寄存器"值为数据源,把数据一位一位地通过SDA信号线发送出去。

接收数据:当从外部接收数据的时候,数据移位寄存器把SDA信号线采样到的数据一位一位地存储到"数据寄存器"中。

校验:如果使能了数据校验,接收到的数据会经过PEC计算器运算,运算结果存储到PEC寄存器中。

从机模式:当STM32的IIC工作在从机模式的时候,接收到设备的地址信号时,数据移位寄存器会把接收到的地址与STM32自身的"IIC地址寄存器"的值做比较,以便响应主机的寻址。STM32的自身IIC地址可通过"自身地址寄存器"修改,支持同时使用两个IIC设备地址,两个地址分别存储在双地址寄存器中。

**4. 控制逻辑**

控制逻辑负责协调整个IIC外设工作,控制逻辑的工作模式会根据我们配置的控制寄存器CR1和CR2的参数而改变。在外设工作时,控制逻辑会根据外设的工作状态修改状态寄存器SR1和SR2,我们只要读取这些寄存器相关的寄存器位,就可以了解IIC的工作状态。除此以外,控制逻辑还控制产生IIC中断信号、DMA请求及各种IIC的通信信号,包括起始、停止、应答信号等。

## 8.4 OLED显示屏

有机发光二极管(organic light-emitting diode,OLED)显示屏是利用有机电自发光二极管制成的显示屏。由于同时具备自发光有机电激发光二极管,不需背光源、对比度高、厚度薄、视角广、反应速度快、可用于挠曲性面板、使用温度范围广、构造及制程较简单等优异特性,OLED被认为是下一代平面显示屏的新兴应用技术。

### 8.4.1 OLED简介

OLED是指有机半导体材料和发光材料在电场驱动下,通过载流子注入和复合导致发光的现象。OLED显示屏比LCD屏更轻薄、亮度高、功耗低、响应快、清晰度高、柔性好、发光效率高,能满足消费者对显示技术的新需求。全球越来越多的显示器厂家纷纷投入研发,极大地推动了OLED的产业化进程。0.96英寸OLED显示屏有以下特点。

(1) 0.96英寸OLED有黄蓝、白、蓝3种颜色可选;其中黄蓝是屏上1/4部分为黄光,下3/4部分为蓝;白光则为纯白,即黑底白字;蓝色则为纯蓝,即黑底蓝字。

（2）分辨率为128×64px。

（3）多种接口方式。0.96英寸OLED裸屏接口方式包括6800、8080两种并行接口方式、3线或4线的串行SPI接口及IIC接口方式（只需要两条线就可控制OLED）。这5种接口是通过屏上的BS0～BS2来配置的。

（4）开发了两种接口的Demo板，接口分别为7针的SPI/IIC兼容模块、4针的IIC模块。两种模块使用方便，用户可以根据实际需求选择不同模块。

### 8.4.2 0.96英寸OLED IIC显示屏模块

图8-12所示为0.96英寸OLED IIC接口示意图，各引脚的定义如下。

（1）GND引脚：电源地。

（2）$V_{CC}$引脚：电源正（3～5.5V）。

（3）SCL引脚：在IIC通信中为时钟线。

（4）SDA引脚：在IIC通信中为数据线。

本屏所用的驱动IC为SSD1306，其具有内部升压功能，所以在设计的时候不需要再专一设计升压电路。

图8-12 0.96英寸OLED IIC接口示意图

### 8.4.3 STM32与0.96英寸OLED IIC接口连接

STM32与0.96英寸OLED IIC接口连接如图8-13所示。STM32通过4根线与0.96英寸OLED IIC接口进行连接，具体连接如表8-2所示。

表8-2 STM32与0.96英寸OLED IIC接口连接

| 名　称 | STM32开发板 | 0.96英寸OLED IIC显示接口 |
|---|---|---|
| 电源地 | GND引脚 | GND引脚 |
| 电源正 | $+V_{CC}$（+3.3～5V）引脚 | $+V_{CC}$引脚 |
| 时钟线 | GPIO$x.n$引脚（$x$为A～G，$n$为0～15） | SCL引脚 |
| 数据线 | GPIO$x.n$引脚（$x$为A～G，$n$为0～15） | SDA引脚 |

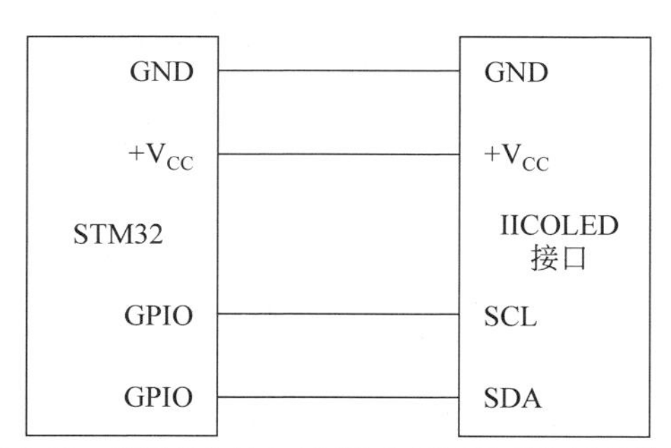

图8-13 STM32与0.96英寸OLED IIC接口连接

## 8.5 STM32F103 的 IIC 相关库函数

STM32F103 的 IIC 相关库函数一共有 33 个，下面分别进行介绍。

(1) 函数名：IIC_DeInit

函数原型：void IIC_DeInit(IIC_TypeDef * IICx)；

功能描述：将外设 IICx 寄存器重设为默认值。

例如：

```
IIC_DeInit(IIC1);
```

(2) 函数名：IIC_Init

函数原型：void IIC_Init(IIC_TypeDef * IICx,IIC_InitTypeDef * IIC_InitStruct)；

功能描述：根据 IIC_InitStruct 中指定的参数初始化外设 IICx 寄存器。

例如：

```
IIC_InitTypeDef IIC_InitStructure;
IIC_InitStructure.IIC_Mode=IIC_Mode_SMBusHost;
IIC_InitStructure.IIC_DutyCycle=IIC_DutyCycle_2;
IIC_InitStructure.IIC_OwnAddress1=0x03A2;
IIC_InitStructure.IIC_Ack=IIC_Ack_Enable;
IIC_InitStructure.IIC_AcknowledgeAddress=IIC_AcknowledgeAddress_7bit;
IIC_InitStructure.IIC_ClockSpeed=200000;
IIC_Init(IIC1,&IIC_InitStructure);
```

(3) 函数名：IIC_Cmd

函数原型：void IIC_Cmd(IIC_TypeDef * IICx,FunctionalState NewState)；

功能描述：使能或失能 IIC 外设。

例如：

```
IIC_Cmd(IIC2,ENABLE);
```

(4) 函数名：IIC_GenerateSTART

函数原型：void IIC_GenerateSTART(IIC_TypeDef * IICx,FunctionalState NewState)；

功能描述：产生 IICx 传输 START 条件。

例如：

```
IIC_GenerateSTART(IIC2,ENABLE);
```

(5) 函数名：IIC_GenerateSTOP

函数原型：void IIC_GenerateSTOP(IIC_TypeDef * IICx,FunctionalState NewSta te)；

功能描述：产生 IICx 传输 STOP 条件。

例如：

```
IIC_GenerateSTOP(IIC2,ENABLE);
```

(6) 函数名：IIC_Send7bitAddress

函数原型：void IIC_Send7bitAddress(IIC_TypeDef * IICx,u8 Address,u8 IIC_Direction)；

功能描述：向指定的从 IIC 设备传送地址字。

例如：

```
IIC_Send7bitAddress(IIC2,0xA7,IIC_Direction_Transmitter);
```

(7) 函数名：IIC_SendData

函数原型：void IIC_SendData(IIC_TypeDef * IICx,u8 Data)；

功能描述：通过外设 IICx 发送一个数据。

例如：

```
IIC_SendData(IIC2,0x5D);
```

(8) 函数名：IIC_ReceiveData

函数原型：u8 IIC_ReceiveData(IIC_TypeDef * IICx)；

功能描述：返回通过 IICx 最近接收的数据。

例如：

```
u8 ReceiveData;
ReceiveData=IIC_ReceiveData(IIC1);
```

(9) 函数名：IIC_StructInit

函数原型：void IIC_StructInit(IIC_InitTypeDef * IIC_InitStruct)；

功能描述：根据 IIC_InitStruct 指定的参数初始化 IIC 的外设寄存器。

例如：

```
IIC_InitTypeDef IIC_InitStructure;
IIC_StructInit(&IIC_InitStructure);
```

(10) 函数名：IIC_AcknowledgeConfig

函数原型：void IIC_AcknowledgeConfig(IIC_TypeDef * IICx, FunctionalState NewState)；

功能描述：使能或禁止指定 IIC 的应答功能。

(11) 函数名：IIC_OwnAddress2Config

函数原型：void IIC_OwnAddress2Config(IIC_TypeDef * IICx,u8 Address)；

功能描述：设置指定 IIC 的自身地址。

(12) 函数名：IIC_DualAddressCmd

函数原型：void IIC_DualAddressCmd(IIC_TypeDef * IICx,FunctionalState NewState)；

功能描述：使能或禁止指定 IIC 的双地址模式。

例如：

```
IIC_DualAddressCmd(IIC2,ANBALE);
```

(13) 函数名：IIC_GeneralCallCmd

函数原型：void IIC_GeneralCallCmd(IIC_TypeDef * IICx,FunctionalState NewState)；

功能描述：使能或禁止 IIC 的呼叫特性。

(14) 函数名：IIC_SoftwareResetCmd

函数原型：void IIC_SoftwareResetCmd(IIC_TypeDef * IICx,FunctionalStateNewState)；

功能描述：使能或禁止指定 IIC 的软件复位命令。

(15) 函数名：IIC_SMBusAlertConfig

函数原型：void IIC_SMBusAlertConfig(IIC_TypeDef * IICx,u16 IIC_SMBusAlert);

功能描述：驱动指定IICx的SMBusAlert引脚电平为高或低。

(16) 函数名：IIC_ARPCmd

函数原型：void IIC_ARPCmd(IIC_TypeDef * IICx,FunctionalState NewState);

功能描述：使能或禁止IIC的ARP(地址解析协议)。

(17) 函数名：IIC_StretchClockCmd

函数原型：void IIC_StretchClockCmd(IIC_TypeDef * IICx,FunctionalStateNewState);

功能描述：使能或禁止IIC的时钟延展。

(18) 函数名：IIC_FastModeDutyCycleConfig

函数原型：void IIC_FastModeDutyCycleConfig(IIC_TypeDef * IICx,u16 IIC_DutyCycle);

功能描述：选择IIC快速模式的占空比。

(19) 函数名：IIC_NACKPositionConfig

函数原型：void IIC_NACKPositionConfig(IIC_TypeDef * IICx,u16IIC_NACKPosition);

功能描述：选择IIC在快速接收模式下的应答位置。

(20) 函数名：IIC_TransmitPEC

函数原型：void IIC_TransmitPEC(IIC_TypeDef * IICx,FunctionalState NewState);

功能描述：使能或失能指定的IIC的PEC传输(信息包错误检测)。

(21) 函数名：IIC_PECPositionConfig

函数原型：void IIC_PECPositionConfig(IIC_TypeDef * IICx,u16 IIC_PECPosition);

功能描述：选择指定IIC的PEC位置。

(22) 函数名：IIC_CalculatePEC

函数原型：void IIC_CalculatePEC(IIC_TypeDef * IICx,FunctionalState NewState);

功能描述：使能或禁止计算传输字节的PEC值。

(23) 函数名：IIC_GetPEC

函数原型：u8 IIC_GetPEC(IIC_TypeDef * IICx);

功能描述：返回指定IIC的PEC值。

(24) 函数名：IIC_DMACmd

函数原型：void IIC_DMACmd(IIC_TypeDef * IICx,FunctionalState NewState);

功能描述：使能或禁止IIC的DMA请求。

例如：

```
IIC_DMACmd(IIC2,ENABLE);
```

(25) 函数名：IIC_DMALastTransferCmd

函数原型：void IIC_DMALastTransferCmd(IIC_TypeDef * IICx,FunctionalState NewState);

功能描述：使下次的DMA传输为最后一次传输。

(26) 函数名：IIC_ReadRegister

函数原型：u16 IIC_ReadRegister(IIC_TypeDef * IICx,u8 IIC_Register);

功能描述：读取指定的 IIC 外设寄存器。

(27) 函数名：IIC_ITConfig

函数原型：void IIC_ITConfig(IIC_TypeDef * IICx,u16 IIC_IT,FunctionalState NewState);

功能描述：使能或失能指定的 IIC 中断。

例如：

```
IIC_ITConfig(IIC2,IIC_IT_EVT,ENABLE);
```

(28) 函数名：IIC_GetFlagStatus

函数原型：FlagStatus IIC_GetFlagStatus(IIC_TypeDef * IICx,u32 IIC_FLAG);

功能描述：检查指定的 IIC 标志位设置与否。

例如：

```
Flagstatus Status
Status=IIC_GetFlagStatus(IIC2,IIC_FLAG_AF);
```

(29) 函数名：IIC_CheckEvent

函数原型：ErrorStatus IIC_CheckEvent(IIC_TypeDef * IICx,u32 IIC_EVENT);

功能描述：检查事件的错误状态，一个 IIC 事件当作一个参数传递。

(30) 函数名：IIC_GetLastEvent

函数原型：u32 IIC_GetLastEvent(IIC_TypeDef * IICx);

功能描述：返回最近一次 IIC 事件。

(31) 函数名：IIC_ClearFlag

函数原型：void IIC_ClearFlag(IIC_TypeDef * IICx,u32 IIC_FLAG);

功能描述：清除 IICx 的待处理标志位。

例如：

```
IIC_ClearFlag(IIC2,IIC_FLAG_STOPF);
```

(32) 函数名：IIC_GetITStatus

函数原型：ITStatus IIC_GetITStatus(IIC_TypeDef * IICx,u32 IIC_IT);

功能描述：检查指定的 IIC 中断发生与否。

(33) 函数名：IIC_ClearITPendingBit

函数原型：void IIC_ClearITPendingBit(IIC_TypeDef * IICx,u32 IIC_IT);

功能描述：清除 IICx 的中断待处理位。

## 8.6 基本项目实践

### 8.6.1 项目 20：STM32 控制 IIC OLED 屏显示“我爱中国”

**1. 项目要求**

(1) 掌握 IIC 的工作原理；

(2) 掌握 IIC 的通信 0.96 英寸 OLED 屏显示的工作原理；

(3) 掌握 STM32 控制 IIC 通信 0.96 英寸 OLED 屏硬件连接；

（4）掌握 STM32 控制 IIC 通信 0.96 英寸 OLED 屏显示“我爱中国”软件编程；

（5）熟悉调试、下载程序。

**2. 项目描述**

（1）用 STM32F103ZET6 开发板的 PG12 与 OLED 屏的 SCL 连接、PD5 与 OLED 屏的 SDA 连接，PG12、PD5 输出方式均为推挽输出；OLED 屏的 $+V_{CC}$、GND 与 STM32 的 $+V_{CC}$（3.3V 或+5V）、GND 连接。0.96 英寸 OLED 屏所用的驱动 IC 为 SSD1306，其具有内部升压功能，所以在设计的时候不需要再考虑升压电路。SSD1306 的每页包含了 128 字节，总共 8 页，这样刚好是 128×64 的点阵大小。

（2）主要设备及器材如下。

① 笔记本电脑或台式计算机（内存不低于 4GB）。

② STM32F103ZET6 最小系统板一块、ISP 串口程序下载器、杜邦线几根、miniUSB 线一条、IIC 通信 0.96 英寸 OLED 屏一块。

③ 配置相关软件（MDK、串口驱动等）。

（3）硬件连接与 I/O 定义。

项目 20：STM32 控制 IIC OLED 屏显示“我爱中国”，硬件连接框图如图 8-14 所示。

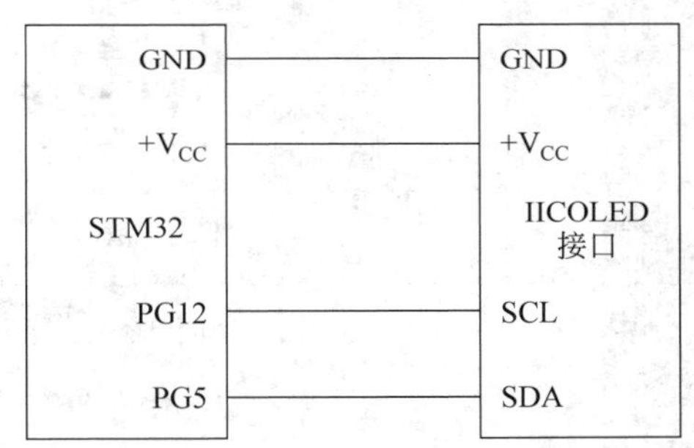


图 8-14 STM32 控制 IIC OLED 屏硬件连接

项目 20 I/O 定义如表 8-3 所示。

**表 8-3 项目 20 I/O 定义**

| MCU 控制引脚 | IIC 接口 | 功　　能 | 模　　式 |
|---|---|---|---|
| PG12 | SCL | 时钟线 | 推挽输出 |
| PD5 | SDA | 数据线 | 推挽输出 |
| GND | GND | 地线 | — |
| $V_{CC}$（3.3V） | $V_{CC}$（3.3V） | 电源线 | — |

**3. 项目实施**

项目 20：STM32 控制 IIC OLED 屏显示“我爱中国”实施步骤如下。

第一步：硬件连接。按照图 8-14 所示的硬件连接，用 4 根导线将开发板与 OLED 模块一一进行连接，确保无误。

第二步：建工程模板。将项目 19 创建的工程模板文件夹复制到桌面上，在 HARDWARE 文件夹下面新建 OLED 文件夹，并把文件夹 USER 下的 13EXTI 改名为

20OLED,然后将工程模板编译一下,直到没有错误和警告为止。

第三步:新建 3 个文件,分别命名为 oled.h、oled.c、oledfont.h。将 oled.h、oled.c、oledfont.h 保存到 HARDWARE 文件夹下的 OLED 文件夹里面,并把 oled.c 文件添加到 HARDWARE 分组里面,然后添加 oled.h、oledfont.h 路径。

第四步:汉字字模的生成。打开取模软件 PCtolLCD2002,对所需的字符、汉字、图形等进行取模。

(1) 打开软件以后,界面如图 8-15 所示。在菜单栏中,模式选择“字符模式”(见图中 1 标注),单击“选项”(见图中 2 标注),在“自定义格式”中选择“C51 格式”(见图中 3 标注),单击“确定”按钮(见图中 4 标注)。

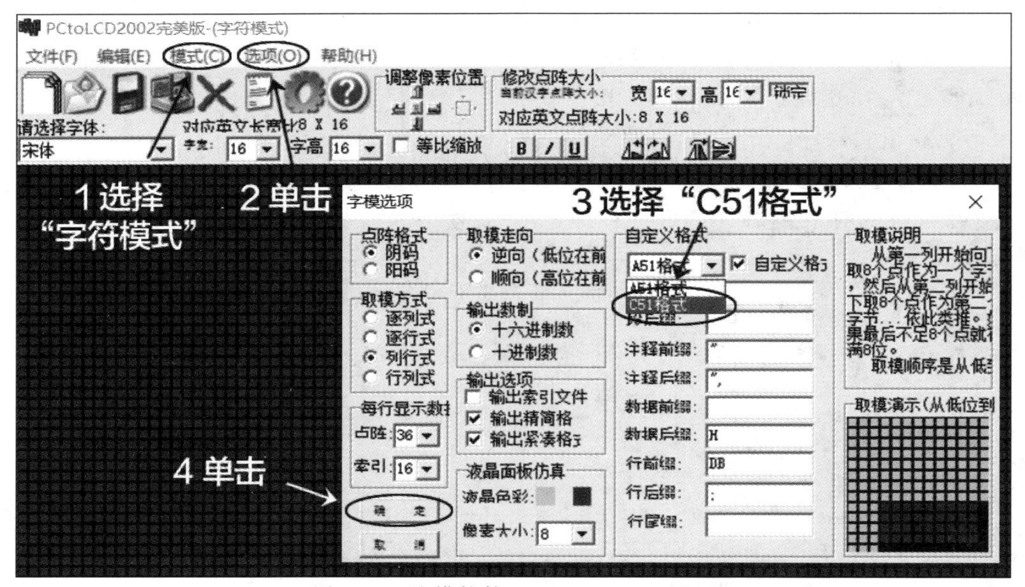


图 8-15　取模软件 PCtolLCD2002 界面

(2) 在输入栏中输入所需生成字模的文字、图像,如输入“我爱中国”,单击“生成字模”按钮,如图 8-16 所示。

使用同样的方法,输入“姓名 张三”,可以得到字模。

第五步:在 oled.h、oledfont.h 文件中输入如下源程序。头文件里条件编译 #ifndef…#endif 格式不变,在 oled.h 文件里只要包括 OLED_H 宏定义、OLED 端口定义及相关定义、void OLED_ShowChinese(u8 x,u8 y,u8 num,u8 size1,u8 mode)和 OLED_Init 函数声明就行。将生成的字模复制粘贴到 oledfont.h 文件文字库中的末尾(关于 oledfont.h 的其他内容,这里没有介绍,读者可以参考这个项目,也可以在网上搜索得到),也可以单独创建一个文字库。

**oled.h**

```
#ifndef __OLED_H
#define __OLED_H
#include "sys.h"
#include "stdlib.h"
//-----------------OLED 端口定义----------------
```

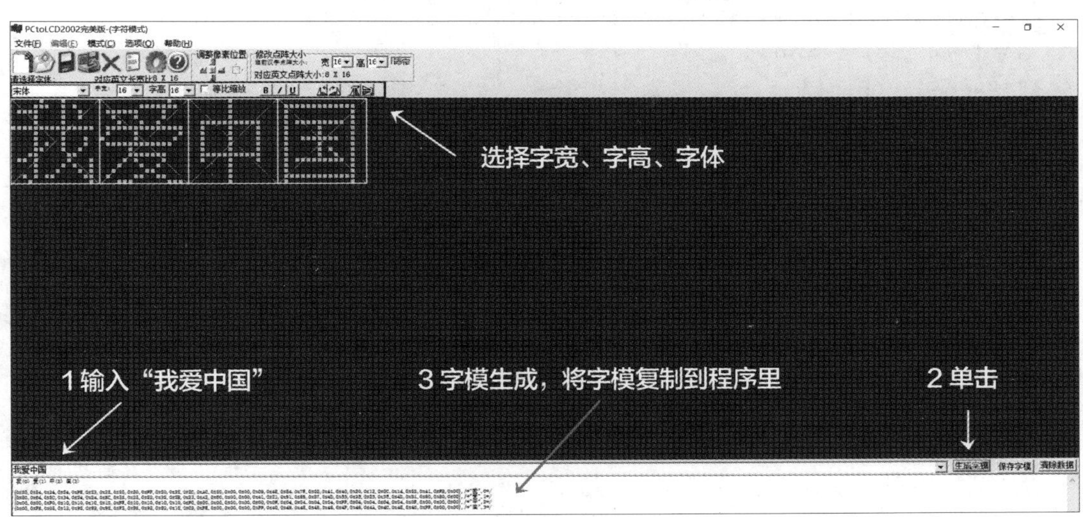


图 8-16 “我爱中国”字模

```
#define OLED_SCL_Clr() GPIO_ResetBits(GPIOG,GPIO_Pin_12)     //SCL
#define OLED_SCL_Set() GPIO_SetBits(GPIOG,GPIO_Pin_12)
#define OLED_SDA_Clr() GPIO_ResetBits(GPIOD,GPIO_Pin_5)      //DIN
#define OLED_SDA_Set() GPIO_SetBits(GPIOD,GPIO_Pin_5)
#define OLED_RES_Clr() GPIO_ResetBits(GPIOD,GPIO_Pin_4)      //RES
#define OLED_RES_Set() GPIO_SetBits(GPIOD,GPIO_Pin_4)
#define OLED_CMD  0                                          //写命令
#define OLED_DATA 1                                          //写数据
void OLED_ClearPoint(u8 x,u8 y);
void OLED_ColorTurn(u8 i);
void OLED_DisplayTurn(u8 i);
void IIC_Start(void);
void IIC_Stop(void);
void IIC_WaitAck(void);
void Send_Byte(u8 dat);
void OLED_WR_Byte(u8 dat,u8 mode);
void OLED_DisPlay_On(void);
void OLED_DisPlay_Off(void);
void OLED_Refresh(void);
void OLED_Clear(void);
void OLED_DrawPoint(u8 x,u8 y,u8 t);
void OLED_DrawLine(u8 x1,u8 y1,u8 x2,u8 y2,u8 mode);
void OLED_DrawCircle(u8 x,u8 y,u8 r);
void OLED_ShowChar(u8 x,u8 y,u8 chr,u8 size1,u8 mode);
void OLED_ShowChar6x8(u8 x,u8 y,u8 chr,u8 mode);
void OLED_ShowString(u8 x,u8 y,u8 *chr,u8 size1,u8 mode);
void OLED_ShowNum(u8 x,u8 y,u32 num,u8 len,u8 size1,u8 mode);
void OLED_ShowChinese(u8 x,u8 y,u8 num,u8 size1,u8 mode);    //显示汉字
void OLED_ScrollDisplay(u8 num,u8 space,u8 mode);
```

```
void OLED_ShowPicture(u8 x,u8 y,u8 sizex,u8 sizey,u8 BMP[],u8 mode);
void OLED_Init(void);                                          //OLED初始化
#endif
```

本项目生成的字模如下。

**oledfont.h**

```
const unsigned char Hzk1[][32]={
{0x20,0x24,0x24,0x24,0xFE,0x23,0x22,0x20,0x20,0xFF,0x20,0x22,0x2C,0xA0,0x20,
0x00,0x00,0x08,0x48,0x84,0x7F,0x02,0x41,0x40,0x20,0x13,0x0C,0x14,0x22,0x41,
0xF8,0x00},                                                    /*"我",1*/
{0x80,0x64,0x2C,0x34,0x24,0x24,0xEC,0x32,0x22,0x22,0x32,0x2E,0x23,0xA2,0x60,
0x00,0x00,0x41,0x21,0x91,0x89,0x87,0x4D,0x55,0x25,0x25,0x55,0x4D,0x81,0x80,
0x80,0x00},                                                    /*"爱",2*/
{0x00,0x00,0xF0,0x10,0x10,0x10,0x10,0xFF,0x10,0x10,0x10,0x10,0xF0,0x00,0x00,
0x00,0x00,0x00,0x0F,0x04,0x04,0x04,0x04,0xFF,0x04,0x04,0x04,0x04,0x0F,0x00,
0x00,0x00},                                                    /*"中",3*/
{0x00,0xFE,0x02,0x12,0x92,0x92,0x92,0xF2,0x92,0x92,0x92,0x12,0x02,0xFE,0x00,
0x00,0x00,0xFF,0x40,0x48,0x48,0x48,0x48,0x4F,0x48,0x4A,0x4C,0x48,0x40,0xFF,
0x00,0x00},                                                    /*"国",4*/
{0x10,0x10,0xF0,0x1F,0x10,0xF0,0x40,0x3C,0x10,0x10,0xFF,0x10,0x10,0x10,0x00,
0x00,0x40,0x22,0x15,0x08,0x16,0x21,0x40,0x42,0x42,0x42,0x7F,0x42,0x42,0x42,
0x40,0x00},                                                    /*"姓",5*/
{0x00,0x20,0x20,0x10,0x08,0x14,0x67,0x84,0x44,0x24,0x14,0x0C,0x00,0x00,0x00,
0x00,0x04,0x04,0x04,0x02,0xFE,0x43,0x43,0x42,0x42,0x42,0x42,0x42,0xFE,0x00,
0x00,0x00},                                                    /*"名",6*/
{0x02,0xE2,0x22,0x22,0x3E,0x80,0x80,0xFF,0x80,0xA0,0x90,0x88,0x86,0x80,0x80,
0x00,0x00,0x43,0x82,0x42,0x3E,0x00,0x00,0xFF,0x40,0x21,0x06,0x08,0x10,0x20,
0x40,0x00},                                                    /*"张",7*/
{0x00,0x04,0x84,0x84,0x84,0x84,0x84,0x84,0x84,0x84,0x84,0x84,0x84,0x04,0x00,
0x00,0x20,0x20,0x20,0x20,0x20,0x20,0x20,0x20,0x20,0x20,0x20,0x20,0x20,0x20,
0x20,0x00},                                                    /*"三",8*/
```

第六步：在oled.c文件中输入如下源程序。在程序里面包含显示汉字void OLED_ShowChinese(u8 x,u8 y,u8 num,u8 size1,u8 mode)、void OLED_ScrollDisplay(u8 num,u8 space,u8 mode)和void OLED_ShowPicture(u8 x,u8 y,u8 sizex,u8 sizey,u8 BMP[],u8 mode)，详细介绍见每条代码注释。

**oled.c** //详细代码见工程文件项目19 oled.c

第七步：在main.c文件中输入如下源程序。程序框架包含头文件、主函数和无限循环3部分，详细介绍见每条代码注释。

**main.c**

```
#include "delay.h"
#include "sys.h"
#include "oled.h"
#include "led.h"
/**********主函数*************/
```

```
int main(void)
{
    u8 a;
    /*******初始化****************/
    delay_init();
    LED_Init();
    OLED_Init();
    OLED_ColorTurn(0);                          //0 代表正常显示,1 代表反色显示
    OLED_DisplayTurn(0);                        //0 代表正常显示,1 代表屏幕翻转显示
    //LED0=0;
    while(1)
    {
        OLED_Refresh();                         //更新显存到 OLED
        OLED_ShowChinese(0,0,0,16,1);           //我
        OLED_ShowChinese(20,0,1,16,1);          //爱
        OLED_ShowChinese(40,0,2,16,1);          //中
        OLED_ShowChinese(60,0,3,16,1);          //国
        OLED_ShowString(0,20,"I Love China",16,1);
        OLED_ShowChinese(0,40,4,16,1);          //姓
        OLED_ShowChinese(20,40,5,16,1);         //名
        OLED_ShowString(40,40,":",16,1);        //:
        OLED_ShowChinese(60,40,6,16,1);         //张
        OLED_ShowChinese(80,40,7,16,1);         //三
    }
}
```

第八步：编译工程，直到没有错误和警告，会在 OBJ 文件夹中生成.hex 文件。

第九步：下载运行程序。通过 ISP 软件下载.hex 文件到开发板，查看效果。

STM32 控制 IIC 0.96 英寸 OLED 屏显示“我爱中国”效果如图 8-17 所示。

图 8-17　项目 20 的显示效果

### 8.6.2 项目考核评价表

项目考核评价表如表8-4所示。

表8-4 项目考核评价表

| 内容 | 目标 | 标准 | 方式 | 权重/% | 得分 |
|---|---|---|---|---|---|
| 知识与能力 | 基础知识掌握程度(5分) | 100分 | 以100分为基础，按照这4项的权重值给分 | 20 | |
| | 知识迁移情况(5分) | | | | |
| | 知识应变情况(5分) | | | | |
| | 使用工具情况(5分) | | | | |
| 工作与事业准备 | 出勤、诚信情况(4分) | | | 20 | |
| | 小组团队合作情况(4分) | | | | |
| | 学习、工作的态度与能力(3分) | | | | |
| | 严谨、细致、敬业(4分) | | | | |
| | 质量、安全、工期与成本(3分) | | | | |
| | 关注工作影响(2分) | | | | |
| 个人发展 | 时间管理情况(2分) | | | 10 | |
| | 提升自控力情况(2分) | | | | |
| | 书面表达情况(2分) | | | | |
| | 口头沟通情况(2分) | | | | |
| | 自学能力情况(2分) | | | | |
| 项目完成与展示汇报 | 项目完成与展示汇报情况(50分) | | | 50 | |
| 高级思维能力 | 创造性思维 | 10分 | 教师以10分为上限，奖励工作中有突出表现和特色做法的学生 | 加分项 | |
| | 评判性思维 | | | | |
| | 逻辑性思维 | | | | |
| | 工程性思维 | | | | |
| 项目成绩=知识与能力×20%+工作与事业准备×20%+个人发展×10%+项目完成与展示汇报×50%+高级思维能力(加分项) | | | | | |

## 8.7 拓展项目实践

### 项目21：STM32温湿度检测及控制器

**1. 项目要求**

(1) 掌握IIC的工作原理；

(2) 掌握IIC通信0.96英寸OLED屏显示的工作原理；

（3）掌握温湿度传感器 DHT11 的工作原理；

（4）掌握弱电控制强电的方法；

（5）掌握降温、除湿的手段；

（6）掌握 STM32 温湿度检测及控制器硬件连接；

（7）掌握 STM32 温湿度检测及控制器软件编程；

（8）熟悉调试、下载程序。

**2. 项目描述**

（1）实现原理：通过 DHT11 温湿度传感器，将检测到温湿度传送给 STM32，然后通过 OLED 显示屏显示出来。如果温度高于 27℃或者湿度大于 50%，开启对应的降温（这里风扇 1 转动代表进行降温）或除湿（这里风扇 2 转动代表进行除湿），也可以通过两个手动按键 KEY1、KEY2 来分别控制两个风扇转，采用外部中断实现。

（2）主要设备及器材如下。

① 笔记本电脑或台式计算机（内存不低于 4GB）。

② STM32F103ZET6 最小系统板一块、ISP 串口程序下载器、杜邦线几根、miniUSB 线一条、IIC 通信 0.96 英寸 OLED 屏模块一块、LED 模块一块、DHT11 温湿度传感器模块一块、2 路光耦隔离继电器模块一块、5V 风扇两个。

③ 配置相关软件（MDK、串口驱动等）。

（3）硬件连接与 I/O 定义。

项目 21：STM32 温湿度检测及控制器的硬件连接框图如图 8-18 所示。

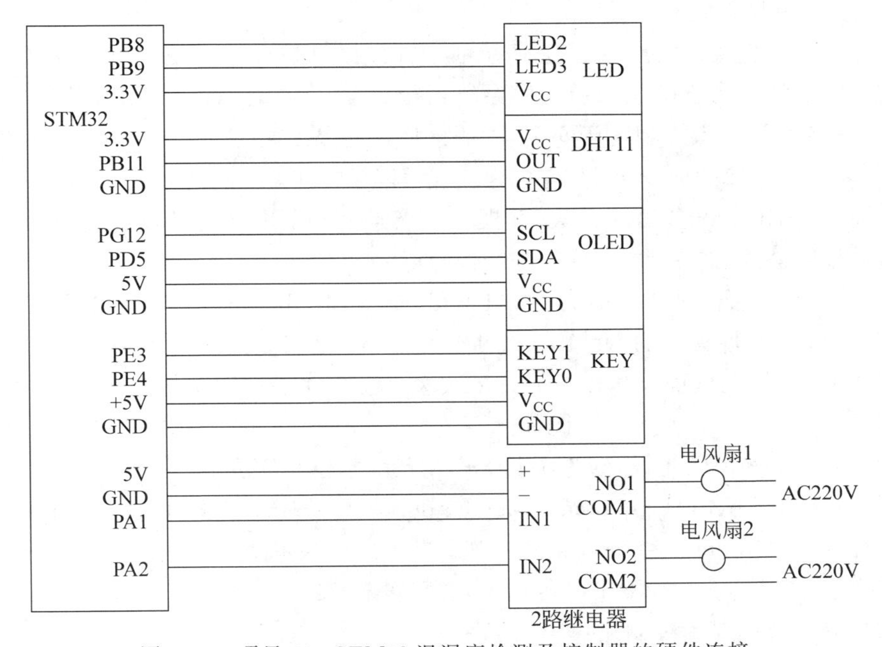


图 8-18　项目 21：STM32 温湿度检测及控制器的硬件连接

项目 21 I/O 定义如表 8-5 所示。

表 8-5 项目 21 I/O 定义

| MCU 控制引脚 | 定义 | 功 能 | 模 式 | 模块 |
|---|---|---|---|---|
| PB8 | LED2 | LED2 亮,表示温度控制是手动操作,灭表示自动控制 | 推挽输出 | LED 模块<br>led.h<br>led.c |
| PB9 | LED3 | LED3 亮,表示湿度控制是手动操作,灭表示自动控制 | 推挽输出 | |
| PB11 | OUT | DHT11 数据线 | 推挽输出 | DHT11 模块<br>dht11.h<br>dht11.c |
| PG12 | SCL | 时钟线 | 推挽输出 | 0.96 英寸 OLED 屏模块<br>oled.h<br>oled.c<br>oledfont.h |
| PD5 | SDA | 数据线 | 推挽输出 | |
| PE3 | KEY1 | 按键 1,温度手动风扇 1 控制 | 上拉输入 | 按键模块<br>key.h、key.c |
| PE4 | KEY0 | 按键 0,湿度手动风扇 2 控制 | 上拉输入 | |
| PA1 | IN1 | 继电器模块输入 1 | 推挽输出 | 继电器模块<br>jdq.h jdq.c |
| PA2 | IN2 | 继电器模块输入 2 | 推挽输出 | |

**3. 项目实施**

项目 21 实施步骤如下。

第一步：硬件连接。按照图 8-18 所示的硬件连接,用导线将开发板与各模块一一进行连接,风扇 1/风扇 2 先选择 5V 的风扇(系统运行正常后,在老师指导下,将其换成 AC220V 交流风扇,一定要注意人生和财产安全,责任自负),确保无误。

第二步：建工程模板。将项目 20 创建的工程模板文件夹复制到桌面上,在 HARDWARE 文件夹下面新建 DHT11、JDQ 文件夹,并把文件夹 USER 下的 20OLED 改名为 21wsdkzq,然后将工程模板编译一下,直到没有错误和警告为止。

第三步：新建文件,分别命名为 dht11.h、dht11.c、jdq.h、jdq.c,将 dht11.h、dht11.c 保存到 HARDWARE 文件夹下的 DHT11 文件夹里面,将 jdq.h、jdq.c 保存到 HARDWARE 文件夹下的 JDQ 文件夹里面,将 dht11.c、jdq.c 这两个文件添加到 HARDWARE 分组里面,然后添加 dht11.h、jdq.h 路径。

第四步：汉字字模的生成,参考项目 20 自行完成,这里不介绍。

第五步：在 led.h、dht11.h、oled.h、key.h、jdq.h、oledfont.h 文件中输入如下源程序。头文件里条件编译＃ifndef…＃endif 格式不变。将生成的字模复制粘贴到 oledfont.h 文件文字库中的末尾(关于 oledfont.h 的其他内容,这里没有介绍,读者可以参考项目 20,也可以在网上搜索得到),也可以单独创建一个文字库。

```
led.h                                              //详细代码见工程文件项目 20 led.h
dht11.h
#ifndef __DHT11_H__
#define __DHT11_H__
#include "stm32f10x_gpio.h"
```

```
#define DHT11_GPIO_TYPE GPIOB
#define DHT11_GPIO_PIN GPIO_Pin_11
#define DHT11_RCC RCC_APB2Periph_GPIOB
#define DHT11_OUT_H GPIO_SetBits(DHT11_GPIO_TYPE,DHT11_GPIO_PIN)
#define DHT11_OUT_L GPIO_ResetBits(DHT11_GPIO_TYPE,DHT11_GPIO_PIN)
#define DHT11_IN GPIO_ReadInputDataBit(DHT11_GPIO_TYPE,DHT11_GPIO_PIN)
void dht11_gpio_input(void);
void dht11_gpio_output(void);
u16 dht11_scan(void);
u16 dht11_read_bit(void);
u16 dht11_read_byte(void);
u16 dht11_read_data(u8 buffer[5]);
#endif
oled.h                                           //详细代码见工程文件项目 20 oled.h
key.h                                            //详细代码见工程文件项目 20 key.h
jdq.h
#ifndef __JDQ_H
#define __JDQ_H
#include "sys.h"
#define TemperatureController PAout(1)           //温度控制器
#define HumidityController PAout(2)              //湿度控制器
#define TemperatureController_ON GPIO_SetBits(GPIOA,GPIO_Pin_1)
#define TemperatureController_OFF GPIO_ResetBits(GPIOA,GPIO_Pin_1)
#define HumidityController_ON GPIO_SetBits(GPIOA,GPIO_Pin_2)
#define HumidityController_OFF GPIO_ResetBits(GPIOA,GPIO_Pin_2)
typedef enum
{
  manual = 0;                                    //手动,采用中断控制
  automatic = 1;                                 //自动,程序自动控制
}FlagMode;
extern FlagMode TemMode;                         //温度控制模式
extern FlagMode HumiMode;                        //湿度控制模式
void jdq_Init(void);
#endif
```

本项目生成的字模如下。

```
oledfont.h                                       //详细代码见工程文件项目 20 oledfont.h
```

第六步：在 led.c、dht11.c、oled.c、key.c、jdq.c 文件中输入如下源程序。在 oled.c 程序里面包含显示汉字 void OLED_ShowChinese(u8 x,u8 y,u8 num,u8 size1,u8 mode)、void OLED_ScrollDisplay(u8 num,u8 space,u8 mode)和 void OLED_ShowPicture(u8 x,u8 y,u8 sizex,u8 sizey,u8 BMP[],u8 mode),详细介绍见每条代码注释。

```
led.c                                            //详细代码见工程文件项目 20 led.c
dht11.c                                          //详细代码见工程文件项目 20 dht11.c
oled.c                                           //详细代码见工程文件项目 20 oled.c
key.c                                            //详细代码见工程文件项目 20 key.c
jdq.c
#include "jdq.h"
//默认控制模式为自动模式
FlagMode TemMode = automatic;                    //全局变量,温度模式状态
FlagMode HumiMode = automatic;                   //全局变量,湿度模式状态
void jdq_Init(void)
{
```

```
    GPIO_InitTypeDef  GPIO_InitStructure;
    RCC_APB2PeriphClockCmd(RCC_APB2Periph_GPIOA,ENABLE);
    GPIO_InitStructure.GPIO_Pin = GPIO_Pin_1;              //PA.1->IN1
    GPIO_InitStructure.GPIO_Mode = GPIO_Mode_Out_PP;       //推挽输出
    GPIO_InitStructure.GPIO_Speed = GPIO_Speed_50MHz;      //I/O口速度为50MHz
    GPIO_Init(GPIOA,&GPIO_InitStructure);                  //根据设定参数初始化GPIOA.1
    GPIO_ResetBits(GPIOA,GPIO_Pin_1);
    GPIO_InitStructure.GPIO_Pin = GPIO_Pin_2;              //PA.2->IN2
    GPIO_Init(GPIOA,&GPIO_InitStructure);                  //根据设定参数初始化GPIOA.2
    GPIO_ResetBits(GPIOA,GPIO_Pin_2);
}
```

第七步：在main.c文件中输入如下源程序。程序框架包含头文件、主函数和无限循环3部分，详细介绍见每条代码注释。

**main.c**

```
#include "stm32f10x.h"
#include "delay.h"
#include "sys.h"
#include "usart.h"
#include <stdio.h>
#include "oled.h"
#include "led.h"
#include "dht11.h"
#include "jdq.h"
#include "key.h"
#include "exti.h"
int main(void)
{
    int hum;
    int temp;
    u8 buffer[5];                                          //用来接收DHT11的数据
    //初始化
    delay_init();
    NVIC_PriorityGroupConfig(NVIC_PriorityGroup_2);        //中断优先级组2:2
    usart_config();
    jdq_Init();
    LED_Init();
    KEY_Init();
    EXTIX_Init();                                          //外部中断初始化
    OLED_Init();
    OLED_ColorTurn(0);                                     //0代表正常显示,1代表反显
    OLED_DisplayTurn(0);                                   //0代表不旋转,1代表旋转180°
    OLED_ShowTitle(16,0,0,16,1);                           //温湿度检测器
    OLED_ShowTitle(32,0,1,16,1);
    OLED_ShowTitle(48,0,2,16,1);
    OLED_ShowTitle(64,0,3,16,1);
    OLED_ShowTitle(80,0,4,16,1);
    OLED_ShowTitle(96,0,5,16,1);
    OLED_ShowTitle(0,16,0,16,1);                           //温度:℃
    OLED_ShowTitle(16,16,2,16,1);
    OLED_ShowTitle(32,16,9,16,1);
    OLED_ShowTitle(64,16,7,16,1);
    OLED_ShowTitle(0,40,1,16,1);                           //湿度:%
    OLED_ShowTitle(16,40,2,16,1);
```

```
    OLED_ShowTitle(32,40,9,16,1);
    OLED_ShowChar(64,40,'%',16,1);
    while(1)
    {
        if (dht11_read_data(buffer)== 0)                //获得温湿度数据
        {
            hum = buffer[0] + buffer[1] / 10;           //湿度
            temp = buffer[2] + buffer[3] / 10;          //温度
        }
        printf("temp:%d,humi:%d\n",temp,hum);           //调试用语句
        OLED_ShowNum(48,16,temp,2,16,1);                //将温度写入 OLED
        OLED_ShowNum(48,40,hum,2,16,1);                 //将湿度写入 OLED
        OLED_Refresh();                                 //更新 OLED 显示
        //如果温度高于 27 且控制模式是自动模式,那么打开降温风扇
        //如果温度低于 27 且控制模式是自动模式,那么关闭降温风扇
        //否则就是手动控制模式,交给中断控制
        if(temp>27&&TemMode==automatic)TemperatureController_ON;   /*降温*/
        else if(temp<=27&&TemMode==automatic)
        TemperatureController_OFF;                      //关闭降温
        //如果湿度大于 27 且控制模式是自动模式,那么打开降湿风扇
        //如果湿度小于 27 且控制模式是自动模式,那么关闭降湿风扇
        //否则就是手动控制模式,交给中断控制
        if(hum>50&&HumiMode==automatic)  HumidityController_ON;
                                              //HumidityController=1;降湿
        else if(hum<=50&&HumiMode==automatic)HumidityController_OFF;
        //HumidityController=0;关闭降湿
        //控制模式,如果是手动控制模式,那么点亮对应的 LED
        //如果对应的 LED 不亮,即是程序自动控制
        if(TemMode==manual)TemModeLED=0;            //如果温度是手动模式则点亮 LED
        else TemModeLED=1;
        if(HumiMode==manual)HumiModeLED=0;          /*如果湿度是手动模式则点亮 LED*/
        else HumiModeLED=1;
        delay_ms(500);
    };
}
```

第八步：编译工程，直到没有错误和警告，会在 OBJ 文件夹中生成.hex 文件。

第九步：下载运行程序。通过 ISP 软件下载.hex 文件到开发板，查看效果。

STM32 温湿度检测及控制器效果如图 8-19 所示。

(a) 温湿度正常值

(b) 湿度超过50%，风扇2开启

图 8-19　STM32 温湿度检测及控制器效果

**本章小结**

本章以榜样故事——中国航天之父钱学森的介绍开始，然后介绍IIC概述，详细分析IIC的基本原理、STM32的IIC特点及内部结构、STM32 IIC常用库函数、OLED显示屏，最后通过基本项目实践、拓展项目实践的训练，希望能够达到举一反三的效果。

# 练习与拓展

**一、单选题**

1. 钱学森于(　　)年被授予两弹一星功勋奖章。

A. 1996　　B. 1997　　C. 1998　　D. 1999

2. (　　)年在毛泽东主席和周恩来总理的争取下，以朝鲜战争空战中被俘的多名美军飞行员交换回中国。

A. 1954　　B. 1955　　C. 1956　　D. 1999

3. IIC为由恩智浦公司开发的(　　)式串行总线。

A. 九线　　B. 七线　　C. 六线　　D. 两线

4. 每个接到IIC器件都有一个(　　)身份标识。

A. 简单　　B. 唯一　　C. 控制　　D. 不确定

5. 为保证传输数据的可靠性，任意时刻总线只能由一台(　　)控制，其他设备均表现为(　　)。

A. 主机、从机　　B. 唯一　　C. 控制　　D. 不确定

6. 发送数据方称为(　　)，其可以是主机，也可以是从机。

A. 接收器　　B. 主机　　C. 发送器　　D. 从机

7. 接收数据方称为(　　)，其可以是主机，也可以是从机。

A. 接收器　　B. 主机　　C. 发送器　　D. 从机

8. IIC总线协议标准规定，IIC总线进行数据传送时，时钟信号SCL为(　　)期间，数据线上SDA的数据必须保持稳定。

A. 接收器　　B. 低电平　　C. 发送器　　D. 高电平

9. IIC总线协议标准规定，IIC总线进行数据传送时，只有在时钟线上的信号为(　　)期间，数据线上的高电平或低电平状态才允许变化。

A. 接收器　　B. 低电平　　C. 发送器　　D. 高电平

10. 起始信号：SCL为高电平时，SDA由高电平向低电平(　　)表示起始信号。

A. 上升沿　　B. 低电平　　C. 跳变　　D. 高电平

11. 终止信号：SCL为高电平时，SDA由低电平向高电平(　　)表示终止信号。

A. 下降沿　　B. 低电平　　C. 跳变　　D. 高电平

12. 当发送器件传输完一个字节的数据后，后面必须紧跟一个(　　)。

A. 下降沿　　B. 校验位　　C. 跳变　　D. 高电平

13. 发送到SDA线上的每个字节必须为(　　)位，高位(MSB)在前，低位(LSB)在后。

A. 8　　B. 32　　C. 16　　D. 64

14. 每个字节后必须跟一个响应位，响应信号宽度为(　　)位。

A. 2　　B. 1　　C. 3　　D. 4

15. 发送一字节的数据需要(　　)个 SCL 时钟脉冲。

A. 7　　B. 8　　C. 6　　D. 9

16. IIC 总线采用(　　)位的寻址字节。

A. 7　　B. 8　　C. 6　　D. 9

17. $R/\overline{W}$ 用于确定数据传送方向。$R/\overline{W}=$(　　)时，表示主机由从机接收(读)数据；$R/\overline{W}=$(　　)时，表示主机向从机发送(写)数据。

A. 1、1　　B. 0、1　　C. 0、0　　D. 1、0

18. IIC 传输位速率在快速模式下可达(　　)。

A. 3.4Mb/s　　B. 4.4Mb/s　　C. 400kb/s　　D. 100kb/s

19. 当向外(　　)的时候，数据移位寄存器以“数据寄存器”值为数据源，把数据一位一位地通过 SDA 信号线发送出去。

A. 结束信号　　B. 数据控制　　C. 发送数据　　D. 接收数据

20. 当从外部接收数据的时候，数据移位寄存器把 SDA 信号线采样到的数据一位一位地存储到(　　)中。

A. 地址寄存器　　B. 数据控制

C. 发送数据　　D. 数据寄存器

**二、多选题**

1. 钱学森代表作品有(　　)。

A. 工程控制论　　B. 物理力学讲义

C. 星际航行概论(1962 年出版)　　D. 论系统工程

2. IIC 接口优点为(　　)。

A. 接口线少　　B. 控制简单

C. 器件封装形式小　　D. 通信速率较高

3. IIC 应该具有(　　)。

A. 串行数据线 SDA

B. 每个连接到总线的器件都有唯一的地址

C. 两条线都是双向传输

D. 串行时钟线 SCL

4. IIC 总线在传输过程中的信号为(　　)。

A. 结束信号　　B. 空闲信号　　C. 开始信号　　D. 应答信号

5. STM32 的 IIC 内部结构主要包括(　　)电路等部分。

A. 结束信号　　B. 数据控制　　C. 控制逻辑　　D. 时钟控制

6. 0.96 英寸 OLED 有(　　)颜色可选。

A. 红色　　B. 蓝　　C. 黄蓝　　D. 白

7. 0.96 英寸 OLED IIC 四线接口模块引脚的定义为(　　)。

A. GND 引脚　　B. $V_{CC}$引脚　　C. SCL 引脚　　D. SDA 引脚

## 三、判断题

1. IIC传输位速率在标准模式下可达100kb/s。 ( )

2. 0.96英寸OLED分辨率为128×64。 ( )

## 四、拓展题

1. 用思维导图软件(XMind)画出本章的素质、知识、能力思维导图。

2. 简述学习钱学森事迹后，对你的学习或工作有什么帮助。

# 第9章

# STM32 DMA 原理与项目实践

**本章导读**

本章以榜样故事——独手焊侠卢仁峰的介绍开始，然后介绍 DMA 基本原理，并结合 STM32F103 讲解 DMA 的工作机理和使用方法，最后通过基本项目实践、拓展项目实践的训练，实现素质、知识、能力目标的融合达成。本章素质、知识、能力结构图如图 9-1 所示。

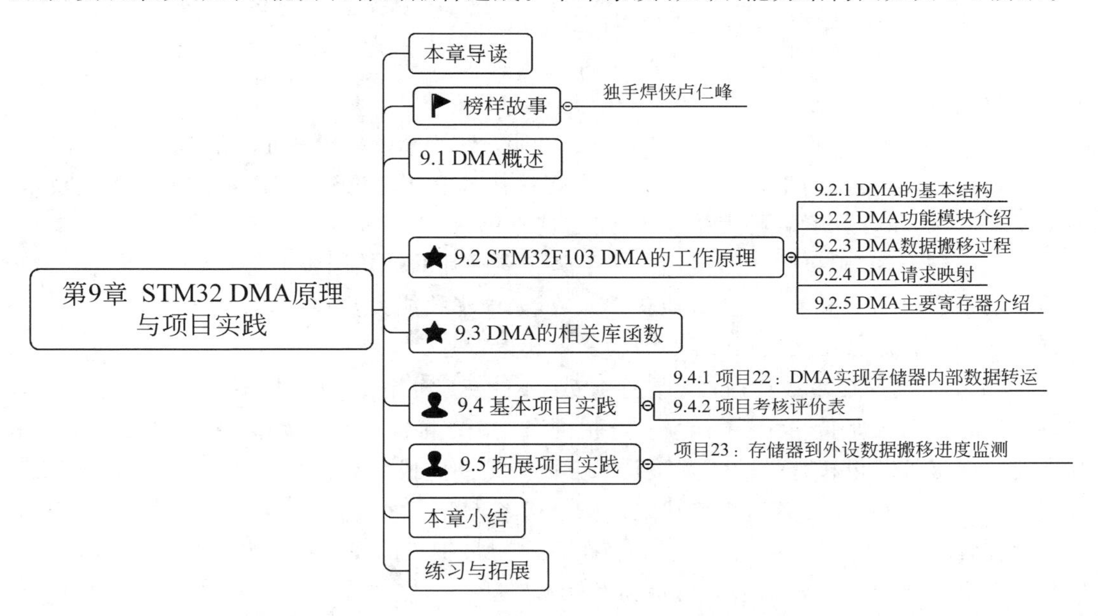


图 9-1 本章素质、知识、能力结构图

**本章学习目标**

**素质目标**：卢仁峰是身残志坚、不怕万难、无私奉献的榜样，培养学生不怕困难、乐于分享的品质，让学生明白在帮助他人的同时也是在提升自我。

**知识目标**：掌握 DMA 的概念、基本原理、相关库函数及应用场景。

**能力目标**：具备基本项目开发、创新拓展项目开发能力，培养学生解决综合问题能力和高级思维。

**榜样故事**

独手焊侠卢仁峰(见图9-2)。

图9-2 卢仁峰

**出生**：1963年

**籍贯**：内蒙古

**职业**：内蒙古第一机械集团有限公司大成装备制造公司高级焊接技师

**职称**：焊接技师

**政治面貌**：党员

**主要荣誉**：

2006年，内蒙古自治区五一劳动奖章。

2008年，第九届中华技能大奖。

2010年，第十届国家技能人才培育突出贡献奖。

2012年，入围"中国好人榜"。

2020年，入选感动中国2020年度人物候选人名单。

2021年，入选全国诚实守信模范候选人。

2021年，荣获第八届全国道德模范提名奖。

2022年，被评选为2021年"大国工匠年度人物"。

**人物简介**：

卢仁峰，男，1963年出生，16岁投身焊工事业，成为内蒙古第一机械集团的一名焊接工人。他积极进取，勇于向上，37年如一日，在焊接技术上从理论到实践，刻苦钻研焊接技术，追求精益求精，不停探索各种焊接技术，追求技术革新，最终成为一名高级技师。

卢仁峰被誉为"独手焊侠"，他用一只手坚守在平凡的焊接岗位上，演绎了不平凡的传奇人生。通过自己努力和不懈追求，他获誉无数，如中华技能大奖获得者、全国技术能手、中国兵器工业集团首席技师、自治区五一劳动奖章获得者等。

1986年一场焊接事故让卢仁峰左手致残，不能正常工作。但他却不放弃对焊接事业追求，坚定信念，每天坚持单手练习焊完50根焊条，在微束等离子弧焊接、钨极氩弧焊接技术和火花塞电极板与电极杆熔溶等焊接技术方面取得一定成绩，其中手工电弧焊单面、焊双面成型技术堪称一绝，压力容器焊接缺陷返修合格率为百分之百。

卢仁峰命运多舛，1996年不幸被掉落的吊车上炼钢用的风头砸中，送到医院，经过4天抢救才苏醒，脊椎受到损伤，治愈后每到天气不好就会疼痛。但他依然不放弃自己的焊接事业，他说："自己干活的时候就不注意这些疼痛了"。卢仁峰就这样一直坚持到今天，成为万众瞩目的"大国工匠"。

**人物事迹**：

卢仁峰的工作是将坦克的各种装甲钢板焊接连缀为一体。从最早的59式坦克，到现在正在研发的第四代新型主战坦克，卢仁峰都有参与攻关研发。

2009年，我国国庆阅兵装备的某型号轮式车辆首次批量生产，由于新型装甲材料碳含量高、刚性极大、蜗壳壁薄等特点，导致焊接变形和焊缝成型难以控制，严重影响装配质量和进度。卢仁峰主动请缨，他和工友们反复研究，采用"正反面焊接，以变制变"法，使该装备生产合格率从 60%提高到 96%。

2020 年,卢仁峰用独创的“短段双向减应力焊接操作法”为我国军用坦克装备高强高硬度壳体批产制造奠定基础,获得军工界的高度评价。

卢仁峰在自我突破的过程中,还给企业培养很多焊接后辈人才。在他的严格要求和指导下,数年间带出 40 多名徒弟,个个都成了技术上骨干。其中有“全国劳动模范”“五一劳动奖章”和“全国技术能手”获得者。同时,卢仁峰对焊接事业的热爱还感染了自己身边的亲人,他的爱人、弟弟、弟媳等家人相继干起了电焊工。在他的指导和帮助下,各个都成为优秀的焊接工人,其中两位成为高级技师,4 位成为技师。而且载誉颇丰,1 人获得“内蒙古自治区五一劳动奖章”,1 人获得“兵器工业集团级技术能手”。卢仁峰不光自己桃李满天下,自己的家庭也成为了名符其实的“焊工之家”。

## 9.1 DMA 概述

了解 DMA 基本概念之前,我们先来讨论一个实际生活中的案例:某学校的校长决定扩建图书馆,准备引入若干新书,该校长该怎么做?

方案 A:自己联系厂商,一批一批运过来,并亲自到现场协调调度,逐一搬到图书馆指定位置,完成整个图书馆扩建任务。

方案 B:任命一名图书馆管理员,将图书馆钥匙给他,并且告知他要引进书的厂商,书的种类和数量以及要摆放到图书馆的要求,剩下的事情交给图书馆管理员,管理员完成后通知校长。

显然方案 B 更合理一些,校长宝贵的时间用在图书馆扩建的具体事务上是一种极大的浪费,他的时间用在学校发展方向、学校规划这些重要的事务上才能极大发挥校长的才能。

回到主题,在计算机应用场景里,关于数据搬移是家常便饭。没有数据搬移,CPU 就没有数据处理源。没有数据处理,CPU 就失去了存在的意义。常见的数据搬移有:外部存储器 FLASH 搬到 SRAM/DDR 中,或者 UART 数据搬到 SRAM/DDR 中,或者 UART 数据搬移通过 SPI 接口发送到外设等。如此多的搬移场景,如果全部让 CPU 来参与,这样是对 CPU 的极大浪费。所以给 CPU 也配一名“图书馆管理员”——DMA(direct memory access,直接存储器访问),应用在外设与存储器之间、存储器与存储器之间提供高速数据传输,CPU 是无须全程参与快速移动数据的。

STM32F103 功能结构框图如图 9-3 所示。STM32F103 有 $DMA_1$、$DMA_2$ 两个控制器,有 12 个独立可配置的通道(请求),其中 $DMA_1$ 有 7 个通道,$DMA_2$ 有 5 个通道。每个通道都直接连接专用的硬件 DMA 请求,每个通道都支持软件触发。这些功能通过软件来配置。在同一个 DMA 模块上,多个请求间的优先权可以通过软件编程设置(共有 4 级:很高、高、中等和低),优先权设置相等时由硬件通道的编号来决定,通道 0 优先于通道 1,依此类推,通道号越小优先级越高。每个通道都有 3 个事件标志(DMA 半传输、DMA 传输完成和 DMA 传输出错),这 3 个事件标志逻辑或成为一个单独的中断请求。STM32 支持循环的缓冲器管理,可编程的数据传输数量最大为 65535。

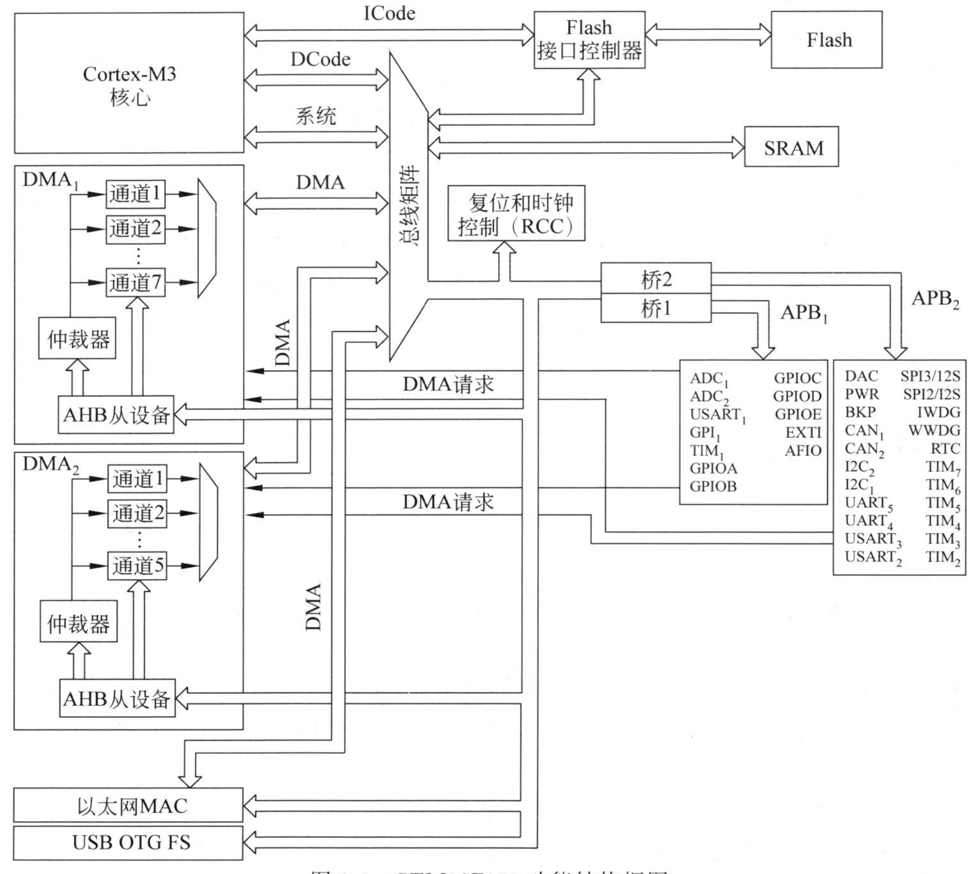


图 9-3　STM32F103 功能结构框图

# 9.2 STM32F103 DMA 的工作原理

## 9.2.1 DMA 的基本结构

DMA 是独立于 CPU 外的一个控制器，专门负责数据搬移，系统结构示意图如图 9-4 所示。

DMAC 通过得到 CPU 的授权，获得对总线的控制权，实现两个对象间数据搬移；当完成数据搬移后，再将总线控制权交还给 CPU，全程数据搬移无须 CPU 干预，实现快速数据搬移。DMA 支持 3 种情况的数据传输：外设到存储器、存储器到外设、存储器到存储器。

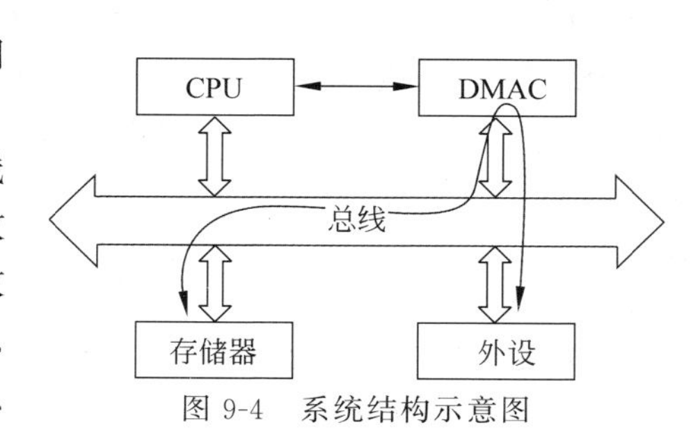


图 9-4　系统结构示意图

**【学习方法点拨】** 学习时要善于发现各个事务之间的联系，尽量与生活中的例子结合起来理解，这样，复杂的理论知识就变得浅显易懂了。我们知道 DMA 主要用来实现数据搬移的，如果接到一个搬书的任务，我们要关心的问题如书在哪、要搬到哪、一次搬多少、是搬一次之后把门关上(下次搬的时候再打开)还是一直开着连续搬完再关等,这些也是DMA搬移需要考虑的。在整个DMA的学习过程中,我们就可以带着这些问题去探索。通过生活中的常识理解嵌入式的知识,快速培养计算机思维,对以后应用嵌入式的理论知识去解决生活中的问题大有益处。

## 9.2.2 DMA功能模块介绍

DMA的功能模块分为AHB从器件编程接口、外设接口、存储器接口、仲裁器、FIFO和数据通道等。其DMAC硬件结构框图如图9-5所示,下面一一进行介绍。

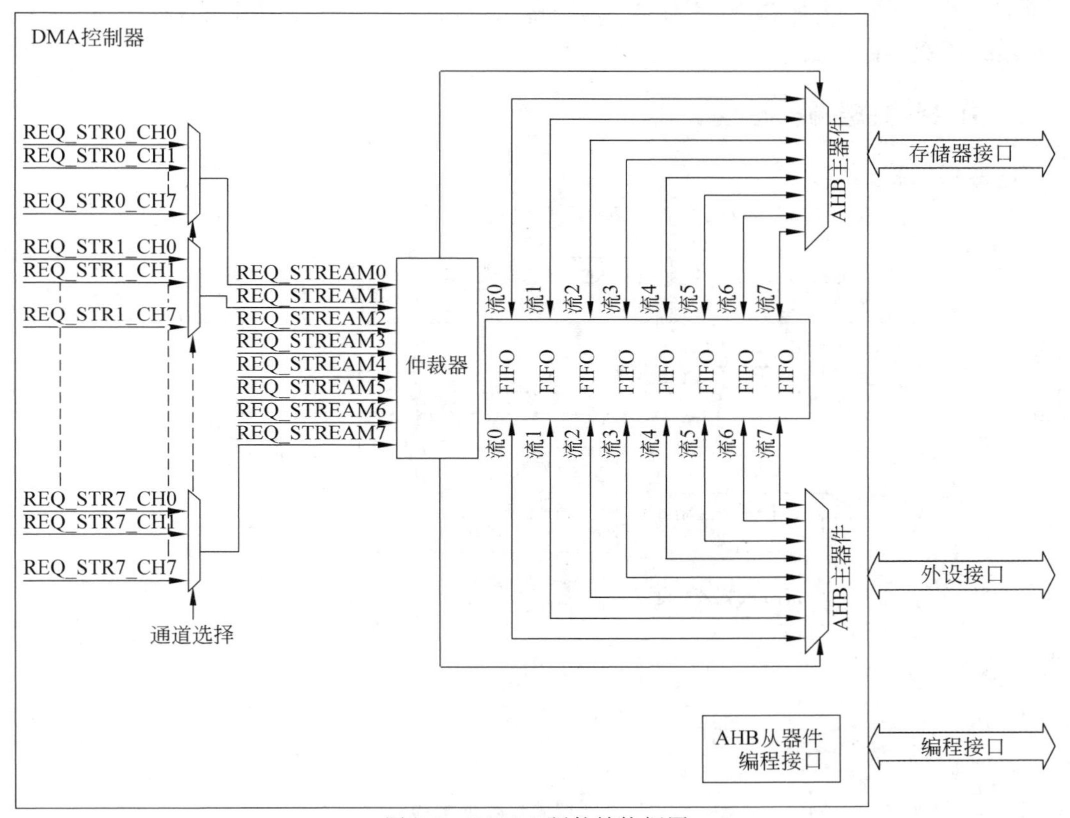


图9-5 DMAC硬件结构框图

### 1. AHB从器件编程接口

CPU通过它对DMA进行配置管理,通过配置定义DMA的数据搬移行为。数据搬移对象定义,如搬移数据量、搬移模式、搬移优先级等。

### 2. 外设接口和存储器接口

DMA有两个主接口:外设接口和存储器接口。它们与总线矩阵相连,总线矩阵协调DMA到存储器和外设的访问控制。以STM32F103为例,闪存、SRAM、外设的SRAM、$APB_1$、$APB_2$和AHB外设均可作为访问的源和目标。

### 3. 数据通道

一个DMA可支持多个外设与存储器间的数据搬移。DMA为每个外设提供一个数据传输请求通道，DMA响应对于通道的请求后则可启动该外设和存储器间的数据搬移。

**4. 仲裁器**

由于DMA可挂接多个外设，每个外设有一个数据通道，因此当多个外设同时发起请求时DMA必须做出选择，仲裁器就是根据CPU预设的优先级仲裁传输顺序的。传输优先级有4个等级：最高优先级→高优先级→中等优先级→低优先级，当出现优先级相等情况时则按照通道编号顺序传输，编号小的优先传输。

**5. FIFO**

DMA搬移数据的缓存，每个数据流都有一个独立的4字FIFO，阈值级别可由软件配置为1/4、1/2、3/4或满。当外设和存储器间传输位宽不一致时，必须采用缓存机制，解决两个对象间位宽差而导致数据不能对齐的问题。

### 9.2.3 DMA数据搬移过程

**1. 数据搬移过程介绍**

以外设往存储器搬移为例，分解DMA搬移数据时序和事务，如图9-6所示。

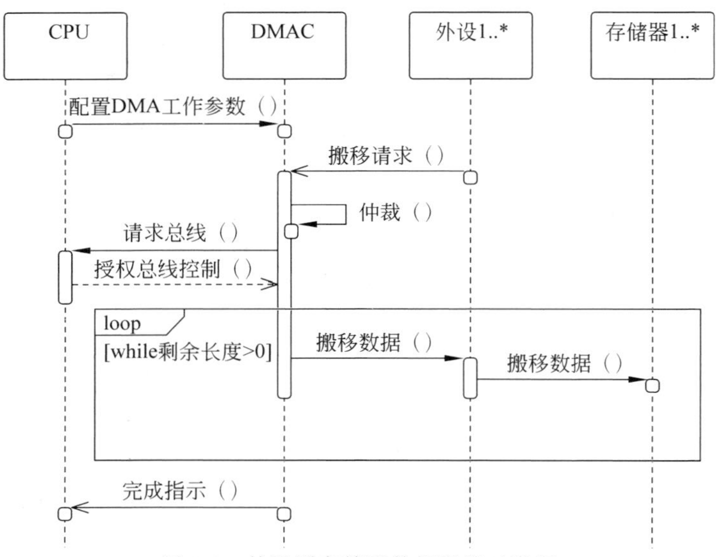


图9-6 外设到存储器数据搬移时序图

CPU先对DMA进行相关参数配置，包括搬移方向、搬移模式、搬移数据量、外设源地址、存储器目标地址等。外设发起搬移请求，DMAC仲裁，请求总线控制权，获取总线控制权，搬移数据，数据搬移完成后通知CPU。

**2. DMA外设接口和存储器接口的数据宽度配置**

结合本章开头的讨论，假设出版商的印刷厂就是外设，图书馆就是存储器，出版商对书的管理是一捆一捆的，一捆为若干本书，但图书馆的书是放在书架上的，一层摆放若干本书，两者的数量不一定完全是对等的。在数字电子器件世界里也一样，不是所有器件数据位宽都是一样的。DMA初始配置是需要指明存储器的位宽以及外设位宽，配置寄存器DMA_CCRx的PSIZE(配置外设接口数据宽度)和MSIZE(配置内存接口数据宽度)，可配置为字节、半字(2字节)和字(4字节)。STM32F103可编程的数据传输宽度、对齐方式和数据大小端操作等，如图 9-7 所示。当 PSIZE 和 MSIZE 不相同时，DMA 模块按照图 9-7 进行数据对齐。简单来说，就是对发送端和接收端数据位宽不一致问题的处理。

| 源端宽度 | 目标宽度 | 传输数量 | 源：地址/数据 | 传输操作 | 目标：地址/数据 |
|---|---|---|---|---|---|
| 8 | 8 | 4 | 0x0/B0<br>0x1/B1<br>0x2/B2<br>0x3/B3 | 1:在0x0读B0[7:0]，在0x0写B0[7:0]<br>2:在0x1读B1[7:0]，在0x1写B1[7:0]<br>3:在0x2读B2[7:0]，在0x2写B2[7:0]<br>4:在0x3读B3[7:0]，在0x3写B3[7:0] | 0x0/B0<br>0x1/B1<br>0x2/B2<br>0x3/B3 |
| 8 | 16 | 4 | 0x0/B0<br>0x1/B1<br>0x2/B2<br>0x3/B3 | 1:在0x0读B0[7:0]，在0x0写00B0[15:0]<br>2:在0x1读B1[7:0]，在0x2写00B1[15:0]<br>3:在0x2读B2[7:0]，在0x4写00B2[15:0]<br>4:在0x3读B3[7:0]，在0x6写00B3[15:0] | 0x0/00B0<br>0x2/00B1<br>0x4/00B2<br>0x6/00B3 |
| 8 | 32 | 4 | 0x0/B0<br>0x1/B1<br>0x2/B2<br>0x3/B3 | 1:在0x0读B0[7:0]，在0x0写000000B0[31:0]<br>2:在0x1读B1[7:0]，在0x4写000000B1[31:0]<br>3:在0x2读B2[7:0]，在0x8写000000B2[31:0]<br>4:在0x3读B3[7:0]，在0xC写000000B3[31:0] | 0x0/000000b0<br>0x4/000000B1<br>0x8/000000B2<br>0xC/000000B3 |
| 16 | 8 | 4 | 0x0/B1B0<br>0x2/B3B2<br>0x4/B5B4<br>0x6/B7B6 | 1:在0x0读B1B0[15:0]，在0x0写B0[7:0]<br>2:在0x2读B3B2[15:0]，在0x1写B2[7:0]<br>3:在0x4读B5B4[15:0]，在0x2写B4[7:0]<br>4:在0x6读B7B6[15:0]，在0x3写B6[7:0] | 0x0/B0<br>0x1/B2<br>0x2/B4<br>0x3/B6 |
| 16 | 16 | 4 | 0x0/B1B0<br>0x2/B3B2<br>0x4/B5B4<br>0x6/B7B6 | 1:在0x0读B1B0[15:0]，在0x0写B1B0[15:0]<br>2:在0x2读B3B2[15:0]，在0x2写B3B2[15:0]<br>3:在0x4读B5B4[15:0]，在0x4写B5B4[15:0]<br>4:在0x6读B7B6[15:0]，在0x6写B7B6[15:0] | 0x0/B1B0<br>0x2/B3B2<br>0x4/B5B4<br>0x6/B7B6 |
| 16 | 32 | 4 | 0x0/B1B0<br>0x2/B3B2<br>0x4/B5B4<br>0x6/B7B6 | 1:在0x0读B1B0[15:0]，在0x0写0000B1B0[31:0]<br>2:在0x2读B3B2[15:0]，在0x4写0000B3B2[31:0]<br>3:在0x4读B5B4[15:0]，在0x8写0000B5B4[31:0]<br>4:在0x6读B7B6[15:0]，在0xC写0000B7B6[31:0] | 0x0/0000B1B0<br>0x4/0000B3B2<br>0x8/0000B5B4<br>0xC/0000B7B6 |
| 32 | 8 | 4 | 0x0/B3B2B1B0<br>0x4/B7B6B5B4<br>0x8/BBBAB9B8<br>0xC/BFBEBDBC | 1:在0x0读B3B2B1B0[31:0]，在0x0写B0[7:0]<br>2:在0x4读B7B6B5B4[31:0]，在0x1写B4[7:0]<br>3:在0x8读BBBAB9B8[31:0]，在0x2写B8[7:0]<br>4:在0xC读BFBEBDBC[31:0]，在0x3写BC[7:0] | 0x0/B0<br>0x1/B4<br>0x2/B8<br>0x3/BC |
| 32 | 16 | 4 | 0x0/B3B2B1B0<br>0x4/B7B6B5B4<br>0x8/BBBAB9B8<br>0xC/BFBEBDBC | 1:在0x0读B3B2B1B0[31:0]，在0x0写B1B0[15:0]<br>2:在0x4读B7B6B5B4[31:0]，在0x2写B5B4[15:0]<br>3:在0x8读BBBAB9B8[31:0]，在0x4写B9B8[15:0]<br>4:在0xC读BFBEBDBC[31:0]，在0x6写BDBC[15:0] | 0x0/B1B0<br>0x2/B5B4<br>0x4/B9B8<br>0x6/BDBC |
| 32 | 32 | 4 | 0x0/B3B2B1B0<br>0x4/B7B6B5B4<br>0x8/BBBAB9B8<br>0xC/BFBEBDBC | 1:在0x0读B3B2B1B0[31:0]，在0x0写B3B2B1B0[31:0]<br>2:在0x4读B7B6B5B4[31:0]，在0x4写B7B6B5B4[31:0]<br>3:在0x8读BBBAB9B8[31:0]，在0x8写BBBAB9B8[31:0]<br>4:在0xC读BFBEBDBC[31:0]，在0xC写BFBEBDBC[31:0] | 0x0/B3B2B1B0<br>0x4/B7B6B5B4<br>0x8/BBBAB9B8<br>0xC/BEBEBDBC |

图 9-7 可编程的数据传输宽度和大小端操作

### 3. DMA 搬移数据量配置

图书馆的扩建是有规模规划的，校长会明确要求需要引进多少本书。DMA 也如此，通过配置 DMA_CNDTRx 寄存器指定外设要搬移数据长度，每传输一次后，DMA_CNDTRx 中值递减 1，递减为 0 时，DMA 停止传输。也可能存在一种情况，即要搬移数据长度未知，比如印刷厂因为原料缺货，无法一次完成交货，所以单次送书数量就会由印刷厂当时实际供货能力决定，印刷厂送多少本，图书馆就只能接收多少本。在 DMA 传输时，外设传输的数据量未知，外设通过发送数据传输的结束信号停止传输，此种方式需要外设具备 SDIO 接口。

### 4. DMA 数据传输地址配置

印刷厂准备好书后，一般会将书存放在自己的仓库里，这里的印刷厂仓库就是 DMA 数据搬移外设的源地址，而图书馆及具体的书架就是 DMA 数据搬移的目的地址。在

STM32F103芯片上，DMA外设地址配置到寄存器DMA_CPARx，存储器的地址配置到DMA_CMARx寄存器。DMA在数据搬移过程中，通过设置DMA_CCRx寄存器中的PINC和MINC标志位达成外设和存储器的指针在每次传输后可以有选择地完成自动增量。

**5. DMA传输模式配置**

STM32F103 DMA有两种传输模式：循环模式和非循环模式。循环模式就像长期雇用的搬运工，全天候工作，一直在做搬运工作。循环模式用于处理循环缓冲区和连续的数据传输(如ADC的扫描模式)。在DMA_CCRx寄存器中的CIRC位可开启这一功能。当启动了循环模式，数据传输的数量变为0时，DMA_CNDTRx寄存器的内容会自动地被重新加载为其初始数值，内部的当前外设/存储器地址寄存器也被重新加载为DMA_CPARx/DMA_CMARx寄存器设定的初始基地址。

非循环模式则像临时雇用搬运工，搬运任务结束，合同就解除了，如要搬移时需要再次协商。在非循环模式中，设置DMA_CCRx寄存器中的PINC和MINC标志位，外设和存储器的指针在每次传输后可以有选择地完成自动增量。当设置为增量模式时，下一个要传输的地址将在前一个地址加上增量值，增量值等于配置的传输位宽。当设置了DMA_CCRx寄存器中的MEM2MEM位后，在软件设置了DMA_CCRx寄存器中的EN位启动DMA通道时，DMA传输将马上开始。当DMA_CNDTRx寄存器变为0时，DMA传输结束。

**【注意】** 两种模式不能同时使用。

**6. DMA仲裁器配置**

如前文所述，DMA支持多个通道，每个通道需要配置传输优先级，我们可以通过配置对应通道DMA_CCRx寄存器的PL[1:0]位来设置通道的优先级。

**7. DMA通道启用**

完成以上配置后，设置DMA_CCRx寄存器的ENABLE位，启动通道。

说明：DMA通道$x$代表通道号，即每个通道都有一套寄存器，如DMA_CCR0就是第0通道的位宽寄存器。

**8. DMA工作指示**

回到图书馆扩建案例中，校长将图书馆扩建事务交给图书馆管理员后，剩下就是关注进度了。图书管理员需要不定期把最新进展报告给校长，以便校长做风险控制。比如，万一印刷厂因资金短缺或其他意外而导致停工、进度滞后，扩展工作就会受影响，图书管理员需要及时通知校长，选备用方案。DMA设计了传输过半、传输完成和传输出错3种中断事件，如图9-8所示。当3个事件发生时，中断通知CPU。

| 中断事件 | 事件标志位 | 使能控制位 |
| --- | --- | --- |
| 传输过半 | HTIF | HTIE |
| 传输完成 | TCIF | TCIE |
| 传输错误 | TEIF | TEIE |

图9-8　DMA中断事件

读写一个保留的地址区域将会产生DMA传输错误。当发生DMA传输错误时，硬件会自动地清除发生错误的通道所对应的通道配置寄存器(DMA_CCRx)的EN位，该通道操作被停止。此时,在 DMA_IFR 寄存器中对应该通道的传输错误中断标志位(TEIF)将被置位,如果在 DMA_CCRx 寄存器中设置了传输错误中断允许位,则将产生中断。

### 9.2.4 DMA 请求映射

STM32F103 有两个 DMA 控制器,其中 $DMA_1$ 有 7 个通道,$DMA_2$ 有 5 个通道。下面分别介绍两个 DMA 控制器与外设的映射关系。

**1. $DMA_1$ 控制器请求映射**

从外设(TIM$x$($x$=1、2、3、4)、$ADC_1$、$SPI_1$、SPI/I2S2、IIC$x$($x$=1、2)和 USART$x$($x$=1、2、3))产生的 7 个请求通过逻辑或输入到 $DMA_1$ 控制器,如图 9-9 所示。同一时刻只有一个请求生效。外设的 DMA 请求可以通过设置相应外设寄存器中的控制位被独立地开启或关闭。各个通道的 $DMA_1$ 请求汇总如图 9-10 所示。

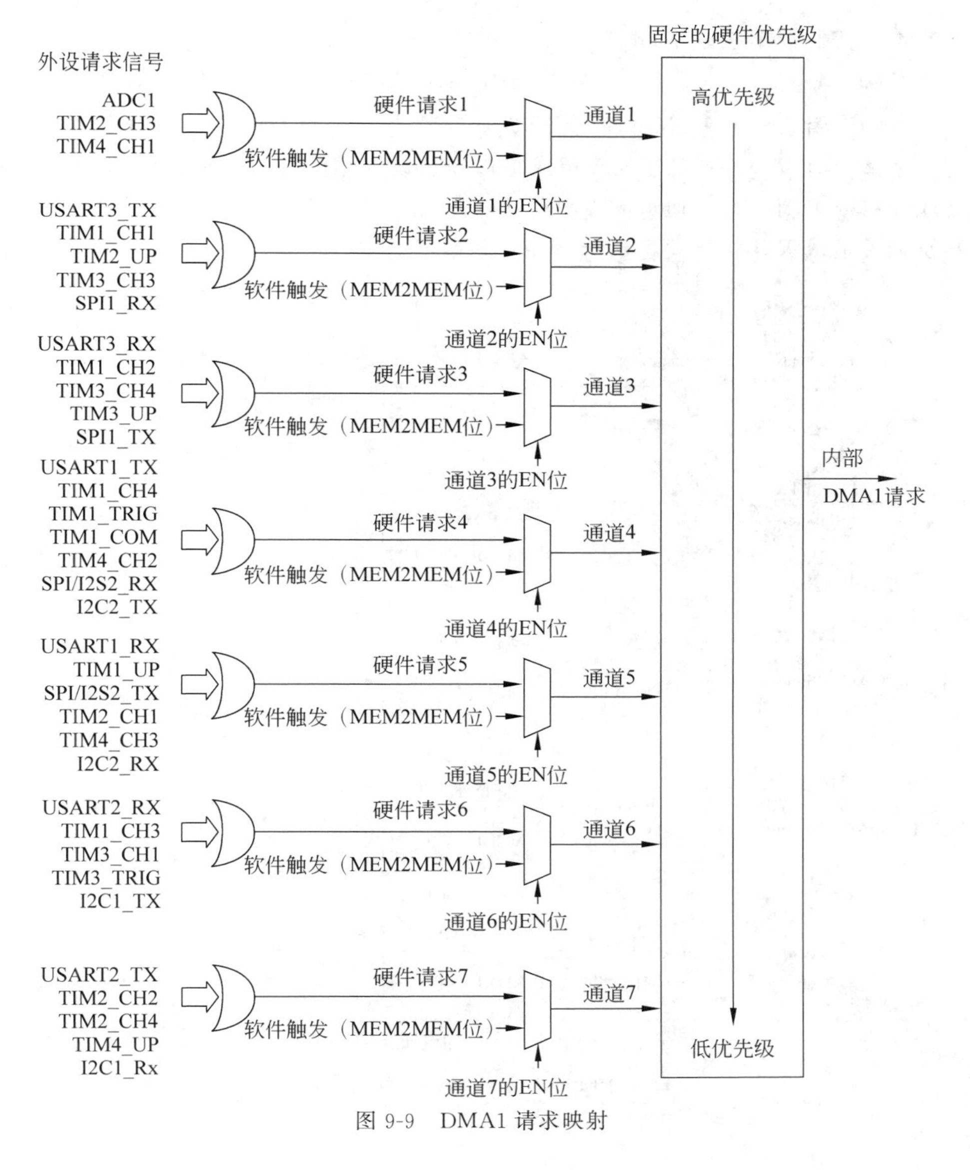


图 9-9 DMA1 请求映射

| 外设 | 通道1 | 通道2 | 通道3 | 通道4 | 通道5 | 通道6 | 通道7 |
|---|---|---|---|---|---|---|---|
| ADC1 | ADC1 | | | | | | |
| SPI/I2S | | SPI1_RX | SPI1_TX | SPI/I2S2_RX | SPI/I2S2_TX | | |
| USART | | USART3_TX | USART3_RX | USART1_TX | USART1_RX | USART2_RX | USART2_TX |
| I2C | | | | I2C2_TX | I2C2_RX | I2C1_TX | I2C1 RX |
| $TIM_1$ | | TIM1_CH1 | TIM1_CH2 | TIM1_TX4<br>TIM1_TRIG<br>TIM1_COM | TIM1_UP | TIM1_CH3 | |
| $TIM_2$ | TIM2_CH3 | TIM2_UP | | | TIM2_CH1 | | TIM2_CH2<br>TIM2_CH4 |
| $TIM_3$ | | TIM3_CH3 | TIM3_CH4<br>TIM3_UP | | | TIM3_CH1<br>TIM3_TRIG | |
| $TIM_4$ | TIM4_CH1 | | | TIM4_CH2 | TIM4_CH3 | | TIM4_UP |

图 9-10　$DMA_1$ 的 7 个通道请求汇总

**2. $DMA_2$ 控制器请求映射**

从外设（TIM$x$（$x$=5、6、7、8）、ADC3、SPI/I2S3、$UART_4$、DAC 通道 1、2 和 SDIO）产生的 5 个请求经逻辑或输入 $DMA_2$ 控制器，如图 9-11 所示。与 $DMA_1$ 一样，$DMA_2$ 同一时刻只能有一个请求有效。外设的 DMA 请求可以通过设置相应外设寄存器中的 DMA 控制位被独立地开启或关闭。各个通道的 $DMA_2$ 请求汇总如图 9-12 所示。需要注意的是，$DMA_2$ 控制器及相关请求仅存在于大容量产品和互联型产品中。

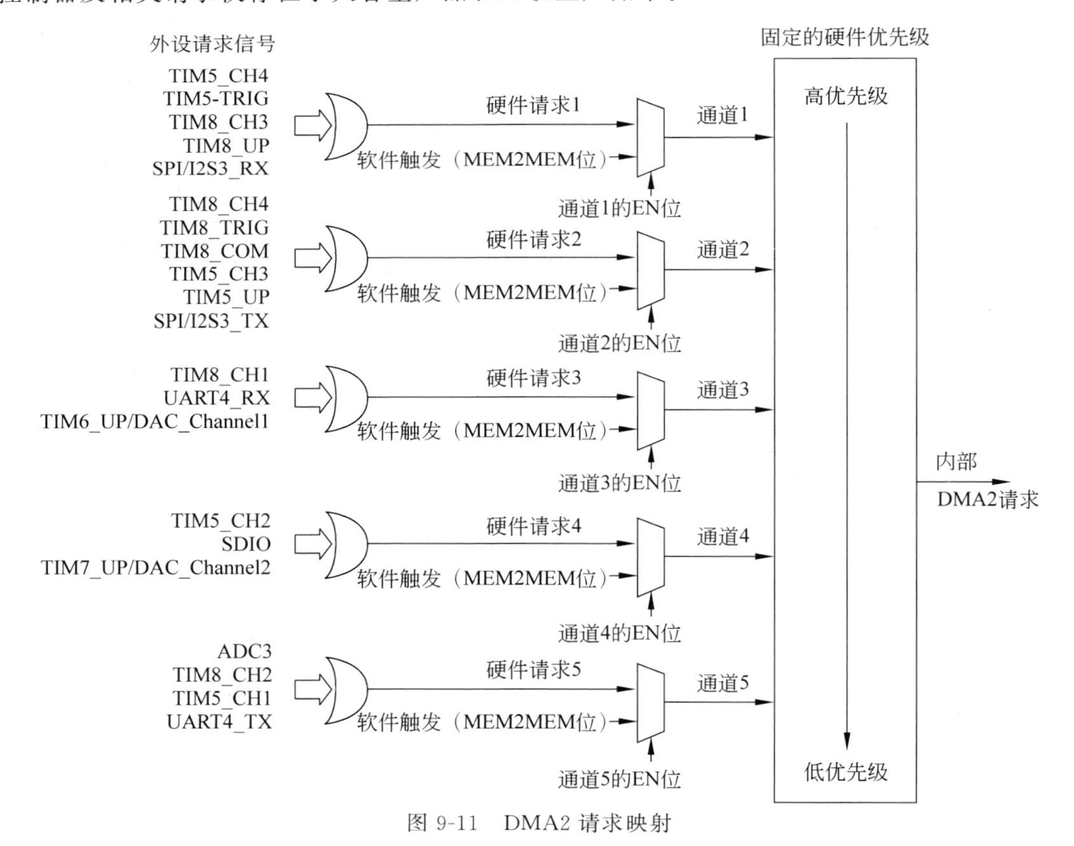


图 9-11　DMA2 请求映射

| 外设 | 通道1 | 通道2 | 通道3 | 通道4 | 通道5 |
| --- | --- | --- | --- | --- | --- |
| ADC3[(1)] | | | | | ADC3 |
| SPI/I2S3 | SPI/I2S3_RX | SPI/I2S3_TX | | | |
| $UART_4$ | | | UART4_RX | | UART4_TX |
| SDIO[(1)] | | | | SDIO | |
| $TIM_5$ | TIM5_CH4<br>TIM5_TRIG | TIM5_CH3<br>TIM5_UP | | TIM5_CH2 | TIM5_CH1 |
| $TIM_6$/<br>DAC通道1 | | | TIM6_UP/<br>DAC通道1 | | |
| $TIM_7$/<br>DAC通道2 | | | | TIM7_UP/<br>DAC通道2 | |
| TIM8[(1)] | TIM8_CH3<br>TIM8_UP | TIM8_CH4<br>TIM8_TRIG<br>TIM8_COM | TIM8_CH1 | | TIM8_CH2 |

图 9-12 $DMA_2$ 的 5 个通道请求汇总

### 9.2.5 DMA 主要寄存器介绍

**1. DMA 中断状态寄存器(DMA_ISR)**

偏移地址：0x00

复位值：0x0000 0000

作用：该寄存器可以获取 DMA 传输的状态标志。需要注意的是，该寄存器为只读寄存器，所以在这些位被置位后需要通过其他操作来清除。DMA 中断状态寄存器各 bit 定义如图 9-13 所示，寄存器的详细说明如图 9-14 所示。

| 31 | 30 | 29 | 28 | 27 | 26 | 25 | 24 | 23 | 22 | 21 | 20 | 19 | 18 | 17 | 16 |
| --- | --- | --- | --- | --- | --- | --- | --- | --- | --- | --- | --- | --- | --- | --- | --- |
| 保留 | | | | TEIF7 | HTIF7 | TCIF7 | GIF7 | TEIF6 | HTIF6 | TCIF6 | GIF6 | TEIF5 | HTIF5 | TCIF5 | GIF5 |
| | | | | r | r | r | r | r | r | r | r | r | r | r | r |
| **15** | **14** | **13** | **12** | **11** | **10** | **9** | **8** | **7** | **6** | **5** | **4** | **3** | **2** | **1** | **0** |
| TEIF4 | HTIF4 | TCIF4 | GIF4 | TEIF3 | HTIF3 | TCIF3 | GIF3 | TEIF2 | HTIF2 | TCIF2 | GIF2 | TEIF1 | HTIF1 | TCIF1 | GIF1 |
| r | r | r | r | r | r | r | r | r | r | r | r | r | r | r | r |

图 9-13 DMA 中断状态寄存器(DMA_ISR)各 bit 定义

**2. DMA 中断标志清除寄存器(DMA_IFCR)**

偏移地址：0x04

复位值：0x0000 0000

作用：通过往寄存器的 bit 写 1 来清除 DMA 中断状态寄存器(DMA_ISR)中被置 1 的相应状态标志。DMA 中断标志清除寄存器各 bit 定义如图 9-15 所示，寄存器的详细说明如图 9-16 所示。

**3. DMA 通道 *x* 配置寄存器(DMA_CCR*x*)**

偏移地址：0x08＋20x(通道编号－1)

复位值：0x0000 0000

作用：配置 DMA 通道模式、通道优先级、数据宽度、传输方向、地址是否增量、循环模式、中断允许、通道使能等参数。DMA 通道 $x$ 配置寄存器各 bit 定义如图 9-17 所示，寄存

| 位31:28 | 保留，始终读为0。 |
|---|---|
| 位27、23、19、15、11、7、3 | TEIF*x*: 通道*x*的传输错误标志（*x*=1, 2, …, 7）。<br>硬件设置这些位。在DMA_IFCR寄存器的相应位写入“1”可以清除这里对应的标志位。<br>0: 在通道*x*没有传输错误（TE）；<br>1: 在通道*x*发生了传输错误。 |
| 位26、22、18、14、10、6、2 | HTIF*x*: 通道*x*的半传输标志（*x*=1, 2, …, 7）。<br>硬件设置这些位。在DMA_IFCR寄存器的相应位写入“1”可以清除这里对应的标志位。<br>0: 在通道*x*没有半传输事件（HT）；<br>1: 在通道*x*产生了半传输事件。 |
| 位25、21、17、13、9、5、1 | TCIF*x*: 通道*x*的传输完成标志（*x*=1, 2, …, 7）。<br>硬件设置这些位。在DMA_IFCR寄存器的相应位写入“1”可以清除这里对应的标志位。<br>0: 在通道*x*没有传输完成事件（TC）；<br>1: 在通道*x*产生了传输完成事件。 |
| 位24、20、16、12、8、4、0 | GIF*x*: 通道*x*的全局中断标志（*x*=1, 2, …, 7）。<br>硬件设置这些位。在DMA_IFCR寄存器的相应位写入“1”可以清除这里对应的标志位。<br>0: 在通道*x*没有TE、HT或TC事件;<br>1: 在通道*x*产生了TE、HT或TC事件。 |

图 9-14 DMA 中断状态寄存器(DMA_ISR)说明

| 31 | 30 | 29 | 28 | 27 | 26 | 25 | 24 | 23 | 22 | 21 | 20 | 19 | 18 | 17 | 16 |
|---|---|---|---|---|---|---|---|---|---|---|---|---|---|---|---|
| 保留 | | | | CTEIF7 | CHTIF7 | CTCIF7 | CGIF7 | CTEIF6 | CHTIF6 | CTCIF6 | CGIF6 | CTEIF5 | CHTIF5 | CTCIF5 | CGIF5 |
| | | | | rw | rw | rw | rw | rw | rw | rw | rw | rw | rw | rw | rw |

| 15 | 14 | 13 | 12 | 11 | 10 | 9 | 8 | 7 | 6 | 5 | 4 | 3 | 2 | 1 | 0 |
|---|---|---|---|---|---|---|---|---|---|---|---|---|---|---|---|
| CTEIF4 | CHTIF4 | CTCIF4 | CGIF4 | CTEIF3 | CHTIF3 | CTCIF3 | CGIF3 | CTEIF2 | CHTIF2 | CTCIF2 | CGIF2 | CTEIF1 | CHTIF1 | CTCIF1 | CGIF1 |
| rw | rw | rw | rw | rw | rw | rw | rw | rw | rw | rw | rw | rw | rw | rw | rw |

图 9-15 DMA 中断标志清除寄存器(DMA_IFCR)各 bit 定义

| 位31:28 | 保留，始终读为0。 |
|---|---|
| 位27、23、19、15、11、7、3 | CTEIF*x*: 清除通道*x*的传输错误标志（*x*=1, 2, …, 7）。<br>这些位由软件设置和清除。<br>0: 不起作用；<br>1: 清除DMA_ISR寄存器中的对应TEIF标志。 |
| 位26、22、18、14、10、6、2 | CHTIF*x*: 清除通道*x*的半传输标志（*x*=1, 2, …, 7）。<br>这些位由软件设置和清除。<br>0: 不起作用；<br>1: 清除DMA_ISR寄存器中的对应HTIF标志。 |
| 位25、21、17、13、9、5、1 | CTCIF*x*: 清除通道*x*的传输完成标志（*x*=1, 2, …, 7）。<br>这些位由软件设置和清除。<br>0: 不起作用；<br>1: 清除DMA_ISR寄存器中的对应TCIF标志。 |
| 位24、20、16、12、8、4、0 | CGIF*x*: 清除通道*x*的全局中断标志（*x*=1, 2, …, 7）。<br>这些位由软件设置和清除。<br>0: 不起作用；<br>1: 清除DMA_ISR寄存器中的对应的GIF、TEIF、HTIF和TCIF标志。 |

图 9-16 DMA 中断标志清除寄存器(DMA_IFCR)说明

器的详细说明如图 9-18 和图 9-19 所示。

| 31 | 30 | 29 | 28 | 27 | 26 | 25 | 24 | 23 | 22 | 21 | 20 | 19 | 18 | 17 | 16 |
|---|---|---|---|---|---|---|---|---|---|---|---|---|---|---|---|
| 保留 | | | | | | | | | | | | | | | |

| 15 | 14 | 13 | 12 | 11 | 10 | 9 | 8 | 7 | 6 | 5 | 4 | 3 | 2 | 1 | 0 |
|---|---|---|---|---|---|---|---|---|---|---|---|---|---|---|---|
| 保留 | MEM2MEM | PL[1:0] | | MSIZE[1:0] | | PSIZE[1:0] | | MINC | PINC | CIRC | DIR | TEIE | HTIE | TCIE | EN |
| | rw | rw | rw | rw | rw | rw | rw | rw | rw | rw | rw | rw | rw | rw | rw |

图 9-17 DMA 通道 $x$ 配置寄存器(DMA_CCRx)各 bit 定义

| 位 | 说明 |
|---|---|
| 位14 | MEM2MEM: 存储器到存储器模式。<br>该位由软件设置和清除。<br>0: 非存储器到存储器模式;<br>1: 启动存储器到存储器模式。 |
| 位13:12 | PL[1:0]: 通道优先级。<br>这些位由软件设置和清除。<br>00: 低;<br>01: 中;<br>10: 高;<br>11: 最高。 |
| 位11:10 | MSIZE[1:0]: 存储器数据宽度。<br>这些位由软件设置和清除。<br>00: 8位;<br>01: 16位;<br>10: 32位;<br>11: 保留。 |
| 位9:8 | PSIZE[1:0]: 外设数据宽度。<br>这些位由软件设置和清除。<br>00: 8位;<br>01: 16位;<br>10: 32位;<br>11: 保留; |
| 位7 | MINC: 存储器地址增量模式。<br>该位由软件设置和清除。<br>0: 不执行存储器地址增量操作;<br>1: 执行存储器地址增量操作。 |
| 位6 | PINC: 外设地址增量模式。<br>该位由软件设置和清除。<br>0: 不执行外设地址增量操作;<br>1: 执行外设地址增量操作。 |

图 9-18 DMA 通道 $x$ 配置寄存器(DMA_CCR$x$)说明 1

**4. DMA 通道 $x$ 传输数量寄存器(DMA_CNDTR$x$)**

偏移地址：0x0C＋20x(通道编号－1)

复位值：0x0000 0000

作用：配置 DMA 通道的数据传输数量，范围为 0～65535。DMA 通道 $x$ 传输数量寄存器各 bit 定义如图 9-20 所示，寄存器的详细说明如图 9-21 所示。

**【注意】** 该寄存器在通道未启动工作的时候可以用来设置传输的数量。当 DMA 通道

| | |
|---|---|
| 位5 | CIRC: 循环模式。<br>该位由软件设置和清除。<br>0: 不执行循环操作；<br>1: 执行循环操作。 |
| 位4 | DIR: 数据传输方向。<br>该位由软件设置和清除。<br>0: 从外设读；<br>1: 从存储器读。 |
| 位3 | TEIE: 允许传输错误中断。<br>该位由软件设置和清除。<br>0: 禁止TE中断；<br>1: 允许TE中断。 |
| 位2 | HTIE: 允许半传输中断。<br>该位由软件设置和清除。<br>0: 禁止HT中断；<br>1: 允许HT中断。 |
| 位1 | TCIE: 允许传输完成中断。<br>该位由软件设置和清除。<br>0: 禁止TC中断;<br>1: 允许TC中断。 |
| 位0 | EN: 通道开启。<br>该位由软件设置和清除。<br>0: 通道不工作；<br>1: 通道开启。 |

图 9-19　DMA 通道 $x$ 配置寄存器(DMA_CCR$x$)说明 2

开启传输后，该寄存器变成只读，指示的是数据传输数量中剩余待传输的字节数量。所以启动后的值会随着传输的进行而减少，当该寄存器的值为 0 时，就代表着此次传输已经全部结束了。

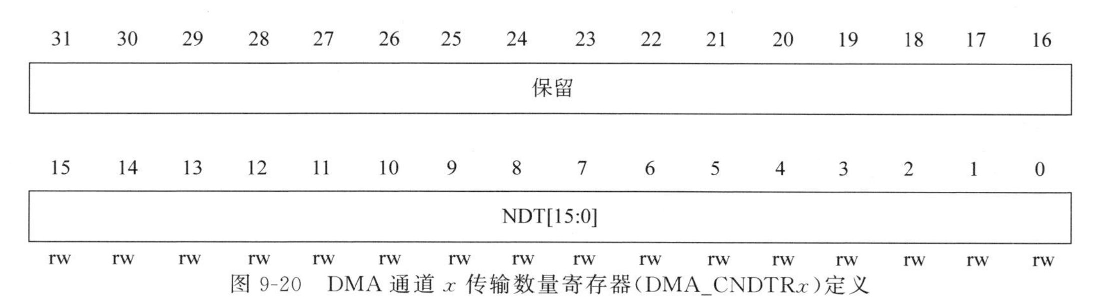


图 9-20　DMA 通道 $x$ 传输数量寄存器(DMA_CNDTR$x$)定义

| | |
|---|---|
| 位31:16 | 保留，始终读为0。 |
| 位15:0 | NDT[15:0]: 数据传输数量。<br>数据传输数量范围为0~65535。这个寄存器只能在通道不工作（DMA_CCRx的EN=0）时写入。通道开启后该寄存器变为只读，指示剩余待传输字节的数量。寄存器内容在每次DMA传输后递减。<br>数据传输结束后，寄存器的内容或者变为0，或者当该通道配置为自动重加载模式时，寄存器的内容将被自动重新加载为之前配置时的数值。<br>当容存器的内容为0时，无论通道是否开启，都不会发生任何数据传输。 |

图 9-21　DMA 通道 $x$ 传输数量寄存器(DMA_CNDTR$x$)说明

**5. DMA 通道 *x* 外设地址寄存器(DMA_CPAR*x*)**

偏移地址：0x10＋20x(通道编号－1)

复位值：0x0000 0000

作用：配置 DMA 通道的外设地址，比如使用串口 1 的数据引脚，则该寄存器必须写上 &USART1→DR 的值。DMA 通道 *x* 外设地址寄存器各 bit 定义如图 9-22 所示，寄存器的详细说明如图 9-23 所示。

**【注意】** 当通道已经开启(被使能)，此时 DMA 通道外设地址寄存器就不能修改。

| 31–0 |
|---|
| PA[31:0] |
| rw (每位均为 rw) |

图 9-22 DMA 通道 *x* 外设地址寄存器(DMA_CPAR*x*)定义

| 位31:0 | PA[31:0]: 外设地址。<br>外设数据寄存器的基地址，作为数据传输的源或目标。<br>当PSIZE=01(16位)，不使用PA[0]位。操作自动地与半字地址对齐。<br>当PSIZE=10(32位)，不使用PA[1:0]位。操作自动地与字地址对齐。 |
|---|---|

图 9-23 DMA 通道 *x* 外设地址寄存器(DMA_CPAR*x*)说明

**6. DMA 通道 *x* 存储器地址寄存器(DMA_CMAR*x*)**

偏移地址：0x14＋20x(通道编号－1)

复位值：0x0000 0000

作用：配置 DMA 通道存储器地址。DMA 通道 *x* 存储器地址寄存器各 bit 定义如图 9-24 所示，寄存器的详细说明如图 9-25 所示。

| 31–0 |
|---|
| MA[31:0] |
| rw (每位均为 rw) |

图 9-24 DMA 通道 *x* 存储器地址寄存器(DMA_CMAR*x*)定义

| 位31:0 | MA[31:0]: 存储器地址。<br>存储器地址作为数据传输的源或目标。<br>当MSIZE=01(16位)，不使用MA[0]位。操作自动地与半字地址对齐。<br>当MSIZE=10(32位)，不使用MA[1:0]位。操作自动地与字地址对齐。 |
|---|---|

图 9-25 DMA 通道 *x* 存储器地址寄存器(DMA_CMAR*x*)说明

**【注意】** 当通道已经开启(DMA_CCRx 的 EN＝1)，此时 DMA 通道存储器地址寄存器不能修改。

## 9.3 DMA 的相关库函数

DMA 的相关库函数并不多，编码步骤也不复杂，下面逐一介绍。

**1. DMA 初始化函数**

函数名：DMA_Init

函数原型：void DMA_Init(DMA_Channel_TypeDef * DMAy_Channelx，DMA_InitTypeDef * MA_InitStruct)；

功能描述：初始化DMA通道配置参数，如外设地址、内存地址、数据传输的方向、传输的数据长度、数据宽度、通道优先级等。

例如：

```
DMA_InitTypeDefDMA_InitStructure;
DMA_InitStructure.DMA_PeripheralBaseAddr = cpar;          //DMA 外设基地址
DMA_InitStructure.DMA_MemoryBaseAddr = cmar;              //DMA 内存基地址
DMA_InitStructure.DMA_DIR = DMA_DIR_PeripheralDST;
                                          /* 数据传输方向,从内存读取发送到外设 */
DMA_InitStructure.DMA_BufferSize = cndtr;             //DMA 通道的 DMA 缓存的大小
DMA_InitStructure.DMA_PeripheralInc = DMA_PeripheralInc_Disable;
                                                         /* 外设地址寄存器不变 */
DMA_InitStructure.DMA_MemoryInc = DMA_MemoryInc_Enable;
                                                         /* 内存地址寄存器递增 */
DMA_InitStructure.DMA_PeripheralDataSize = DMA_PeripheralDataSize_Byte;
                                                           /* 数据宽度为 8 位 */
DMA_InitStructure.DMA_MemoryDataSize = DMA_MemoryDataSize_Byte;
                                                           //数据宽 8 位
DMA_InitStructure.DMA_Mode = DMA_Mode_Normal;              //工作在正常模式
DMA_InitStructure.DMA_Priority = DMA_Priority_Medium;      //通道 x 拥有中优先级
DMA_InitStructure.DMA_M2M = DMA_M2M_Disable;
                                          /* 通道 x 没有设置为内存到内存传输 */
DMA_Init(DMAx_Channelx,&DMA_InitStructure);
      /* 根据 DMA_InitStructure 中指定的参数初始化 DMA 的通道所标识的寄存器 */
```

其中DMA_InitTypeDef结构体的定义如下。

```
typedef struct
{
    uint32_t DMA_PeripheralBaseAddr;
    /* 设置 DMA 传输的外设基地址,以串口 DMA 传输为例,外设基地址为串口接收发送数据存储器
       USART1->DR 的地址,表示方法为 &USART1->DR */
    uint32_t DMA_MemoryBaseAddr;                                //为内存基地址
    uint32_t DMA_DIR;
    /* 设置数据传输方向,本例方向为内存搬移到串口,所以选择值为 DMA_DIR_PeripheralDST */
    uint32_t DMA_BufferSize;                                    //设置搬移数据量
    uint32_t DMA_PeripheralInc;
    /* 设置传输数据的时候,外设地址是不变还是递增。如果设置为递增,那么下一次传输的时
       候,地址加 1,这里因为是往固定外设地址 &USART1->DR 发送数据,所以地址不递增,值为
       DMA_PeripheralInc_Disable; */
    uint32_t DMA_MemoryInc;
    /* 设置传输数据的时候,内存地址是否递增。这个参数和 DMA_PeripheralInc 设置传输数据
       的时候,内存地址是不变还是递增。本例是将内存中连续存储单元的数据发送到串口,因此
       需要递增的 */
    uint32_t DMA_PeripheralDataSize;      /* 设置外设的传输位宽,本例是 8 位字节传输 */
    uint32_t DMA_MemoryDataSize;          //设置内存的数据传输位宽
    uint32_t DMA_Mode;
    /* 是设置循环采集模式,还是设置一次连续采集完成后不循环。本例设置值为 DMA_Mode_
       Normal 一次连续采集 */
    uint32_t DMA_Priority;
                          /* 设置 DMA 通道的优先级,可选范围有:低、中、高、超高几种模式 */
    uint32_t DMA_M2M;                   //设置存储器到存储器模式传输,本例为存储器到外设
```

```
}DMA_InitTypeDef;
```

**2. DMA 通道使能函数**

函数名：DMA_Cmd

函数原型：

void DMA_Cmd(DMA_Channel_TypeDef * DMAy_Channelx, FunctionalState NewState);

功能描述：DMA 通道使能。

例如：DMA_Cmd(DMAx_Channelx,ENABLE);

**3. DMA 中断使能函数**

函数名：DMA_ITConfig

函数原型：

void DMA_ITConfig(DMA_Channel_TypeDef * DMAy_Channelx,uint32_t DMA_IT,FunctionalState NewState);

功能描述：使能或者去掉使能指定通道 x 的中断。

例如：DMA_ITConfig(DMA1_Channel1,DMA1_IT_TC1,ENABLE);

**4. DMA 恢复初始默认值函数**

函数名：DMA_DeInit

函数原型：void DMA_DeInit(DMA_Channel_TypeDef * DMAy_Channelx);

功能描述：将 DMA 的通道 x 寄存器重设为默认值。

例如：DMA_DeInit(DMAx_Channelx);

**5. 获取 DMA 当前剩余数据量大小的函数**

函数名：DMA_GetCurrDataCounter

函数原型：

uint16_t DMA_GetCurrDataCounter(DMA_Channel_TypeDef * DMAy_Channelx);

功能描述：获取 DMA 通道还有多少个数据没有传输。

例如：DMA_GetCurrDataCounter(DMA1_Channel4);

**6. 设置 DMA 通道的传输数据量函数**

函数名：DMA_SetCurrDataCounter

函数原型：

uint16_t void DMA_SetCurrDataCounter(DMA_Channel_TypeDef * DMAy_Channelx,uint16_t DataNumber);

功能描述：设置 DMA 通道的传输数据量(DMA 处于关闭状态)。

例如：DMA_SetCurrDataCounter(DMA1_Channel4,RECEIVEBUFF_SIZE);

**7. 查询 DMA 传输状态函数**

函数名：FlagStatus DMA_GetFlagStatus

函数原型：FlagStatus DMA_GetFlagStatus(uint32_t DMAy_FLAG);

功能描述：查询 DMA 传输通道的状态(是否传输完成)。

例如：DMA_GetFlagStatus(DMA2_FLAG_TC4);

**8. DMA 标志位清除函数**

函数名：DMA_ClearFlag

函数原型：void DMA_ClearFlag(uint32_t DMAy_FLAG)；

功能描述：DMA 标志位清除函数。

例如：DMA_ClearFlag(DMA1_FLAG_TC1)；

**9. DMA 中断状态查询函数**

函数名：ITStatus DMA_GetITStatus

函数原型：ITStatus DMA_GetITStatus(uint32_t DMAy_IT)；

功能描述：查询中断状态标志。

例如：if(DMA_GetITStatus(DMA1_IT_GL1)==SET){语句}

**10. DMA 中断标志位清除函数**

函数名：DMA_ClearITPendingBit

函数原型：void DMA_ClearITPendingBit(uint32_t DMAy_IT)；

功能描述：清除 DMA 中断标志位。

例如：DMA_ClearITPendingBit(DMA1_IT_TC4)；

**11. DMA 外设使能函数——使能串口 DMA 发送**

函数名：USART_DMACmd

函数原型：void USART_DMACmd(USART_TypeDef * USARTx,uint16_t USART_DMAReq,Fu nctionalState NewState)；

功能描述：使能串口 DMA 发送。

例如：USART_DMACmd(USART1,USART_DMAReq_Tx,ENABLE)；

**12. DMA 外设使能函数——使能 ADC DMA**

函数名：ADC_DMACmd

函数原型：

void ADC_DMACmd(ADC_TypeDef * ADCx,FunctionalState NewState)；

功能描述：使能 ADC DMA。

例如：ADC_DMACmd(ADC1,ENABLE)；

**13. DMA 外设使能函数——使能 DAC DMA**

函数名：DAC_DMACmd

函数原型：

void DAC_DMACmd(uint32_t DAC_Channel,FunctionalState NewState)；

功能描述：使能 DAC DMA。

例如：DAC_DMACmd(DAC_Channel_2,ENABLE)；

**14. DMA 外设使能函数——使能 IIC DMA**

函数名：IIC_DMACmd

函数原型：void IIC_DMACmd(IIC_TypeDef * IICx,FunctionalState NewState)；

功能描述：使能 IIC DMA。

例如：IIC_DMACmd(IIC1,ENABLE)；

**15. DMA 外设使能函数——使能 SDIO DMA**

函数名：SDIO_DMACmd

函数原型：void SDIO_DMACmd(FunctionalState NewState)；

功能描述：使能 SDIO DMA。

例如：SDIO_DMACmd(ENABLE)；

**16. DMA 外设使能函数——使能 SPI DMA**

函数名：SPI_I2S_DMACmd

函数原型：void SPI_I2S_DMACmd(SPI_TypeDef * SPIx,uint16_t SPI_I2S_DMAReq,Fun ctionalState NewState)；

功能描述：使能 SPI DMA。

例如：SPI_I2S_DMACmd(SPI1,SPI_I2S_DMAReq_Rx,ENABLE)；

**17. DMA 外设使能函数——使能定时器 DMA**

函数名：TIM_DMACmd

函数原型：void TIM_DMACmd(TIM_TypeDef * TIMx,uint16_t TIM_DMASource,Function alState NewState)；

功能描述：使能定时器 DMA。

例如：TIM_DMACmd(TIM3,TIM_DMA_Update,ENABLE)；

## 9.4 基本项目实践

### 9.4.1 项目 22：DMA 实现存储器内部数据转运

**1. 项目要求**

(1) 掌握 DMA 的工作原理；

(2) 掌握 OLED 的基本应用；

(3) 掌握 DMA 实现存储器到存储器数据搬移实现步骤；

(4) 熟悉程序下载、调试方法。

**2. 项目描述**

(1) 项目任务：采用 DMA 方式实现存储器内部数据转运，通过按键 KEY0 控制数据的发送，需要在 OLED 显示搬移的数据。

(2) 项目所需主要设备及器材如下。

① 笔记本电脑或台式计算机(内存不低于 4GB)。

② STM32F103ZET6 最小系统板一块、STLinkV2 下载器、杜邦线若干、0.96 英寸 IIC 驱动 OLED 显示屏一个、miniUSB 线一根。

③ 配置相关软件(MDK、串口驱动等)。

(3) 硬件连接与 I/O 定义。

本项目直接用开发板上自带的按键 KEY0，电路原理图见第 6 章的图 6-34。OLED 的引脚连接如图 9-26 所示。

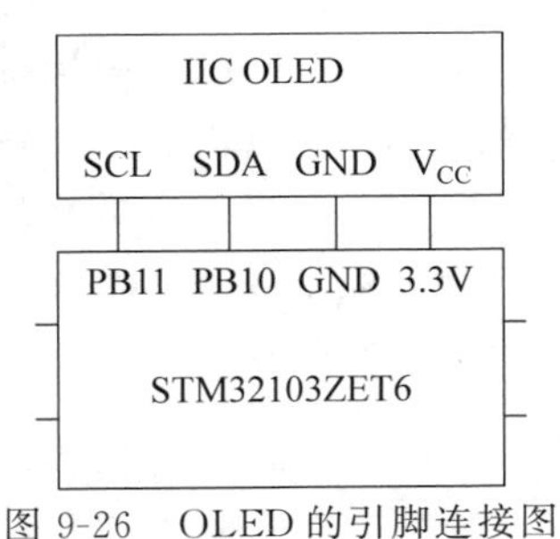


图 9-26　OLED 的引脚连接图

项目22 I/O定义如表9-1所示。

**表9-1 项目22 I/O定义**

| MCU控制引脚 | 定义 | 功 能 | 模 式 |
|---|---|---|---|
| PB10 | SCL | 时钟线 | 推挽(或者开漏)输出 |
| PB11 | SDA | 数据线 | 推挽(或者开漏)输出 |

**3. 项目开发思路**

首先要解读题目，通过DMA实现存储器内部数据转运需要验证数据的正确性，最直观的就是定义两个数组，实现数据从数组A搬移到数组B，以SRAM中定义的两个数组为例，示意图如图9-27所示。根据前面的DMA工作原理介绍知道，该应用场景不涉及硬件触发，属于软件触发，而且源地址和目的地址都是要设为递增的。数据发送完成之后，需要对源数组和目标数组的值进行比较。如果完全一致，表示DMA转运成功；有任意一个数据不一致都属于DMA转运数据失败。

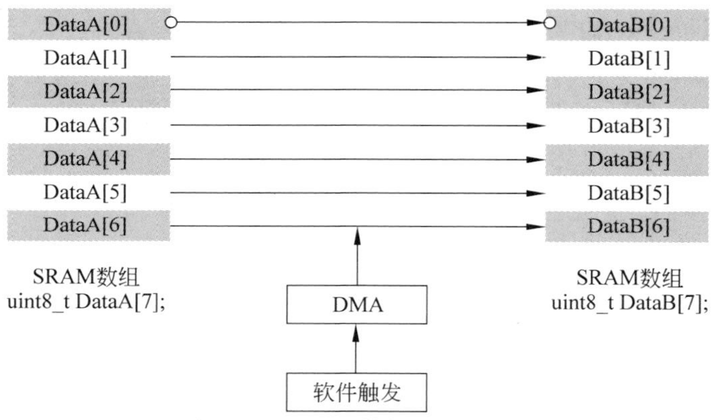


图9-27 SRAM数据搬移示意图

将思路进行整理，查阅相关的函数，可以得出本项目的主要程序思路如下。

(1) 使能DMA时钟。

调用函数：RCC_AHBPeriphClockCmd()；

(2) 初始化DMA通道参数。

调用函数：DMA_Init()；

(3) 使能DMA通道，启动传输。

调用函数：DMA_Cmd()；

(4) 查询DMA传输状态。

调用函数：DMA_GetFlagStatus()；

(5) 清除通道传输完成标志。

调用函数：DMA_ClearFlag()；

(6) 等待传输完成，并对源数据和目标地址数据进行比较，并将结果显示到OLED显示屏。

**4. 项目实施步骤**

第一步：硬件连接。按照图 9-26 所示的硬件连接，用导线将开发板与 OLED 模块进行连接，确保无误。

第二步：建工程模板。将项目 21 创建的工程模板文件夹复制到桌面上，在 HARDWARE 文件夹下面新建 DMA 文件夹，并把文件夹 USER 下的 21wsdkzq.uvprojx 改名为 22DMA.uvprojx，然后将工程模板编译一下，直到没有错误和警告为止。

第三步：新建两个文件，分别命名为 dma.h、dma.c。将 dma.h、dma.c 保存到 HARDWARE 文件夹下的 DMA 文件夹里面。把 dma.c 文件添加到 HARDWARE 分组里面，然后添加 dma.h 路径。

第四步：在 dma.h、led.h、oled.h、key.h、oledfont.h 文件中输入如下源程序。头文件里条件编译 #ifndef… #endif 格式不变。

```
led.h                                  //详细代码见工程文件项目 21 led.h
oled.h                                 //详细代码见工程文件项目 21 oled.h
key.h                                  //详细代码见工程文件项目 21 key.h
oledfont.h                             //详细代码见工程文件项目 21 oledfont.h
```

编写头文件 dma.h，在 dma.h 文件里要包括__DMA_H 宏定义和 DMA_Config 函数声明，具体实现代码如下。

```
dma.h
#ifndef __DMA_H
#define __DMA_H
#include "sys.h"
//当使用存储器到存储器模式时,通道可以随便选,没有硬性的规定
#define DMA_CHANNEL DMA1_Channel6
#define DMA_CLOCK RCC_AHBPeriph_DMA1
//传输完成标志
#define DMA_FLAG_TC DMA1_FLAG_TC6
void DMA_Config(DMA_Channel_TypeDef * DMA_CHx,u32 cpar,u32 cmar,u16 cndtr);
                                       //配置 DMA1_CHx;
#endif
```

第五步：在 dma.c、led.c、oled.c、key.c、oledfont.c 文件中输入如下源程序。详细介绍见每条代码注释。

```
led.c                                  //详细代码见工程文件项目 21 led.c
oled.c                                 //详细代码见工程文件项目 21 oled.c
key.c                                  //详细代码见工程文件项目 21 key.c
oledfont.c                             //详细代码见工程文件项目 21 oledfont.c
```

编写 dma.c，首先是相关头文件的引用，该源文件中主要实现 DMA 的通道参数配置函数，详细介绍见代码中的注释，完整代码如下。

```
dma.c
#include "dma.h"
#include "stm32f10x.h"
#include "stm32f10x_dma.h"
DMA_InitTypeDef DMA_InitStructure;
/******************************************************************
Function:DMA_Config                    //函数名称
Description:DMA 通道参数配置            //函数功能、性能等的描述
```

```
Input:DMA_Channel_TypeDef * DMA_CHx-通道,u32 cpar-源数据地址
u32 cmar-目标地址,u16 cndtr-传输大小    //对输入参数的说明
Output:无                               //对输出参数的说明
Return:无                               //函数返回值的说明
**********************************************************/
void DMA_Config(DMA_Channel_TypeDef * DMA_CHx,u32 cpar,u32 cmar,u16 cndtr)
{
    DMA_InitTypeDef DMA_InitStructure;
    //开启 DMA 时钟
    RCC_AHBPeriphClockCmd(DMA_CLOCK,ENABLE);
    //源数据地址
    DMA_InitStructure.DMA_PeripheralBaseAddr = cmar;
    //目标地址
    DMA_InitStructure.DMA_MemoryBaseAddr = cpar;
    //方向:外设到存储器(这里的外设是内部的 FLASH)
    DMA_InitStructure.DMA_DIR = DMA_DIR_PeripheralSRC;
    //传输大小
    DMA_InitStructure.DMA_BufferSize = cndtr;
    //外设(内部的 FLASH)地址递增
    DMA_InitStructure.DMA_PeripheralInc = DMA_PeripheralInc_Enable;
    //内存地址递增
    DMA_InitStructure.DMA_MemoryInc = DMA_MemoryInc_Enable;
    //外设数据单位
    DMA_InitStructure.DMA_PeripheralDataSize= \
    DMA_PeripheralDataSize_Word;
    //内存数据单位
    DMA_InitStructure.DMA_MemoryDataSize = DMA_MemoryDataSize_Word;
    //DMA 模式,一次或者循环模式
    DMA_InitStructure.DMA_Mode = DMA_Mode_Normal ;
    //DMA_InitStructure.DMA_Mode = DMA_Mode_Circular;
    //优先级:高
    DMA_InitStructure.DMA_Priority = DMA_Priority_High;
    //使能内存到内存的传输
    DMA_InitStructure.DMA_M2M = DMA_M2M_Enable;
    //配置 DMA 通道
    DMA_Init(DMA_CHANNEL,&DMA_InitStructure);
    //清除 DMA 数据流传输完成标志位
    DMA_ClearFlag(DMA_FLAG_TC);
}
```

第六步：在 main.c 文件中输入如下源程序。程序框架包含头文件、主函数和无限循环3部分。main 函数中主要包含延时函数的初始化、LED 初始化、OLED 初始化调用及 DMA 数据转运控制和验证。main.c 的具体代码如下。

**main.c**

```
#include "string.h"
#include "led.h"
#include "delay.h"
#include "key.h"
#include "sys.h"
#include "usart.h"
#include "dma.h"
#include "oled.h"
//要发送的数据大小
```

```
#define BUFFER_SIZE 32
/* 定义 aSRC_Const_Buffer 数组作为 DMA 传输数据源
 * const 关键字将 aSRC_Const_Buffer 数组变量定义为常量类型
 * 表示数据存储在内部的 FLASH 中
 */
const uint32_t aSRC_Const_Buffer[BUFFER_SIZE]= {
                                0x01020304,0x05060708,0x090A0B0C,0x0D0E0F10,
                                0x11121314,0x15161718,0x191A1B1C,0x1D1E1F20,
                                0x21222324,0x25262728,0x292A2B2C,0x2D2E2F30,
                                0x31323334,0x35363738,0x393A3B3C,0x3D3E3F40,
                                0x41424344,0x45464748,0x494A4B4C,0x4D4E4F50,
                                0x51525354,0x55565758,0x595A5B5C,0x5D5E5F60,
                                0x61626364,0x65666768,0x696A6B6C,0x6D6E6F70,
                                0x71727374,0x75767778,0x797A7B7C,0x7D7E7F80};
/* 定义 DMA 传输目标存储器,存储在内部的 SRAM 中 */
uint32_t aDST_Buffer[BUFFER_SIZE]={0};
/*************************************************************
Function:Buffercmp                                      //函数名称
Description:判断指定长度的两个数据源是否完全相等         //函数功能描述
Input:const uint32_t* pBuffer-数据源 1 地址
     uint32_t* pBuffer1-源数据 2 地址
     uint16_t BufferLength-需要比较的数据长度            //对输入参数的说明
Output:无                                               //对输出参数的说明
Return:0—数据完全相等,1—数据不相等;                    //函数返回值的说明
*************************************************************/
uint8_t Buffercmp(const uint32_t* pBuffer,
          uint32_t* pBuffer1,uint16_t BufferLength)
{
    /* 数据长度递减 */
    while(BufferLength--)
    {
        /* 判断两个数据源是否对应相等 */
        if(*pBuffer != *pBuffer1)
        {
            /* 对应数据源不相等马上退出函数,并返回 0 */
            return 1;
        }
        /* 递增两个数据源的地址指针 */
        pBuffer++;
        pBuffer1++;
    }
    /* 完成判断并将对应数据相对 */
    return 0;
}
int main(void)
{
    u8 t = 0;                                           //记录按键键值
    int i,j;
    /* 定义存放比较结果变量 */
    uint8_t TransferStatus;
    delay_init();                                       //延时函数初始化
    NVIC_PriorityGroupConfig(NVIC_PriorityGroup_2);
```

```
                            /*设置中断优先级分组为组2:2位抢占优先级,2位响应优先级*/
    uart_init(115200);                              //串口初始化为115200
    LED_Init();                                     //初始化与LED连接的硬件接口
    KEY_Init();                                     //按键初始化
    OLED_Init();                                    //OLED初始化
    i=0;
    while(1)
    {
        t=KEY_Scan(1);
        if(t==KEY0_PRES)                            //KEY0按下
        {
            memset(aDST_Buffer,0,sizeof(aDST_Buffer));
            OLED_Clear();
            DMA_Config(DMA_CHANNEL,(uint32_t)aDST_Buffer,(uint32_t)aSRC_Const_
Buffer,BUFFER_SIZE);
            //使能DMA
            DMA_Cmd(DMA_CHANNEL,ENABLE);
            if(DMA_GetFlagStatus(DMA_FLAG_TC)!=RESET)   //判断通道4传输完成
            {
                DMA_ClearFlag(DMA_FLAG_TC);             //清除通道4传输完成标志
            }
            /*比较源数据与传输后数据*/
            TransferStatus=Buffercmp(aSRC_Const_Buffer,aDST_Buffer,\
            BUFFER_SIZE);
            /*判断源数据与传输后数据比较结果*/
            if(TransferStatus==1)
            {
                /*源数据与传输后数据不相等时RGB彩色灯显示红色*/
                OLED_ShowString(1,1,"Transfer error");
            }
            else
            {
                /*源数据与传输后数据相等时RGB彩色灯显示蓝色*/
                for(j = 0;j<32;j++)
                {
                    OLED_ShowHexNum(2,1,aDST_Buffer[j],8);
                    delay_ms(50);
                }
                OLED_ShowString(3,1,"Transfer ok");
            }
            DMA_Cmd(DMA_CHANNEL,DISABLE);
        }
        i++;
        delay_ms(10);
        if(i==20)
        {
            LED0=!LED0;                                 //提示系统正在运行
            i=0;
        }
    }
}
```

第七步：编译工程，直到没有错误和警告，会在 OBJ 文件夹中生成.hex 文件。

第八步：下载运行程序。通过 ST-LINK 软件下载.hex 文件到开发板，按下 KEY0 键开启一次发送，查看运行效果，如图 9-28 所示。

图 9-28　项目 22 运行效果

**【学习方法点拨】**　在做项目的过程中要不断思考，做完本项目，要与本章的理论结合起来，这里只是存储器到存储器的数据搬移，DMA 还支持存储器和外设的数据搬移，那接下来就要去找一些存储器和外设之间数据搬移的项目来加强对这部分理论的理解。除了对本项目的思考，还要对前面已经完成的项目进行总结，提取出精华，然后融入到新的项目中，这样既能对前面的知识进行巩固，又能创新。比如第 6 章，虽然当时还没讲串口，但是已经通过项目 15 感受到串口的实用性，特别对于初学者，能够直观地看到过程数据对系统的理解是非常有帮忙的。所以本章再找一个 DMA 传输数据到串口的项目就非常适合。

## 9.4.2　项目考核评价表

项目考核评价表如表 9-2 所示。

表 9-2　项目考核评价表

| 内容 | 目　　标 | 标准 | 方　　式 | 权重/% | 得分 |
|---|---|---|---|---|---|
| 知识与能力 | 基础知识掌握程度(5 分) | 100 分 | 以 100 分为基础，按照这 4 项的权重值给分 | 20 | |
| | 知识迁移情况(5 分) | | | | |
| | 知识应变情况(5 分) | | | | |
| | 使用工具情况(5 分) | | | | |
| 工作与事业准备 | 出勤、诚信情况(4 分) | | | 20 | |
| | 小组团队合作情况(4 分) | | | | |
| | 学习、工作的态度与能力(3 分) | | | | |
| | 严谨、细致、敬业(4 分) | | | | |
| | 质量、安全、工期与成本(3 分) | | | | |
| | 关注工作影响(2 分) | | | | |
| 个人发展 | 时间管理情况(2 分) | | | 10 | |
| | 提升自控力情况(2 分) | | | | |
| | 书面表达情况(2 分) | | | | |
| | 口头沟通情况(2 分) | | | | |
| | 自学能力情况(2 分) | | | | |
| 项目完成与展示汇报 | 项目完成与展示汇报情况(50 分) | | | 50 | |

续表

| 内容 | 目　　标 | 标准 | 方　　式 | 权重/% | 得分 |
| --- | --- | --- | --- | --- | --- |
| 高级思维能力 | 创造性思维 | 10分 | 教师以10分为上限，奖励工作中有突出表现和特色做法的学生 | 加分项 | |
| | 评判性思维 | | | | |
| | 逻辑性思维 | | | | |
| | 工程性思维 | | | | |
| 项目成绩＝知识与能力×20％＋工作与事业准备×20％＋个人发展×10％＋项目完成与展示汇报×50％＋高级思维能力(加分项) | | | | | |

## 9.5 拓展项目实践

### 项目23：存储器到外设数据搬移进度监测

**1. 项目要求**

(1) 掌握DMA的工作原理；

(2) 掌握OLED的基本应用；

(3) 掌握串口的应用；

(4) 掌握DMA实现存储器到外设的数据搬移实现步骤；

(5) 熟悉程序下载、调试方法。

**2. 项目描述**

(1) 项目任务：通过DMA方式将数据从存储器搬移到串口进行显示，并且在OLED显示屏实时显示数据发送进度，通过按键KEY0控制数据的发送。

(2) 项目所需主要设备及器材如下。

① 笔记本电脑或台式计算机(内存不低于4GB)。

② STM32F103ZET6最小系统板一块、STLinkV2下载器、杜邦线若干、miniUSB线一根。

③ 配置相关软件(MDK、串口驱动等)、串口助手。

(3) 硬件连接与I/O定义。

本项目直接用开发板上自带的按键KEY0，电路原理图见第6章的图6-34。OLED的引脚连接和定义见项目22。

**3. 项目开发思路**

本项目的任务分解下来有两个：一是实时显示STM32的存储器数据搬移到外设的进度；二是采用DMA方式实现数据从存储器搬移到串口。

任务1分析：在用户传输数据的时候，普遍比较关心传输进度的显示，比如下载文件或者软件安装的时候，如果没有及时地进行进度更新，可能部分用户会缺乏耐心，提前终止，造成不必要的麻烦，而且非常影响用户体验。进度到底如何来统计，前面已经介绍过，DMA传输的过程中可以实时查看剩余数据量的大小，知道总的数据量就可以算出当前完成的进度＝1－剩余数据量/总的数据量，然后将数据传输进度值通过OLED进行显示。

任务2分析：实现数据从存储器搬移到串口，DMA的配置步骤和项目22大致相同，主要是参数有些不同。最关键的是要弄清楚，本项目是要用到$DMA_1$通过串口进行发送，对照图9-9 $DMA_1$请求映射，发现USART1_TX对应的是通道4，所以在应用的时候要选用通道4。

**【注意】** 在设计功能的时候一定要结合用户的使用习惯和场景，否则，再好的功能也没有用户愿意去体验。

**4. 项目实施步骤**

第一步：硬件连接。按照图9-26所示的硬件连接，用导线将开发板与OLED模块进行连接，确保无误。

第二步：建工程模板。将项目22创建的工程模板文件夹复制到桌面上，并把文件夹USER下的22DMA改名为23DMA，然后将工程模板编译一下，直到没有错误和警告为止。

第三步：由于项目22已经有dma.h、dma.c、usart.h、usart.c、led.h、led.c、key.h、key.c、oled.h、oled.c，因此这一步可以省略。

第四步：在dma.h、usart.h、led.h、key.h、oled.h、oledfont.h文件中输入如下源程序。头文件里条件编译#ifndef…#endif格式不变。

```
led.h                                    //详细代码见工程文件项目22 led.h
oled.h                                   //详细代码见工程文件项目22 oled.h
key.h                                    //详细代码见工程文件项目22 key.h
oledfont.h                               //详细代码见工程文件项目22 oledfont.h
```

dma.h源代码编写，具体代码如下。

```
dma.h
#ifndef __DMA_H
#define __DMA_H
#include "sys.h"
void DMA_Config(DMA_Channel_TypeDef * DMA_CHx,u32 cpar,\
u32 cmar,u16 cndtr);                              //配置DMA1_CHx
void DMA_Enable(DMA_Channel_TypeDef * DMA_CHx);   //使能DMA1_CHx
#endif
```

串口程序usart.h的编写，具体代码如下。

```
usart.h
#ifndef __USART_H
#define __USART_H
#include "stdio.h"
#include "sys.h"
#define USART_REC_LEN 200                         //定义最大接收字节数为200
#define EN_USART1_RX 1                            //使能(1)/禁止(0)串口1接收
extern u8 USART_RX_BUF[USART_REC_LEN];
                              /* 接收缓冲,最大USART_REC_LEN字节,末字节为换行符 */
extern u16 USART_RX_STA;                          //接收状态标记
//如果想串口中断接收,请不要注释以下宏定义
void uart_init(u32 bound);
#endif
```

第五步：在dma.h、usart.h、led.h、key.h、oled.h、oledfont.h文件中输入如下源程序。详

细介绍见每条代码注释。

```
Fled.c                                    //详细代码见工程文件项目22 led.c
oled.c                                    //详细代码见工程文件项目22 oled.c
key.c                                     //详细代码见工程文件项目22 key.c
oledfont.c                                //详细代码见工程文件项目22 oledfont.c
```

dma.c 源代码编写，主要包含DMA通道参数的配置和使能，具体代码如下。

```
dma.c
#include "dma.h"
DMA_InitTypeDef DMA_InitStructure;
u16 DMA1_MEM_LEN;                                       //保存DMA每次数据传送的长度
/**********************************************************
Function:DMA_Config                                     //函数名称
Description:DMA通道参数配置                              //函数功能、性能等的描述
Input:DMA_Channel_TypeDef * DMA_CHx-通道,u32 cpar-外设地址
u32 cmar-存储器地址,u16 cndtr-传输数据大小               //对输入参数的说明
Output:无                                               //对输出参数的说明
Return:无                                               //函数返回值的说明
**********************************************************/
void DMA_Config(DMA_Channel_TypeDef * DMA_CHx,u32 cpar,u32 cmar,u16 cndtr)
{
    RCC_AHBPeriphClockCmd(RCC_AHBPeriph_DMA1,ENABLE);    //使能DMA传输
    DMA_DeInit(DMA_CHx);                         //将DMA的通道1寄存器重设为默认值
    DMA1_MEM_LEN=cndtr;
    DMA_InitStructure.DMA_PeripheralBaseAddr = cpar;     //DMA外设基地址
    DMA_InitStructure.DMA_MemoryBaseAddr = cmar;         //DMA内存基地址
    DMA_InitStructure.DMA_DIR = DMA_DIR_PeripheralDST;
                                           /* 数据传输方向,从内存读取发送到外设 */
    DMA_InitStructure.DMA_BufferSize = cndtr;            //DMA通道的DMA缓存的大小
    DMA_InitStructure.DMA_PeripheralInc = DMA_PeripheralInc_Disable;
                                                     /* 外设地址寄存器不变 */
    DMA_InitStructure.DMA_MemoryInc = DMA_MemoryInc_Enable;
                                                     /* 内存地址寄存器递增 */
    DMA_InitStructure.DMA_PeripheralDataSize = DMA_PeripheralDataSize_Byte;
    /* 数据宽度为8位 */
    DMA_InitStructure.DMA_MemoryDataSize = DMA_MemoryDataSize_Byte;
                                                     /* 数据宽度为8位 */
    DMA_InitStructure.DMA_Mode = DMA_Mode_Normal;        //工作在正常模式
    DMA_InitStructure.DMA_Priority = DMA_Priority_Medium;
                                                    /* DMA通道 x拥有中优先级 */
    DMA_InitStructure.DMA_M2M = DMA_M2M_Disable;
                                        /* DMA通道 x没有设置为内存到内存传输 */
    DMA_Init(DMA_CHx,&DMA_InitStructure);
    /* 根据DMA_InitStructure中指定的参数初始化DMA的通道USART1_Tx_DMA_Channel所
      标识的寄存器 */
}
/**********************************************************
Function:DMA_Enable                                     //函数名称
Description:开启DMA传输                                  //函数功能、性能等的描述
Input:DMA_Channel_TypeDef * DMA_CHx-DMA通道号             //对输入参数的说明
Output:无                                               //对输出参数的说明
Return:无                                               //函数返回值的说明
**********************************************************/
```

```
void DMA_Enable(DMA_Channel_TypeDef * DMA_CHx)
{
    DMA_Cmd(DMA_CHx,DISABLE );                          //关闭 USART1 TX DMA1 所指示的通道
    DMA_SetCurrDataCounter(DMA_CHx,DMA1_MEM_LEN);       //DMA 通道的 DMA 缓存的大小
    DMA_Cmd(DMA_CHx,ENABLE);                            //使能 USART1 TX DMA1 所指示的通道
}
```

串口程序 usart.c 的编写，主要包括串口初始化、串口中断处理函数及串口重定向，方便调试打印，具体代码如下。

**usart.c**

```
#include "sys.h"
#include "usart.h"
//加入以下代码,支持 printf 函数,而不需要选择 use MicroLIB
#if 1
#pragma import(__use_no_semihosting)
//标准库需要的支持函数
struct __FILE
{
    int handle;
};
FILE __stdout;
//定义_sys_exit()以避免使用半主机模式
void _sys_exit(int x)
{
    x = x;
}
//重定义 fputc 函数
int fputc(int ch,FILE * f)
{
    while((USART1->SR&0X40)==0);                        //循环发送,直到发送完毕
    USART1->DR = (u8) ch;
    return ch;
}
#endif
#if EN_USART1_RX                                        //如果使能了接收
//串口 1 中断服务程序
//注意,读取 USARTx->SR 能避免莫名其妙的错误
u8 USART_RX_BUF[USART_REC_LEN];                         //接收缓冲,最大 USART_REC_LEN 字节
//接收状态
//bit15,接收完成标志
//bit14,接收到 0x0d
//bit13~bit0,接收到的有效字节数量
u16 USART_RX_STA=0;                                     //接收状态标记
/*************************************************************
Function:uart_init                                      //函数名称
Description:串口初始化                                  //函数功能、性能等的描述
Input:u32 bound-波特率                                  //对输入参数的说明
Output:无                                               //对输出参数的说明
Return:无                                               //函数返回值的说明
*************************************************************/
void uart_init(u32 bound)
{
    //GPIO 端口设置
    GPIO_InitTypeDef GPIO_InitStructure;
```

```
    USART_InitTypeDef USART_InitStructure;
    NVIC_InitTypeDef NVIC_InitStructure;
    RCC_APB2PeriphClockCmd(RCC_APB2Periph_USART1 | RCC_APB2Periph_GPIOA,
ENABLE);                                                    //使能USART1、GPIOA时钟
    //USART1_TX GPIOA.9
    GPIO_InitStructure.GPIO_Pin = GPIO_Pin_9;               //PA.9
    GPIO_InitStructure.GPIO_Speed = GPIO_Speed_50MHz;
    GPIO_InitStructure.GPIO_Mode = GPIO_Mode_AF_PP;         //复用推挽输出
    GPIO_Init(GPIOA,&GPIO_InitStructure);                   //初始化GPIOA.9
    //USART1_RX GPIOA.10初始化
    GPIO_InitStructure.GPIO_Pin = GPIO_Pin_10;              //PA10
    GPIO_InitStructure.GPIO_Mode = GPIO_Mode_IN_FLOATING;   //浮空输入
    GPIO_Init(GPIOA,&GPIO_InitStructure);                   //初始化GPIOA.10
    //Usart1 NVIC 配置
    NVIC_InitStructure.NVIC_IRQChannel = USART1_IRQn;
    NVIC_InitStructure.NVIC_IRQChannelPreemptionPriority=3;
                                                            //抢占优先级3
    NVIC_InitStructure.NVIC_IRQChannelSubPriority = 3;      //子优先级3
    NVIC_InitStructure.NVIC_IRQChannelCmd = ENABLE;         //IRQ通道使能
    NVIC_Init(&NVIC_InitStructure);                   //根据指定的参数初始化VIC寄存器
    //USART初始化设置
    USART_InitStructure.USART_BaudRate = bound;             //串口波特率
    USART_InitStructure.USART_WordLength = USART_WordLength_8b;
                                                                  /* 字长为8位
    数据格式 */
    USART_InitStructure.USART_StopBits = USART_StopBits_1;       //一个停止位
    USART_InitStructure.USART_Parity = USART_Parity_No;          //无奇偶校验位
    USART_InitStructure.USART_HardwareFlowControl=\
    USART_HardwareFlowControl_None;                              //无硬件数据流控制
    USART_InitStructure.USART_Mode = USART_Mode_Rx | USART_Mode_Tx;
                                                                  /* 收发模式 */
    USART_Init(USART1,&USART_InitStructure);                     //初始化串口1
    USART_ITConfig(USART1,USART_IT_RXNE,ENABLE);                 //开启串口接收中断
    USART_Cmd(USART1,ENABLE);                                    //使能串口1
}
/*********************************************************
Function:USART1_IRQHandler                                       //函数名称
Description:串口1中断服务程序                                 //函数功能、性能等的描述
Input:无                                                         //对输入参数的说明
Output:无                                                        //对输出参数的说明
Return:无                                                        //函数返回值的说明
*********************************************************/
void USART1_IRQHandler(void)                                     //串口1中断服务程序
{
    u8 Res;
    if(USART_GetITStatus(USART1,USART_IT_RXNE) != RESET)
                                  /* 接收中断(接收到的数据必须是0x0d 0x0a结尾) */
    {
        Res =USART_ReceiveData(USART1);                          //读取接收到的数据
        if((USART_RX_STA&0x8000)==0)                             //接收未完成
        {
            if(USART_RX_STA&0x4000)                              //接收到了0x0d
            {
                if(Res!=0x0a)USART_RX_STA=0;                     //接收错误,重新开始
```

```
                else USART_RX_STA|=0x8000;                              //接收完成了
            }
            else                                                        //还没收到 0X0D
            {
                if(Res==0x0d)USART_RX_STA|=0x4000;
                else
                {
                    USART_RX_BUF[USART_RX_STA&0X3FFF]=Res;
                    USART_RX_STA++;
                    if(USART_RX_STA>(USART_REC_LEN-1))USART_RX_STA=0;
                                                /*接收数据错误,重新开始接收*/
                }
            }
        }
    }
}
#endif
```

**【学习方法点拨】** DMA 的配置可以与项目 22 中的配置对比起来学习,这样能快速地掌握存储器到存储器,存储器到外设之间的数据搬移。

第六步:在 main.c 文件中输入如下源程序。程序框架包含头文件、主函数和无限循环 3 部分。main 函数中主要包含延时函数的初始化、LED 初始化、OLED 初始化调用及 DMA 数据转运控制、进度显示及串口初始化。main.c 的代码如下。

```
main.c
#include "led.h"
#include "delay.h"
#include "key.h"
#include "sys.h"
#include "usart.h"
#include "dma.h"
#include "oled.h"
#include "stm32f10x_dma.h"
#define SEND_BUF_SIZE 8200      //发送数据长度,最好等于 sizeof(TEXT_TO_SEND)+2 的整数倍
u8 SendBuff[SEND_BUF_SIZE];                                    //发送数据缓冲区
const u8 TEXT_TO_SEND[]={"STM32F1 DMA 项目 23 存储器到外设数据搬移\r\n"};
int main(void)
{   u16 i=0;
    u8 t=0;
    u8 j,mask=0;
    float pro=0;                                               //进度
    delay_init();                                              //延时函数初始化
    NVIC_PriorityGroupConfig(NVIC_PriorityGroup_2);
                        /*设置中断优先级分组为组 2:2 位抢占优先级,2 位响应优先级*/
    uart_init(115200);                                         //串口初始化为 115200
    LED_Init();                                                //初始化与 LED 连接的硬件接口
    KEY_Init();                                                //按键初始化
    OLED_Init();                                               //OLED 初始化
    //DMA1 通道 4,外设为串口 1,存储器为 SendBuff,长度为 SEND_BUF_SIZE
    DMA_Config(DMA1_Channel4,(u32)&USART1->DR,(u32)SendBuff,SEND_BUF_SIZE);
    //显示提示信息
    OLED_ShowString(1,1,"DMA TEST");
    OLED_ShowString(2,1,"KEY0:Start");
```

```
j=sizeof(TEXT_TO_SEND);
for(i=0;i<SEND_BUF_SIZE;i++)                     //填充数据到 SendBuff
{
    if(t>=j)                                     //加入换行符
    {
        if(mask)
        {
            SendBuff[i]=0x0a;
            t=0;
        }else
        {
            SendBuff[i]=0x0d;
            mask++;
        }
    }else                                        //复制 TEXT_TO_SEND 语句
    {
        mask=0;
        SendBuff[i]=TEXT_TO_SEND[t];
        t++;
    }
}
while(1)
{
    t=KEY_Scan(1);
    if(t==KEY0_PRES)//KEY0 按下
    {
        printf("\r\nDMA DATA:\r\n");
        USART_DMACmd(USART1,USART_DMAReq_Tx,ENABLE);
                                                 /* 使能串口 1 的 DMA 发送 */
        DMA_Enable(DMA1_Channel4);               //开始一次 DMA 传输
        while(1)
        {
            if(DMA_GetFlagStatus(DMA1_FLAG_TC4)!=RESET)
                                                 /* 判断通道 4 传输完成 */
            {
                DMA_ClearFlag(DMA1_FLAG_TC4);    //清除通道 4 传输完成标志
                break;
            }
            pro=DMA_GetCurrDataCounter(DMA1_Channel4);
                                                 /* 得到当前还剩余多少个数据 */
            pro=1-pro/SEND_BUF_SIZE;             //得到百分比
            pro*=100;                            //扩大 100 倍
            OLED_ShowNum(3,1,pro,3);
            OLED_ShowChar(3,4,'%');
        }
        OLED_ShowNum(3,1,100,3);
        OLED_ShowChar(3,4,'%');
        OLED_ShowString(4,1,"Trans Finished");   //提示传送完成
    }
    i++;
    delay_ms(10);
    if(i==20)
    {
        LED0=!LED0;                              //提示系统正在运行
```

```
                i=0;
            }
        }
    }
```

第七步：编译工程，直到没有错误和警告，会在 OBJ 文件夹中生成.hex 文件。

第八步：下载运行程序。通过 ST-LINK 软件下载.hex 文件到开发板，按下 KEY0 键开启一次发送，查看运行效果，进度显示如图 9-29 所示，串口端接收数据显示如图 9-30 所示。

图 9-29　项目 23 运行效果图 1

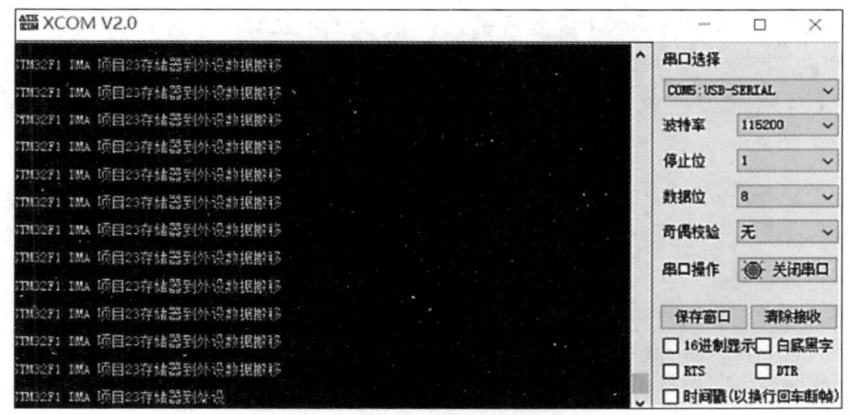


图 9-30　项目 23 运行效果图 2

本项目除了是对 DMA 数据搬移的典型应用，还综合了 OLED、串口等知识，及时对前面所学知识进行巩固。在完成项目的过程中，要不断综合前面所学，自己设计新的项目。本章由于篇幅有限，只介绍了两个项目。大家可以自行思考，比如第 8 章的项目 18 和项目 19，就可以想一想，如果数据量大，CPU 会比较繁忙，那是不是可以用本章所学来改用 DMA 的方式实现，释放 CPU 呢？始终保持持续改进意识，滚雪球式的综合前面所学，最后的收获会非常可观。另外，要有意识地培养自己的计算机思维能力，然后应用嵌入式的理论知识去解决生活中的不便之处。当大家在生活中遇到难题，除了短暂的不满意，要试试换一种思维，用计算机式的思维方式，想想有没有什么方法可以解决，这样一个新的创意或者发明就可能诞生了。比如不想洗碗，有人开发了洗碗机；不想做饭，有人开发了空气炸锅等。很多嵌入式产品都是善于观察的开发者在生活中遇到困难，获得灵感，再运用专业知识来解决才诞生的。

**本章小结**

本章以榜样故事——独手焊侠卢仁峰的介绍开始，然后结合生活中的实例类比来介绍DMA概述、DMA基本原理，最后通过基本项目实践、拓展项目实践的训练，实现素质、知识、能力目标的融合达成。

## 练习与拓展

**一、单选题**

1. DMA控制器可编程的数据传输数量最大为(　　)。

A. 65536　　B. 65535　　C. 1024　　D. 4096

2. STM32中，1个DMA请求占用至少(　　)个周期的CPU访问系统总线时间。

A. 1　　B. 2　　C. 3　　D. 4

3. 每个DMA通道具有(　　)个事件标志。

A. 3　　B. 4　　C. 5　　D. 6

**二、填空题**

1. DMA指的是________，它主要在________与________之间，________与________之间提供高速数据传输，是无须CPU全程参与的快速移动数据。

2. STM32有________个DMA控制器，共有________个通道，每个通道专门用来管理来自一个或多个外设对存储器访问的请求，还有一个________来协调各个DMA请求的优先权。

3. 在DMA处理时，一个事件发生后，外设发送一个请求信号到DMA控制器。DMA控制器根据通道的________处理请求。

**三、简答题**

1. 简述DMA控制器的基本功能。

2. 描述DMA通道的工作模式、工作原理。

**四、拓展题**

1. 用思维导图软件(XMind)画出本章的素质、知识、能力思维导图。

2. 总结两个项目完成过程中的经验和不足，以及如何改进。

3. 用DMA方式实现第8章的项目18和项目19。

# 第10章

# STM32 ADC 原理与项目实践

**本章导读**

本章以榜样故事——中国工程院院士李乐民的介绍开始，然后介绍 STM32 的 ADC 概述，分析 STM32F103 的 ADC 主要特征、STM32 的 ADC 内部结构、ADC 校准、ADC 转换模式、ADC 外部触发转换、STM32 ADC 相关库函数，最后通过基本项目实践、拓展项目实践的训练，实现素质、知识、能力目标的融合达成。本章素质、知识、能力结构图如图 10-1 所示。

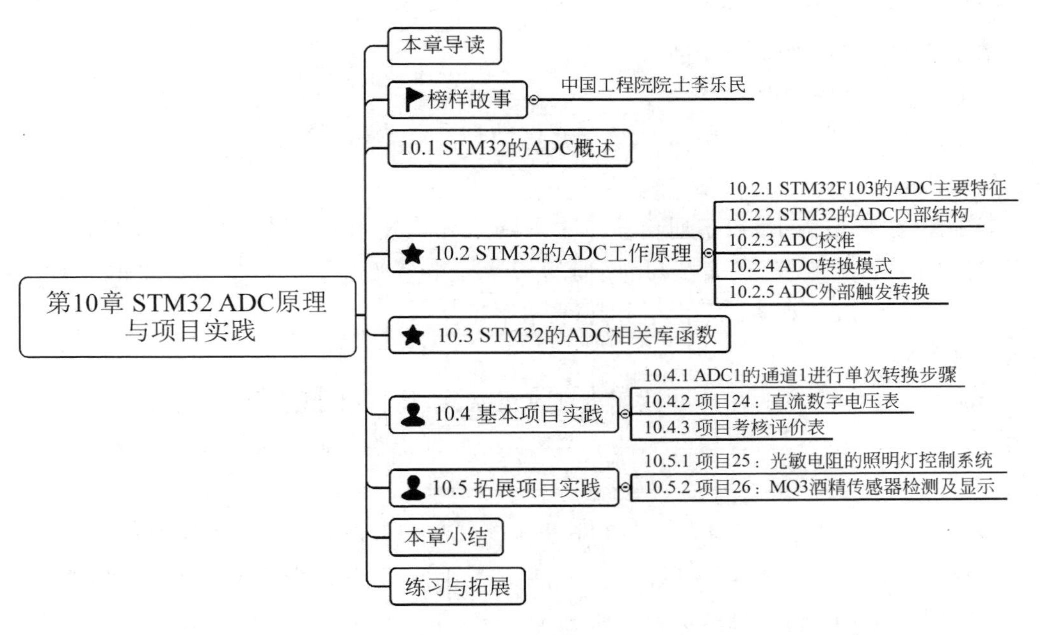


图 10-1　本章素质、知识、能力结构图

**本章学习目标**

**素质目标**：学习榜样，以榜样为力量，培养激发学生的中国道路自信和行业领域发展信心、将个人成才梦有机融入实现中华民族伟大复兴中国梦的思想认识，并增强学生对中国特

色社会主义共同理想的思想认同和理论自觉。

**知识目标**：掌握 STM32F103 的 ADC 主要特征、STM32 的 ADC 内部结构、STM32 ADC 相关库函数。

**能力目标**：具备基本项目开发、创新拓展项目开发能力，培养学生的综合能力和高级思维能力。

**榜样故事**

中国工程院院士李乐民（见图 10-2）。

图 10-2 李乐民

**出生**：1932 年 5 月 28 日

**籍贯**：浙江吴兴

**毕业院校**：交通大学

**职业**：教育科研工作者

**主要成就**：1997 年当选中国工程院院士

**代表作品**：

李乐民，先后出版了《数字通信系统中的网络优化技术》《ATM 技术——概念、原理和应用》等（4 部）研究专著，发表了《用横向均衡器抑止第四类部分响应系统中的导频干扰》《ATM 公平排队服务算法》等（200 余篇）高水平论文。

**人物简介**：

李乐民，1932 年 5 月 28 日出生于浙江省吴兴县，1997 年当选中国工程院院士、电子科技大学教授、博士生导师，曾任电子科技大学宽带光纤传输与通信系统技术国家重点实验室主任。

1952 年 7 月，毕业于交通大学电机系并留校任教；1956 年 6 月经国家院系调整到成都电讯工程学院任教；于 1956 年 9 月至 1990 年 1 月期间，先后任成都电讯工程学院无线技术系教研室副主任，主任，信息系统研究所所长；1990 年 1 月至 1994 年 1 月，任电子科技大学宽带光纤传输与通信系统技术国家重点实验室主任。

**主要荣誉**：

1986 年，被批准为中国国家级有突出贡献中青年专家。

1989 年，被授予中国全国先进工作者称号。

1991 年，享受中华人民共和国国务院政府特殊津贴。

1997 年，当选为中国工程院院士。

**科研成就：**

(1) 科研综述。

李乐民院士长期从事通信技术领域科研教学工作，为多项工程研制了数字传输关键设备；20 世纪 70 年代初负责研制成功载波话路用 9600 比特/秒高速数传机，解决了自适应均衡关键技术；20 世纪 80 年代初起，对数字通信中传输性能与抑制窄带干扰研究有创造性贡献，提出了抗窄带干扰新理论与技术；20 世纪 80 年代中期以来，对宽带通信网技术进行研究，研制了数字彩色电视光纤传输系统、抗毁光纤以太局域网、电视与数据综合光纤传输网、宽带综合业务局域网和 ATM(异步转移模式)用户接入设备等；李乐民院士研究的领域除了上述提到的以外，还有通信网性能优化、光交换网、IP 网和光网结合、无线网中的资源管理等，他对中国科研的发展做出了重大贡献。

(2) 承担项目及成果奖励。

1985 年，承担项目获中国电子工业部科技成果奖一等奖。

1991 年，承担项目获中国国家自然科学奖四等奖。

1992 年，承担项目获光华科技基金奖二等奖、中国电子工业部科技成果奖二等奖、中国电子工业部科技成果奖一等奖。

1999 年 3 月至 2003 年 3 月，作为课题负责人承担中国国家自然科学基金重大项目《WDM 全光网基础研究》中的课题《WDM 全光网和 IP 网结合的研究》。

2001 年，承担项目获中国信息产业部科技进步奖三等奖。

2003 年 1 月至 2005 年 12 月，作为负责人承担中国国家自然科学基金委员会与香港研究资助局联合资助基金项目《多业务无线蜂窝网中的资源管理研究》。

**人才培养：**

截至 2013 年 7 月，李乐民院士已培养出 83 位博士，在人才培养方面做出了突出贡献，其中包括：中国工程院院士、北京交通大学教授张宏科；滑铁卢大学的终身教授龚光；国家杰出青年科学基金获得者、北京邮电大学特聘教授廖建新；TCL 移动通信有限公司万明坚研究员等。

## 10.1 STM32 的 ADC 概述

模数转换器(analog-to-digital converter，ADC)是指将连续变量模拟信号转换为离散数字信号的器件。典型的模数转换器将模拟信号转换为表示一定比例电压值的数字信号。

STM32 拥有 1～3 个 ADC，STM32F103ZET 包含 3 个 ADC，这些 ADC 可以独立使用，也可以以双重模式使用(提高采样率)。STM32 的 ADC 是 12 位逐次逼近型的模数转换器。它具有多达 18 个复用通道，可测量来自 16 个外部源和两个内部源信号。这些通道的 A/D 转换可以单次、连续、扫描或间断模式执行。ADC 的结果可以左对齐或右对齐方式存储在 16 位数据寄存器中。

STM32 的 ADC 最大转换频率为 1MHz，也就是转换时间为 1μs(在 ADCCLK = 14MHz，采样周期为 1.5 个 ADC 时钟下得到)，使用时不要让 ADC 的时钟超过 14MHz，否则将导致结果准确度下降。

STM32将ADC的转换分为两个通道组：规则通道组和注入通道组。规则通道相当于你正常运行的程序，而注入通道相当于中断。注入通道的转换可以打断规则通道的转换，在注入通道被转换完成后，规则通道才能够继续转换。STM32其ADC的规则通道组最多包含16个转换，而注入通道组最多包含4个通道。

## 10.2 STM32的ADC工作原理

### 10.2.1 STM32F103的ADC主要特征

STM32F103的主要特征如下。

(1) 支持单次和连续转换模式。

(2) 转换结束，注入转换结束，发生模拟看门狗事件时产生中断。

(3) 通道0到通道 $n$ 的自动扫描模式。

(4) 自动校准。

(5) 采样间隔可以按通道编程。

(6) 规则通道和注入通道均有外部触发选项。

**【注意】** STM32F103xx增强型产品：时钟为56MHz时为1μs(时钟为72MHz时为1.17μs)。

(7) ADC供电要求：2.4～3.6V。

(8) ADC输入电压范围：$V_{REF-} \leqslant V_{IN} \leqslant V_{REF+}$。

(9) 规则通道转换期间有DMA请求产生。

(10) 其他参见10.1节。

### 10.2.2 STM32的ADC内部结构

STM32的ADC内部结构框图如图10-3所示。其中包括电压输入引脚、输入通道、通道转换顺序、触发源、转换时间、数据寄存器和中断7个部分，下面进行详细介绍。

**1. 电压输入引脚**

ADC输入电压范围为 $V_{REF-} \leqslant V_{IN} \leqslant V_{REF+}$，具体值由 $V_{REF-}$、$V_{REF+}$、$V_{DDA}$、$V_{SSA}$ 这4个外部引脚电压值决定。通常把 $V_{SSA}$ 和 $V_{REF-}$ 接地，把 $V_{REF+}$ 和 $V_{DDA}$ 接3.3V，得到ADC的输入电压范围为0～3.3V。

**2. 输入通道**

ADC输入电压确定后，这些电压是要经过通道输入到ADC的，STM32的ADC输入通道多达18个，其中外部的16个通道就是框图中的ADC$x$_IN0、ADC$x$_IN1……ADC$x$_IN5($x$=1、2、3，表示ADC数)，通过这16个外部通道可以采集模拟信号。这16个通道对应着不同的I/O口，具体是哪一个I/O口可以从表10-1中查看。其中 $ADC_1$ 还有两个内部通道：$ADC_1$ 的通道16连接到了芯片内部的温度传感器，通道17连接到了内部参考电压 $V_{REFINT}$；$ADC_2$ 的通道16和通道17连接到了内部的 $V_{SS}$ 上；$ADC_3$ 的通道9、14、15、16、17全部连接到内部的 $V_{SS}$。ADC通道分配表如表10-1所示。

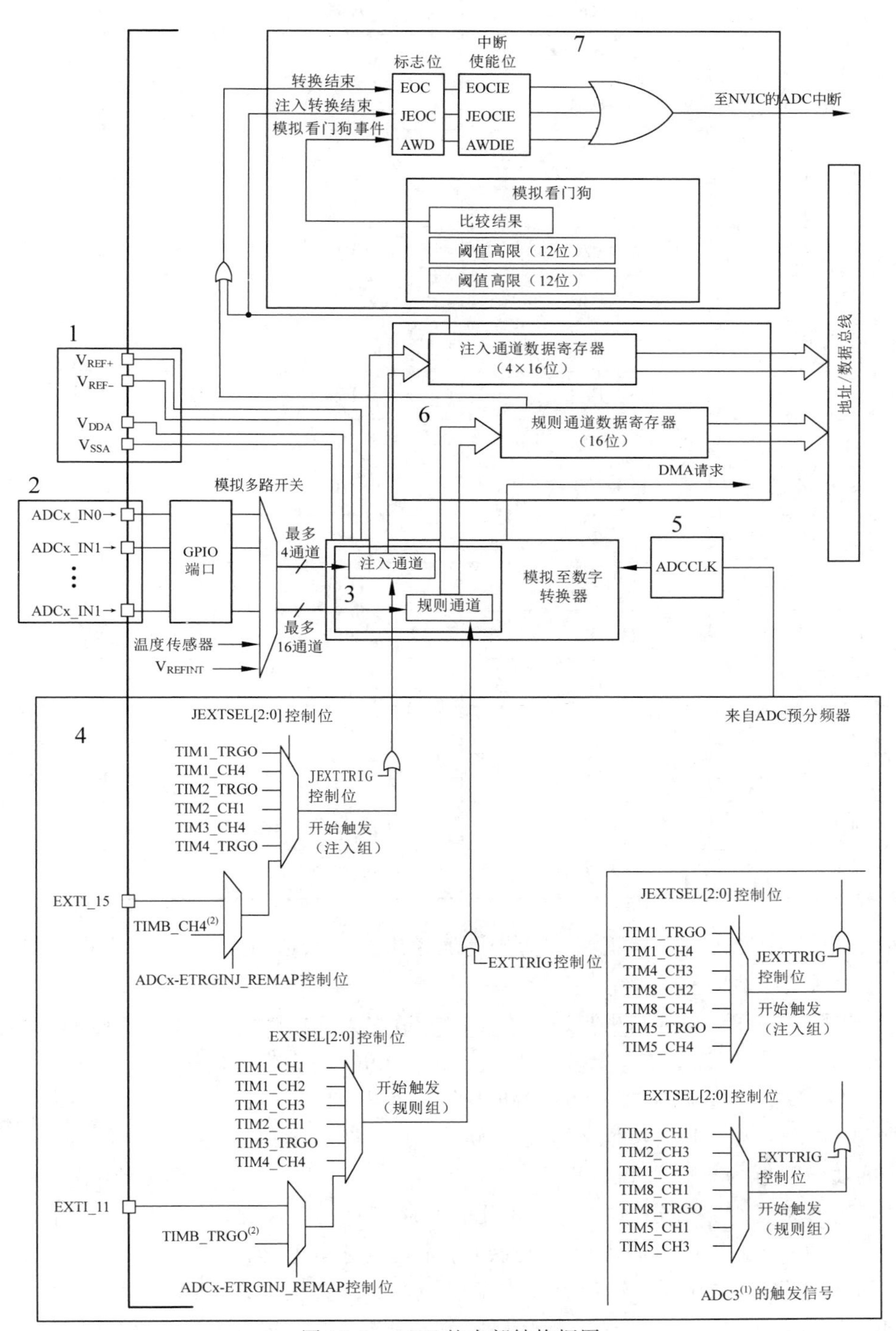


图 10-3 ADC 的内部结构框图

表 10-1　ADC 通道分配表

| 通　道 | $ADC_1$ | $ADC_2$ | $ADC_3$ |
|---|---|---|---|
| 通道 0 | $PA_0$ | $PA_0$ | $PA_0$ |
| 通道 1 | $PA_1$ | $PA_1$ | $PA_1$ |
| 通道 2 | $PA_2$ | $PA_2$ | $PA_2$ |
| 通道 3 | $PA_3$ | $PA_3$ | $PA_3$ |
| 通道 4 | $PA_4$ | $PA_4$ | $PF_6$ |
| 通道 5 | $PA_5$ | $PA_5$ | $PF_7$ |
| 通道 6 | $PA_6$ | $PA_6$ | $PF_8$ |
| 通道 7 | $PA_7$ | $PA_7$ | $PF_9$ |
| 通道 8 | $PB_0$ | $PB_0$ | $PF_{10}$ |
| 通道 9 | $PB_1$ | $PB_1$ | 连接内部 $V_{SS}$ |
| 通道 10 | $PC_0$ | $PC_0$ | $PC_0$ |
| 通道 11 | $PC_1$ | $PC_1$ | $PC_1$ |
| 通道 12 | $PC_2$ | $PC_2$ | $PC_2$ |
| 通道 13 | $PC_3$ | $PC_3$ | $PC_3$ |
| 通道 14 | $PC_4$ | $PC_4$ | 连接内部 $V_{SS}$ |
| 通道 15 | $PC_5$ | $PC_5$ | 连接内部 $V_{SS}$ |
| 通道 16 | 温度传感器 | 连接内部 $V_{SS}$ | 连接内部 $V_{SS}$ |
| 通道 17 | 内部参考电压 $V_{REFINT}$ | 连接内部 $V_{SS}$ | 连接内部 $V_{SS}$ |

外部的 16 个通道在转换时可分为规则通道组和注入通道组，其中规则通道组最多有 16 路，注入通道组最多有 4 路。

(1) 规则通道组：划分到规则通道组中的通道称为规则通道，相当正常运行的程序，如图 10-4 所示。规则通道和它的转换顺序在 ADC_SQRx 寄存器中选择，规则组转换的总数应写入 ADC_SQR1 寄存器的 L[3:0] 中。通常，如果仅是一般模拟输入信号的转换，那么将该模拟输入信号的通道设置为规则通道即可。

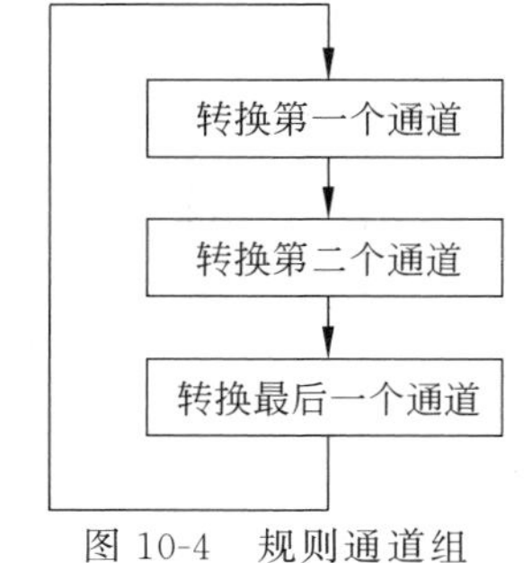

图 10-4　规则通道组

(2) 注入通道组：划分到注入通道组中的通道称为注入通道，注入通道相当于中断，打断规则通道转换，注入组和它的转换顺序在 ADC_JSQR 寄存器中选择。注入组里转换的总数应写入 ADC_JSQR 寄存器的 L[1:0]中。当程序正常往下执行时，中断可以打断程序的执行。同样如果在规则通道转换过程中有注入通道插入，那么就要先转换完注入通道，等注入通道转换完成后再回到规则通道的转换流

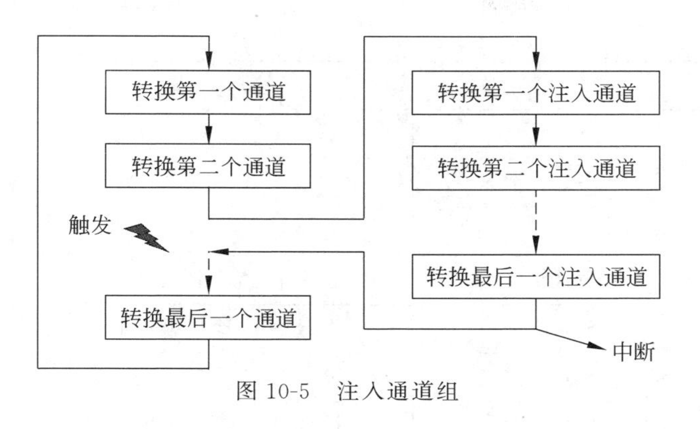

图 10-5 注入通道组

程，如图 10-5 所示。

如果需要转换的模拟输入信号的优先级较其他模拟输入信号要高，那么可以将该模拟输入信号的通道归入注入通道组中。

关于注入通道管理，具体介绍如下。

① 触发注入。清除 ADC_CR1 寄存器的 JAUTO 位，并且设置 SCAN 位，即可使用触发注入功能。利用外部触发或通过设置 ADC_CR2 寄存器的 ADON 位，启动一组规则通道的转换。

如果在规则通道转换期间产生一外部触发注入，当前转换被复位，注入通道序列被以单次扫描方式进行转换。然后，恢复上次被中断的规则组通道转换。

如果在注入转换期间产生一规则事件，注入转换不会被中断，但是规则序列将在注入序列结束后被执行。

② 自动注入。设置了 ADC_CR1 寄存器的 JAUTO 位，在规则组通道后，注入组通道被自动转换。这样可以用来转换在 ADC_SQRx 和 ADC_JSQR 寄存器中设置的多至 20 个转换序列。

在此模式中，必须禁止注入通道的外部触发。如果除 JAUTO 位还设置了 CONT 位，规则通道至注入通道的转换序列被连续执行。

**3. 通道转换顺序**

（1）规则序列。规则序列寄存器共有 3 个，分别是 ADC_SQR3、ADC_SQR2 和 ADC_SQR1，功能相似，如表 10-2 所示。

**表 10-2 规则序列寄存器 ADC_SQR1～ADC_SQR3**

| 寄 存 器 | 寄存器位 | 功 能 | 取 值 |
|---|---|---|---|
| ADC_SQR3 | SQ1[4:0] | 设置第 1 个转换的通道 | 通道 1～16 |
| | SQ2[4:0] | 设置第 2 个转换的通道 | 通道 1～16 |
| | SQ3[4:0] | 设置第 3 个转换的通道 | 通道 1～16 |
| | SQ4[4:0] | 设置第 4 个转换的通道 | 通道 1～16 |
| | SQ5[4:0] | 设置第 5 个转换的通道 | 通道 1～16 |
| | SQ6[4:0] | 设置第 6 个转换的通道 | 通道 1～16 |

续表

| 寄存器 | 寄存器位 | 功能 | 取值 |
|---|---|---|---|
| ADC_SQR2 | SQ7[4:0] | 设置第7个转换的通道 | 通道1～16 |
| | SQ8[4:0] | 设置第8个转换的通道 | 通道1～16 |
| | SQ9[4:0] | 设置第9个转换的通道 | 通道1～16 |
| | SQ10[4:0] | 设置第10个转换的通道 | 通道1～16 |
| | SQ11[4:0] | 设置第11个转换的通道 | 通道1～16 |
| | SQ12[4:0] | 设置第12个转换的通道 | 通道1～16 |
| ADC_SQR1 | SQ13[4:0] | 设置第13个转换的通道 | 通道1～16 |
| | SQ14[4:0] | 设置第14个转换的通道 | 通道1～16 |
| | SQ15[4:0] | 设置第15个转换的通道 | 通道1～16 |
| | SQ16[4:0] | 设置第16个转换的通道 | 通道1～16 |
| | SQL[3:0] | 需要转换多少个通道 | 1～16 |

从表10-2可以看出，ADC_SQR3寄存器控制规则序列中的第1～6个转换，对应的位为SQ1[4:0]～SQ6[4:0]，第1个转换的位为SQ1[4:0]，第6个转换的位为SQ6[4:0]；如果通道15想第1个转换，只需要把SQ1[4:0]写为15即可；如果通道12想第6个转换，只需要把SQ6[4:0]写为12即可。ADC_SQR2寄存器控制规则序列中的第7～12个转换，对应的位为SQ7[4:0]～SQ12[4:0]，如果通道1想第7个转换，只需要把SQ7[4:0]写为1即可。ADC_SQR1寄存器控制规则序列中的第13～16个转换，对应的位为SQ13[4:0]～SQ16[4:0]，如果通道3想第16个转换，只需要把SQ16[4:0]写为3即可。具体使用多少个通道，由ADC_SQR1的SQL[3:0]决定，最多16个通道。

(2) 注入序列。注入序列寄存器ADC_JSQR只有1个，最多支持4个通道，如表10-3所示。具体需要转换多少个通道由ADC_JSQR的JL[1:0]来决定。

**表10-3　注入序列寄存器ADC_JSQR**

| 寄存器 | 寄存器对应位 | 功能 | 取值 |
|---|---|---|---|
| ADC_JSQR | JSQ1[4:0] | 设置第1个转换的通道 | 通道1～4 |
| | JSQ2[4:0] | 设置第2个转换的通道 | 通道1～4 |
| | JSQ3[4:0] | 设置第3个转换的通道 | 通道1～4 |
| | JSQ4[4:0] | 设置第4个转换的通道 | 通道1～4 |
| | JL[1:0] | 需要转换多少个通道 | 1～4 |

需要注意的是，如果JL的值小于4(不含4)，则转换顺序刚好相反，即第一次转换的是JSQ$x$[4:0]($x$=4－JL)，而不是JSQ1[4:0]。如果JL=00(1个转换)，则转换顺序从JSQ4[4:0]开始，编程的时候不要弄错了。当JL的值等于4时，则转换顺序与ADC_SQR的转换顺序一样。

**4. 触发源**

选择好输入通道,设置好转换顺序,接下来就可以开始转换。要开启 ADC 转换,可以直接设置 ADC 控制寄存器 ADC_CR2 的 ADON 位(开关 ADC 转换器),这位写 1 时开始转换,这位写 0 时停止转换。当然 ADC 还支持外部事件触发转换,触发源有很多,具体选择哪一种触发源,由 ADC 控制寄存器 ADC_CR2 的 EXTSEL[2:0]和 JEXTSEL[2:0]位来控制,其中 EXTSEL[2:0]用于选择规则通道的触发源,JEXTSEL[2:0]用于选择注入通道的触发源。选定好触发源之后,触发源是否要激活,则由 ADC 控制寄存器 ADC_CR2 的 EXTTRIG 和 JEXTTRIG 这两位来激活。其中 $ADC_3$ 的规则转换和注入转换的触发源与 $ADC_1$、$ADC_2$ 有所不同,在框图上有标注。如果使能了外部触发事件,还可以通过设置 ADC 控制寄存器 ADC_CR2 的 EXTEN[1:0]和 JEXTEN[1:0]来控制触发极性,4 种状态分别是禁止触发检测、上升沿检测、下降沿检测以及上升沿和下降沿均检测。

**5. 转换时间**

(1) ADC 时钟(ADCCLK)。

ADC 输入时钟 ADC_CLK 由 APB2 经过分频产生,最大值是 14MHz,分频因子由 RCC 时钟配置寄存器 RCC_CFGR 的位 15:14 ADCPRE[1:0]设置,可以是 2/4/6/8 分频。注意这里没有 1 分频。我们知道 APB2 总线时钟为 72MHz,而 ADC 最大工作频率为 14MHz,所以一般设置分频因子为 6,这样 ADC 的输入时钟为 12MHz。

(2) 采样时间。

ADC 要完成对输入电压的采样需要若干个 ADC_CLK 周期,采样的周期数可通过 ADC 采样时间寄存器 ADC_SMPR1 和 ADC_SMPR2 中的 SMP[2:0]位设置,ADC_SMPR2 控制的是通道 0～9,而 ADC_SMPR1 控制的是通道 10～17。每个通道可以分别用不同的时间采样。其中采样周期最小是 1.5 个,即如果我们要达到最快的采样,那么应该设置采样周期为 1.5 个周期,这里说的周期就是 1/ADC_CLK。

ADC 的总转换时间跟 ADC 的输入时钟和采样时间有关,其公式如下:

$$T\text{conv} = \text{采样时间} + 12.5\text{ 个周期}$$

其中 $T$conv 为 ADC 总转换时间,当 ADC_CLK=14MHz(最高)的时候,采样时间设置为 1.5 个周期(最快),则 ADC 总转换时间 $T\text{conv}=1.5+12.5=14$ 个周期=1μs。

一般 APB2 总线时钟为 72MHz,经过 ADC 预分频器能够分频的最大时钟只能是 12MHz,采样时间设置为 1.5 个周期,计算出最短的转换时间为 1.17μs。

**6. 数据寄存器**

ADC 转换后的数据根据转换组的不同,规则组的数据放在 ADC_DR 寄存器中,注入组的数据放在 JDRx 中。

(1) 规则数据寄存器(ADC_DR)。ADC 规则数据寄存器只有一个,它是一个 32 位的寄存器,低 16 位是 ADC 单模式时使用,高 16 位用于 $ADC_1$ 双模式下保存 $ADC_2$ 转换的规则数据,双模式就是 $ADC_1$ 和 $ADC_2$ 同时使用。在单模式下,$ADC_1$、$ADC_2$、$ADC_3$ 都不使用高 16 位。因为 STM32F1 的 ADC 是 12 位转换精度,而数据寄存器是 16 位,所以 ADC 在存放数据的时候就有左对齐和右对齐区分,如图 10-6 所示。如果是右对齐,则存放在 ADC_DR 寄存器的[0:11]位内;如果是左对齐,AD 转换完成数据存放在 ADC_DR 寄存器的[4:15]位内。具体选择何种存放方式需通过 ADC_CR2 的 11 位 ALIGN 设置。

注入组

| SEXT | SEXT | SEXT | SEXT | $D_{11}$ | $D_{10}$ | $D_9$ | $D_8$ | $D_7$ | $D_6$ | $D_5$ | $D_4$ | $D_3$ | $D_2$ | $D_1$ | $D_0$ |
|---|---|---|---|---|---|---|---|---|---|---|---|---|---|---|---|

规则组

| 0 | 0 | 0 | 0 | $D_{11}$ | $D_{10}$ | $D_9$ | $D_8$ | $D_7$ | $D_6$ | $D_5$ | $D_4$ | $D_3$ | $D_2$ | $D_1$ | $D_0$ |
|---|---|---|---|---|---|---|---|---|---|---|---|---|---|---|---|

(a) 数据右对齐

注入组

| SEXT | $D_{11}$ | $D_{10}$ | $D_9$ | $D_8$ | $D_7$ | $D_6$ | $D_5$ | $D_4$ | $D_3$ | $D_2$ | $D_1$ | $D_0$ | 0 | 0 | 0 |
|---|---|---|---|---|---|---|---|---|---|---|---|---|---|---|---|

规则组

| $D_{11}$ | $D_{10}$ | $D_9$ | $D_8$ | $D_7$ | $D_6$ | $D_5$ | $D_4$ | $D_3$ | $D_2$ | $D_1$ | $D_0$ | 0 | 0 | 0 | 0 |
|---|---|---|---|---|---|---|---|---|---|---|---|---|---|---|---|

(b) 数据左对齐

图 10-6 ADC转换结果数据右左对齐图

还需要说明一点，规则通道有16个之多，可规则数据寄存器只有一个，如果使用多通道转换，转换的数据就全部都挤在ADC_DR寄存器里面，前一个时间点转换的通道数据会被下一个时间点的另外一个通道的数据覆盖掉。解决办法是开启DMA传输，当第一个通道转换完成后，就马上把数据传输到内存里面存放，这样就会造成数据的覆盖。

(2) 注入数据寄存器。ADC注入组最多有4个通道，正好注入数据寄存器有4个，每个通道对应着自己的寄存器，不会像规则寄存器那样产生数据的覆盖问题。ADC_JDRx是32位的寄存器，低16位有效，高16位保留，数据同样分为左对齐或右对齐，具体以哪一种方式存放由ADC_CR2的第11位ALIGN设置。

**7. 中断**

当发生如下事件且使能相应中断标志位时，ADC能产生中断。

(1) 转换结束中断。

数据转换结束后，可以产生中断。中断分为3种：规则通道组转换结束中断、注入转换通道组转换结束中断、模拟看门狗中断。它们都有独立的中断使能位。$ADC_1$ 和 $ADC_2$ 的中断映射在同一个中断向量上，$ADC_3$ 的中断有自己的中断向量。表10-4所示为ADC中断事件的标志位和控制位。

**表 10-4 ADC中断事件的标志位和控制位**

| 中断事件 | 事件标志 | 使能控制位 |
|---|---|---|
| 规则通道组转换结束 | EOC | EOCIE |
| 注入转换通道组转换结束 | JEOC | JEOCIE |
| 设置了模拟看门狗状态位 | AWD | AWDIE |

(2) 模拟看门狗中断。

当ADC转换的模拟电压低于低阈值或者是高于高阈值时，就会产生中断(前提是我们开启了模拟看门狗中断)，其中低阈值和高阈值由ADC_LTR和ADC_HTR设置。例如，设置了低阈值为1.5V,那么当模拟电压低于1.5V时,就会产生模拟看门狗中断,反之高阈值也是一样的。

(3) DMA请求。

规则和注入通道转换结束后,除了产生中断外,还可以产生DMA请求,把转换好的数据直接存放在内存里面。需要注意的是,只有 $ADC_1$ 和 $ADC_3$ 可以产生DMA请求,一般我们会在使用ADC的时候开启DMA传输。

### 10.2.3 ADC校准

ADC有一个内置自校准模式。校准可大幅度减小因内部电容器组的变化而造成的准确度误差。在校准时,每个电容器上都会计算出一个误差修正码,此码用于消除在随后的转换中每个电容器上产生的误差。通过设ADC_CR2寄存器的CAL位启动校准。校准结束,CAL位被硬件复位,可以开始正常转换。所以建议在上电时执行一次ADC校准是非常必要的。校准结束后,校准码存储在ADC_DR中。

### 10.2.4 ADC转换模式

ADC转换模式主要有单次转换模式、连续转换模式、扫描模式和间断模式等。

**1. 单次转换模式**

ADC只执行一次转换。该模式下既可通过设置ADC_CR2寄存器的ADON位为1启动ADC转换,也可通过外部触发启动,这时ADC_CR2寄存器的CONT位设置为0。

**2. 连续转换模式**

前面ADC转换结束后立即启动另一次转换。此模式可通过外部触发启动或通过设置ADC_CR2寄存器上的ADON位为1启动,此时CONT位应设置为1。

每次转换完成后,如果是规则通道被转换,转换数据被存储在16位的ADC_DR寄存器中;EOC(转换结束)标志被设置,如果设置了EOCIE,则产生中断。如果是注入通道被转换,转换数据被存储在16位的ADC_DRJ1寄存器中;JEOC(注入转换结束)标志被设置,如果设置了JEOCIE位,则产生中断。

**3. 扫描模式**

此模式用来扫描一组模拟通道。扫描模式可通过设置ADC_CR1寄存器的SCAN位来选择,一旦这个位被置1,ADC扫描所有被ADC_SQRx寄存器(对规则通道)或ADC_JSQR(对注入通道)选中的通道。在每个组的每个通道上执行单次转换,在每个转换结束后,同一组的下一个通道被自动转换。

如果设置了CONT位,转换不会在选择组的最后一个通道上停止,而是再次从选择组的第一个通道继续转换。

如果设置了DMA位,在每次EOC后,DMA控制器把规则组通道的转换数据传输到SRAM中。而注入通道转换的数据总是存储在ADC_JDRx寄存器中。

**4. 间断模式**

STM32的ADC拥有连续扫描模式,也有间断模式。间断模式较扫描模式需要更多的触发事件才能完成所有的通道转换操作。在实际工程应用中,我们可以利用间断模式实现一些特殊应用。

对于规则通道组,间断模式下每转换一个通道,EOC就会置位一次。因此不必像

SCAN 模式那样必须采用 DMA 来传输数据。

ADC_CR1 寄存器的 DISCEN=1 时打开间断模式，DISCNUM 指定每次转换的通道个数，范围为 1～8。

对于注入通道组，则是每次触发只转换一个通道，DISCNUM 的值无效。当整个通道组转换完毕时，EOC 和 JEOC 同时置 1。

ADC_CR1 寄存器的 JDISCEN=1 时打开间断模式。注意 SCAN 必须置 1，否则第一次转换时将会出错。

**【注意】**

① 规则通道组和注入通道组不能同时打开间断模式。

② 自动注入 ADC_CR1 寄存器的 JAUTO 模式不能和间断模式同时使用。

### 10.2.5 ADC 外部触发转换

转换可以由外部事件触发(如定时器捕获、EXTI 线)。如果设置了 EXTTRIG 控制位，则外部事件就能够触发转换。EXTSEL[2:0]和 JEXTSEL[2:0]控制位允许应用程序选择 8 个可能的事件中的某一个，能触发规则和注入组的采样。如表 10-5 和表 10-6 所示分别给出了规则通道组的外部触发源和注入通道组的外部触发源。其余外部触发事件信息，读者可自行查阅相关资料。

**表 10-5　规则通道组的外部触发源**

| REXTSEL[2:0] | 触　发　源 | 类　　型 |
| --- | --- | --- |
| 000 | 定时器 1 的 CC1 事件 | 来自片上定时器的内部信号 |
| 001 | 定时器 1 的 CC2 事件 | |
| 010 | 定时器 1 的 CC3 事件 | |
| 011 | 定时器 2 的 CC2 事件 | |
| 100 | 定时器 3 的 TRGO 事件 | |
| 101 | 定时器 4 的 CC4 事件 | |
| 110 | EXTI 线 11 | 来自外部引脚 |
| 111 | RSWSTART 位置 1 软件触发 | 软件控制位 |

**表 10-6　注入通道组的外部触发源**

| IEXTSEL[2:0] | 触　发　源 | 类　　型 |
| --- | --- | --- |
| 000 | 定时器 1 的 TRGO 事件 | 来自片上定时器的内部信号 |
| 001 | 定时器 1 的 CC4 事件 | |
| 010 | 定时器 2 的 TRGO 事件 | |
| 011 | 定时器 2 的 CC1 事件 | |
| 100 | 定时器 3 的 CC4 事件 | |
| 101 | 定时器 4 的 TRGO 事件 | |

续表

| IEXTSEL[2:0] | 触 发 源 | 类 型 |
|---|---|---|
| 110 | EXTI 线 15 | 来自外部引脚 |
| 111 | ISWSTART 位置 1 软件触发 | 软件控制位 |

**【注意】** 当外部触发信号被选为 ADC 规则或注入转换时，只有它的上升沿可以启动转换。

## 10.3 STM32 的 ADC 相关库函数

STM32 的 ADC 相关库函数，下面分别进行介绍。

**1. 函数名：ADC_DeInit**

函数原型：void ADC_DeInit(ADC_TypeDef * ADCx)；

功能描述：将外设 ADCx 的全部寄存器重设为默认值。

例如：

```
ADC_DeInit(ADC1);
```

**2. 函数名：ADC_Init**

函数原型：void ADC_Init(ADC_TypeDef * ADCx, ADC_InitTypeDef * ADC_InitStruct)；

功能描述：根据 ADC_InitStruct 中指定的参数初始化外设 ADCx 的寄存器。

ADC_InitTypeDef 定义于文件 stm32f10x_adc.h 中，具体结构如下。

```
typedef struct
{
  uint32_t ADC_Mode;    /* ADC 模式:配置 ADC_CR1 寄存器的位[19:16]的 DUALMODE[3:0] */
  FunctionalState ADC_ScanConvMode;   /* 是否使用扫描模式。ADC_CR1 位 8 的 SCAN */
  FunctionalState ADC_ContinuousConvMode;
                                   /* 单次转换或连续转换:ADC_CR2 位 1 的 CONT */
  uint32_t ADC_ExternalTrigConv;      //触发方式:ADC_CR2 的位[19:17]为 EXTSEL[2:0]
  uint32_t ADC_DataAlign;      //对齐方式:是左对齐还是右对齐。ADC_CR2 的位 11 为 ALIGN
  uint8_t ADC_NbrOfChannel;    //规则通道序列长度:ADC_SQR1 的位[23:20]为 L[3:0]
}ADC_InitTypeDef;
```

下面对成员进行说明。

(1) ADC_Mode 用来设置 ADC 工作在独立或者双 ADC 模式。函数 ADC_Mode 的取值及含义如表 10-7 所示。

**表 10-7 函数 ADC_Mode 的取值及含义**

| ADC_Mode | 功 能 描 述 |
|---|---|
| ADC_Mode_Independent | $ADC_1$ 和 $ADC_2$ 工作在独立模式 |
| ADC_Mode_RegInjecSimult | $ADC_1$ 和 $ADC_2$ 工作在同步规则和同步注入模式 |
| ADC_Mode_RegSimult_AlterTrig | $ADC_1$ 和 $ADC_2$ 工作在同步规则模式和交替触发模式 |

续表

| ADC_Mode | 功能描述 |
| --- | --- |
| ADC_Mode_InjecSimult_FastInterl | $ADC_1$ 和 $ADC_2$ 工作在同步规则模式和快速交替模式 |
| ADC_Mode_InjecSimult_SlowInterl | $ADC_1$ 和 $ADC_2$ 工作在同步注入模式和慢速交替模式 |
| ADC_Mode_InjecSimult | $ADC_1$ 和 $ADC_2$ 工作在同步注入模式 |
| ADC_Mode_RegSimult | $ADC_1$ 和 $ADC_2$ 工作在同步规则模式 |
| ADC_Mode_FastInterl | $ADC_1$ 和 $ADC_2$ 工作在快速交替模式 |
| ADC_Mode_SlowInterl | $ADC_1$ 和 $ADC_2$ 工作在慢速交替模式 |
| ADC_Mode_AlterTrig | $ADC_1$ 和 $ADC_2$ 工作在交替触发模式 |

(2) ADC_ScanConvMode 规定了模数转换工作是在扫描模式(多通道)还是在单通道模式。这个参数可以设置为 ENABLE 或者 DISABLE。

(3) ADC_ContinuousConvMode 规定了模数转换工作是在连续转换模式还是在单次转换模式。这个参数可以设置为 ENABLE 或者 DISABLE。

(4) ADC_ExternalTrigConv 定义了使用外部触发来启动规则通道的模数转换,这个参数的取值如表 10-8 所示。

**表 10-8　ADC_ExternalTrigConv 取值表**

| ADC_ExternalTrigConv | 功能描述 |
| --- | --- |
| ADC_ExternalTrigConv_T1_CC1 | 选择定时器 1 的捕获比较 1 作为转换外部触发 |
| ADC_ExternalTrigConv_T1_CC2 | 选择定时器 1 的捕获比较 2 作为转换外部触发 |
| ADC_ExternalTrigConv_T1_CC3 | 选择定时器 1 的捕获比较 3 作为转换外部触发 |
| ADC_ExternalTrigConv_T2_CC2 | 选择定时器 2 的捕获比较 2 作为转换外部触发 |
| ADC_ExternalTrigConv_T3_TRGO | 选择定时器 3 的 TRGO 作为转换外部触发 |
| ADC_ExternalTrigConv_T4_CC4 | 选择定时器 4 的捕获比较 4 作为转换外部触发 |
| ADC_ExternalTrigConv_Ext_IT11 | 选择外部中断线 11 的事件作为转换外部触发 |
| ADC_ExternalTrigConv_None | 转换是由软件而不是由外部触发启动 |

(5) ADC_DataAlign 规定了 ADC 数据是左边对齐还是右边对齐。这个参数的取值如表 10-9 所示。

**表 10-9　ADC_DataAlign 取值表**

| ADC_DataAlign | 功能描述 |
| --- | --- |
| ADC_DataAlign_Right | ADC 数据右对齐 |
| ADC_DataAlign_Left | ADC 数据左对齐 |

(6) ADC_NbrOfChannel 规定了顺序进行规则转换的 ADC 通道的数量,这个数量的取值范围为 1～16。

例如：

```
ADC_InitTypeDef ADC_InitStructure;
ADC_InitStructure.ADC_Mode= ADC_Mode_Independent;
ADC_InitStructure.ADC_ScanConvMode=ENABLE;
ADC_InitStructure.ADC_ContinuousConvMode=DISABLE;
ADC_InitStructure.ADC_ExternalTrigConv= ADC_ExternalTrigConv_Ext_IT11;
ADC_InitStructure.ADC_DataAlign= ADC_DataAlign_Right;
ADC_InitStructure.ADC_NbrOfChannel=16;
ADC_Init(ADC1,&ADC_InitStructure);
```

**3. 函数名：ADC_StructInit**

函数原型：void ADC_StructInit(ADC_InitTypeDef * ADC_InitStruct)；

功能描述：把 ADC_InitStruct 中的每一个参数按默认值填入。

例如：

```
/*初始化一个 ADC_InitStructure*/
ADC_InitTypeDef ADC_InitStructure;
ADC_StructInit(&ADC_InitStructure);
```

**4. 函数名：ADC_RegularChannelConfig**

函数原型：void ADC_RegularChannelConfig(ADC_TypeDef * ADCx,u8 ADC_Channel,u8 Rank,u8 ADC_Sample Time)；

功能描述：设置指定 ADC 的规则组通道，设置它们的转换顺序和采样时间。

入口参数 1 ADCx：x 可以是 1、2 或 3，用来选择 ADC 外设。

入口参数 2 ADC_Channel：被设置的 ADC 通道。

入口参数 3 Rank：规则组采样顺序，取值范围为 1～16。

入口参数 4 ADC_Sample Time：指定 ADC 通道的采样时间值。

下面对入口参数 2、4 进行说明。

(1) 入口参数 2 ADC_Channel，被设置的 ADC 通道，取值如表 10-10 所示。

**表 10-10 ADC_Channel 取值表**

| ADC_Channel | 功能描述 |
|---|---|
| ADC_Channel_0 | 选择 ADC 通道 0 |
| ADC_Channel_1 | 选择 ADC 通道 1 |
| ADC_Channel_2 | 选择 ADC 通道 2 |
| ADC_Channel_3 | 选择 ADC 通道 3 |
| ADC_Channel_4 | 选择 ADC 通道 4 |
| ADC_Channel_5 | 选择 ADC 通道 5 |
| ADC_Channel_6 | 选择 ADC 通道 6 |
| ADC_Channel_7 | 选择 ADC 通道 7 |
| ADC_Channel_8 | 选择 ADC 通道 8 |
| ADC_Channel_9 | 选择 ADC 通道 9 |

续表

| ADC_Channel | 功能描述 |
| --- | --- |
| ADC_Channel_10 | 选择 ADC 通道 10 |
| ADC_Channel_11 | 选择 ADC 通道 11 |
| ADC_Channel_12 | 选择 ADC 通道 12 |
| ADC_Channel_13 | 选择 ADC 通道 13 |
| ADC_Channel_14 | 选择 ADC 通道 14 |
| ADC_Channel_15 | 选择 ADC 通道 15 |
| ADC_Channel_16 | 选择 ADC 通道 16 |
| ADC_Channel_17 | 选择 ADC 通道 17 |

（2）入口参数 4 ADC_Sample Time，指定 ADC 通道的采样时间值，取值如表 10-11 所示。

**表 10-11　ADC_Sample Time 取值表**

| ADC_Sample Time | 功能描述 |
| --- | --- |
| ADC_Sample Time_1Cycles5 | 采样时间为 1.5 周期 |
| ADC_Sample Time_7Cycles5 | 采样时间为 7.5 周期 |
| ADC_Sample Time_13Cycles5 | 采样时间为 13.5 周期 |
| ADC_Sample Time_28Cycles5 | 采样时间为 28.5 周期 |
| ADC_Sample Time_41Cycles5 | 采样时间为 41.5 周期 |
| ADC_Sample Time_55Cycles5 | 采样时间为 55.5 周期 |
| ADC_Sample Time_71Cycles5 | 采样时间为 71.5 周期 |
| ADC_Sample Time_239Cycles5 | 采样时间为 239.5 周期 |

例如：

```
/*配置 ADC2 的通道 5 为第一个转换通道,采样时间为 13.5 周期*/
void ADC_RegularChannelConfig(ADC2,ADC_Channel_5,1,ADC_SampleTime_13Cycles5);
/*配置 ADC1 的通道 4 为第二个转换通道,采样时间为 28.5 周期*/
void ADC_RegularChannelConfig(ADC1,ADC_Channel_4,2,ADC_SampleTime_28Cycles5);
```

**5. 函数名：ADC_ExternalTrigConvCmd**

函数原型：void ADC_ExternalTrigConvCmd（ADC_TypeDef * ADCx，FunctionalState NewState）；

功能描述：使能或失能 ADCx 的经外部触发启动转换功能。

**6. 函数名：ADC_InjectedChannelConfig**

函数原型：void ADC_InjectedChannelConfig（ADC_TypeDef * ADCx，u8 ADC_Channel，u8 Rank，u8 ADC_SampleTime）；

功能描述：设置指定 ADC 的注入通道，设置它们的转换顺序和采样时间。

例如：

```
/*配置 ADC1 的通道 11 为第二个转换通道,采样时间为 13.5 周期*/
ADC_InjectedChannelConfig(ADC1,ADC_Channel_11,2,ADC_SampleTime_13Cycles5);
/*配置 ADC2 的通道 2 为第一个转换通道,采样时间为 71.5 周期*/
ADC_InjectedChannelConfig(ADC2,ADC_Channel_2,1,ADC_SampleTime_71Cycles5);
```

**7. 函数名：ADC_InjectedDiscModeCmd**

函数原型：void ADC_InjectedDiscModeCmd(ADC_TypeDef * ADCx,FunctionalState NewState)；

功能描述：使能或失能指定 ADC 的注入组间断模式。

例如：

```
ADC_InjectedDiscModeCmd(ADC1,ENABLE);
```

**8. 函数名：ADC_Cmd**

函数原型：void ADC_Cmd(ADC_TypeDef * ADCx,FunctionalState NewState)；

功能描述：使能或失能指定的 ADC。

例如：

```
ADC_Cmd(ADC1,DISABLE);
```

**【注意】** 函数 ADC_Cmd 只能在其他 ADC 设置函数后被调用。

**9. 函数名：ADC_ResetCalibration**

函数原型：Void ADC_ResetCalibration(ADC_TypeDef * ADCx)；

功能描述：重置指定的 ADC 的校准寄存器。

例如：

```
ADC_ResetCalibration(ADC1);
```

**10. 函数名：ADC_GetResetCalibrationStatus**

函数原型：FlagStatus ADC_GetResetCalibrationStatus(ADC_TypeDef * ADCx)；

功能描述：获取 ADC 重置校准寄存器的状态。

例如：

```
FlagStatus Status;
Status = ADC_GetResetCalibrationStatus(ADC1);
```

**11. 函数名：ADC_StartCalibration**

函数原型：Void ADC_StartCalibration(ADC_TypeDef * ADCx)；

功能描述：开始指定 ADC 的校准状态。

例如：

```
ADC_StartCalibration(ADC1);
```

**12. 函数名：ADC_GetCalibrationStatus**

函数原型：FlagStatus ADC_GetCalibrationStatus(ADC_TypeDef * ADCx)；

功能描述：获取指定 ADC 的校准状态。

例如：

```
FlagStatus Status;
Status = ADC_GetCalibrationStatus(ADC1);
```

**13. 函数名：ADC_SoftwareStartConvCmd**

函数原型：

Void ADC_SoftwareStartConvCmd(ADC_TypeDef * ADCx, FuncationState New State);

功能描述：使能或失能指定的 ADC 的软件转换启动功能。

例如：

```
ADC_SoftwareStartConvCmd(ADC2,ENABLE);
```

**14. 函数名：ADC_ITConfig**

函数原型：void ADC_ITConfig(ADC_TypeDef * ADCx,u16 ADC_IT,FuncationState New State);

功能描述：使能或失能指定的 ADC 的中断。

例如：

```
ADC_ITConfig(ADC2,ADC_IT_EOC | ADC_IT_AWD,ENABLE);
```

**15. 函数名：ADC_GetSoftwareStartConvStatus**

函数原型：FlagStatus ADC_GetSoftwareStartConvStatus(ADC_TypeDef * ADCx);

功能描述：获取 ADC 软件转换启动状态。

例如：

```
FlagStatus Status;
Status = ADC_GetSoftwareStartConvStatus(ADC2);
```

**16. 函数名：ADC_DiscModeChannelCountConfig**

函数原型：void ADC_DiscModeChannelCountConfig(ADC_TypeDef * ADCx, u8 Number);

功能描述：对 ADC 规则组通道配置间断模式。

例如：

```
ADC_DiscModeChannelCountConfig(ADC2,1);
```

**17. 函数名：ADC_DiscModeCmd**

函数原型：void ADC_DiscModeCmd(ADC_TypeDef * ADCx,FunctionalState NewState);

功能描述：使能或失能指定的 ADC 规则组通道的间断模式。

例如：

```
ADC_DiscModeCmd(ADC2,ENABLE);
```

**18. 函数名：ADC_GetConversionValue**

函数原型：u16 ADC_GetConversionValue(ADC_TypeDef * ADCx);

功能描述：返回最近一次 ADCx 规则组的转换结果。

例如：

```
U16 DataValue;
DataValue=ADC_GetConversionValue(ADC2);
```

**19. 函数名：ADC_GetFlagStatus**

函数原型：FlagStatus ADC_GetFlagStatus(ADC_TypeDef * ADCx,u8 ADC_FLAG);

功能描述：检查指定 ADC 标志位置 1 与否。

例如：

```
FlagStatus Status;
Status = ADC_GetFlagStatus(ADC2,ADC_FLAG_EOC);
```

**20. 函数名：ADC_DMACmd**

函数原型：ADC_DMACmd(ADC_TypeDef * ADCx,FunctionalState NewState)；

功能描述：使能或失能指定的 ADC 的 DMA 请求。

例如：

```
ADC_DMACmd(ADC1,ENABLE);
```

**21. 函数名：ADC_GetDualModeConversionValue**

函数原型：u32 ADC_GetDualModeConversionValue(void)

功能描述：返回最近一次双 ADC 模式下的转换结果。

**22. 函数名：ADC_AutoInjectedConvCmd**

函数原型：void ADC_AutoInjectedConvCmd(ADC_TypeDef * ADCx,FunctionalState NewState)；

功能描述：使能或失能指定 ADC 在规则组转换后自动开始注入组转换。

例如：

```
ADC_AutoInjectedConvCmd(ADC1,ENABLE);
```

**23. 函数名：ADC_ExternalTrigInjectedConvConfig**

函数原型：void ADC_ExternalTrigInjectedConvConfig(ADC_TypeDef * ADCx,u32 ADC_ExternalTrigInjectedConv)；

功能描述：配置 ADCx 的外部触发启动注入组转换功能。

**24. 函数名：ADC_ExternalTrigInjectedConvCmd**

函数原型：void ADC_ExternalTrigInjectedConvCmd(ADC_TypeDef * ADCx,Functional State NewState)；

功能描述：使能或失能 ADCx 的经外部触发启动注入组转换功能。

例如：

```
ADC_ExternalTrigInjectedConvCmd(ADC1,ENABLE);
```

**25. 函数名：ADC_SoftwareStartInjectedConvCmd**

函数原型：void ADC_SoftwareStartConvCmd(ADC_TypeDef * ADCx,FunctionalState NewState)；

功能描述：使能或失能 ADCx 软件启动注入组转换功能。

例如：

```
ADC_SoftwareStartConvCmd(ADC1,ENABLE);
```

**26. 函数名：ADC_GetSoftwareStartInjectedConvCmdStatus**

函数原型：

FlagStatus ADC_GetSoftwareStartInjectedConvCmdStatus(ADC_TypeDef * ADCx)；

功能描述：获取指定ADC的软件启动注入组转换状态。

**27. 函数名：ADC_InjectedSequencerLengthConfig**

函数原型：

void ADC_InjectedSequencerLengthConfig(ADC_TypeDef * ADCx,u8 Length);

功能描述：设置注入组通道的转换序列长度。

例如：

```
ADC_InjectedSequencerLengthConfig(ADC1,4);
```

**28. 函数名：ADC_SetInjectedOffset**

函数原型：void ADC_SetInjectedOffset(ADC_TypeDef * ADCx,u8 Injected Channel,u16 Offset);

功能描述：设置注入组通道的转换偏移值。

**29. 函数名：ADC_GetInjectedConversionValue**

函数原型：u16 ADC_GetInjectedConversionValue(ADC_TypeDef * ADCx,u8 Injected Channel);

功能描述：返回ADC指定注入通道的转换结果。

**30. 函数名：ADC_AnalogWatchdogCmd**

函数原型：void ADC_AnalogWatchdogCmd(ADC_TypeDef * ADCx,u32 ADC_AnalogWatch dog);

功能描述：使能或失能指定单个/全体，规则/注入组通道上的模拟看门狗。

**31. 函数名：ADC_AnalogWatchdogThresholdsConfig**

函数原型：void ADC_AnalogWatchdogThresholdsConfig(ADC_TypeDef * ADCx,u16 HighThreshold,u16 LowThreshold);

功能描述：设置模拟看门狗的高/低阈值。

**32. 函数名：ADC_AnalogWatchdogSingleChannelConfig**

函数原型：void ADC_AnalogWatchdogSingleChannelConfig(ADC_TypeDef * ADCx,u8 ADC_Channel);

功能描述：对单个ADC通道设置模拟看门狗。

**33. 函数名：ADC_TempSensorVrefintCmd**

函数原型：void ADC_TempSensorVrefintCmd(FunctionalState NewState);

功能描述：使能或失能温度传感器和内部参考电压通道。

**34. 函数名：ADC_ClearFlag**

函数原型：void ADC_ClearFlag(ADC_TypeDef * ADCx,u8 ADC_FLAG);

功能描述：清除ADCx的待处理标志位。

例如：

```
ADC_ClearFlag(ADC1,ADC1_FLAG_STRT);
```

**35. 函数名：ADC_GetITStatus**

函数原型：ITStatus ADC_GetITStatus(ADC_TypeDef * ADCx,u16 ADC_IT);

功能描述：检查指定的ADC中断是否发生。

例如：

```
ITStatus Status;
Status= ADC_GetITStatus(ADC2,ADC_IT_AWD);
```

**36. 函数名：ADC_ClearITPendingBit**

函数原型：void ADC_ClearITPendingBit(ADC_TypeDef * ADCx,u16 ADC_IT)；

功能描述：清除 ADCx 的中断待处理位。

例如：

```
ADC_ClearITPendingBit(ADC1,ADC_IT_JEOC);
```

## 10.4 基本项目实践

### 10.4.1 ADC1 的通道 1 进行单次转换步骤

ADC1 的通道 1(PA1)进行单次转换步骤如下。

(1) 开启 PA 口时钟和 ADC1 时钟,设置 PA1 为模拟输入。

```
GPIO_Init();
APB2PeriphClockCmd();
```

(2) 复位 ADC1,同时设置 ADC1 分频因子。

```
RCC_ADCCLKConfig(RCC_PCLK2_Div6);
ADC_DeInit(ADC1);
```

(3) 初始化 ADC1 参数,设置 ADC1 的工作模式以及规则序列的相关信息。

```
void ADC_Init(ADC_TypeDef * ADCx,ADC_InitTypeDef * ADC_InitStruct);
```

(4) 使能 ADC 并校准。

```
ADC_Cmd(ADC1,ENABLE);
```

(5) 配置规则通道参数。

```
ADC_RegularChannelConfig();
```

(6) 开启软件转换。

```
ADC_SoftwareStartConvCmd(ADC1);
```

(7) 等待转换完成,读取 ADC 值。

```
ADC_GetConversionValue(ADC1);
```

### 10.4.2 项目 24：直流数字电压表

**1. 项目要求**

(1) 掌握 STM32 ADC 的工作原理；

(2) 掌握串口调试助手界面设置方法；

(3) 掌握电位器模块的工作原理；

(4) 掌握直流数字电压表硬件连接；

(5) 掌握直流数字电压表软件编程；

（6）熟悉调试、下载程序。

**2. 项目描述**

（1）10kΩ 电位器模块如图 10-7 所示，用 STM32F103ZET6 开发板的 PA1 与电位器模块 OUT 连接，电位器模块的电源 $V_{CC}$、地 GND 分别与 STM32F103ZET6 开发板的 3.3V、GND 连接，开发板的 PG12、PD5 与 OLED 的 SCL、SDA 连接。

（2）主要设备及器材如下。

① 笔记本电脑或台式计算机（内存不低于 4GB）。

② STM32F103ZET6 最小系统板一块、杜邦线几根、miniUSB 线一条、电位器模块一块。

③ 配置相关软件（MDK、串口驱动等）。

（3）硬件连接与 I/O 定义。

项目 24：直流数字电压表硬件连接框图如图 10-8 所示。

图 10-7　10kΩ 电位器模块

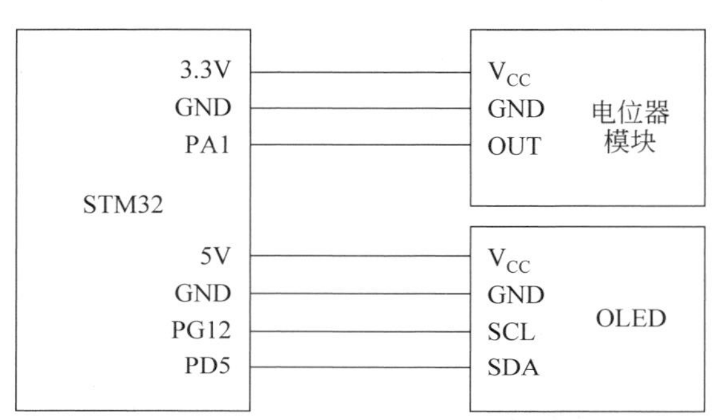

图 10-8　项目 24：直流数字电压表硬件连接

项目 24 I/O 定义如表 10-12 所示。

**表 10-12　项目 24 I/O 定义**

| MCU 控制引脚 | 定　义 | 功　能 | 模　式 |
|---|---|---|---|
| PA1 | OUT | 电位器模块电压值 | 输入 |
| GND | GND | 电位器模块地线 | — |
| 3.3V | $V_{CC}$ | 电位器模块电源电压 | — |
| PG12 | SCL | OLED 模块时钟线 | 推挽输出 |
| PD5 | SDA | OLED 模块数据线 | 推挽输出 |
| GND | GND | OLED 模块地线 | — |
| 5V | $V_{CC}$ | OLED 模块电源电压 | — |

**3. 项目实施**

项目 24 实施步骤如下。

第一步：硬件连接。按照图 10-8 所示的硬件连接，用导线将开发板与电位器模块、OLED 模块一一进行连接，确保无误。

第二步：创建工程模板。将项目 21 创建的工程模板文件夹复制到桌面上，在

HARDWARE文件夹下面新建ADC文件夹，并把文件夹USER下的21wsdkzq改名为24ADC，然后将工程模板编译一下，直到没有错误和警告为止。

第三步：新建两个文件，分别命名为adc.c、adc.h。把adc.c文件添加到HARDWARE分组里面，然后添加adc.h路径。

第四步：汉字字模的生成。打开取模软件PCtolLCD2002，对所需的字符、汉字、图形等进行取模，输入"电压值"，方法参考项目20。

第五步：在adc.h、oled.h、oledfont.h文件中输入如下源程序。头文件里条件编译#ifndef…#endif格式不变，详细见下面代码。将生成的字模复制粘贴到oledfont.h文件文字库中的末尾(关于oledfont.h的其他内容，这里没有介绍)。

**adc.h**

```
#ifndef __ADC_H
#define __ADC_H
#include "sys.h"
void Adc_Init(void);                        //ADC初始化
u16 Get_Adc(u8 ch);
u16 Get_Adc_Average(u8 ch,u8 times);
#endif
```

**oled.h** //详细代码见工程文件项目21 **oled.h**

本项目生成的字模如下。

**oledfont.h**

```
{0x00, 0x00, 0xF8, 0x88, 0x88, 0x88, 0x88, 0xFF, 0x88, 0x88, 0x88, 0x88, 0xF8, 0x00, 0x00,
0x00, 0x00, 0x00, 0x1F, 0x08, 0x08, 0x08, 0x08, 0x7F, 0x88, 0x88, 0x88, 0x88, 0x9F, 0x80,
0xF0,0x00},/*"电",12*/
{0x00, 0x00, 0xFE, 0x02, 0x82, 0x82, 0x82, 0x82, 0xFA, 0x82, 0x82, 0x82, 0x82, 0x82, 0x02,
0x00, 0x80, 0x60, 0x1F, 0x40, 0x40, 0x40, 0x40, 0x40, 0x7F, 0x40, 0x40, 0x44, 0x58, 0x40,
0x40,0x00},/*"压",13*/
{0x00, 0x80, 0x60, 0xF8, 0x07, 0x04, 0xE4, 0xA4, 0xA4, 0xBF, 0xA4, 0xA4, 0xE4, 0x04, 0x00,
0x00, 0x01, 0x00, 0x00, 0xFF, 0x40, 0x40, 0x7F, 0x4A, 0x4A, 0x4A, 0x4A, 0x4A, 0x7F, 0x40,
0x40,0x00},/*"值",14*/
```

第六步：在adc.c、oled.c文件中输入如下源程序。详细介绍见每条代码注释。

**adc.c**

```
#include "adc.h"
#include "delay.h"
//初始化ADC
//这里仅以规则通道为例
//默认将开启通道0~3
void Adc_Init(void)
{
    ADC_InitTypeDef ADC_InitStructure;
    GPIO_InitTypeDef GPIO_InitStructure;
    RCC_APB2PeriphClockCmd(RCC_APB2Periph_GPIOA |RCC_APB2Periph_ADC1,ENABLE);
                                                    //使能ADC1通道时钟
    RCC_ADCCLKConfig(RCC_PCLK2_Div6);
                        /*设置ADC分频因子6 72MHz/6=12,ADC最大时间不能超过14MHz*/
    //PA1作为模拟通道输入引脚
    GPIO_InitStructure.GPIO_Pin = GPIO_Pin_1;
    GPIO_InitStructure.GPIO_Mode = GPIO_Mode_AIN;         //模拟输入引脚
    GPIO_Init(GPIOA,&GPIO_InitStructure);
```

```
    ADC_DeInit(ADC1);                                          //复位 ADC1
    ADC_InitStructure.ADC_Mode = ADC_Mode_Independent;
                                     /* ADC 工作模式:ADC1 和 ADC2 工作在独立模式 */
    ADC_InitStructure.ADC_ScanConvMode = DISABLE;
                                         //模数转换工作在单通道模式
    ADC_InitStructure.ADC_ContinuousConvMode = DISABLE;
                                         /* 模数转换工作在单次转换模式 */
    ADC_InitStructure.ADC_ExternalTrigConv = ADC_ExternalTrigConv_None;
                                         /* 转换是由软件而不是由外部触发启动 */
    ADC_InitStructure.ADC_DataAlign = ADC_DataAlign_Right;
                                         //ADC 数据右对齐
    ADC_InitStructure.ADC_NbrOfChannel = 1;
                                         /* 顺序进行规则转换的 ADC 通道的数量 */
    ADC_Init(ADC1,&ADC_InitStructure);
                  /* 根据 ADC_InitStructure 中指定的参数初始化外设 ADCx 的寄存器 */
    ADC_Cmd(ADC1,ENABLE);                                      //使能指定的 ADC1
    ADC_ResetCalibration(ADC1);                                //使能复位校准
    while(ADC_GetResetCalibrationStatus(ADC1));                //等待复位校准结束
    ADC_StartCalibration(ADC1);                                //开启 AD 校准
    while(ADC_GetCalibrationStatus(ADC1));                     //等待校准结束
}
//获得 ADC 值
//ch:通道值 0~3
u16 Get_Adc(u8 ch)
{
    //设置指定 ADC 的规则组通道,一个序列,采样时间
    ADC_RegularChannelConfig(ADC1,ch,1,ADC_SampleTime_239Cycles5);
                                        /* ADC1,ADC 通道,采样时间为 239.5 周期 */
    ADC_SoftwareStartConvCmd(ADC1,ENABLE);
                                        /* 使能指定的 ADC1 的软件转换启动功能 */
    while(!ADC_GetFlagStatus(ADC1,ADC_FLAG_EOC ));  //等待转换结束
    return ADC_GetConversionValue(ADC1);   //返回最近一次 ADC1 规则组的转换结果
}
u16 Get_Adc_Average(u8 ch,u8 times)
{
    u32 temp_val=0;
    u8 t;
    for(t=0;t<times;t++)
    {
        temp_val+=Get_Adc(ch);
        delay_ms(5);
    }
    return temp_val/times;
}
```

**oled.c** //详细代码见工程文件项目 21 **oled.c**

第七步：在 main.c 文件中输入如下源程序。程序框架包含头文件、主函数和无限循环 3 部分。详细介绍见每条代码注释。

**main.c**

```
#include "delay.h"
#include "sys.h"
#include "adc.h"
#include "oled.h"
```

```
int main(void)
{   int IN=0;
    int FL=0;
    u16 adcx;
    float temp;
    delay_init();                                //延时函数初始化
    NVIC_PriorityGroupConfig(NVIC_PriorityGroup_2);
                        /* 设置中断优先级分组为组 2:2 位抢占优先级,2 位响应优先级 */
    Adc_Init();                                  //ADC 初始化
    OLED_Init();
    while(1)
    {
        OLED_Refresh();
        OLED_ShowChinese(0,3,12,16,1);
        OLED_ShowChinese(17,3,13,16,1);
        OLED_ShowChinese(31,3,14,16,1);
        OLED_ShowChinese(48,3,9,16,1);
        adcx=Get_Adc_Average(ADC_Channel_1,10);
        temp=(float)adcx*(3.3/4096);
        IN=(int)temp;
        FL=(int)((temp-IN)*100);
        OLED_ShowNum(53,3,IN,1,16,1);        //显示整数的码值
        OLED_ShowString(61,3,".",16,1);
        OLED_ShowNum(66,3,FL,2,16,1);        //显示小数的码值
        OLED_ShowString(82,3,"V",16,1);
        delay_ms(300);
    }
}
```

第八步：编译工程，直到没有错误和警告，会在 OBJ 文件夹中生成.hex 文件。

第九步：下载运行程序。通过 ISP 软件下载.hex 文件到开发板，查看效果。

通过调节电位器，直流数字电压表效果如图 10-9 所示。

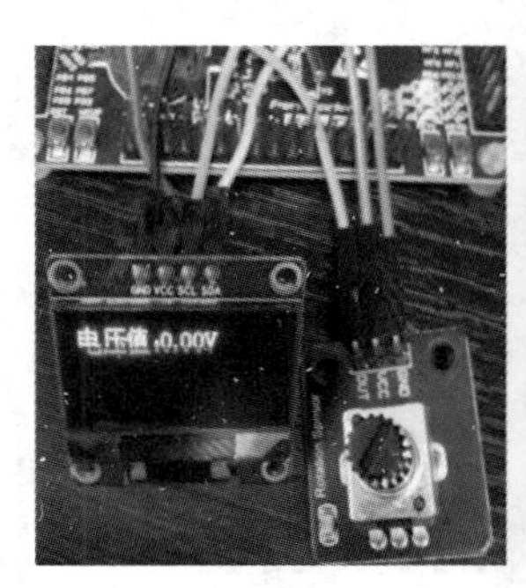


(a) 电压表显示 0V

(b) 电压表显示 1.50V

(c) 电压表显示 3.29V

图 10-9　项目 24 的显示效果

### 10.4.3　项目考核评价表

项目考核评价表如表 10-13 所示。

表 10-13 项目考核评价表

<table>
<tr><th>内容</th><th>目　标</th><th>标准</th><th>方　式</th><th>权重/%</th><th>得分</th></tr>
<tr><td rowspan="4">知识与能力</td><td>基础知识掌握程度(5分)</td><td rowspan="16">100分</td><td rowspan="16">以100分为基础，按照这4项的权重值给分</td><td rowspan="4">20</td><td rowspan="4"></td></tr>
<tr><td>知识迁移情况(5分)</td></tr>
<tr><td>知识应变情况(5分)</td></tr>
<tr><td>使用工具情况(5分)</td></tr>
<tr><td rowspan="6">工作与事业准备</td><td>出勤、诚信情况(4分)</td><td rowspan="6">20</td><td rowspan="6"></td></tr>
<tr><td>小组团队合作情况(4分)</td></tr>
<tr><td>学习、工作的态度与能力(3分)</td></tr>
<tr><td>严谨、细致、敬业(4分)</td></tr>
<tr><td>质量、安全、工期与成本(3分)</td></tr>
<tr><td>关注工作影响(2分)</td></tr>
<tr><td rowspan="5">个人发展</td><td>时间管理情况(2分)</td><td rowspan="5">10</td><td rowspan="5"></td></tr>
<tr><td>提升自控力情况(2分)</td></tr>
<tr><td>书面表达情况(2分)</td></tr>
<tr><td>口头沟通情况(2分)</td></tr>
<tr><td>自学能力情况(2分)</td></tr>
<tr><td>项目完成与展示汇报</td><td>项目完成与展示汇报情况(50分)</td><td>50</td><td></td></tr>
<tr><td rowspan="4">高级思维能力</td><td>创造性思维</td><td rowspan="4">10分</td><td rowspan="4">教师以10分为上限，奖励工作中有突出表现和特色做法的学生</td><td rowspan="4">加分项</td><td rowspan="4"></td></tr>
<tr><td>评判性思维</td></tr>
<tr><td>逻辑性思维</td></tr>
<tr><td>工程性思维</td></tr>
<tr><td colspan="6">项目成绩=知识与能力×20%+工作与事业准备×20%+个人发展×10%+项目完成与展示汇报×50%+高级思维能力(加分项)</td></tr>
</table>

## 10.5 拓展项目实践

### 10.5.1 项目25：光敏电阻的照明灯控制系统

**1. 项目要求**

(1) 掌握STM32 ADC的工作原理；

(2) 掌握IIC的工作原理；

(3) 掌握IIC通信0.96英寸OLED屏显示的工作原理；

(4) 掌握基于光敏电阻的照明灯控制系统硬件连接；

(5) 掌握基于光敏电阻的照明灯控制系统软件编程；

（6）熟悉调试、下载程序。

**2. 项目描述**

（1）用 STM32F103ZET6 开发板的 PF8 与光敏传感器模块 AO（模拟输出）连接，光敏传感器模块如图 10-10（a）所示；开发板的 PG12、PD5 与 OLED 的 SCL、SDA 连接，开发板的 PA0 与继电器模块的输入 $IN_1$ 连接（图 10-10（b）所示为 1 路带光电隔离继电器模块），各模块的电源 $V_{CC}$、地 GND 分别与 STM32F103ZET6 开发板的 3.3V、GND 连接。

(a) 光敏传感器模块　　(b) 1 路带光电隔离继电器模块

图 10-10　光敏传感器模块和 1 路带光电隔离继电器模块

（2）主要设备及器材如下。

① 笔记本电脑或台式计算机（内存不低于 4GB）。

② STM32F103ZET6 最小系统板一块、ISP 串口程序下载器、杜邦线几根、miniUSB 线一条、光敏传感器模块一块、1 路带光电隔离继电器模块一块、IIC 通信 0.96 英寸 OLED 屏一块。

③ 配置相关软件（MDK、串口驱动等）。

（3）硬件连接与 I/O 定义。

光敏电阻的照明灯控制系统硬件连接框图如图 10-11 所示。

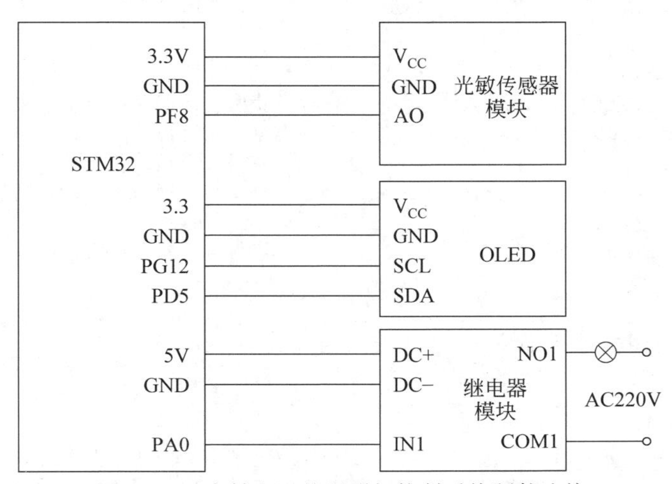


图 10-11　光敏电阻的照明灯控制系统硬件连接

项目 25 I/O 定义如表 10-14 所示。

表 10-14 项目 25 I/O 定义

| MCU 控制引脚 | 定义 | 功 能 | 模 式 |
|---|---|---|---|
| PF8 | AO | 模拟电压 | 输入 |
| PG12 | SCL | 时钟线 | 推挽输出 |
| PD5 | SDA | 数据线 | 推挽输出 |
| PA0 | IN1 | 继电器控制信号 | 推挽输出 |

**3. 项目实施**

项目 25 实施步骤如下。

第一步：硬件连接。按照图 10-11 所示的硬件连接，用导线将开发板与 3 线光敏传感器模块、1 路带光电隔离继电器模块、IIC 通信 0.96 英寸 OLED 屏一一进行连接，确保无误。

第二步：建工程模板。将项目 24 创建的工程模板文件夹复制到桌面上，在 HARDWARE 文件夹下面新建 LSENS、SENSOR 文件夹，并把文件夹 USER 下的 24ADC 改名为 25LSENS，然后将工程模板编译一下，直到没有错误和警告为止。

第三步：新建 4 个文件，分别命名为 lsens.c、lsens.h、sensor.c、sensor.h。把 lsens.c、sensor.c 这些文件添加到 HARDWARE 分组里面，然后添加 lsens.h、sensor.h 路径。

第四步：汉字字模的生成。打开取模软件 PCtolLCD2002，对所需的字符、汉字、图形等进行取模，方法参考上一个项目。

第五步：在 adc.h、lsens.h、oled.h、sensor.h、oledfont.h 文件中输入如下源程序。头文件里条件编译 #ifndef… #endif 格式不变，详细见下面代码。将生成的字模复制粘贴到 oledfont.h 文件文字库中的末尾（关于 oledfont.h 的其他内容，这里没有介绍，读者可以参考这个项目，也可以在网上搜索得到），也可以单独创建一个文字库。

```
adc.h
#ifndef __ADC_H
#define __ADC_H
#include "stm32f10x.h"
short Get_Temprate(void);                       //获取内部温度传感器温度值
void T_Adc_Init(void);                          //ADC 通道初始化
u16 T_Get_Adc(u8 ch);                           //获得某个通道值
u16 T_Get_Adc_Average(u8 ch,u8 times);          //得到某个通道 10 次采样的平均值
void Adc3_Init(void);                           //ADC3 初始化
u16 Get_Adc3(u8 ch);                            //获得 ADC3 某个通道值
#endif
lsens.h
#ifndef __LSENS_H
#define __LSENS_H
#include "sys.h"
#include "adc.h"
#define LSENS_READ_TIMES 10      /* 定义光敏传感器读取次数,读这么多次,然后取平均值 */
#define LSENS_ADC_CHX ADC_Channel_6             //定义光敏传感器所在的 ADC 通道编号
void Lsens_Init(void);                          //初始化光敏传感器
u8 Lsens_Get_Val(void);                         //读取光敏传感器的值
#endif
oled.h                                          //详细代码见工程文件项目 24 oled.h
```

**sensor.h**

```
#ifndef __SENSOR_H_
#define __SENSOR_H_
#include "stm32f10x_conf.h"
void sensor_init(void);
void relay_on(void);
void relay_off(void);
#endif
```

本项目生成的字模如下。

```
oledfont.h                        //详细代码见工程文件项目24 oledfont.h
```

第六步：在adc.c、lsens.c、oled.c、sensor.c文件中输入如下源程序。详细介绍见每条代码注释。

```
adc.c                             //详细代码见工程文件项目24 adc.c
lsens.c
#include "lsens.h"
#include "delay.h"
//初始化光敏传感器
void Lsens_Init(void)
{
    GPIO_InitTypeDef GPIO_InitStructure;
    RCC_APB2PeriphClockCmd(RCC_APB2Periph_GPIOF,ENABLE);    //使能PORTF时钟
    GPIO_InitStructure.GPIO_Pin = GPIO_Pin_8;               //PF8 anolog输入
    GPIO_InitStructure.GPIO_Mode = GPIO_Mode_AIN;           //模拟输入引脚
    GPIO_Init(GPIOF,&GPIO_InitStructure);
    Adc3_Init();
}
//读取Light Sens的值
//0~100:0代表最暗;100代表最亮
u8 Lsens_Get_Val(void)
{
    u32 temp_val=0;
    u8 t;
    for(t=0;t<LSENS_READ_TIMES;t++)
    {
        temp_val+=Get_Adc3(LSENS_ADC_CHX);           //读取ADC值
        delay_ms(5);
    }
    temp_val/=LSENS_READ_TIMES;                      //得到平均值
    if(temp_val>4000)temp_val=4000;
    return(u8)(100-(temp_val/40));
}
oled.c                                  //详细代码见工程文件项目24 oled.c
sensor.c
#include "sensor.h"
void sensor_init(void)                               //灯控制引脚的初始化
{
    //定义一个GPIO_InitTypeDef类型的结构体
    GPIO_InitTypeDef GPIO_InitStructure;
    RCC_APB2PeriphClockCmd(RCC_APB2Periph_GPIOA,ENABLE);
    //开启GPIOA的外设时钟
    GPIO_InitStructure.GPIO_Pin=GPIO_Pin_0;          //选择要控制的GPIOB引脚
```

```
    GPIO_InitStructure.GPIO_Speed=GPIO_Speed_50MHz; //设置引脚频率为 50MHz
    GPIO_InitStructure.GPIO_Mode=GPIO_Mode_Out_PP;  //设置引脚模式为通用推挽输出
    GPIO_Init(GPIOA,&GPIO_InitStructure);           //初始化 GPIOA
}
void relay_on(void)                                 //打开继电器
{
    GPIO_SetBits(GPIOA,GPIO_Pin_0);
}
void relay_off(void)                                //关闭继电器
{
    GPIO_ResetBits(GPIOA,GPIO_Pin_0);
}
```

第七步：在 main.c 文件中输入如下源程序。程序框架包含头文件、主函数和无限循环3部分。详细介绍见每条代码注释。

**main.c**

```
#include "delay.h"
#include "key.h"
#include "sys.h"
#include "usart.h"
#include "adc.h"
#include "lsens.h"
#include "oled.h"
#include "sensor.h"
int main(void)
{
    u8 adcx;
    delay_init();                                   //延时函数初始化
    NVIC_PriorityGroupConfig(NVIC_PriorityGroup_2);
                        /*设置中断优先级分组为组 2:2 位抢占优先级,2 位响应优先级*/
    uart_init(115200);                              //串口初始化为 115200
    Lsens_Init();                                   //初始化光敏传感器
    OLED_Init();
    sensor_init();
    OLED_ShowChinese(0,0,0,12,1);                   //光
    OLED_ShowChinese(13,0,1,12,1);                  //照
    OLED_ShowChinese(26,0,2,12,1);                  //强
    OLED_ShowChinese(39,0,3,12,1);                  //度
    OLED_ShowString(52,0,":",12,1);
    OLED_ShowString(74,0,"L",12,1);
    OLED_ShowString(81,0,"u",12,1);
    OLED_ShowString(88,0,"x",12,1);
    OLED_ShowChinese(0,12,4,12,1);                  //状
    OLED_ShowChinese(13,12,5,12,1);                 //态
    OLED_ShowString(25,12,":",12,1);
    OLED_Refresh();                                 //更新显存到 OLED
    while(1)
    {
        adcx=Lsens_Get_Val();
        OLED_ShowNum(58,0,adcx,2,12,1);
        OLED_Refresh();                             //更新显存到 OLED
        if(adcx<30)                                 //继电器闭合
        {
            relay_on();
```

```
            OLED_ShowChinese(31,12,6,12,1);             //开
        }
        else if(adcx>=30)                               //继电器断开
        {
            relay_off();
            OLED_ShowChinese(31,12,7,12,1);             //关
        }
    }
}
```

第八步：编译工程，直到没有错误和警告，会在 OBJ 文件夹中生成.hex 文件。

第九步：下载运行程序。通过 ISP 软件下载.hex 文件到开发板，查看效果。

光敏电阻的照明灯控制系统效果如图 10-12 所示。

图 10-12 光敏电阻的照明灯控制系统效果

## 10.5.2 项目 26：MQ3 酒精传感器检测及显示

**1. 项目要求**

(1) 掌握 STM32 ADC 的工作原理；

(2) 掌握 IIC 的工作原理；

(3) 掌握 IIC 通信 0.96 英寸 OLED 屏显示的工作原理；

(4) 掌握 MQ3 酒精传感器的工作原理；

(5) 掌握酒精传感器检测及显示硬件连接；

(6) 掌握酒精传感器检测及显示软件编程；

(7) 熟悉调试、下载程序。

**2. 项目描述**

(1) 通过网上查阅资料，熟悉 MQ3 酒精传感器的工作原理及使用方法。MQ3 酒精传感器模块外观图如图 10-13 所示，MQ3 酒精传感器接线图如图 10-14 所示。用 STM32F103ZET6 开发板的 PA1 与酒精传感器模块 AO (模拟输出)连接；开发板的 PG12、PD5 与 OLED 的 SCL、SDA 连接，各模块的具体接线如图 10-15 所示。

图 10-13 MQ3 酒精传感器模块

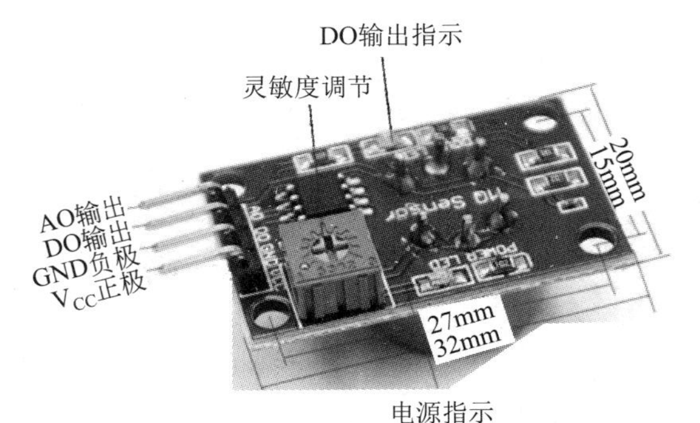

图 10-14　MQ3 酒精传感器接线图

(2) 主要设备及器材如下。

① 笔记本电脑或台式计算机(内存不低于 4GB)。

② STM32F103ZET6 最小系统板一块、ISP 串口程序下载器、杜邦线几根、miniUSB 线一条、MQ3 酒精传感器模块一块、IIC 通信 0.96 英寸 OLED 屏一块。

③ 配置相关软件(MDK、串口驱动等)。

(3) 硬件连接与 I/O 定义。

MQ3 酒精传感器检测及显示硬件连接框图如图 10-15 所示。

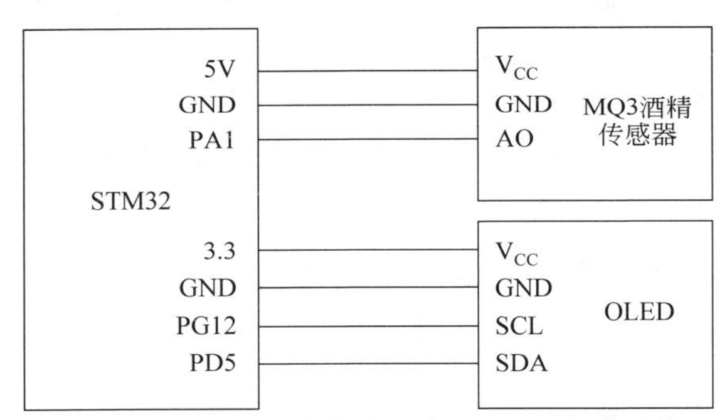

图 10-15　MQ3 酒精传感器检测及显示硬件连接

项目 26 I/O 定义如表 10-15 所示。

**表 10-15　项目 26 I/O 定义**

| MCU 控制引脚 | 定义 | 功　能 | 模　式 |
|---|---|---|---|
| PA1 | AO | 模拟电压 | 输入 |
| 5V | $V_{CC}$ | MQ3 电源电压 | — |
| GND | GND | MQ3 地线 | — |
| PG12 | SCL | 时钟线 | 推挽输出 |
| PD5 | SDA | 数据线 | 推挽输出 |
| 3.3V | $V_{CC}$ | OLED 电源电压 | — |
| GND | GND | OLED 地线 | — |

**3. 项目实施**

项目26实施步骤如下。

第一步：硬件连接。按照图10-15所示的硬件连接,用导线将开发板与MQ3酒精传感器模块、IIC通信0.96英寸OLED屏模块一一进行连接,确保无误。

第二步：建工程模板。将项目25创建的工程模板文件夹复制到桌面上,并把文件夹USER下的25LSENS改名为26MQ3,然后将工程模板编译一下,直到没有错误和警告为止。

第三步：由于项目26工程模板与项目25工程模板类似,因此这一步可以省略了。

第四步：汉字字模的生成。打开取模软件PCtolLCD2002,输入汉字“模拟量、百分比”进行取模,方法与项目24的类似,这里就不介绍了。

第五步：在adc.h、oled.h、oledfont.h文件中输入如下源程序。头文件里条件编译#ifndef…#endif格式不变,详细见下面代码。将生成的字模复制粘贴到oledfont.h文件文字库中的末尾(关于oledfont.h的其他内容,这里没有介绍,读者可以参考这个项目,也可以在网上搜索得到),也可以单独创建一个文字库。

```
adc.h
#ifndef __ADC_H
#define __ADC_H
#include "sys.h"
void Adc_Init(void);
u16  Get_Adc(u8 ch);
u16 Get_Adc_Average(u8 ch,u8 times);
#endif
oled.h                                      //详细代码见工程文件项目25 oled.h
```

本项目生成的字模如下:

```
oledfont.h                                  //详细代码见工程文件项目25 oledfont.h
```

第六步：在adc.c、oled.c文件中输入如下源程序。详细介绍见每条代码注释。

```
adc.c
#include "adc.h"
#include "delay.h"
void Adc_Init(void)
{
    GPIO_InitTypeDef GPIO_InitStructure;
    ADC_InitTypeDef ADC_InitStruct;
    RCC_APB2PeriphClockCmd(RCC_APB2Periph_GPIOA|RCC_APB2Periph_ADC1,ENABLE);
                                                          /* PA_1 设置为模拟输入 */
    GPIO_InitStructure.GPIO_Pin = GPIO_Pin_1;
    GPIO_InitStructure.GPIO_Mode = GPIO_Mode_AIN;         //模拟输入
    GPIO_InitStructure.GPIO_Speed = GPIO_Speed_50MHz;     //I/O口频率为50MHz
    GPIO_Init(GPIOA,&GPIO_InitStructure);
    RCC_ADCCLKConfig(RCC_PCLK2_Div6);                     //设置ADC分频因子
    ADC_DeInit(ADC1);                                     //复位ADC
    //初始化ADC参数
    ADC_InitStruct.ADC_ContinuousConvMode=DISABLE;        //连续转换
    ADC_InitStruct.ADC_DataAlign=ADC_DataAlign_Right;     //数据右对齐
    ADC_InitStruct.ADC_ExternalTrigConv=ADC_ExternalTrigConv_None;
                                                          /* 软件触发方式 */
```

```
    ADC_InitStruct.ADC_Mode=ADC_Mode_Independent;         //独立模式
    ADC_InitStruct.ADC_NbrOfChannel=1;                    //单通道
    ADC_InitStruct.ADC_ScanConvMode=DISABLE;
    ADC_Init(ADC1,&ADC_InitStruct);
    ADC_Cmd(ADC1,ENABLE);                                 //使能 ADC1
    ADC_ResetCalibration(ADC1);                           //使能复位校准
    while(ADC_GetResetCalibrationStatus(ADC1));           //等待复位校准结束
    ADC_StartCalibration(ADC1);                           //开启 AD 校准
    while(ADC_GetCalibrationStatus(ADC1));                //等待校准结束
}
u16 Get_Adc(u8 ch)                                        //获取 ADC 数据
{
    ADC_RegularChannelConfig(ADC1,ch,1,ADC_SampleTime_239Cycles5);
    ADC_SoftwareStartConvCmd(ADC1,ENABLE);
    while(!ADC_GetFlagStatus(ADC1,ADC_FLAG_EOC));
                              /* 检查 ADC 标志位 ADC_FLAG_EOC 转换结束标志位 */
    return ADC_GetConversionValue(ADC1);
}
u16 Get_Adc_Average(u8 ch,u8 times)                       //获取数据
{
    float temp_avrg;
    u32 temp_val=0;
    u8 t;
    for(t=0;t<times;t++)
    {
        temp_val+=Get_Adc(ch);
        delay_ms(1);
    }
    temp_avrg=temp_val/times;
    return temp_avrg;
}
```

**oled.c** //详细代码见工程文件项目 25 **oled.c**

第七步：在 main.c 文件中输入如下源程序。程序框架包含头文件、主函数和无限循环3部分。详细介绍见每条代码注释。

**main.c**

```
#include "stm32f10x.h"
#include "delay.h"
#include "sys.h"
#include "usart.h"
#include "oled.h"
#include "adc.h"
#include "stdio.h"
void showTitleChar(void){
    OLED_ShowTitle(0,16,0,16,1);                          //模拟量
    OLED_ShowTitle(16,16,1,16,1);
    OLED_ShowTitle(32,16,2,16,1);
    OLED_ShowTitle(48,16,9,16,1);
    OLED_ShowTitle(0,38,3,16,1);                          //百分比
    OLED_ShowTitle(16,38,4,16,1);
    OLED_ShowTitle(32,38,5,16,1);
    OLED_ShowTitle(48,38,9,16,1);
    OLED_ShowChar(80,38,'%',16,1);
}
```

```
int main(void)
{
    int value;                                                    //存储数据
    int preMoni = 4;
    int preBaifen = 4;
    int curMoni = 0;
    int curBaifen = 0;
    NVIC_PriorityGroupConfig(NVIC_PriorityGroup_2);     //中断优先级分组
    delay_init();
    uart_init(115200);
    Adc_Init();
    OLED_Init();
    OLED_ColorTurn(0);                                    //0 代表正常显示,1 代表反显
    OLED_DisplayTurn(0);                                  //0 代表不旋转,1 代表旋转 180°
    showTitleChar();
    while(1){
        value=Get_Adc_Average(1,10);                      //获取数据
        curMoni = OLED_GetNumCount(value);
        curBaifen = OLED_GetNumCount(value/4095.0 * 100);
        if(curMoni != preMoni || curBaifen != preBaifen){
        //如果数据的位数改变,那么更新 OLED 显示数字的位数
            preMoni = curMoni;
            preBaifen = curBaifen;
            OLED_Clear();
            showTitleChar();
        }
        //ppm 转换公式
        //12 位 ADC 获取到的值最大为 4095,故除以 4095,把获取到的 AD 值赋予 Temp
        //电压与输出成正比 5V = 0xFFF = 4096
        //AD / 4095.0×100 = x%(获取的数据相对电压的百分比)
        printf("模拟量:%d\r\n",value);                      //显示到串口
        printf("百分比:%.2f%%\r\n",value / 4095.0×100);
        //显示到 OLED
        OLED_ShowNum(64,16,value,curMoni,16,1);
        OLED_ShowNum(64,38,value/4095.0×100,curBaifen,16,1);
        OLED_Refresh();
        delay_ms(100);
    }
}
```

第八步:编译工程,直到没有错误和警告,会在 OBJ 文件夹中生成.hex 文件。

第九步:下载运行程序。通过 ISP 软件下载.hex 文件到开发板,查看效果。MQ3 酒精传感器检测及显示效果如图 10-16 所示。

图 10-16 MQ3 酒精传感器检测及显示效果

**本章小结**

本章首先介绍了中国工程院院士李乐民的事迹，然后介绍了 STM32 的 ADC 概述、STM32F103 ADC 的主要特征，详细分析了 STM32F103 ADC 的主要特征、STM32 的 ADC 的内部结构、ADC 校准、ADC 转换模式、ADC 外部触发转换、STM32 ADC 相关库函数，紧随其后通过基本项目实践详细分析工程实施方法及步骤，最后通过拓展项目实践，详细分析了 ADC 工程项目应用。

# 练习与拓展

**一、单选题**

1. 李乐民于(　　)年当选为中国工程院院士。

A. 1995　　B. 1997　　C. 1998　　D. 1999

2. 李乐民发表过(　　)余篇高水平论文。

A. 50　　B. 100　　C. 150　　D. 200

3. STM32F103ZET 包含(　　)个 ADC，这些 ADC 可以独立使用，也可以双重模式使用。

A. 2　　B. 4　　C. 3　　D. 5

4. STM32 的 ADC 是(　　)位逐次逼近型的模拟数字转换器。

A. 16　　B. 12　　C. 14　　D. 15

5. ADC 的结果可以(　　)方式存储在 16 位数据寄存器中。

A. 只能右对齐　　B. 只能左对齐

C. 没有规定　　D. 左对齐或右对齐

6. STM32 其 ADC 的规则通道组最多包含(　　)个转换，而注入通道组最多包含(　　)个通道。

A. 8　4　　B. 16　4　　C. 8　8　　D. 4　16

7. 规则通道转换期间有(　　)请求产生。

A. DMA　　B. DAC

C. ADC　　D. CPU

8. STM32 的 ADC 输入通道多达(　　)个。

A. 18　　B. 16　　C. 12　　D. 4

9. 规则通道和它的转换顺序在(　　)寄存器中选择。

A. ADC_JSQR　　B. ADC_SQRx

C. ADC_CR1　　D. ADC_CR2

10. 规则组转换的总数应写入 ADC_SQR1 寄存器的(　　)中。

A. L[3:2]　　B. L[5:4]　　C. L[1:0]　　D. L[3:0]

11. 注入组和它的转换顺序在(　　)寄存器中选择。

A. ADC_JSQR　　B. ADC_SQRx　　C. ADC_CR1　　D. ADC_CR2

12. 注入组里转换的总数应写入 ADC_JSQR 寄存器的(　　)中。

A. L[3:2]　　B. L[5:4]　　C. L[1:0]　　D. L[3:0]

13. 如果需要转换的模拟输入信号的优先级较其他模拟输入信号要高，那么可以将该模拟输入信号的通道归入(　　)通道组中。

A. 右对齐　　B. 注入　　C. 左对齐　　D. 规则

14. 设置了(　　)寄存器的 JAUTO 位，在规则组通道之后，注入组通道被自动转换。

A. ADC_JSQR　　B. ADC_SQRx　　C. ADC_CR1　　D. ADC_CR2

15. 如果通道 15 想第 1 个转换，我们只需要把 SQ1[4:0]写为(　　)即可。

A. 15　　B. 13　　C. 12　　D. 14

16. (　　)寄存器控制规则序列中的第 7～12 个转换。

A. ADC_SQR1　　B. ADC_SQR2　　C. ADC_SQR3　　D. ADC_SQR4

17. 如果通道(　　)想第 16 个转换，我们只需要把 SQ16[4:0]写为 3 即可。

A. 5　　B. 3　　C. 2　　D. 4

18. 注入序列寄存器 ADC_JSQR 只有 1 个，最多支持(　　)个通道。

A. 5　　B. 3　　C. 2　　D. 4

19. 当 JL 的值等于(　　)时，则转换顺序与 ADC_SQR 的一样。

A. 3　　B. 5　　C. 4　　D. 6

20. 要开启 ADC 转换，我们可以直接设置 ADC 控制寄存器 ADC_CR2 的(　　)位。

A. JDRx　　B. ALIGN　　C. ADC_SQR3　　D. ADON

21. 我们知道 APB2 总线时钟为 72MHz，而 ADC 最大工作频率为 14MHz，所以一般设置分频因子为(　　)，这样 ADC 的输入时钟为 12MHz。

A. 3　　B. 5　　C. 4　　D. 6

22. 当 ADC_CLK＝14MHz(最高)的时候，采样时间设置为(　　)个周期(最快)，则 ADC 总转换时间为 1μs。

A. 2　　B. 1.5　　C. 1.6　　D. 2.1

23. ADC 转换后的数据根据转换组的不同，规则组的数据放在(　　)寄存器中，注入组的数据放在 JDRx 中。

A. ADC_CR　　B. ADC_SQR3　　C. JDRx　　D. ADC_DR

24. ADC 规则数据寄存器 ADC_DR 只有一个，它是一个 32 位的寄存器，低(　　)位是 ADC 单模式时使用。

A. 8　　B. 4　　C. 16　　D. 32

25. 注入数据同样分为左对齐或右对齐，具体以哪一种方式存放，由 ADC_CR2 的第 11 位(　　)设置。

A. JDRx　　B. ALIGN　　C. ADC_SQR3　　D. ADON

26. 通过设 ADC_CR2 寄存器的(　　)位启动校准。

A. JDRx　　B. ALIGN　　C. CAL　　D. ADON

27. 如果设置了(　　)控制位，则外部事件就能够触发转换。

A. JDRx　　B. ALIGN　　C. CAL　　D. EXTTRIG

28. 根据 ADC_InitStruct 中指定的参数初始化外设 ADCx 的寄存器，函数名是(　　)。

A. ADC_DeInit　　B. ADC_StructInit

C. ADC_RegularChannelConfig　　D. ADC_Init

29. 使能或失能指定 ADC 的 DMA 请求函数名是(　　)。

A. ADC_DeInit　　B. ADC_StructInit
C. ADC_DMACmd　　D. ADC_Init

## 二、多选题

1. STM32 将 ADC 的转换分为 2 个通道组,即(　　)。

A. 右对齐　　B. 左对齐　　C. 规则通道组　　D. 注入通道组

2. 规则序列寄存器共有 3 个,分别是(　　)。

A. ADC_SQR1　　B. ADC_SQR2　　C. ADC_SQR3　　D. ADC_SQR4

3. 数据转换结束后,可以产生中断。中断分为(　　)。

A. 模拟看门狗中断　　B. 右对齐中断
C. 注入转换通道组转换结束中断　　D. 规则通道组转换结束中断

4. ADC 转换模式主要有(　　)等。

A. 连续转换模式　　B. 扫描模式
C. 单次转换模式　　D. 多扫描模式

## 三、判断题

1. ADC 是指将连续变量的数字信号转换为模拟信号的器件。(　　)

2. 在使用时,不要让 ADC 的时钟超过 14MHz,否则将导致结果准确度下降。(　　)

3. 通常把 $V_{SSA}$ 和 $V_{REF-}$ 接地,把 $V_{REF+}$ 和 $V_{DDA}$ 接 3.3V,得到 ADC 的输入电压范围为 0～3.3V。(　　)

4. 通常,如果仅是一般模拟输入信号的转换,那么将该模拟输入信号的通道设置为规则通道即可。(　　)

5. 注入通道相当于中断,打断规则通道转换。(　　)

6. 如果在注入通道转换过程中有规则通道插入,那么就要先转换完规则通道,等规则通道转换完成后再回到注入通道的转换流程。(　　)

7. ADC 注入组最多有 8 个通道,正好注入数据寄存器有 8 个,每个通道对应着自己的寄存器,不会像规则寄存器那样产生数据的覆盖问题。(　　)

8. ADC1 和 ADC2 的中断映射在同一个中断向量上,ADC3 的中断有自己的中断向量。(　　)

9. 规则和注入通道转换结束后,除了产生中断外,还可以产生 DMA 请求,把转换好的数据直接存放在内存里面。(　　)

10. 当外部触发信号被选为 ADC 规则或注入转换时,只有它的上升沿可以启动转换。(　　)

## 四、拓展题

1. 用思维导图软件画出本章的素质、知识、能力思维导图。

2. 用 ADC 设计一路电压范围为 0～3.3V,采集并在 OLED 显示屏上显示电压值。

# 第11章

# 综合应用

## 11.1 项目27：超声波传感器测距仪

**1. 项目要求**

(1) 掌握STM32 ADC的工作原理；

(2) 掌握IIC的工作原理；

(3) 掌握IIC通信0.96英寸OLED屏显示的工作原理；

(4) 掌握HC-SR04超声波传感器的工作原理；

(5) 掌握HC-SR04超声波传感器测距仪硬件连接；

(6) 掌握HC-SR04超声波传感器测距仪软件编程；

(7) 熟悉调试、下载程序。

**2. 项目描述**

(1) 通过网上查阅资料，学习HC-SR04超声波传感器的工作原理及使用方法。HC-SR04超声波传感器模块外观图如图11-1所示，超声波模块时序图如图11-2所示。用STM32F103ZET6开发板的PA7与HC-SR04超声波传感器模块ECHO(回响信号引脚，当超声波模块测量距离成功后，通过该引脚告诉STM32当前超声波传输的时间)连接，开发板的PA6与HC-SR04超声波传感器模块TRIG(触发信号引脚，STM32给超声波模块一个信号，超声波模块就会工作)连接，HC-SR04超声波传感器模块$V_{CC}$需要接+5V，开发板的PG12、PD5与OLED的SCL、SDA连接。

图11-1 HC-SR04超声波传感器模块

由图11-2所示可知，触发信号产生一个10μs的TTL高电平后，模块内部循环发出8个40kHz的脉冲，并检测回波。一旦检测到有回波信号则ECHO输出回响信号，回响信号的脉冲宽度与所测的距离成正比。由此，通过发射信号到收到回响信号的时间间隔可以计算得到距离，即时间间隔×波速/2。

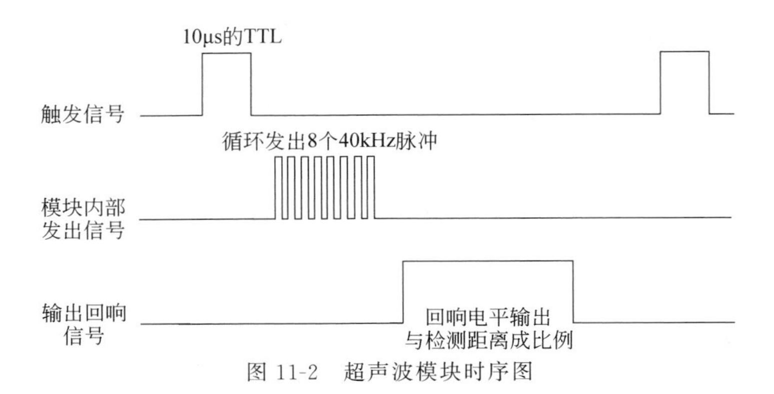

图 11-2 超声波模块时序图

(2) 主要设备及器材如下。

① 笔记本电脑或台式计算机(内存不低于4GB)。

② STM32F103ZET6最小系统板一块、ISP串口程序下载器、杜邦线几根、miniUSB线一条、HC-SR04超声波传感器模块一块、IIC通信0.96英寸OLED屏一块。

③ 配置相关软件(MDK、串口驱动等)。

(3) 硬件连接与I/O定义。

超声波传感器测距仪硬件连接框图如图11-3所示。

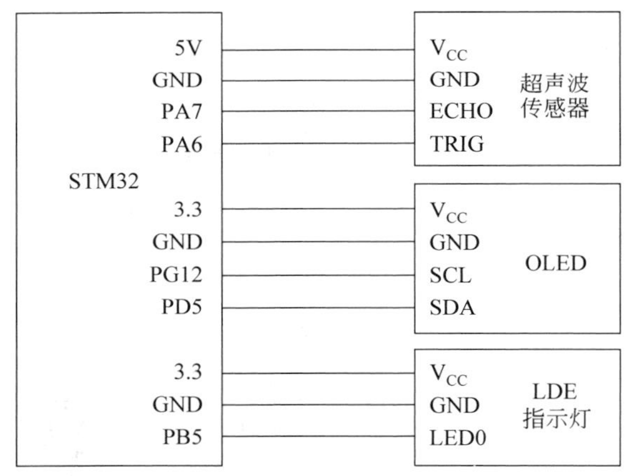

图 11-3 超声波传感器测距仪硬件连接框图

项目27 I/O定义如表11-1所示。

**表 11-1 项目 27 I/O 定义**

| MCU 控制引脚 | 定义 | 功 能 | 模 式 |
|---|---|---|---|
| PA7 | ECHO | 回响信号引脚 | 输入 |
| PA6 | TRIG | 触发信号引脚 | 输出 |
| 5V | $V_{CC}$ | HC-SR04 超声波传感器电源电压 | — |
| GND | GND | HC-SR04 超声波传感器地线 | — |
| PG12 | SCL | 时钟线 | 推挽输出 |

续表

| MCU 控制引脚 | 定义 | 功　能 | 模　式 |
|---|---|---|---|
| PD5 | SDA | 数据线 | 推挽输出 |
| 3.3V | $V_{CC}$ | OLED 电源电压 | — |
| GND | GND | OLED 地线 | — |

**3. 项目实施**

项目 27 实施步骤如下。

第一步：硬件连接。按照图 11-3 所示的硬件连接，用导线将开发板与 HC-SR04 超声波传感器模块、IIC 通信 0.96 英寸 OLED 屏模块一一进行连接，确保无误。

第二步：建工程模板。将项目 26 创建的工程模板文件夹复制到桌面上，并把文件夹 USER 下的 26 MQ3 改名为 27HC-SR04，然后将工程模板编译一下，直到没有错误和警告为止。

第三步：由于项目 27 工程模板与项目 26 工程模板类似，因此这一步可以省略了。

第四步：在 timer.h、oled.h、led.h、oledfont.h 文件中输入如下源程序。头文件里条件编译 #ifndef… #endif 格式不变。由于这个项目在 OLED 上只显示英文、数字，而 oledfont.h 里面已经有英文、数字字模，因此这里直接用就可以了。

```
timer.h                              //详细代码见工程文件项目 26 timer.h
oled.h                               //详细代码见工程文件项目 26 oled.h
led.h                                //详细代码见工程文件项目 26 led.h
```

第五步：在 timer.c、oled.c、led.c 文件中输入如下源程序。详细介绍见每条代码注释。

```
timer.c                              //详细代码见工程文件项目 26 timer.c
oled.c                               //详细代码见工程文件项目 26 oled.c
led.c                                //详细代码见工程文件项目 26 led.c
```

第六步：在 main.c 文件中输入如下源程序。程序框架包含头文件、主函数和无限循环 3 部分。详细介绍见每条代码注释。

```
main.c                               //详细代码见工程文件项目 26 main.c
```

第七步：编译工程，直到没有错误和警告，会在 OBJ 文件夹中生成.hex 文件。

第八步：下载运行程序。通过 ISP 软件下载.hex 文件到开发板，查看效果。

超声波传感器测距仪效果如图 11-4 所示。

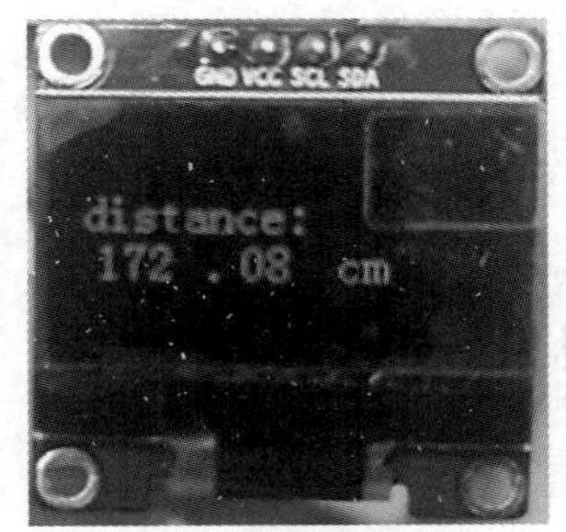


图 11-4　超声波传感器测距仪效果

## 11.2 项目28：STM32校园上课铃响系统

**1. 项目要求**

(1) 掌握STM32NVIC嵌套向量中断控制器的工作原理；

(2) 掌握STM32 EXTI外部中断操作及应用；

(3) 掌握STM32定时器的工作原理及编程；

(4) 掌握独立式按键的工作原理及编程；

(5) 掌握共阳极数码管的工作原理及编程；

(6) 掌握蜂鸣器的工作原理及编程；

(7) 掌握STM32校园上课铃响系统硬件连接；

(8) 掌握STM32校园上课铃响系统软件编程；

(9) 熟悉调试、下载程序。

**2. 项目描述**

(1) 用STM32F103ZET6开发板的PB8控制蜂鸣器，输出方式为开漏输出(低电平有效)；PD0～PD7控制数码管段选，PA1～PA4控制数码管位选，输出方式都为推挽(或者开漏)输出；独立式按键KEY0～KEY3接PA9～PA11，输入方式为上拉，通过KEY0来切换大课小课打铃(大课为90分钟打铃、小课为45分钟打铃)，KEY1是调整小时加(与北京时间小时同步)，KEY2是调整分钟加(与北京时间分钟同步)，KEY3是调整秒加(与北京时间秒同步)；蜂鸣器接PB8，上、下课铃通过蜂鸣器报警来实现，输出方式开漏输出。

(2) 主要设备及器材如下。

① 笔记本电脑或台式计算机(内存不低于4GB)。

② STM32F103ZET6最小系统板一块、ISP串口程序下载器、杜邦线几根、miniUSB线一条、4位共阳数码管模块一块、蜂鸣器模块一块、独立式按键模块一块。

③ 配置相关软件(MDK、串口驱动等)。

(3) 硬件连接与I/O定义。

项目28硬件连接框图如图11-5所示。

项目28 I/O定义如表11-2所示。

表11-2 项目28 I/O定义

| MCU控制引脚 | 定　义 | 功　能 | 模　式 |
|---|---|---|---|
| PB8 | I/O | 蜂鸣器报警，低电平有效 | 开漏输出 |
| PD9<br>PA9～PA11 | KEY0<br>PA9—KEY1<br>PA10—KEY2<br>PA11—WK_UP | 独立式按键 | 输入上拉<br>KEY0—调整大课小课打铃时间<br>KEY1—调整小时加<br>KEY2—调整分钟加<br>WK_UP—调整秒加 |

续表

| MCU 控制引脚 | 定 义 | 功 能 | 模 式 |
|---|---|---|---|
| PA1～PA4 | D1～D4 | 数码管位选 | 推挽(或者开漏)输出<br>PA1～D1<br>PA2～D2<br>PA3～D3<br>PA4～D4 |
| PD0～PD7 | A～DP | 数码管段选 | 推挽(或者开漏)输出<br>PD0～A PD1～B<br>PD2～C PD3～D<br>PD4～E PD5～F<br>PD6～G PD7～DP |

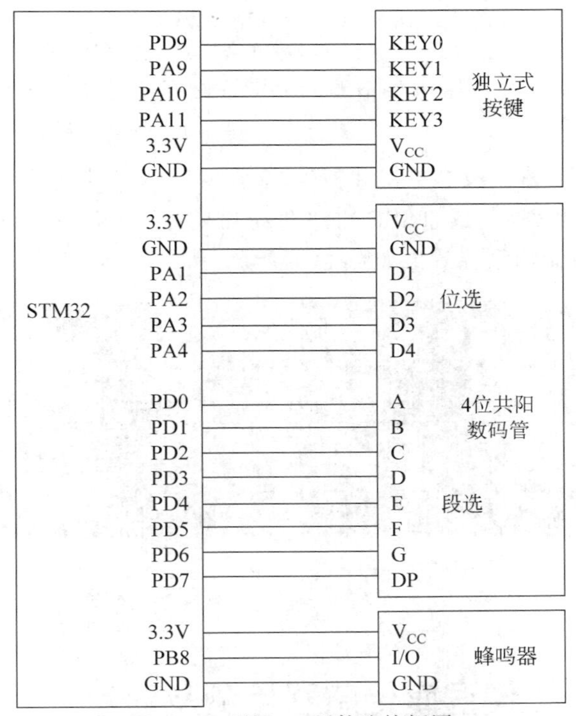

图 11-5 项目 28 硬件连接框图

**3. 项目实施**

项目 28 实施步骤如下。

第一步：硬件连接。按照图 11-5 所示的硬件连接框图，用导线将开发板与 4 位共阳数码管模块、蜂鸣器模块和独立式按键模块一一进行连接，确保无误。

第二步：建工程模板。将项目 27 创建的工程模板文件夹复制到桌面上，并把文件夹 USER 下的 27HC-SR04 改名为 28SKL，然后将工程模板编译一下，直到没有错误和警告为止。

第三步：由于项目 28 工程模板与项目 27 工程模板类似，因此这一步可以省略了。

第四步：在 timer.h、smg.h、beep.h、key.h 文件中输入如下源程序。头文件里条件编译 #ifndef…#endif 格式不变，在 timer.h 文件里要包括 TIMER_H 宏定义和 TIMER_Init 函数声明；在 smg.h 文件里要包括 SMG_H 宏定义和 SMG_Init 函数声明；在 beep.h 文件里要包括 BEEP_H 宏定义和 BEEP_Init 函数声明；在 key.h 文件里要包括 KEY_H 宏定义和 KEY_Init 函数声明。

```
timer.h                                    //详细代码见工程文件项目 27 timer.h
smg.h                                      //详细代码见工程文件项目 27 smg.h
beep.h                                     //详细代码见工程文件项目 27 beep.h
key.h                                      //详细代码见工程文件项目 27 key.h
```

第五步：在 timer.c、smg.c、beep.c、key.c 文件中输入如下源程序。详细介绍见每条代码注释。

```
timer.c                                    //详细代码见工程文件项目 27 timer.c
smg.c                                      //详细代码见工程文件项目 27 smg.c
beep.c                                     //详细代码见工程文件项目 27 beep.c
key.c                                      //详细代码见工程文件项目 27 key.c
```

第六步：在 main.c 文件中输入如下源程序。详细介绍见每条代码注释。

```
main.c                                     //详细代码见工程文件项目 27 main.c
```

第七步：编译工程，直到没有错误和警告，会在 OBJ 文件夹中生成.hex 文件。

第八步：下载运行程序。通过 ISP 软件下载.hex 文件到开发板，查看效果。

STM32 校园上课铃响系统效果如图 11-6 所示。

(a) 小时加

(b) 分钟加

图 11-6　STM32 校园上课铃响系统效果

## 11.3　项目 29：土壤湿度传感器检测及显示

### 1. 项目要求

(1) 掌握 STM32 ADC 的工作原理；

(2) 掌握 IIC 的工作原理；

(3) 掌握 IIC 通信 0.96 英寸 OLED 屏显示的工作原理；

(4) 掌握土壤湿度传感器模块的工作原理；

(5) 掌握土壤湿度传感器检测及显示硬件连接；

(6) 掌握土壤湿度传感器检测及显示软件编程；

(7) 熟悉调试、下载程序。

**2. 项目描述**

（1）通过网上查阅资料，学习土壤湿度传感器模块的工作原理及使用方法。土壤湿度传感器探头模块外观图如图 11-7(a)所示，转换器模块如图 11-7(b)所示，探头与转换模块接线图如图 11-7(c)所示。用 STM32F103ZET6 开发板的 PA1 与转换器模块 AO(模拟输出)连接；开发板的 PG12、PD5 与 OLED 的 SCL、SDA 连接。

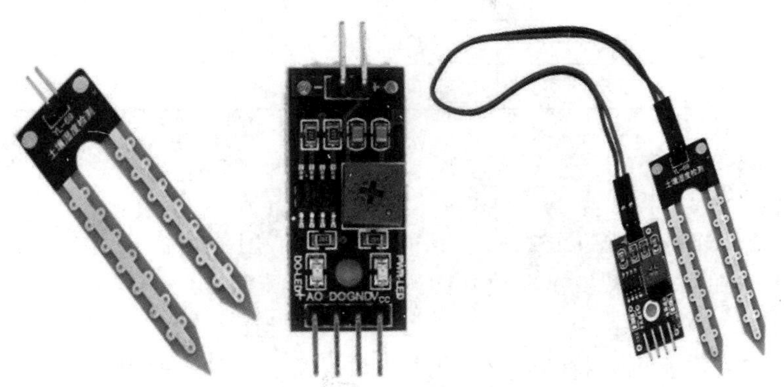

(a) 土壤湿度检测探头　(b) 转换器模块　(c) 探头与转换模块接线图

图 11-7　土壤湿度传感器模块

（2）主要设备及器材如下。

① 笔记本电脑或台式计算机(内存不低于 4GB)。

② STM32F103ZET6 最小系统板一块、ISP 串口程序下载器、杜邦线几根、miniUSB 线一条、土壤湿度检测探头一个、转换器模块一块、IIC 通信 0.96 英寸 OLED 屏一块。

③ 配置相关软件(MDK、串口驱动等)。

（3）硬件连接与 I/O 定义。

土壤湿度传感器检测及显示硬件连接框图如图 11-8 所示。

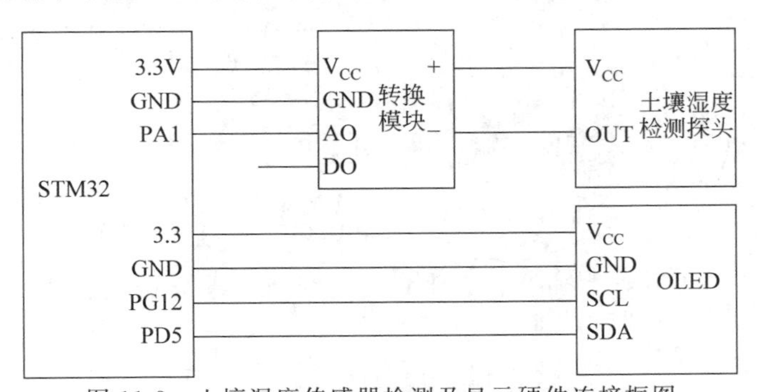


图 11-8　土壤湿度传感器检测及显示硬件连接框图

项目 29 I/O 定义如表 11-3 所示。

**表 11-3　项目 29 I/O 定义**

| MCU 控制引脚 | 定义 | 功　能 | 模　式 |
|---|---|---|---|
| PA1 | AO | 模拟电压 | 输入 |
| 3.3V | $V_{CC}$ | 转换模块电源电压 | — |

续表

| MCU 控制引脚 | 定义 | 功　能 | 模　式 |
|---|---|---|---|
| GND | GND | 转换模块地线 | — |
| PG12 | SCL | 时钟线 | 推挽输出 |
| PD5 | SDA | 数据线 | 推挽输出 |
| 3.3V | $V_{CC}$ | OLED 电源电压 | — |
| GND | GND | OLED 地线 | — |

**3. 项目实施**

项目 29 实施步骤如下。

第一步：硬件连接。按照图 11-8 所示的硬件连接，用导线将开发板与土壤湿度传感器（包括土壤湿度检测探头、转换器模块）、IIC 通信 0.96 英寸 OLED 屏模块一一进行连接，确保无误。

第二步：建工程模板。将项目 28 创建的工程模板文件夹复制到桌面上，并把文件夹 USER 下的 28SKL 改名为 29TSJX，然后将工程模板编译一下，直到没有错误和警告为止。

第三步：由于项目 29 工程模板与项目 28 工程模板类似，因此这一步可以省略了。

第四步：汉字字模的生成。打开取模软件 PCtolLCD2002，输入汉字"土壤湿度检测"进行取模，方法与项目 24 的类似，这里就不介绍了。

第五步：在 adc.h、oled.h、oledfont.h 文件中输入如下源程序。头文件里条件编译 #ifndef…#endif 格式不变。将生成的字模复制并粘贴到 oledfont.h 文件文字库中的末尾（关于 oledfont.h 的其他内容，这里没有介绍，读者可以参考项目 24），也可以单独创建一个文字库。

```
adc.h                                  //详细代码见工程文件项目 28 adc.h
oled.h                                 //详细代码见工程文件项目 28 oled.h
oledfont.h                             //详细代码见工程文件项目 28 oledfont.h
```

第六步：在 adc.c、oled.c 文件中输入如下源程序。详细介绍见每条代码注释。

```
adc.c                                  //详细代码见工程文件项目 28 adc.c
oled.c                                 //详细代码见工程文件项目 28 oled.c
```

第七步：在 main.c 文件中输入如下源程序。程序框架包含头文件、主函数和无限循环 3 部分。详细介绍见每条代码注释。

```
main.c                                 //详细代码见工程文件项目 28 main.c
```

第八步：编译工程，直到没有错误和警告，会在 OBJ 文件夹中生成.hex 文件。

第九步：下载运行程序。通过 ISP 软件下载.hex 文件到开发板，查看效果。

土壤湿度传感器检测及显示效果如图 11-9 所示。

图 11-9 土壤湿度传感器检测及显示效果

## 11.4 项目30：STM32室内环境检测与控制系统

**1. 项目要求**

(1) 掌握STM32 ADC的工作原理；

(2) 掌握IIC通信0.96英寸OLED屏显示的工作原理；

(3) 掌握DHT11温湿度传感模块的工作原理；

(4) 掌握光敏传感器模块的工作原理；

(5) 掌握MQ135空气质量传感器模块的工作原理；

(6) 掌握4路带光电隔离继电器模块的工作原理；

(7) 掌握独立式按键模块的工作原理；

(8) 掌握LED发光二极管模块的工作原理；

(9) 掌握STM32室内环境检测与控制系统硬件连接；

(10) 掌握STM32室内环境检测与控制系统软件编程；

(11) 熟悉调试、下载程序。

**2. 项目描述**

(1) STM32室内环境检测与控制系统由STM32F103ZET6开发板、光敏传感模块、DHT11温湿度传感模块、MQ135空气质量传感器模块、OLED液晶显示模块、独立式按键模块、LED发光二极管、4路带光电隔离继电器模块组成。系统通过DHT11温湿度传感器、光敏传感器、空气质量传感器采集到室内环境数值传送给STM32，经过数据加工处理会输出到OLED显示屏上显示，如果指标超标会自动控制相应设备(这里以4个风扇模拟控制设备、对应LED指示灯亮)，也可以通过独立式按键来手动控制对应设备。传感模块示意图如图11-10所示，光敏传感器工作电压为3.3～5V，DHT11温湿度传感器工作电压3.3～5V，MQ135空气质量传感器工作电压2.5～5.0V。4路带光电隔离继电器模块示意图如图11-11所示，各模块功能、性能参数、接口等资料可以通过网络自己查阅，这里不再介绍。

(2) 主要设备及器材如下。

① 笔记本电脑或台式计算机(内存不低于4GB)。

② STM32F103ZET6最小系统板一块、杜邦线几根、miniUSB线一条、光敏传感模块一块、DHT11温湿度传感模块一块、MQ135空气质量传感器模块一块、OLED液晶显示模块一块、独立式按键模块一块、LED发光二极管模块一块、4路带光电隔离继电器模块一块。

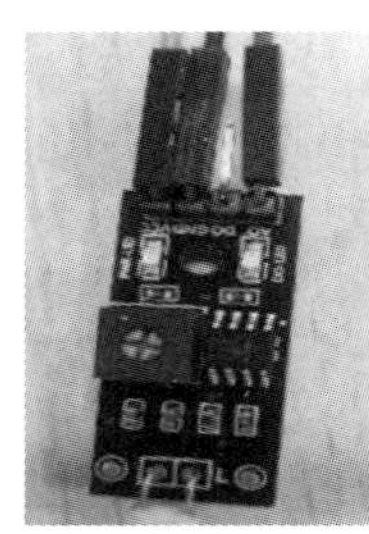

(a) 光敏传感模块

(b) DHT11温湿度传感模块

(c) MQ135空气质量传感器模块

图11-10　传感模块示意图

图11-11　4路带光电隔离继电器模块示意图

③ 配置相关软件(MDK、串口驱动等)。

(3) 硬件连接与I/O定义。

STM32室内环境检测与控制系统硬件连接框图如图11-12所示。

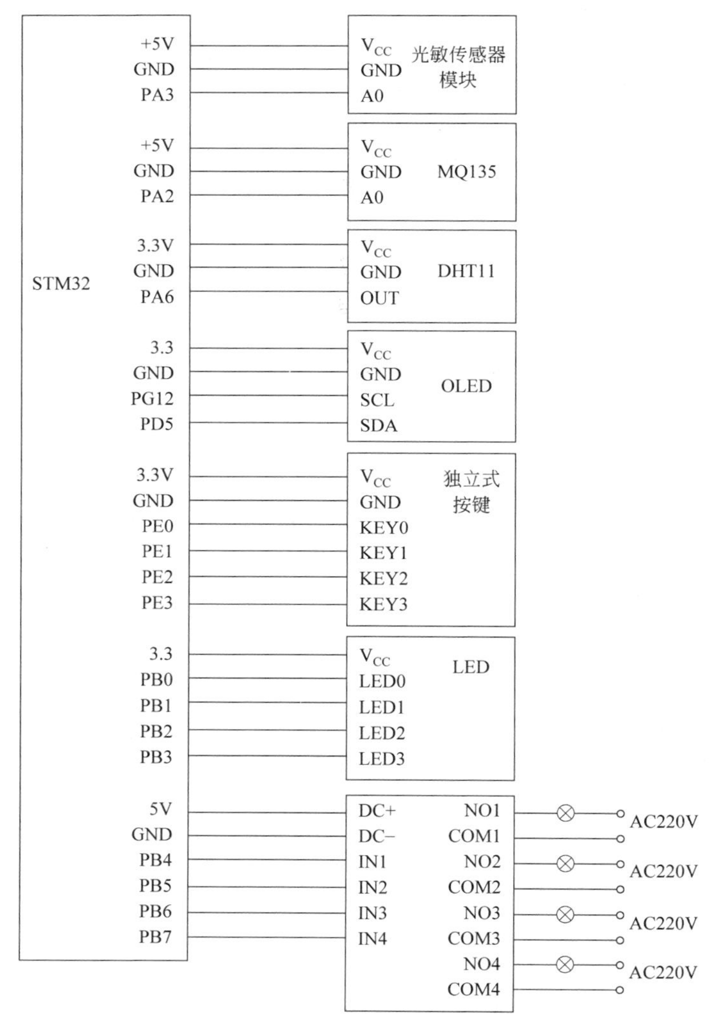


图11-12　STM32室内环境检测与控制系统硬件连接框图

项目 30：STM32 室内环境检测与控制系统 I/O 定义如表 11-4 所示。

表 11-4 项目 30 I/O 定义

| MCU 控制引脚 | 定义 | 功 能 | 模 式 |
|---|---|---|---|
| PA3 | A0 | 光敏传感器模拟输出 | 输入 |
| GND | GND | 光敏传感器地线 | — |
| 5V 或 3.3V | $V_{CC}$ | MQ135 传感器电源电压 | — |
| PA2 | A0 | MQ135 传感器模拟输出 | 输入 |
| GND | GND | MQ135 传感器地线 | — |
| 5V 或 3.3V | $V_{CC}$ | MQ135 传感器电源电压 | — |
| PA6 | OUT | DHT11 传感器数字输出 | 输入 |
| GND | GND | DHT11 传感器地线 | — |
| 3.3V 或 5V | $V_{CC}$ | DHT11 传感器电源电压 | — |
| PG12 | SCL | OLED 模块时钟线 | 推挽输出 |
| PD5 | SDA | OLED 模块数据线 | 推挽输出 |
| GND | GND | OLED 模块地线 | — |
| 5V 或 3.3V | $V_{CC}$ | OLED 模块电源电压 | — |
| PE0 | KEY0 | 独立式按键 0，控制风扇 1 | 上拉输入 |
| PE1 | KEY1 | 独立式按键 1，控制风扇 2 | 上拉输入 |
| PE2 | KEY2 | 独立式按键 2，控制风扇 3 | 上拉输入 |
| PE3 | KEY3 | 独立式按键 3，控制风扇 4 | 上拉输入 |
| GND | GND | 独立式按键模块地线 | — |
| 5V 或 3.3V | $V_{CC}$ | 独立式按键模块电源电压 | — |
| PB0 | LED0 | 发光二极管 LED0 | 推挽输出 |
| PB1 | LED1 | 发光二极管 LED1 | 推挽输出 |
| PB2 | LED2 | 发光二极管 LED2 | 推挽输出 |
| PB3 | LED3 | 发光二极管 LED3 | 推挽输出 |
| GND | GND | 发光二极管模块地线 | — |
| 5V 或 3.3V | $V_{CC}$ | 发光二极管模块电源电压 | — |
| PB4 | IN1 | 控制继电器 1 闭合，风扇 1 转 | 推挽输出 |
| PB5 | IN2 | 控制继电器 2 闭合，风扇 2 转 | 推挽输出 |
| PB6 | IN3 | 控制继电器 3 闭合，风扇 3 转 | 推挽输出 |
| PB7 | IN4 | 控制继电器 4 闭合，风扇 4 转 | 推挽输出 |
| GND | DC− | 继电器模块地线 | — |
| 5V | DC+ | 继电器模块电源电压 | — |

**3. 项目实施**

项目 30 实施步骤如下。

第一步：硬件连接。按照图 11-12 所示的硬件连接，用导线将开发板与各个模块一一进行连接，确保无误。

第二步：建工程模板。将项目29创建的工程模板文件夹复制到桌面上，并把文件夹USER下的29TSJX改名为30SNHJJK，然后将工程模板编译一下，直到没有错误和警告为止。

第三步：由于项目30工程模板与项目29工程模板类似，检查13个文件（如果没有就需要新建），如果都存在，因此该步可以省略。

**【注意】** 13个文件分别是adc.c和adc.h、oled.h和oled.c、oledfont.h、jdq.c和jdq.h、dht11.c和dht11.h、key.c和key.h、led.c和led.h。把adc.c、oled.c、jdq.c、dht11.c、key.c、led.c这6个文件添加到HARDWARE分组里面，然后添加adc.h、oled.h、jdq.h、dht11.h、key.h、led.h、oledfont.h路径。

第四步：汉字字模的生成。本项目使用了OLED显示中文，要使用软件PCtolCD2002进行汉字字模的生成。PCtolCD2002的配置如图11-13所示。输入“温湿度光照℃空气质量”，生成的字模效果如图11-14所示。

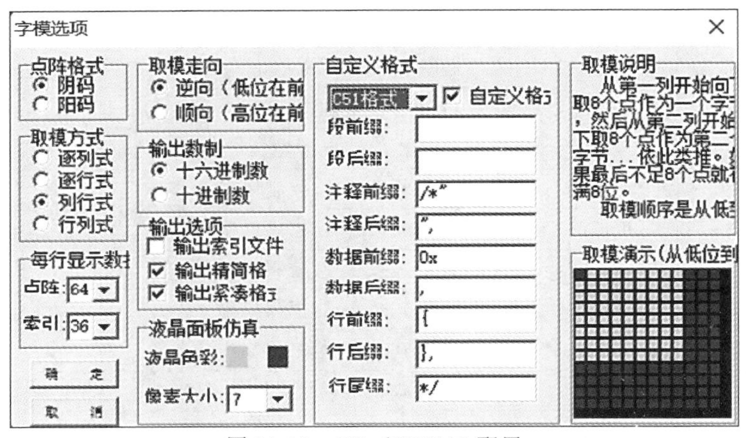

图11-13 PCtolCD2002配置

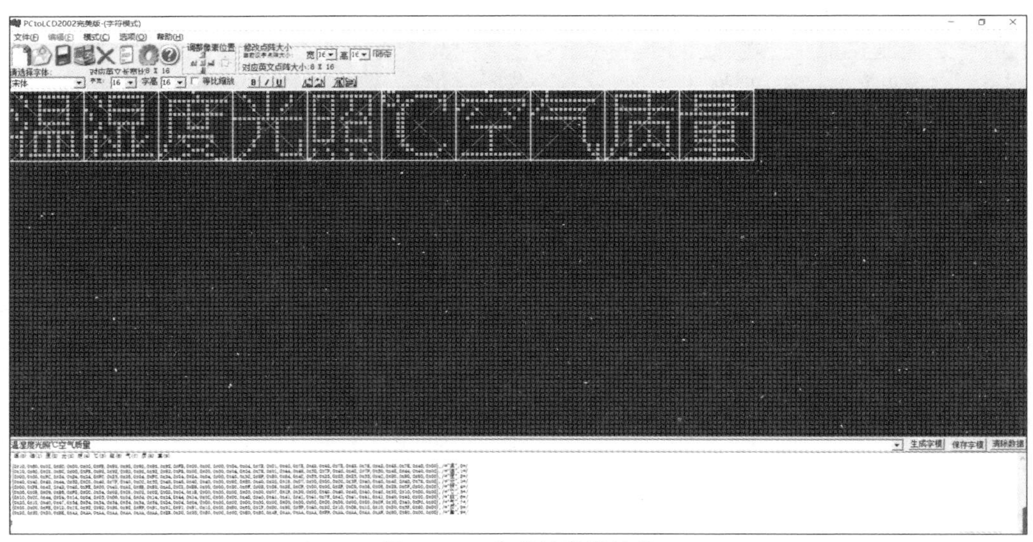

图11-14 生成的字模效果

第五步：在 adc.h、oled.h、jdq.h、dht11.h、key.h、led.h、oledfont.h 文件中输入如下源程序。头文件里条件编译＃ifndef…＃endif 格式不变。

```
adc.h                                  //详细代码见工程文件项目 29 adc.h
oled.h                                 //详细代码见工程文件项目 29 oled.h
jdq.h                                  //详细代码见工程文件项目 29 dht11.h
dht11.h                                //详细代码见工程文件项目 29 dht11.h
key.h                                  //详细代码见工程文件项目 29 key.h
led.h                                  //详细代码见工程文件项目 29 led.h
```

将生成的字模复制并粘贴到 oledfont.h 文件文字库中的末尾(关于 oledfont.h 的其他内容,这里没有介绍)。

```
oledfont.h                             //详细代码见工程文件项目 29 oledfont.h
```

第六步：在 adc.c、oled.c、jdq.c、dht11.c、key.c、led.c 文件中输入如下源程序。详细介绍见每条代码注释。

```
adc.c                                  //详细代码见工程文件项目 29 adc.c
oled.c                                 //详细代码见工程文件项目 29 oled.c
jdq.c                                  //详细代码见工程文件项目 29 jdq.c
dht11.c                                //详细代码见工程文件项目 29 dht11.c
key.c                                  //详细代码见工程文件项目 29 key.c
led.c                                  //详细代码见工程文件项目 29 led.c
```

第七步：在 main.c 文件中输入如下源程序。程序框架包含头文件、主函数和无限循环 3 部分。详细介绍见每条代码注释。

```
main.c                                 //详细代码见工程文件项目 29 main.c
```

第八步：编译工程,直到没有错误和警告,会在 OBJ 文件夹中生成.hex 文件。

第九步：下载运行程序。通过 ISP 软件下载.hex 文件到开发板,查看效果。

STM32 室内环境检测与控制系统效果如图 11-15 所示。

图 11-15　项目 30 的显示效果

# 参 考 文 献

[1] 屈微,王志良. STM32 单片机应用基础与项目实践[M]. 北京：清华大学出版社,2020.

[2] 黄克亚.ARM Cortex-M3 嵌入式原理及应用：基于 STM32F103 微控制器[M]. 北京：清华大学出版社,2020.

[3] 张淑清,胡永涛,张立国.嵌入式单片机 STM32 原理及应用[M].北京：机械工业出版社,2019.

# 附录A

# 大容量STM32F103xx产品系列引脚定义表

大容量STM32F103xx产品系列引脚定义表如表A-1所示。

表A-1 大容量STM32F103xx产品系列引脚定义表

| 引脚号 | | | 引脚名称 | 类型(1) | I/O 电平(2) | 主功能（复位后）(3) | 可选的复用功能 | |
|---|---|---|---|---|---|---|---|---|
| LQFP64 | LQFP100 | LQFP144 | | | | | 默认复用功能 | 重定义功能 |
| — | 1 | 1 | $PE_2$ | I/O | FT | $PE_2$ | TRACECK/FSMC_A23 | — |
| — | 2 | 2 | $PE_3$ | I/O | FT | $PE_3$ | TRACED0/FSMC_A19 | — |
| — | 3 | 3 | $PE_4$ | I/O | FT | $PE_4$ | TRACED1/FSMC_A20 | — |
| — | 4 | 4 | $PE_5$ | I/O | FT | $PE_5$ | TRACED2/FSMC_A21 | — |
| — | 5 | 5 | $PE_6$ | I/O | FT | $PE_6$ | TRACED3/FSMC_A22 | — |
| 1 | 6 | 6 | $V_{BAT}$ | S | — | $V_{BAT}$ | — | — |
| 2 | 7 | 7 | $PC_{13}$-TAMPER-RTC | I/O | — | $PC_{13}$ | TAMPER-RTC | — |
| 3 | 8 | 8 | $PC_{14}$-OSC32_IN | I/O | — | $PC_{14}$ | OSC32_IN | — |
| 4 | 9 | 9 | $PC_{15}$-OSC32_OUT | I/O | — | $PC_{15}$ | OSC32_OUT | — |
| — | — | 10 | $PF_0$ | I/O | FT | $PF_0$ | FSMC_A0 | — |
| — | — | 11 | $PF_1$ | I/O | FT | $PF_1$ | FSMC_A1 | — |
| — | — | 12 | $PF_2$ | I/O | FT | $PF_2$ | FSMC_A2 | — |
| — | — | 13 | $PF_3$ | I/O | FT | $PF_3$ | FSMC_A3 | — |
| — | — | 14 | $PF_4$ | I/O | FT | $PF_4$ | FSMC_A4 | — |
| — | — | 15 | $PF_5$ | I/O | FT | $PF_5$ | FSMC_A5 | — |

续表

| 引脚号 | | | 引脚名称 | 类型(1) | I/O电平(2) | 主功能(复位后)(3) | 可选的复用功能 | |
|---|---|---|---|---|---|---|---|---|
| LQFP64 | LQFP100 | LQFP144 | | | | | 默认复用功能 | 重定义功能 |
| — | 10 | 16 | $V_{SS\_5}$ | S | — | $V_{SS\_5}$ | — | — |
| — | 11 | 17 | $V_{DD\_5}$ | S | — | $V_{DD\_5}$ | — | — |
| — | — | 18 | $PF_6$ | I/O | — | $PF_6$ | ADC3_IN4/FSMC_NIORD | — |
| — | — | 19 | $PF_7$ | I/O | — | $PF_7$ | ADC3_IN5/FSMC_NREG | — |
| — | — | 20 | $PF_8$ | I/O | — | $PF_8$ | ADC3_IN6/FSMC_NIOWR | — |
| — | — | 21 | $PF_9$ | I/O | — | $PF_9$ | ADC3_IN7/FSMC_CD | — |
| — | — | 22 | $PF_{10}$ | I/O | — | $PF_{10}$ | ADC3_IN8/FSMC_INTR | — |
| 5 | 12 | 23 | OSC_IN | I | — | OSC_IN | — | — |
| 6 | 13 | 24 | OSC_OUT | O | — | OSC_OUT | — | — |
| 7 | 14 | 25 | NRST | I/O | — | NRST | — | — |
| 8 | 15 | 26 | $PC_0$ | I/O | — | $PC_0$ | ADC123_IN10 | — |
| 9 | 16 | 27 | $PC_1$ | I/O | — | $PC_1$ | ADC123_IN11 | — |
| 10 | 17 | 28 | $PC_2$ | I/O | — | $PC_2$ | ADC123_IN12 | — |
| 11 | 18 | 29 | $PC_3$ | I/O | — | $PC_3$ | ADC123_IN13 | — |
| 12 | 19 | 30 | $V_{SSA}$ | S | — | $V_{SSA}$ | — | — |
| — | 20 | 31 | $V_{REF-}$ | S | — | $V_{REF-}$ | — | — |
| — | 21 | 32 | $V_{REF+}$ | S | — | $V_{REF+}$ | — | — |
| 13 | 22 | 33 | $V_{DDA}$ | S | — | $V_{DDA}$ | — | — |
| 14 | 23 | 34 | $PA_0$-WKUP | I/O | — | $PA_0$ | WKUP/USART2_CTS/ADC123_IN0/TIM2_CH1_ETR/TIM5_CH1/TIM8_ETR | — |
| 15 | 24 | 35 | $PA_1$ | I/O | — | $PA_1$ | USART2_RTS/ADC123_IN1/TIM5_CH2/TIM2_CH2 | — |
| 16 | 25 | 36 | $PA_2$ | I/O | — | $PA_2$ | USART2_TX/TIM5_CH3ADC123_IN2/TIM2_CH3 | — |
| 17 | 26 | 37 | $PA_3$ | I/O | — | $PA_3$ | USART2_RX/TIM5_CH4ADC123_IN3/TIM2_CH4 | — |
| 18 | 27 | 38 | $V_{SS\_4}$ | S | — | $V_{SS\_4}$ | — | — |

续表

| 引脚号 | | | 引脚名称 | 类型(1) | I/O电平(2) | 主功能(复位后)(3) | 可选的复用功能 | |
|---|---|---|---|---|---|---|---|---|
| LQFP64 | LQFP100 | LQFP144 | | | | | 默认复用功能 | 重定义功能 |
| 19 | 28 | 39 | $V_{DD\_4}$ | S | — | $V_{DD\_4}$ | — | — |
| 20 | 29 | 40 | $PA_4$ | I/O | — | $PA_4$ | SPI1_NSS/USART2_CKDAC_OUT1/ADC12_IN4 | — |
| 21 | 30 | 41 | $PA_5$ | I/O | — | $PA_5$ | SPI1_SCKDAC_OUT2/ADC12_IN5 | — |
| 22 | 31 | 42 | $PA_6$ | I/O | — | $PA_6$ | SPI1_MISO/TIM8_BKIN/ADC12_IN6/TIM3_CH1 | TIM1_BKIN |
| 23 | 32 | 43 | $PA_7$ | I/O | — | $PA_7$ | SPI1_MOSI/TIM8_CH1N/ADC12_IN7/TIM3_CH2 | TIM1_CH1N |
| 24 | 33 | 44 | $PC_4$ | I/O | — | $PC_4$ | ADC12_IN14 | — |
| 25 | 34 | 45 | $PC_5$ | I/O | — | $PC_5$ | ADC12_IN15 | — |
| 26 | 35 | 46 | $PB_0$ | I/O | — | $PB_0$ | ADC12_IN8/TIM3_CH3/TIM8_CH2N | TIM1_CH2N |
| 27 | 36 | 47 | $PB_1$ | I/O | — | $PB_1$ | ADC12_IN9/TIM3_CH4/TIM8_CH3N | TIM1_CH3N |
| 28 | 37 | 48 | $PB_2$ | I/O | FT | $PB_2$/BOOT1 | — | — |
| — | — | 49 | $PF_{11}$ | I/O | FT | $PF_{11}$ | FSMC_NIOSI16 | — |
| — | — | 50 | $PF_{12}$ | I/O | FT | $PF_{12}$ | FSMC_A6 | — |
| — | — | 51 | $V_{SS\_6}$ | S | — | $V_{SS\_6}$ | — | — |
| — | — | 52 | $V_{DD\_6}$ | S | — | $V_{DD\_6}$ | — | — |
| — | — | 53 | $PF_{13}$ | I/O | FT | $PF_{13}$ | FSMC_A7 | — |
| — | — | 54 | $PF_{14}$ | I/O | FT | $PF_{14}$ | FSMC_A8 | — |
| — | — | 55 | $PF_{15}$ | I/O | FT | $PF_{15}$ | FSMC_A9 | — |
| — | — | 56 | $PG_0$ | I/O | FT | $PG_0$ | FSMC_A10 | — |
| — | — | 57 | $PG_1$ | I/O | FT | $PG_1$ | FSMC_A11 | — |
| — | 38 | 58 | $PE_7$ | I/O | FT | $PE_7$ | FSMC_D4 | TIM1_ETR |
| — | 39 | 59 | $PE_8$ | I/O | FT | $PE_8$ | FSMC_D5 | TIM1_CH1N |
| — | 40 | 60 | $PE_9$ | I/O | FT | $PE_9$ | FSMC_D6 | TIM1_CH1 |
| — | — | 61 | $V_{SS\_7}$ | S | — | $V_{SS\_7}$ | — | — |
| — | — | 62 | $V_{DD\_7}$ | S | — | $V_{DD\_7}$ | — | — |

续表

| 引脚号 | | | 引脚名称 | 类型(1) | I/O电平(2) | 主功能(复位后)(3) | 可选的复用功能 | |
|---|---|---|---|---|---|---|---|---|
| LQFP64 | LQFP100 | LQFP144 | | | | | 默认复用功能 | 重定义功能 |
| — | 41 | 63 | $PE_{10}$ | I/O | FT | $PE_{10}$ | FSMC_D7 | TIM1_CH2N |
| — | 42 | 64 | $PE_{11}$ | I/O | FT | $PE_{11}$ | FSMC_D8 | TIM1_CH2 |
| — | 43 | 65 | $PE_{12}$ | I/O | FT | $PE_{12}$ | FSMC_D9 | TIM1_CH3N |
| — | 44 | 66 | $PE_{13}$ | I/O | FT | $PE_{13}$ | FSMC_D10 | TIM1_CH3 |
| — | 45 | 67 | $PE_{14}$ | I/O | FT | $PE_{14}$ | FSMC_D11 | TIM1_CH4 |
| — | 46 | 68 | $PE_{15}$ | I/O | FT | $PE_{15}$ | FSMC_D12 | TIM1_BKIN |
| 29 | 47 | 69 | $PB_{10}$ | I/O | FT | $PB_{10}$ | IIC2_SCL/USART3_TX | TIM2_CH3 |
| 30 | 48 | 70 | $PB_{11}$ | I/O | FT | $PB_{11}$ | IIC2_SDL/USART3_RX | TIM2_CH4 |
| 31 | 49 | 71 | $V_{SS\_1}$ | S | — | $V_{SS\_1}$ | — | — |
| 32 | 50 | 72 | $V_{DD\_1}$ | S | — | $V_{DD\_1}$ | — | — |
| 33 | 51 | 73 | $PB_{12}$ | I/O | FT | $PB_{12}$ | SPI2_NSS/I2S2_WS/ IIC2_SMBA/USART3_CK/ TIM1_BKIN | — |
| 34 | 52 | 74 | $PB_{13}$ | I/O | FT | $PB_{13}$ | SPI2_SCK/ I2S2_CKUSART3_CTS/ TIM1_CH1N | — |
| 35 | 53 | 75 | $PB_{14}$ | I/O | FT | $PB_{14}$ | SPI2_MISO/ TIM1_CH2N/ USART3_RTS | — |
| 36 | 54 | 76 | $PB_{15}$ | I/O | FT | $PB_{15}$ | SPI2_MOSI/I2S2_SD/ TIM1_CH3N | — |
| — | 55 | 77 | $PD_{8}$ | I/O | FT | $PD_{8}$ | FSMC_D13 | USART3 |
| — | 56 | 78 | $PD_{9}$ | I/O | FT | $PD_{9}$ | FSMC_D14 | USART3 |
| — | 57 | 79 | $PD_{10}$ | I/O | FT | $PD_{10}$ | FSMC_D15 | USART3 |
| — | 58 | 80 | $PD_{11}$ | I/O | FT | $PD_{11}$ | FSMC_A16 | USART3_ |
| — | 59 | 81 | $PD_{12}$ | I/O | FT | $PD_{12}$ | FSMC_A17 | TIM4_ CUSART3_ |
| — | 60 | 82 | $PD_{13}$ | I/O | FT | $PD_{13}$ | FSMC_A18 | TIM4_C |
| — | — | 83 | $V_{SS\_8}$ | S | — | $V_{SS\_8}$ | — | — |
| — | — | 84 | $V_{DD\_8}$ | S | — | $V_{DD\_8}$ | — | — |
| — | 61 | 85 | $PD_{14}$ | I/O | FT | $PD_{14}$ | FSMC_D0 | TIM4_C |
| — | 62 | 86 | $PD_{15}$ | I/O | FT | $PD_{15}$ | FSMC_D1 | TIM4_C |

续表

| 引脚号 | | | 引脚名称 | 类型(1) | I/O电平(2) | 主功能(复位后)(3) | 可选的复用功能 | |
|---|---|---|---|---|---|---|---|---|
| LQFP64 | LQFP100 | LQFP144 | | | | | 默认复用功能 | 重定义功能 |
| — | — | 87 | $PG_2$ | I/O | FT | $PG_2$ | FSMC_A12 | — |
| — | — | 88 | $PG_3$ | I/O | FT | $PG_3$ | FSMC_A13 | — |
| — | — | 89 | $PG_4$ | I/O | FT | $PG_4$ | FSMC_A14 | — |
| — | — | 90 | $PG_5$ | I/O | FT | $PG_5$ | FSMC_A15 | — |
| — | — | 91 | $PG_6$ | I/O | FT | $PG_6$ | FSMC_INT2 | — |
| — | — | 92 | $PG_7$ | I/O | FT | $PG_7$ | FSMC_INT3 | — |
| — | — | 93 | $PG_8$ | I/O | FT | $PG_8$ | — | — |
| — | — | 94 | $V_{SS\_9}$ | S | — | $V_{SS\_9}$ | — | — |
| — | — | 95 | $V_{DD\_9}$ | S | — | $V_{DD\_9}$ | — | — |
| 37 | 63 | 96 | $PC_6$ | I/O | FT | $PC_6$ | I2S2_MCK/TIM8_CH1/SDIO_D6 | TIM3_C |
| 38 | 64 | 97 | $PC_7$ | I/O | FT | $PC_7$ | I2S2_MCK/TIM8_CH2/SDIO_D7 | TIM3_C |
| 39 | 65 | 98 | $PC_8$ | I/O | FT | $PC_8$ | TIM8_CH3/SDIO_D0 | TIM3_C |
| 40 | 66 | 99 | $PC_9$ | I/O | FT | $PC_9$ | TIM8_CH4/SDIO_D1 | TIM3_C |
| 41 | 67 | 100 | $PA_8$ | I/O | FT | $PA_8$ | USART1_CK/TIM1_CH1/MCO | — |
| 42 | 68 | 101 | $PA_9$ | I/O | FT | $PA_9$ | USART1_TX/TIM1_CH2 | — |
| 43 | 69 | 102 | $PA_{10}$ | I/O | FT | $PA_{10}$ | USART1_RX/TIM1_CH3 | — |
| 44 | 70 | 103 | $PA_{11}$ | I/O | FT | $PA_{11}$ | USART1_CTS/USBDM/CAN_RX/TIM1_CH4 | — |
| 45 | 71 | 104 | $PA_{12}$ | I/O | FT | $PA_{12}$ | USART1_RTS/USBDP/CAN_TX/TIM1_ETR | — |
| 46 | 72 | 105 | $PA_{13}$ | I/O | FT | JTMS-SWDIO | — | PA13 |
| - | 73 | 106 | Not cnnected | | | | | — |
| 47 | 74 | 107 | $V_{SS\_2}$ | S | — | $V_{SS\_2}$ | — | — |
| 48 | 75 | 108 | $V_{DD\_2}$ | S | — | $V_{DD\_2}$ | — | — |
| 49 | 76 | 109 | $PA_{14}$ | I/O | FT | JTCK-SWCLK | — | PA14 |
| 50 | 77 | 110 | $PA_{15}$ | I/O | FT | JTDI | SPI3_NSS/I2S2_WS | TIM2_CH1_ETRPA15/SPI1_NSS |

续表

| 引脚号 | | | 引脚名称 | 类型(1) | I/O电平(2) | 主功能(复位后)(3) | 可选的复用功能 | |
|---|---|---|---|---|---|---|---|---|
| LQFP64 | LQFP100 | LQFP144 | | | | | 默认复用功能 | 重定义功能 |
| 51 | 78 | 111 | $PC_{10}$ | I/O | FT | $PC_{10}$ | UART4_TX/SDIO_D2 | USART3_TX |
| 52 | 79 | 112 | $PC_{11}$ | I/O | FT | $PC_{11}$ | UART4_RX/SDIO_D3 | USART3_RX |
| 53 | 80 | 113 | $PC_{12}$ | I/O | FT | $PC_{12}$ | UART5_TX/SDIO_CK | USART3_CK |
| 5 | 81 | 114 | $PD_0$ | I/O | FT | OSC_IN | FSMC_D2 | CAN_RX |
| 6 | 82 | 115 | $PD_1$ | I/O | FT | OSC_OUT | FSMC_D3 | CAN_TX |
| 54 | 83 | 116 | $PD_2$ | I/O | FT | $PD_2$ | TIM3_ETR/UART5_RX/SDIO_CMD | — |
| — | 84 | 117 | $PD_3$ | I/O | FT | $PD_3$ | FSMC_CLK | USART2_CTS |
| — | 85 | 118 | $PD_4$ | I/O | FT | $PD_4$ | FSMC_NOE | USART2_RTS |
| — | 86 | 119 | $PD_5$ | I/O | FT | $PD_5$ | FSMC_NWE | USART2_TX |
| — | — | 120 | $V_{SS\_10}$ | S | — | $V_{SS\_10}$ | — | — |
| — | — | 121 | $V_{DD\_10}$ | S | — | $V_{DD\_10}$ | — | — |
| — | 87 | 122 | $PD_6$ | I/O | FT | $PD_6$ | FSMC_NWAIT | USART2_RX |
| — | 88 | 123 | $PD_7$ | I/O | FT | $PD_7$ | FSMC_NE1/FSMC_NCE2 | USART2_CK |
| — | — | 124 | $PG_9$ | I/O | FT | $PG_9$ | FSMC_NE2/FSMC_NCE3 | — |
| — | — | 125 | $PG_{10}$ | I/O | FT | $PG_{10}$ | FSMC_NCE4_1/FSMC_NE3 | — |
| — | — | 126 | $PG_{11}$ | I/O | FT | $PG_{11}$ | FSMC_NCE4_2 | — |
| — | — | 127 | $PG_{12}$ | I/O | FT | $PG_{12}$ | FSMC_NE4 | — |
| — | — | 128 | $PG_{13}$ | I/O | FT | $PG_{13}$ | FSMC_A24 | — |
| — | — | 129 | $PG_{14}$ | I/O | FT | $PG_{14}$ | FSMC_A25 | — |
| — | — | 130 | $V_{SS\_11}$ | S | — | $V_{SS\_11}$ | — | — |
| — | — | 131 | $V_{DD\_11}$ | S | — | $V_{DD\_11}$ | — | — |
| — | — | 132 | $PG_{15}$ | I/O | FT | $PG_{15}$ | — | — |
| 55 | 89 | 133 | $PB_3$ | I/O | FT | JTDO | SPI3_SCK/I2S3_CK | PB3/TRACESWO/TIM2_CH2/SPI1_SCK |
| 56 | 90 | 134 | $PB_4$ | I/O | FT | NJTRST | SPI3_MISO | PB4/TIM3_CH1/SPI1_MISO |

续表

| 引脚号 | | | 引脚名称 | 类型(1) | I/O 电平(2) | 主功能（复位后）(3) | 可选的复用功能 | |
|---|---|---|---|---|---|---|---|---|
| LQFP64 | LQFP100 | LQFP144 | | | | | 默认复用功能 | 重定义功能 |
| 57 | 91 | 135 | $PB_5$ | I/O | — | $PB_5$ | IIC1_SMBA/SPI3_MOSI/I2S3_SD | TIM3_CH2/SPI1_MOSI |
| 58 | 92 | 136 | $PB_6$ | I/O | FT | $PB_6$ | | USART1_TX |
| 59 | 93 | 137 | $PB_7$ | I/O | FT | $PB_7$ | IIC1_SDA/FSMC_NADV/TIM4_CH2 | USART1_RX |
| 60 | 94 | 138 | BOOT0 | I | — | BOOT0 | — | — |
| 61 | 95 | 139 | $PB_8$ | I/O | FT | $PB_8$ | TIM4_CH3/SDIO_D4 | IIC1_SCL/CAN_RX |
| 62 | 96 | 140 | $PB_9$ | I/O | FT | $PB_9$ | TIM4_CH4/SDIO_D5 | IIC1_SDA/CAN_TX |
| — | 97 | 141 | $PE_0$ | I/O | FT | $PE_0$ | TIM4_ETR/FSMC_NBL0 | — |
| — | 98 | 142 | $PE_1$ | I/O | FT | $PE_1$ | FSMC_NBL1 | — |
| 63 | 99 | 143 | $V_{SS\_3}$ | S | — | $V_{SS\_3}$ | — | — |
| 64 | 100 | 144 | $V_{DD\_3}$ | S | — | $V_{DD\_3}$ | — | — |

注：

(1) I代表输入；O代表输出；S代表供应。

(2) FT代表5V容限。

(3) 功能可用性取决于所选的设备。

# 附录B

# MDK下C语言基础

这里从7个方面介绍嵌入式开发所使用的C语言基础。如果想成为STM32嵌入式开发高手,读者还需加强C语言编程能力和技巧的学习。MDK下C语言基础复习如下。

## B.1 位操作

我们知道,程序中的所有数据在计算机内存中都是以二进制的形式进行存储的,数据的位是可以操作的最小数据单位,位操作就是直接对整数在内存中的二进制位进行操作。因此,在理论上,我们可以通过“位运算”来完成所有的运算和操作,从而有效地提高程序运行的效率。C语言中有6种基本运算符及含义,如表B-1所示。

表B-1 C语言中的6种基本运算符及含义

| 运算符 | 含义 | 运算符 | 含义 |
|---|---|---|---|
| & | 按位与 | ~ | 取反 |
| \| | 按位或 | << | 左移 |
| ^ | 按位异或 | >> | 右移 |

(1) 按位与运算符&:双目运算符。其功能是参与运算的两数各对应的二进位相与。只有对应的两个二进位都为1时,结果位才为1;参与运算的两个数均以补码出现;这些运算符的操作数都必须是整型的。在单片机中主要用&运算符进行清零操作。

例如:10&9可写算式如下。

00001010&00001001=00001000

```
GPIOA->CRL&=0XFFFFFF0F;                //将第4~7位清零
```

(2) 按位或运算符|:双目运算符。其功能是参与运算的两数各对应的二进位相或。只要对应的两个二进位有一个为1时,结果位就为1;当参与运算的是负数时,参与两个数均以补码出现;这些运算符的操作数都必须是整型的。在单片机中用|运算符设值。

例如:13|5可写算式如下。

00001101|00000101=00001101

```
GPIOA→CRL|=0X00000040;                //设置相应位的值,不改变其他位的值
```

(3) 按位异或运算符^：双目运算符。其功能是参与运算的两数各对应的二进位相异或。当两个对应的二进位相异时，结果为1；参与运算数仍以补码出现。

例如：9^5 可写成算式如下。

00001001^00000101＝00001100

(4) 取反运算符～：单目运算符，具有右结合性。其功能是对参与运算数的各二进位按位求反。

例如：～(10010001)＝01101110

(5) 左移运算符＜＜：双目运算符。左移 $n$ 位就是乘以 2 的 $n$ 次方，其功能是把左边运算数的各二进位全部左移若干位，由“＜＜”右边的数指定移动位数，高位丢弃，低位补 0。

例如：00110001＜＜3＝10001000

(6) 右移运算符＞＞：双目运算符。右移 $n$ 位就是除以 2 的 $n$ 次方，其功能是把左边运算数的各二进位全部右移若干位，由“＞＞”右边的数指定移动位数。应该说明的是，对于有符号数，右移时符号位将随同移动。当为正数时，最高位补 0，而为负数时，符号位为 1，最高位是补 0 或是补 1 取决于编译系统的规定。

例如：11000010＞＞2＝00110000

## B.2 define 宏定义

define 称为宏定义命令，它也是 C 语言预处理命令的一种。宏定义，就是用一个标识符来表示一个字符串。如果在后面的代码中出现了该标识符，那么就全部替换成指定的字符串，以提高源代码的可读性，为编程提供方便。

常见的格式：

```
#define 标识符 字符串                  //标识符的值为字符串
```

说明：“标识符”为所定义的宏名；“字符串”可以是数字、表达式、if 语句、函数等。

程序中反复使用的表达式就可以使用宏定义，例如：#define M (n * n+3 * n)，它的作用是指定标识符 M 来表示(n * n+3 * n)这个表达式。在编写代码时，所有出现(n * n+3 * n)的地方都可以用 M 来表示，而对源程序编译时，将先由预处理程序进行宏代替，即用(n * n+3 * n)去替换所有的宏名 M，然后进行编译。

在 STM32 单片机中，例如：#define SYSCLK_FREQ_72MHz 72000000，定义标识符 SYSCLK_FREQ_72MHz 的值为 72000000。程序里面遇到这个标识符就会被替换成 72000000。

## B.3 ifdef 条件编译

条件编译(conditional compiling)命令指定预处理器依据特定的条件来判断保留或删除某段源代码。例如，使用条件编译可以让源代码适用于不同的目标系统，而不需要管理该源代码的各种版本。条件编译区域以#if、#ifdef 或#ifndef 等命令作为开头，以#endif 命

令结尾。条件编译区域可以有任意数量的#elif命令，但最多一个#else命令。

书写格式：

```
#ifdef 标识符
程序段 1
#else
程序段 2
#endif
```

它的作用是当标识符已经被定义过(一般是用#define命令定义)，则对程序段1进行编译，否则编译程序段2。其中#else部分也可以没有。

例如：

```
#ifdef STM32F10X_HD
大容量芯片需要的一些变量定义
#end
```

而STM32F10X_HD则是我们通过#define来定义的。

## B.4 extern变量声明

C语言中extern可以置于变量或者函数前，以表示变量或者函数的定义在别的文件中，提示编译器遇到此变量和函数时在其他模块中寻找其定义。要注意的是，对于extern声明变量可以多次，但定义只有一次。在我们的代码中，你会看到以下这样的语句。

```
extern u16 USART_RX_STA;
```

这个语句是声明USART_RX_STA变量在其他文件中已经定义了，在这里要使用到，所以可以找到在某个地方有变量定义的语句：u16 USART_RX_STA;的出现。下面通过一个例子说明其使用方法。

在main.c定义的全局变量id,id的初始化都是在main.c里面进行的。main.c文件的代码如下。

```
u8 id;                              //定义只允许一次
main()
{   id=1;
    printf("d%",id);                //id=1
    test();
    printf("d%",id);                //id=2
}
```

但是我们希望在test.c的changeId(void)函数中使用变量id，这个时候就需要在test.c里面去声明变量id是外部定义的，因为如果不声明，变量id的作用域是到不了test.c文件中的。看下面test.c中的代码。

```
extern u8 id;               //声明变量 id 是在外部定义的,声明可以在很多个文件中进行
void test(void)
{
    id=2;
}
```

在test.c中声明变量id在外部定义，然后在test.c中就可以使用变量id了。

## B.5 typedef 类型别名

为现有类型创建一个新的名称，或称为类型别名，用来简化变量的定义。typedef 在 MDK 中用得最多的就是定义结构体的类型别名和枚举类型。MDK 中有很多这样的结构体变量需要定义。这里可以为结构体定义一个别名 GPIO_TypeDef，这样我们就可以在其他地方通过别名 GPIO_TypeDef 来定义结构体变量了。

例如：

```
typedef struct
{
    __IO uint32_t MODER;
    __IO uint32_t OTYPER;
    ...
} GPIO_TypeDef;
```

typedef 为结构体定义一个别名 GPIO_TypeDef，这样我们可以通过 GPIO_TypeDef 来定义以下结构体变量。

```
GPIO_TypeDef _GPIOA, _GPIOB;
```

## B.6 结构体

在 C 语言中，结构体(struct)指的是一种数据结构，它是 C 语言中聚合数据类型(aggregate data type)的一类。结构体可以被声明为变量、指针或数组等，用以实现较复杂的数据结构。结构体同时也是一些元素的集合，这些元素称为结构体的成员(member)，且这些成员可以为不同的类型，成员一般用名称访问。

声明结构体类型：

```
Struct 结构体名{
    成员列表;
}变量名列表;
```

例如：

```
Struct U_TYPE {
    Int BaudRate
    Int WordLength;
}usart1,usart2;
```

在结构体声明的时候可以定义变量，也可以声明之后定义，方法是：

```
Struct 结构体名称 结构体变量列表;
```

例如：

```
struct U_TYPE usart1,usart2;
```

结构体成员变量的引用方法是：结构体变量名字.成员名

例如要引用 usart1 的成员 BaudRate，方法是：usart1.BaudRate；

结构体指针变量定义也是一样的，跟其他变量没有区别。

如：

```
struct U_TYPE * usart3;                //定义结构体指针变量 usart3
```

结构体指针成员变量引用方法是通过“－＞”符号实现，例如要访问 usart3 结构体指针指向的结构体成员变量 BaudRate，方法是：Usart3－＞BaudRate；。

## B.7 static 关键字

C 语言中，static 关键字修饰变量和函数：局部变量、全局变量、函数。当一个源程序由多个源文件组成时，C 语言根据函数能否被其他源文件中的函数调用，将函数分为内部函数和外部函数。

**1. 局部变量**

如果是在一个源文件中定义的函数，只能被本文件中的函数调用，而不能被同一程序其他文件中的函数调用，这种函数称为内部函数。

定义一个内部函数，只需在函数类型前再加一个 static 关键字即可，如下所示。

```
static 函数类型 函数名(函数参数表){…}
```

例如：

```
static int a = 0;                      //编译过程进行初始化
```

**2. 全局变量**

全局变量定义在函数体外部，在全局数据区分配存储空间，且编译器会自动对其初始化。普通全局变量对整个工程可见，其他文件可以使用 extern 外部声明后直接使用，也就是说其他文件不能再定义一个与其相同名称的变量了。

**3. 函数**

函数的使用方式与全局变量类似，在函数的返回类型前加上 static，就是静态函数。其特性如下：静态函数只能在声明它的文件中可见，其他文件不能引用该函数；不同的文件可以使用相同名称的静态函数，互不影响。

非静态函数可以在另一个文件中直接引用，甚至不必使用 extern 声明。